中国城市科学研究系列报告

中国城市科学研究会 主编

中国建筑节能年度发展研究报告 2022

（公共建筑专题）

清华大学建筑节能研究中心 著

中国建筑工业出版社

图书在版编目(CIP)数据

中国建筑节能年度发展研究报告. 2022 ：公共建筑专题 / 清华大学建筑节能研究中心著. — 北京 ：中国建筑工业出版社，2022.3（2023.4重印）
（中国城市科学研究系列报告）
ISBN 978-7-112-27194-8

Ⅰ. ①中… Ⅱ. ①清… Ⅲ. ①建筑热工一节能一研究报告一中国－2022 Ⅳ. ①TU111.4

中国版本图书馆 CIP 数据核字（2022）第 040778 号

责任编辑：齐庆梅　杨　琪
文字编辑：胡欣蕊
责任校对：张　颖

中国城市科学研究系列报告
中国城市科学研究会　主编
中国建筑节能年度发展研究报告 2022
（公共建筑专题）
清华大学建筑节能研究中心　著
*
中国建筑工业出版社出版、发行（北京海淀三里河路 9 号）
各地新华书店、建筑书店经销
北京红光制版公司制版
北京建筑工业印刷厂印刷
*
开本：787 毫米×1092 毫米　1/16　印张：27¼　字数：501 千字
2022 年 3 月第一版　2023 年 4 月第三次印刷
定价：**88.00** 元
ISBN 978-7-112-27194-8
（38957）

本书顾问委员会

本 书 作 者

清华大学建筑节能研究中心

江亿（第1章，第2章）

胡姗（第1章，2.1）

张洋（1.2，1.3，2.1，附录）

王宝龙（1.3）

杨子艺（1.4）

刘晓华（第2章，3.1，3.2，3.3，4.2，4.3，4.6）

张涛（第2章，3.1，3.2，3.3，4.3）

魏庆芃（2.2，3.2，3.5，第5章）

林琳（3.2）

刘效辰（3.2，4.3，4.6）

关博文（3.3）

李晓锋（3.3）

刘烨　唐千喻　杨晓霖　麻志曜　林波荣（3.4）

蔡超睿（3.5）

燕达（3.6）

康旭源（3.6）

张吉（4.2）

李浩（4.2）

姜子炎（4.7）

江岸（4.7，5.2）

邓杰文（第5章）

代允闯（5.2）

杨卓（5.8）

特邀作者

清华大学能源环境经济研究所	郭偲悦(1.4)
华商国际工程有限公司	马进(3.1)
北京市建筑设计研究院有限公司	徐宏庆(3.1，4.1)
中国建筑西南设计研究院有限公司	戎向阳、刘希臣(3.2)
博锐尚格科技股份有限公司	沈启，孙一凫，白日磊，吴序(3.6)
珠海格力电器股份有限公司	刘华(4.4，4.5)
	胡余生、林金煌、吴健、何振健、陈昌宜(4.4)
	李宏波，王升(4.5)
	赵志刚(4.6)
北京工业大学	王伟，魏文哲，孙育英(4.4)
深圳市建筑科学研究院股份有限公司	郝斌(5.1)，李雨桐(5.1)，李叶茂(4.6)
太古地产(中国)投资有限公司	秦建英，简健斌(5.3)
广州市设计院集团有限公司	李继路，刘谨(5.4)
珠海富蓝克建设工程有限公司	余颖俊，李进(5.5)
上海美控智慧建筑有限公司	李元阳，方兴(5.6)
南京福加自动化科技有限公司	刘守超，陈诚(5.7)
洛阳市轨道交通集团有限责任公司	武雪都(5.8)

统稿

胡姗　张涛　邓杰文

总　　序

建设资源节约型社会，是中央根据我国的社会、经济发展状况，在对国内外政治经济和社会发展历史进行深入研究之后做出的战略决策，是为中国今后的社会发展模式提出的科学规划。节约能源是资源节约型社会的重要组成部分，建筑的运行能耗大约为全社会商品用能的三分之一，并且是节能潜力最大的用能领域，因此应将其作为节能工作的重点。

不同于“嫦娥探月”或三峡工程这样的单项重大工程，建筑节能是一项涉及全社会方方面面，与工程技术、文化理念、生活方式、社会公平等多方面问题密切相关的全社会行动。其对全社会介入的程度很类似于一场新的人民战争。而这场战争的胜利，首先要“知己知彼”，对我国和国外的建筑能源消耗状况有清晰的了解和认识；要“运筹帷幄”，对建筑节能的各个渠道、各项任务做出科学的规划。在此基础上才能得到合理的政策策略去推动各项具体任务的实现，也才能充分利用全社会当前对建筑节能事业的高度热情，使其转换成为建筑节能工作的真正成果。

从上述认识出发，我们发现目前我国建筑节能工作尚处在多少有些“情况不明，任务不清”的状态。这将影响我国建筑节能工作的顺利进行。出于这一认识，我们开展了一些相关研究，并陆续发表了一些研究成果，受到有关部门的重视。随着研究的不断深入，我们逐渐意识到这种建筑节能状况的国情研究不是一个课题通过一项研究工作就可以完成的，而应该是一项长期的不间断的工作，需要时刻研究最新的状况，不断对变化了的情况做出新的分析和判断，进而修订和确定新的战略目标。这真像一场持久的人民战争。基于这一认识，在国家能源办、建设部、发改委的有关领导和学术界许多专家的倡议和支持下，我们准备与社会各界合作，持久进行这样的国情研究。作为中国工程院“建筑节能战略研究”咨询项目的部分内容，从2007年起，把每年在建筑节能领域国情研究的最新成果编撰成书，作为《中国建筑节能年度发展研究报告》，以这种形式向社会及时汇报。

清华大学建筑节能研究中心

前　言

刚刚结束的这一年可能是人类历史上永远不会忘记的一年。对于中国人民来说，太多的事情在这一年发生了，对建筑节能和建筑环境营造的专业工作者们来说，这一年至少有如下四件大事对未来将产生深远影响：持续了两年的新冠肺炎疫情，到了2021年年底，全球的日增长量已经从以前的几十万增加到几百万，人类应该怎样和这个赶不走的病毒开展持久战？低碳战略已经紧锣密鼓地在全国敲响，其所对应的能源革命将给我们的社会发展、经济增长和人民生活带来巨大的变化，中国人民该怎样在完成这场能源革命的同时实现我们的强国之梦？冬奥会即将开幕，伴随系统的筹备工作，即将在全民推广开的冰雪运动将极大地促进冰雪设施的建造，这也为建筑环境营造和运行节能提出新的课题和挑战；"十三五"的科研任务相继结题，"十四五"科研任务又开始新的布局，怎样凝聚"十三五"的主要成果，使其直接在当前的建筑节能和建筑环境营造中发挥作用？按照这些年的规则，今年这本报告的主题是公共建筑节能，这恰好与上面这四件大事密切关联，所以也就成为这本报告的主要内容。

新型冠状病毒是否有可能通过空气传播，公共建筑的空调和通风系统如何搭建、如何运行，在过去的一年中就先后多次成为大众关注的热点和焦点。经过两年多的大量案例分析和实战演练，学术界在这个问题的认识上基本形成了清晰的观点。本报告专门安排一节（2.5）来讨论这一问题，并深入讨论通风换气与运行节能的辩证关系。相比以往对此的认识，需要强调的是，对于公共场所来说，如何安排新风量和通风方式以满足防疫要求，要看是否有明确的潜在感染人群。如果有明确的潜在感染人群，例如医院病房的病人、国际机场落客入境人员以及核酸取样室中被取样人员等，通风的任务就是要尽可能使被保护者不要触及流经潜在感染人群的空气。这时需要全新风运行，且需要通过恰当的气流组织实现这一任务。此时的通风换气量要求并不很大。而当不存在明确的潜在感染人群时，例如商场、飞机场、高铁站等大量人员聚集处，每个人都有可能是感染者，但同时也是被保护对象。此时通风换气的中心任务就是尽可能通过大量的通风换气对人员聚集处的空气进行足够的稀释。这需要大量的通风换气量，但不一定是全新风，只要提供足够的洁净空气量就可满足稀释要求。这就形成两种场合下完全不同的通风策略。尤其对于无明确感染人群的大量公共场所，当前的寒冬季节、即将到来的炎热夏季，怎样在满足防疫的要求下提供满意的热湿环境，且不造成空调系统的过高能耗，上述原则应该是该问题的解。

如联合国秘书长古特雷斯所讲，气候变化是比新冠肺炎疫情对人类影响更大的问题。而实现低碳的战略目标，不仅仅是为了应对气候变化的挑战，也是生态文明下人类发展的新模式。只有这样，才能彻底摆脱困扰我们多年的化石能源问题，实现能源的可持续发展。公共建筑作为建筑节能和低碳发展的重要领域之一，是实现建筑低碳的重要战场。为此，本报告在第 2 章系统地安排了相关内容，列出低碳发展对公共建筑提出的新问题、新要求。以前从节能的角度出发，我们提出：对建筑本体，要通过被动式设计来减少需求；对机电系统，要通过主动式优化来提高效率。现在对建筑本体应该在被动式设计的基础上再加上一个要求：怎样优化建筑形式从而更多地安装表面光伏，使建筑从单纯的能源消费者转变为能源的产消者？对于机电系统，则有四个要求：全面电气化以取消化石能源，提高系统效率以降低能源消耗，提倡分散方式以避免过量供应，发展柔性用电以实现风电、光电的有效消纳。上述 2＋4 的要求是公共建筑为满足低碳目标的基本原则。我们在后面介绍系统、单项技术和最佳案例的第 3、4、5 章中，尽可能按照这 2＋4 的原则来选材。然而，很遗憾的是满足这些新增加原则（多装光伏、全面电气化、分散、柔性）的成熟技术和案例真的不多，多数属于正在研究开发、尚未成熟的项目。所以，经过专家评议和反复挑选，最终上榜的最佳案例还主要是高效冷冻机房、提高系统效率这些解决传统的节能提效问题。这也就更说明低碳发展战略为我们这个领域提出来太多的新课题、新任务，要求我们去研究、开发进而实践。希望在下一次公共建筑节能专题，也就是 2026 年的节能报告中能够全面地汇报从这些基本原则出发的新成果。

即将在北京和张家口开幕的冬奥会是我国首次举办的冬季奥林匹克盛会。围绕冬奥会开展的大规模冰雪项目场地的建设，也为冰雪运动场馆环境营造与运行控制提出了新的问题和挑战。为了实现 3 亿人走进冰雪运动，冰雪场馆建设将成为今后体育设施建设中的新课题。为此，本报告特别邀请几位滑冰场馆建设的主持者编写了介绍滑冰场馆建设的专篇。其中新建的 1.2 万 m^2 速滑馆就是典型案例。低碳发展给制冷行业提出的新挑战是采用绿色工质替换全球变暖潜值（Global Warming Potential，GWP）高的制冷工质。这次的万余平方米冰场采用二氧化碳作为制冷剂和载冷剂，冰面盘管内采用二氧化碳直接蒸发方式。这样不仅彻底实现了绿色制冷工质替代问题，还由于是相变释冷，冰表面温度非常均匀，从而营造出更符合比赛要求的冰面。期待一个月后从这个表面温度均匀的冰场上刷新出更多的世界纪录。这个冰场是世界上第一个采用二氧化碳直接蒸发的万平方米冰场，它为今后全面的冰雪场馆建设提供了非常好的经验和示范。相信通过冬奥会场馆建设的洗礼，冰雪运动场馆将成为中国基建新的建设领域，让中国人民和世界人民都更多地享受冰雪运动带来的快乐。

2021年还是丰收的一年。由科技部支持的与公共建筑节能相关的重大科技项目先后结题。为此，本报告收录了大型交通场站节能、公共建筑的群智能控制管理，这两个“十三五”重大科技项目中与公共建筑密切相关项目的成果介绍。机场、高铁车站和地铁将仍然为今后十年间国家基建的重点。从双碳战略出发，怎样做好这些重点工程的建设，怎样从建筑设计、室内环境参数选定、机电系统形式等多方面出发，整体优化，更好地实现低能耗和低碳的目标，是今后这类项目需要重视和深入考虑的问题。群智能则是十余年来我国创新发展出来的新的建筑自动化体系，其核心是去中心、扁平化，硬件软件高度融合，且真正实现即插即用，即下载即运行。这是试图解决多年来困扰建筑智能化领域难题的一条新路，希望群智能技术能够解开这一难题，使智能建筑得以在大众手中轻松实现并发挥其预想的作用。

邀请更多的清华大学以外的专家学者参与到本报告的工作中，使这个系列报告能汇集全行业专家的智慧，反映全行业专家的认识，是我们一直追求的目标。在完成这本报告的工作中，我们就尽可能邀请全社会各相关专家参与工作，包括一些章节的写作，以及最佳工程案例的评审。衷心感谢这些校外专家的热情投入和无私奉献。除作为章节作者而署名的专家外，参加最佳案例评审的行业专家有：中国建筑科学研究院环能院徐伟院长、中国建筑设计研究院潘云钢总工、中国城市建设研究院郝军副总工程师、中国建筑西南设计研究院戎向阳总工、天津市建筑设计研究院伍小亭总工、北京特种工程设计研究院李兆坚研究员。

在这里还要感谢三十几位推荐参选最佳案例评比的专家和推荐者。今年是第十次评选最佳工程案例，尽管这是民间评选，既无奖金也没有官方认可的荣誉，但有这样多的项目积极参与评选，说明社会和行业对这一评选活动的认可。感谢大家的积极参与，感谢大家花费时间、精力来整理数据和撰稿。本着一切从严的原则，经过几轮的评选，虽然最终只有七个项目入选，但其他参评项目也起到重要的推动作用。希望更多的同行从现在起，积极发现、挖掘和整理新的项目，争取在4年后作为又一轮的最佳案例入榜。在此我深深地感谢大家。

本报告的第1章由胡姗博士负责完成。第2章、第3章、第4章主要由刘晓华教授、张涛博士和刘效辰博士设计、组织和撰写主要内容。第5章则由魏庆芃副教授、邓杰文博士负责设计和组织。在此向这几位主要作者表示感谢。当然还要感谢本书的责任编辑齐庆梅女士，在多重困难之下仍能保证这本书的按时出版，这已经是第16本报告了。

新年已过，2022年到了。希望新冠肺炎疫情在这一年中远离我们，疫情后的中国将变得更美好、更富强。

江亿

2022年元旦于清华大学节能楼

目　　录

第 1 篇　中国建筑能耗与排放现状分析

第 2 篇　公共建筑发展理念
——面向双碳目标的新要求与挑战

扫码可看书中部分彩图

第 1 篇　中国建筑能耗与排放现状分析

第1章　中国建筑能耗与温室气体排放

1.1　中国建筑领域基本现状

1.1.1　城乡人口

近年来，我国城镇化高速发展。2020年，我国城镇人口达到9.02亿，农村人口5.10亿，城镇化率从2001年的37.7%增长到63.9%，如图1-1所示。

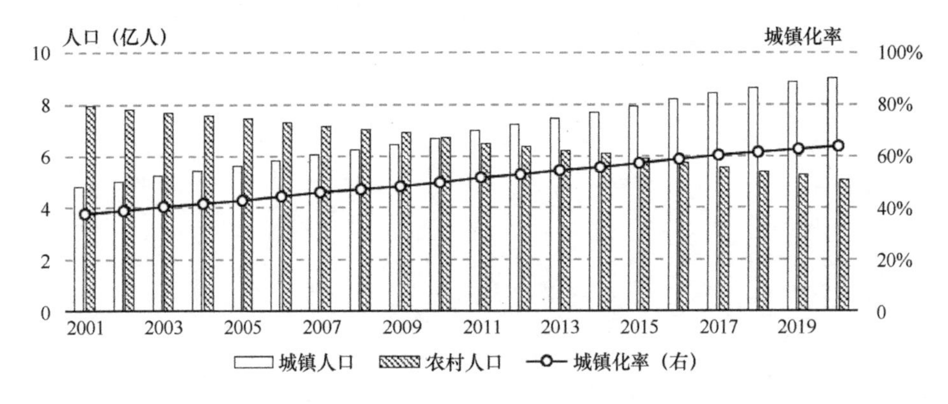

图1-1　中国逐年人口发展（2001—2020年）

大量人口由乡村向城镇转移是城镇化的基本特征，在我国城镇化过程中，人口的聚集主要在特大城市和县级城市两端。根据中国城市规划设计研究院原院长李晓江的相关研究，2000—2010年城镇人口增长的41%在超大、特大、大城市，37%在县城和镇[1]。近年来，由于大型城市人口过度聚集，进入门槛过高，使得这些城市的人口增速都显著降低，例如从2016年起北京上海地区的常住人口保持基本稳定。

农村人口向县城和小城镇转移是我国城镇化进程的另外一极。目前，我国约有

---

[1] 李晓江，郑德高．人口城镇化特征与国家城镇体系构建。

1/4 的人口居住在小城镇，截至 2020 年，我国共有县城 1495 个，建成区总人口 1.40 亿人；建制镇 18822 个，建成区总人口 1.84 亿人，自 2001 年至今，建制镇实有住宅面积从 28.6 亿 m^2 增长到 61.4 亿 m^2，规模翻倍[1]。在历史上，这种聚集了 1 万～10 万人的小城镇其主要功能是向周边农村提供经贸、文化、医疗服务，其经济运行的支撑力度要由所服务的周边农牧林业规模决定。这些小城镇的经济活动主要是服务业，很难布局第二产业活动。随着城镇化比例提高，农业人口减少，与其对应的小城镇服务功能也相应减少。小城镇人口与其所服务的周边农村人口之比高于一定限值，就会出现这些小城镇房屋空置现象。未来如何规划这些小城镇的功能，科学合理地发展这些小城镇以能源系统为代表的基础设施系统，使其实现可持续发展，是新时期需要解决的重要问题。这些小城镇很少发展成为制造业的基地，但完全可以成为承接目前农村大批的留守老人、妇女、儿童的居住地，实现其低成本、高质量居住地的需求，改变农村中大量“993861[2]”非生产者占据主导人群的现象，为这些留守人群提供更好的社会保障服务和教育服务。从这样的功能和发展目标看，其房屋建造模式，基础设施建设方式，尤其是能源系统方式应该既不同于大城市，也不同于分散的自然村落，应引起足够的重视。

1.1.2 建筑面积

快速城镇化带动建筑业持续发展，我国建筑业规模不断扩大。从 2007 年到 2020 年，我国建筑建造速度增长迅速，城乡建筑面积大幅增加。分阶段来看 2007 年至 2014 年，我国的民用建筑竣工面积快速增长，从每年 20 亿 m^2 左右稳定增长至 2014 年的超过 40 亿 m^2；2014 年至 2019 年，我国民用建筑每年的竣工面积逐年缓慢下降，但基本维持在 40 亿 m^2 以上，2020 年受国内疫情影响，民用建筑竣工面积下降至 38 亿 m^2。其中城镇住宅和公共建筑的竣工面积由 2014 年的 36 亿 m^2 左右，下降至 2020 年的 33.4 亿 m^2（图 1-2）。伴随着大量开工和施工，城镇住宅及公共建筑的拆除面积从 2007 年的 7 亿 m^2 快速增长，至目前稳定在每年 16 亿 m^2 左右。

2020 年我国的民用建筑竣工面积中住宅建筑约占 78%，非住宅建筑约占 22%。根据建筑功能的差别，可以将公共建筑分为办公、酒店、商场、医院、学校

---

[1] 数据来源：住房和城乡建设部，《中国城乡建设统计年鉴》，2006—2020。

[2] 99 指老人，38 指妇女，61 指儿童。

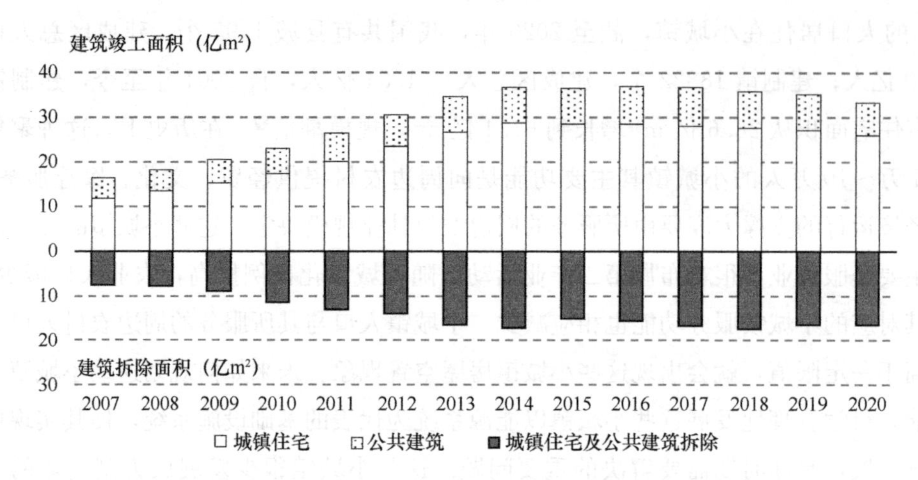

图 1-2　我国城镇建筑竣工量和拆除量（2007—2020 年）

以及其他等类型，2001—2020 年期间每年主要的竣工类型均以办公、商场及学校为主，2020 年三者竣工面积合计在公共建筑中的占比约为 72%，其中商场占比 31%，办公建筑占比 22%，学校占比 19%。在其余类型中，医院和酒店的占比较小，分别占 6%和 3%（图 1-3）。

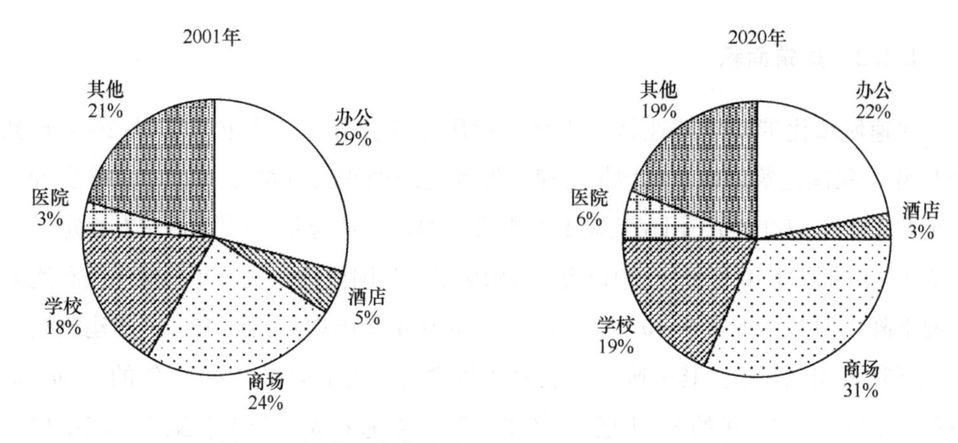

图 1-3　各类公共建筑竣工面积占比（2001，2020 年）

每年大量建筑的竣工使得我国建筑面积的存量不断高速增长，2020 年我国建筑面积总量约 660 亿 m^2，其中：城镇住宅建筑面积为 292 亿 m^2，农村住宅建筑面积 227 亿 m^2，公共建筑面积 140 亿 m^2，如图 1-4 所示，其中北方城镇供暖面积 156 亿 m^2。

对比我国与世界其他国家的人均建筑面积水平，见图 1-5，可以发现我国的人均住宅面积已经接近发达国家水平，但人均公共建筑面积与一些发达国家相比还相

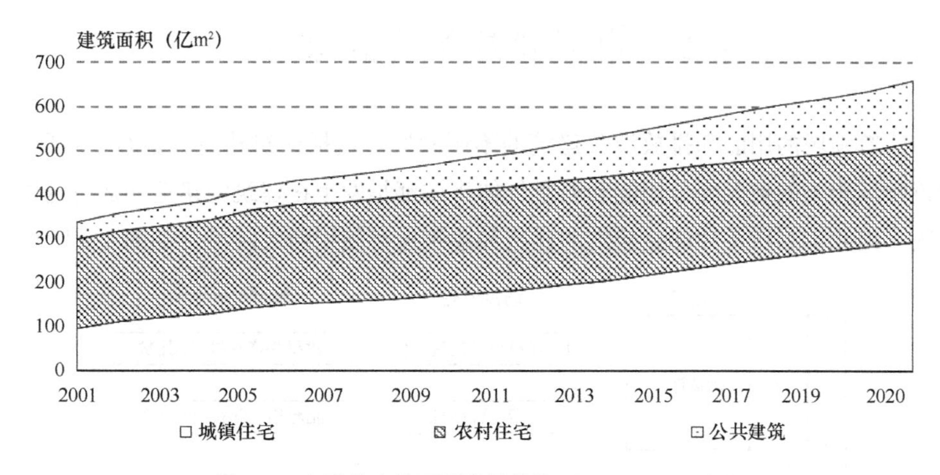

图 1-4 中国总建筑面积增长趋势（2001—2020 年）

数据来源：清华大学建筑节能研究中心 CBEEM 模型估算结果，模型竣工面积输入为《中国建筑业统计年鉴》建筑业企业统计口径下数据。

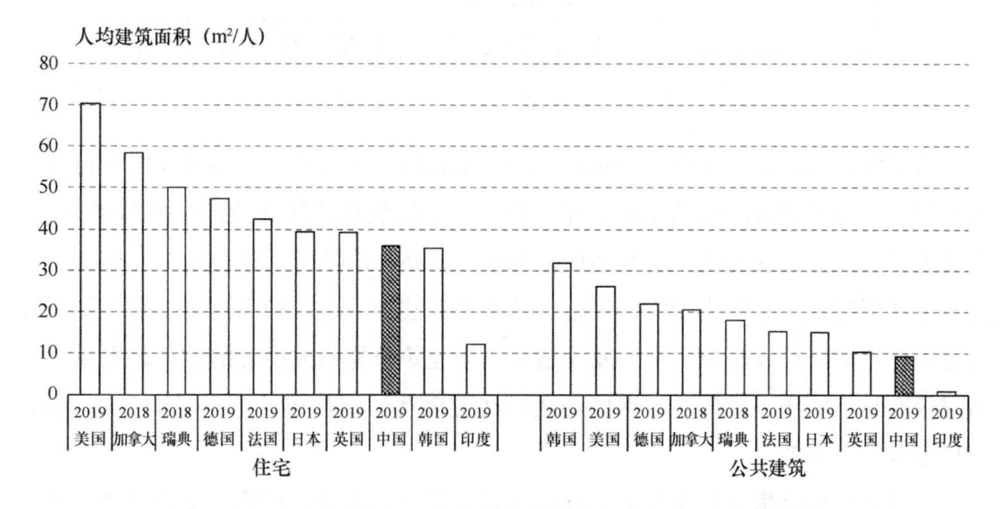

图 1-5 中外人均建筑面积对比

对处在低位。在我国既有公共建筑中，人均办公建筑面积已经较为合理，但人均商场、医院、学校的面积还相对较低。随着电子商务的快速发展，商场的规模很难继续增长，但医院、学校等公共服务类建筑的规模还存在增长空间，因此可能是下一阶段我国新增公共建筑的主要分项。此外，其他建筑中包括交通枢纽、文体建筑以及社区活动场所等，预计在未来也将成为主要增长的公共建筑类型。

1.2 中国建筑领域能源消耗

建筑领域的用能和排放涉及建筑的不同阶段，包括建筑建造、运行、拆除等，建筑领域相关的绝大部分用能和温室气体排放都是发生在建筑的建造和运行这两个阶段，因此本书所关注的是建筑的建造和建筑运行使用两大阶段，如图 1-6 所示。

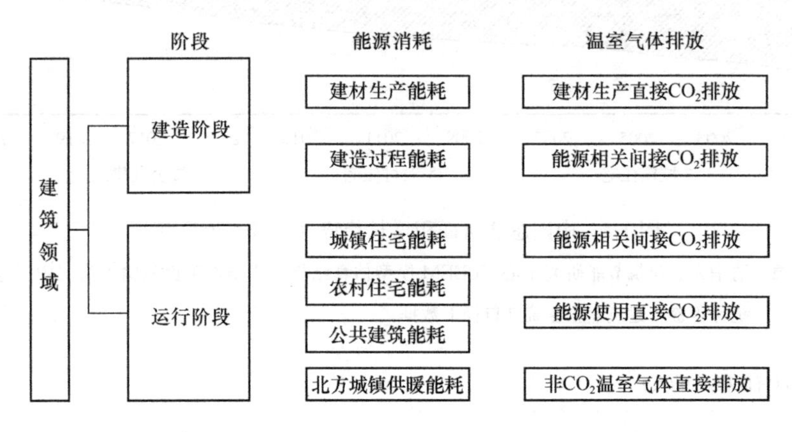

图 1-6 建筑领域能耗及温室气体排放的边界和种类

从能源消耗的角度来讲，建筑领域能源消耗包含建筑建造能耗和建筑运行能耗两大部分。建筑建造阶段的能源消耗指的是由于建筑建造所导致的从原材料开采、建材生产、运输到现场施工所产生的能源消耗。在一般的统计口径中，民用建筑建造与生产用建筑（非民用建筑）建造、基础设施建造一起，归到建筑业中，统一称为建筑业建造能耗或排放。本书基于清华大学建筑节能研究中心的估算，提供了中国建筑业建造能耗、排放和中国民用建筑建造能耗、碳排放两个口径的分析数据，详见本节和 1.3 节。

建筑运行用能指的是在住宅、办公建筑、学校、商场、宾馆、交通枢纽、文体娱乐设施等建筑内，为居住者或使用者提供供暖、通风、空调、照明、炊事、生活热水，以及其他为了实现建筑的各项服务功能所产生的能源消耗。许多国际能源研究机构在研究全球各国建筑用能时，通常将建筑运行阶段能耗划分为居住建筑用能和非居住建筑用能两大部分。但是这种划分无法体现中国建筑能耗的真实类型及特点，在我们的研究中，一直是根据中国特点，将建筑运行能耗分为城市住宅、公共建筑、农村住宅和北方城镇供暖这四部分。此外，完全服务于工业生产过程的建筑其运行能耗与工业生产能耗很难区分，无论是冶金厂房还是集成电路或药品生产，厂房的通风、空调、净化用能都占到生产用能中的很大比例。但这些用能很难计入建筑用能。因此本书不涉及这些服务于生产过程的建筑，研究对象仅限于民用建筑。

1.2.1 建筑运行能耗

本书所关注的建筑运行能耗指的是民用建筑的运行能源消耗，包括住宅、办公建筑、学校、商场、宾馆、交通枢纽、文体娱乐设施等非工业建筑。基于对我国民用建筑运行能耗的长期研究，考虑到我国南北地区冬季供暖方式的差别、城乡建筑形式和生活方式的差别，以及居住建筑和公共建筑人员活动及用能设备的差别，本书将我国的建筑用能分为四大类，分别是：北方城镇供暖用能、城镇住宅用能（不包括北方地区的供暖）、公共建筑用能（不包括北方地区的供暖），以及农村住宅用能，详细定义如下。

（1）北方城镇供暖用能　指的是采取集中供暖方式的省、自治区和直辖市的冬季供暖能耗，包括各种形式的集中供暖和分散供暖。地域涵盖北京、天津、河北、山西、内蒙古、辽宁、吉林、黑龙江、山东、河南、陕西、甘肃、青海、宁夏、新疆的全部城镇地区，以及四川的一部分地区。西藏、川西、贵州部分地区等，冬季寒冷，也需要供暖，但由于当地的能源状况与北方地区完全不同，其问题和特点也很不相同，需要单独考虑。将北方城镇供暖部分用能单独计算的原因是，北方城镇地区的供暖多为集中供暖，包括大量的城市级别热网与小区级别热网。与其他建筑用能以楼栋或者以户为单位不同，这部分供暖用能在很大程度上与供暖系统的结构形式和运行方式有关，并且其实际用能数值也是按照供暖系统来统一统计核算，所以把这部分建筑用能作为单独一类，与其他建筑用能区别对待。目前的供暖系统按热源系统形式及规模分类，可分为大中规模的热电联产、小规模热电联产、区域燃煤锅炉、区域燃气锅炉、小区燃煤锅炉、小区燃气锅炉、热泵集中供暖等集中供暖方式，以及户式燃气炉、户式燃煤炉、空调分散供暖和直接电加热等分散供暖方式。使用的能源种类主要包括燃煤、燃气和电力。本书考察一次能源消耗，也就是包含热源处的一次能源消耗或电力的消耗，以及服务于供热系统的各类设备（风机、水泵）的电力消耗。这些能耗又可以划分为热源和热力站的转换损失、管网的热损失和输配能耗，以及最终建筑的得热量。

（2）城镇住宅用能（不包括北方城镇供暖用能）　指的是除了北方地区的供暖能耗外，城镇住宅所消耗的能源。在终端用能途径上，包括家用电器、空调、照明、炊事、生活热水，以及夏热冬冷地区的省、自治区和直辖市的冬季供暖能耗。城镇住宅使用的主要商品能源种类是电力、燃煤、天然气、液化石油气和城市燃气等。夏热冬冷地区的冬季供暖绝大部分为分散形式，热源方式包括空气源热泵、直接电加热等针对建筑空间的供暖方式，以及炭火盆、电热毯、电手炉等各种形式的局部加热方式，这些能耗都归入此类。

（3）商业及公共建筑用能（不包括北方地区供暖用能）　这里的商业及公共建筑指人们进行各种公共活动的建筑。包含办公建筑、商业建筑、旅游建筑、科教文卫建筑、通信建筑以及交通运输类建筑，既包括城镇地区的公共建筑，也包含农村地区的公共建筑。2014 年之前《中国建筑节能年度发展研究报告》在公共建筑分项中仅考虑了城镇地区公共建筑，而未考虑农村地区的公共建筑，农村公共建筑从用能特点、节能理念和技术途径各方面与城镇公共建筑有较大的相似之处，因此从 2015 年起将农村公共建筑也统计入公共建筑用能一项，统称为公共建筑用能。除了北方地区的供暖能耗外，建筑内由于各种活动而产生的能耗，包括空调、照明、插座、电梯、炊事、各种服务设施，以及夏热冬冷地区城镇公共建筑的冬季供暖能耗。公共建筑使用的商品能源种类是电力、燃气、燃油和燃煤等。

（4）农村住宅用能　指农村家庭生活所消耗的能源。包括炊事、供暖、降温、照明、热水、家电等。农村住宅使用的主要能源种类是电力、燃煤、液化石油气、燃气和生物质能（秸秆、薪柴）等。其中的生物质能部分能耗没有纳入国家能源宏观统计，但作为农村住宅用能的重要部分，本书将其单独列出。

本书尽可能单独统计核算电力消耗和其他类型能源的实际消耗，当必须把二者合并时，将所有能源转换为一次能源进行加合，即按照每年的全国平均火力供电煤耗把电力消耗量换算为用标准煤表示的一次能耗。对于建筑运行导致的对于热电联产方式的集中供热热源，根据《民用建筑能耗标准》GB/T 51161—2016 的规定，根据输出的电力和热量的㶲值来分摊输入的燃料。

本章的建筑能耗数据来源于清华大学建筑节能研究中心建立的中国建筑能源排放分析模型（China Building Energy and Emission Model，简称 CBEEM）的研究结果，分析我国建筑能耗的发展状况。从 2010—2020 年，建筑能耗总量及其中电力消耗量均大幅增长，见图 1-7。2020 年建筑运行的总商品能耗为 10.6 亿吨标准煤（tce），约占全国能源消费总量的 21%，建筑商品能耗和生物质能共计 11.5 亿 tce（其中生物质能耗约 0.9 亿 tce），具体如表 1-1 所示。

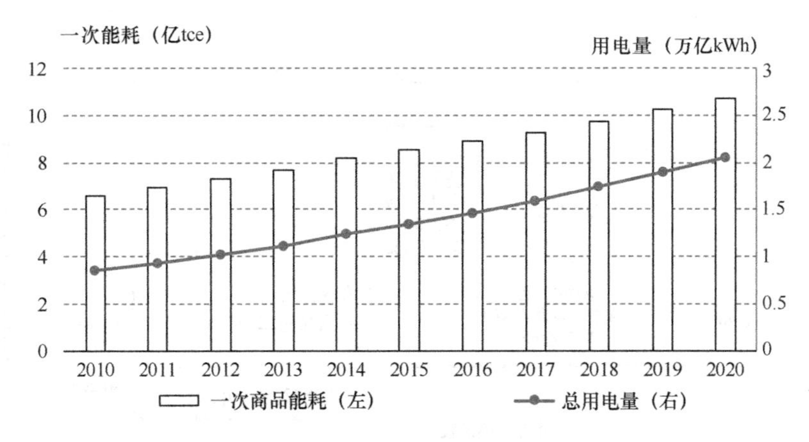

图 1-7 中国建筑运行一次能耗和总用电量（2010—2020 年）

2020 年中国建筑运行能耗 **表 1-1**

用能分类	宏观参数	用电量（亿 kWh）	商品能耗（亿 tce）	一次能耗强度
北方城镇供暖	156 亿 m^2	639	2.14	13.7kgce/m^2
城镇住宅（不含北方地区供暖）	292 亿 m^2	5694	2.67	759kgce/户
公共建筑（不含北方地区供暖）	140 亿 m^2	10221	3.46	24.7kgce/m^2
农村住宅	227 亿 m^2	3446	2.29	1212kgce/户
合计	14.1 亿人 660 亿 m^2	20000	10.6	

将四部分建筑能耗的规模、强度和总量表示在图 1-8 中的四个方块中，横向表示建筑面积，纵向表示单位面积建筑能耗强度，四个方块的面积即是建筑能耗的总量。从建筑面积上来看，城镇住宅和农村住宅的面积最大，北方城镇供暖面积约占建筑面积总量的四分之一，公共建筑面积仅占建筑面积总量的五分之一，但从能耗强度来看，公共建筑和北方城镇供暖能耗强度又是四个分项中较高的。因此，从用能总量来看，基本呈四分天下的态势，四类用能各占建筑能耗的四分之一左右。近年来，随着公共建筑规模的增长及平均能耗强度的增长，公共建筑的能耗已经成为中国建筑能耗中比例最大的一部分。

2010—2020 年间，四个用能分项的总量和强度变化如图 1-9 所示，从各类能耗总量上看，除农村用生物质能持续降低外，各类建筑的用能总量都有明显增长；

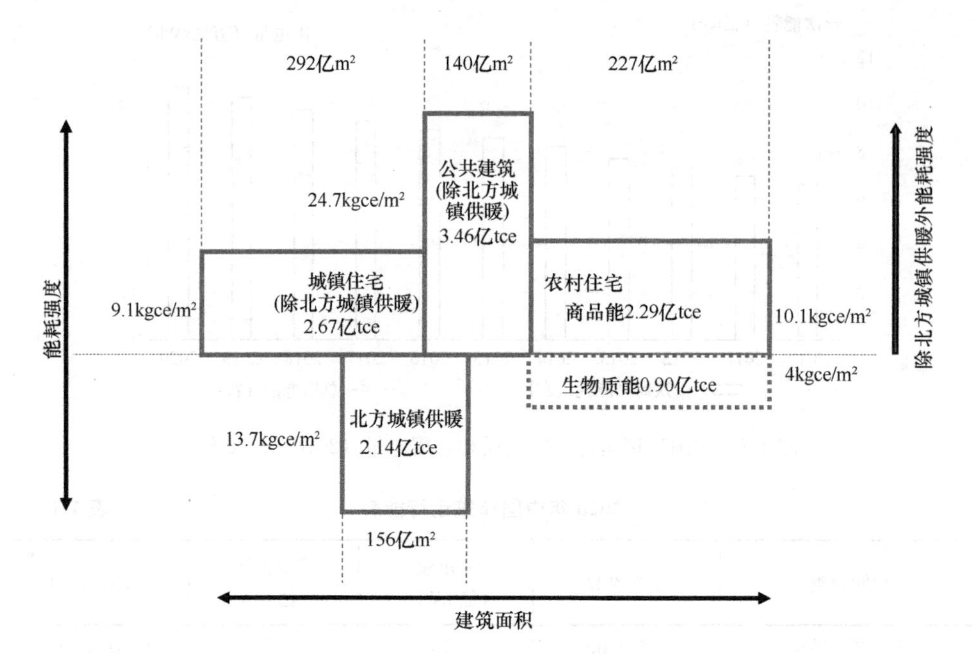

图 1-8 中国建筑运行能耗（2020 年）

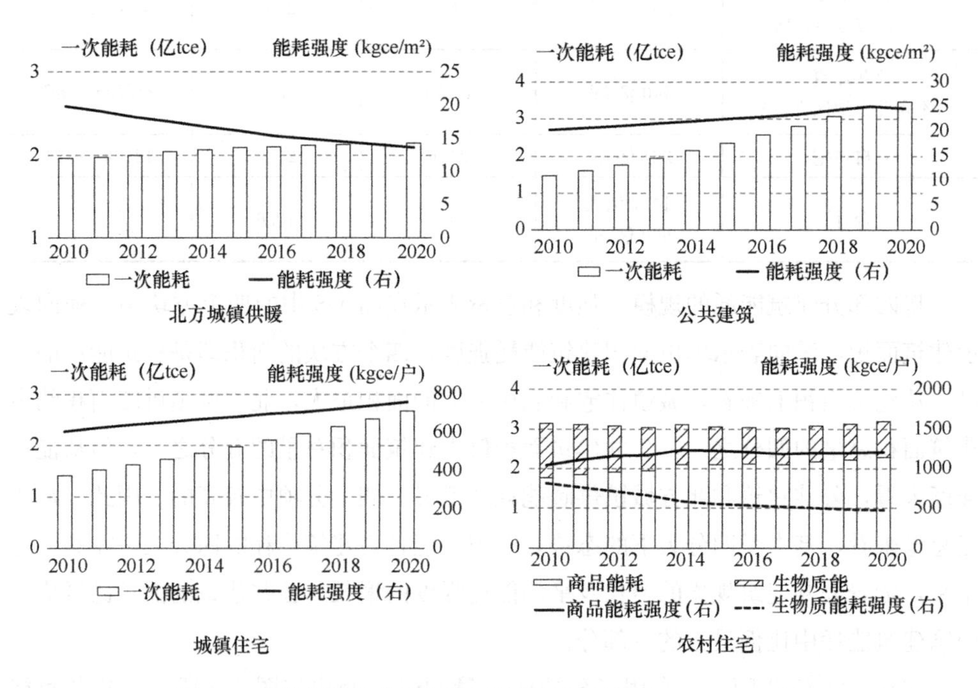

图 1-9 建筑用能各分项总量和强度逐年变化（2010—2020 年）

而分析各类建筑能耗强度，进一步发现以下特点：

（1）北方城镇供暖能耗强度较大，近年来持续下降，显示了节能减碳工作的成效。

（2）公共建筑单位面积能耗强度持续增长，各类公共建筑终端用能需求（如空调、设备、照明等）的增长，是建筑能耗强度增长的主要原因，尤其是近年来许多城市新建的一些大体量并应用大规模集中系统的建筑，能耗强度大大高出同类建筑。

（3）城镇住宅户均能耗强度增长，这是由于生活热水、空调、家电等用能需求增加，夏热冬冷地区冬季供暖问题也引起了广泛的讨论；由于节能灯具的推广，住宅中照明能耗没有明显增长，炊事能耗强度也基本维持不变。

（4）农村住宅的户均商品能耗缓慢增加，在农村人口和户数缓慢减小的情况下，农村商品能耗基本稳定，其中，由于农村各类家用电器普及程度增加和北方清洁取暖"煤改电"等原因，近年来用电量提升显著。同时，生物质能使用量持续减少，因此农村住宅总用能近年来呈缓慢下降趋势。

1. 北方城镇供暖

2020年北方城镇供暖能耗为2.14亿tce，占全国建筑总能耗的20%。2001—2020年，北方城镇建筑供暖面积从50亿m^2增长到156亿m^2，增加了2倍，而能耗总量增加不到1倍，能耗总量的增长明显低于建筑面积的增长，体现了节能工作取得的显著成绩：平均的单位面积供暖能耗从2001年的23kgce/m^2，降低到2020年的13.7kgce/m^2，降幅明显。具体说来，能耗强度降低的主要原因包括建筑保温水平提高，高效热源方式占比提高和运行管理水平提升。

（1）建筑围护结构保温水平的提高。近年来，住房和城乡建设部通过多种途径提高建筑保温水平，包括：建立覆盖不同气候区、不同建筑类型的建筑节能设计标准体系，从2004年底开始的节能专项审查工作，以及"十三五"期间开展的既有居住建筑改造。这三方面工作使得我国建筑的保温水平整体大大提高，起到了降低建筑实际需热量的作用。

（2）高效热源方式占比迅速提高。各种供暖方式的效率不同，总体看来，高效的热电联产集中供暖、区域锅炉方式取代小型燃煤锅炉和户式分散小煤炉，使后者的比例迅速减少；各类热泵飞速发展，以燃气为能源的供暖方式比例增加。同时，近年来供暖系统效率提高显著，使得各种形式的集中供暖系统效率得以整体提高，详见《中国建筑节能年度发展研究报告2019》。

2. 城镇住宅（不含北方供暖）

2020年城镇住宅能耗（不含北方供暖）为2.67亿tce，占建筑总商品能耗的四分之一，其中电力消耗5694亿kWh。随着我国经济社会发展，居民生活水平不断提升，2001年到2020年城镇住宅能耗年平均增长率高达8%，2020年各终端用电量增长至2001年的4倍。

从用能的分项来看，炊事、家电和照明是中国城镇住宅除北方集中供暖外耗能比例最大的三个分项，由于我国已经采取了各项提升炊事燃烧效率、家电和照明效率的政策和相应的重点工程，所以这三项终端能耗的增长趋势已经得到了有效的控制，近年来的能耗总量年增长率均比较低。对于家用电器、照明和炊事能耗，最主要的节能方向是提高用能效率和尽量降低待机能耗，例如：节能灯的普及对于住宅照明节能的成效显著。对于家用电器中由于长时间待机或者反复加热所造成的能耗浪费，需要通过加强能效标准和促进行为节能来实现控制：电视机、饮水机和马桶圈的待机会造成大量能源浪费，对于这类电器应该提升生产标准，例如加强电视机机顶盒的可控性、提升饮水机的保温水平、加强马桶圈的智能控制效果，以降低待机能耗。对于一些会造成居民生活方式改变的电器，例如衣物烘干机等，不应该从政策层面给予鼓励或补贴，警惕这类高能耗电器的大量普及造成的能耗跃增。而另一方面，夏热冬冷地区冬季供暖、夏季空调以及生活热水能耗虽然目前所占比例不高，户均能耗均处于较低的水平，但增长速度十分快，夏热冬冷地区供暖能耗的年平均增长率更是高达50%以上，因此这三项终端用能的节能应该是我国城镇住宅下阶段节能的重点工作，方向应该是避免在住宅内大面积使用集中系统，提倡目前的分散式系统，同时提高各类分散式设备的能效标准，在室内服务水平提高的同时避免能耗的剧增。关于我国城镇住宅节能减排路径的详细讨论见《中国建筑节能年度发展研究报告2021（城镇住宅专题）》。

3. 公共建筑（不含北方供暖）

2020年全国公共建筑面积约为140亿m^2，公共建筑总能耗（不含北方供暖）为3.46亿tce，占建筑总能耗的33%，其中电力消耗为10221亿kWh。公共建筑总面积的增加、大体量公共建筑占比的增长，以及用能需求的增长等因素导致了公共建筑单位面积能耗从2001年的17kgce/m^2增长到2020年的24.7kgce/m^2以上，能耗强度增长迅速，同时能耗总量增幅显著。

2020年由于受到疫情影响，各类公共建筑的运行时长和运行强度都受到疫情相关管制措施的影响，因而能耗强度也在近十年首度出现了小幅下降。但从长期趋势来看，我国公共建筑的规模总量和能耗强度仍在缓慢增长。2001年以来，公共建筑竣工面积接近 80 亿 m^2，约占当前公共建筑保有量的 79%，即四分之三的公共建筑是在 2001 年后新建的。这一轮增长一方面是由于近年来大量商业办公楼、商业综合体等商业建筑的新建，另一方面是由于我国全面建成小康社会、提升公共服务，相关基础设施逐渐完善，公共服务性质的公共建筑，如学校、医院、体育场馆等规模的增加。关于公共建筑近年来的面积增长趋势详见本书 2.1 节。

在公共建筑面积迅速增长的同时，大体量公共建筑占比也显著增长。尤其是近年来竣工的公共建筑很多属于大体量、采用中央空调的高档商业建筑，其单位面积电耗都在 $100kWh/m^2$ 以上，随着这些新建的高能耗公共建筑在公共建筑总量中的比例持续提高，相比以往电耗在 $60kWh/m^2$ 左右的小体量学校、办公楼、和小商店，公共建筑的平均电耗就持续增加。这一部分建筑由于建筑体量和形式约束导致的空调、通风、照明和电梯等用能强度远高于普通公共建筑，这也是我国公共建筑能耗强度持续增长的重要原因。

4. 农村住宅

2020 年农村住宅的商品能耗为 2.29 亿 tce，占全国当年建筑总能耗的 22%，其中电力消耗为 3446 亿 kWh，此外，农村生物质能（秸秆、薪柴）的消耗约折合 0.9 亿 tce。随着城镇化的发展，2001—2020 年农村人口从 8.0 亿减少到 5.1 亿人，而农村住宅建筑的规模已经基本稳定在 230 亿 m^2 左右，近年来实际已经开始缓慢下降。

近年来，随着农村电力普及率的提高、农村收入水平的提高，以及农村家电数量的增加，农村户均电耗呈快速增长趋势。例如，2001 年全国农村居民平均每百户空调器拥有台数仅为 16 台/百户，2019 年已经增长至 71 台/百户，不仅带来空调用电量的增长，也导致了夏季农村用电负荷尖峰的增长。随着北方地区“煤改电”工作的开展和推进，北方地区冬季供暖用电量和用电尖峰也出现了显著增长，详见《中国建筑节能年度发展研究报告 2020（农村住宅专题）》。同时，越来越多的生物质能被散煤和其他商品能源替代，这就导致农村生活用能中生物质能源的比例迅速下降。

作为减少碳排放的重要技术措施，生物质以及可再生能源利用将在农村住宅建筑中发挥巨大作用。在《能源技术革命创新行动计划（2016—2030 年）》中，提出将在农村开发生态能源农场，发展生物质能、能源作物等。在《生物质能发展“十三五”规划》中，明确了我国农村生物质用能的发展目标，“推进生物质成型燃料在农村炊事供暖中的应用”，并且将生物质能源建设成为农村经济发展的新型产业。同时，我国于 2014 年提出《关于实施光伏扶贫工程工作方案》，提出在农村发展光伏产业，作为脱贫的重要手段。如何充分利用农村地区各种可再生资源丰富的优势，通过整体的能源解决方案，在实现农村生活水平提高的同时不使商品能源消耗同步增长，加大农村非商品能利用率，既是我国农村住宅节能的关键，也是我国能源系统可持续发展的重要问题。

近年来随着我国东部地区的雾霾治理工作和清洁取暖工作的深入展开，各级政府和相关企业投入巨大资金增加农村供电容量、铺设燃气管网、将原来的户用小型燃煤锅炉改为低污染形式，农村地区的用电量和用气量出现了大幅增长。关于农村地区电和天然气的消耗量的数据详见《中国建筑节能年度发展研究报告2020（农村住宅专题）》。农村地区能源结构的调整将彻底改变目前农村的用能方式，促进农村的现代化进程。利用好这一机遇，科学规划，实现农村能源供给侧和消费侧的革命，建立以可再生能源为主的新的农村生活用能系统，将对实现我国当前的能源革命起到重要作用。

1.2.2 建筑建造能耗

随着我国城镇化进程不断推进，民用建筑建造能耗也迅速增长。大规模建设活动的开展使用大量建材，建材的生产进而导致了大量能源消耗和碳排放的产生，是我国能源消耗和碳排放持续增长的一个重要原因。

根据清华大学建筑节能研究中心的估算结果，2020年中国民用建筑建造能耗为5.2亿tce，占全国总能耗的10%。中国民用建筑建造能耗从2004年的2.4亿tce增长到2016年的5.7亿tce，后逐渐回落至2020年的5.2亿tce，如图1-10所示。由于近年来民用建筑总竣工面积趋稳并缓慢下降，民用建筑建造能耗自2016年起逐渐下降。在2020年民用建筑建造能耗中，城镇住宅、农村住宅、公共建筑分别占比为71%、6%和23%。

实际上，建筑业不仅包括民用建筑建造，还包括生产性建筑建造和基础设施建设，例如公路、铁路、大坝等的建设。建筑业建造能耗主要包括各类建筑建造与基础设施建设的能耗。根据清华大学建筑节能研究中心的估算结果[1]，2020年中国建筑业建造能耗为13.5亿tce，占全社会一次能源消耗的百分比高达27%。2004年至2020年，中国建筑业建造能耗从接近4亿tce增长到13.5亿tce，如图1-11所示。建材生产的能耗是建筑业建造能耗的最主要组成部分，其中钢铁和水泥的生产能耗占到建筑业建造总能耗的70%以上。

---

[1] 估算方法见《中国建筑节能年度发展研究报告2019》附录。

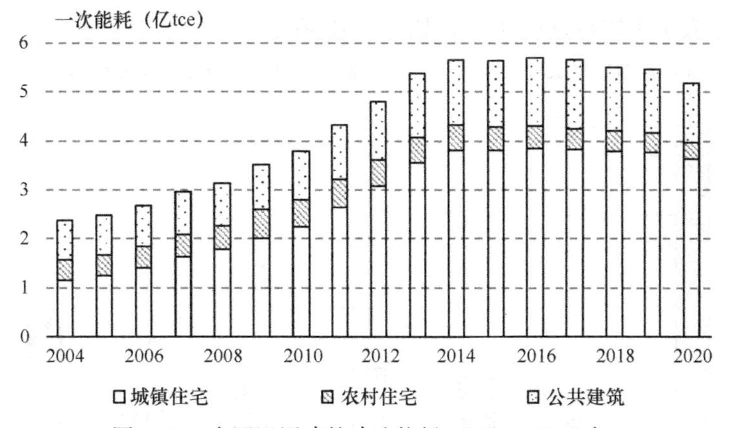

图 1-10　中国民用建筑建造能耗（2004—2020 年）

数据来源：清华大学建筑节能研究中心估算。仅包含民用建筑建造❶。

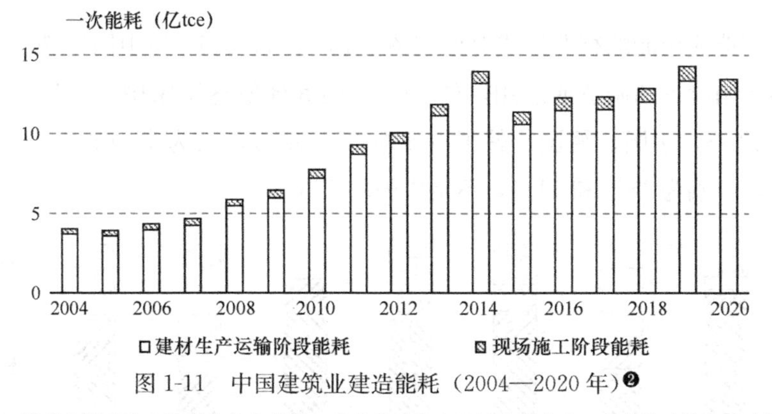

图 1-11　中国建筑业建造能耗（2004—2020 年）❷

数据来源：清华大学建筑节能研究中心估算。建筑业，包含民用建筑建造、生产性建筑和基础设施建造。

我国快速城镇化的建造需求不仅直接带动能耗的增长，还决定了我国以钢铁、水泥等传统重化工业为主的工业结构，这也是我国目前单位工业增加值能耗高的重要原因。2017 年中国制造业单位增加值能耗为 6.4tce/万元（2010 年 USD 不变价❸），而在主要发达国家中，法国、德国、日本、英国制造业单位增加值能耗均低于 2tce/万元（2010 年 USD 不变价），美国、韩国制造业单位增加值能耗相对较高，分别为 3.1tce/万元（2010 年 USD 不变价）和 4.5tce/万元（2010 年 USD 不

❶　建筑竣工面积的数据来源为《中国建筑业统计年鉴》建筑业企业统计口径的数据。

❷　建材用量数据来自《中国建筑业统计年鉴》。

❸　指美元不变价，不变价为反映不同年份之间实物量变化而采用的价格形式，以避免产品价格变动造成的影响。

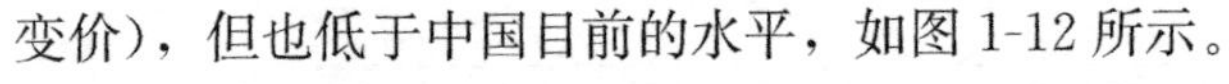

变价)，但也低于中国目前的水平，如图1-12所示。

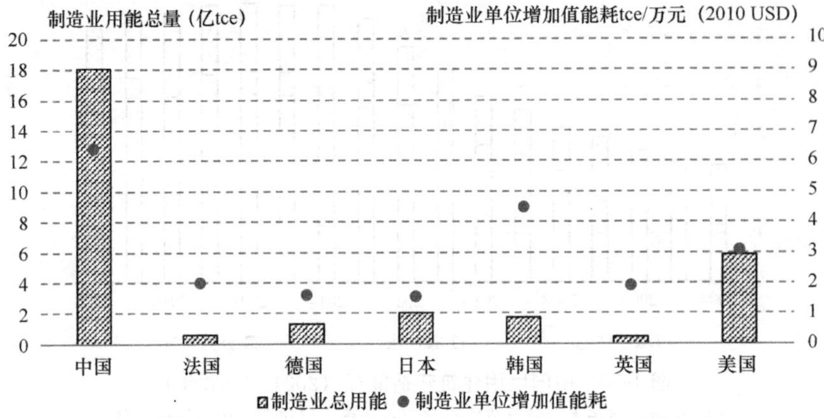

图1-12　制造业用能总量及单位增加值能耗对比[1]

各国制造业用能的行业构成对比如图1-13所示，2017年中国钢铁、有色、建材三大行业用能占到制造业总用能的54%，而其他发达国家中，除日本占比较高达到38%之外，法国、德国、韩国占比在27%左右，仅为中国的一半，而英国、美国的占比分别为18%和11%，不足中国的1/3。

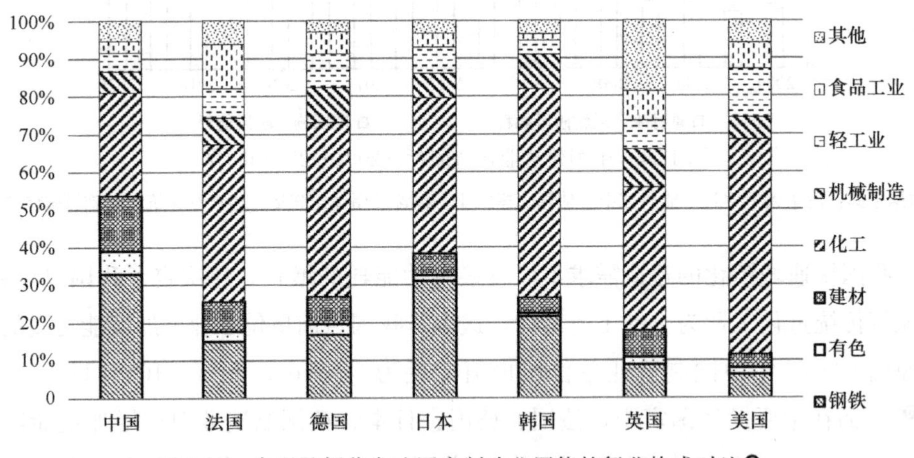

图1-13　中国及部分发达国家制造业用能的行业构成对比[2]

对比我国各制造业子行业单位增加值用能如图1-14所示，钢铁、有色、建材

---

[1] 各国制造业用能数据来源于IEA world energy balance数据库，并按照中国能源平衡表口径进行折算，将能源行业自用能、高炉用能、化工行业化石燃料非能源使用等计入工业能源消费，能耗总量采用电热当量法折算；制造业增加值数据来自世界银行数据库。

[2] 各国制造业能耗结构来自IEA world energy balance数据库，并按照中国能源平衡表口径进行折算。

等传统重工业的单位增加值能耗远高于机电设备制造（包括通用设备制造、专用设备制造、汽车制造、计算机通信设备制造等行业），同时也显著高于轻工业、食品工业。

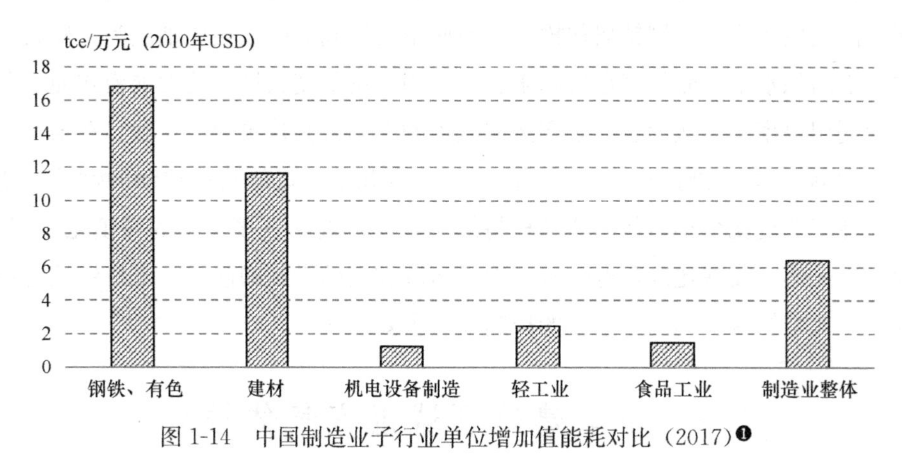

图 1-14 中国制造业子行业单位增加值能耗对比（2017）[1]

大规模的建设活动是导致上述工业结构状况的重要原因。2020 年我国由于建筑业用材生产所造成的工业用能约 14 亿 tce，从 2013 年到 2020 年，建筑业相关用材生产能耗在工业总能耗中的比重均在 40%左右，如图 1-15 所示。我国快速城镇化造成的大量建筑用材需求，是导致我国钢铁、建材、化工等传统重工业占比高的重要原因。

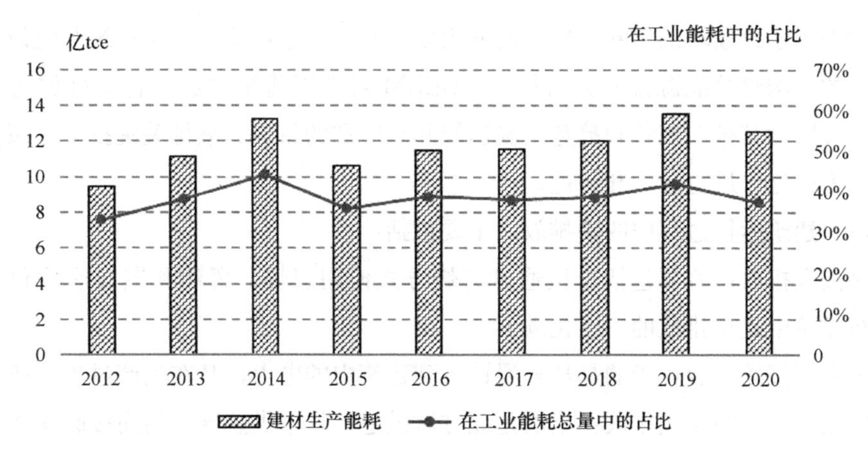

图 1-15 中国建筑业用材生产能耗[2]

---

[1] 数据来源：国家统计局，中国统计年鉴 2018。

[2] 建筑业用材这里主要考虑了钢材、水泥、铝材、玻璃、建筑陶瓷五类。

目前，我国城镇化和基础设施建设已初步完成，今后大规模建设的现状将发生转变。2020年我国城镇地区的人均住宅面积是33m²/人，已经接近亚洲发达国家日本和韩国的水平，仍然远低于美国水平。我国在城镇化过程中已经逐渐形成了以小区公寓式住宅为主的城镇居住模式，因此不会达到美国以独栋别墅为主模式下的人均住宅面积水平。而从城市形态来看，我国高密集度大城市的发展模式使公共建筑空间利用效率高，从而也无必要按照欧美的人均公共建筑规模发展。在未来，只要不“大拆大建”，维持建筑寿命，由城市建设和基础设施建设拉动的钢铁、建材等高能耗产业也就很难再像以往那样持续增长。因此，在接下来的城镇化过程中，避免大拆大建，发展建筑延寿技术，加强房屋和基础设施的修缮，维持建筑寿命对于我国产业结构转型和用能总量的控制具有重要意义。

1.3 中国建筑领域温室气体排放

2020年，中央明确提出我国二氧化碳排放力争2030年前达到峰值，力争2060年前实现碳中和。2020年国务院印发《2030年前碳达峰行动方案》，明确指出要开展城乡建设碳达峰行动。因此，需要对城乡建设领域相关的碳排放进行科学界定和定量分析，以指导建筑领域碳达峰、碳中和技术路径的选择和工作方案的制订。

本书将建筑领域的温室气候排放分为以下几类，采用清华大学建筑节能研究中心建立的中国建筑能源排放分析模型CBEEM对中国建筑领域的各类排放进行计算，并分别对其排放现状和趋势、碳达峰和碳中和的目标、减排关键技术、减排路径与政策措施，进行分析和讨论。

（1）建筑运行过程中的碳排放，主要包括：

直接碳排放：主要包括直接通过燃烧方式使用燃煤、燃油和燃气这些化石能源，在建筑中直接排放的二氧化碳。

电力间接碳排放：指的是从外界输入到建筑内的电力，其在生产过程中所相应的碳排放。热力间接碳排放：指的是北方城镇地区集中供热导致的间接碳排放，北方城镇地区的集中供暖系统采用热电联产或集中燃煤燃气锅炉提供热源，其中：燃煤燃气锅炉排放的二氧化碳完全归于建筑热力间接碳排放，热电联产电厂的碳排放按照其产出的电力和热力的㶲来分摊（参见国家标准《民用建筑能耗标准》GB/T 51161—2016)，将热力相关的碳排放归于建筑热力间接碳排放。

（2）建筑建造和维修导致的间接碳排放：指的是民用建筑建造及维修拆除过程中由于建材生产和运输、建筑施工过程中的间接碳排放，这部分碳排放也是由于建筑业的建造活动所引起的，属于建筑领域的碳排放责任，但一般在统计中归为工业的碳排放。

（3）建筑运行过程中的非二氧化碳类温室气体排放：指的是除了二氧化碳以外，建筑领域由于制冷热泵设备的制冷剂泄漏所造成的温室气体效应，折合为二氧化碳当量进行表示。

1.3.1 建筑运行能耗相关的二氧化碳排放

建筑能源需求总量的增长、建筑用能效率的提升、建筑用能种类的调整以及能源供应结构的调整都会影响建筑运行相关的二氧化碳排放。建筑运行阶段消耗的能源种类主要以电、煤、天然气为主，其中：城镇住宅和公共建筑这两类建筑中70%的能源均为电，以间接二氧化碳排放为主，北方城镇中消耗的热电联产热力也会带来一定的间接二氧化碳排放；而北方供暖和农村住宅这两类建筑中，能源消耗中使用煤的比例高于电，在北方供暖分项中用煤的比例超过了80%，农村住宅中用煤的比例约为60%，这会导致大量的直接二氧化碳排放。另一方面，随着我国电力结构中零碳电力比例的提升，我国电力的平均排放因子❶显著下降，至2020年的565gCO_2/kWh；而电力在建筑运行能源消耗中比例也不断提升，这两方面都显著地促进了建筑运行用能的低碳化发展。

根据中国建筑能源排放分析模型CBEEM的分析结果，2020年我国建筑运行过程中的碳排放总量为21.8亿tCO_2，折合人均建筑运行碳排放指标为1.5t/人，折合单位面积平均建筑运行碳排放指标为33kg/m^2。总碳排放中，直接碳排放占比27%，电力相关间接碳排放占比52%，热力相关间接碳排放占比21%，见图1-16。

1. 直接碳排放

2020年建筑直接碳排放为6亿tCO_2，其中城乡炊事的直接排放约2亿tCO_2，分户燃气燃煤供暖❷排放约3亿tCO_2，其余还有1亿tCO_2是天然气用于热水、蒸汽锅炉及吸收式制冷造成的直接排放。在6亿tCO_2的直接排放中，农村导致的排放占一半以上。

---

❶ 全国平均度电碳排放因子参考中国电力联合会编著《中国电力年度发展报告2020》。

❷ 指的是城乡住宅建筑中安装的燃气燃煤供暖锅炉，公共建筑中安装的燃煤燃气锅炉，这些燃料直接在建筑中燃烧，导致的碳排放归为建筑的直接碳排放。

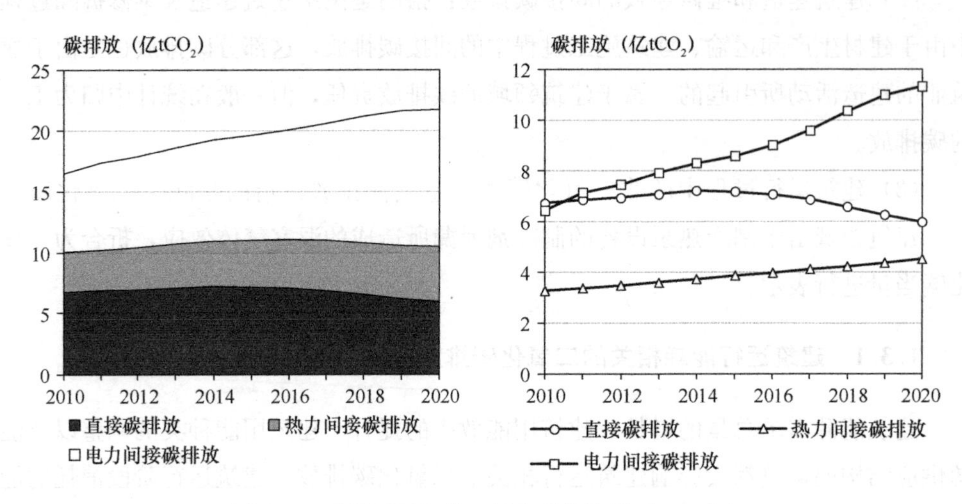

图 1-16 建筑运行相关二氧化碳排放量（2020 年）

近年来随着在农村地区大力推进“煤改电”“煤改气”和清洁供暖，我国建筑领域的直接碳排放已经在 2015 年左右达峰，目前处于缓慢下降阶段。只要在新建建筑中，持续推进电气化转型，建筑领域的直接碳排放就会持续下降，不会出现新的峰值。

建筑领域直接碳排放实现零排放的关键在于推进“电气化”的时间点和力度，预计在 2040—2045 年期间可实现建筑直接碳排放的归零。分析表明，电气化转型在 80%情况不会增加运行费用，并且可在 5 年左右回收设备初投资。因此，推行建筑电气化主要的障碍不是经济成本，而是用能理念认识转变以及炊事文化转变。加大公众对于电气化实现建筑零碳的宣传，在各类新建和既有建筑中推广“气改电”，是实现建筑运行直接碳排放归零的最重要途径。

2. 电力相关间接碳排放

2020 年我国建筑运行用电量为 2 万亿 kWh，电力间接碳排放为 11.3 亿 tCO_2。目前我国建筑领域人均用电量是美国、加拿大的六分之一，是法国、日本等的三分之一左右，单位面积建筑用电量为美国、加拿大的三分之一。生活方式和建筑运行方式的差异，是造成我国与发达国家用电强度差异的最主要原因之一。

近年来建筑用电量增长造成的碳排放增加，超过了电力碳排放因子下降造成的碳排放降低，建筑用电间接碳排放将持续增长，尚未达峰。我国应该维持绿色节约的生活方式和建筑使用方式，避免出现美国、日本等发达国家历史上在经济高速增长期之后出现的建筑用能剧增现象。在 2060 年，我国建筑面积达到 750 亿 m^2 时，建筑用电量3.8万亿kWh，即可满足我国人民对于美好生活的需求和建筑用能。在此基础上，推广“光储直柔”新型电力系统，当每年由于“绿电”比例提升和“光储直柔”建筑比例提升所造成建筑电力间接碳排放降低量，大于由于建筑总规模和建筑用电强度增长所造成的建筑电力间接碳排放增长量时，我国建筑用电间接碳排放可实现达峰。通过全面推广“光储直柔”配电方式，可以使建筑用电的零碳目标先于全国电力系统零碳目标的实现。

3. 热力相关间接碳排放

2020年我国北方供暖建筑面积156亿m^2，建筑运行热力的间接碳排放为4.5亿tCO_2。近年北方地区集中供暖面积和供暖热需求持续增长，但单位面积的供热能耗和碳排放持续下降，北方供暖热力间接碳排放呈缓慢增长趋势。进一步加强既有建筑节能改造，充分挖掘各种低品位余热资源，淘汰散烧燃煤锅炉，可以在2025年左右实现建筑运行使用热力的间接碳排放的达峰。之后随电力部门对剩余火电的零排放改造（CCUS和生物质燃料替代）的逐步完成，可与电力系统同步实现建筑热力间接碳排放的归零。

为了实现这一目标，要持续严抓新建建筑的标准提升和既有建筑的节能改造，使北方建筑冬季供暖平均热耗从目前的0.35GJ/m^2降低到0.3GJ/m^2以下，从而减少需热量。2020—2035年期间：主要通过集中供热系统末端改造以降低回水温度，从而有效回收热电厂余热和工业低品位余热。通过现有热源供热能力的挖潜，来满足建筑供暖需热量的增加。对北方沿海核电进行热电联产改造，为我国北方沿海法线200km以内地区提供热源。2035年起：配合电力系统火电关停的时间表，同步建设跨季节蓄热工程来解决关停火电厂造成的热源减少问题。至2045年：依靠跨季节蓄热工程，收集核电全年余热、调峰火电全年余热及各类工业排放的低品位余热全年排放的热量。这样可在电力系统实现零碳排放的同时实现建筑热力间接碳排放的零排放。

考虑建筑用能的四个分项，将四部分建筑碳排放的规模、强度和总量表示在图1-17中的方块图中，横向表示建筑面积，纵向表示四单位面积碳排放强度，四个方块的面积即是碳排放总量，四个分项的碳排放总量增长如图1-18所示。可以发现四个分项的碳排放呈现与能耗不尽相同的特点：公共建筑由于建筑能耗强度最高，所以单位建筑面积的碳排放强度也最高，2020年碳排放强度为45.7$kgCO_2/m^2$，随着公共建筑用能总量和强度的稳步增长，这部分碳排放的总量仍处于上升阶段；而北方城镇供暖分项由于大量燃煤，碳排放强度仅次于公共建

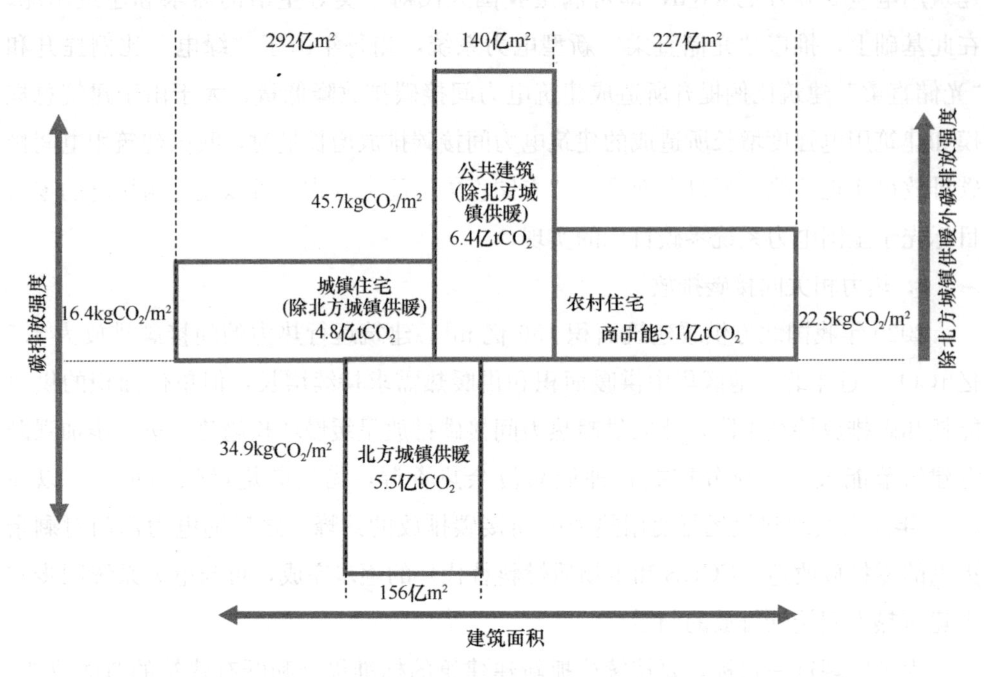

图 1-17 中国建筑运行相关二氧化碳排放量（2020 年）

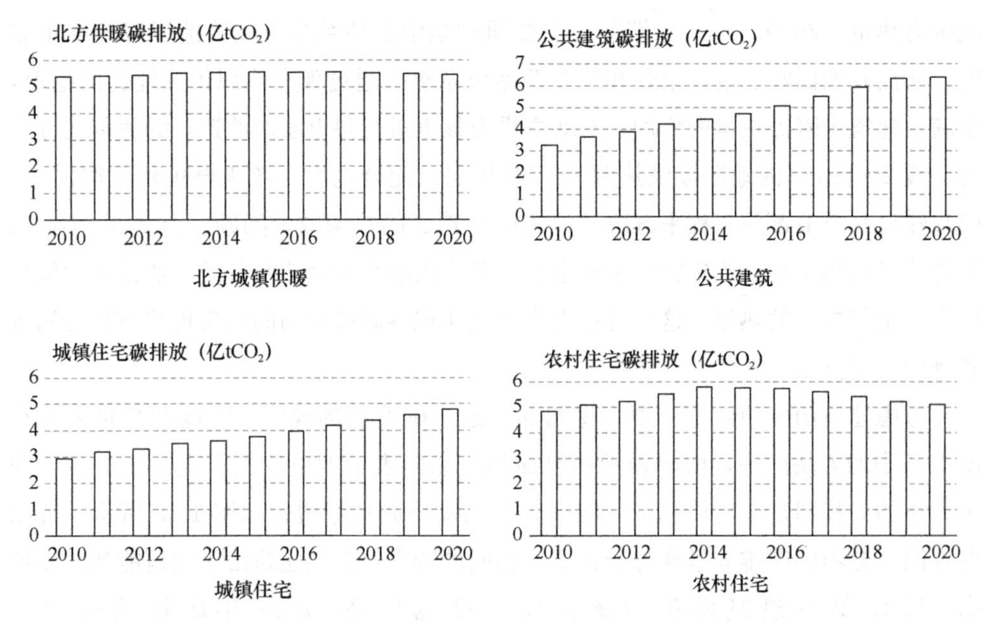

图 1-18 建筑各分项的碳排放（2010—2020 年）

筑，2020 年碳排放强度为 34.9 $kgCO_2/m^2$，由于需热量的增长与供热效率提升、能源结构转换的速度基本一致，这部分碳排放基本达峰，近年来稳定在 5.5 亿 tCO_2 左右；而农村住宅和城镇住宅虽然单位面积的一次能耗强度相差不大，但农村住宅由于电气化水平低，燃煤比例高，所以单位面积的碳排放强度高于城镇住宅：农村住宅单位建筑面积的碳排放强度为 22.5$kgCO_2/m^2$，由于农村地区的“煤改电”“煤改气”，农村住宅的碳排放总量已经达峰并在近年来逐年下降；而城镇住宅单位建筑面积的碳排放强度为 16.4$kgCO_2/m^2$，随着用电量的增长而缓慢增长。

1.3.2 建筑建造能耗相关二氧化碳排放

随着我国城镇化进程不断推进，民用建筑建造能耗也迅速增长。建筑与基础设施的建造不仅消耗大量能源，还会导致大量二氧化碳排放。其中，除能源消耗所导致的二氧化碳排放之外，水泥的生产过程排放❶也是重要组成部分。

2020 年我国民用建筑建造相关的碳排放总量约为 15 亿 tCO_2，主要包括建筑所消耗建材的生产运输用能碳排放（77%）、水泥生产工艺过程碳排放（20%）和现场施工过程中用能碳排放（3%），见图 1-19。尽管这部分碳排放是被计入工业和交通领域，但其排放是由建筑领域的需求拉动，所以建筑领域也应承担这部分碳

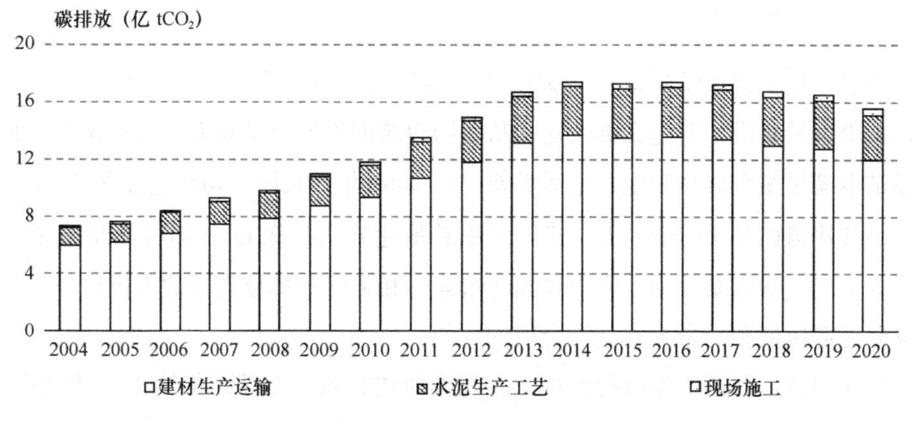

图 1-19 中国民用建筑建造碳排放（2004—2020 年）❷

数据来源：清华大学建筑节能研究中心估算。仅包含民用建筑建造。

---

❶ 指水泥生产过程中除燃烧外的化学反应所产生的碳排放。

❷ 更新了水泥生产工艺排放因子。

排放责任，并通过减少需求为减排做贡献。随着我国大规模建设期过去，每年新建建筑规模减小，民用建筑建造碳排放已于2016年达峰，近年呈逐年缓慢下降的趋势。

实际上，由于我国仍处于城镇化建设阶段，除民用建筑建造外还有各项基础设施的建造，2020年我国建筑业建造相关的碳排放总量约40亿tCO_2，接近我国碳排放总量的三分之一，见图1-20。其中，民用建筑建造的碳排放占我国建筑业建造相关碳排放的约40%。

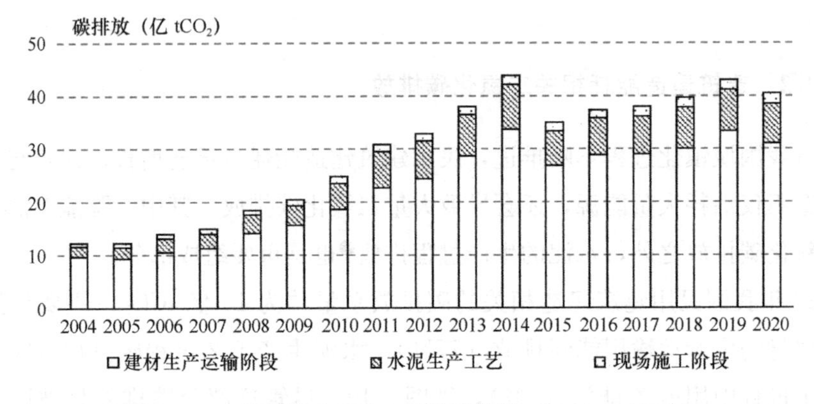

图1-20 中国建筑业建造二氧化碳排放（2004—2020年）

数据来源：清华大学建筑节能研究中心估算。建筑业，包含民用建筑建造、生产性建筑和基础设施建造。

为了尽早实现建筑建造相关碳排放的零排放，首先应该合理控制建筑总量规模，减少过量建设，避免大拆大建。从我国建筑面积的总量和人均指标来看，目前已经基本满足城乡居住和生产生活需要。到2060年，我国人均住宅面积40m^2/人，人均公共建筑面积15.5m^2/人，建筑面积总量达到750亿m^2，即可满足未来城乡人口的生产生活需要。为了实现我国建筑建造相关的碳排放责任的零排放，需要对建筑的建造速度和总量规模进行合理的规划。

与此同时，我国的建设行业将由大规模新建转入既有建筑的维护与功能提升。从图1-2可以看出，近年来我国城乡建筑的竣工量和拆除量可以发现：2000年初期年竣工远大于年拆除量，由此形成建筑总量的净增长，满足对建筑的刚性需求；而近几年，尽管每年的城镇住宅和公共建筑竣工面积仍然维持在30亿～40亿m^2，但每年拆除的建筑面积也已经达到将近20亿m^2。这也表明我国房屋建造已经从增加房屋供给以满足刚需转为拆旧盖新以改善建筑性能和功能，“大拆大建”已成为建筑业的主要模式。然而根据统计，拆除的建筑平均寿命仅为三十几年，远没有达到建筑结构寿命。大拆大建的主要目的是提升建筑性能和功能，优化土地利用。其背后巨大的驱动力为高额的土地价格。然而，如果持续这样地大拆大建，就会使建造房屋不再是一段历史时期的行为而成为持续的产业。那么由此导致的对钢铁、建材的旺盛需求也将持续下去，那么钢铁和建材的生产也将持续地旺盛下去，由此形成的碳排放就很难降下来了。实际上，与大拆大建相比，建筑的加固、维修和改造也可以满足功能提升的需要，但如果不涉及结构主体，就不需要大量钢材水泥，由此导致的碳排放要远小于大拆大建。改变既有建筑改造和升级换代模式，由大拆大建改为维修和改造，可以大幅度降低建材的用量，从而也就减少建材生产过程的碳排放。建筑产业应实行转型，从造新房转为修旧房。这一转型将大大减少房屋建设对钢铁、水泥等建材的大量需求，从而实现这些行业的减产和转型。基于未来民用建筑总量规划的目标，考虑合理的建设速度，由“大拆大建”逐渐转型至“以修代拆，精细修缮”，可以实现我国建造业的平稳着陆，民用建筑建造相关碳排放可逐渐降低至 2 亿 tCO_2。再进一步通过新型建材、新型结构体系技术的应用，有望于 2050 年实现建筑建造的零排放。

1.3.3 建筑领域非二氧化碳温室气体排放

除二氧化碳外，建筑中制冷空调热泵产品所使用的制冷剂也是导致全球温升的温室气体，因此，制冷空调热泵产品的制冷剂泄漏带来的非二氧化碳温室气体排放也是建筑碳排放的重要组成部分。我国建筑领域非二氧化碳气体排放主要来自家用空调器、冷/热水机组、多联机和单元式空调中含氟制冷剂的排放。现阶段我国常用含氟制冷剂主要包括 HCFCs 和 HFCs，主要是 R22、R134a、R32 和 R410A 等，具体种类见表 1-2。HFCs 类物质由于其臭氧损耗潜值为零的特点，曾被认为是理想的臭氧层损耗物质替代品，被广泛用作冷媒，但其全球变暖潜值（GWP，global warming performance）较高，具体见表 1-3，因此也是建筑领域的非二氧化碳温室气体排放的主要来源。

我国现阶段常用 HCFCs 和 HFCs 等制冷剂 **表 1-2**

制冷领域	HCFCs	HFCs	其他
房间空调器	HCFC-22	R410A、R32	
单元/多联式空调机	HCFC-22	R410A、R32、R407C	
冷水机组/热泵	HCFC-22	R410A、R134a、R407C	

续表

制冷领域	HCFCs	HFCs	其他
热泵热水机	HCFC-22	R134a、R410A、R407C、R417A、R404A	CO_2
工业/商业制冷	HCFC-22	HFC-134a、R404A、R507A	NH_3、CO_2
运输空调	HCFC-22	HFC-134a、R410A、R407C	
运输制冷	HCFC-22	HFC-134a、R404A、R407C	

几种常见制冷剂的GWP值 **表1-3**

制冷剂类型	制冷剂名称	蒙特利尔协定标准GWP值
HFCs 氢氟碳化物	HFC-134a	1430
	HFC-32	675
HFC 氢氟烃混合物	R404A	3922
	R410A	2088
	R407C	1774
HCFCs 含氢氯氟烃	HCFC-22	1810
	HCFC-123	79

基于清华大学建筑节能研究中心CBEEM模型估算结果，2019年中国建筑空调制冷所造成的制冷剂泄漏相当于排放约1.1亿$tCO_{2\text{-eq}}$，2020年排放约1.3亿$tCO_{2\text{-eq}}$，主要来自家用空调器的维修、拆解过程和商用空调的拆解过程。

非二氧化碳温室气体问题是与二氧化碳同样重要的影响气候变化的重要问题，需要建筑部门认真对待。尤其是随着我国二氧化碳排放达峰和中和进程的推进，非二氧化碳温室气体占全球温室气体排放总量的比例会逐渐增长。对于建筑领域来说，非二氧化碳温室气体排放对于建筑领域实现气候中和的重要性也会逐渐加大。2021年9月15日，《基加利修正案》对中国正式生效，修正案规定了HFCs削减时间表，包括我国在内的第一组发展中国家应从2024年起将受控用途HFCs生产和使用冻结在基线水平，并逐步降低至2045年不超过基线的20%。随着我国进一步城镇化和人民生活水平的提升，我国未来制冷设备的总拥有量还将有一个快速增长期。这使得建筑领域的非二氧化碳温室气体减排面临巨大挑战。

为降低建筑相关非二氧化碳温室气体排放，应主要从以下几方面开展工作：

（1）积极推动低GWP制冷剂的研发和替代工作

制冷剂替代对于我国制冷空调产业影响巨大，选择合理的制冷剂替代既要考量制冷剂替代导致的非二氧化碳温室气体直接减排，也要考虑制冷剂替代可能的能效降低及由此导致的电力间接二氧化碳排放增加。在替代路线选择中应综合考虑各种因素，确定适合我国不同应用的制冷剂 GWP 限值和切换时间点。需要注意的是，新型低 GWP 工质（HFOs）的专利多不在我国企业手中，不合理替代路线选择可能导致我国制冷空调热泵产业支付大量专利费用，削弱行业竞争力。因此，发展我国自主知识产权低 GWP 替代工质和工艺迫在眉睫，在制冷剂替代中应重点考虑我国掌握专利权或已权利公开的制冷剂。

在中小容量制冷空调热泵领域，发展低温室效应 HFC 及其混合物替代物，天然工质（HCs、氨、二氧化碳等）将是未来的重要发展方向，也更适合我国国情。二氧化碳就是可选择天然工质制冷工质，由于它的三相临界点温度为 31.2℃，所以其热泵工况是变温地释放热量而不是像其他类型工质那样以相变状态的温度放热，这就使得工质与载热媒体有可能匹配换热，从而提高热泵效率。近二十年来，采用二氧化碳工质的热泵产品获得了巨大成功。由于二氧化碳工质工作压力高，对压缩机和系统的承压能力提出很高要求，而我国在此方面的制造技术还有所欠缺。这需要将其作为解决非二氧化碳温室气体排放的一个重要任务，组织多方面合作攻关，尽早发展出自己的成套技术和产品。

对于在可将制冷装置单独放置并和人员保持适当距离的工商业制冷领域，具有一定安全性风险但热力学性能好的天然工质（氨等）具有良好前景。氨是人类最初采用气体压缩制冷时就使用的制冷剂。后来由于安全性等问题，逐渐退出其制冷应用。在考虑氟系的制冷剂替代中，氨就又重新回到历史舞台。通过多项创新技术，可以克服氨系统原来的一些问题，未来在冷藏冷冻、空调制冷领域氨很可能会占有一定的市场。

但在大型冷水机组领域，我国目前尚无能避开他国限制的制冷剂替代物。目前，美国企业已研发出可满足未来长期替代使用的超低 GWP 的 HFO 制冷剂。中国需要在研发新制冷剂和开发 HFO 制冷剂的新生产工艺等方面开展工作，争取及早摆脱被动局面。并应优先攻克大型冷水机组用 R134a 替代制冷剂。

（2）对维修和报废过程中的制冷剂进行严格管理

基于可获得数据分析显示，现阶段我国各类制冷产品主要的泄漏都发生在维修、维护过程和设备的最终拆解过程。

运行过程泄漏。制冷工质只有排放到大气中才会产生温室效应。如果通过改进密封工艺，可以实现空调制冷运行过程中的无泄漏，就可以实现运行过程中的零排放。随着我国制冷空调产品生产和安装技术的不断进步，我国运行过程中的制冷剂泄漏已大幅降低。尤其是数量巨大的房间空调器采用R32和R290等可燃或微可燃制冷剂后，空调器在内的所有的制冷空调热泵几乎都由专门技术人员安装和维护，因此，安装和运行过程中的制冷剂泄漏量大幅降低。对于静态制冷空调热泵设备，由于不存在摇晃、振动等影响，管路能一直维持在较低泄漏率。据估算，单纯运行过程的制冷剂年泄漏率可低至0.3%。

维修、维护过程泄漏。对于大型制冷热泵装置，由于制冷剂充注量多，在维修、维护过程中，一般将制冷剂抽出或保存于非维修设备中，制冷剂泄漏量小。但对于房间空调器类似小型空调设备，一旦制冷系统发生故障需要维修，大部分情况下都会将制冷剂全部排向大气环境。据估算，每年家用空调器维修、维护导致的等效年泄漏介于0.8%～1.6%。

设备最终拆解的泄漏。设备拆解过程处理不当将有大量制冷剂排向大气，是制冷剂泄漏最为重要的环节。目前，虽然我国在大型制冷空调热泵机组上实施明确的回收要求，实际进行回收并再生使用的比例仍然很低。而小型空调设备拆解的完全对空排放仍是普遍现象。

因此，规范维修过程并回收拆解过程的制冷剂是关键核心，我国应该尽快建立制冷剂的回收及再利用政策机制与技术体系。目前，我国制冷剂的年回收量不到年使用量的1%，而日本等国家的制冷剂回收率在30%左右。究其原因，主要在于我国目前未建立完善的制冷剂回收体系，再生企业无法获得足量的回收制冷剂进行生产，导致制冷剂再生费用高，再生制冷剂相对新生产制冷剂无价格优势，反向抑制了制冷剂回收和再生的意愿。因此，加强监管并建立相关的政策、经济推动体系和技术体系是推动制冷剂回收、再生、再利用和消解的关键。

(3) 积极推动无氟制冷热泵技术

除此以外，发展新的无氟制冷技术，在一些不能避免泄漏、不易管理的场合完全避免使用非共氟类制冷工质，也是减少制冷剂泄漏造成的温室气体效应的一条技术路径。目前全球各国均在研发非蒸气压缩制冷热泵技术。在干燥地区采用间接式蒸发冷却技术，可以获得低于当时大气湿球温度的冷水，满足舒适性空调和数据中心冷却的需要且大幅度降低制冷用电量。利用工业排出的100℃左右的低品位热量，通过吸收式制冷，也可以获得舒适空调和工业生产环境空调所要求的冷源且由于使用的是余热，可以产生节能效益。此外，固态制冷技术，如热声制冷、磁制冷、半导体制冷等，由于完全不用制冷工质且直接用电驱动制冷，具有巨大的发展潜力。近年来，固态制冷技术在理论、技术上都出现重大突破，制冷容量增加，效率提高，可应用范围也在逐步向建筑部门渗透。

非二氧化碳类温室气体排放问题的解决，会导致建筑中冷冻冷藏、空调制冷技术的革命性变化，实现技术的创新性突破，值得业内关注。

1.4 全球建筑领域能源消耗与温室气体排放

1.4.1 全球建筑运行能耗

根据国际能源署（IEA，International Energy Agency）对于全球建筑领域用能及排放的核算结果（如图 1-21 所示），2020 年全球建筑业建造（含房屋建造和基础设施建设）和建筑运行相关的终端用能占全球能耗的 36%，其中建筑建造的终端用能占全球能耗的比例为 6%，建筑运行占全球能耗的比例为 30%；2020 年全球建筑业建造（含房屋建造和基础设施建设）相关二氧化碳排放占全球总 CO_2 排放的 10%，建筑运行相关二氧化碳排放占全球总 CO_2 排放的 27%。

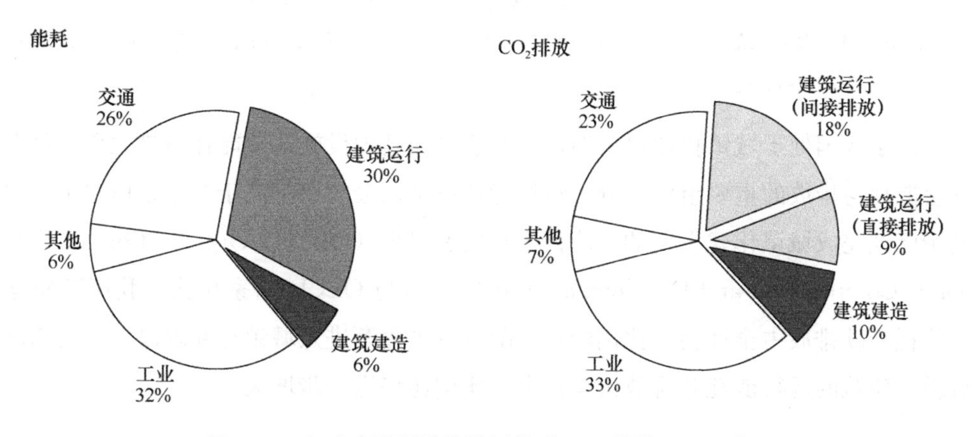

图 1-21 全球建筑领域终端用能及 CO_2 排放（2020 年）

数据来源：International Energy Agency，2021 Global status report for buildings and construction. 建筑业，包含民用建筑建造，生产性建筑和基础设施建造。本图使用 IEA 直接提供的各领域终端能源消耗数据，指将供暖用热、建筑用电与终端使用的各能源品种直接相加合得到，电力按照电热当量法进行折算。这种折算方法与后文中各国建筑能耗对比中使用的折算方法有所不同，因此在对比数据时需要区别看待。

根据清华大学建筑节能研究中心对于中国建筑领域用能及排放的核算结果：2020年中国建筑建造和运行用能[1]占全社会总能耗的32%，与全球比例接近。但中国建筑建造占全社会能耗的比例超过10%，高于全球6%的比例。建筑运行占中国全社会能耗的比例为21%，仍低于全球平均水平，未来随着我国经济社会发展及生活水平的提高，建筑用能在全社会用能中的比例还将继续增长。另一方面，从CO_2排放角度看，2020年中国建筑建造和运行相关二氧化碳排放占中国全社会能源活动总CO_2排放量的比例约32%，其中建筑建造占比为13%，建筑运行占比为19%（图1-22）。

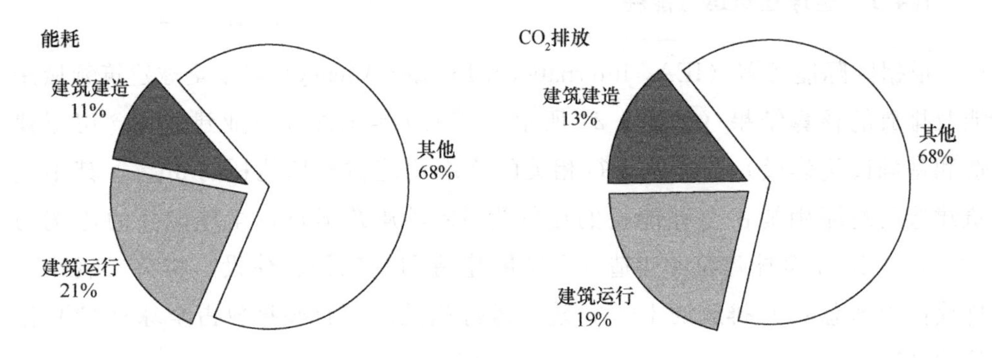

图1-22　中国建筑领域用能及CO_2排放（2020年）

数据来源：清华大学建筑节能研究中心CBEEM模型估算。建筑业，包含民用建筑建造，生产性建筑和基础设施建造。

由于我国处于城镇化建设时期，因此建筑和基础设施建造能耗与排放仍然是全社会能耗与排放的重要组成部分，建造能耗占全社会的比例高于全球整体水平，也高于已经完成城镇化建设期的经济合作与发展组织（OECD，Organization for Economic Co-operation and Development）国家。但与OECD国家相比，我国建筑运行能耗与碳排放占全社会的比例较低。随着我国逐渐进入城镇化新阶段，建设速度放缓，建筑的运行能耗和排放占全社会的比例还将进一步增大。

1.4.2　建筑能耗与排放的边界及对比研究方法

开展各国对比是认识我国建筑能耗水平、分析我国建筑能耗未来发展趋势并设计建筑节能路径的重要手段。本节对全球各国的建筑运行能耗、碳排放数据进行了

[1] 按照一次能耗方法折算，将供暖用热、建筑用电按照火力供电煤耗系数折算为一次能源消耗之后，再与终端使用的其他各能源品种加合。

全面收集和对比分析。进行各国建筑能耗对比需要收集两大类数据：一类是人口、户数和建筑面积等数据，一类是建筑能源消耗数据，主要建筑运行阶段使用的电力、热力、煤炭、天然气和其他燃料总量。本节中外对比研究所收集的全球及各国建筑能源相关数据主要来自两类：

（1）国际组织和机构的数据库：主要包括国际能源署（IEA）数据库、Odyssee数据库、世界银行（World Bank）数据库、欧洲统计（Eurostat）数据库等。

（2）各国的官方统计数据：例如日本数据主要来源于日本统计局发布的《2021年日本统计手册》和《2021年日本统计年鉴》；美国数据主要来源于能源信息署（Energy Information Administration）定期对全国代表性建筑开展的调查和每年发布的统计数据；加拿大数据主要来源于加拿大自然资源部（Natural Resources Canada）；韩国数据主要来源于韩国国土交通省的建筑信息统计和KOSIS数据；印度数据主要来源于印度国家统计局（NSO）及印度政府统计和计划执行部（MoSPI）。

（3）还有一些公开的研究报告和文献也对各国的建筑能源排放开展了研究，并提供了定量数据，也作为本书的重要支撑和参考。

1. 建筑能耗计算

在分析和对比建筑能耗时，需要将建筑使用的各类能源进行加合得到总的建筑能耗，在转换时一般有以下几种方法：

按电热当量法折算。即将各国建筑中使用的电力统一按热功当量折算，以标准煤为单位的折算系数为0.1229kgce/kWh。这种方法忽略了不同能源品位的高低，例如按照我国2020年全国供电标准煤耗，供1kWh的电力需要306gce，故以电热当量法计算得到的相同“数量”的电力做功能力是大于其他能源品种的，因而不能科学的评价能源转换过程。

按各国火力供电的一次能耗系数折算。火力供电系数的一次能耗系数是用于火力发电的煤油气等一次能源消费量与火力供电量的比值。各国火力供电煤耗主要取决于发电能源结构和机组容量，对于火力供电煤耗较小的国家，说明该国火力发电的能源结构使得发电效率较高，提供等量电力所需消耗的一次能源少，并不能代表该国在建筑终端的能源消耗少。例如2020年我国供电煤耗306gce/kWh，处于世界先进水平的意大利火力供电煤耗为275gce/kWh。因此采用各国不同的火力供电煤耗进行国与国之间终端能源消耗的横向对比会受到各国火力供电效率的干扰，以此得到的计算结果是不具可比性的。

按各国平均供电的一次能耗系数折算。平均供电的一次能耗系数是用于发电的所有能源品种的一次能源消费量与全社会总发电量的比值。随着发电结构中可再生电力比例的不断增加，水电、核电等可再生电源的比例增加，也会使得平均供电的一次能耗系数大幅下降。对于可再生能源占比大的国家，例如法国核电占全国发电量约70%，若仍采用平均发电一次能耗法将电力折算为一次能源，核算电力供给侧的能源消耗将不具意义。然而本节核算的是终端消费侧的能源消耗，对于核电和可再生电力占比大的国家，其平均度电煤耗很小，计算出的一次能耗也很小，只能说明该国化石能源的消费量小，并不能说明该国终端能源的实际消费量很小，故考虑到服务于本节的目的，各国平均度电煤耗也是不适用的。

采用统一的供电一次能耗系数折算。各国火力供电煤耗的差异是由于各国发电能源结构、机组容量和发电效率的差异，为避免各国能源系统和供电效率的差异干扰建筑终端能源消耗的横向对比，可统一采用一个相同的折算系数来进行折算，例如统一采用中国的火力供电煤耗系数。

本节的中外对比，主要是为了研究各国在建筑中使用的实际能源消耗总量和强度指标，因此宜采用统一的供电一次能耗系数来对各国的建筑用能进行折算。为了方便，本节统一采用当年中国的火力供电煤耗系数将电力折算为标准煤，这样可以排除各国电源结构和发电效率差异对衡量终端实际用能量的影响。为保证数据可比性以及更好地反映实际用能情况，本节中的能耗数据仅包括商品能，采用一次能耗。

2. 建筑碳排放计算

本节各国建筑运行碳排放数据来源于IEA和清华大学建筑节能研究中心CBEEM模型计算的结果。在计算建筑运行碳排放总量时，考虑了直接碳排放、建筑用电的间接碳排放和建筑用热的间接碳排放。在计算建筑电力间接碳排放时，采用发电总碳排放量除以总发电量，折算得到平均度电的碳排放因子，采用此碳排放因子来折算建筑电力相关间接碳排放。在计算建筑用热碳排放时，也采用类似的方法。

对于建筑运行碳排放，各国都提出了实现建筑领域碳排放降低的目标，各国由于国情不同，实现建筑碳中和的技术路线和重点也有所不同。为了计算和分析各国建筑领域在实现碳中和目标时面对的不同问题，采用各国自己的电力和热力碳排放因子进行折算。因此，各国能源结构的差异、能源效率的差异都会影响建筑运行的碳排放量总量和强度。

1.4.3 各国建筑领域能源消耗与碳排放

1. 各国建筑运行能耗

图 1-23 给出了统一按照中国火力供电一次能源系数折算的各国建筑一次能耗总量（气泡图面积）、人均建筑能耗（横轴）和单位面积建筑能耗（纵轴）。从建筑运行能耗气泡图中可以发现，我国的建筑运行用能总量已经与美国接近，但用能强度仍处于较低水平，无论是人均能耗还是单位面积能耗都比美国、加拿大、欧洲及日本韩国低得多。在应对气候变化，降低碳排放的背景下，各国都在开展能源转型，其重要措施就是实现建筑领域的电气化，以低碳可再生电力替代常规化石能源消耗，图 1-24 给出了各国建筑领域的电力消耗和非电能源消耗量。从图 1-24 中可以看出，我国人均用电量是美国、加拿大的六分之一，我国的单位面积建筑用电量也仅为美国、加拿大的三分之一左右；我国人均非电能源强度是美国的三分之一左右，

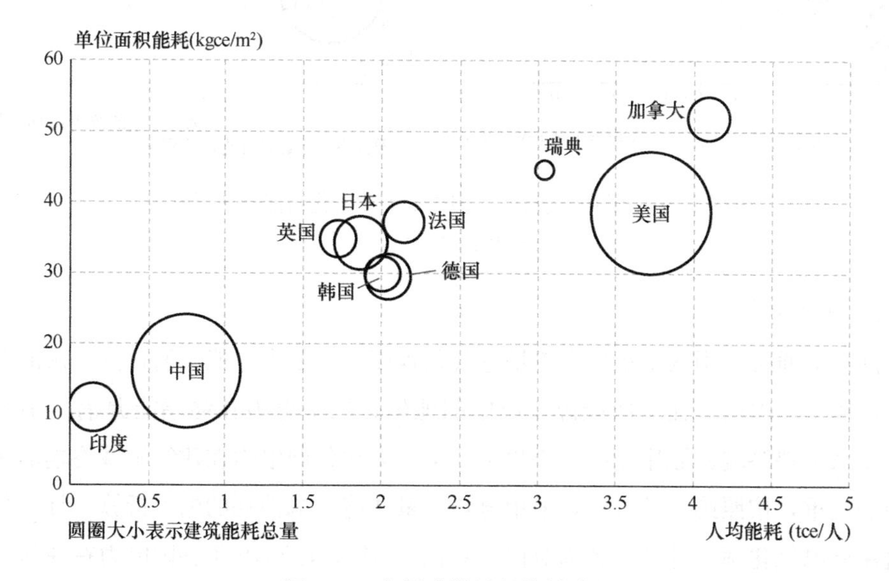

图 1-23 各国建筑运行能耗对比

数据来源：清华大学建筑节能研究中心 CBEEM 模型，IEA 各国能源平衡表，Energy Efficiency Indicators 数据库（2021 edition），世界银行 WDI 数据库，印度 Satish Kumar（2019）❶。中国为 2020 年数据，加拿大与瑞典为 2018 年数据，其他国家均为 2019 年数据。建筑能耗总量中各国消耗的电力按照中国火力供电煤耗系数折算为一次能耗。

❶ Satish Kumar et al.（2019）. Estimating India's commercial building stock to address the energy data challenge. Building Research & Information，2019，47，24-37.

单位面积非电能源强度与日本韩国相近，是美国的二分之一左右。考虑我国未来建筑节能低碳发展目标，我国需要走一条不同于目前发达国家的发展路径，这对于我国建筑领域的低碳与可持续发展将是极大的挑战。同时，目前还有许多发展中国家正处在建筑能耗迅速变化的时期，中国的建筑用能发展路径将作为许多国家路径选择的重要参考，从而进一步影响到全球建筑用能的发展。

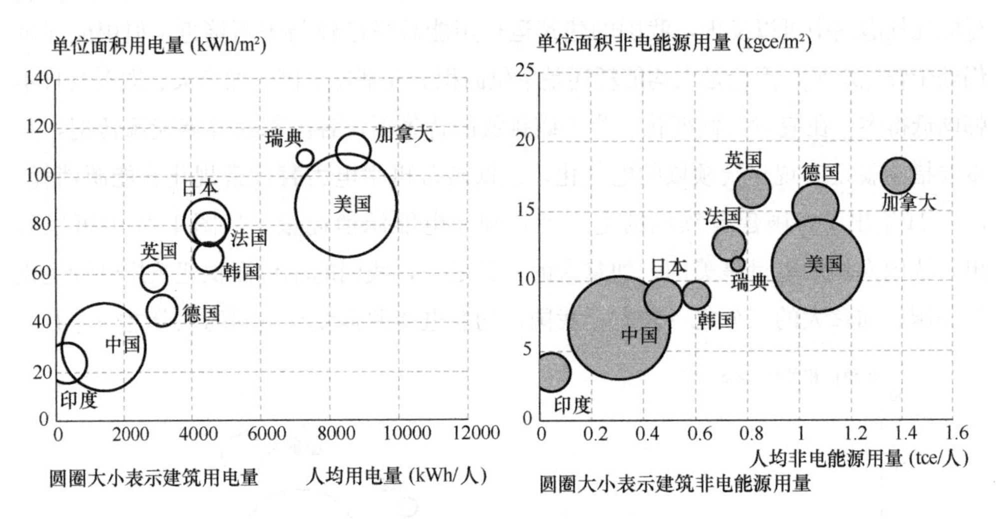

图 1-24 各国建筑运行的用电量和非电化石能源消耗量

数据来源：同图 1-23。

2. 电气化率

国际上通常采用两个指标来衡量电气化程度：一是发电能源消费占一次能源的比重，用来反映电力在一次能源供应中的地位；二是电力在终端能源消费中的比重，用来反映终端领域用能的电气化率。本节对比各国电力在建筑领域终端能源消费中的比重，按照第二种方法，采用电热当量法将终端消耗的电力折算，计算得到建筑用能电气化率，并进行各国对比。对比 2001 年至 2019 年各国电力在建筑领域终端能源消费中的比重，如图 1-25 所示。瑞典、美国、日本、加拿大建筑领域的电气化率始终处于较高水平，自 21 世纪起就已超过 40%，并仍保持稳定增长的趋势。法国、韩国的电气化率发展速度快，从 2001 年的 30%左右迅速增长，如今已超过 40%。英国和德国建筑领域的电气化率较为平稳，增长速度慢，主要是由于这两个国家目前仍保留了一定比例的化石能源用于建筑供暖。中国建筑领域电气化率从 2001 年的 17%迅速增长，至 2019 年已达到 35%，已经超过英国与德国，并处于高速增长阶段。

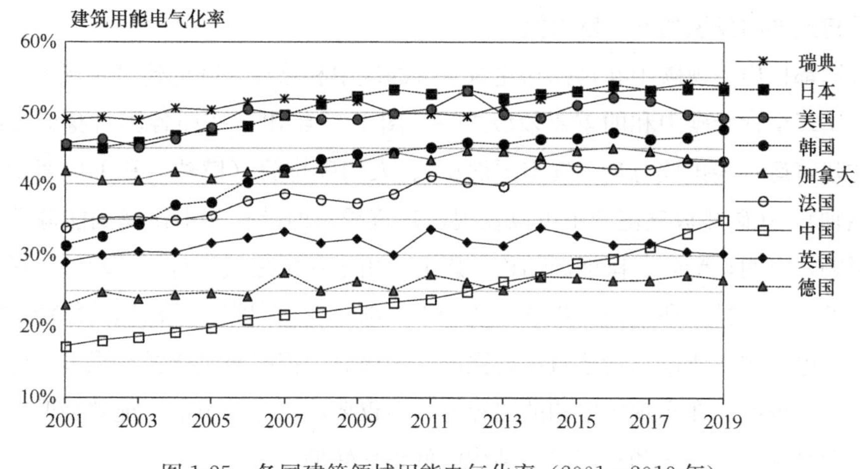

图 1-25 各国建筑领域用能电气化率（2001—2019 年）

3. 各国建筑碳排放

各国人均总碳排放与建筑部门碳排放占比如图 1-26 所示。从图中可得，目前我国人均总碳排放（包括工业、建筑、交通和电力等部门）略高于全球平均水平，但仍然低于美国、加拿大等国。从人均建筑运行碳排放指标来看，也略高于全球平均水平，但显著低于发达国家，这主要是因为我国仍处于工业化和城镇化进程中，建筑碳排放占全社会总碳排放的比例仍然低于发达国家。近年来，我国应对气候变化的压力不断增大，建筑部门也需要实现低碳发展、尽早达峰，如何实现这一目

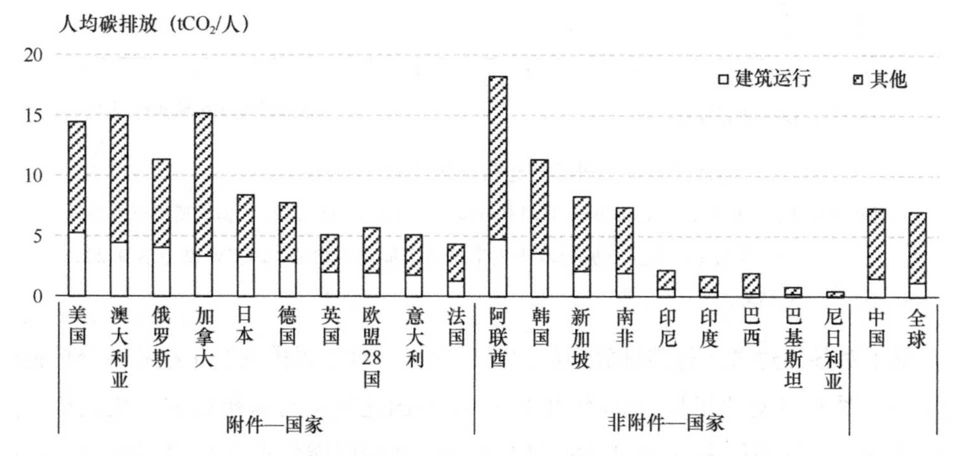

图 1-26 各国人均碳排放与建筑部门碳排放占比对比

数据来源：IEA，CO_2 Emissions from Fuel Combustion Highlights 2020 数据库所提供的各国 2019 年数据，中国数据为清华大学建筑节能研究中心 CBEEM 模型估算 2020 年结果。

注：附件为《联合国气候变化框架公约》中的附件。

标，是建筑部门发展的又一巨大挑战。

各国都提出实现碳中和目标和建筑领域的碳中和路径，降低建筑领域的碳排放量也是实现全社会碳中和的重要领域之一。图 1-27 给出了按照各国自身能源结构折算的建筑运行碳排放总量（气泡图面积）、人均碳排放（横轴）和单位面积碳排放（纵轴）。从碳排放气泡图中可以发现，建筑领域的碳排放不仅受到能源消耗总量的影响，也明显受到各国能源结构的影响。由于我国建筑运行能耗较低，所以建筑运行的人均碳排放和单位面积碳排放低于大部分发达国家。但法国的能源结构以低碳的核电为主，所以尽管建筑用能强度比中国高，但折算到碳排放强度实际比中国低。这也说明，在实现碳中和的路径上，不仅要注意建筑节能、能效提升，也要实现能源系统的低碳化和建筑用能结构的低碳化转型。

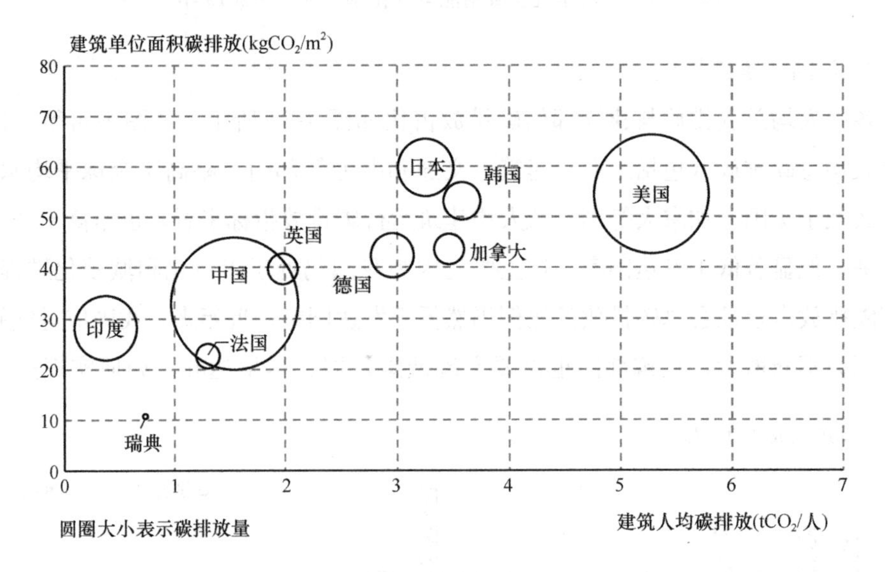

图 1-27 中外建筑运行碳排放对比（2019 年）

数据来源：IEA，CO_2 Emissions from Fuel Combustion Highlights 2020 数据库所提供的各国 2019 年数据，中国数据为清华大学建筑节能研究中心 CBEEM 模型估算 2020 年结果。

除了对各国建筑运行碳排放现状的对比分析，对于碳排放变化趋势的分析也颇为重要，图 1-28 对比了从 2000 年和 2019 年各国建筑运行碳排放的变化趋势。图 1-28 中虚线的圆圈代表 2000 年的碳排放数据，实线圆圈代表 2019 年的数据。此图反映了各国建筑运行人均碳排放和单位面积碳排放在近 20 年的变化趋势，根据变化趋势可以将这些国家分为三类：①第一类包括美国、加拿大、德国、英国、法国

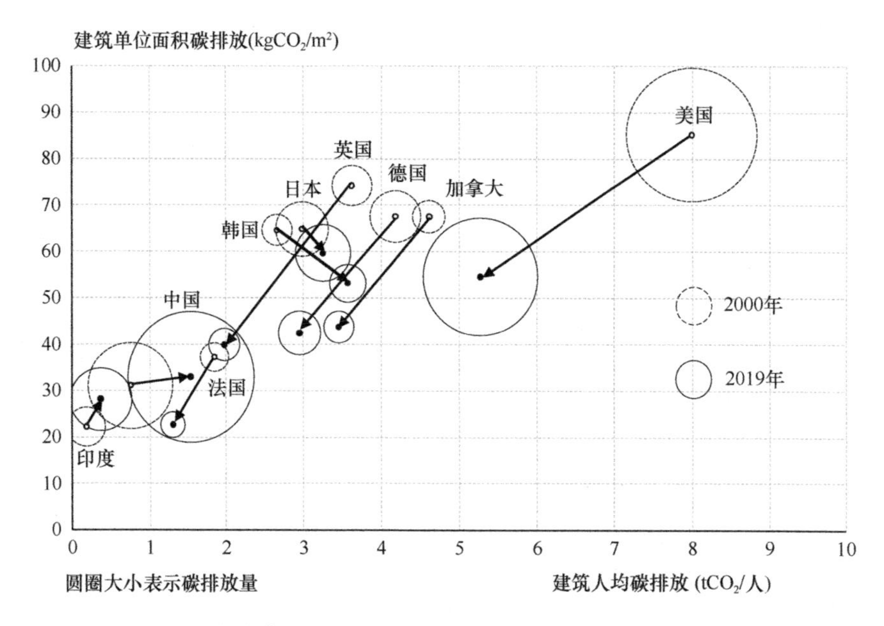

图 1-28 中外建筑运行碳排放变化趋势对比（2000 年和 2019 年）

数据来源：IEA，CO_2 Emissions from Fuel Combustion Highlights 2020 数据库提供的各国 2000 至 2019 年数据，中国数据为清华大学建筑节能研究中心 CBEEM 模型估算 2020 年结果。

等，共同特点是这些国家的建筑运行碳排放总量、人均碳排放、单位面积碳排放均呈下降趋势。这一方面得益于人均和单位面积能耗的降低，另一方面也是因为各国积极推动能源结构转型，大力发展零碳电力。②第二类的代表国家是韩国和日本，近 20 年其碳排放总量增加、人均碳排放增加，而单位面积碳排放减小。分析原因，日韩两国建筑碳排放总量近年来缓慢增长，但由于近 20 年人口增长率极低，日本人口已出现负增长，人口的增长速度小于碳排放的增长速度，而建筑面积的增长速度大于碳排放的增长速度，从而使得这两国均出现人均碳排放、单位面积碳排放变化趋势不一致的现象。③第三类的代表国家是中国和印度，近 20 年碳排放总量、人均碳排放和单位面积碳排放均呈增长趋势。近 20 年中国和印度均处于高速发展阶段，用能强度也在不断增长，为了尽早实现碳达峰，中国、印度等发展中国家应在控制能源消费总量的同时抓紧推动能源系统的低碳转型。

第 2 篇　公共建筑发展理念
——面向双碳目标的新要求与挑战

第2章 公共建筑专篇

2.1 公共建筑面积及类型发展趋势

过去二十年，我国公共建筑面积存量迅速增长，从 2001 年的约 38 亿 m^2 增长到 2020 年的约 140 亿 m^2。办公建筑和商场建筑为目前公共建筑的主要类型，2020 年分别占比 34%和 23%，其次为学校建筑，占比 16%，医院和酒店建筑占比较小，分别为 5%和 4%。

从增长趋势上来看，2010 年以来，我国商场建筑存量的面积增长速度迅速提高，2001 年到 2010 年之间存量面积约增长 6 亿 m^2，而 2010 年到 2020 年之间，存量面积增长了 20 亿 m^2，增量是 21 世纪第一个十年的 3 倍以上，如图 2-1 所示。

竣工面积也反映了相同的趋势，商场建筑逐年的竣工面积自 2010 年起迅速攀升，从每年不足 1 亿 m^2 迅速增长至每年超过 2.5 亿 m^2，并于 2014 年超过办公建筑成为每年竣工面积最多的公共建筑类型。

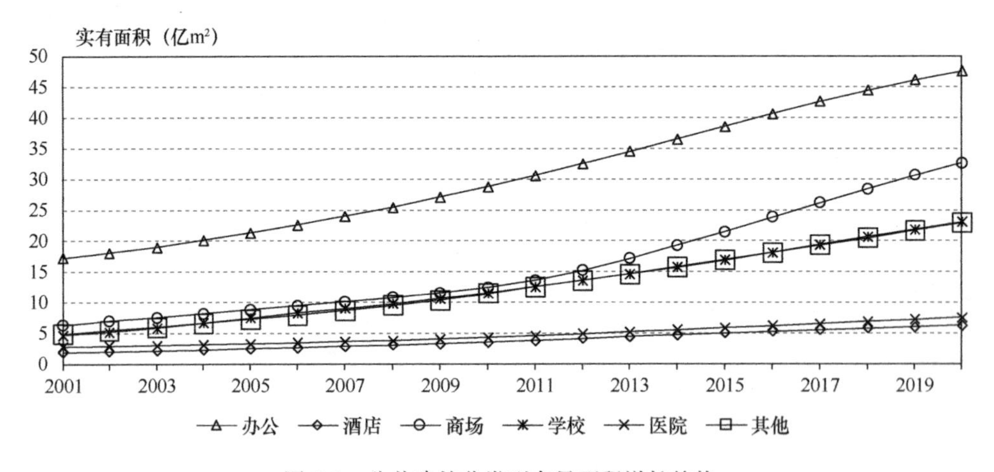

图 2-1　公共建筑分类型存量面积增长趋势

受到我国城镇化建设阶段转换的影响，公共建筑竣工面积自 2016 年起逐年缓慢下降，从每年约竣工 8.5 亿 m^2 下降到约 7.5 亿 m^2。但从结构上来看，不同类型的公共建筑竣工面积变化趋势有所不同。其中办公、商场以及酒店类建筑自 2016 年起就呈持续下降的趋势，但医院、学校以及其他类型的公共建筑竣工面积仍保持上升的趋势，如图 2-2 所示。

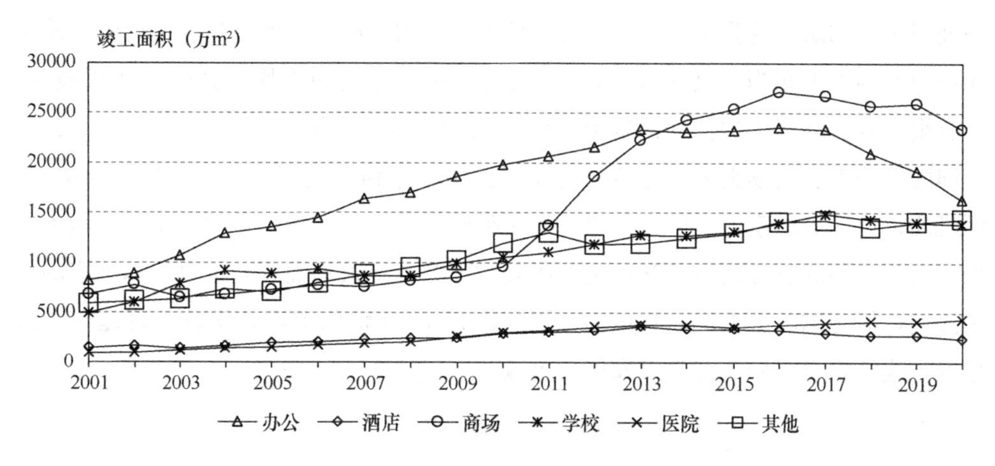

图 2-2 公共建筑分类型竣工面积变化趋势

除上述已注明用途的公共建筑之外，其他类型的公共建筑中主要包括文化、体育娱乐类公共建筑、交通枢纽类公共建筑等类型，由于此类建筑在早年存量较少，因而归为其他类，但近年来，随着社会发展，以交通枢纽建筑为代表的公共建筑存量均迅速增长。我国民用运输机场数量由 2010 年的 175 座增长到 2020 年的 241 座；城市轨道交通投运车站数量由 2015 年的 2236 个迅速增长到 2020 年的 4681 个，实现翻倍增长；每年新增城市轨道交通车站的数目也整体呈现增长趋势，从 2016 年的 435 座增长到 2020 年的接近 700 座，如图 2-3 所示。

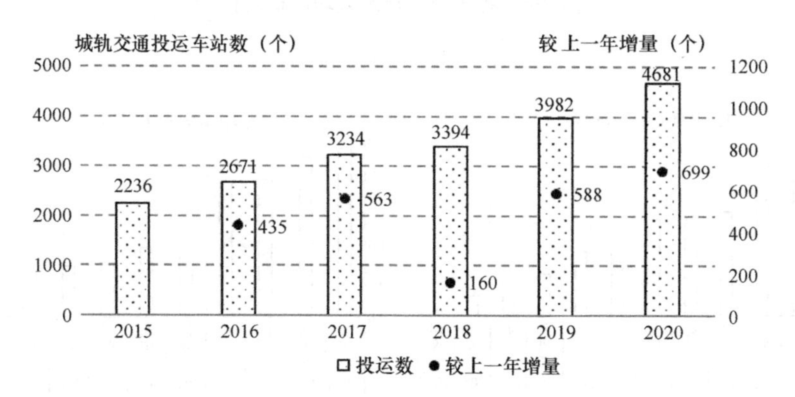

图 2-3 城市轨道交通投运车站数目及逐年增量

上述趋势和我国当前的公共建筑存量结构相符。对比各国公共建筑人均面积，结果如图 2-4 所示。美国、荷兰、丹麦、芬兰、德国、加拿大几个国家的人均公共建筑面积最大，均大于 20m²/人，瑞士、新西兰、瑞典几个国家的人均公共建筑面积处于第二梯队，约为 15～20m²/人；日本、法国、英国、西班牙的人均公共建筑面积与我国水平相当，处于 5～15m²/人的量级，印度的人均公共建筑面积很低，仍有很大发展空间。按公共建筑类型统计人均公共建筑面积，结果见图 2-5。目前我国的办公类和商场类公共建筑人均面积已基本达到发达国家水平，数据与法国、西班牙、英国等国家处于同一量级。酒店类建筑的人均面积仍显著低于发达国家水平，约为美国的五分之一。学校类、医院类公共建筑人均面积与部分发达国家的水平接近，但与国际上人均面积最大的国家仍有 4～5 倍的差距，学校教育建筑和医疗卫生建筑将是今后公共建筑发展的重点。

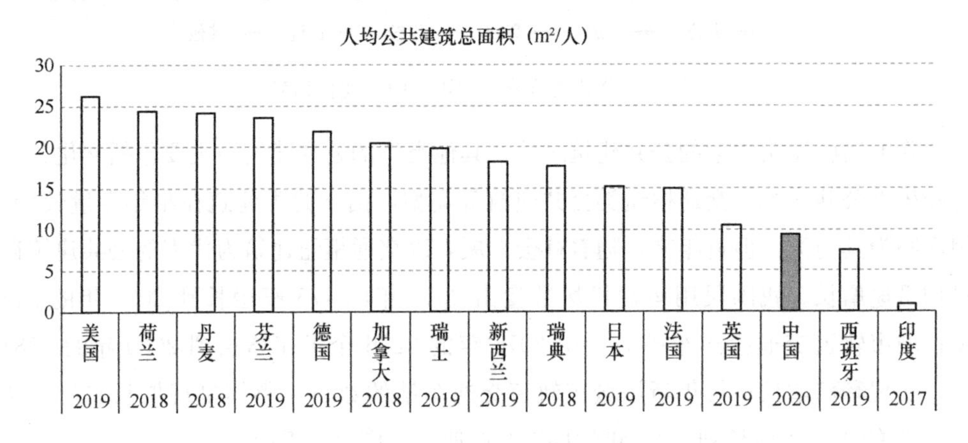

图 2-4 各国公共建筑人均面积对比

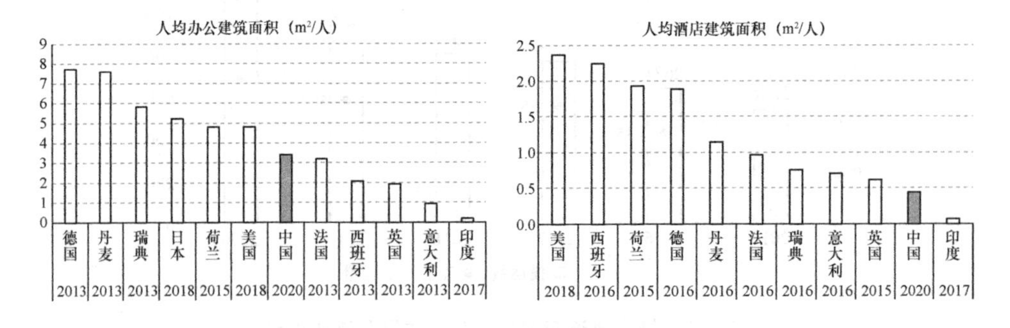

图 2-5 各国不同类型公共建筑人均面积对比（一）

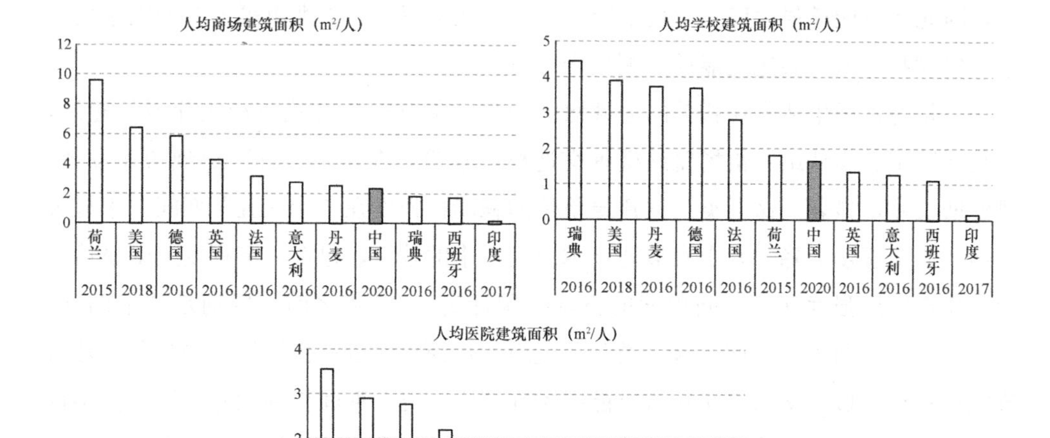

图 2-5　各国不同类型公共建筑人均面积对比（二）

注：1. 日本办公建筑面积数据，原始数据指标为“事务所＋店铺”，故该类型包括了办公建筑与商场建筑，与其他国家统计口径不同。

2. 美国公共建筑共划分为 15 类，按照本图中的分类方式将部分类型公建的数据进行合并。

2.2　公共建筑能耗特征与发展趋势

2.2.1　“十三五”期间公共建筑节能重点领域的变化

“十三五”期间，公共建筑的能耗特征和节能的重点领域也发生了新的变化。随着一批国家科技支撑项目的开展，公共建筑节能技术、方法、理念也发生转变，主要特点有：

一是公共建筑建设和节能的重点领域出现变化。如 2.1 节所述，随着我国城镇化不断发展，未来公共建筑发展重点不再是办公建筑、商场建筑和酒店建筑。特别是受新冠肺炎疫情影响和电商及快递物流发展影响，这三类主要类型公共建筑建筑面积增速放缓，建设规模逐渐达峰。另一方面，这三类公共建筑单位面积能耗强度也出现一定的下降，这是因为一方面新增的公共建筑更加重视节能，控制实际运行能耗，另一方面更多的既有公共建筑在“十三五”期间开展的不同程度的节能改造，因此运行能耗强度确实出现下降，具体可从上海市、深圳市等公布的国家机关办公建筑和大型公共建筑能耗监测报告中看出。

二是与人民生活密切相关的公共服务设施，如学校教育建筑和医疗卫生建筑，以及地铁站、高铁站、机场航站楼等交通枢纽建筑，在“十三五”得到快速发展，规模增长非常显著。这三类公共建筑单位面积能耗强度在“十三五”期间并未显著增加，甚至逐步下降，其中有节能技术应用产生的效果，也在一定程度上受疫情影响，建筑使用强度都有不同程度的下降。预计到2035年之前，特别是“十四五”和“十五五”两个窗口期，这三类公共建筑的规模仍将进一步增长，仍是公共建筑节能的重点领域。交通枢纽建筑节能技术在“十三五”期间得到较好发展，但学校教育建筑和医疗卫生建筑由于单体建筑规模不大、投资建设主体分散，不论是既有建筑的节能改造更新还是新建建筑节能，都需要一个项目、一个项目地具体攻克，没有形成快速复制和推广模式，因此节能工作“雷声大、雨点小”，实际推进缓慢。

三是公共建筑与部分“工业建筑”的边界逐渐模糊，公共建筑节能的领域逐步渗透到对室内环境要求较高的各类建造在“工业用地”或“物流仓储用地”上的建筑。例如随着电商和物流发展以及受疫情影响，仓储物流用地上的“低温冷库”“中温冷库”“高温冷库”和常温仓储空间增长迅速，其节能也越来越受到重视。而电子产品制造、食品生产和生物制药、电池制造等高附加值先进制造业所需的洁净厂房或恒温恒湿车间，其环境控制与工艺过程也大量消耗冷水、热水、蒸汽以及风机电耗、水泵电耗、空气压缩机电耗等，这些工艺环境控制的节能原理与技术手段和公共建筑节能非常相似。而腾讯、阿里、华为、百度等互联网企业的产业园区、办公空间、数据中心等，其能源消耗与节能潜力也巨大，这类“工业建筑”更偏向公共建筑，过去由于其运行能耗成本占营收比例较小，并未受到重视，但随着“双碳”目标深入人心、疫情影响需控制成本，“十四五”期间就会成为节能重点。

四是文化体育类对环境有特殊要求的公共建筑节能潜力大，需要重视。以冬奥会场馆及各地近年来为准备亚运会、大运会、全运会、省运会等兴建的体育场馆、奥体中心为例，其场馆设施建设标准较高，冷热电源配置和暖通空调系统、机电系统等配置都较大。实际举办赛事并不频繁，设备设施长期低负荷运行、大马拉小车低效运行现象非常普遍。特别是室内游泳馆、滑冰馆、甚至室内滑雪馆，还有相应的“工艺要求”，能耗更高。而博物馆等由于展品对环境要求较高，不少博物馆采用四管制空调系统，全年全天24小时运行，而且冷热抵消严重。类似还有植物馆、海洋馆等对室内环境要求较高的公共建筑，其节能潜力也非常大。

五是多种功能混合、多个建筑共同构成的社区、园区、新区节能低碳发展出现新的机遇。过去谈到“区域能源系统”，往往就会想到冷热电三联供、集中供冷等所谓的“节能技术”；然而，经过近二十年的发展和工程实践，通过运行效果、实际发生的能源成本等实际数据检验，证明冷热电三联供系统、“摊大饼、跑马圈地”式集中供冷系统等曾经适合美国建筑使用模式和生活方式的技术，并不适合中国社区、园区、新区的实际需求。清华大学建筑节能研究中心自 2005 年成立以来，在每年的节能学术周、每年的《中国建筑节能年度发展研究报告》中持续不断地用实测数据和理论分析批驳其在中国的适用性，实践证明其确实不适合中国的需求。这种不适合，不是因为中国“经济不发达”“理念不先进”，而是因为中国不论哪一类建筑，都不会按“全时间、全空间供暖空调”“100％依靠机械通风”的美国模式来运行。归根结底是因为中国人、建筑、城市几千年形成的文化，或者说传承的“基因”就是“低碳”的。不破不立，先立后破，对于多种功能混合、多个建筑共同构成的社区、园区、新区等，在实现“双碳”目标的要求下，以光伏发电和各种零碳低品位热量为供应源，建立灵活、分散、协同、共享的能源利用和转换系统，再利用互联网、物联网等新技术实现智慧运维调控，可以实现社区、园区、新区的“零碳运行”，“十四五”和“十五五”期间将出现一批零碳运行园区示范工程接受实践检验，并推广复制。

此外，最重要的变化，就是 2020 年 9 月 22 日习近平主席在联合国大会上提出的“30・60 双碳目标”，这是国家对加强生态文明建设、全面完整准确贯彻新发展理念做出的重大战略部署。作为建筑节能重点领域的公共建筑，需要从强化能耗总量和强度“双控”，发展为能耗与碳排放总量和强度“双双控”；从进一步节能和提升建筑与系统能效，发展为提升建筑用能系统的柔性和韧性、建设“光储直柔”的建筑、社区、园区能源系统，提升可再生能源利用量和吸纳电网可再生电量；从制定规章制度和标准体系，到更加科学和严格的措施；从满足“设计节能”要求，到建立立项、规划、设计、招标投标采购、安装施工、调适验收和持续运维与更新的全过程节能低碳管理体系，尽快大幅度降低各类公共建筑的碳排放强度。目标是公共建筑碳排放总量与建筑面积的增长“解耦”，在“十四五”和“十五五”期间各类公共建筑实际运行能耗和碳排放以及规划建设的新增公共建筑和社区、园区、新区等能源利用过程碳排放持续下降，早达峰、短平台、防翘尾、真创新、稳下降，助力城乡建设领域实现“双碳目标”。

2.2.2 主要类型公共建筑能耗强度变化特点

2007年以来，我国不少省市建立国家机关办公建筑和大型公共建筑能耗监测平台。“十三五”期间，通过对上海市、深圳市、青岛市、厦门市等四个市级公共建筑能耗监测平台，上海市长宁区、黄浦区、徐汇区等三个区级公共建筑能耗监测平台，以及华润置地、大悦城控股、SOHO集团等三个集团能管系统监测平台进行调研，特别是从平台的数据应用效果方面进行了评估，梳理了能耗监测平台数据分析应用过程中遇到的困难及存在的问题，在此基础上提出《公共建筑用能数据与影响因素信息化表述方法标准》，希冀提升公共建筑能耗监测数据的可利用性、活跃度和客户黏性。目前上述平台仍在正常运行并不断改进提升，但受疫情影响，2020年以来能耗监测平台数据和功能更新相对较少。下面从上海市和深圳市最新公布的公共建筑用能监测平台情况报告“管中窥豹”，梳理主要类型公共建筑能耗强度的变化特点，这里公共建筑主要类型涵盖了国家机关办公建筑、商业办公建筑、商场建筑、宾馆饭店建筑、文化教育建筑、医疗卫生建筑、体育建筑、综合建筑等。

1. 上海市

2021年8月23日，由上海市住房和城乡建设管理委员会、发展改革委员会等编制的《2020年上海市国家机关办公建筑和大型公共建筑能耗监测及分析报告》正式发布。报告以上海市国家机关办公建筑和大型公共建筑能耗监测平台（简称“能耗监测平台”）数据为基础，分析了2020年及“十三五”期间，上海市国家机关办公建筑和大型公共建筑能耗监测情况及建筑运行用能特征。

上海市的能耗监测平台自2010年启动建设和逐步拓展完善，已完成了1个市级平台、17个区级分平台和1个市级机关分平台在内的较为完整的公共建筑能耗监测系统。截至2020年12月31日，上海全市累计共有2017栋公共建筑完成用能分项计量装置的安装并实现与能耗监测平台的数据联网，覆盖建筑面积9208.3万m^2，其中国家机关办公建筑200栋，占监测总量的9.9%，覆盖建筑面积369.2万m^2；大型公共建筑1817栋，占监测总量的90.1%，覆盖建筑面积8839.1万m^2。“十三五”期间，能耗监测平台新增联网建筑共计729栋，新增建筑面积近3500万m^2。上海市建筑科学研究院通过国家科技支撑项目的支持，在此基础上发展了全国绿色建筑能耗大数据平台，同时进行了一定的创新。

根据数据统计结果，2020年上海市与能耗监测平台联网的公共建筑年总用电量约为 85.5 亿 kWh，折合碳排放量约 673.7 万 t CO_2。按不同类型建筑分别统计，办公建筑、商场建筑、综合建筑与旅游饭店建筑等传统类型公共建筑用电总量较大、比例较高，但受疫情影响，2020 年全年的用电强度，即单位面积年平均用电量为 93kWh/m²。受疫情期间建筑内运行时长缩短及人流减少等因素影响，2020 年 1～4 月的公共建筑能耗情况明显低于 2019 年同期，但随着国内复工复产的推进以及疫情得到有效控制，5 月开始，能耗水平有了明显增长，恢复至 2019 年同期相近水平，如图 2-6 所示。

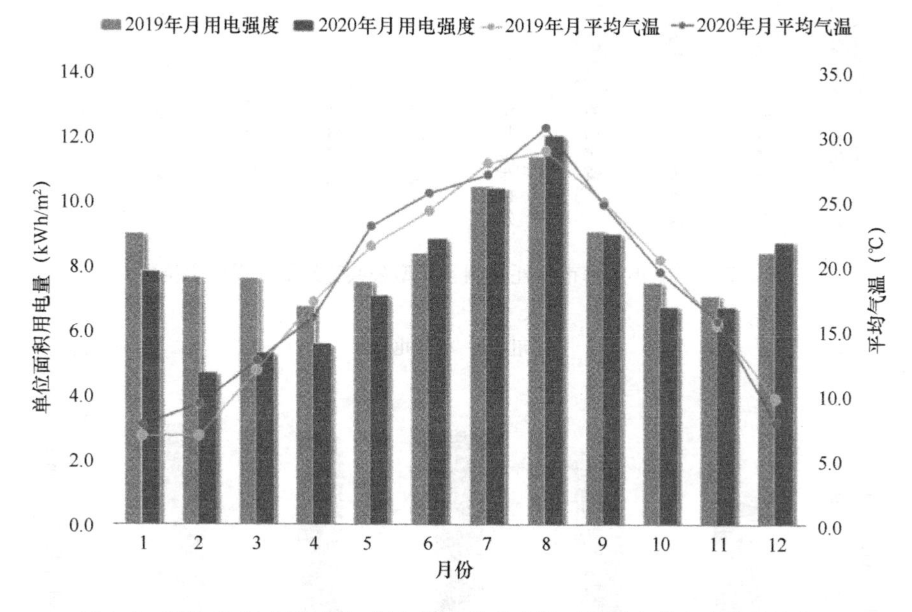

图 2-6　对比 2019 年和 2020 年上海市公共建筑逐月用电强度及月平均外温

2020 年，上海市与能耗监测平台联网的各类公共建筑用电强度如图 2-7 所示，文化建筑、体育建筑和其他建筑因上传数据样本量有限，用电量数据仅供参考。可以看出，商场建筑和医疗卫生建筑仍然是能耗强度最高的两类公共建筑，而教育建筑的能耗强度最低。文化体育类建筑中，不同细分类型的公共建筑实际能耗强度差别很大，未来可进一步统计分析。

此外，从“十三五”期间公共建筑总体能耗强度和总量的变化看，各类公共建筑的能耗总量接近达峰，能耗强度出现波动，没有明显的涨幅，部分类型公共建筑能耗强度有所下降，说明“十三五”期间，公共建筑单位面积能耗得到了较有效的控制。这与上海市在公共建筑能耗监测、能源审计、节能改造、能效提升等监管工作的持续推进，以及广大建筑业主节能意识的提高不无关系，如图 2-8、图 2-9 所示。

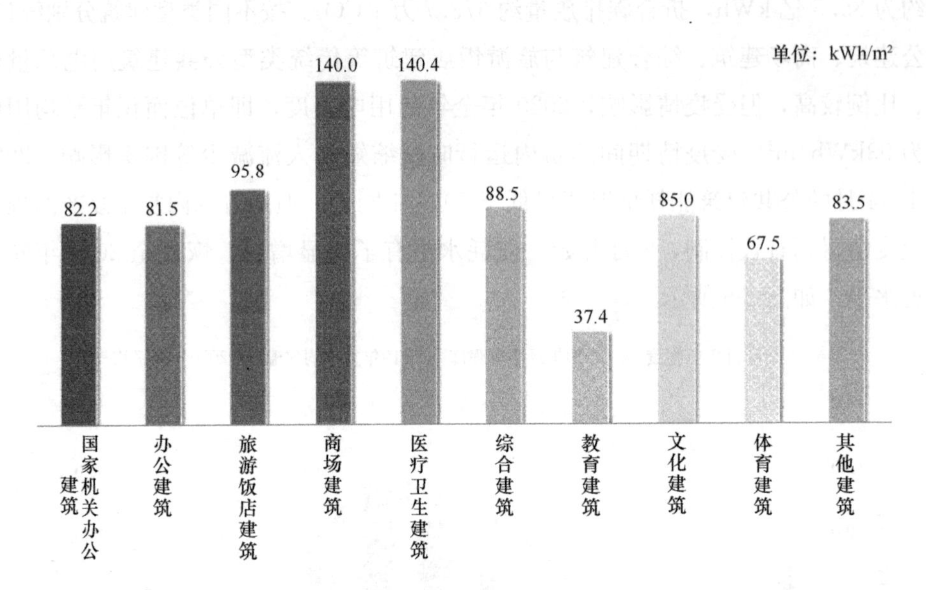

图 2-7　2020 年上海市能耗监测各类型公共建筑能耗强度中位数

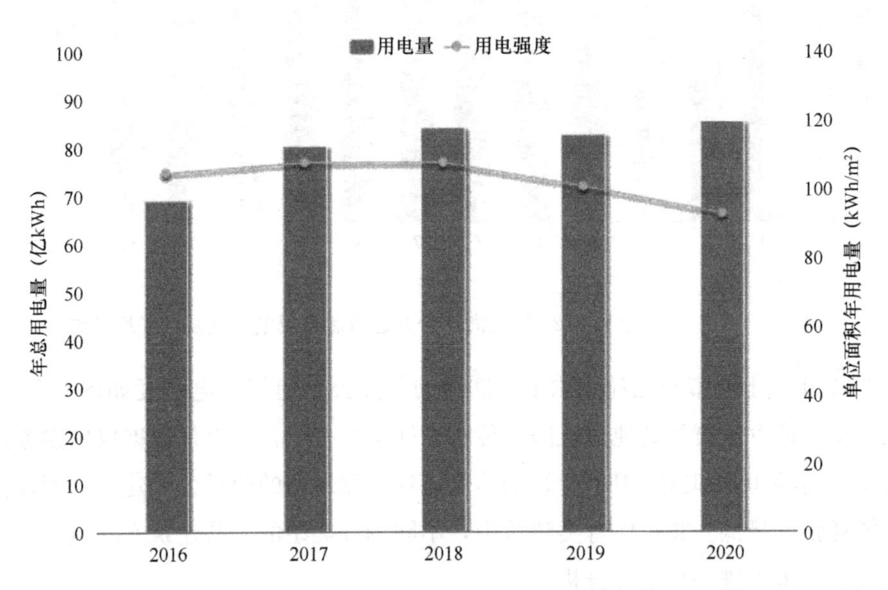

图 2-8　“十三五”期间上海市能耗监测公共建筑用电总量和单位面积用电强度变化

通过以上的工作可以看出，公共建筑节能虽然只能通过一个项目、一个项目去做，但持之以恒，必有成效。“十四五”期间随着国家和各城市碳达峰行动方案的落实落地，预计各类公共建筑的能耗强度、碳排放强度等将会有大幅度下降，拭目以待。

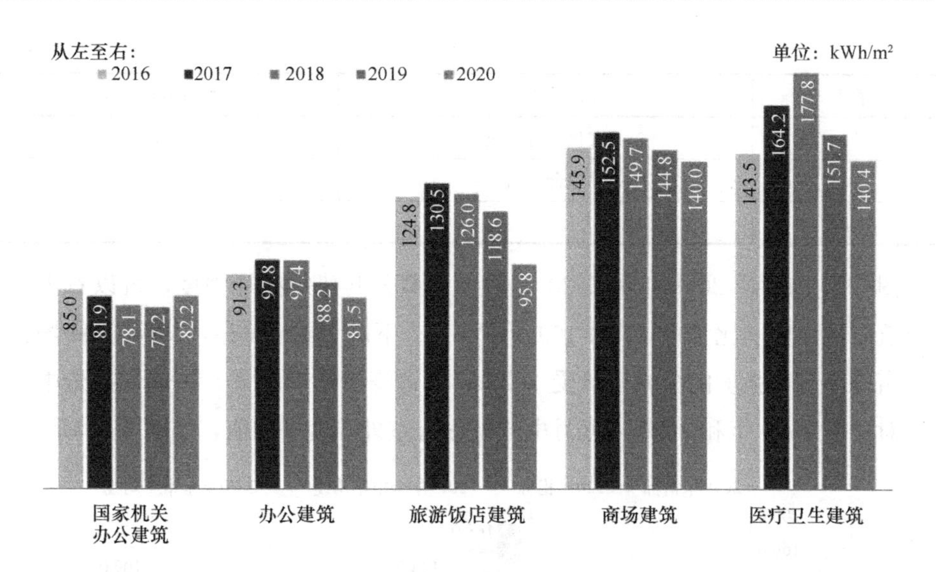

图 2-9 “十三五”期间上海市能耗监测主要类型公共建筑单位面积用电强度变化

注：图 2-6～图 2-9 引自《2020 年上海市国家机关办公建筑和大型公共建筑能耗监测及分析报告》

2. 深圳市

根据《深圳市统计年鉴 2020》和中国南方电网深圳供电局发布的数据进行测算，深圳全市公共建筑 2020 年总电耗约 273.7 亿 kWh，占全社会用电约 28%。公共建筑节能在碳达峰碳中和的新形势下尤显重要。截至 2021 年 1 月，深圳市接入能耗监测平台的国家机关办公建筑和大型公共建筑累计 702 栋，扣除因城市更新、建筑拆迁等原因取消监测和监测未满一年的建筑，2020 年监测建筑数量为 659 栋，监测建筑总面积为 3456 万 m^2。与 2019 年相比，新增监测建筑 83 栋，新增监测建筑面积 773 万 m^2。

从能耗强度看，2020 年深圳市全市监测公共建筑单位面积用电强度为 96.5kWh/m^2，表 2-1 为 2020 年深圳市监测得到主要类型公共建筑能耗强度，单位 kWh/(m^2・年)。

2020 年深圳市监测得到主要类型公共建筑能耗强度 **表 2-1**

序号	建筑类型	能耗强度（kWh/（m^2・年））
1	国家机关办公建筑	78.8
2	商业办公建筑	82.1
3	商场建筑	168.9
4	宾馆饭店建筑	112.0

续表

序号	建筑类型	能耗强度（kWh/（m²·年））
5	文化教育建筑	71.7
6	综合建筑	80.0
平均值		96.5

图 2-10 为对比 2019 年和 2020 年主要类型公共建筑能耗强度，可以看出，公共建筑能耗强度同比 2019 年的 109.0kWh/m² 下降了约 11.5%，主要是商场、宾馆饭店等高能耗强度的公共建筑受 2020 年新冠疫情影响较大。在这一报告中，还详细对比了 2019 年和 2020 年逐月电耗及逐月室外温度平均值，如图 2-11 所示。

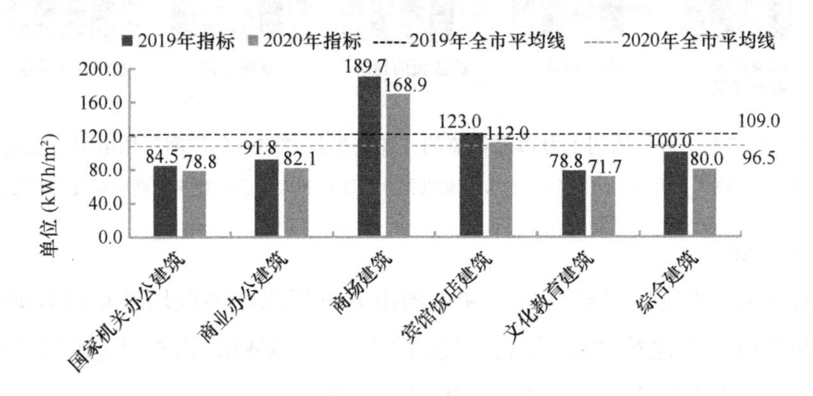

图 2-10 2019 年和 2020 年主要类型公共建筑能耗强度

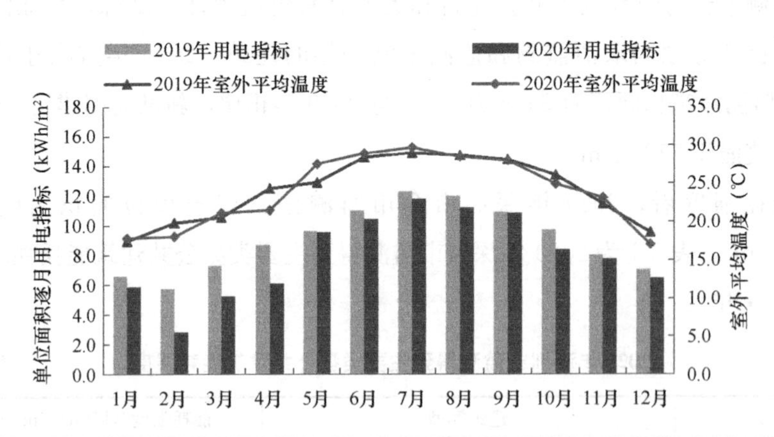

图 2-11 2019 年和 2020 年深圳市能耗监测公共建筑逐月能耗强度和月平均温度

通过《深圳市大型公共建筑能耗监测情况报告（2020）》，还可观察到深圳市各种类型公共建筑用能的特点。例如，图 2-12 给出依据通风、空调、除湿三个典型季节的公共建筑能耗分析。其中通风季为10月8日至第二年4月5日共181天，空调季是5月26日至10月7日，共135天；除湿季是4月6日至5月25日，共50天。

可以看出不同类型公共建筑能耗强度与通风空调方式非常相关，国家机关办公建筑在通风季电耗最低，应与采用自然通风较多有关；而商业办公建筑、宾馆饭店建筑、商场建筑等在空调季和通风季电耗差别不大，说明自然通风利用率还有待提高。如果将三个季节的电耗除以天数，还可以得到各个季节每日每平方米电耗，例如从各类公共建筑平均的角度看，通风季节日均用电强度约220Wh/(m^2·天)，这个指标反映出公共建筑除制冷空调电耗外的“基础电耗”，即照明、电气设备、电梯等相对稳定的电耗，而空调季日均电耗330Wh/(m^2·天)，多出的部分，110Wh/(m^2·天)与制冷空调系统电耗相关。如果估算制冷空调系统包括冷源、输配、末端风机电耗等，以系统效率3.0估算，建筑每日平均耗冷量约330$Wh_{冷}$/(m^2·天)，以空调制冷开启约8h计算，平均冷负荷约40W/m^2，这个指标反映了图2-12中国家机关办公建筑、商业办公建筑和综合建筑的情况。而对于商场建筑，空调季日均电耗约为各类公共建筑平均值的1.8倍，约640Wh/(m^2·天)，说明制冷空调系统电耗约420Wh/(m^2·天)，日均耗冷量约1260$Wh_{冷}$/(m^2·天)，考虑到商场空调开启时间通常要12～14h，因此平均冷负荷(或供冷量)约100W/m^2。类似也可以分析宾馆饭店建筑的供冷量，需要注意一般宾馆饭店建筑空调系统24h连续运行，因此其单位面积日均冷负荷也仅有35W/m^2左右。

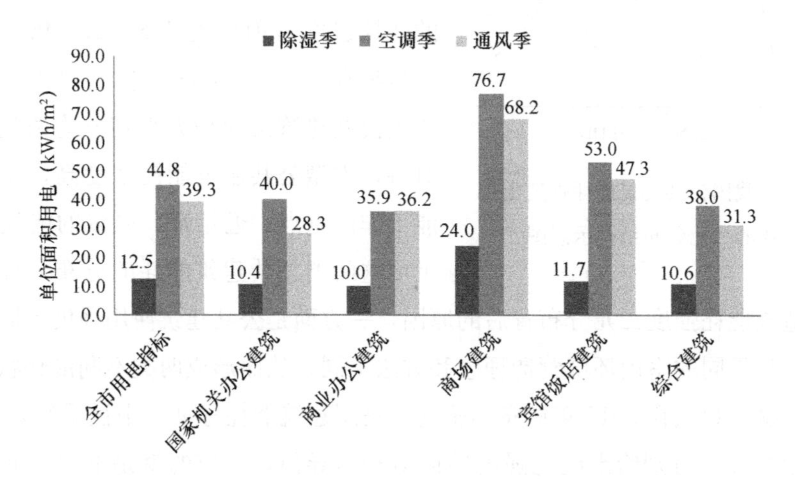

图2-12 深圳市能耗监测主要类型公共建筑三个典型季节单位面积用电强度变化

可以看出，深圳市在逐年研究分析全市公共建筑能耗监测数据的基础上，进一步拓展数据广度，不断发挥数据价值，吸引更多公共建筑接入能耗监测平台，一方面深圳市住房和建设局发布了一系列与能耗监测及建筑节能相关的政策、标准，规范能耗数据接入；另一方面，为增强平台的使用便捷性，提升政府、企业的建筑节能管理及公众的能耗管理体验，推出了平台的手机小程序，可实时掌上查看及管理建筑能耗。小程序包括管理端、物业端、用户端三个不同角色版本，供市区级政府管理人员、建筑业主物业和建筑租户用户免费使用。这种基于市场机制和客户黏性的发展策略，值得各个城市推广学习。

2.2.3 公共建筑能耗强度"双峰分布"特征的变化

2010年前后，通过对2007年以来我国公共建筑能耗统计和监测平台数据初步分析，对比美国、日本、欧洲等发达国家公共建筑能耗统计结果，特别是能耗强度的统计结果，肖贺等指出，中国公共建筑能耗强度，不论是单位面积还是人均能耗强度指标，均远低于发达国家，这一现象背后的原因是我国社会经济发展的历史阶段和特征，公共建筑能耗强度存在着明显的"二元分布结构"或"双峰分布"，如图2-13所示。

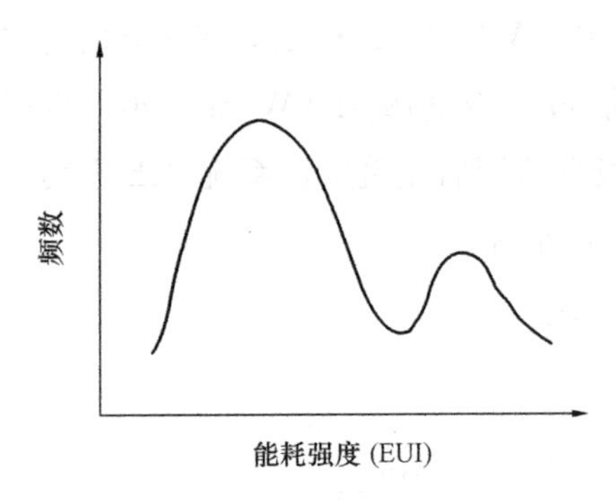

图2-13 我国公共建筑能耗强度出现频数的二元分布结构示意图

以办公建筑为例，大多数办公建筑能耗强度集中分布在50～70kWh/(m^2·年）的较低水平，另外一小部分建筑则集中分布在120～150kWh/(m^2·年）的较高水平，后者的能耗强度是前者的1.8～2.6倍。上述观点最早在2003年由江亿院士提出，即应将我国公共建筑按面积大小划分为两类、分别对待，大型公共建筑能耗密度高，应该是节能工作的重点。近年来，更多的能耗数据揭示了这两类公共建筑能耗的分布差异，并不断解释造成能耗强度二元分布背后的原因，一方面是公共建筑使用强度不同，更重要的原因是不同的室内环境营造理念和方法不同，从而形成两类不同能耗状况的公共建筑。这一观点在2016年颁布实施的《民用建筑能耗标准》中被采纳，以A类和B类公共建筑分别给出能耗强度约束值和引导值，对应的就是上述二元分布中两个频数峰值分别对应的公共建筑类型。

近年来，特别是"十三五"期间，更多的公共建筑能耗调查统计结果说明，我国目前公共建筑能耗仍然存在着二元分布的特点，只不过二元分布中右侧的B类大型公共建筑能耗强度并没有显著增加，左侧的A类普通公共建筑能耗强度也没有显著的下降，“全部公共建筑能耗强度平均值或中位数”仍然不具有典型代表性。但是，随着城市建设特别是城市更新，一批A类普通公共建筑被拆除，并通过改扩建工程变为B类大型公共建筑，因此公共建筑能源消耗强度总体有增长的压力。这就需要加强节能监管力度、提高节能标准、严格以实际运行能耗和碳排放为评价考核指标等，促使新建成公共建筑的能耗强度和碳排放强度不断降低，既有公共建筑不断进行节能低碳更新改造和能效提升，降低实际运行过程单位面积能耗强度和碳排放强度。

过去二十年持续的调查和研究表明，在不同的文化、生活方式、理念下营造公共建筑及其室内环境，将产生能源消耗的巨大差别。实质上是由这两类方式各自的比例决定一个国家整体公共建筑能耗的大小。随着社会、经济的发展，特别是共同富裕、共享发展红利等理念支持下，社会经济以及公共建筑能耗强度的“二元分布”一般会向“一元分布”转化，因为二个尖峰之间的差别反映体系的差别，而一个尖峰分布的内部反映了技术和管理等因素的差别，这也应该是历史发展的必然趋势。

未来十年，预计右侧、B类大型公共建筑规模增长放缓，单位面积能耗强度会逐步降低，高能耗强度的公共建筑数量逐步减少，右侧峰向左移动。同时，一批容积率不高、使用强度也不是非常高的一般公共建筑，也能逐步降低能耗和碳排放，即左边的“峰”不断向左移。未来不仅要追踪公共建筑能耗强度的分布规律变化，还应增加对公共建筑碳排放强度的分布规律追踪与分析，及时识别和把握我国整体、不同城市整体、不同类型公共建筑能耗强度、碳排放强度和建筑使用强度、建筑规模的变化特征，确保公共建筑既能满足人民对美好生活的向往，又能按时实现碳达峰碳中和的目标。这是下一阶段公共建筑节能的主要任务。

2.3 公共建筑对实现双碳目标的作用

2.3.1 能源结构变革对用能需求侧的影响

能源结构变革是面向碳中和目标必须实现转变的根本环节。实现碳中和战略的主要任务之一是实现从以化石能源为基础的碳基电力系统转为以可再生能源为基础的零碳电力系统。表2-2给出我国目前的电力系统电源构成和希望未来实现的零碳电力系统的电源构成。可以看出：未来风电光电的装机容量占比要从目前的20%增加到80%，风电光电提供的电量占比则要从目前的不到10%增加到60%左右。

大规模发展风电光电除了要解决风电光电的安装空间问题之外，风电光电的功率变化与终端用电功率变化的不同步性是其大规模发展面临的主要瓶颈。图2-14给出了风电光电一周之内随时间的变化情况，波动性和不确定性是其主要特点。以化石能源和水电为主的传统电力系统的基本调控模式是"源随荷变"，任何负载侧的变化都要由电源侧的实时调节来平衡，调节过程中的变化则依靠发电机组转子系统巨大的转动惯量来平衡。当风电光电成为主要电源后，其发电功率由当时的天气状况决定，除非弃风弃光，否则难以调控，因而对该能源供给方式下的用能系统、用户提出了更高要求。风电光电天然的波动、变化特征决定了其供给侧变化远大于传统能源系统中的供给方式，需要发展出通过供给引导合理需求、实现"荷随源动"的灵活响应和系统调节方式，或者增加巨大的蓄能环节来平衡源与荷之间的功率差别。能源结构的变革，要求构建适应未来能源结构新型供需关系的系统。

我国2019年和2050年电力系统的装机容量和发电量　　表2-2

电源构成	现状（2019年）		规划的2050年状况	
	装机容量（亿kW）	年发电总量（万亿kWh）	装机容量（亿kW）	年发电总量（万亿kWh）
水力发电	3.8	1.6	5	2
核能发电	0.5	0.4	2	1.5
风电光电	4	0.55	60	8
调峰火电	11	5	6.5	1.5
总计	19	7.5	74	13

注：摘自江亿."光储直柔"——助力实现零碳电力的新型建筑配电系统［J］.暖通空调，2021，51（10）。

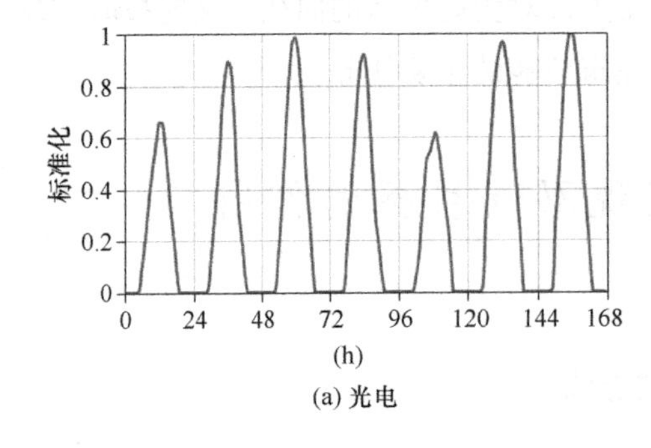

(a) 光电

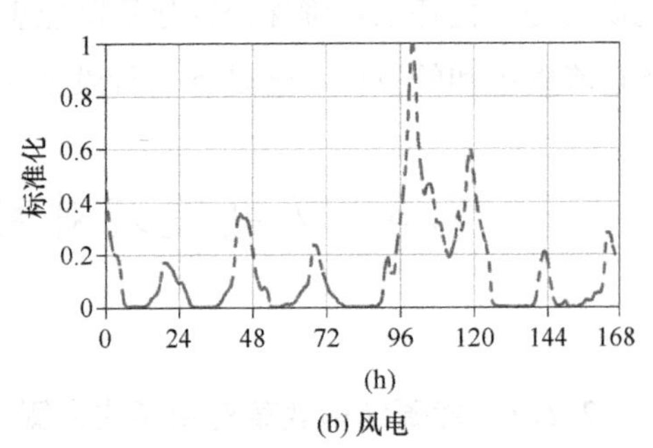

(b) 风电

图2-14　风电与光电发电功率随时间变化情况（以北京7月典型周为例）

风电光电接收的是自然界风力能和太阳能，其发电功率几乎与占地面积成正比。按照目前的风电、光伏发电技术水平，单位水平面积的发电能力约为$100W/m^2$，远远低于核电、火电和水电的单位水平面积发电能力。按照表 2-2 的规划，如果我国未来需要的风电光电装机容量为 60 亿 kW，则需要约 600 亿 m^2 的水平安装空间，这约为 $6.7\times10^4km^2$ 土地。我国为了保证基本的粮食供应，需要 $1.2\times10^6km^2$ 农田，相比之下为能源的需要增加的 $6.7\times10^4km^2$ 土地是巨大的空间需求。

由此就自然会想到在我国的西部地区利用大量的沙漠、戈壁滩来开发风电、光电。这也确实是近年来发展风电、光电的重要方向。然而，我国主要的用电负荷集中在胡焕庸线以东，而可大规模开发利用的沙漠和戈壁滩则在胡焕庸线以西，二者距离较远。由于这一原因，我国近年来修建了多条超大功率长距离输电线路，但为了有效发挥其作用并保证输电过程的稳定性，需要用水电或火电与风电光电“打捆”，形成相对稳定的输电功率。根据一天内风电光电的变化规律，需要投入的水电或火电功率与所输送的风电光电功率之比至少要达到 1∶1。尽管我国西部地区有丰富的水力资源，但其总量也不会超过 5 亿 kW，所以仅能为 5 亿 kW 的风电光电“打捆”。更多的风电光电就需要由当地的燃煤燃气火电来匹配。这样，就无法降低未来电力系统中燃煤燃气火电的比例，从而也就不能实现零碳电力的目标。当然也可以在风电光电基地同时设置巨大的储能设施，使一天的风电光电经储能调整，成为全天稳定的电力。此时，需要配备的储能容量至少要达到全天发电总量的 50%～60%。1W 太阳能光伏一天可发电 10Wh，需要的储电容量为5～6Wh，当前采用化学储能装置的成本在 6 元以上；而 1W 的光伏器件目前成本不到 1.5 元，包括支架、逆变器、变压器等全套光伏发电系统的成本也不超过4 元/W。这样，在电力产地采用化学储能就使得系统成本由 4 元/W 增加到 10 元/W。而另一方面，太阳能光伏电力的特点是白天大功率、晚上零功率，这又与东部终端用电的负荷特性接近。如果一天内恒定地西电东输，东部地区就要在夜间把多出来的电力蓄存起来，供白天用电高峰期使用。按照典型的一天内办公建筑用电变化规律，夜间需要蓄存的电量约为一天用电总量的 30%～40%。这等于又要巨大的蓄能资源来调节用电侧的峰谷差，西部每瓦光伏又要在东部地区再增加 3～4 元的化学储能成本。两次储能后，使得化学储能的成本几乎为光伏发电系统本身成本的 3 倍。

如果在我国东部负荷密集区发展光电，太阳能光电一天的变化与一天内建筑用电负荷的变化具有一定的耦合度，此时每瓦光伏对应的化学储能容量仅为 2～3Wh，远低于在西部安装时要求的（西部 5～6Wh＋东部 3～4Wh）共计 8～10Wh 储能容量，这就可以使光伏系统所需要的储能规模大幅度降低，并且储放电量仅为在西部发电方式 1/3，储放电损失和长途输送损失的降低可使系统效率提高

20%～30%，几乎可以抵消西部太阳辐射强度比东部高30%～40%的这一优势。所以，对于太阳能光伏来说，可能更适合优先在东部负荷密集区域发展。

那么东部地区土地资源极度紧张，在哪里安装光伏？可能的地方就是各类建筑的屋顶等各种目前尚闲置的空间。根据利用高分卫星图片和现场抽样调查统计分析所得到的结论，我国城乡可用的屋顶折合水平表面面积约412亿m^2，在充分考虑各种实际的安装困难、留有充分余地后，可得到结论：全国城镇空余屋顶可安装光伏8.3亿kW，年发电量1.23万亿kWh；农村空余屋顶可安装光伏19.7亿kW，年发电量2.95万亿kWh。这样，城乡可安装光伏共28亿kW，超过我国规划的未来光伏装机总量的70%；潜在发电量4.2万亿kWh，超过我国规划的未来光伏发电总量的70%。由此可见，城乡建筑屋顶及其他可获得太阳辐射表面的光伏发电应是我国未来大规模发展光伏发电的主要方向。

图2-15汇总了中国未来电力系统平衡图，分为东部和西部。未来用电需求量为13.7万亿kWh，分为西部地区，中东部农村，中东部工业、市政和交通（不包括私人和公务乘用车），中东部建筑与汽车（仅包括私人和公务乘用车）。发电侧包括风电、光电、水电、核电以及生物质、燃煤燃气调峰。图中下面部分为常规电力系统的工作状况。虚线框内为利用水电为集中的风电光电调峰，打包成可调控的电源进入大电网。而各类负荷是通过自身与邻近的风电光电和大电网供电共同支撑，满足其电力需求。其中，西部依靠建筑风电光电以及集中风电光电与水电可以满足自身的需求，并可以向东部传输0.9万亿kWh的电力。中东部农村同样可以依靠

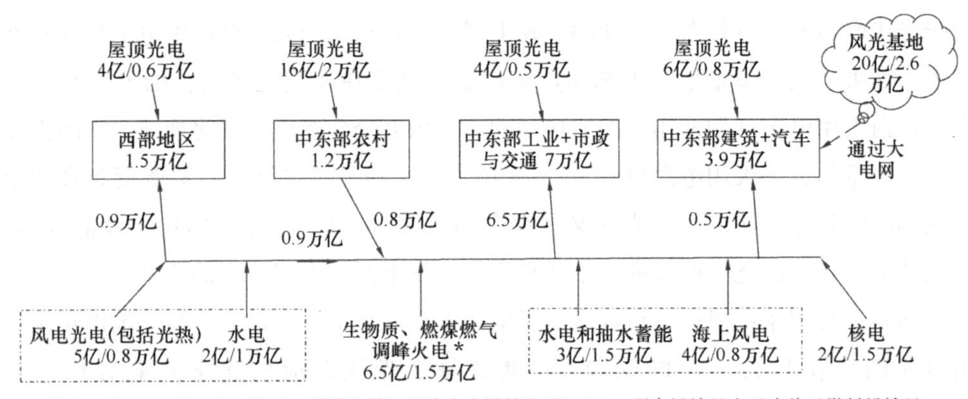

图2-15 未来电力系统平衡图

（图中数据单位为：装机功率kW/电量kWh）

屋顶光伏满足自身用电，并可向电网传输 0.8 万亿 kWh。工业、市政和交通（除私人与公务乘用车）电力主要依靠电网保证，而建筑和乘用车大部分需求可以依靠建筑周边风电光电满足，少部分由电网提供。综上，西部地区，工业的需求由电网中的水电、核电等满足，中东部农村、建筑与乘用车的需求主要由风光电提供，因此建筑和乘用车需要自行解决供需功率变化的不平衡的问题。这也说明，只要实现了依靠屋顶光伏为城乡建筑用电与乘用车充电提供电力，并解决供需间功率变化在时间上的不匹配问题，我国未来就可以实现大比例风电光电的零碳电力系统，从而解决我国能源革命和碳中和战略的关键问题。由此可见，城乡建筑发展光伏和实现柔性用电，不仅是建筑低碳发展要完成的重要任务，对我国整个能源系统的低碳转型和实现碳中和目标也具有极其重要的战略意义。

2.3.2　公共建筑在未来能源结构体系发挥的重要作用

公共建筑从用能强度来看是民用建筑中单位面积能耗最高的一类建筑，其单位面积能耗水平显著高于城镇住宅、农村等其他民用建筑。从碳排放强度可以得到类似的结果，公共建筑仍是各类民用建筑中碳排放强度最高的一类。这与公共建筑的使用时间长、用能强度高、保障要求高、功能多及设备系统复杂等密切相关，又反映了公共建筑在实现降低建筑碳排放、促进建筑节能等关键工作和任务目标中的重要地位。

对于建筑运行碳排放，减排路径首先应在建筑设计和营造中，通过被动化技术，使建筑对机电系统提供的冷、热、人工采光的需求减少到最小；再通过供能系统的优化技术，使其供能效率得到最大提高。也就是说，要实现公共建筑低碳发展目标，既应当从建筑设计、建筑本体上做文章，也应当针对建筑用能系统、主动式机电系统寻求解决方案。

（1）针对建筑本体层面，应当在建筑设计上实现被动式设计以减少需求，例如通过围护结构性能的改进，可以有效降低建筑物的供冷供热需求，是实现建筑物本体节能的重要技术手段。建筑节能工作的开展已使得大家广泛重视建筑本体、围护结构层面的节能，当前已有多种新型围护结构、围护结构保温材料等方面的新技术得到研究应用，针对影响建筑本体的围护结构传热、太阳辐射热量等热扰也都有针对性技术解决方案，本书第 5 章介绍的辐射制冷新技术即是通过新材料的应用来降低不必要的太阳辐射影响，从建筑本体出发来更好适应节能、低碳发展需求的一种技术方法。在建筑本体上充分利用外表面安装光伏，以充分利用建筑自身可利用的光伏等可再生资源，也是将在建筑中得到广泛应用的重要技术路径。

（2）针对建筑机电系统，应当遵循电气化、分散式、高效率和柔性用电这样四条原则。从构建低碳能源系统的目标需求出发，建筑用能系统/机电系统应当减少甚至避免化石能源在建筑中的消耗并实现建筑用能系统的全面电气化、再电气化；在建筑机电系统设计、运行中，充分考虑建筑使用功能需求，避免集中式系统导致的浪费和不必要损失，尽可能面向分散可调需求来构建适宜的机电系统。在满足建筑功能需求的基础上重新定位、思考建筑在整个能源系统中的作用，更好地服务于碳减排目标。在现有建筑机电系统自身强调高效、设备系统追求实现更高的用能效率基础上，发挥建筑有效响应能源系统调度需求、促进能源系统供需匹配的重要作用。

因此，公共建筑低碳目标的实现要在建筑本体和机电系统两方面着手，建筑设计或建筑本体上应当注重“降需求、多开源”，充分降低自身用能需求并充分利用建筑自身可利用的光伏等可再生资源；建筑用能系统或机电系统设计运行中应当遵循“电气化、分散式、高效率、柔性可调”的原则，作为公共建筑机电系统设计和改造的指导，更好地服务于整个城市能源系统的低碳目标。

“被动优先减少需求、主动优化提高效率”是降低建筑用能需求、降低建筑运行碳排放的重要基础，也是开展建筑节能工作的关键。在此基础上，实现建筑全面电气化或再电气化是建筑领域减排的重要举措。

公共建筑是实现建筑领域全面电气化的重要环节，也是便于、易于实现全面电气化的建筑场景。例如公共建筑的供暖需求可通过各类热泵方式或集中供热热源方式得以解决，在“高温供冷、低温供热”等技术理念支持下，对热源品位需求降低，使得热泵方式成为高效的热源供给设备，近年来空气源热泵、中深层地热热泵等关键设备已获得技术突破，得到越来越广泛的应用，本书后续关键技术章节也将专门介绍适用于公共建筑中的热泵技术最新进展。炊事用能是一些公共建筑中仍使用化石燃料的环节，但可通过有效的电气化替代，而且相较于住宅等人员炊事分散的场景，公共建筑中炊事电气化的改造较容易、面临的住宅中传统文化习惯适应方面的阻力也较小。例如，新建成的北京大兴国际机场已全面实现了炊事用能电气化，很多商场、商业综合体中的炊事用能电气化也得到大力推广。在生活热水方面，集中式生活热水系统总的运行能耗一般是末端消耗热水量所需要加热量的3～4倍，因为大部分热量都损失在循环管道散热和循环泵上，末端使用强度越低，集中生活热水的系统的整体效率就越低；分散式生活热水供给方式则为各类热泵式热水器的应用提供了重要便利，公共建筑中生活热水系统进一步采用分散式将有望大幅降低不必要的热量损失、提高系统整体效率。医院等特殊场合对蒸汽有需求，但传统的集中蒸汽输送方式存在输送浪费严重等不足，目前也有采用热泵方式进行电气化替代的技术得到开发。这些都为在公共建筑中率先实现全面电气化提供了有利条件。

在未来低碳能源系统中，建筑扮演的角色迎来重要转变。建筑将从单纯的能源用户转变为集能源生产、消费、调蓄“三位一体”的综合体，实现由单纯能源消费者、刚性用能向深度参与低碳能源系统构建、调节、成为柔性负载的转变，成为未来低碳能源系统中的重要一环。建筑自身可再生能源利用也是建筑领域降低碳排放的有效手段，当前光伏技术的发展已为建筑中规模化利用光伏可再生电力提供了重要保障，各类建筑的屋顶、外表面等成为重要的可利用空间场地资源。光伏发电等可再生能源利用技术将在公共建筑中得到更好地利用，尽管一些高层超高层建筑很难通过自身光伏利用解决其用能问题，但很多体形系数小的公共建筑则具有充分利用光伏的先天优势，例如交通建筑中的航站楼、高铁客站等具有大面积屋顶，建筑层数少，敷设光伏性价比高。高铁雄安站等新落成站房已很好地应用了光伏发电，更多的、不论改造还是新建的公共建筑都可以考虑将光伏利用最大化，充分利用宝贵的建筑外部面积资源，如图 2-16 所示。

雄安高铁站

北京世园会中国馆

图 2-16 公共建筑光伏利用案例

公共建筑将成为充分利用可再生能源的有效载体，对于实现可再生能源的自产自用提供了便利条件。例如以典型办公建筑为例，敷设光伏发电后光伏功率可解决的建筑尖峰电力需求通常仅在 20%左右，但办公等公共建筑的用能时间与光伏等可再生能源的发电曲线具有高度相近特征，可以充分利用自身光伏利用潜力，易于实现对自身可再生能源的全部消纳；也可以有效消纳外部光伏发电等可再生电力，降低由于可再生电力供给与末端建筑需求间不匹配而导致蓄能储能成本增加。公共建筑围护结构等具有一定热惯性，自身内部具有众多用能设备，未来可以发展出根据电力供给特点、适当结合建筑自身围护结构蓄能特点、用电设备功率调节的末端用能响应模式，可进一步结合水蓄冷、冰蓄冷等主动式系统，进一步实现公共建筑用能的柔性。

另一方面，在公共建筑内可以布置分布式蓄电以及通过智能充电桩，利用好公共建筑中停车场的电动汽车资源，是实现有效用能调节的重要途径。公共建筑如办公建筑内的人员使用作息与其自身停车场的利用时间高度一致，利用公共建筑的停车场电动汽车发展适应光储直柔系统的新型电动汽车充电桩、电动车充放电利用模式等具有得天独厚的优势。这种系统模式的发展、推广应用，将不仅助力建筑领域实现用能低碳、柔性调节，而且将可再生能源的供给与建筑用能、交通用能实现了有机融合，也有助于交通领域的低碳化，如图2-17所示。

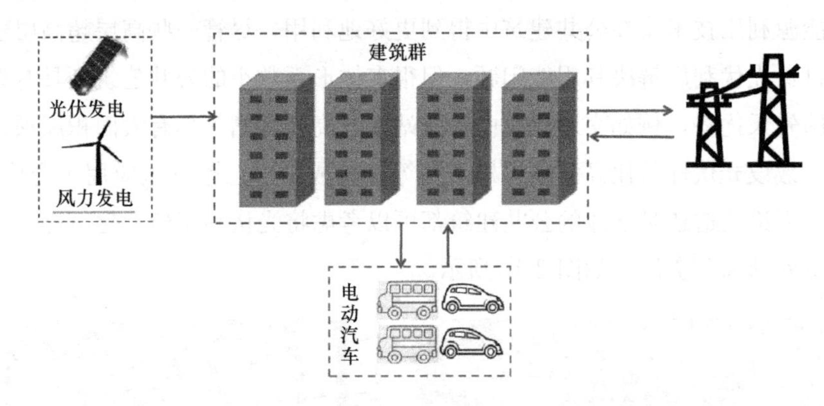

图2-17 公共建筑参与未来低碳电力系统互动

公共建筑用能系统便于率先实现全面电气化的目标，其用能系统便于统一管理，这就为其未来参与整个能源系统的调节、响应未来低碳能源供给侧变化提供了有利条件。建筑单体调节能力小，需要聚合形成规模后，采用虚拟电厂技术才能与电网有良好互动。公共建筑未来可以以单体建筑、建筑群（区域建筑）的方式参与到与电网的交互中，成为可响应电网调度需求、用能在一定范围内灵活调节的柔性负载。最终建筑群与电网的交互可以实现在低谷时间段用电消纳电网富裕的可再生电力，在高峰时间段向电网输送电力，减轻电网压力。这一目标的实现，需要公共建筑在自身用能方式、蓄能储能手段利用等方面做出变革，也需要新的技术手段、关键设备的支持。

2.4 公共建筑低碳还要节能吗

通过节能降低公共建筑用能需求，在较小的用能需求基数的基础上，再进一步通过电气化，就可以实现低碳和碳中和；反之如果用能基数很高，就很难实现。例如公共建筑，我国目前年平均用电量多在50～100kWh/m^2，《民用建筑能耗标准》GB/T 51161—2016中列出的几类常见公共建筑能耗（非供暖）约束值、引导值大多在上述水平，仅有部分特殊公共建筑如大型商超的用能指标水平较高；而美国公共建筑平均用电量多在200kWh/m^{2}以上。我国社会经济目前还处在高速发展期，未来是维持这一水平还是像美国等发达国家走过的路一样，出现公共建筑用能强度的大幅增长，这对公共建筑是否能实现低碳起重大作用。公共建筑节能、降低不必要的用能需求，能够为实现公共建筑的低碳发展提供重要基础，在节能的基础上再进一步调整能源结构、采用有效的柔性调节措施等，将有助于更好地实现整个能源系统的低碳发展目标。

再看能源供给侧。零碳电力系统主要是由核电、水电、风电、光电等基础电力来源构成，未来火电等化石能源电力将发展成为零碳电力系统中的调峰资源。我国的资源状况决定了核电和水电的规模很难超过7亿kW、不到4万亿kWh发电量（核电2亿kW、水电5亿kW，参见2.1节），不足部分只能依靠风电光电提供。而风电光电又需要有配套的灵活电源配合调节，以解决风电光电不可调控的问题。目前可用的零碳灵活电源只能是水电和抽水蓄能，这是最好的与风电光电配合调节的灵活电源。当我们的风电光电总规模所需要的灵活电源容量不大于水电与抽水蓄能电站总容量时，调节问题较容易解决；当总的需求量过大，需要更多的风电光电来满足需求时，就只能依靠化学储能、储氢、空气压缩等高成本的储能调节方式了，这就导致单位能源的成本急剧上涨。而能源成本增加，不仅导致生活成本增加，更会导致制造业成本增加和竞争力减弱，从而对国民经济产生很大影响。所以要实现全社会低碳发展，节能依然是关键，任何时候都应该把能源节约摆在首位。

“低碳”与“节能”的关系需要辩证来看，两者既有高度统一的一面，又在一些情况下存在一定差异。

从目标来看，建筑领域低碳的目标是寻求在建筑全生命周期中通过采取有效措施降低其碳排放，相关的关键环节包括建造过程的碳排放、建筑材料相应的碳排放及建筑运行过程带来的碳排放。建造过程由于建造活动导致一定的碳排放，通常在总碳排放中占比较低；发展各类低碳排放的建筑材料是实现建材减排的重要措施；运行过程能源消耗对应的碳排放是建筑全生命周期碳排放很重要的组成部分，这一过程的碳排放主要来自建筑运行过程中的能源消耗（燃烧化石燃料的直接碳排放和电力等其他形式的间接碳排放），通常情况下降低运行过程中能源消耗对降低其碳排放具有重要的促进作用。

建筑节能的目标是通过有效的措施降低建筑运行能耗，公共建筑运行过程的能耗包含为了满足其供冷、供暖、用电等方面需求所付出的能耗，减少建筑运行过程中的能源消耗是其根本目标。公共建筑的节能工作在我国已经有30多年的历史。随着我国城镇化的飞速发展，在中央和地方建设主管部门的引领下，通过相关各界的积极努力和创造性工作，我国公共建筑在数量和质量上都有了巨大的发展变化，节能工作也有了质的飞跃。在20世纪80年代和90年代，我国公共建筑面临的主要问题还是数量不足、服务水平偏低，不能满足社会发展和人民生活水平提高对公共建筑数量和质量不断提高的要求。由于当时还处于城镇化发展的初期，建设大型现代化公共建筑的经验尚不充足，学习国外经验是当时设计建造大型公共建筑的主要途径，大型玻璃幕墙技术、空调冷水二级泵方式、压力无关型变风量系统等很多现在大量应用在公共建筑中的技术都是当时作为先进技术从发达国家引进的。与此同时，为了保证建设质量，也为了使建筑达到基本的建筑节能要求，从20世纪90年代起，我国组织多方面技术专家，开始编制包括建筑节能标准在内的公共建筑各类设计标准。1993年我国颁布第一部民用建筑节能标准《民用建筑热工设计规范》GB 50176—1993，开始对不同气候区的围护结构保温性能、窗墙比做出全面规定。这一标准第一次向社会说明要实现建筑节能该“怎么办”的问题，使我国的建筑节能工作从科学研究领域走向大规模工程应用。2005年颁布的《公共建筑节能设计标准》GB 50189—2005，对规范我国公共建筑节能工作起到巨大作用。标准中详细规定了公共建筑围护结构、机电设备、机电系统形式与参数等与建筑节能密切相关部分的具体设计方法。多年来公共建筑节能工作“依靠真实数据说话”的理念已经深入人心，变措施导向为结果导向，从最终用能结果、能源消耗量来看建筑节能的效果。2016年颁布的《民用建筑能耗标准》GB/T 51161—2016，以最终能耗数据衡量建筑节能成效，为规范我国各类民用建筑运行能耗与进一步合理开展建筑节能工作提供了重要依据。

从上述以实际效果为导向的理念出发，尽管与建筑节能工作相比，建筑低碳相关的研究尚处于刚刚起步发展阶段，但借鉴建筑节能工作的开展经验，也可注重以实际效果、以实际碳排放来作为衡量其最终效果的标尺。要实现低碳目标，应当注重各个阶段的碳排放数据，以这些实际数据来作为基础衡量其碳排放水平，相应的标准、政策都应当从降低最终的碳排放量、设置相应的碳排放基准值或推荐值等指标，各类公共建筑新建、改造过程中可采用的低碳/减碳技术也应当以达到的实际效果为重要特征参数。

从贯穿的阶段来看，低碳与节能均是在建筑整个生命周期中需关注的重要目标。在设计阶段均应关注如何选取适宜的低碳/节能技术，当前发展的建筑设计方法已越来越多地从建筑后期运行效果出发，重视前期设计阶段合理技术的选取。在设计过程中应当注意并非简单的技术堆砌拼凑，而是注重真正能够实现建成后的低碳节能运行效果，通过面向运行阶段低碳节能目标约束下来开展更好地设计，以便真正以低碳节能目标作为导向。在运行阶段，关注合理的运行调节策略来充分发挥建筑内主动、被动技术的有效性，使得建筑用能系统运行在合适的状态、实现建筑的节能低碳运行。

从可采取的措施来看，公共建筑节能是期望通过有效的技术手段降低能耗，通过设计合理的系统，提高能源利用效率、采用高效处理设备，制定合理的运行调节措施等实现。公共建筑可能产生的碳排放包括建造、建材、运行过程全生命周期的碳排放，其中建造过程要考虑降低碳排放，主要手段包括施工过程中的减碳技术；选取的建材，在考虑降低碳排放的基础上也应当注重满足建筑功能要求、利于后期运行使用过程中的节能需求。运行过程中，可能产生碳排放的环节包括化石燃料燃烧等导致的直接碳排放和利用外部电力导致的间接碳排放。避免化石燃料燃烧是实现公共建筑低碳目标的基本措施，进一步改变能源结构、降低用能过程的碳排放是实现低碳目标的重要举措。以建筑如何实现低碳供暖目标为例，现有研究分析表明很难找到大量可用的零碳热源来全面满足建筑供暖需求，这就需要以建筑的本体节能、降低自身热量需求为重要基础，通过有效的建筑节能措施来大幅降低建筑供暖需求，由此才能降低对零碳热源的需求，从而为构建整个低碳供暖系统提供有利基础。

以上分析可以看出，公共建筑节能工作是促进公共建筑低碳运行的重要组成内容，节能是基础，避免不必要的能量浪费、降低不必要的用能需求是构建建筑合理用能系统的基本条件，在此基础上采用有效的节能手段措施有助于切实降低建筑能源需求、助力减碳。从公共建筑可利用的可再生能源方式来看，当公共建筑自身利用光伏时，光伏通常仅能满足建筑自身电耗的20%以下，很难通过在公共建筑自身建筑中大面积敷设光伏来解决其全部用能需求，因而此时通过有效的节能途径、降低公共建筑自身用能需求或能耗仍是最为基本的途径。降低公共建筑自身用能需求、实现节能就为降低对外部能源的需求提供了基本条件，也有利于建筑低碳目标的实现。

低碳与节能目标之间的差异体现在，之前仅关注建筑节能时以建筑的年总能源消耗作为判据；以低碳为目标时，则应进一步考虑能源结构形式、用能需求与能源系统供给之间关系等方面。从建筑用能能源结构来看，低碳提出了新要求，建筑中尽量避免化石燃料使用，实现全面电气化。公共建筑运行阶段的碳排放，包括化石燃料燃烧等导致的直接碳排放和利用外部电力导致的间接碳排放。避免化石燃料燃烧是实现公共建筑低碳目标的基本措施，进一步改变能源结构、降低用能过程的碳排放是实现低碳目标的重要举措。能源结构调整变化是实现碳中和目标的重要环节，面向未来能源结构调整的巨大变革，建筑用能领域也应主动适应这一变革，实现建筑自身用能结构调整、尽量避免化石燃料燃烧等直接碳排放，这也成为开展建筑节能工作和建筑低碳工作的重要基础。

从建筑用能需求与外部电网供给之间的关系来看，低碳提出了在建筑用能与外部电力供给在时间尺度上的匹配问题。作为实现碳中和提供重要基础的光电风电等可再生能源，具有较强的波动性，变化规律很难与建筑自身用能需求完全匹配。在充分利用建筑自身光伏或外部可再生能源电力满足其用能需求时，将会出现可再生能源电力与建筑自身用能需求之间的不匹配、不一致关系，这也使得建筑低碳运行目标与建筑节能目标不再严格一致，在某些情况下可能出现不一致的情形。例如从节能角度看，冰蓄冷/水蓄冷等技术并没有实现能耗降低，反而可能导致系统运行能耗增加；但从低碳的目标出发，蓄冷技术能够有效实现建筑用能负荷的削峰填谷、是实现建筑柔性用能可考虑的重要措施。例如从节能角度看，直接电供暖，将高品位的热量直接转化为低品位热能，属于能量利用品位的“高质低用”；但从低碳的角度出发，若电供暖电力来自建筑光伏发电，而且电供暖通过建筑蓄能（如混凝土辐射地板电供暖）等措施巧妙设计，既能实时消纳光伏电力又能较好满足建筑供热在时间上的稳定性要求，也属于可采用的系统形式。这是基于从整个能源系统出发、发挥建筑作为能源系统中重要一环、使得建筑成为可调节的柔性用能负载从而助力实现能源系统低碳目标的认识，而非单纯从建筑仅是用能者、仅实现本体节能、降低自身能耗的传统认识。

由于风电光电变化曲线与建筑自身用电曲线之间很难实现完全匹配，存在时间上的不一致。通过一定的用能设备调节有可能缓解这种供需不匹配状况，尽管可能从用电量等指标上看此时不够节能，但这种用能调节策略的出发点也是为了使得整个能源系统能够更好地实现低碳、零碳目标，使得建筑成为有效的可再生能量消纳用户，促进整个能源系统从生产到消费之间的协同，如图 2-18 所示。

当实际运行中存在建筑自身或外部供给的可再生电力高于建筑用能需求时，建

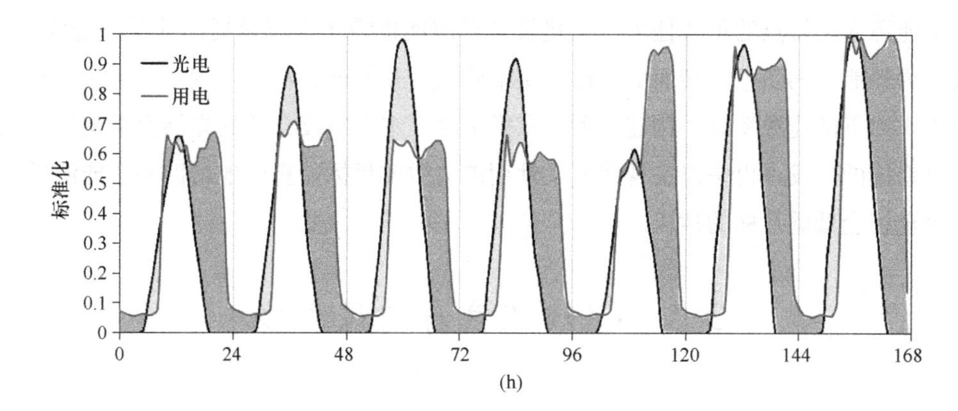

图 2-18 光伏可再生能源与建筑能源消耗间的不匹配

筑就有了及时消纳这些可再生能源、利用这些时间上不匹配的可再生电力的任务。当有进一步加大消纳可再生电力的需求时，可以适当增加用能、利用主动式的用能设备有效消纳可再生能源。例如当一天中太阳辐射较强、光伏发电量输出较高而相应的建筑自身用能需求较低时，可能会出现建筑自身产生的可再生电力高于建筑此时电力消耗量的情况；当建筑蓄冷、蓄热、蓄电等技术手段也已完全投入或达到蓄存容量上限时，若仍有可再生电力可供利用，则可通过建筑内的主动式用能设备来消纳这部分电力，常见的设备如空调机组、水泵、风机等设备的变频运行，可实现一定的功率调节能力，适应这种短时间内的可再生能源过量供给。此时虽然从建筑节能的角度看建筑的用电能耗不够低，但从整个系统来看则是充分利用了可再生能源，实现了建筑用能系统的低碳目标。

除了建筑自身光伏等可再生电力的消纳需求，当面临外部电网需求消纳可再生电力的要求时，也可以充分利用建筑内的设备系统来实现短时间用能功率调节、促进对外网可再生能源的消纳。例如冬季外电网风电达到高峰时，可利用建筑中采用的空气源热泵供暖设备来实现一定的蓄能，通过热泵机组开启来消纳可再生电力，并通过建筑供暖的蓄能特性来实现用能时段平移，一定程度上使得建筑用能与风电等可再生电力供给更加匹配。尽管从总的电力消耗上这种响应、调度方式可能会使得其电力消耗高于单纯按照自身需求按时按需供给的方式，但从实现整个用能过程的低碳、充分利用可再生能源来看，仍是十分有益的。

因而，在碳中和目标驱动下，公共建筑低碳与节能目标可实现有机的统一，节能是实现低碳目标的重要基础，低碳甚至零碳目标对建筑节能提出了新的更高要求。在未来以可再生能源为主体的低碳能源系统中，能源供给面临如何应对这种可再生能源变化特点的重要任务，而建筑自身用能也需跳出仅是提出简单用能需求、仅作为耗能者的角色，转而应当适应供给侧的变化特征、从需求侧出发适应未来可再生供给下的能源系统、构建新型的供需关系。本书后续介绍的光储直柔建筑新型配电系统的出发点也是以实现建筑柔性用能为重要目标，更好地帮助整个能源系统甚至全社会低碳目标的达成。

2.5 CO_2浓度与通风防疫

2.5.1 室内环境监测评估应考察CO_2浓度

CO_2浓度是反映室内空气质量或空气新鲜程度及室内空气受室外新鲜空气影响程度的重要指标，过高或过低的室内CO_2浓度水平都不是营造适宜室内环境的合理需求。从现有实际场所的CO_2浓度水平测试结果来看，目前不同建筑内的CO_2浓度主要出现三种状况：

(1) 第一种是室内CO_2浓度低于600ppm，接近室外环境中的CO_2浓度水平(室外环境的CO_2浓度水平多在400ppm左右)；例如尽管受到客流变化等因素的影响，大量地铁车站公共区域的CO_2浓度实测结果表明其车站内站厅、站台层的CO_2浓度多在400～600ppm之间，远低于地铁设计规范中1500ppm的限值；站厅的CO_2浓度略高于站台的CO_2浓度水平。很多航站楼中的CO_2浓度分布情况也表明其CO_2浓度仅在600ppm左右。

(2) 第二种是室内CO_2浓度处在600～1200ppm，与室外环境CO_2浓度存在一定差异；众多的办公建筑测试结果表明，即便不开启机械新风系统，由于建筑渗透风的影响，办公室内的CO_2浓度通常也仅在700～800ppm左右，很少有超过1000ppm的情况。例如某办公楼不同季节典型房间日均室内CO_2浓度多在500～800ppm范围内变化。

(3) 第三种是室内CO_2浓度超过1200ppm，甚至可达到2000ppm以上，与室外CO_2浓度差超过700～1000ppm甚至更高。对于一些会议室、学校教室等，实际调查显示其CO_2浓度水平随使用时间的增加而出现显著升高，在人员刚进入时，会议室或教室内的CO_2浓度与室外差异不大，仅为500ppm以下；随着会议室、教室内人员活动（会议或课程进行），室内CO_2浓度显著升高，在会议结束或课程结束时的室内CO_2浓度可以显著高于1000ppm，甚至超过2000ppm。

从这些调查结果，可以进一步分析其原因。对于正常运行或使用中的建筑，CO_2 浓度水平越低，表明该环境与室外环境间的差异越小，因而 CO_2 浓度水平低于 600ppm 的第一种情况中通常存在过量的“有效新风量”，所提供的新风量远大于实际的人员需求量。这种情况出现的原因，可能是由于室内人员过少（产生 CO_2 的源少），更主要的原因则是通过渗透新风、机械新风等多个渠道进入室内的新鲜空气量过大，远大于实际室内的人员需求新鲜空气量，从而导致室内 CO_2 浓度处于较低水平。除了春秋季节等过渡季希望建筑内能有良好的自然通风外，夏季、冬季这样大的室外通风换气就会造成巨大的冷热负荷。例如在一些航站楼[1]中，冬季由于渗透风导致的热负荷在空调系统总供热量中所占比例超过 50％甚至更高，应当寻求措施降低此类场合的过量新鲜空气量，将室内 CO_2 浓度从目前多低于 600ppm 的情况提升至 800～1200ppm。对于第三种室内 CO_2 浓度超过 1200ppm 甚至更高的情形，则属于通风不畅或通风量难以在短时间内应对室内众多人员的新风量需求，影响了室内环境，应该采取措施增加室内外通风换气量。

图 2-19 给出了室内 CO_2 浓度水平与人均新鲜空气量之间的关系（人员极轻活动、室外浓度 400ppm），可以看出人均新鲜空气量约在 30m^3/(h·人) 时室内的 CO_2 浓度水平约在 1000ppm；CO_2 浓度越低，CO_2 浓度每变化 100ppm 对应的新风量越大。对于正常运行或使用中的建筑，室内 CO_2 浓度较低（例如仅 600～700ppm），表明此时室内空气与室外空气之间的 CO_2 浓度差异很小（仅为 100～200ppm），此时建筑内的新鲜空气量远大于实际人员的需求，应当采取措施降低进入室内的过量新鲜空气量（如可通过减少机械风量或关闭室内外连通接口等方式降

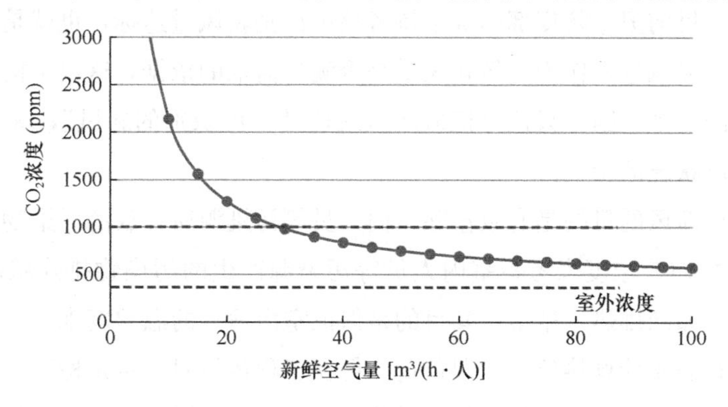

图 2-19　室内 CO_2 浓度与人均新鲜空气量的关系

[1] 参考文献：刘效辰．交通建筑高大空间渗透风特征研究［D］．北京：清华大学，2021。

低渗透风量）；当室内 CO_2 浓度超过 1200ppm 时，此时室内空气与室外空气之间的 CO_2 浓度差在 700ppm 以上，此时建筑内的新鲜空气量则不能有效满足人员的需求，应当适当加大建筑内的新鲜空气量。这样，与室内温度、湿度的控制类似，室内 CO_2 浓度也应当控制在合理的范围内，过低表明存在过量的有效新风量，在夏季、冬季带来巨大的空调处理负荷；过高则表明室内新鲜空气量不足，无法有效排除室内人员等产生的 CO_2 等。对于一般情况，新风量的多少直接与处理和输送新风的能耗成正比；而对于稀释室内污染物的能力，则与新风量呈非线性关系。从图 2-19 中可以看出，当人均新风量从 $10m^3/(h\cdot人)$ 增加到 $30m^3/(h\cdot人)$，室内污染程度下降到原来的一半；而从 $40m^3/(h\cdot人)$ 涨到 $60m^3/(h\cdot人)$，室内污染程度仅有很小的改善。所以在室内 CO_2 偏高时，增加通风量可以有效地改善室内空气质量，而付出的代价并不太大；反之当室内 CO_2 浓度很低时，进一步加大新风量对室内空气质量并不能带来太大的改善，但付出的能耗代价却很大。所以建筑室内 CO_2 浓度应该控制在适宜的范围（如 800～1200ppm），可以有效避免上述浓度过高或过低存在的不足，保障室内环境处于适宜的范围，同时也避免新风带来的过大的能源消耗。所以室内 CO_2 浓度应当作为建筑室内环境系统设计、运行调控过程中的重要依据。

我们追求的是“有效新风”，而不是“可识别新风”。不论经由门窗缝隙、出入口开启等由室外环境渗入建筑内的渗透风还是经由机械通风风机或空气处理机组等主动式方式送入室内的室外空气，均是新风，均是能够有效影响室内环境的室外新鲜空气，也都能作为满足人员对新风需求的新鲜空气来源，均是能够发挥作用的“有效新风”。目前卫生防疫部门等坚持考核可识别新风量达标，也就是考核可直接测量的机械新风风量来作为建筑新风量是否满足需求的依据，这也是构成很多建筑中新风过量的一个原因。只认可机械新风或这种“可识别的新风”，无法考虑实际建筑的渗透风状况的影响。

既然保证新风的目的是有效排除室内人员等污染源所释放的污染物，为什么不直接监测室内 CO_2 浓度来考察室内人员等污染源产生的污染物排除状况或空气新鲜程度状况？如同排热、排湿，其目的是保证室内适宜的温湿度水平，尽管暖通空调系统设计时需要计算热负荷、湿负荷，但在工程运行时一定是检查室内温度、湿度是否达标，而不是去检查供冷量、供热量是否达标。温度、湿度是最直接、最方便的可测量、可控制的室内环境指标，而负荷、供冷供热量等参数并非最直接或最方便地作用于室内环境的指标。因而空气质量或新风也应该同样处理，保证适量新风的目的是保障室内人员健康需求、保证室内空气新鲜程度和空气质量等的需求，实际工程运行时很难通过仅测量“可识别新风”（机械新风量）来全面反映室内的新鲜空气量或空气质量状况，而通过监测室内 CO_2 浓度水平，则可直接作为室内空气质量或空气新鲜程度是否达标的重要标志。以前 CO_2 的现场实时测量成本高、仪器可靠性差，这就限制了将 CO_2 作为直接控制管理目标参数的可操作性。现在 CO_2 传感器已经与温湿度测量无显著差别，所以应该适应新的变化，把现场 CO_2 实测值与温湿度并列，作为运行管理和评价室内环境控制结果的主要参数之一。重视、强调 CO_2 浓度水平而非人均新风量指标，能够更真实地反映室内环境状况，并且能够更科学地指导暖通空调系统设计，也有助于更方便地实现系统运行、调控。将室内 CO_2 浓度而非人均新风量作为刻画室内环境状况的重要指标，是真正从实际需求出发、实事求是地营造室内适宜环境的重要体现。

图 2-20 列出了建筑室内环境营造或控制过程中常见的可测量、可调节的参数指标，主要包含上述提及的温度、湿度、CO_2 浓度三种，建筑室内环境营造过程的目标是将这些重要指标控制在适宜的范围内。这些指标过高或过低均不好，夏季温度过高、湿度过高均会显著影响人的舒适，CO_2 浓度过高则表明室内空气质量或新鲜程度不佳；夏季温度过低、湿度过低则会导致空调系统的耗冷量显著增加，CO_2 浓度过低则表明新鲜空气量超过了实际人员需求，也会给空调系统带来不必要的耗冷量或耗热量。为了实现上述控制目标，在系统设计过程中需要考虑冷热负荷、湿负荷、可向建筑室内提供的新鲜空气量（根据人员数量确定需求、机械新风量和渗透风量等共同承担）等。而在实际系统运行中，则是依照对温度、湿度、CO_2 浓度这些可测量的直接指标来进行室内环境参数的调节、控制，利用调节显热末端装置、冷热源设备等来满足温度控制的要求，利用调节除湿或加湿的空气处

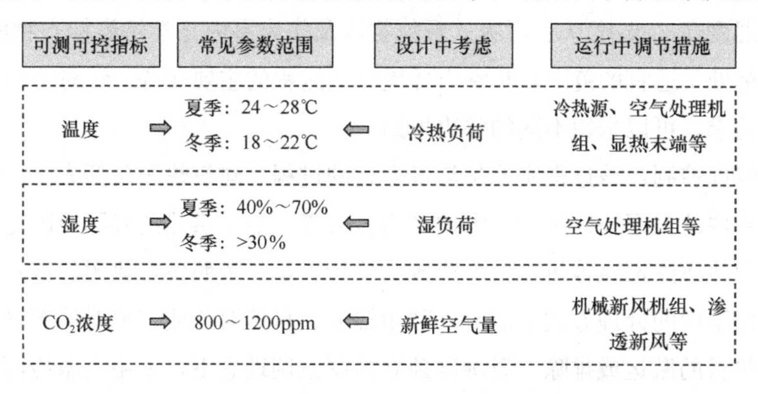

图 2-20　室内环境监测与运行中考虑的主要指标

理机组来实现对室内湿度的调节，利用监测得到的室内CO_2浓度水平来对新鲜空气量进行必要的调节，对机械新风、渗透风采取可能的调节措施来将室内CO_2浓度维持在适宜范围（如800～1200ppm）。

因此，在建筑室内环境控制系统设计、运行中都应以CO_2浓度为目标，将CO_2浓度作为与温度、湿度控制同等重要的控制指标，注意在系统设计、运行中使其保持在合理的范围内，既不能太高、也不应太低。根据要求的CO_2浓度水平、室内人员等可能释放的量，计算出要求的新风换气量，完成系统设计；在运行中直接考察CO_2浓度，而不是机械新风的通风量。若监测室内的CO_2浓度低于800ppm，就应当通过减少机械新风量、减少通过建筑围护结构渗透入室内的新鲜空气等方式来进行调节；当监测到室内CO_2浓度高于1200ppm时，应当通过增加机械新风量或适当加大经由围护结构开口进入室内新鲜空气量的方式来进行调节。这样，对于室内环境控制或营造过程，将温度、湿度、CO_2浓度作为重要的可测、可控的参数或指标，能够更有效地满足室内环境的营造需求，不再单纯或片面地强调新风量或机械新风风量，而通过这些可测、可控的指标参数来反映室内环境的实际状况，反映出实际室内的新鲜空气量是否满足人员等的需求，并由此更科学、合理地营造室内环境。

2.5.2 多参数多手段各自独立控制

不同室内环境营造需求的技术解决方案不同，应采用不同的路径分别满足，不应追求将不同的需求耦合在一起共同解决。图2-21给出了影响建筑环境的主要室内热源、湿源、污染源与室内外之间的相互关系，室内环境控制可以发展出各参数独立控制的思路和解决方案。从空气净化、温度、湿度的不同要求来看，如何有效保证室内温度T_r、湿度d_r、可吸入颗粒物以及作为室内化学污染标志物的CO_2浓度c_r等指标处于适宜的范围，是室内环境营造过程的主要任务。针对不同的源和不同的任务需求，可以采用不同的解决思路：

（1）温度控制：该过程实质是热量搬运的过程。建筑热源包括人员、设备、灯光、进入室内的太阳辐射热量、围护结构传热等，冬季供热的实际原因是补充由于围护结构散热或渗透风等热量散失造成的热量不足。依照各类热源的特点，夏季空调可以采用不同的处理方式来应对，利用辐射、自然对流或强迫对流等换热方式都可以实现热量的搬运或排除。温湿度独立控制空调理念下，采用高温冷源应对室内热量搬运过程，是提高温度控制过程或热量搬运过程能效的重要途径；更进一步，

图 2-21 室内热湿源、污染源与室外间的关系

室内热源的温度品位不同，理论上可以利用不同品位的冷源来满足热量搬运、温度控制的任务，目前已有学者提出利用围护结构传热等热量的品位特点、采用冷却塔冷却水等排热方式来实现更高的排热效率。

(2) 湿度控制：该过程的实现需要通过不同含湿量水平的空气之间的扩散作用。夏季空调需要向室内送入干燥的空气、排除室内湿源产生的水分，冬季则由于空气中的含湿量过低而存在加湿需求。通过一定的空气处理装置，可以将空气处理到冬夏需求的送风状态，满足湿度控制的需求。

(3) 室内化学污染物控制如 CO_2、VOC 等：这些污染源都来自室内。可行的途径就是通过室内外的通风换气，由室外空气将其稀释。也就是室内化学污染物的控制主要依靠室内外通风换气的方式实现。

(4) 室内可吸入颗粒物控制如粉尘、PM2.5 等：颗粒、粉尘等污染物可来自室外（如 PM2.5 超标），也可能由室内产生。过滤是去除这类污染物最有效的方式。目前有两种方式进行过滤：对室内空气循环过滤，也就是所谓房间空气净化器；通过新风系统对新风进行过滤。当设置独立的新风机或新风处理装置时，尽管可以对送入室内的新风进行有效净化过滤，向室内送入净化了的干净空气，但是室外空气并不是仅通过机械新风系统进入室内，建筑中还存在其他的室内外通道，实际建筑还存在大量非组织的渗透风。这些渗透风同样可以从室外带入粉尘至室内，而安装在新风系统中的过滤器就无法对这些粉尘进行过滤、处理。因此仅依靠新风过滤并不能获得消除 PM2.5 的良好效果。并且，新风系统通过过滤降低新风中的 PM2.5 等含量，但所去除的污染物都累积在新风处理装置中。由于新风过滤器不可能每天都清洗，非污染天气时室外的干净空气经过过滤器，就会造成二次污染。由此造成“室外高污染时室内低污染，室外无污染时室内还是低污染”。而通过设置室内独立的净化器的方式，可以根据室内需要净化的需要，选择过滤风量，从而对室内实现快速净化。当室外干净，室内也没有污染时，则不需要过滤，也就不存在二次污染。并且，即便室外颗粒物或粉尘、PM2.5浓度较高的空气进入室内，其中的较大颗粒、粉尘等会由于重力作用自动附着在室内表面，可通过清扫等措施有效应对，它们不会成为室内循环式净化器的负荷，而如果是完全依靠对新风的过滤，这些就会成为新风过滤器的主要负荷。并且，室内循环式净化器也可以捕捉室内产生的粉尘、颗粒物等从而保证室内PM2.5浓度处于适宜的水平。室内过滤器仅能过滤室内颗粒（可能来自室外，也可能是室内产生），不对温湿度和化学污染控制有任何影响。

（5）病毒等：新型冠状病毒传播途径主要包括接触、飞沫和气溶胶（空气）传播，疫情影响下对通风要求越来越高。新型冠状病毒可认为是一种颗粒，对防止可能的空气传播风险，应当采取与应对颗粒物污染、保证洁净度类似的措施。洁净空气（不含病毒的空气）是实现充分稀释、降低空气传播风险的根本，获取洁净空气，既可以通过引入室外空气/新风（可视为不含病毒），也可以通过对室内空气进行充分的净化处理来获得。利用室内空气作为洁净空气时，就需要净化处理过程必须保证足够高的效率，能够有效拦截去除可能在室内空气中存在的病毒颗粒。

这样，通过对不同室内环境参数或不同控制目标的分析，可以发现对室内温度、湿度、空气质量（CO_2等室内源）、颗粒物等环境参数的控制，由于其来源及性质不同，或可选取不同的处理方式，不应当将温湿度控制耦合或将不同来源的污染物控制简单耦合，而应当采取不同的方式分别应对：①针对温度控制通过降温或加热的方式；②针对湿度控制采用相应的加湿或除湿方式；③对于室内源产生的VOC、CO_2等则只能通过引入室外低浓度的新鲜空气置换；④对于颗粒物等的污染物则可通过设置室内循环净化器的方式来实现。这样，对不同的室内环境控制目标，采用不同的处理方式分别满足需求，有助于更好地满足室内环境控制需求。

通过分别满足室内环境中温度、湿度、洁净度的控制需求，有助于实现更好的室内环境控制效果，避免由于互相耦合、统一调控导致的不足。以电子工业洁净厂房为例，其工艺生产环境对室内温度、湿度、洁净度等具有十分严苛的要求，对参数保障的控制要求也远高于通常的公共建筑，而温度、湿度、洁净度控制所需求的风量又存在显著差异，通常为满足高级别净化需求的经过高效过滤器的循环风量

（几十次甚至上百次的换气次数）要远大于温湿度控制所需的风量水平（通常仅为一两次或几次的换气次数）。工艺过程产生有害气体，只能靠与室外的换气排除，有一定的新排风需求；室内同时还有尘源，这就需要靠自循环净化过滤去除；由于要求超净，对颗粒物要求非常高，就要很大的风量，所以就是依靠自循环满足这一要求，而不是全新风。目前此类场合通常采用新风处理机组（MAU）＋干盘管（DCC）＋风机过滤单元（FFU）的环境控制系统形式，即通过MAU来对送入洁净厂房的新风进行处理，满足室内环境湿度控制的要求，并根据新风全年变化等配置不同处理措施，保证有足够排风排除工艺过程产生的有害气体；利用DCC来处理室内显热负荷，采用中温冷水（约14℃）来满足室内温度控制需求；利用FFU对室内循环空气进行过滤处理，排除工艺生产过程中产生的污染物等，满足室内洁净度的需求。因而，电子洁净厂房的环境控制系统就应当是一种从温度、湿度、洁净度等分别调控出发的系统解决方式。当然，在实际利用空气、送风来满足温湿度洁净度控制要求时，采用较小的风量（例如很多情况下除湿需求的风量通常较小）可以同时承担较多的控制任务（例如除湿风量同时承担一部分降温、洁净的任务），在此基础上需根据控制目标进一步补充不足的风量来满足全部控制需求。公共建筑对于室内环境参数控制并没有工业建筑洁净厂房中的严苛，但仍可以应用相似的室内环境控制理念，即对室内温湿度、洁净度等分别进行调控，不同的处理过程各司其职，针对不同的控制目标采取应对措施、分别满足不同方面的室内环境营造需求。

2.5.3 利用洁净空气，充分保障防疫

目前，关于新型冠状病毒传播机理尚待进一步明确，但从权威机构及相关研究发布的病毒传播途径和封闭空间传播案例来看，空气传播的风险不能排除。我国《新型冠状病毒肺炎诊疗方案（试行第八版）》明确表明新型冠状病毒"经呼吸道飞沫和密切接触传播是主要的传播途径。在相对封闭的环境中长时间暴露于高浓度气溶胶情况下存在经气溶胶传播的可能。由于在粪便及尿中可分离到新型冠状病毒，应注意粪便及尿对环境污染造成气溶胶或接触传播"。

面对新冠肺炎疫情，可能的传播途径包括接触、飞沫和气溶胶（空气）传播，其中气溶胶传播是指病毒可以通过气溶胶形式在空气中进行传播。感染者呼出的带有一定浓度的病毒颗粒有通过空气进行一定距离传播的可能性，目前一些研究结果也在病房感染者口鼻呼出位置周围测到了一定的病毒浓度，表明感染者呼出的病毒是可能通过空气进行传播的。面对空气/气溶胶传播的可能性，就需要在实际防疫

过程中应对这种传播风险，采取有效的阻断措施。

各类防疫指南中均提及了充分通风、加强换气等措施，为降低可能的疫情传播风险、避免空气传播提供了重要保障。这种加强通风换气来降低空气传播风险的出发点在于，认为实现足够的室内外换气，引入足量的室外新风即可使得由感染者释放的病毒经过足够的稀释，其浓度可以降低到足够小的范围，将室外新风也就是不含病毒的空气作为有效的病毒稀释手段。从这个角度出发，只要空气中不含病毒甚至所含病毒浓度远低于可能的感染者呼出的病毒浓度，就可以作为有效载体来稀释可能的感染者所呼出的气流。利用这种不同浓度、不同量级空气量（低浓度或干净空气量远远大于感染者呼出的气流量）之间的有效掺混，就可以起到足够的稀释作用，将可能的感染者呼出的病毒稀释到足够低的浓度，达到足够低的稀释倍数，即可将可能存在的空气传播风险有效控制、降低到足够低的风险水平，如图 2-22 所示。

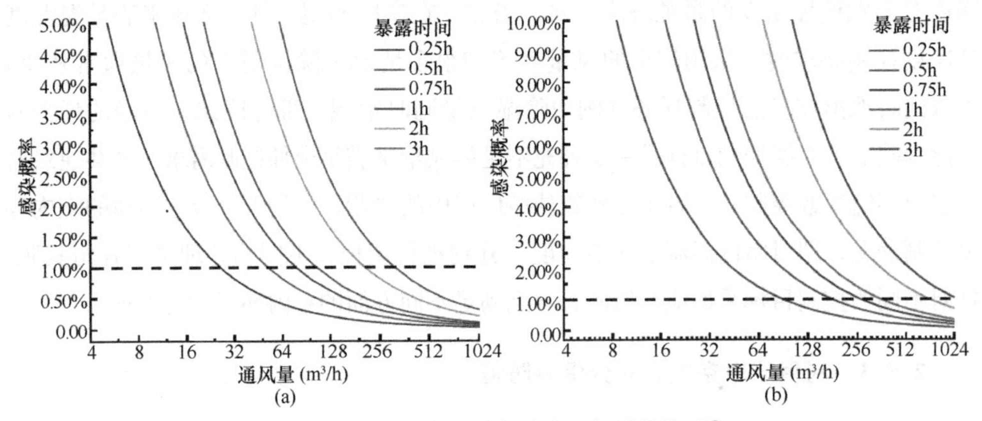

图 2-22　空气传播风险与洁净空气量的关系❶

(a) $q=14$；(b) $q=48$

Wells-Riley 公式可用于评估空气传播的风险，如下式：

$$P=\frac{C}{S}=1-e^{-Iqpt/Q} \tag{2-1}$$

其中：P 是感染风险；I 是感染人数；q 是每个感染者发生的病毒当量数（quanta/h）；p 是人的呼吸量，可根据活动状态选取；t 是停留时间（h）；Q 是空间洁净空气量（m^3/h）。

由式（2-1）可知，空气传播风险由洁净空气量、人员停留时间、可能感染者

---

❶ 参考文献：Dai H，Zhao B. Association of the infection probability of COVID-19 with ventilation rates in confined spaces. Building Simulation，https：//doi. org/10. 1007/s12273-020-0703-5.

产生的病毒当量等因素综合影响。洁净空气量Q对于空间内病毒稀释至关重要，这也是对新型冠状病毒这类可视为颗粒通过空气传播的污染物控制在有效浓度范围内的重要手段。需要强调的是，对于稀释病毒，一切不含病原体的空气，均能够作为去除或者降低空气中病原体颗粒个数的有效载体。对于病毒空气传播而言，这都是可利用、可发挥稀释作用的“干净空气”，而并非局限于必须是室外空气才能起到稀释空气中可能存在的病毒的作用。当室内或空调系统中存在能杀灭病原体的净化装置时，由净化装置提供的洁净空气量也应计算在内。考虑上述影响因素可以给出Q的计算式如下：

$$Q = Q_f + Q_p \eta_p \tag{2-2}$$

其中：Q_f为新风通风量（m^3/h）；Q_p为净化器或空气处理机组过滤段处理的风量（m^3/h），η_p为净化器或空调机组内过滤段的一次通过效率。

由于大气环境对室外有着非常良好的稀释作用，除了极其特殊环境之外，室外新风可以认为是完全洁净，不含有病毒颗粒的空气。病毒在空气中传播可视为颗粒物的扩散传播过程，也可以利用应对颗粒物污染、对颗粒物净化处理的方式来应对。净化器及回风过滤的作用则取决于其实际设置情况及设备参数。空气过滤、静电除尘等室内颗粒物去除技术可有效降低室内颗粒物浓度、保障室内空气质量，例如空调系统中在空调箱或风道内安装有过滤段对空气进行过滤净化，房间中可使用个体式空气净化器对室内空气进行有效净化。因此，只需采用能够有效应对新型冠状病毒相似粒径大小的颗粒物污染、可实现有效颗粒物去除的方法，即可达到降低空气中新冠病毒浓度的目标，这时经过净化处理的回风即可作为有效稀释可能的病毒浓度的载体。但需要特别指出的是，所选择的颗粒物去除产品应该对与新冠病毒粒径大小相似的颗粒物具有较高的计数去除效率，而不是计重去除效率。

从上述分析看，不含病毒或浓度远低于感染者呼出气流所含病毒浓度的空气无论是新风还是经过净化处理的室内回风均可以作为稀释病毒浓度的有效载体。因而，在利用洁净空气病毒降低空气传播风险、保障防疫需求的情景中，应当考虑两种状况：

（1）当知道可能的感染源存在区域时，如医院病房、机场航站楼国际到达区域、各种核酸检测采样点等，可能的潜在感染源存在于病人、国际到达旅客、核酸采样人群等，而相应场合的工作人员为主要的被保护人群，也就是说此类场合均可明确可能存在感染源的区域和需要保护的人群。对于这种有潜在感染源和有明确需保护人群的场景，通风方式就要营造出合理的气流组织流向，使新风通过被保护人群流向存在潜在感染源的区域，并且应尽可能抑制经过潜在感染源的空气回流到被保护人群区域。此时应是全新风（保证经过被保护人群的空气无污染），从潜在感染源处排风，风量以满足气流组织要求、无回流为准。

（2）当不知道可能的感染源存在区域时，如车站、机场、商场、会场等，很难预知此类场合中存在的可能感染源，也就不可能通过控制空气流向来营造明确的气流场。此时的要点就是尽可能稀释，大风量通风换气来保证足够的洁净空气量从而尽可能保护所有人群。而通风换气的空气不一定是新风，循环空气只要经过过滤、即使经过风道输送，也可以作为可利用的洁净空气。此时循环风量越大，可以保证越大的洁净空气量，相应地可实现的稀释倍数就越大，稀释效果越好。这类场景就不需要过分强调必须实现很大换气次数的新风换气量，而是应当保障足够的洁净空气量、达到对可能的感染者呼出病毒进行有效稀释的足够大的稀释倍数，以此来降低可能的空气传播的风险。

以 CO_2 浓度作为指标可以有效反映室内人员的新风量水平，前述将室内 CO_2 浓度保障在一定水平（如 800～1200ppm）的指标，所对应的人均新风量水平通常在 20～30m^3/h。在这样的人均新风量水平下，与感染者呼出的病毒浓度综合考虑可计算出相应的稀释倍数或感染风险。在保障有效的室内气流组织情况下，这种新风量水平可实现的稀释倍数通常足以满足降低病毒浓度所需的新风量水平。再过度增大新风量水平、降低室内 CO_2 浓度，对于降低可能的空气传播风险并无显著改善，因而在实际中可以不必一味要求必须加强通风换气。当通风换气量过大如在冬季使得室内热环境受到明显不利影响时，可酌情在保障室内热环境基本要求的基础上综合考虑防疫要求。以 CO_2 浓度为指标，只要其不过高（如不超过 1000ppm）即可认为通风量足够满足室内降低空气传播风险所需的洁净空气量，也不应使得 CO_2 浓度过低（例如低于 600ppm），导致不必要地引入大量室外空气增加室内热环境调控难度。

因而，在新冠肺炎疫情空气传播风险防控中，应当有效区分可明确可能感染源所在区域的情景和无法区分可能感染者存在区域的情况来进行应对。保障足够的洁净空气量是降低风险的关键，只要适当合理地通风换气，再加上室内可设置分散的净化器进行空气净化，针对可能存在感染者呼出病毒的情况，利用有效的洁净空气作为稀释载体、达到足够的稀释倍数，就可以满足降低或稀释可能存在的病毒浓度的要求。因而，在室内空气质量环境和防疫风险控制中，都应当以室内 CO_2 浓度作为指标考察其实际效果，以将 CO_2 浓度控制在一定范围内为室内环境营造的重要目标。

2.6 公共建筑能源系统对双碳目标贡献的再认识

建筑能源需求通常包括对冷、热（含生活热水等)、电等方面，建筑能源系统是满足建筑日常运行功能、营造适宜舒适的环境、保障建筑内各项用能器具正常使用的建筑基本组成部分。建筑能源系统的基本任务是满足建筑日常运行过程中对于冷热电等能源的需求，传统的建筑能源系统以满足建筑用能需求为主要目标；当关注建筑节能、注重降低建筑运行能耗时，通过各种技术手段如能源系统调适、采用高效能源系统设备等方式可有效促进系统高效运行、降低其能耗。而在双碳目标的指引下，公共建筑能源系统需要在满足其基本功能的基础上，思考其在未来整个能源系统中的角色定位，进一步认识到其由传统的终端用能单元转变为集能源生产、储存、消费“三位一体”的复合体，需要为实现整个能源系统的低碳甚至零碳目标承担相应的角色任务，这也是公共建筑能源系统发展面临的重要挑战，如图 2-23 所示。

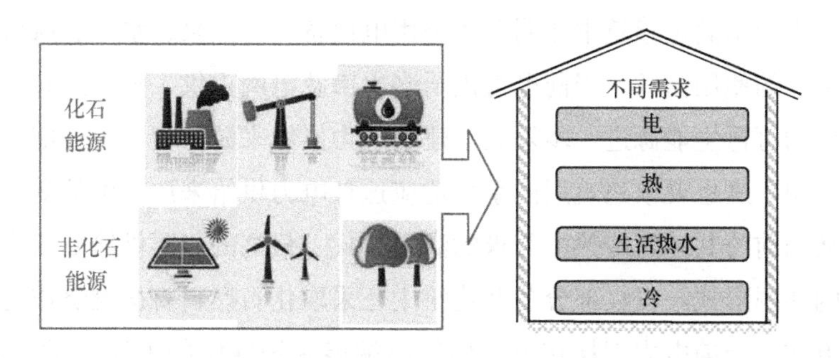

图 2-23 公共建筑能源需求及主要供给方式

当前我国公共建筑中的冷、热、电三方面需求对应的能源供给形式中，常见的包括电力、化石燃料（煤、天然气、油等）等形式，这些能源供给到建筑中，再由建筑内部的相应用能设备进一步利用或处理，满足建筑各方面的使用需求。

(1) 供冷实质上是将室内热量“搬运”至外界的过程（从室内热源搬运至室外热汇)，该过程的实现需要消耗功，因而需要外界提供功（㶲）来实现该过程。供冷需求主要由电力驱动电动制冷机组（包含各种类型的冷水机组、空调机组等形式）来满足，也有通过热驱动/燃气驱动的吸收式制冷机组来实现供冷（极少部分公共建筑中采用)，因而从供冷需求的最终能源解决方式来看主要是通过电力驱动来实现。

(2) 供热实质上是热量的传递过程（将热量从热源传递至室内)，通过寻找合适的热源获取热量，付出一定的传递温差即可实现向建筑室内供热。热力多由市政热力供给或公共建筑自身设置锅炉形式或通过热泵方式来自给，即由外界输入热量或自身通过化石燃料燃烧获得热量或利用热泵方式通过输入功来实现热量的品位提升和搬运。在碳中和目标驱动下，市政集中热力等供热方式越来越注重清洁化、低碳化，通过各类有效的余热回收方式等尽可能多地获得清洁热源供应至建筑，实现碳排放降低；由建筑自身燃烧化石燃料的锅炉等分散热量提供方式，则不可避免地存在化石燃料导致的碳排放，需要重新考虑其可利用性；各类热泵方式通常通过输入电力来满足建筑热量需求，最终需求的能源供给形式仍是电力。

（3）生活热水作为一项特殊的建筑用热需求，常见的解决方式可通过化石燃料燃烧来满足，也可通过太阳能热水器等解决，或由电力驱动的热泵甚至电加热等方式来满足。一些场合如医院中对蒸汽有需求，当前仍主要通过化石燃料燃烧或电驱动蒸汽制取等方式获得。一些公共建筑中还对炊事用能有需求，部分仍通过化石燃料（天然气等）来满足。

（4）电力用来满足建筑中照明及各类用电设备（含热泵、水泵、风机等暖通空调系统设备）的使用需求。当前电力供给多由市政电网提供，未来随着光伏等建筑自身可利用的可再生能源进一步发展，建筑电力供给来源将变为由外部电网和建筑自身共同承担，这也要求建筑用能系统适应这种电力供给来源产生的变化。

因而从当前公共建筑冷热电需求的满足方式、最终的能源供给形式来看，电力是最主要的能源形式，仅在部分公共建筑中还采取化石燃料直接燃烧作为供暖或制冷的解决方式。当前电力消耗在公共建筑终端能源消耗中的占比通常可达50%～100%。在碳中和目标指引下，全面实现终端电气化是公共建筑能源系统发展的重要目标，这一方式可有效避免公共建筑终端再直接燃烧化石燃料产生直接碳排放，是实现公共建筑低碳发展、实现其能源系统低碳甚至零碳化的重要抓手。

从上述公共建筑能源系统常见能源供给形式来看，化石燃料多存在于热量获取或特殊场景需求中，通过电力满足这些特殊场景的需求、实现对化石燃料的替代是实现全面电气化的重要途径，这也需要相应的电力驱动设备的支持。例如，对于用于热量制取的锅炉等公共建筑用能设备，通过热泵等电力驱动方式进行替代即是有效途径，满足热量制备需求场景的各类热泵设备正发展得如火如荼（本书第4章将详细介绍空气源热泵的发展）；医院等公共建筑中有蒸汽需求，取消化石燃料锅炉、利用热泵方式制取蒸汽已成为可能；部分公共建筑中需求的燃气等作为炊事用途，电气化替代、相应的炊具等也已日渐成熟。进一步发展适应全面电气化需求的各类电器设备，将为实现公共建筑用能系统的全面电气化、避免公共建筑自身直接化石燃料造成的碳排放提供重要支撑。

在实现全面电气化的基础上，进一步看公共建筑面临的挑战。在全面电气化后，建筑自身需要进一步考虑其用能（用电）系统的需求变化与能源（电力）供给之间的关系，这也需要对需求、供给两者的特点产生清晰认识。公共建筑用能通常存在日间、周间、月间、季节间的差异，这既与公共建筑的使用模式、运营需求密切相关，也与室外气候状况密切相关。公共建筑内部使用功能、用电设备与外部气候状况等决定了其用电曲线。以上海市为例，主要类型公共建筑典型日标准化用电曲线如图 2-24 所示。可以看出：各类公共建筑主要设备开机时间较为接近（7：00～9：00）；不同公共建筑由于运行使用模式的差异，主要设备关机时间相差较大。各类型建筑用能高峰持续时间一般在 8～9h，旅游饭店建筑由于其营业特性，高峰持续时间较长，达 12h。而且公共建筑日用电曲线，与太阳能光伏发电的日变化曲线形状较为接近，为更好地消纳光伏电力提供了有利条件。

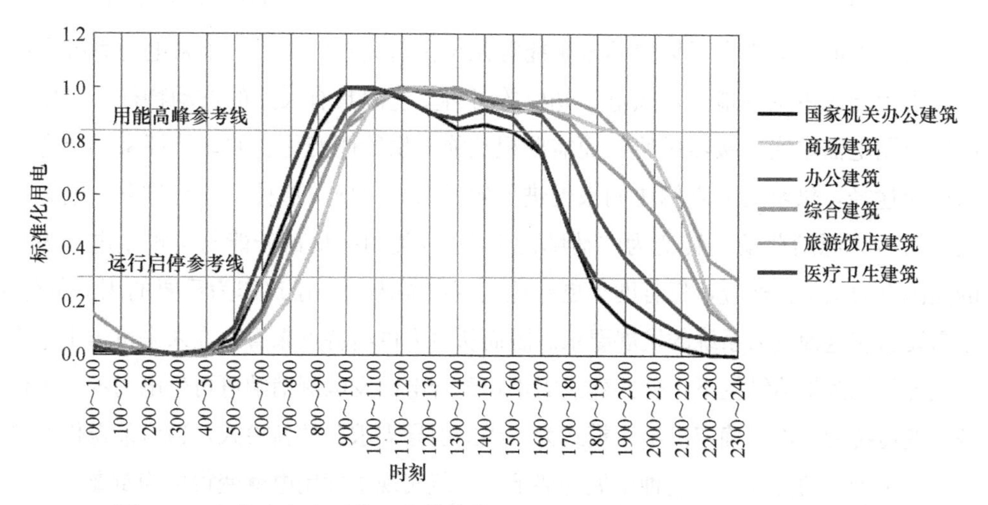

图 2-24 上海市各主要类型公共建筑逐时标准化用电曲线（夏季典型日）[1]

以上海市为例，某日公共建筑峰时段用电总量与谷时段用电总量比值（峰谷比）如表 2-3 所示，各类公共建筑当日总体用电量峰值在 11：00～12：00、谷值在 3：00～4：00。办公共建筑、商场建筑峰谷比相对较大，这与其间歇性运行模式有

[1] 2020 上海市国家机关办公建筑和大型公共建筑能耗监测及分析报告［R］．上海：上海市住房和城乡建设管理委员会，上海市发展和改革委员会，2021.7.

关；而旅游饭店建筑与医疗卫生建筑往往全部或部分处于24h不间断运行，因此峰谷比较小；所有建筑用电低谷均出现在凌晨时段，从而可通过储电、冰蓄冷等储能技术将日间用电转换到夜间，达到削峰填谷的作用。

上海市各主要类型公共建筑日用电峰谷比（夏季典型日）[1] **表2-3**

序号	建筑类型	峰谷比
1	商场建筑	3.9
2	办公建筑	3.0
3	综合建筑	2.8
4	国家机关办公建筑	2.6
5	旅游饭店建筑	1.4
6	医疗卫生建筑	1.4
7	所有联网建筑	3.0

注：1. 峰谷比＝峰时段用电总量/谷时段用电总量。

2. 峰时段：8：00～11：00、13：00～15：00、18：00～21：00；谷时段：22：00～次日6：00。

另一方面，碳中和目标引领未来能源系统供需关系的变革，未来电力系统中由于可再生能源占主导地位，风电、光电等可再生能源具有天然的波动特征，难以按照用户用电需求实现按需供给，而需要根据能源供给侧变化、波动特征来寻求有效的适应途径，供给与需求侧协同来促进低碳目标的实现。这种发展趋势下，电力系统亟需由“源随荷动”转变为“荷随源变”，各类用能负荷若能与可再生电力为主的能源电力供给相适应，将有助于更好地实现供需协同。建筑作为重要的用能负荷，也需要适应这种电力系统的发展要求。因而从电力供给特点来看，在未来可再生电力占主导的能源供给结构下，公共建筑需承担配合电网发电侧消纳可再生电力的重要任务，变传统的“需求确定供给”模式为“供给引导需求”的新模式，适应能源供给侧结构变革带来的挑战，在这种发展趋势下，建筑实现柔性用电就变得极为重要。

国内外针对建筑柔性的相关研究方兴未艾，电网友好型建筑、电力需求侧响应、建筑柔性、弹性建筑（flexible building）等成为相关研究热点，例如国际能源署IEA住宅与社区节能协议EBC已开展了多个Annex项目对Flexible Building进行相关研究，如Annex 67-Energy Flexible Buildings、Annex 80-Resilient Cooling of Buildings、Annex 82-Energy Flexible Buildings Towards Resilient Low Carbon

---

[1] 2020上海市国家机关办公建筑和大型公共建筑能耗监测及分析报告［R］. 上海：上海市住房和城乡建设管理委员会，上海市发展和改革委员会，2021.7.

Energy Systems 等；目前，有许多需求侧响应的项目已经在建筑中开展，如直接负荷控制（Direct Load Control）、分时定价（Time-of-use Pricing）等，对建筑柔性、灵活性调节显示出可观的响应削峰潜力。对于建筑柔性，如何进行统一刻画、建立统一的分析框架、建模方法等，尚存在许多需要研究的问题。

在公共建筑实现全面电气化的基础上，能源供给通过外部电力供给和自身可再生电力（如光伏等）产生来解决的情况下，建筑成为整个能源系统中重要的一环，增强建筑柔性，实现公共建筑柔性用电就变得极为重要。本书后续关键技术一章介绍的“光储直柔”建筑新型用能系统，其关键或者说目标也是要实现“柔”。柔性用电对公共建筑提出了新要求，公共建筑也需要适应这种发展要求，在自身用能特征、用电需求上做出相应变革。要实现柔性用电，公共建筑需要从自身建筑本体、自身用电设备以及公共建筑周围的可利用条件（如电动汽车等）出发，寻求有效的能源蓄存，释放利用途径，增强自身用能柔性（可调性），适应碳中和目标下能源系统的发展要求。

（1）建筑自身围护结构、建筑内的家具装置等通常具有一定的热惯性，使得建筑自身在热环境营造上就存在一定的蓄热特性，如何有效利用不同公共建筑自身的蓄能特性，在一定的运行调节策略下使得建筑能够充分发挥自身蓄能特性来适应能源电力系统的响应要求，是利用这一被动环节来增强建筑柔性的重要措施。建筑围护结构、内部家具等的热惯性如何刻画、蓄热能力及其与建筑用能系统之间如何实现有效联动，是需要进一步深入研究的问题。

（2）蓄冷、蓄热方式是建筑内常见的能量蓄存方式，可实现日间、月间甚至跨季节的蓄能。冰蓄冷、水蓄冷是各类公共建筑中常用的蓄冷方式，其出发点即是期望降低建筑空调用能高峰、实现有效移峰；从实现用电柔性调节层面上来，蓄冷方式也将是有效的柔性调节手段。蓄热水的方式也常用于供暖系统或生活热水应用场景，其具有的热量蓄存能力也是一种很好的公共建筑柔性调节手段。常见的蓄冷、蓄热方式多用于实现日间的蓄能、负荷转移，而一些可实现跨季节间蓄能的方式也在发展，有望缓解不同季节间建筑用能需求的差异，成为季节间柔性调节的有效措施。

（3）电器设备等是建筑中最主要的用能设备，也是建筑内重要的灵活性/用能柔性资源，有望提供较大的柔性调度潜力。各类电器设备的柔性调节能力和调节方法，需要进一步认识各类用电设备的负载特性，可以将其划分成可关断、可迁移、可功率调节负载等，譬如一些电器设备可以在一定时间范围内提前或者推延，室内照明在一定亮度调节范围内可实现自身用电负荷的调节；公共建筑空调系统中的风机、水泵等越来越多地实现变频化，风机水泵等可以在一段时间内通过频率调节来实现功率大幅调节但又不对末端环境产生明显影响，从而也可以成为一定的柔性调节手段。各类用电设备的用电负载特性如何进一步适应建筑用电柔性调节的需求，也是对各类电器设备未来发展提出的重要要求。

（4）蓄电池是有效的建筑蓄能/储能措施，尽管当前蓄电池等化学储能方式仍存在成本较高、电池风险性还存在，但与建筑自身结合的分布式蓄电池方式仍将是建筑中最为重要的储能手段。根据建筑自身用能需求、电力系统期望的建筑用能曲线、建筑其他可利用的蓄能/储能能力等，可以确定所需设置的建筑内蓄电池容量。建筑中需求的蓄电池形式、蓄能容量、参与建筑柔性调节的能力及响应顺序等，也是需要进一步研究的问题。

（5）电动汽车是未来交通的主力，其本身也是重要的蓄电池资源，未来电动汽车数量规模将全面替代当前的化石燃料汽车，所具有的电池规模及其相应的蓄放电能力对于消纳可再生电力、促进能源供需协同具有重要作用。公共建筑与电动汽车几乎具有一致的用户，实现建筑周围电动汽车与建筑自身用能间的交互对于增强建筑用能柔性具有重要潜力。这就需要在公共建筑能源系统中充分考虑电动汽车资源，将其纳入建筑能源系统统筹考虑，配合建筑用能系统实现有效的调度、参与建筑用能的调节，从而充分发挥电动汽车的电池资源和充放电能力。

公共建筑用电柔性的发展目标是未来能够根据外部电力供给侧期望的用电曲线来运行，满足建筑自身用能需求的基础上助力外部电力供给侧充分利用可再生能源，实现低碳甚至零碳化。通过上述建筑自身“被动”＋建筑内电器设备及储能措施“主动”的能量蓄存利用和负荷转移，有助于实现公共建筑用能需求实现一定范围内的柔性调节。通过上述柔性措施的综合利用，将使得建筑自身用能具备更大的灵活性，也有望使得建筑自身在满足基本用能需求的基础上，实现较好地响应电网侧调度需求，真正实现“荷随源动”。

因此，从公共建筑能源系统的发展趋势来看，全面电气化或再电气化是保障公建用能结构转变、促进能源消耗低碳化发展的基本，针对全面电气化的公共建筑能源系统、机电系统，需进一步发展与之相适应的高效电气化装置设备来满足建筑冷、热（含生活热水）、电等能源需求；与此同时，全面电气化背景下的建筑将成为整个能源系统中重要的一环，需主动适应能源系统的变革发展，面向建筑能源系统柔性可调进一步探索可能的场景、技术、落地应用等多方面工作，实现建筑与整个能源系统之间的友好交互，为全社会低碳/零碳目标做出贡献。

2.7 面向双碳目标的区域能源再认识

区域建筑泛指校园、社区、园区等由多种类型、多种功能的单体建筑构成的建筑群，包含的建筑类型可为较单一的如多座办公建筑组合而成，也可以为多种功能建筑组合而成的建筑群。从区域的规模来看其占地面积可达 1～100km²，总建筑面积 10 万～1000 万 m² 甚至更大。区域建筑能源，可认为是满足上述建筑及相关产业的电力、空调、供暖等能源需求的“源、网、荷、储、用”系统。

在做区域能源规划时，设计者思路非常容易聚焦到“集中”能源系统，即统一设置能源站进行区域供冷、区域供热，甚至热电冷三联供系统。这样的系统设置是适宜的吗？如何认识这一规模体量大大超过常见单体建筑的区域能源、如何构建合理的区域能源系统？要回答上述问题，需要从“集中”与“分散”、“冷”与“热”的不对称性等方面综合考虑。

1. 分散与集中

区域供冷还是分散供冷？即“集中”与“分散”的问题，在 2014 年、2018 年《中国建筑节能年度发展研究报告》中已有较多篇幅描述。针对集中系统方式与分散系统方式，从不同的出发点和认识视角可以对比两种方式的各自优势。主张集中方式优于分散方式者给出的主要原因包括：集中方式规模大，效率高；由于“同时使用系数”的效益，集中方式可以减少装机总容量，降低投资；集中方式节省设备空间，并由于集中管理可提高运行管理水平。主张分散方式的理由则包括：便于自由调节用量，可灵活应对 5%、10%的低使用率情况从而避免过量供应；可灵活应对不同品位参数的需求，分散供应避免了能量品质浪费；节省输送管道，减少输配能耗。

建筑环境营造过程的形式是选取为分散式还是集中式，对系统的运行能耗具有重要影响。大量实际工程案例表明，面对众多需求不一致的末端时，采用单一的集中系统同时为这些末端提供服务所消耗的能源，远高于采用众多分散式方式各自独立时的能源消耗。典型的案例就是采用集中空调系统的住宅实际空调运行能耗要远高于采用分散空调方式。对于办公建筑而言，全空气变风量方式、风机盘管＋新风方式、分体空调三种方式在其他条件相同时其能耗比例大约是 3∶2∶1，而办公室人员感觉的空调效果差别不大。变风量方式即使某个房间没人，空调系统仍然运行，而风机盘管、分体空调方式在无人时都能单独关闭；晚上个别房间加班时，变风量系统、风机盘管系统都需要开启整个系统，而分体空调却可以随意地单独开启。集中供冷系统能耗高于分散系统的原因在于，多个相对独立的需求放在一起，这些需求在每个瞬间存在差异性，集中系统方式为满足末端差异性的需求而付出了相应的调节“代价”，分散式系统则可较好地适应不同末端需求时的调节变化。

系统中存在多个末端时，需求的变化包含两个层面：一是“质”的同步性，一是“量”的同步性。前者是从系统所需冷热源品位（温度 T 或温差 ΔT）角度出发对末端需求变化的分析，后者则是从所需冷热量 Q 视角出发的认识。当各个末端的需求不同步、变化不一致时，集中系统就必须同时满足末端的这种不一致需求。对“质”的不同需求：例如几个末端需要低温（如 7℃）冷水，其余末端只需要 10℃以上的冷水，集中式系统就只能“就低不就高”，统一提供 7℃冷水，难以使制冷机通过提高水温而提升效率。对“量”的不同需求：当 90%的末端都工作在 5%负荷以下，而仅有 1～2 个末端需要提供 100%的负荷时，集中式系统的调节就很困难，出现调节不充分而造成“过量供应”，或者为了有效的调节而付出很大的风机、水泵能耗。

既然集中式出现如上所述这样多的问题，那么为什么还有很大的势力在提倡集中呢？大体上有如下一些理由：

（1）如同工业生产过程，规模越大，集中程度越高，效率就高？工业生产过程确实如此，能源的生产与转换过程如煤、油、气、电的生产也是如此。但是建筑不是生产，而是为建筑的使用者也就是分布在建筑中不同区域的人提供服务。使用者的需求在参数、数量、空间、时间上的变化都很大，集中统一的供应很难满足不同个体的需要，结果往往就只能统一按照最高的需求标准供应，这就是为什么美国、中国香港的中央空调办公室内夏季总是偏冷、我国北方冬季的集中供热房间很多总是偏热的原因，这也就造成晚上几个人加班需要开启整个楼的空调，敞开式办公只要有一个人觉得暗就要把大家的灯全打开。这种过量供给所造成的能源浪费实际上要远大于集中方式效率高所减少的能源消耗。而且，规模化生产就一定是全负荷投入才能实现高效，而建筑物内的服务系统，由于末端需求的分散变化特性，对于集中方式来说，只有很少的时间会出现满负荷状态，绝大多数时间是工作在部分负荷下甚至极低比例的负荷下。这种低负荷比例往往不是由于各个末端负荷降低所造成，而是部分末端关断所引起。这样，集中系统在低负荷比例下就出现效率低下。反之分散方式只是关断了不用的末端，使用的末端负荷率并不低，效率也就不会降低。与工业生产过程大规模同一参数批量生产的高效过程不同，正是这种末端需求参数的不一致性和时间上的不一致性造成系统越集中实际效率反而越低。

（2）“系统越集中，越容易维护管理”？实际上运行管理包括两方面任务：设备的维护、管理、维修；系统的调节运行。前者保证系统中的各个装置安全可靠运行，出现故障及时修复和更换；后者则是根据需求侧的各种变化及时调整系统运行状态，以高效地提供最好的服务。集中式系统，设备容量大，数量少，可以安排专门的技术人员保障设备运行；而分散式系统设备数量多，有可能故障率高，保障设备运行难度大。这可能是主张采用集中系统的又一个重要原因。但实际上，随着技术的进步，单台设备可靠性和自动控制水平有了长足的改善。而这类设备的故障处理就是简单地更换，完全可以在不影响其他设备正常运行的条件下在短时间完成。相反，集中式的大型设备相对故障率高，出现故障时影响范围会很大，在多数情况下大型设备出现故障时难以整体更换，现场维修需要的时间要长。再来看运行调节的要求，集中式系统除了要保证各台设备正常运行外，调整输配系统，使其按照末端需求的变化改变循环水量、循环风量、新风量的分配，调整冷热源设备使其不断适应末端需求的变化，都是集中式系统运行调节的重要任务。系统越大，调节越复杂。反之，分散方式的运行调节就非常简单。只要根据末端需求“开”和“关”，或者进行量的相应调节即可，不存在各类输送系统在分配方面所要求的调节。目前的自动控制技术完全胜任各种分散式的控制调节需要，绝大多数分散系统的运行实践也表明其在运行调节上的优势。如此说来，“集中式系统易于运行维护管理”是否就不再成立？随着信息技术的发展，通过数字通信技术直接对分布在各处的装置进行直接管理调节的“分布式”系统方式已经逐渐成为系统发展的主流，“物联网”“传感器网络”等 21 世纪正在兴起的技术使得对分散的分布系统管理和调节成为可行、可靠和低成本。从维护管理运行调节这一角度看，越来越趋于分散而不是趋于集中才是建筑服务系统未来的发展趋势。

（3）“许多新技术只适合集中式系统，发展集中式系统是新技术发展的需要”。确实，如冰蓄冷、水蓄冷方式，只有在大型集中式系统中才适合。水源热泵、地源热泵方式也需要系统有一定的规模。采用分布式能源技术的热电冷三联供更需要足够大的集中式系统与之配合。如果这些新的高效节能技术能够通过其优异的性能所实现的节能效果补偿掉集中式系统导致的能耗增加，采用集中式系统以实现最终的节能目标，当然无可非议。然而如果由于采用大规模集中式系统所增加的能耗高于这些新技术获得的节能量，最终使得实际的能源消耗总量增加，那么为什么还要为了使用新技术而选择集中式呢？实际案例的调查分析表明，采用楼宇式电冷联产，发电部分的燃气-电力转换效率也就是 40%，相比于大型燃气-蒸汽联合循环纯发电电厂的55%的燃气-电力转换效率，相差15%的产电率。而电冷联产用其余热同时产生的冷量最多也只为输入燃气能量的45%，按照目前的离心制冷机效率，这只需要不到9%的电力就可以产生，而冷电联产却为了这些冷量减少发电15%，因此在能量转换与充分利用上并非高效。而且，从能源结构上看利用燃气这类化石能源燃烧方式也绝非低碳，在双碳目标背景下再发展燃气热电冷三联供也并非可取之道。由于天然气也属于化石能源，未来的有限的天然气主要将用于为电力系统调峰。而采用"热电冷"三联供后，电力调峰要求的运行时间与供冷供热要求的时间段不同，这就形成"以热定电"还是"以电定热"的不同运行方式的判定。而如果燃气电厂就应该完全服务于调峰需求，则这两种运行模式都不合适。这也是为什么低碳能源下不应再提倡热电冷三联供。如此状况为了用这样的"新技术"而转向大型、巨型集中式系统显然就没有太多道理了。当然，有些公共建筑由于其本身性质就不可能采用分散式，例如大型机场、车站建筑，大型公共场馆等，建筑形式与功能决定其必须采用集中的服务系统。这时，相应地选用一些支持集中式系统的新技术，如冰蓄冷、水蓄冷等，无可非议。实际上，并非新的节能高效技术都面向集中方式，为了适应分散的服务方式与特点，这些年来也陆续产生出不少面向分散方式的新技术、新产品。典型的成功案例是VRF多联机空调。它就是把分体空调扩充到一拖多，既保持了分体空调分散且独立可调的特点，又减少了室外机数量，解决了分体空调室外机不宜布置的困难，成为在办公建筑替代常规中央空调的一种有效措施。类似，大开间办公建筑照明目前已经出现可以实现对每一盏灯进行分别调控的数字式照明控制。通过新技术支持分散独立可调的理念，取得了很大成功。

集中系统形式和分散系统形式的选择，取决于不同的需求。工业生产过程中由于面对大规模复制的生产对象，更偏向于大规模的"集中"方式带来的高效率、低能耗，因而多采用集中的系统形式。建筑服务系统的服务对象是针对差异性很大的单个服务对象，多个相对独立的需求放在一起，这些需求在每个瞬间存在差异性，因而不适用于工业生产的模式。分散系统形式和集中系统形式应对需求特征的处理方式各有不同，分散的系统形式是通过分散方式，各自满足"质"与"量"的需求；集中的系统形式通过一定的调节和分配措施来完成不同末端对"质"与"量"的需求。在不同末端需求差异显著、变化不一致时，集中系统会由于调节分配方式导致一定的损失。

因此，"集中"与"分散"并非对立，而是一个连续变化的过程，是"需求"与"供应"的博弈过程。通过对各种情况下末端需求变化的同步性程度的衡量，判断是否可以采用集中式系统以及集中式与分散式在系统用能上存在的差异。当多个末端需求显著不同时，集中方式会造成显著的调节不均、增加冷热量损失和不必要的耗散，此时宜采用分散的采集方式满足各自需求。所以当多个末端负荷极不一致地变化时，分散式系统往往比集中式系统更易于满足末端需求的不同，而避免过量供应。当末端的需求严重不同步，能效高等集中式的优点就会被末端巨大差异性造成的能耗损失抵消，这就出现了一些使用情况下集中式的实际能耗远高于分散式这种现象。对于区域建筑，很难说各个末端用户的需求同步一致变化，更多的是存在末端多个用户、用户需求分散独立相关性不高的情况，因而在区域能源系统构建过程中应当充分考虑这种分散、独立的用户需求，充分发挥末端用户调节、使得用户具有一定可调能力，更好地适应末端可调、降低集中统一热环境营造系统导致的不必要浪费。

2. 区域能源规划

从区域级用户的需求特点来看，建筑需求侧通常包含对冷、热、电三方面，外部供给（包括建筑自身可再生能源的利用）需满足这些基本需求。

(1) 对于建筑供热，当存在合理的热源，通过热量的有效传递，或者通过热泵方式等均可实现热量的获取，满足热的需求。当外部存在可供利用的免费余热资源或集中热力资源时，在符合一定技术经济性与环境资源效益基础上可以有效利用这些外部热力资源，通过外部热力供给来满足建筑自身的供暖热力需求。例如北方城镇集中供热热力资源建设，通过技术创新实现了对各类工业余热、电厂余热等资源的有效收集、利用，对满足城镇热力需求提供了重要基础，区域用户也可以选取这类热力作为满足其供热需求的适宜技术解决途径。为什么要有集中供热？是因为有余热热源，不这样的话这些余热就会白白排放掉。充分回收利用各种低品位余热，这是发展集中供热的唯一原因，无余热资源，就不该发展集中供热。当没有可供利用的外部直接热力资源、需要建筑自身寻求合理的供热解决途径时，可考虑对可再生资源如空气源、地热资源的利用，通过热泵方式提供热量输送温差、实现热量搬运来满足供热需求；也有一些区域建筑通过燃气、煤等传统化石能源燃烧的方式获取热量，但在双碳目标背景下，整个能源结构的调整与碳排放控制使得这种直接利用化石能源方式获取热量的方式已不可取。

(2) 对于建筑供冷，需要输入功（制冷机）才能满足供冷需求，实现热量搬运。建筑供冷、供热的本质不同，前者是热量的搬运过程，需要输入功，后者是热量的传递过程。未区分冷和热的不同，而大搞区域集中供冷，实际运行效果表明系统能耗显著高于采用分散系统的供给方式。为什么不主张集中供冷，就是因为没有余冷资源。区域集中供热合理性或者存在的原因根本在于有可利用的余热资源，通过收集各类余热资源、经过一定距离输送即可实现余热热量的有效回收利用；而对于供冷，很难有可利用的足量的余冷资源来满足大规模区域供冷的需求。常见的室外冷源/热汇包括空气、土壤、地表水、江河湖泊等，很难通过直接大规模利用这些热汇来实现区域级集中供冷；另一方面这些自然冷源/热汇的温度品位水平通常也难以满足直接利用、进行空调供冷级别热量搬运的需求，这样就必须通过机械、输入功的方式来实现热量的搬运，满足供冷需求。采用区域级集中供冷的方式在初投资、经济性等多方面综合考虑来看也就并不合适。

（3）对于建筑电力需求，是未来最重要的能源需求，在全面电气化或再电气化的驱动下，电力将成为建筑中最主要甚至是唯一的能源供给形式。除了满足建筑日常的照明、设备、插座用电外，未来建筑中炊事、冷热需求等均可利用电力作为最终的能源供给形式，电力驱动的各类热泵将成为满足建筑冷热需求的重要途径，这就使得对区域建筑电力需求认识或电力需求的规划变得极其重要。

从区域能源系统的能源需求来看，包含冷、热、电等方面的用能需求。结合能源供需特点及可利用的低碳能源方式来看，外部很难有可利用的冷源或冷量输入，可能有可利用的余热等热力资源，主要可利用的能源供给方式为电力。因此从区域建筑的能源规划来看，区域能源系统主要应为电规划（包括建筑供冷用能）、供热规划。传统区域能源规划仅仅面对单一能源系统，如针对电、气、冷（热）分别进行规划，人为地割裂了各能源系统的资源优化配置。面向未来低碳能源系统发展、能源结构变革，就需要从区域综合能源系统协同规划的理念出发，以电力规划和供热规划为主，综合考虑冷热需求的能源供给保障形式，充分发挥不同能源形式的互补特性和协同效应，在更大范围内实现能源系统资源优化配置，提升系统灵活性，提高可再生能源消纳能力和系统综合能效，如图2-25所示。

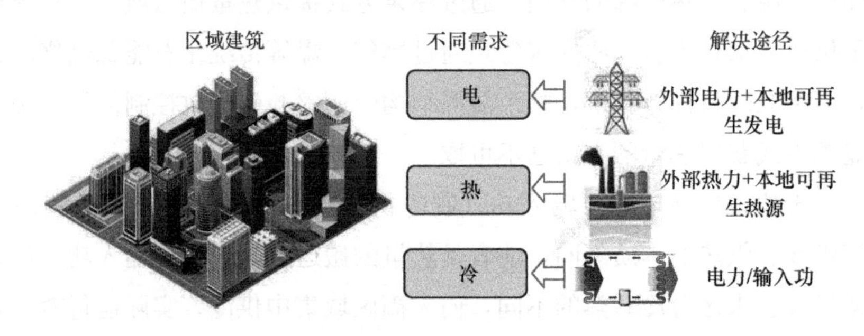

图2-25 区域建筑冷热电需求及主要外部输入形式

3. 区域建筑整体实现需求侧影响

面向双碳目标，区域级用户有成为未来电力系统中重要的电力需求调度响应资源的潜力。单体建筑能效提升边际效应逐步显现，建筑用户侧能源消费结构逐步优化，电能将成为未来建筑最主要的能源类型，区域建筑将在未来成为整个能源系统中可起到重要调节作用的关键环节。单个建筑的规模、用电量等很难在电网调度体系中发挥一定作用，但当扩展到一个区域，建筑规模大、用电负荷可调节能力大大变强，就有可能将这种区域级的电力负荷用户作为一种有效的、可调度的电网灵活性负载资源，在未来电力系统低碳化发展的目标下帮助电网实现更好地调度、适应未来风电光电等可再生电力为主的发展方向。

区域建筑可考虑统一消纳自身可再生能源，对于建筑中可利用的光伏、风电等可再生电力，单个用户用能、用电需求的不同步、不一致特点在变为多个用户的区域级建筑后，其用能规律有望更好地与区域内可再生能源的供给变化特点相适应。实现自身可再生能源的消纳利用是第一步，在此基础上区域建筑可实现的负荷调节能力、用能灵活性是进一步需要重点关注的环节。在未来低碳能源结构体系下，建筑用户若能从能源供给侧的变化特点出发来做出一定的响应，使得自身用能需求能够更好地适应可再生电力供给变化的特点，将对于整个低碳能源系统的构建和全社会的碳中和目标带来重要裨益。区域建筑的用能特点使得其可考虑一定的蓄能措施，增强自身用能的灵活性，例如采用一定的蓄冷（水蓄冷或冰蓄冷）、蓄热措施，目前已经成为很多区域建筑中实现负荷调节、降低峰值用能需求的重要措施；也可以考虑分散式蓄电池方式进一步增强自身用能柔性，更好地响应电力供给变化特点。区域建筑将使得这些储能措施具有更好的规模化效应，有效平抑用能需求波动，更好地适应外部供给，如图 2-26 所示。

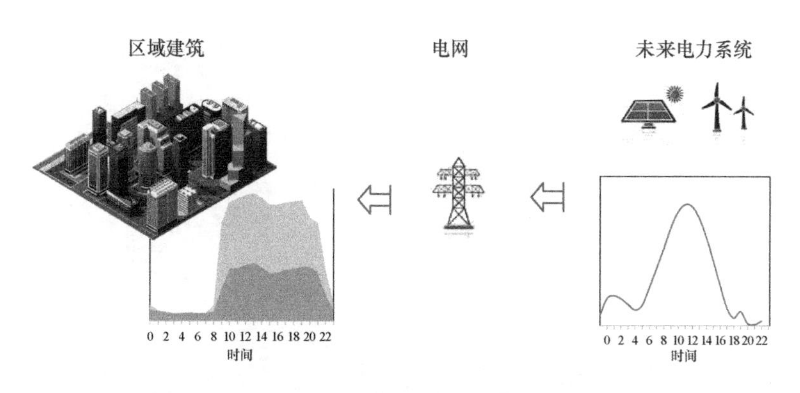

图 2-26 未来区域建筑应作为灵活负载参与电网响应

在未来低碳电力系统中，可再生电力供给侧受到风电光电等自有波动特点，期望末端用电需求侧能够在一定程度上响应这种可再生电力供给的变化特点，需要建筑等用户侧成为具有一定灵活性的负载。区域建筑的规模使得其将成为电力交易零售市场的主要用户，区域建筑能源系统是需求响应的重要应用场景，作为供需互动的重要手段，有助于实现发电侧和需求侧资源的协调互动，例如区域建筑能源系统可以采用有效的负荷调节措施，通过自身冷热电能源需求的调节、一定的能量蓄存方式等更好地适应外部电力供给侧的变化需求。未来区域级用户或区域建筑包括大型建筑群和各类园区，可以打包可调控负荷形成聚合型虚拟电厂，整体参与电力需求响应，同时总用电规模可参与电力市场化交易。

第3章 公共建筑发展方向与趋势

3.1 冬奥冰上场馆

3.1.1 冬奥冰场馆简介

1. 历届冬奥冰场馆发展简史

冬季奥林匹克运动会（简称冬奥会），是世界规模最大的冬季综合性运动会，主要特征是在冰上和雪地举行的冬季运动，自1924年在法国夏蒙尼的第一届冬奥会起，每四年举办一届。最初，冬奥会与夏季奥运会合办，且由同一个国家举办，但由于运动的季节性原因，使得一届奥运会的周期可以长达5个月，在人力、物力上耗费过大。因此，在1986年，国际奥委会全会决定将冬季奥运会和夏季奥运会从1994年起分开，每两年间隔举行，与夏季奥运会间隔进行，1992年冬季奥运会是最后一届与夏季奥运会同年举行的冬奥会。自1924年开始第1届，截至2018年共举办了23届，每四年一届，按实际举行次数计算届数。其中由于第二次世界大战爆发，有两届奥运会都被取消。

冬季奥运会冬奥会项目是由大项、分项和小项组成。一个大项对应一个国际联合会。一个大项包含一个或多个分项；一个分项包含一个或多个小项。一个小项产生一块金牌。2022年北京冬奥会项目分为7个大项，包括109小项，隶属于冬季两项、雪车、钢架雪车、冰壶、冰球、雪橇、花样滑冰、短道速滑、速度滑冰、高山滑雪、越野滑雪、自由式滑雪、北欧两项、跳台滑雪、单板滑雪15个分项。

冬奥会场馆，作为建筑类型的一个分支，为冬奥会顺利进行提供了重要保障。以下列举了近六届冬奥会的主场馆，以及各自的规模特点，见表3-1。

近六届冬奥会主场馆一览表　　表3-1

届次（举办年）	地点	建成年份	名称	建筑面积	容纳观众
十八届（1998）	日本长野	1996	M-Wave体育馆	$76000m^2$	6500

续表

届次（举办年）	地点	建成年份	名称	建筑面积	容纳观众
十九届（2002）	美国 盐湖城	2001	犹他奥林匹克 椭圆形体育馆	27500m^2	6500
二十届（2006）	意大利 都灵	2003	奥沃尔-林格托 体育馆	26500m^2	8500
二十一届（2010）	加拿大 温哥华	2008	列治文椭圆 体育馆	33750m^2	8000
二十二届（2014）	俄罗斯 索契	2012	阿德列尔 竞技场	50800m^2	8000
二十三届（2018）	韩国 平昌	2016	平昌冬奥 速滑馆	25466m^2	8019

第二十四届冬季奥运会将在中国北京和张家口联合举行，秉承着“绿色办奥、共享办奥、开放办奥、廉洁办奥”的四大办奥宗旨，遵照习近平总书记对场馆和基础设施建设提出的要求“场馆和基础设施建设是筹办工作的重中之重，周期长、任务重、要求高，要加快工作进度，充分考虑赛事需求和赛后利用，充分利用现有场馆设施，注重利用先进科技手段，注重实用、保护生态，坚持节约原则，不搞铺张奢华，不搞重复建设”，按照“创新、协调、绿色、开放、共享”发展理念，创办出“精彩、非凡、卓越”奥运盛会。

2. 北京冬奥场馆介绍

北京市建筑设计研究院有限公司（以下简称BIAD）主要承担设计2022年北京冬季奥林匹克运动会9个冰上竞技场馆的设计工作，包括改建和新建建筑，主要为国家速滑馆、国家游泳中心、国家体育馆、五棵松体育中心、首都体育馆等项目。

国家速滑馆，又称“冰丝带”，是2022年北京冬奥会北京赛区唯一的新建冰上竞赛场馆，将在2022年冬奥会期间承担大道速滑比赛和训练；冬奥会后，该馆将成为能够举办滑冰、冰球和冰壶等国际赛事及大众进行冰上活动的多功能场馆。本项目位于北京市朝阳区，建筑面积约9.7万m^2，地下2层，地上3层，建筑高度33.8m，具有12000观众席，冰面面积最高可达到12000m^2（全冰面工况），建成后将成为世界最大的速滑比赛场馆，国家速滑馆外景见图3-1。

国家游泳中心，即“水立方”，是2008年夏季奥运会中的标志性场馆，承办过游泳等水上项目，原建筑面积100553m^2，本次改造区域总建筑面积50307m^2，其中地上 28199m^2，地下 22107m^2，冬奥期间，作为冰壶比赛的场馆使用。其最主要的特点，就是实现了“冰”“水”功能转换，成为世界上第一座可运行冰上和水上项目的双奥场馆，国家游泳中心现场见图 3-2。

图 3-1 国家速滑馆

图 3-2 国家游泳中心

国家体育馆，总建筑面积 97836m^2，原建筑面积 84110m^2，扩建面积 13726m^2，作为改造项目，设置了 16799 观众席，在冬奥期间，承担冰球比赛及训练和冰车冰橇比赛。场馆内配置两块符合奥运赛事标准的冰球冰面，冬奥会时一块用于正式比赛，一块用于赛前训练热身。改建完成后，分为竞赛馆、热身馆和训练馆三个部分，既可联合使用，也能分别运行，在赛后，将保留冰场，用于冰上项目的活动与比赛。国家体育馆鸟瞰见图 3-3。

五棵松体育中心，位于北京西长安街和西四环路交叉口的东北角，地理位置优越，在北京冬奥会期间，作为女子冰球及部分男子冰球小组赛的比赛场地。场馆内有 18000 观众席，建筑面积约 6.3 万 m^2，地下 2 层、地上 3 层。在夏季奥运会建设之初，就考虑到日后冰上运动的使用，本次改造中，根据冬季奥运会的要求和标准，进行了升级改造，包括灯光系统、音响系统、空调系统和制冰系统等。五棵松体育馆作为篮球、冰球的双主场，可在 6h 内实现冰球赛场和篮球赛场的转换，五棵松体育中心冰面实景见图 3-4。

图 3-3 国家体育馆

图 3-4 五棵松体育中心

首都体育馆，是由北京市建筑设计研究院设计的国内第一个室内人工冰场。从1968年建成投入运行，已经历经了53年的运行使用。在2016年入选“首批中国20世纪建筑遗产”名录。本次北京冬奥会，承办短道速滑和花样滑冰两个重要项目的全部比赛。这个场馆，拥有15000观众席，总建筑面积45406m²，地上38842m²，地下6564m²。在改造中，秉承着传承保护的理念，对于承接的两项赛事，由于冰面温度不同，需在2h内实现转换。同时，在制冷系统上，场馆首次在大型冰场上采用了新型环保的二氧化碳作为制冷剂，制冰快速均匀，并可通过先进的热回收设施对其进行热量再利用，用于比赛场馆热水浇冰、除湿机转轮再生等有用热需求的工艺，实现废热利用的同时减少传统能源消耗。首都体育馆改建后室内实景见图3-5。

图3-5 首都体育馆

3.1.2 冬奥冰场馆关键技术

1. 室内环境参数

为保证比赛及运动员获得优异成绩，冬奥会比赛场馆对室内环境，尤其比赛场地有严格的技术要求。如国家速滑馆，为保证最佳的冰面质量及运动员赛时成绩发挥，根据制冰工艺及赛时要求，其比赛大厅的温度和湿度要求分别为：室内设计温度不应低于16℃，室内湿度应小于40％。汇总冰上运动专项联合会和制冰师的技术要求，不同冰上项目场馆的温度、湿度等设计参数见表3-2。

不同冰上项目场馆的温度、湿度等设计参数　　表3-2

冰场功能	室内温度（℃）		室内相对湿度（％）		冰层厚度	冰面风速	冰面温度
	H=1.5m	H>1.5m	H=1.5m	H>1.5m	(mm)	(m/s)	(℃)
短道速滑	12～16	16	35～40	35	30～50	≤0.2	−9～−7
花样滑冰	12～16	16	35～40	35	40～50	≤0.2	−5～−3
冰壶	10	—	−4*	—	40～50	≤0.2	−9～−8
冰球	6	10～15	70	50	40～60	≤0.2	−7～−5
速度滑冰	—	16	—	40	40～50	≤0.2	−10.5～−6

注：*为露点温度，℃。

2. 建筑气密性

国家速滑馆为新建场馆，其比赛大厅周边都是墙体，完全被外围的观众休息大厅所环绕，可提高其保温性能且增强气密性，室外空气无法直接侵入比赛大厅，见图 3-6。比赛大厅有对外疏散门，在比赛时都可以关闭，比赛入口在地下一层，其通道周边都设置了可关闭的门和气密性门帘，在运动员入场后可关闭入口。比赛大厅屋顶设置的消防联动气动排烟窗，用于消防状态下自然排烟。在平时状态下排烟窗均关闭，并按幕墙气密性 3 级，保证了气密性能。

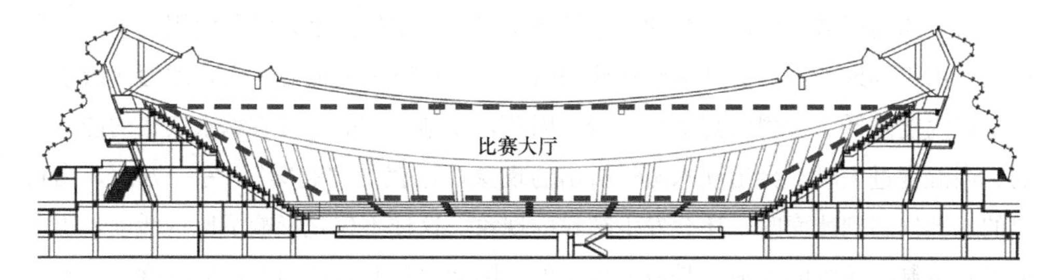

图 3-6 国家速滑馆比赛大厅被观众入口大厅包围

通过观众休息大厅的气密性措施和空调微正压控制，有效杜绝比赛大厅的室外直接渗风。在疏散门临时开启时，通过设置的气密性门帘保证防漏风性能。图 3-7 为观众休息大厅冬季的空调供暖模拟计算效果，可见通过其室温控制，能间接产生影响，以保证比赛大厅的温湿度达到要求。

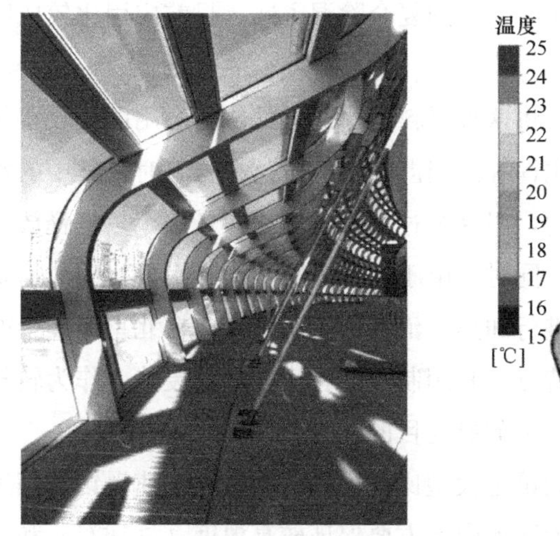

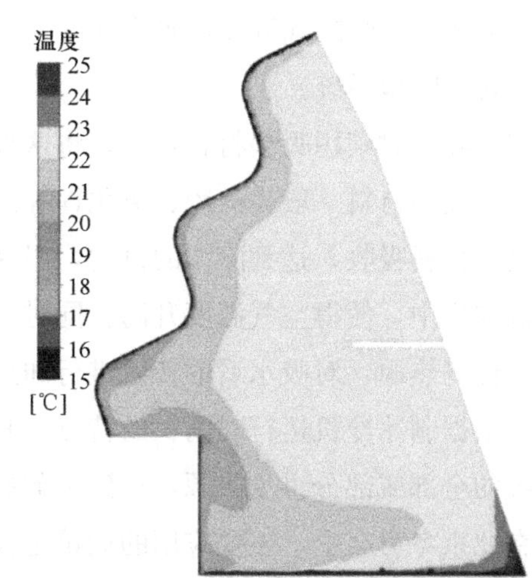

图 3-7 国家速滑馆观众休息大厅照片和模拟计算温度分布（冬季）

国家游泳中心作为改造场馆，其围护结构为膜结构，气密性控制难度较大。本项目采用了以下措施：围护结构构造修补，包括膜结构及其附属结构，避免比赛大厅通过屋顶膜结构与室外渗风；比赛大厅与周边其他室内空间的内部隔断修补，封闭和堵塞各类孔洞，避免周边室内空间与比赛大厅形成空气流通；在比赛大厅通行的所有门，均设置平时关闭的管理措施。同时设置磁吸透明塑料门帘，在短时开启门时，尽量减少渗漏风量。以上建筑气密性措施，有效保证了比赛大厅的冰面湿热环境，保障了冰上比赛顺利进行。

3. 除湿技术

对于冰面区域，空调系统的主要任务是保证一定的湿度，满足使用要求。众所周知，由于场地特点，运动场地在使用时，是一块巨大的低温表面，冰面区域上部的空间温度远低于常规的舒适性空调，因此，场地上空的空气容纳水蒸气的能力较弱。当湿度过大时，会出现水蒸气析出的现象，也就是是“起雾”；另一方面，当析出的水蒸气遇到冰面时，还会发生结霜的现象，这样不仅是影响了比赛活动，也增加了制冰制冷系统的负荷，是应该杜绝的。因此，控制好冰面区域的湿度，是至关重要的，是系统正常运行的保证。

由于冰面区域的温湿度较低，如采用一般的冷却除湿，受到冷水温度的限制，无法达到很低的盘管温度，也就无法到达较高的除湿效果，因此对于冰面区域，通常采用局部除湿系统，或集中除湿系统。

集中除湿系统，多用于速滑馆，即俗称的大道馆，是主要进行速度滑冰运动所采取的方式，以吸附除湿或以吸附除湿为主的复合除湿方式。目前应用比较成熟的方式为转轮除湿系统。

转轮除湿时利用吸湿材料特点，将这种材料制成蜂窝状转轮，用以吸收空气中的水分，吸湿材料一般为硅胶、氯化锂等。当湿空气通过这种材料时，其中的水分会被吸湿材料吸收，达到除湿的目的，但这个过程是要放出热量的，热量释放到被除湿的空气中，使得空气温度升高。同时，由于转轮吸附了大量水分，因此需要使用高品位的热源，对吸水后的转轮进行加热，消耗一定的能量。在北京冬奥会的场馆中，根据制冰冷机运行时间长的特点，利用制冷过程中产生的废热，作为转轮除湿系统的全部或部分再生热源，达到了节能的目的。

在北京冬奥会上，主要应用的场馆是大型比赛用场馆，如国家速滑馆、国家体育馆等。以国家速滑馆为例，比赛大厅冰面上方要保证较高温度（≥16℃）和较低相对湿度（≤40%），需要对空气进行除湿。除湿系统选择高效率的转轮式除湿机，通过加热空气使转轮再生，其原理见图 3-8，设置 4 台除湿机组，通过冰场顶部的环形风管送风，空调送风系统见图 3-9。气流组织为顶部设置环形风管，喷口送风降温除湿，回风口位于冰场下部周边侧墙。

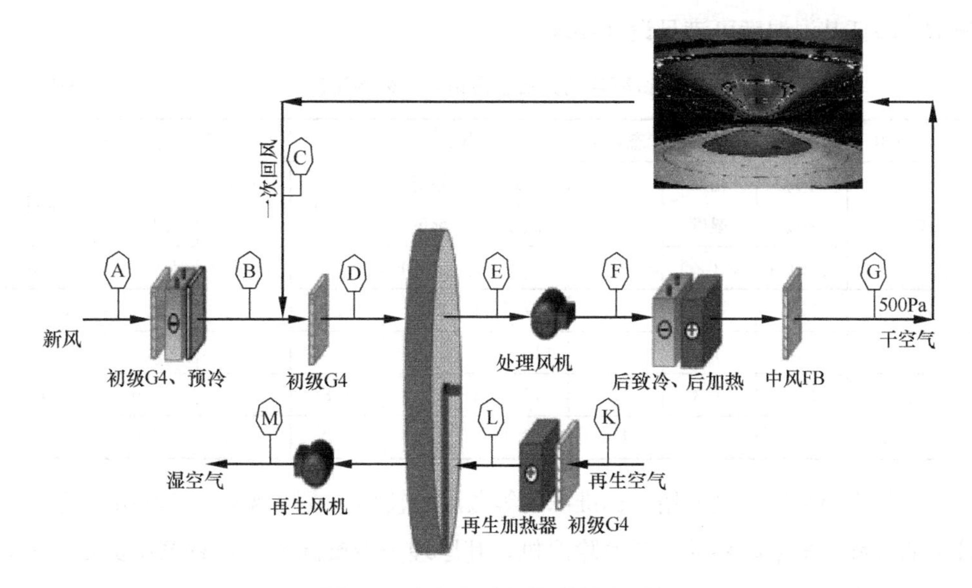

图 3-8 比赛大厅除湿系统原理图

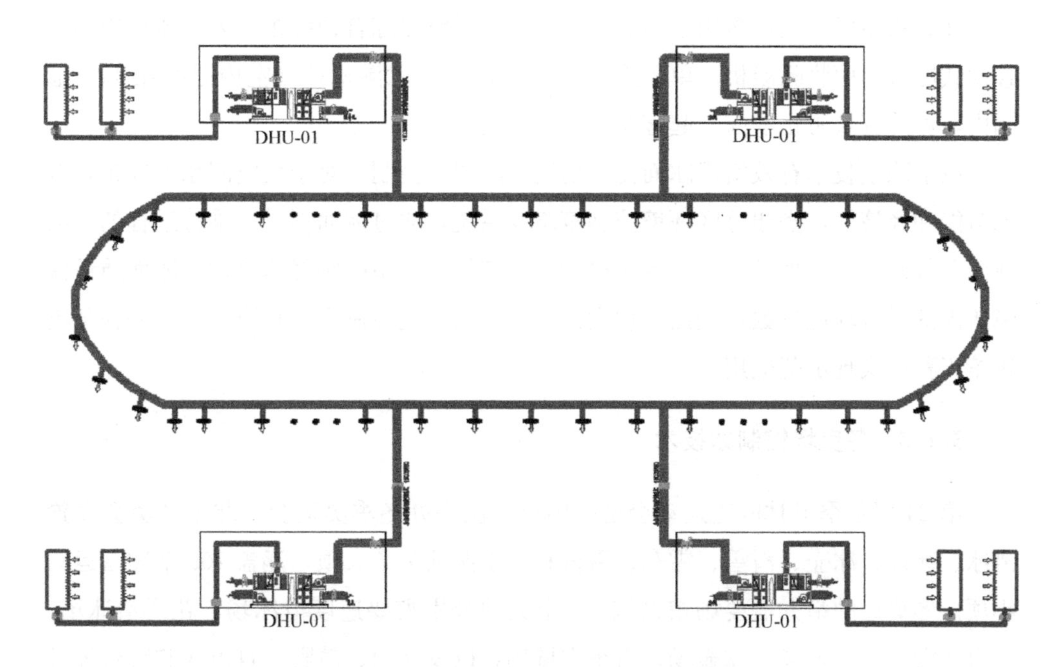

图 3-9 比赛大厅冰场区空调送风系统

国家速滑馆在 2021 年 10 月上旬进行了国际测试赛，表 3-3 为赛时某日室内外的温湿度。可见，当室外温度 20℃、相对湿度 55%时，室内可达到温度不小于16℃、含湿量不大于 40%的设计要求。测试赛后，又对比赛大厅进行了多日连续测试，验证其温湿度可满足设计要求。

测试赛期间某日速滑馆室内外温湿度 **表 3-3**

除湿机组	除湿机送风空气状态点			室内空气状态点			室外空气状态点		
编号	干球温度	相对湿度	含湿量	干球温度	相对湿度	含湿量	干球温度	相对湿度	含湿量
	t_g（℃）	ϕ（%）	d（g/kg）	t_g（℃）	ϕ（%）	d（g/kg）	t_g（℃）	ϕ（%）	d（g/kg）
1号机组	35.7	1.6	0.6	17.5	41.3	5.2	20.0	55.0	8.1
2号机组	34.1	5.5	1.8	17.7	39.1	5.0	20.0	55.0	8.1
3号机组	33.4	4.3	1.4	17.7	38.1	4.8	20.0	55.0	8.1
4号机组	33.8	4.3	1.4	17.4	40.2	5.0	20.0	55.0	8.1

局部除湿系统，主要用于标准冰场等散湿量较小，或距离集中除湿系统送风口较远的区域。多采取移动式低温除湿机，其原理为冷凝除湿，这种系统灵活方便，不需要特殊的机房等空间，应用广泛。

在北京冬奥会上，多用于训练场馆。如花样滑冰综合训练馆，采用冰场内四台移动式冷凝热回收除湿机。单台除湿量为65kg/h。除湿机控制室内湿度在40%范围内，可以有效防止节露、起雾等现象的出现。

以上除湿技术有效实现冰面比赛场地的温湿度控制。对于大空间冰上场馆，考虑节能和经济性，搭建分区环境控制策略及系统，通过冰面形成与维持过程的多项热湿参数研究，实现环境参数控制科学化、定量化，系统阐释冰壶比赛冰面质量保障所需的适宜环境参数，提出工程设计及运行的环境控制系统解决方案，并在冬奥场馆工程中实现示范应用。

3.1.3 冬奥场馆制冰技术

第24届冬季奥林匹克运动会是中国第一次举办冬季奥运会，北京冬奥会设置滑冰、冰球、冰壶、滑雪、雪车、雪橇和冬季两项7个大项，涵盖109个冰雪运动小项。冬奥会的举办需要场馆设施，7个大项分别需要速度滑冰场，花样滑冰场，短道速滑场，冰球场，冰壶场，雪车雪橇场，以及高山、越野、自由式和跳台等滑雪场。制冰造雪技术是满足冬奥各项比赛基本要求、保障冬奥赛事正式进行的最基本环节。

冰上比赛全部在室内，为满足比赛要求，冰面温度需要稳定控制在－9～－3℃（各项要求的具体温度不同），并且冰面的温差和平整度、冰层厚度、冰层的结晶状态等因素都会影响运动员的竞技状态，这对于挑战极限的奥运比赛十分重要，因此制冰技术是保障冬奥冰上比赛的重要基础，面向冬奥场馆和赛事需求，构建适宜的场馆制冰技术是实现绿色、可持续冬奥目标的重要保障，也是在北京冬奥会筹办过程中展示中国方案、为国际奥林匹克运动做出中国贡献的重要举措，具有重要意义。

1. 人工冰场制冰技术发展

人工制冷冰场是制冷技术应用的一个领域，一直随制冷技术的发展而变化，冰场“传统”制冰技术最初采用氨制冷系统，氨制冷剂具有良好的热力学性质和热物理性质，在制冷系统蒸发器和冷凝器内的工作压力适中，适应温度范围广、相变潜热大、黏性小、流动阻力小、传热性能好以及热力效率高。氨制冷剂在冰池内部的冷盘管内直接蒸发制冷或通过盐水载冷制冰，直接蒸发制冷相对于盐水载冷的蒸发温度能够提升 3～5℃，直接蒸发制冷循环泵能耗往往比载冷盐水泵能耗小一个数量级，由于循环泵所消耗的电能在制冷系统内最终转化为热能，增加了额外的热负荷，需要制冷系统提供更多的制冷量，因此循环泵能耗对制冰制冷系统能效的影响是双重的，综合上述因素，对于人工制冷冰场，直接蒸发制冷系统相对于盐水载冷系统的能效可以提高 20%～30%左右。但是从安全方面来讲，氨制冷剂具有刺激性气味，可燃，建筑火灾危险性类别为乙类，可燃下限为 167000ppm。氨制冷剂有毒，职业性接触毒物危害程度分级为Ⅲ级（中度危害），制冷剂安全性分类为 B2L（高慢性毒性、弱可燃）。因此氨制冷剂在属于公共建筑的室内冰场使用时受到许多限制，例如充注量、防护距离、布置空间等，尤其是室内冰场往往聚集数百甚至上万非特定人员，氨制冷剂少量泄漏就能导致强刺激性气味，即使达不到引发毒性的浓度也易引发群体性恐慌，是公共建筑很难接受的风险，安全因素使室内冰场很少采用氨直接蒸发制冷系统，即使其能效可以大幅升高。

随着公众对安全的要求越来越高及化学工业的发展，人工合成的卤代烃制冷剂以其优秀的安全性成为室内冰场人工制冷应用的主流，即使其热力学性质和热物理性质普遍比氨制冷剂差、系统能效普遍比氨制冷系统低。与氨制冷系统类似，卤代烃制冷系统也分为冷盘管内直接蒸发制冷或通过盐水载冷两类，直接蒸发制冷系统相对于盐水载冷系统的能效也可以提高 20%～30%左右；与氨制冷不同的是常用 CFCs、HCFCs、HFCs 类卤代烃制冷剂的安全性分类均为 A1（低慢性毒性、无火焰传播），只要通风系统符合标准，在室内冰场直接使用时不存在安全问题，但是卤代烃制冷剂的价格比较高，多为氨制冷剂的十倍以上，直接蒸发制冷系统的充注量往往是盐水载冷系统的十多倍，并且大量的制冷管道需要现场焊接，导致泄漏的概率大幅增加，在实际工程应用时卤代烃直接蒸发制冷虽然节能，经济性反而可能较差，因此在其没有因环保问题被限制使用之前，卤代烃盐水载冷技术在人工制冷冰场得到最广泛的应用，如图 3-10 所示。

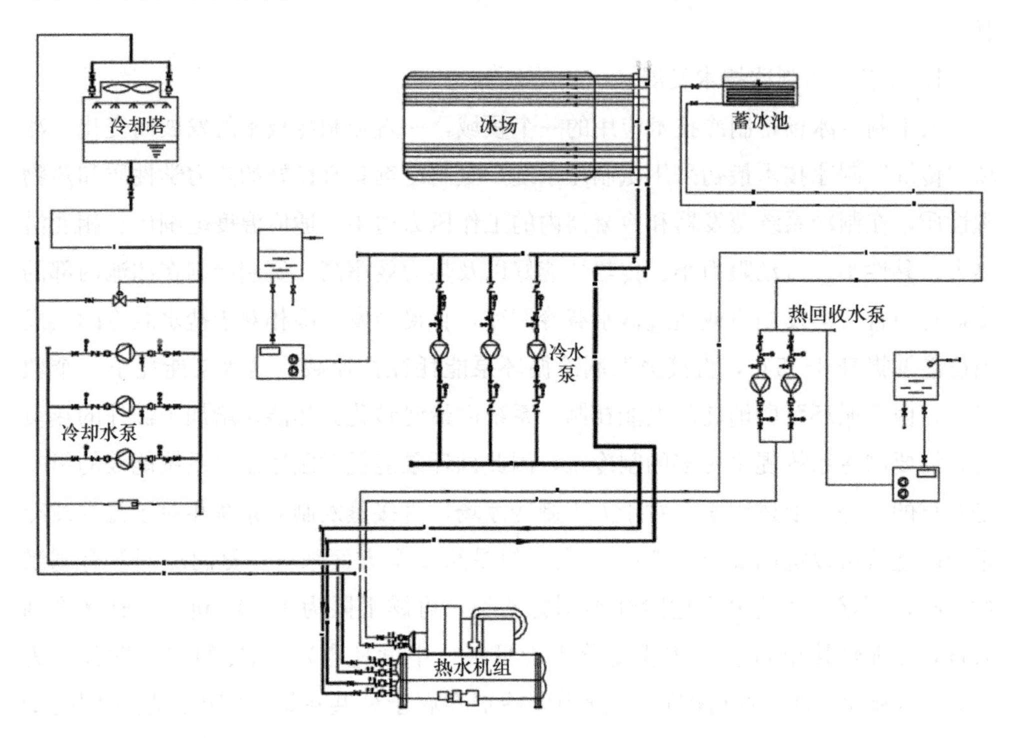

图 3-10 氨/卤代烃盐水载冷制冰原理图

随着卤代烃制冷剂在包括冰场制冷的制冷空调领域大规模使用，20 世纪 70 年代初世界各地都发现大气臭氧层有明显下降趋势，1977 年还在南极发现“臭氧空洞”，研究证明卤代烃制冷剂内的 CFCs 和 HCFCs 类是消耗臭氧层的主要物质（ODS），鉴于臭氧层关乎地球生物生存，1987 年达成的《蒙特利尔议定书》成为国际社会真正控制 ODS 的开端，经过三十多年的努力，人类在制冷空调行业快速发展的同时成功扭转了臭氧层恶化的趋势。受《蒙特利尔议定书》淘汰 ODS 物质的影响，人工制冷冰场大多转向采用 HFCs 类的 R134a、R404A 或 R507A 载冷系统，安全条件容许的情况下则采用完全环保的氨载冷系统，为提高制冷系统能效，技术研究和应用多集中在降低载冷循环泵的能耗，例如采用黏度低的无机盐水溶液、优化冷盘管的流程以减少循环阻力，以及近年随二氧化碳亚临界制冷技术而发展的二氧化碳相变载冷等，其中二氧化碳相变换热载冷的能效比直接蒸发制冷的能效仅降低10%左右，但无论如何都不可能达到直接蒸发制冷的能效，二氧化碳直接蒸发制冰原理如图3-11所示。

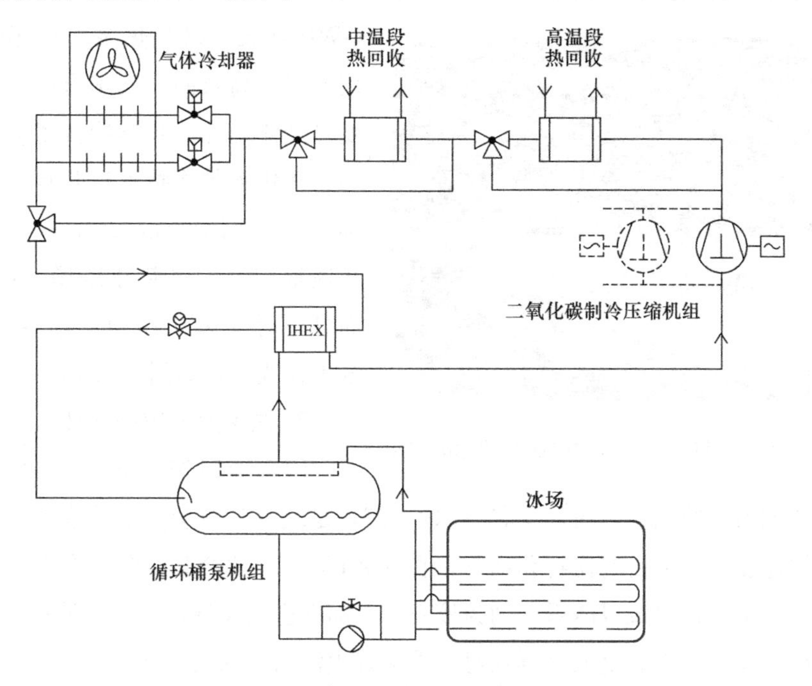

图3-11 二氧化碳直接蒸发制冰原理图

卤代烃制冷剂不仅消耗臭氧层，往往还是强温室气体，例如《蒙特利尔议定书》第一阶段要淘汰的常用制冷剂R12的GWP值高达10900，第二阶段要淘汰的常用制冷剂R22的GWP值达1810，卤代烃制冷剂内不消耗臭氧层的HFCs类物质的GWP值往往也以千计，例如常用制冷剂R134a为1430，R507A为3990。工业化导致温室气体大量排放，为防止其恶化全球气候，联合国气候变化框架公约参加国在1997年制定《京都议定书》，确定“将大气中的温室气体含量稳定在一个适当的水平，进而防止剧烈的气候改变对人类造成伤害”；进而在2016年签署《巴黎协定》，表述为“把全球平均气温较工业化前水平升高控制在2℃之内，并为把升温控制在1.5℃之内而努力”，基本形成气候变化的全球治理体系。2016同年《蒙特利尔议定书》197个缔约方达成《基加利修正案》，就削减强温室气体HFCs类物质取得一致，《基加利修正案》的实施可以在21世纪末避免全球升温0.5℃，将对《巴黎协定》实现2℃的温控目标起到关键作用。对于人工制冷冰场，《基加利修正案》意味着目前最常用的HFCs类载冷系统即将进入被限制和逐步削减阶段，因此绿色办奥理念很难容纳 HFCs 类载冷系统。

《基加利修正案》和《巴黎协定》事实上已经对制冷行业产生了深刻影响，促使制冷行业的研发重点转向 HFOs、HCs、二氧化碳、氨超低充注等零 ODP 和低 GWP 领域，以及热泵、冷热综合利用等绿色高效制冷技术方向，上述转变已经体现在冰场制冷技术方面，例如二氧化碳制冷技术近几年在北欧的标准冰场（冰面面积约 1800m²）得到快速推广，不仅新建冰场纷纷采用，而且原有的卤代烃和氨制冷/载冷系统也在改用，如图 3-12 所示。

图 3-12 北欧地区采用二氧化碳制冷的标准冰场

2. 国家速滑馆制冰技术

国家速滑馆是北京 2022 年冬奥会速度滑冰项目的比赛场馆，又名“冰丝带”，是北京冬奥会标志性场馆。冬奥会期间承担速度滑冰项目的比赛和训练，在此将诞生 14 枚金牌，冬奥会后，在长期可持续发展中，将建成以冰雪运动为核心，全面促进全民健身、体育消费的新型城市文体综合体，成为满足人民群众对冬季美好生活向往的新坐标。

国家速滑馆主馆建筑面积约 8 万 m²，地下 2 层，地上 3 层，设东、西两个地下停车库，赛时观众座席约 12000 个，赛后约 8500 个，是北京目前最大的室内体育场馆。场馆拥有亚洲最大的全冰面设计，冰面面积近 1.2 万 m²，目的就是充分考虑赛后利用，为适应多种需求的群众性健身提供硬件支撑，采用分模块控制单元，可将冰面划分为若干区域，根据不同项目分区域、分标准进行制冰，可同时开展冰球、速度滑冰、花样滑冰、冰壶等所有冰上运动，也可以形成一个近 1.2 万 m² 的完整冰面，开展各种冰上娱乐活动，如图 3-13 所示。

国家速滑馆不仅需要为 2022 北京冬奥会提供高品质的竞赛场地，而且需要落实绿色办奥理念和《申办报告》强调的可持续发展，因此冰场“传统”制冰技术已经不可能实现其要求的多功能超大冰面。在大型室内体育场馆，氨制冷/载冷系统能够满足绿色高效要求，确保安全的代价却很高，尤其是国际比赛对安全事故的容忍限度很低，另外国家速滑馆为了建筑效果的需要把制冷机房设置在地下，如果采用氨制冷则很难符合安全法规要求；氨制冷系统废热的品位比较低，不能直接满足场馆的除湿、浇冰和生活热水等加热需求，如果回收废热则需要再加一级热泵。

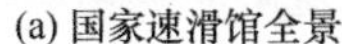
(a) 国家速滑馆全景

(b) 国家速滑馆冰场内景

图 3-13 国家速滑馆

HFCs 类制冷、载冷系统都能够满足安全要求，却很难做到绿色，尤其是其直接蒸发制冷系统需要充注数十吨高 GWP 物质；HFCs 类制冷/载冷系统不仅能效偏低，其废热的品位也比较低。HFOs 是零 ODP 和低 GWP 物质，制冷剂安全性分类为 A2L（低慢性毒性、弱可燃），其在大气分解后呈酸性，商业应用时间五年左右，目前仅在欧美地区的汽车空调领域得到实质性推广，在大型公共建筑的应用前景还没有完全明朗。

经过数轮论证，2019 年 3 月 4 日国家速滑馆决定采用二氧化碳跨临界直接蒸发制冷系统，并且回收制冷系统废热，不仅拥有全世界最大的采用二氧化碳跨临界直接蒸发制冷的冰面，也是全球首个采用二氧化碳跨临界直接蒸发制冷的冬奥速滑场馆。这项技术是目前在确保场馆安全前提下最环保、最高效、最低碳的制冰技术，不仅能够为冬奥比赛提供温度高度均衡的冰面，助力运动员取得优秀成绩，而且相比“最传统”的卤代烃盐水载冷系统制冷能效提升 20%以上，全冰面模式下仅制冷部分每年就能节省 200 多万度电；通过场馆的智能能源管理系统，能够把制冷产生的废热直接用于场馆除湿、冰面维护、生活热水等供热，不需要另外设置热泵，使整个制冷系统的碳排放趋近于零。国家速滑馆的论证和决定成为本届奥运工程的风向标，带动其他几个场馆也选择该项技术，如图 3-14、图 3-15 所示。

与北欧地区近几年快速推广的标准冰场二氧化碳制冰技术不同，国家速滑馆为实现多功能超大冰面，创新研发亚临界、跨临界多工况并行二氧化碳直接蒸发制冰集中式制冷系统技术，亚临界、跨临界多工况并行二氧化碳集中式制冷系统中压回油技术，人工制冷冰场超长不锈钢冷排管工程技术，二氧化碳直接蒸发冷排管循环倍率调控技术；创新采用季风气候带多工况人工制冷冰场二氧化碳直接蒸发制冰高效制冷系统技术，人工制冷冰场两段调温蓄能式热回收系统技术和冷热源综合高效

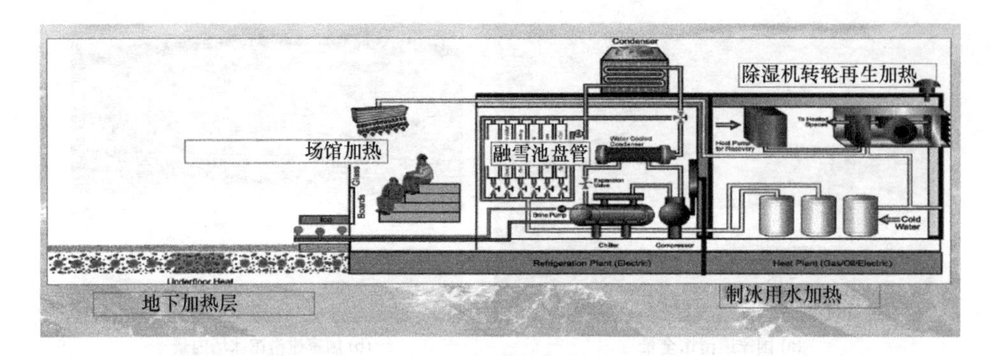

图 3-14 冰场冷热综合利用示意

图 3-15 冰场热回收装置

调控系统技术。北欧地处寒带，其体育场馆对供热有长期的刚性需求，二氧化碳制冷系统在制冰的同时提供热能会比“纯热泵”经济得多，因此即使环境条件允许制冷能效更高的亚临界运行，也往往人为调至跨临界以产生高品位热量，从而减少场馆供热系统对化石能源的消耗。北京及我国东部的大部分地区处于季风气候带，国家速滑馆多功能超大冰面的运营要求和环境条件组合极其复杂多变，必须考虑场馆热量需求较少时的制冷系统运行效率，综合运用亚临界、跨临界多工况并行二氧化碳直接蒸发制冰集中式制冷系统技术，季风气候带多工况人工制冷冰场二氧化碳直接蒸发制冰高效制冷系统技术，两段调温蓄能式热回收系统技术和冷热源综合高效调控系统技术能够有效解决这个问题，而要实现亚临界、跨临界多工况并行二氧化碳直接蒸发制冰集中式制冷，则必须研发亚临界、跨临界多工况并行二氧化碳集中式制冷中压回油技术，使冷盘管内部的润滑油在不受各压缩机组运行工况限制的前提下均匀返回。季风气候带多工况人工制冷冰场二氧化碳直接蒸发制冰高效制冷系统是综合运用直接蒸发和平行压缩、回收膨胀功等技术提高制冷能效，如前文所述，直接蒸发制冷系统相对于盐水载冷系统的能效能够提高20%～30%左右，相对于二氧化碳相变换热载冷系统能够提高10%左右；平行压缩和回收膨胀功是二氧化碳制冷系统消除“二氧化碳赤道”的关键技术，在2017—2018年获得突破，随后欧洲开始在商超制冷领域快速推广，并且已经影响到北美等地区，国家速滑馆的成功应用证明其完全适用于季风气候带的人工制冷冰场，反过来必将推动从北欧冰场向全球扩展的应用，如图3-16所示。

图3-16 试运行阶段的二氧化碳集中式制冷中压回油装置

国家速滑馆于2021年1月完成首次制冰，2021年4月和10月顺利完成测试赛，上述阶段性成果验证了工程方案的设想，即二氧化碳跨临界直接蒸发制冷能够为冬奥比赛提供温度高度均衡的冰面，4月份测试赛后进行了冰面温度检测，共30个测温点，其中29个点的温差不超过0.5℃，只有1个点为0.7℃，与理论计算的0.26℃、工程估算的0.5℃基本吻合；能够助力运动员取得更好成绩，两次测试赛都得到参赛运动员的好评，在10月份的测试赛先后有4名运动员5次创造个人最好成绩；而且能够大幅提高能效，首次制冰期间制冷系统能效比“最传统”的卤代烃盐水载冷系统提高50%以上，测试赛期间制冷废热回收后能够制取接近70℃的修冰用热水，如图3-17所示。

即使亚临界工况运行也可以通过引射回收膨胀功，能够把23.4×10^5Pa的蒸发压力提升到24.7×10^5Pa的压缩机吸气压力，相当于蒸发温度提升了1.8℃，使压缩机能效提升约10%，效果显著。

实践证明国家速滑馆冰场制冷技术完全践行了绿色办奥理念，完全符合我国在2021年签署并开始实施的《基加利修正案》和国家发改委等印发实施的《绿色高效制冷行动方案》的要求，与我国“双碳行动”目标完全一致，是推进冰雪运动可持续发展的重要技术方向。

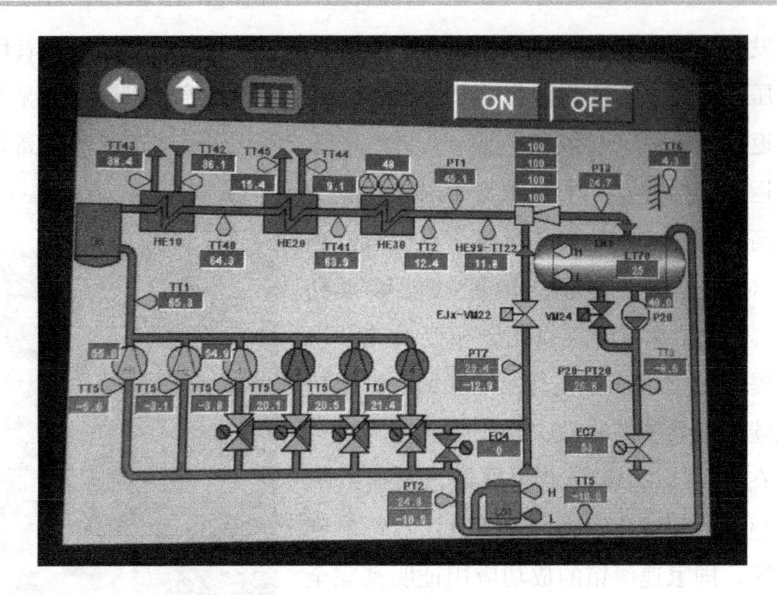

图3-17　亚临界引射工况

3.1.4　赛后场馆应用

北京成为双奥城市，奥运遗产除了一系列双奥场馆，更应作为日常公众健身运动场所，同时不间断承办重大活动，保证冬奥场馆的赛后原有业态恢复。通过水立方冰水转换的模式，移动制冰的设备、设施可以延续建立户外冰场，持续推广冰雪运动。北京冬奥会力争留下长期遗产，引入多项体育赛事和文化演出活动，坚持市场化、多元化经营，持续丰富场馆功能。

3.2　机场航站楼

3.2.1　建筑特征与能耗现状

机场航站楼是重要的城市基础设施和交通枢纽建筑，对城市发展、城镇化建设等具有重要的战略意义。在经历了长达十年的持续稳定增长后，全球航空业在新冠肺炎疫情中遭遇了前所未有的挑战，虽然当下并没有走出疫情的影响，但在疫苗有效性不断提升、接种范围不断扩大，人们恢复对航空旅行的信心，全球旅行限制逐步放宽、航空货运市场持续增长等利好因素的影响下，全球航空运输业正在有力复苏。波音公司在2021年的《全球民用航空市场展望》中预测未来二十年全球航空客运量年平均增长率为 4%。近年来，我国民航业迅速发展，截至 2020 年底，中国境内运输机场（不含香港、澳门和台湾地区）241 个，其中机场旅客吞吐量 100 万人次以上的运输机场 85 个，其中 1000 万人次以上的机场 27 个，100 万～1000 万人次的机场 58 个。据《中国民用航空发展第十三个五年规划》预计“十三五”期间我国预计将新建机场 44 个、续建机场 30 个并且还有 139 个改建扩建项目，到 2025 年我国的民用运输机场数量将达到约 370 座，进一步促进和支撑民用航空领域的发展，如图 3-18 所示。

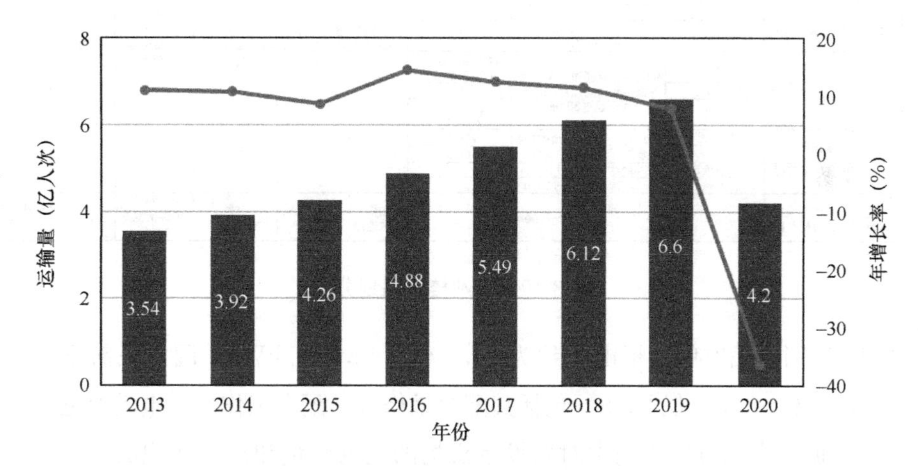

图 3-18 我国民用航空旅客运输量情况

随着航空运输业的发展，机场航站楼的建筑规模及体量也在迅速增长。在建筑功能上，我国民航机场航站楼已经由最初的功能单一的交通中转建筑逐渐发展为有独立的建筑体系的集交通中转、商业中心、贸易中心、城市门户等功能为一体的综合交通枢纽。机场航站楼作为典型的大空间建筑，具有高度高、体积大、外墙面积与地板面积比大、功能多等特点，单层高度在 4～5m 以上，出发层可达到 10～20m 甚至更高，建筑多采用轻型围护结构，玻璃幕墙等外围护结构应用较多。在航站楼不同功能空间内，由于流程要求和旅客行为模式不同，存在人员密度分布、活动强度等多方面的差异，使旅客在主观上对“舒适”的标准不能被完全统一。

在“十三五”课题的研究中，对交通建筑不同空间内的旅客状态、步行速度、运动强度、停留时长以及对光环境、热环境的需求开展研究，建立了交通建筑空间分类方法，为不同区域热环境、光环境指标研究提供依据。根据旅客在航站楼的主要 3 种行为模式，将航站楼的功能活动空间划分为 3 类，其中Ⅰ类空间为通行空间，旅客在此空间内快速通过；Ⅱ类为流程空间，旅客在此空间内排队与办理功能流程；Ⅲ

类为等候空间，是承担旅客等候的空间，具体航站楼空间划分如图 3-19 所示。

<table>
<tr><th rowspan="2">空间分类</th><th rowspan="2">主要活动内容</th><th rowspan="2" colspan="2">功能场所</th><th colspan="2">设计停留时间（C类为例）</th><th rowspan="2">运动强度</th><th rowspan="2">停留时长变化特征</th><th rowspan="2">人员密度特征</th><th rowspan="2">行为及心理特征</th><th rowspan="2">对热舒适的敏感度</th><th rowspan="2">光环境需求特征</th></tr>
<tr><th>等候时间</th><th>流程时间</th></tr>
<tr><td rowspan="2">Ⅰ类空间</td><td rowspan="2">旅客通行</td><td colspan="2">候机区通道
到达廊</td><td colspan="2">安检后步行距离通常不超过300米（不含自动步道），即4min</td><td>持续行走</td><td>与航班机位相关</td><td rowspan="2">疏松
局部瞬时较大</td><td rowspan="2">步行距离越长、时间紧迫时，内心越焦虑，步行速度越快</td><td rowspan="2">不敏感</td><td rowspan="2">寻路标示需求较强</td></tr>
<tr><td colspan="2">流程节点外的主要通行空间：出发大厅通行空间、行李提取厅通行空间、迎宾厅通行空间</td><td colspan="2"></td><td>断续行走</td><td>与航站楼规模相关</td></tr>
<tr><td rowspan="11">Ⅱ类空间</td><td rowspan="11">旅客排队及办理流程</td><td rowspan="3">出发大厅值机区</td><td>人工值机</td><td>95%的国内经济舱旅客不超过10min，两舱不超过5min
95%的国际经济舱旅客不超过20min，两舱不超过4min</td><td>国内1min
国际2min</td><td rowspan="11">站立等候、排队依次行进</td><td rowspan="11">根据航站楼服务水平等级及工作效率而定</td><td rowspan="11">密集
高峰集中情况突出</td><td rowspan="11">排队时间越长
人员密度越大
内心易焦虑</td><td rowspan="11">较敏感</td><td rowspan="11">流程处理区域需求较强</td></tr>
<tr><td>行李托运</td><td></td><td>2min</td></tr>
<tr><td>自助值机</td><td></td><td>30s</td></tr>
<tr><td>国内/国际安检区</td><td>普通安检</td><td>国内6～12min
国际5～10min</td><td>30s</td></tr>
<tr><td rowspan="3">国际出发/到达联检区</td><td>海关</td><td rowspan="3">95%的旅客通过海关、检验检疫和边防流程的总时间不超过30min</td><td>绿色通道10s
红色通道120s</td></tr>
<tr><td>检验检疫</td><td>15s</td></tr>
<tr><td>边防</td><td>出境45s
入境60s</td></tr>
<tr><td rowspan="2">行李提取区</td><td>宽体机</td><td rowspan="2">第1件行李在20min内交付
全部行李在1h内交付</td><td>20min</td></tr>
<tr><td>窄体机</td><td>40min</td></tr>
<tr><td rowspan="2">中转厅各流程区域</td><td>普通旅客</td><td>95%的旅客不超过10min</td><td></td></tr>
<tr><td>两舱</td><td>95%的旅客不超过5min</td><td></td></tr>
<tr><td>Ⅲ类空间</td><td>旅客等候</td><td>近机位候机区
远机位候机厅</td><td></td><td colspan="2">30～100min</td><td>坐姿
偶尔走动</td><td>与抵达登机口相关，</td><td>中等
相对均匀</td><td>心情舒缓
延误情况下焦虑</td><td>敏感</td><td>光线均匀
视野开阔</td></tr>
</table>

图 3-19 航站楼空间划分

2014 年国内民航航站楼电耗约为 14.3 亿～15.2 亿 kWh，国内民航全机场电耗约为 31.4 亿～33.2 亿 kWh（包括其配套维修区、配套工作区、电动交通工具充电等）。根据“十三五”规划中对新投运机场的机场数量和建筑面积的预估，参考现阶段机场单位建筑面积的能耗量进行估算，至“十三五”末，民航机场航站楼电耗将达到 22.0 亿～23.4 亿 kWh，全机场电耗约为 51.2 亿～54.2 亿 kWh。图 3-20 给出了我国位于不同气候区的 33 座机场的单位面积年耗电量强度以及单位旅客年耗电量情况。可以看出调研机场的单位面积年耗电量集中在 100～200kWh/m^2，平均值为 146.8kWh/m^2；调研机场的单位旅客年耗电量集中在 1～3kWh/人次，平均值为 1.81kWh/人次，如图 3-20 所示。

3.2.2 建筑负荷需求与影响因素

机场航站楼的主要功能区域包括值机办票大厅、安检（联检）区域、候机区域及旅客到达廊、行李提取厅、迎宾厅等，并根据功能特点设有相应的商铺，可满足旅客餐饮、购物等需求。供暖空调系统的任务即是对这些不同区域、不同使用特点的场合进行环境保障。

典型航站楼空调系统包含末端设备、输送环节及冷热源设备等，其中冷热源或能源站可就近设置在航站楼内，也可设置在航站楼外，通过一定的输送距离（如

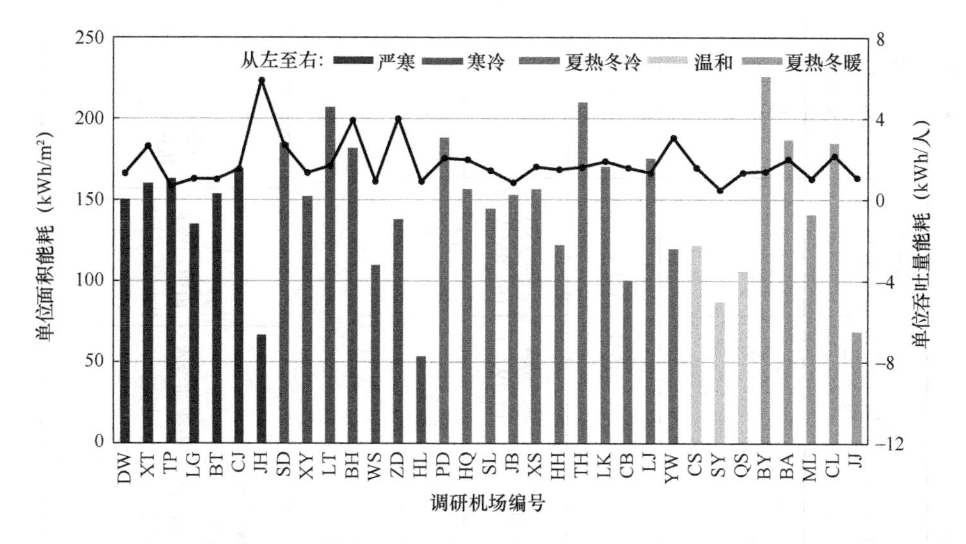

图 3-20 单位面积和单位吞吐量年耗电量强度情况

10m～1km）来将冷热媒介（通常为水）输送至航站楼末端空调系统的处理设备中，利用末端处理设备来满足航站楼内冬夏室内热湿环境调控需求，保证适宜的室内温度 T_{in}、含湿量 ω_{in}水平。表 3-4 给出了我国部分机场航站楼的供暖空调系统情况，从室内末端方式来看，值机大厅、候机大厅等大空间环境的室内末端方式通常为全空气系统（组合式空调箱）的喷口侧送风方式，西安咸阳国际机场 T3 航站楼值机大厅与候机大厅采用了辐射地板与置换送风结合的方式。冷源以电动离心式制冷机为主，也有少量建筑采用溴化锂吸收式制冷机（冬季用于建筑供热）。热源方式更加多样化，来自市政热网热水、热水锅炉、蒸汽锅炉、溴化锂冷机冬季供热等多种方式，如表 3-4、表 3-5 所示。

对多座机场航站楼典型夏季工况实际运行室内环境进行测试分析，图 3-21（a）给出了末端空调箱供水水温结果，可以看出机场航站楼普遍存在冷水水温偏高的现象，高于设计的 7℃水温，图 3-21（b）为在此水温下某空调箱的混风和送风的状态点变化，空气被处理到约 19.8℃，13.2g/kg 送入室内。室内空气状态如图 3-21 所示，对于温度参数，不同区域的温度分布呈现上高下低（值机大厅、候机大厅、安检区位于出发层，行李提取大厅位于比出发层低的到达层）的现象，但均整体分布在设计状态点 26℃附近。而较高的供水温度导致了机场的湿度较高，除航站楼 DW 所处干燥地区之外，其余航站楼室内相对湿度基本大于设计相对湿度 40％～60％，如图 3-22 所示。

国内部分机场航站楼供暖空调系统设计信息 表 3-4

	北京首都国际机场 T1	北京首都国际机场 T2	北京首都国际机场 T3	上海浦东国际机场 T1	上海浦东国际机场 T2	广州白云国际机场 T2	成都双流国际机场 T1	成都双流国际机场 T2	深圳宝安国际机场 T2	深圳宝安国际机场 T3	上海虹桥国际机场西航站楼
建设年代	1980	1999	2008	1999	2008	2004	2001	2012	1998	2013	2010
建筑面积（万 m^2）	7.8	33.6	99	28	43	37	13.8	33	6.6	35	33
吞吐量（万人次）	9579（总计）			7000（总计）		6584（总计）	4980（总计）		4561（总计）		4191
设计负荷（装机容量） 夏			50MW	82.5MW（67MW*）	（56.3MW）	23.92MW	（58.4MW）	14MW	56.3MW（42MW*）	65.4MW（53.2MW*）	
设计负荷（装机容量） 冬				40MW	41.3MW		6.885MW				27.7MW
大空间室内末端	组合式空调机组＋喷口侧送风等										
冷热源形式	电驱动冷水机组＋市政热网			电驱动冷水机组＋辅助三联供驱动溴化锂冷水机组＋蒸汽锅炉	电驱动冷水机组＋水蓄冷＋蒸汽锅炉	电驱动冷水机组	蒸汽锅炉，夏季驱动溴化锂冷水机组，冬季水系统直接换热	电驱动冷水机组为主，直燃式溴化锂冷水机组辅助（冬季供热）	电驱动冷水机组	电驱动冷水机组＋水蓄冷	电驱动冷水机组＋水蓄冷＋热水锅炉

注*：采用了水蓄冷或者冰蓄冷，装机容量小于设计负荷；表中吞吐量为 2017 年数值。

国内部分机场航站楼供暖空调系统设计信息（接上表） 表 3-5

		西安咸阳国际机场T2	西安咸阳国际机场T3	南京禄口国际机场T2	长沙黄花机场	青岛流亭国际机场T1	青岛流亭国际机场T2	天津滨海国际机场T2	西昌青山机场
建设年代		2003	2012	2014	2011	2004	2007	2014	2012
建筑面积（万 m^2）		8.1	28	23.7	14.5	6.5	11.5	24.8	1.0
吞吐量（万人次）		4186（总计）		2582（总计）	2377（总计）	2321（总计）		2101（总计）	63
设计负荷（装机容量）	夏	（14.3MW*）	35.9MW（26MW*）	34.1MW（29.9MW*）		（7.0MW）	（8.4MW）	28.8MW	124
	冬		34.8MW	22.3MW				3.4MW	90
大空间室内末端		组合式空调机组＋喷口侧送风等	辐射地板与置换送风＋组合式空调机组等	组合式空调机组＋喷口侧送风等					
冷热源形式		电驱动冷水机组＋冰蓄冷＋市政热网		电驱动冷水机组＋冰蓄冷＋热水锅炉	三联供驱动溴化锂冷水机组＋电驱动冷水机组	电驱动冷水机组＋热水锅炉		直燃机组＋燃气锅炉	水源热泵

注*：采用了水蓄冷或者冰蓄冷，装机容量小于设计负荷；表中吞吐量为 2017 年数值。

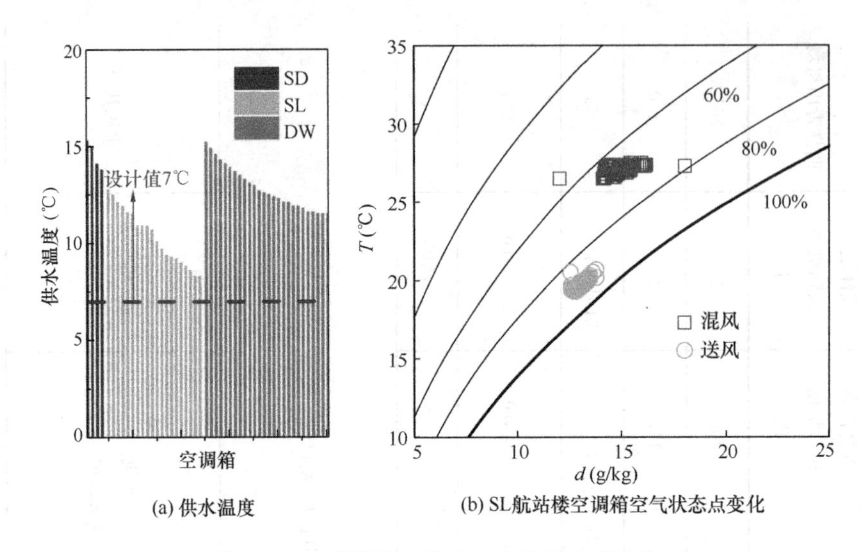

(a) 供水温度　　(b) SL航站楼空调箱空气状态点变化

图 3-21　空调箱供水温度与空气状态点变化

除室内温湿度之外，CO_2浓度水平也是室内环境参数需求中的重要指标，也是反映实际室内环境状况、指导空调系统运行的重要依据。人员等是机场航站楼建筑中的最主要CO_2来源，从新风量与室内CO_2浓度的对应关系来看，以一定的CO_2浓度水平为控制目标，室内CO_2浓度的限值与设计新风量水平之间存在较好的对应关系。室内的CO_2浓度可以由新风量和人员散发量由公式（3-1）计算得到，绘制出理想曲线如图3-21中黑线所示，此外图3-22给出了SL航站楼几个典型区域CO_2浓度的变化情况。可以看出，所有区域CO_2浓度均位于理想曲线下方（500～700ppm），说明航站楼内的总新风量能够满足甚至远大于人员的实际新风量要求，而对航站楼内的空调箱运行状况开展的分析表明，此时空调箱新风阀开度较小（仅为10%～15%），经由空调箱向室内供给的机械新风量很少，这也就说明此时航站楼内可能存在较大的渗透风量，使得室内CO_2浓度处于较低水平。同时对比冬夏季结果，可以看到冬季室内CO_2浓度更低，尤其是值机大厅的结果最为明显，这也与冬季大量的渗透风密切相关。这表明在航站楼内可以降低设计新风量，室内CO_2也会保持在一个较低的水平，满足人员新风需求，如图3-23所示。

$$C_{in}-C_{out}=\frac{v_p\cdot N_s\cdot S}{\alpha_f\cdot V}=\frac{v_p}{Q_p}\tag{3-1}$$

其中，C_{in}、C_{out}为室内外CO_2浓度，ppm；v_p为人员CO_2释放速率，$m^3/(h\cdot p)$；S为区域面积，m^2；α_f为新风换气次数，h^{-1}；V为区域体积，m^3；N_s为人员密度，p/m^2，Q_p为人均新风量，$m^3/(h\cdot p)$。

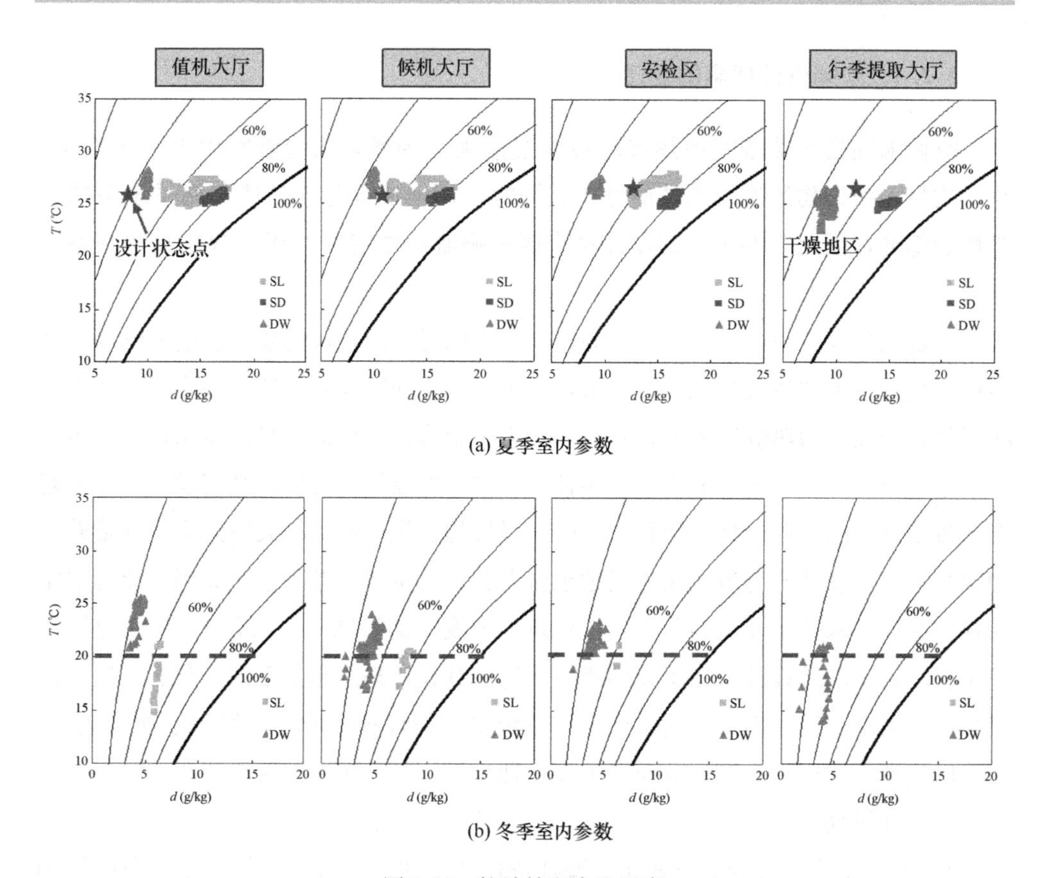

(a) 夏季室内参数

(b) 冬季室内参数

图 3-22 航站楼室内温湿度

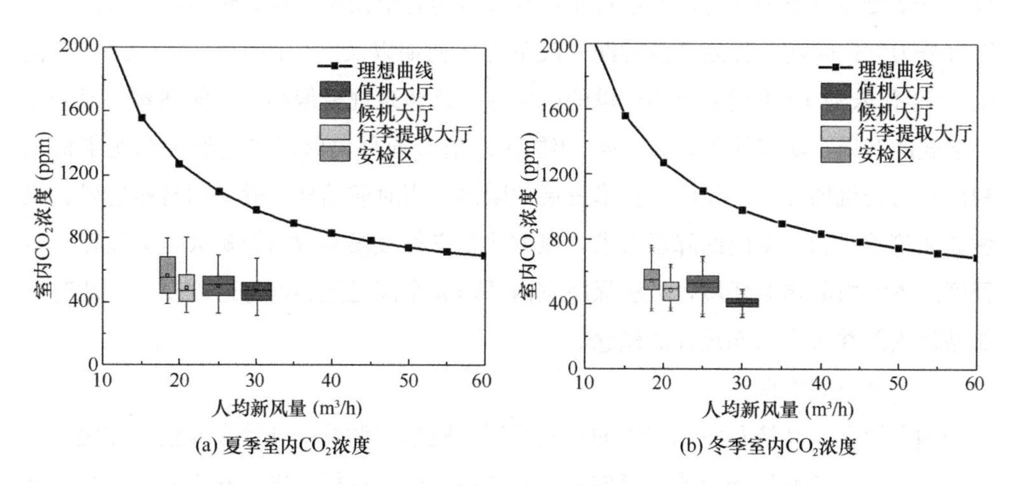

(a) 夏季室内CO_2浓度

(b) 冬季室内CO_2浓度

图 3-23 航站楼室内 CO_2 浓度

3.2.3 末端设计理念的变迁

空调末端是航站楼室内热湿环境营造的关键因素，决定着室内的热湿环境、空气质量、污染物浓度及人体的健康，同时空调末端也是航站楼空调系统中的主要耗能部分，因此空调末端的设计将直接影响航站楼室内的环境营造及空调系统能耗。

随着社会进步和人民生活水平的提高，人们对室内环境的要求也越来越高，从早期单纯的追求"冬暖夏凉"的效果，逐步发展为同时兼顾舒适、健康并满足不同状态旅客个性化的热舒适需求。同时，作为城市形象宣传的窗口，航站楼建筑也从一个单纯的等待空间发展成为一个多种业态共存的建筑综合体，其规模也是越来越大，带来巨大的能源消耗，随着"双碳"目标的实施，航站楼大空间室内环境营造中综合考虑环境品质与节能减排问题也就尤其显得重要。基于上述原因，旅客对室内环境品质要求的不断提高及航站楼建筑规模发展的不断"高大化""宏伟化"为航站楼空调末端的设计提出了新的挑战，造成其设计理念也不断的变化、发展来满足相应的需求。综合而言，航站楼空调系统末端设计理念的发展经历了通风模式、全空间空调、半空间空调、分布式末端＋地板辐射等几个主要阶段。

（1）通风模式

自1921年北洋政府航空署在上海虹桥机场新建第一代航空站以来，我国民用机场航站楼建设至今日已历时近百年，其发展历程根据航站楼的建筑特征及演进规律可分为近代时期、计划经济时期、改革开放初期以及当代四个阶段。对于20世纪20年代末到40年代末早期建设的航站楼，其建筑规模偏小，且航站楼一般采用一层式的布局，功能简单，如1947年国民政府交通部民航局兴建的上海龙华机场和广州白云机场等。受经济、技术发展的限制，当时航站楼一般采用自然通风、机械通风等手段满足室内的降温需求，该方法受室外气候参数的影响大，只能在一定程度改善室内的热湿环境，无法保障室内环境完全满足旅客的舒适度要求。此时的航站楼内部并未有末端设计的概念。

（2）全空间空调

随着社会、经济及空调技术的不断发展，暖通空调系统开始大规模地在民用建筑中应用，包括航站楼建筑。早期的航站楼由于建筑规模有限，其空间尺度与普通公共建筑相差不大，因此主要采用全空间的空调模式，主要采用散流器、喷口等末端形式，对整个空间进行热湿环境的营造。

（3）半空间空调

随着我国航空业务的迅速发展，机场客流量持续增长，航站楼的规模也逐步增大，同时内部空间也向着多层立体的方向发展。通过调研可知，对于超过 4000 万设计容量的航站楼，其出发大厅的净高可达到 15～25m。针对如此规模的大空间，若采用全空间空调模式，会导致空调系统容量加大、能耗增加。因此，对于大空间的航站楼建筑，空调系统的末端设计理念主要以分层空调为主，即在大空间两侧或单侧腰部设置送风口，下部同侧均匀设置回风口，运用多股平行非等温射流将空间隔断为上、下两部分，仅对下部人员活动区进行热湿环境的营造，以节省空调能耗，如图 3-24 所示。

图 3-24　分层空调喷口布置形式

虽然采用以风机为主导的全空气分层空调模式，相对于全空间空调的模式，可在夏季大幅降低空调系统的能耗，但其却存在冬季室外渗风量大及风系统输配能耗高的问题。

冬季采用以风机为主导的末端方式直接将热空气送入空间，热空气将在浮力的作用下经过各层之间的垂直连通空间进一步上浮至高层区域，在竖向形成热压。由于航站楼空间高大，竖向热压明显，且受使用功能的影响，其出入口开户频繁，在热压的作用下，室外冷空气将通过航站楼底部的开口大量进入航站楼内部，对室内环境热造成影响。实测表明（图 3-25），在冬季渗透风的影响下，采用射流送风的高大空间呈现出显著的热分层现象。空调控制区内垂直方向的温度往往不均匀且低于设计温度；然而空调控制区以上空间的温度较高且较为均匀。无法满足人员活动区旅客的热舒适需求。

同时大量的室外渗风也会导致空调能耗增加，通过现场实测发现，航站楼建筑冬季渗透风占总供暖负荷的 66%～85%（图 3-26），显著高于普通空间（9%～54%）。因此减小渗风量，可以有效改善航站楼内的热环境并降低航站楼的供暖能耗。

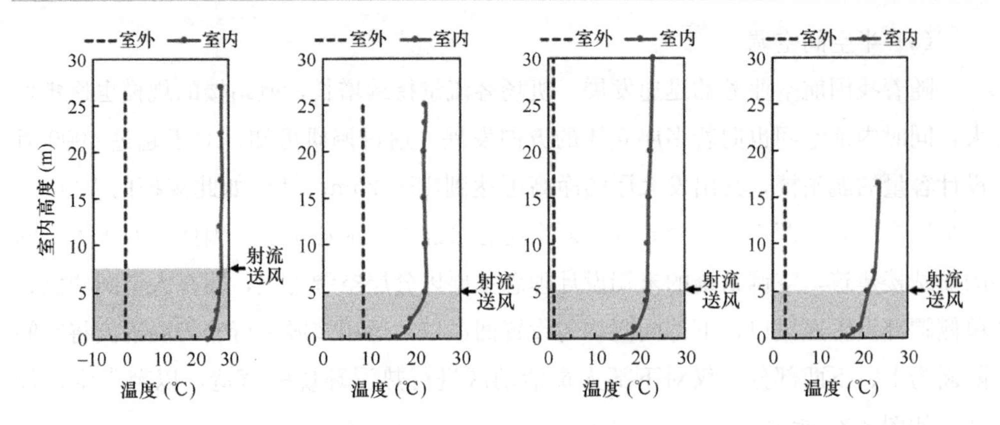

图 3-25 不同航站楼冬季室内竖向温度分布实测

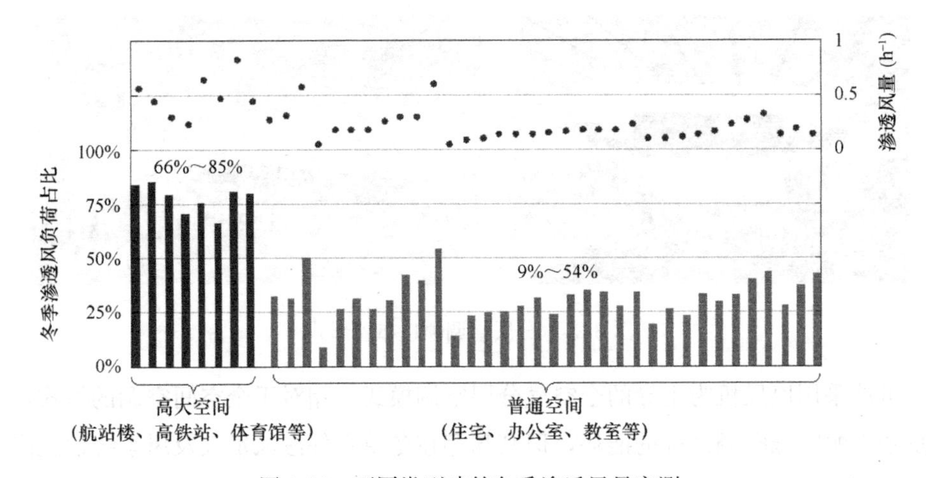

图 3-26 不同类型建筑冬季渗透风量实测

采用以风机为主导的集中式全空气系统，主要以空气为媒介将冷、热量输送至人员活动区，对于规模巨大的航站楼建筑，风系统的输配距离较长，造成风机的能耗高。针对某大型机场全年能耗实测可知（图 3-27），航站楼空调系统全年能耗最大的空调是空调末端，约占空调系统总能耗电量的 58%。因此，如何降低空调末端能耗对于航站楼的节能具有重要意义。

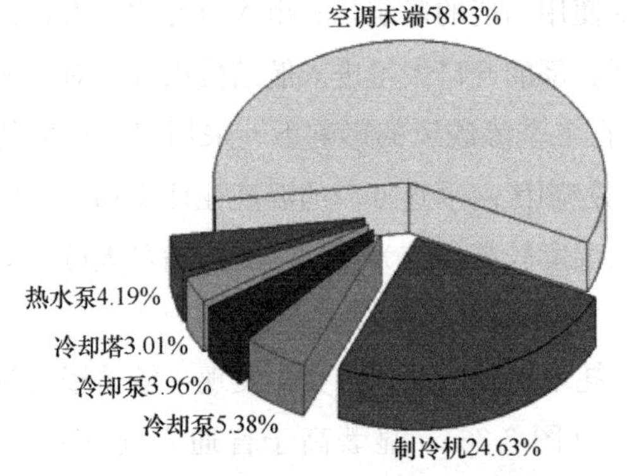

图 3-27 某机场航站楼空调系统运行能耗组成

（4）分布式末端＋地板辐射

鉴于全空气空调系统在航站楼建筑中应用存在的上述问题，近年来航站楼空调系统的设计逐渐采用了分布式末端＋地板辐射的末端形式，如图 3-28 所示。采用分布式末端及地板辐射，可消除风系统的长距离输送，尽量增加水系统的输配距离，减小风系统输配能耗。同时分布式末端可以与机场值机柜台、导视柜及建筑装饰物相结合，实现末端分布式布置的同时又增加了美观度，可对空调系统运行进行分区控制，实现基于客流波动的空调系统运行控制策略。

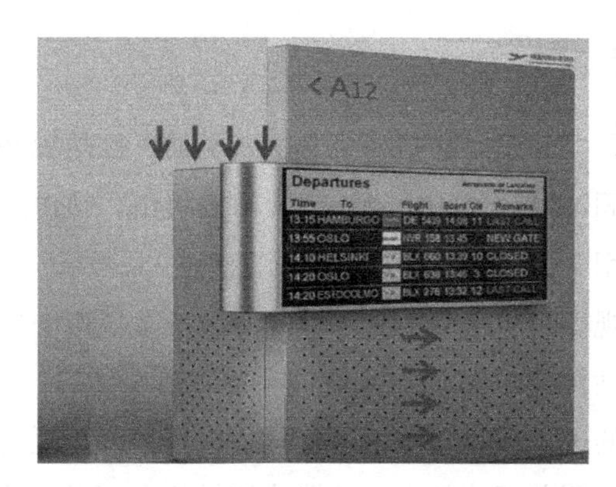

图 3-28　分布式末端与航站楼工艺结合

通过模拟获得不同末端形式下的室内温度分布情况，如图 3-29 所示。通过结果表明，采用地板辐射系统在夏季可以营造出显著的室内热分层，同时由于辐射地板对于人体的辐射换热作用，其可以在相同人员活动区操作温度的情况下实现更高的空气温度，实现系统节能的目的。在冬季时，采用地板辐射可实现均匀的垂直温度分布，同时由于辐射换热的作用，其可以在相同人员活动区操作温度的情况下实

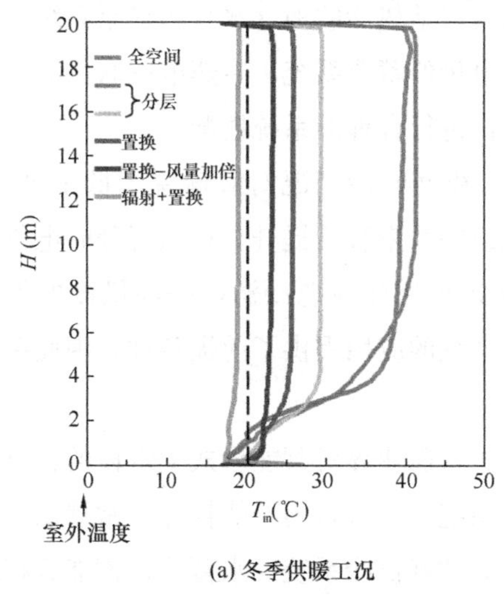

(a) 冬季供暖工况

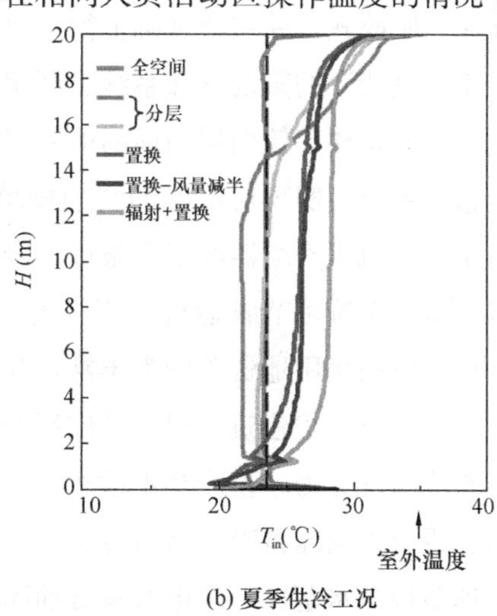

(b) 夏季供冷工况

图 3-29　不同空调末端形式在不同季节时造成的航站楼内部竖向温度分布

现更低的空气温度，同时较低的空气温度及竖向温度梯度可有效减小室外的渗风量。

未来的航站楼空调末端设计将在节能、健康、舒适的基础上，针对不同气候区的特性，充分利用各种可再生能源，同时末端的设计将综合考虑客流量的动态变化以实现灵活的控制。

3.2.4　源侧设计理念的变迁

早期的航站楼建筑规模较小，空间尺度和普通公共建筑类似，冷热源和水系统的形式也基本与普通公共建筑相同，冷源采用电动压缩式冷水机组，热源采用锅炉或市政热网，冷水供回水温度采用7℃/12℃。

随着经济的发展，航站楼的规模也越来越大，并逐渐成为一个城市的标志性建筑。出于视野和采光的要求，航站楼建筑多为高大空间，层高通常在10～20m甚至更高，且围护结构多以大面积的透光玻璃幕墙为主，导致空调系统能耗高。通过对国内典型航站楼年用能情况的调研分析，得出航站楼建筑供热空调系统的能耗约占总能耗的35%～50%，而冷热源和水系统的能耗约占空调系统总能耗的40%～60%。为降低航站楼空调系统能耗，业界针对航站楼的特点，对空调系统进行了优化设计，主要体现在以下几个方面。

（1）冷源形式

冷源主要可分为以电作为动力的电动压缩式和以燃气、燃油、燃煤或工业余热为能源的吸收式，并在此基础上衍生出利用浅层地热能的地（水）源热泵系统、利用“干空气能”的蒸发冷却系统、利用峰谷电价的蓄能系统、冷热电三联供等系统形式。各航站楼建筑根据当地的能源资源条件进行合理的系统搭配。

蓄冷系统可实现对电网的“削峰填谷”，夜间蓄冷工况时湿球温度低于日间，改善了冷水机组冷凝器的工作条件，冷水机组的效率有所提升。在执行分时电价的地区，蓄冷系统可节省运行费用。蓄冷系统还可用作应急冷源，提高供冷的保障度。机场航站楼用地资源较为丰富，为蓄冷系统的应用提供了前提条件，因此蓄冷系统在机场航站楼建筑中得到了广泛的应用。

蓄冷系统分为冰蓄冷和水蓄冷两种形式。目前业界对蓄能形式上定性的特点比较为：投资方面冰蓄冷＞水蓄冷＞常规供冷系统；运行费用及能耗方面常规供冷系统＞冰蓄冷＞水蓄冷；配电容量方面冰蓄冷＞常规供冷系统＞水蓄冷；蓄能容积方面水蓄冷＞冰蓄冷；系统复杂性、运行管理以及维护难度方面冰蓄冷＞水蓄冷。由于水蓄冷在初投资、运行管理便利性上的优势，而且机场通常具备设置蓄冷水罐的条件，应用水蓄冷系统的项目远多于应用冰蓄冷系统的项目。调研发现西安咸阳国际机场、昌北国际机场、南京禄口国际机场、北京大兴新机场等采用了冰蓄冷系统；浦东国际机场二期扩建工程、上海虹桥国际机场、昆明长水机场、深圳宝安国际机场 T3 航站楼、青岛胶东国际机场、重庆江北机场 T3 航站楼、成都天府国际机场、张家界荷花机场新航站区等均采用水蓄冷系统。

(2) 冷水系统形式

随着航站楼规模的增大，加之运行管理的原因、冷却塔等大型设备放置需求，能源中心逐渐独立设置在航站楼外，空调水系统的输送距离越来越远，大型航站楼的空调水系统较之普通公共建筑表现出以下几个突出特点：①作用半径大，一般均在 1000m 以上；②近端用户与远端用户输配距离差距大；③输送流量大。因此空调水系统也逐渐由一级泵系统过渡到二级泵系统或多级泵系统。

根据末级泵承接上级水路的形式不同，空调水输配系统可分为直接供能方式和间接供能方式。与间接功能方式相比，直接供能方式省去了换热器环节，减少温差损失和压力损失，具有明显的节能效果，因此航站楼采用直接供能的方式较多。

天津滨海国际机场 T2 航站楼采用二级泵直供系统。成都双流机场 T2 航站楼、西安咸阳机场 T3A 航站楼、重庆江北机场 T3A 航站楼等均采用三级泵直供系统。

(3) 供回水温度

水泵的能耗与流量、扬程成正比关系。在同等管网尺寸前提下，扬程与流量的平方成反比关系。减小水系统的输送流量对于减少水泵能耗具有显著的意义。在空调负荷需求一定时，加大水系统供回水温差即可减小空调水流量，能有效降低水泵的能耗，从而降低水系统的能耗。

图 3-30 为某品牌 1000 冷吨（RT）的冷水机组，在冷却水温度 32/37°C 时，不同供水温度下变工况运行的机组能效数据。可以看出随着供水温度的降低，主机能效大幅降低，这可能导致系统综合能效下降。

而在冷水出水温度一定的情况下，加大供回水温差对制冷主机的能耗几乎无影响。因此航站楼空调系统通常采用了通过提高回水温度来加大供回水温差的设计。天津滨海国际机场 T2 航站楼采用 6℃/13℃，重庆江北机场 T3A 航站楼采用 5℃/13℃，成都双流机场 T2 航站楼采用 5℃/12℃的供回水温度设计。

针对航站楼的特点，对空调系统的优化设计使得空调系统能耗有了大幅度降低。但通过实测和调研，发现目前航站楼空调系统源侧的设计还存在一定的优化空

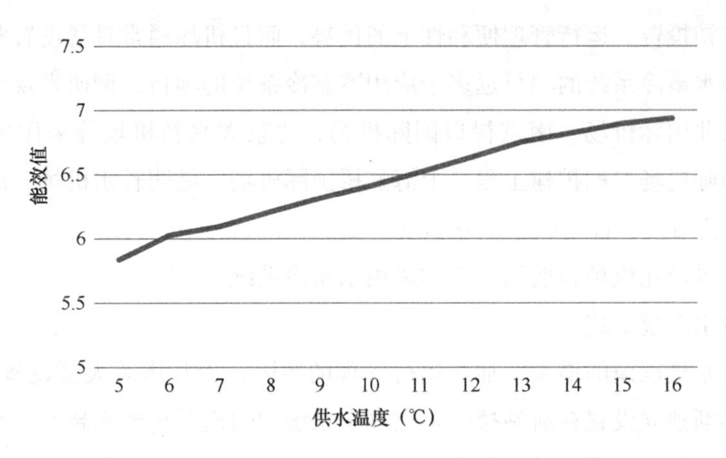

图3-30　某品牌冷水机组（1000RT）变供水温度运行的能效比

间，主要表现在以下两个方面。

（4）源侧装机容量

在某时刻，整个建筑内的总人数势必低于各房间峰值人数的累加值，建筑总新风量需求，也与建筑总人数成正比关系。因为对人员活动规律掌握不够清晰，导致源侧装机容量往往偏大。根据现场实际调研，冷冻站中实际运行机组容量显著低于设计容量，即使在夏季室外极端高温高湿的情况下，所调研项目能源站机组运行台数也低于设计容量。因此在以配置冷源装机容量为目标的建筑冷负荷计算时，应将整个建筑视为一个整体，通过调研及评估确定建筑内实际总人数后，统一计算围护结构总体传热量、室内总体灯光设备产热、室内总体人员产热产湿、总体新风负荷等“总体量”。这样可有效的减少主机的装机容量，带来初投资的降低，也减少在运行时出现“大马拉小车”的概率。

（5）温湿度独立控制

常规空调系统在夏季普遍采用热湿耦合的方法对空气进行热湿处理，但排热和除湿要求的冷水温度相差较大。除湿要求的冷水供水温度通常为7℃，而排热要求的冷水供水温度可以在15～16℃。常规空调系统热湿耦合处理的方式可能存在“冷热抵消”或牺牲房间的温湿度环境，另外降低处理显热部分的冷水供水温度会大幅增加冷水机组的能耗。因此适宜在航站楼采用温湿度独立控制空调系统，对温度和湿度进行分别控制，源侧分别供应16℃左右的高温冷水和7℃左右的低温冷水，可比常规空调系统节能20%～30%。

根据上述优化思路，成都天府国际机场和青岛胶东国际机场做了一定的尝试。

1）成都天府国际机场

空调冷源采用双冷源系统，常温冷源采用离心式冷水机组加水蓄冷系统，高温冷源采用高温离心式冷水机组；空调热源采用低氮型冷凝式热水锅炉，回收烟气余热，提高锅炉运行效率。蓄冷量设计兼顾负荷均衡蓄冷与绿色建筑评价标准的要求，设计总蓄冷量为 43.9 万 kWh。结合场地情况，设计采用 3 个蓄冷水罐，单个水罐的罐体直径为 31m，蓄水高度为 28m，净蓄冷量为 15 万 kWh。蓄冷水罐与空调冷水系统采用直连方式。按设计负荷和业主提出的预留 16000kW 发展负荷的要求，常温冷源采用 11 台单台制冷量为 8089kW 的离心式冷水机组；高温冷源按设计负荷和业主提出的预留 5200kW 发展负荷的要求，选用 5 台单台制冷量为 5274kW 的高温离心式冷水机组；空调热源采用 5 台燃气燃油两用型冷凝式热水锅炉，单台制热量为 14MW，其中含按业主要求预留的 14MW 发展负荷。

供冷季高温冷水和常温冷水分设输送管路，供热季利用高温冷水管路输送空调热水。空调冷水系统为三级泵变流量系统。常温冷水系统的供/回水温度采用 5℃/12℃，高温冷水系统的供/回水温度采用 15.5 ℃/20.5℃。空调热水一次水系统的设计供/回水温度为 76℃/50℃，二次水系统的设计供/回水温度为 50℃/40℃。

2）青岛胶东国际机场

冷源采用燃气冷热电三联供与水蓄冷结合的系统，热源为三联供与市政供热结合的系统。设计选用额定发电功率 2.67MW/台、发电效率 43.6%的燃气内燃式发电机 2 台，余热利用设备采用烟气热水型吸收式机组，单台制冷量 2.38kW，制热量 0.79kW（制热量为烟气制热，缸套水制热直接利用板式换热器换热），并预留 1 套三联供系统的安装位置。设计采用 2 台蓄冷水罐，每台水罐的设计蓄冷量为 120000kWh，罐体直径为 26m，蓄水高度为 28.5m。并预留 1 台同容量蓄水罐的安装位置。制冷主机选用 5 台制冷量为 7750kW/台的离心式水冷冷水机组，预留 3 台主机及水泵的安装位置。设计选用 3 台换热量为 23810 kW/台的板式换热器，并预留 1 套板式换热器的安装位置。

该项目空调系统采用温湿度独立控制系统，深度除湿由内冷式双冷源设备完成。该设备内置直膨式除湿冷源，新风经水冷表冷器用高温冷水预冷后进入直膨式表冷器进一步除湿，再由再热模块（利用冷凝热再热）升温至设定温度后送入室内。采用了供/回水温度为 12℃/19℃的中高温水蓄冷及供冷系统。

空调水系统采用冷水机组定流量运行的三级泵系统，二级泵与三级泵均为冷热合用泵。用于对流末端的三级泵组供/回水设计参数为：供冷 12℃/19℃，供暖

60℃/45℃。辐射末端三级泵组为混水泵，分为供冷供暖两用和仅供暖使用两种。供冷供暖两用的辐射系统三级泵供/回水设计参数为：供冷16℃/19℃，供暖45℃/35℃；仅供暖使用的辐射系统三级泵供/回水温度50℃/40℃。实际运行参数根据负荷情况进行再调整。

3.2.5　机场实现零碳运行的途径

我国机场运行过程中碳排放，主要包括航站区（即航站楼陆侧和空侧建筑及设备设施）、飞行区、工作区以及地面交通换乘区等区域建筑、设备设施和地面交通工具等的碳排放。由于机场运行过程碳排放是现代城市碳排放非常重要的一部分，因此逐渐得到国家发展和改革委员会、住房和城乡建设部、民航局和各地政府的重视。特别是民航机场占地广阔、具有安装足够光伏板的自然资源条件，并且可以依靠机场地面车辆电气化之后形成的"移动储能"能力充分吸纳可再生电力，再通过与机场航站楼、工作区建筑用能统一调度协同，航站楼内用电设备等直流调速调节，实现机场范围内光伏发电量100%自发自用、仅在极端天气下依靠外部电网或储能装置供能的"光""储""直""柔"零碳运行。

近年来，欧洲有近三十座机场在进行零碳机场改造更新，例如由瑞典机场运营商Swedavia运营的吕勒奥、龙讷比和维斯比等机场，属于北欧寒冷气候下的支线机场，Swedavia的目标是到2020年实现所有机场的零排放，包括斯德哥尔摩-阿兰达这一枢纽机场。其主要做法是通过加强保温和气密性降低航站楼供暖能耗，供热采用生物质能实现零碳，夏季室外气温低、基本实现自然通风冷却，并依靠光伏发电来提供机场运营所需电力。北欧各国的机场均位于寒冷地区，供暖是碳排放主要责任者，降低供暖碳排放量至关重要。而相对气候温和的西欧地区，夏季还需要供冷和除湿，因此将目标设置为碳中和。例如，汉堡机场为2022年设定了一个碳中和的目标，阿姆斯特丹-史基浦机场、埃因霍温机场和哥本哈根机场，以及挪威机场运营商Avinor为2030年设定了碳中和目标。这是因为仅依靠运营过程的减碳和光伏发电、可再生能源热利用等，很难实现净零碳运行，需要一定外部零碳电力或购买碳汇实现碳中和。而对于大型枢纽机场，欧洲吞吐量排名前三位的应该伦敦希斯罗机场、德国法兰克福机场和法国巴黎戴高乐机场，也设定了碳中和的目标，例如伦敦希思罗机场已投入1亿英镑（约12亿人民币）用于脱碳，主要措施包括机场航站楼100%使用可再生能源供热和供电，以及机场内车辆全部采用电动汽车，并通过独立认证的方案抵消了剩余的碳排放。

我国在2035年之前还会是机场改扩建工程的高速发展期，如果从现在开始重视机场运行过程中的节能降碳，新建机场以运营过程零碳排放为目标，既有机场逐步推进节能降碳更新，充分利用“十四五”窗口期和“十五五”降碳期，实现民航机场碳排放与旅客货物吞吐量增长解耦，将对我国城乡建设可持续发展和实现双碳目标产生巨大的榜样示范作用，并与全社会同步在2030年前达到碳排放峰值。

2021年1月，以西宁机场三期扩建工程建设“零碳机场”专家研讨会为标志，一批“十四五”期间拟规划建设投运的机场改扩建工程和新建机场工程，积极探索“零碳（运行）机场”的可行性与实施路径，包括长沙黄花机场三期扩建工程、太原武宿机场三期扩建工程、山西朔州新建机场高铁“双港”工程、长春龙嘉机场三期扩建工程和2号航站楼及工作区能源系统低碳更新工程、郑州新郑机场三期改扩建工程、广州白云机场三期扩建工程等。通过这一系列工程的探索，特别是在前期“十二五”“十三五”期间国家科技支撑项目成果支撑下，机场实现零碳运行可行的技术路径逐步清晰，主要是三个方面：

一是通过一系列的航站楼和暖通空调系统节能设计、高效设备选用、能源管理与智能调控技术等，大幅度降低运行过程冷量、热量、电量的消耗，实现“节能优先”，相关内容已在本节详细介绍。二是最大程度利用机场广阔的空间，在屋面、地面、水面、立面上安装光伏板，“应装尽装”“应发尽发”“应用尽用”，这样就可以实现本场光伏发电量满足航站楼、GTC以及机场内部电动车辆的用电需求。三是通过多维度、多介质储能解决全年运行中不同时间周期内可再生电力供应与需求之间的剪刀差，这样不仅使得光伏发电的“电量”能满足机场的需求，而且“电力”也能满足机场使用的需求，构建机场“光储直柔”用电系统。除机场飞行区高杆灯、指示灯光、塔台、控制中心的涉及飞行安全的核心关键部门和设施用电外，机场航站楼、GTC、工作区、场内车辆的全年用能过程，都可以实现“零碳”。

对于机场区域内安装光伏板，在我国已有大量实际案例。第一个项目是深圳宝安国际机场光伏项目一期，2010年开始申请立项和规划设计，选择工作区中的航空物流管理设施屋面安装，2013年10月12日并网发电，10MW光伏电站每年发电量超过1300万度电，后又加建二期光伏项目，至今运行良好。首都机场集团在首都机场地面交通中心和停车楼屋顶建设分布式光伏，由于光伏板朝向与首都机场飞机降落方向一致，也曾担心会有影响，但经过充分技术论证和2016年9月建成使用以来的实际效果检验，对飞行员降落时完全没有产生任何负面影响。在此基础上，首都机场集团成立节能技术服务公司、组建专业技术团队，五年来先后在首都机场、大兴机场、天津机场、石家庄机场、宜春机场等安装12个分布式光伏发电装置，包括屋面、地面、水面、车棚等形式，尽量采用400V低压就近并网、自发自用全消纳，取得显著节能减排降费效益。特别是在北京大兴国际机场分布式光伏发电项目建设时开展科研和工程技术攻关，在光伏安装选址时充分考虑了多项安全因素，经过机场、空管、规划和各设计方的审查，取得了《北京新机场分布式光伏发电项目立项（代可研）报告评估专家组意见》后进行项目实施。又根据《意见》的要求，在分布式光伏设计时综合考虑各项安全、规划容量、示范及景观作用、电缆走线路径、综合控制集成等因素，进行方案优化，确保项目建成后完全满足民航安全要求，包括ICAO（International Civil Aviation Organization，国际民用航空组织）《国际民用航空公约　附件14-机场》《民用机场飞行区技术标准》MH 5001等，完全满足北京大兴国际机场电能质量要求和新机场未来规划和路径需求。最终明确在北京大兴国际机场北一跑道建设2MWp分布式光伏发电项目，其中光伏阵列布置于北一跑道中心线150～160m之间，共布置2排光伏组件，组件最高点距离地面仅1.438m，满足飞行区关于飞机起飞角度的规定。光伏阵列占地总长度约为1500m，宽度为10m，在中间位置预留300m宽的消防通道，供消防车通行，并规避了跑道中部气象站，距离气象站距离大于50m等。在具体实施过程中，先后经过光污染评估、光伏电池组件和光伏支架光学反射测试，并在现场铺设少量光伏板后进行经过了3个月的现场验证和校飞验证后，最终取得了上级主管部门的认可，为我国分布式光伏在机场中应用奠定了坚实的基础。图3-31为安装后的实景（首都机场节能技术服务有限公司提供）。

图3-31　安装后的实景

根据2021年针对不同气候区枢纽机场建设“零碳运行机场”可行性与实施方案的研究，在航站楼及暖通、照明、配电等系统进行节能高效系统设计前提下，可估算出不同气候区、不同太阳能资源条件下为实现机场零碳运行所需的最小光伏装机容量和最小安装面积。实际上机场内可装光伏的面积远远大于需求面积，不仅机场各种建筑屋顶可以安装光伏，调蓄水池水面可以安装光伏，通过大兴国际机场的实际工程案例可以看出，飞行区内有大量的空地可以安装光伏，只是需要打通飞行区、航站区、工作区各管理部门、各行业、各运营主体之间的各种壁垒。一般来说，每 100 万旅客吞吐量配置 1 万 m^2 左右建筑面积的航站楼，例如设计吞吐量 4000 万的机场配置 40 万 m^2 左右建筑面积的航站楼，以每平方米每年 250kWh 耗电量估算（已经高于《民用机场航站楼能效评价指南》中最大的每平方米能耗约束值），航站楼运行需要 1 亿度电。考虑到未来机场内地面车辆全部电气化，仍以设计吞吐量 4000 万旅客每年的机场为例，需要保障航班 30 万架次（平均单架次航班运输旅客 133 人，这是我国 1000 万以上吞吐量机场实际运行统计数据的中位数），约需要 1500 辆各种地面车辆保障，每年耗电量约 3000 万度（平均每车每年 20000kWh 电）。再考虑飞行器在地面时关闭飞行器自带 APU，改用近机位或远机位的地面动力能源单元 GPU 供能，主要是供飞机空调和 400Hz 飞机用电，以单架次飞行器停靠机位期间 APU 燃油替代 1.5h 计算，耗电约 450kWh（以单个 GPU 180 kVA、配置 2 台每小时耗电 300kWh 计算），则全年飞行器 APU 实现 100%替代约需要 7000 万 kWh 电（30 万架次实际只有 15 万架飞行器）。以上三项合计，未来机场航站楼耗能、地面车辆耗能、飞行器地面期间耗能全部电气化后，4000 万吞吐量机场每年耗电量 2 亿 kWh。如果机场位于我国太阳能二类地区，每年等效发电时长按照 1200h 计算（实际在 1100h～1450h 左右），光伏装机功率需不小于 166.7MWp，安装面积约需要 120 万 m^2。而设计吞吐量 4000 万人次的机场占地至少 $10km^2$，仅占机场总占地面积的 1.2%，只要打开壁垒，一定能够找到足够的适合安装光伏板的空间。

特别是机场内相关的地面车辆运行消耗能源导致的碳排放，可以先通过全面电气化将直接碳排放降为零。再通过机场地面交通工具与航空器智慧协同运维调度，在光伏板附近设置充电桩，机场内穿梭运行的地面车辆能够在机场内各处光伏板附近进行充电，灵活吸纳机场飞行区、工作区光伏板发电量，降低光伏板安装位置与航站楼负荷中心区之间空间距离远导致的电缆敷设与接入成本，还可以在适当时段充当航站区、工作区等固定设施的供电电源，一举多得，实现地面移动碳排放源与建筑固定碳排放源之间的“时空转移”零碳供电用电新模式。2018 年，民航局引发《民航贯彻落实〈打赢蓝天保卫战三年行动计划〉工作方案》，其中很重要的行动就是机场地面车辆的电气化，以及飞行器 APU 被桥载电源或远机位升降式地井动力单元替代，因此具备了足够的吸纳未来机场内、特别安装在飞行区的光伏发电量能力，未来需要将光伏安装位置、充电桩位置和类型、配电系统设计、地面车辆运行规划调度等结合，完全有机会实现机场零碳运行。

3.3 地 铁

3.3.1 地铁车站能耗现状与用能特征

“十三五”期间，中国城市轨道交通发展迅速，累计新增运营线路 4351.7km，年均增长率 17.1%。截至 2020 年底，中国大陆已有 38 座城市开通地铁，运营总长达 6483km，占城市轨道交通运行总里程的 84.7%；规划线路总里程达 6701km（不包括已开通运营的线路），其线路制式大部分为地铁制式。

随着地铁建设规模的不断扩大，其节能运营也引发了越来越多的关注。据统计，2020 年城轨交通总用电量达 172 亿 kWh，同比增长 12.9%，其中车站能耗 88.4 亿 kWh。北京、上海、广州等超大城市，城市轨交系统用电量占城市总用电量超过 1.5%，其轨交公司也成为城市用电量最大的单位。

地铁系统的主要用电设备构成如图 3-32 所示，其能源消耗主要包括牵引供电

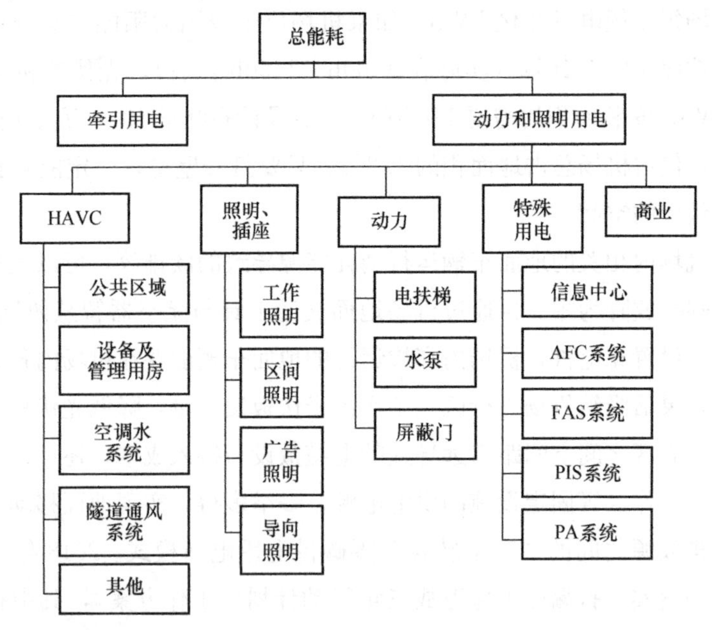

图 3-32 地铁用电结构

和动力照明用电，两个系统各占总用电量的一半左右。牵引供电系统的电能消耗主要为电客车的运行牵引电耗，主要与行车间隔、载客量、线路坡度、运营速度和运营时间等因素有关，其主要节能措施是列车制动再生能利用。动力和照明用电即为地铁车站用能，其中通风空调、照明和电扶梯等是需要进行节能考虑的主要车站用能设施。

1. 调研样本

为尽可能全面了解我国地铁站能耗现状，在相关地铁运营单位的大力支持下，2015—2016 年选取五座轨道交通规模较大的城市（记为城市 A～E）进行地铁站能耗数据调研，涉及寒冷地区、夏热冬冷地区、夏热冬暖地区等共 21 条线路、500 余座地铁站的基础数据，如表 3-6 所示。

所调研各地铁线路的基本信息 **表 3-6**

城市	气候区	车站样本数	线路编号	车站类型	列车编组	环控系统制式（地下站）
A	寒冷	123	2	地下	6 节 B 车	风、冷独立式
			6	地下	8 节 B 车	集成闭式
			8	地下、高架	6 节 B 车	屏蔽门
			9	地下	6 节 B 车	集成闭式
			10	地下	6 节 B 车	集成闭式
			F	高架	6 节 B 车	—
B	夏热冬冷	144	2	地下、高架	8 节 A 车	闭式
			4	地下	6 节 A 车	屏蔽门
			6	高架、地下	4 节 C 车	屏蔽门
			10	地下	6 节 A 车	屏蔽门
			11	地下、高架	6 节 A 车	屏蔽门
C	夏热冬暖	72	2	地下	6 节 A 车	屏蔽门
			3	地下	6 节 B 车	
			6	地下、高架	4 节 L 车	
			8	地下	6 节 A 车	
D	夏热冬暖	59	1	地下、高架	6 节 A 车	屏蔽门
			2	地下		
E	夏热冬冷	120	1	地下、高架	6 节 B 车	屏蔽门

2. 调研城市地铁站能耗（动力照明）现状

对于地铁站动力照明能耗，由于所调研的线路车站均未安装能耗分项计量监测

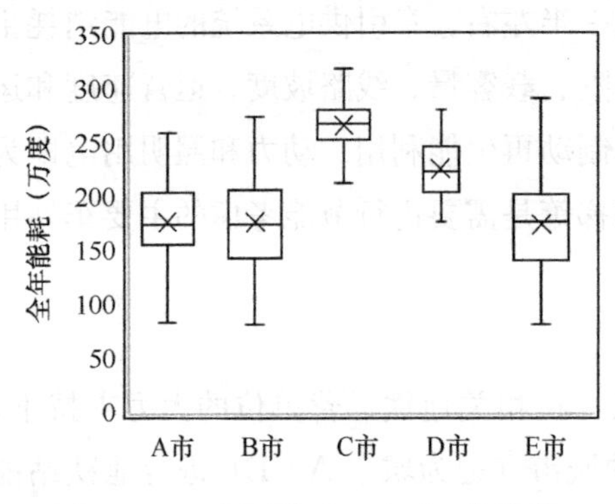

图 3-33 五市同类型（地下、非换乘、屏蔽门车站）车站全年能耗分布

系统，故只能获取逐月总能耗抄表数据。在横向对比不同车站用能时，应统一将外接商业用电剔除，仅考虑地铁站自身运营用电。在能耗评价方面，采用单位建筑面积能耗数据进行各市间的对比分析，五市的情况如图 3-33 所示。地铁站根据所处位置大致分为地下车站、高架车站，调研结果显示多数地下车站的能耗约为 100 万～300 万度电/年，多数高架车站小于 100 万度电/年，在能耗评价时应分别考虑。换乘站规模较大、设备较多，其能耗通常略高于非换乘站，在分析评价中也应单独考虑。

车站能耗影响因素众多，根据统计分析可初步得出以下特征：①环控系统制式对车站能耗影响较大，在 A 市线路中采用屏蔽门系统的车站能耗低于采用非屏蔽门（集成闭式）系统的车站。② 气候条件对车站能耗影响较大，如图 3-34 所示，对于同类车站（地下、非换乘、屏蔽门车站），位于夏热冬暖地区的 C 市、D 市因供冷季长而能耗最高，位于夏热冬冷地区的 B 市、E 市地铁次之，位于寒冷地区的 A 市能耗最低。③列车编组数会影响车站面积、设备容量、列车发热量等，间接影响车站能耗，一般编组数越大车站能耗越高。④关键设备运行模式会直接影响车站能耗，例如 C 市地铁站因轨行区排热风机（U/O 风机）常年开启而导致其基础能耗明显高于 U/O 风机常年关闭的 D 市地铁站。⑤同一地区、同一类型的车站中，车站面积对能耗影响相对较大，客流量对能耗影响较小。

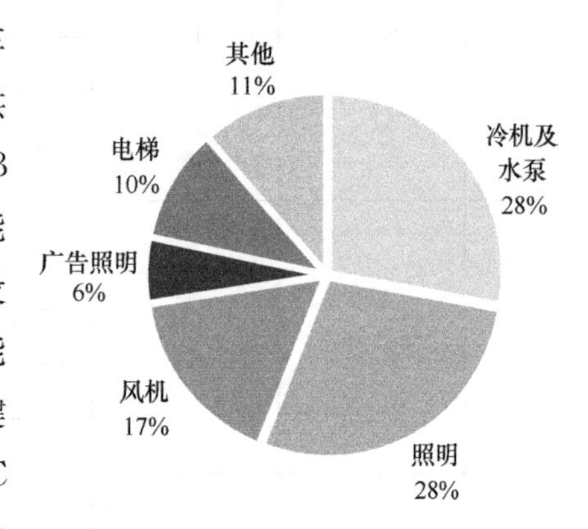

图 3-34 A 市某线路全年分项能耗

A 市某线路各地铁车站的全年能耗进行拆分如图 3-35 所示，其中，环控系统（冷源＋风机）占到地铁站动力照明能耗总量的 45%，照明能耗占到总能耗的 28%，以上两项能耗作为地铁车站的能耗大头，约占总能耗的 3/4。广告照明、电梯能耗分别占到总能耗的 6%和 10%。从分项能耗的拆分结果来看，环控系统作为

此间能源的最大消费项，其系统的运行现状及节能措施的探索需要进一步分析。

3.3.2 关键用能系统设计形式与运行现状

1. 地铁站环控系统构成及运行模式

通常，地铁环空系统由水系统（冷源系统）、大系统、小系统、隧道通风系统等几方面构成：①水系统（冷源系统）：目前我国绝大多数车站采用传统的水冷式冷水系统，包括冷机、冷水泵、冷却泵、冷却塔等。②大系统：即公共区域的风系统，通常为车站两端对称布置的一次回风全空气系统，新风道中设有小新风机、新风阀以调节新风量并切换运行模式。非屏蔽门系统中，大系统同时负责车站公区与隧道的环控；屏蔽门系统中，大系统仅负责车站公区的环控。③小系统：即办公设备区的风系统，包括一次回风空气处理机组、新风机组、通风或消防用的送/排风机、多联机 VRF、少量分体空调等。④隧道通风系统：包括机械/事故风机（TVF）、活塞风井、轨顶/站台底排热风系统（U/O）等。通常，屏蔽门系统设有活塞风井、U/O 风机，而闭式系统不专门设置。

一般而言，大系统工作时间与地铁运营时间基本同步（如 6：30～23：00）；小系统则需每天 24h 常开；隧道 TVF 通常保持关闭，仅在事故工况、定期维保、夜间通风时开启。以典型的屏蔽门系统为例进行阐述，如图 3-35 所示（由于车站两端系统结构对称，图中仅展示其中一端），全年来看，大系统的运行主要包含两

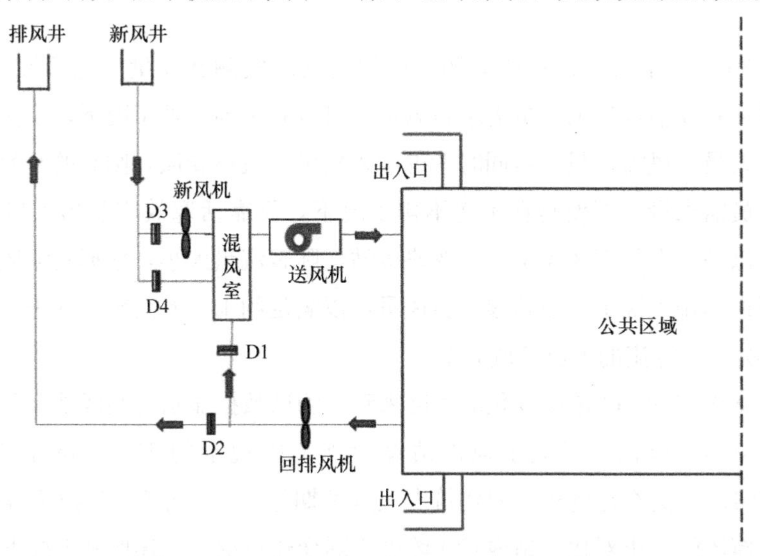

图 3-35　典型屏蔽门制式的大系统原理图

种模式：①供冷季采用小新风模式，车站两端大系统的小新风机及其阀门（D3）开启以提供足量新风，全新风阀（D4）关闭，回风阀（D1）打开，同时排风阀（D2）关闭以维持公共区域正压；冷源开启，用以带走室内余热及新风机引入的室外新风热量。此模式旨在满足人员需求新风供给的前提下，减少热湿新风的过量引入，从而降低空调能耗。②通风季采用全新风模式，冷源关闭，大系统回风阀（D1）关闭，小新风机及其阀门（D3）关闭，全新风阀（D4）与排风阀（D2）开启，即同时对车站进行机械送风与排风，以强化通风换气，带走站内余热。随着外温降低，机械送、排风机的运行频率可适当降低。

2. 公共区通风现状

即便是设有屏蔽门的车站，仍存在明显的站内活塞渗风现象。为分析活塞渗风对环控的影响，首先需要认识到两点：无论是从出入口渗入的室外新风，还是通过送风机从室外机械引入的新风，都应被视为有效新风；车站环控系统的主要功能，是提供新鲜空气、排除多余热量，以维持站内环境的舒适。在提供新鲜空气方面，全年各季节皆需要向站内引入足够人员需求的新风，以及时带走人员产生的CO_2等物质。在这一方面，除了大系统风机引入的机械新风外，出入口渗入的新风也可承担同样的功能，因而合理利用渗入新风则可节省风机电耗。在通风季，除了大系统风机引入的机械新风外，出入口渗入的新风也可承担同样的排热功能，因而合理利用渗入新风则可节省风机电耗。但在供冷季，过多的出入口渗入新风，无疑会增加空调负荷。

图3-36展示了某车站在四天测试期间的逐时实测新风量（包括渗入新风量、机械新风量）及估算出的人员需求新风量。可以看出前三种工况下，仅渗入新风量便已超出人员新风需求量，若同时考虑渗入新风与机械新风，则总的有效新风量远远大于人员需求量。即便是在不送不排工况下，仅靠活塞效应从出入口引入的新风，也足以满足人员新风需求。若忽略该站实际客流量大小，根据实测风量经计算知，在不送不排工况下，该站渗入新风量可以满足约1.2万人次/h（进、出站分别0.6万人次/h）客流的人员新风需求。

若从站内实际CO_2浓度变化的角度来看，测试数据显示公共区域CO_2浓度始终保持在700ppm以内，远低于地铁站设计规范中规定的1500ppm上限值（GB 50157—2013），甚至已优于普通建筑中人员长期停留所要求的室内CO_2浓度标准。综合考虑新风的供求对比、站内CO_2浓度实际变化情况，上述四种工况下总新风量不仅均能满足人员新风需求，而且远远超出实际需求。因此，为满足该站人员新风

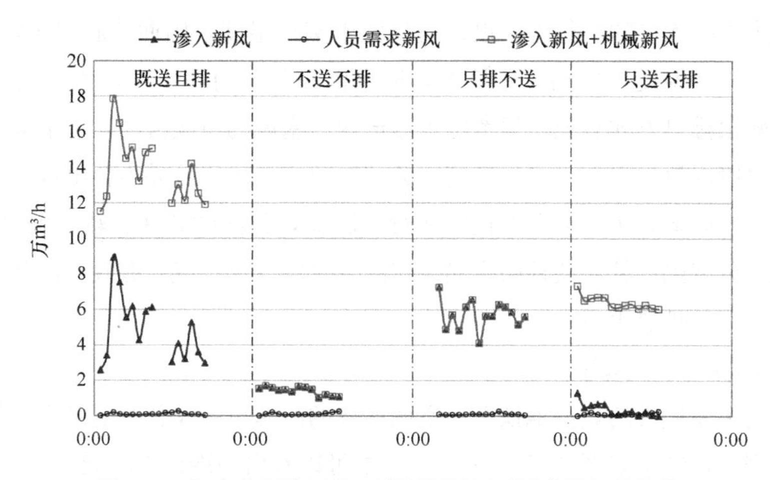

图 3-36 E市典型站四种工况下新风逐时需求量与供给量

需求，其实只需利用这种被动式的出入口渗风即可，并不需要开启大系统风机提供机械新风。

类似的结果在A、B、C、D、E市的不同地铁车站、不同季节均可测得，即便在开启机械新风的模式下，仍有大量的出入口渗透风进入车站。实际车站的CO_2浓度水平通常较低，远低于设计规范中的1500ppm限值水平。过多的新鲜空气量是当前地铁车站的普遍现状，近年来的多个研究结果均表明地铁车站内的实际新风量在绝大部分时间段远高于实际人员需求，也成为车站耗冷量的重要组成部分，在很多车站中由于新风（机械新风和渗透新风）消耗的冷量占总供冷量的比例50%以上。因此，从满足人员需求出发，应进一步针对地铁车站的特点，根据实际需求引入适宜的新鲜空气量，避免过多引入新风。

3. 轨行区排热效果

轨顶/轨底排热风机（简称U/O风机）设置的目的是及时排走列车空调冷凝器、车载制动电阻散发的热量。U/O系统对车站能耗具有重大影响，而既有研究中缺乏对U/O系统实际运行效果的了解，导致目前各地地铁公司对U/O风机的运行模式存在极大差别：一些城市全年每天开启，一些在空调季开启，另一些则基本保持关闭，这也构成了各城市地铁站实际能耗差异的原因之一。

实测数据表明，轨底“排热”实为排冷，适得其反：对轨底排风的实测结果表明，各末端吸入的热空气在向外流动的过程中会相互掺混，包括各吸入口之间的掺混，以及轨顶、轨底风道之间的掺混，并且热空气流动过程中被风道沿程吸热降温，从而导致真正排出系统时的空气温度较低、波动较小；即便假设不存在沿程降温，轨底末端吸入口的空气温度也仍明显低于室外温度，因而轨底“排热”无效；另一方面，轨顶温度虽然略高于轨底，但也仅在部分时段（早、晚）高于室外温度，此时轨顶排热方才有效，但考虑到隧道内活塞风的持续流动，正常运营工况下列车停站时段内轨顶仍有一定的气流，关闭轨顶排热风机后并不会出现轨顶的持续过热，也不会影响列车冷凝器的正常运行。因此，目前的轨底、轨顶混合“排热”有效性也十分有限；针对轨顶的排热仅在部分时段（早、晚）有效，但并非高效排热，也非唯一的排热手段。

4. 空调冷源运行效率

对国内多座城市的典型地铁车站空调系统的冷源设备及整个空调系统的性能进行了实际测试，结果如图3-37所示。从图中可以看出制冷机组的能效比*COP*通常在3～5，考虑冷却水泵、冷水泵、冷却塔等辅助设备后的制冷站能效比*EER*约在2.5～4，而进一步考虑末端空调箱处理过程后的整个空调系统能效比*EER*仅为2～3。

根据上述各城市大量车站的实测分析结果，可以看出目前地铁站空调冷源运行效率、系统整体能效水平等均普遍较低，冷机普遍存在负荷率偏低的问题，并存在蒸发器/冷凝器换热效果差、冷却塔换热效率低、水泵工作点偏离额定工况而效率偏低、水阀控制不合理导致冷水旁通掺混等冷站系统运行控制中的常见问题。各地铁车站冷机因按照远期尖峰负荷做设计选型，额定容量较大，而实际运行中负荷率往往较低，“大马拉小车”，导致冷机*COP*偏低。尤其是对于大、小系统共用冷源的车站，夜间小系统运行时仍需开启一台冷机，其负荷率、效率更低。

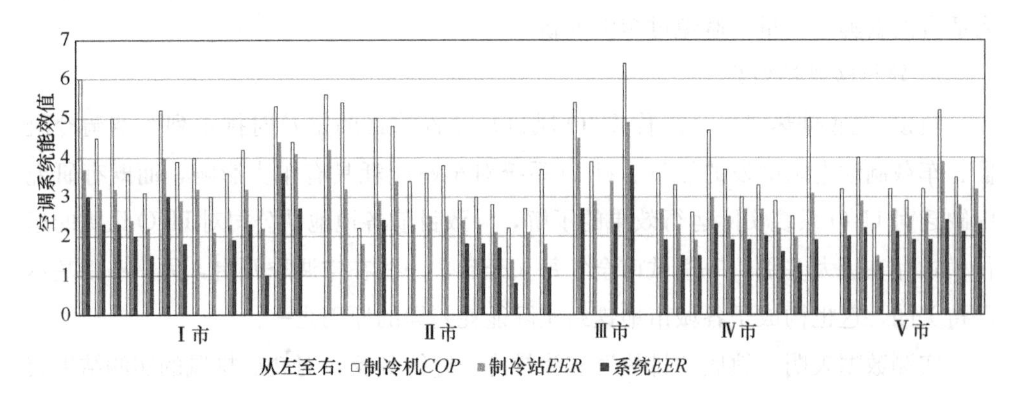

图3-37 典型城市地铁车站冷源、制冷站及空调系统能效测试结果

3.3.3 地铁车站节能途径

从当前地铁车站环控需求及实际系统运行现状来看，实现地铁车站节能的主要指导原则包含以下方面。

1. 大小分开，各司其职

地铁车站大小系统的环境控制需求差异显著，图 3-38 汇总了地铁车站小系统、大系统的主要区域及环控需求，可以看出小系统中包含人员活动情况与普通办公房间类似的休息室、会议室等，人员活动状况与办公房间类似，其环控需求也与普通办公建筑相同，应当按照办公室房间标准进行控制或保障；而对于以设备发热为主、几乎没有人员的通信机房等房间，其环控需求以排出热量为主，但需要系统 24h 连续运行；对于冷水机房、环控机房等场合则几乎仅供人员巡检作业需求，环控要求最低。大系统中站厅层、站台层又有不同的功能特点，站台层仅是用于乘客上下车及等候过程的短暂停留，而站厅层除了旅客进站通过的功能外，还包含较多的车站工作人员活动如安检、票务等功能。对大系统而言，大系统运行时间通常与地铁站运营时间保持一致（如 6：30～23：00），地铁设计规范中规定的 CO_2 浓度应控制不高于 1500ppm，供冷季温度不高于 30℃，相对湿度维持在 40％～70％。

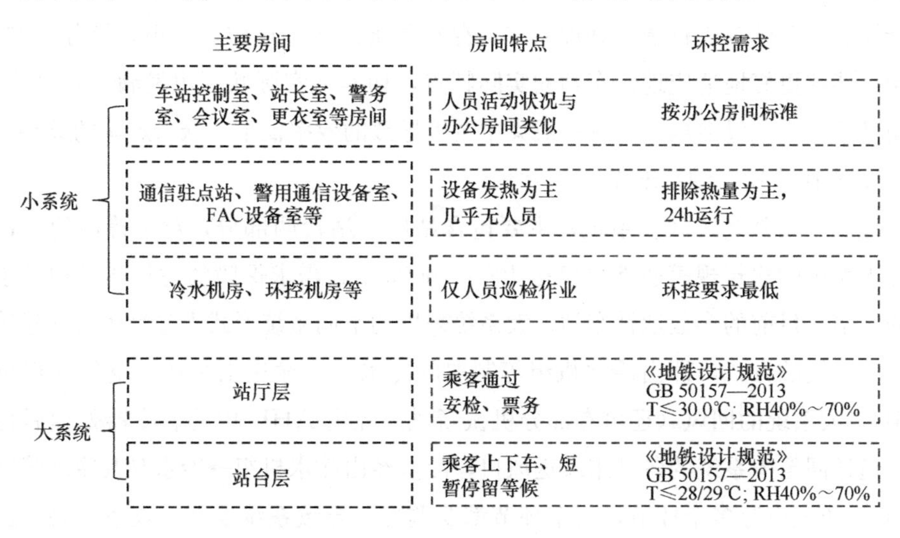

图 3-38 地铁车站主要功能区域及环控需求

从上述大小系统的功能及使用特点来看，不同房间、不同区域存在显著的差异；对于地铁车站的体量及规模来看，普通地铁车站的公共区面积、小系统通常在几千平方米的尺度，并非必须采用集中的环控系统或冷源设备方式。冷源是地铁站动力照明能耗的重要组成部分，对于这种不同功能需求、不同使用特点、不同处理任务的场合，采用统一的集中方式、共用冷源等，会出现显著的不协调、不均衡。当前我国大量地铁车站大系统与小系统共用冷源，而从实际小系统运行时间更长、大小系统需求不一致来看，两者共用冷源的处理方式会使得冷水机组在较多时间运行在较低的负荷率下，效率很低。

因此，根据大小系统的不同环控需求、运行时间，宜将大小系统分开，应采用不同的冷源、环控方式。大系统和小系统分别设置冷源，独立解决各自需求。对小系统而言，采用分散式的空调系统及冷源方式已成为小系统通风空调系统设计的共识。小系统的建筑规模通常仅在一两千平方米，人员长期停留的区域也同办公房间的环控需求相一致，这样的建筑规模和使用特点决定了采用多联式空调机组（VRF）等形式是十分合适的室内环控系统解决方式，以满足不同类型房间的不同调控需求。VRF 机组可灵活地适应小系统内不同房间的使用需求，并可促进人员行为节能（随走随关、随用随开）。相近功能的小系统房间可共用一套 VRF 机组，而整个小系统可用多套 VRF 机组来满足需求。小系统的新风需求则可通过单独的新风处理机组来满足，对于有人员较长时间停留的房间，通过监测房间内的 CO_2 浓度控制新风机组的运行情况，与现在很多地铁车站小系统采用集中空气处理机组、对新风、温湿度等进行统一处理的方式存在显著差异。这样，大小系统分开调节、控制，能够更好地适应地铁车站的实际特点，切实从实际状况出发满足各自需求，各司其职，避免过多耦合、统一或集中调控导致的效率低下、众口难调的弊端。

2. 直接蒸发，创新末端

地铁车站公共区（大系统）主要包含站厅、站台两部分，对于普通的地铁车站，大系统的建筑规模通常也仅在 4000～6000m^2，需求保障的建筑体量约是小系统的 2 倍。目前的多数地铁车站，大系统采用的空调系统形式多是沿用公共建筑中全空气系统的方式，即由冷水机组等制取的冷水经由输送水泵送至空气处理机组 AHU，大系统的回风（还可有部分机械新风）经由 AHU 中的表冷器处理后再经由风道送回至大系统的各处末端送风口，冷量经由冷水机组→冷水泵及冷水管网→AHU→送风口等多个环节，每个环节都要调控，导致系统复杂、效率受限。这样的系统本质上就有问题，必须彻底地创新和改变。冷水系统的作用是通过水循环把冷源处的冷量送到各个末端，并通过对各个末端冷水循环量的调节、借助阀门等实现这些末端之间冷量的分配调节。然而对于地铁车站的大系统来说，它一般仅有车站两侧的两个 AHU 末端，而且这两个末端又同时服务于一个联通的大空间，所以并不需要分配两个末端的冷量，也完全无必要由冷水系统对其进行分配、设置复杂的阀门等调节设备。因此，完全可以取消冷水系统，把制冷压缩机直接与AHU末端结合在一起，利用制冷剂的直接膨胀蒸发来实现对空气的处理、满足冷量需求。这种取消冷水循环、制冷剂直接蒸发的方式，除了减少换热环节、减少水泵、阀门等复杂的系统调节措施外，还有助于提高蒸发温度（例如从5℃左右的蒸发温度提高到约9℃），有助于改善制冷循环的能效。因此对大系统而言，取消冷水输送环节、改善冷源调节性能、采用直膨式空气处理机组是重要的发展方向，这种方式将制冷循环与空调箱处理过程有效结合（图3-39），利用制冷循环蒸发器直接对空气进行处理，取消冷水泵及管路、调节阀门、节省环控系统占地，大大降低了系统复杂程度，实现节约初投资、节约占地、节约运行能耗等多赢局面。

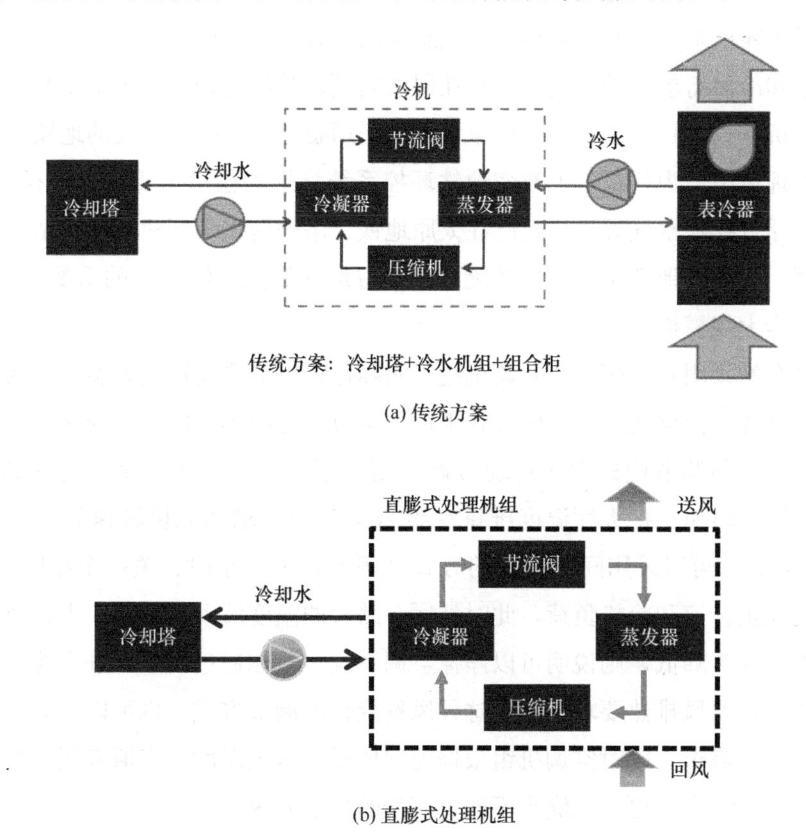

(a) 传统方案

(b) 直膨式处理机组

图3-39 地铁车站大系统直膨式处理机组

对于地铁车站直膨式空调机组，其技术开发难点在于选取合适的制冷压缩机、解决蒸发器侧分液问题及可能存在的回油问题等。从地铁车站大系统负荷变化特性来看，大系统负荷变化主要受室外新风参数（出入口渗透风等）、室内人员数量变化的影响，需要制冷系统蒸发侧冷量随之变化，但蒸发温度可保持不变；冷凝侧通常采用冷却塔排热，冷却水温、冷凝温度也随室外条件改变，蒸发、冷凝侧的变化使得需求制冷循环的压缩比、制冷量均发生显著变化。从制冷压缩机的工作特性来看，螺杆机工作的压缩比特性并不能适应这种实际需求的变化，在部分负荷、部分冷量需求状况下存在过压缩现象，与实际需求不匹配；而离心式压缩机、采用变频措施则可较好地适应这种压缩比变化、冷量输出变化的运行需求。因此，对于地铁车站的直膨式空气处理机组，应当采用离心式压缩机而非螺杆式压缩机。对于蒸发器侧分液问题，通过采用多路电子膨胀阀、分为多组制冷剂蒸发等方式可以得到有效解决。而从地铁车站的实际冷量需求来看，300～500kW的冷量范围很难选取普通离心式压缩机来驱动制冷循环；而磁悬浮离心式压缩机则可完美地适应这种运行工况需求和冷量需求，并且完全不存在回油问题，是最适合地铁车站直膨式空调机组的压缩机方式。目前已有不少厂家开发出采用磁悬浮压缩机方式的地铁车站直膨式空气处理机组，为从根本上改变地铁环控系统格局提供了重要技术途径。目前，这种磁悬浮直膨式空气处理机组已在太原地铁、洛阳地铁等新建地铁车站中得到了很好应用，是简化地铁车站环控系统、节省占地并提高系统效率的重要技术途径，应当进一步大规模推广。

地铁车站采用直接蒸发式空调机组，实际运行中应采用定送风温度、调节送风风机转速（变频控制送风量）的方式来进行调节，适应车站内负荷变化时的调节需求，相应的控制调节模式变为：通过调节制冷系统，把送风温度维持在约18℃；通过调节风机转速，把大厅温度维持在约28℃；当要求的风机转速低于一定程度（如20%）时，可以采用间歇开闭的方式（例如开一个小时、关一个小时），以避免过低的风机转速和冷机负荷，此时站厅、站台的温度波动并不会太大；当要求的风机转速进一步降低，则说明可以停掉空调系统，依靠通过出入口进入地下的新风已经可以满足通风排热要求。通过这种风量变化的调节方式，也可以适应车站内热湿负荷变化的需求，同时空调机组根据处理风量、送风温度设定值来调节机组内的压缩机等工作状态，更好地满足不同负荷下的环控要求。

因此，从大系统的实际功能、冷量需求等特点来看，减少环节、制冷剂直接蒸发方式有望成为未来地铁车站的重要发展方向，改变普遍沿用传统全空气方式的现状。大系统冷源的排热设备通常采用冷却塔实现，为解决地面放置冷却塔困难的问题，一些厂家也着手研发与地铁通风风井结合的冷却塔排热方式，这些也将为地铁车站大系统的发展提供进一步的技术支撑。此外，地铁环控系统末端方式也可以有进一步创新。从减少大系统风机电耗、更分散地满足末端调控需求出发，采用空气-水系统（如风机盘管系统）也是一种可行途径，目前已有个别地铁车站采用空气-水系统方式，并获得了较好的应用效果（如成都某地铁车站采用了柜式风机盘管机组）。更进一步地，从大系统末端的环控需求及车站公共区站台、站厅建筑面积来看，采用多联式机组的末端方式也是一种可选的系统方案。这种方案将制冷剂输送至末端，可进一步降低风机输送能耗，并有利于通过分散设置末端来增强灵活性、改善末端的调节性能。这种分散设置末端的方式，在实际中需要解决好末端数量多、检修或更换过滤器工作量大等问题。

此外，一些地铁车站受冷却塔地面安装位置等因素制约，开发出放置于地下排风井中的隐蔽式冷却塔，解决地上不宜放置冷却塔的难题。为了解决冷却塔放置的问题，也有地铁车站设计选取了蒸发冷凝式机组的冷源方式，该方案原理是将传统的空调机组风冷冷凝器与冷却水喷淋相结合，省却了单独的冷却塔和冷却水系统。与传统的风冷冷凝方式相比，通过冷凝器侧喷水有助于实现更低的冷却侧温度，降低冷凝温度、提高制冷系统效率。部分地铁项目将蒸发冷凝式机组置于通风井中，利用车站排风或专用排风扇带走冷凝侧的热量，实现了将冷却塔“隐藏”起来的功能。蒸发冷凝式机组可分为制取冷水型和制取冷风型（即蒸发器侧也为直接膨胀式），蒸发冷凝式机组在实际运行中需要设计合理的排风路径，更好地将冷凝侧热量排除；也需要注意蒸发式冷凝器侧可能出现的结垢问题，注意保证冷凝器喷水的水质。对于制取冷风型的蒸发冷凝式机组，则需要注意蒸发器侧与冷凝器侧之间的制冷剂管路长度，由于地铁车站风道长度通常较长，机组蒸发器与冷凝器间的管路距离是否会导致显著的制冷剂侧压降，需要根据实际车站特点进一步分析核算。

3. 取消新风，不要排热

地铁车站的基本功能决定了其与地面之间多存在多个连通的出入口，实际运行中又很难将出入口与外界之间形成有效隔断，这就使得经由出入口向地铁车站公共区的渗透风影响不可避免。但从当前地铁车站的设计、运行现状来看，目前囿于对经由出入口的渗透风的认识和研究不足，实际系统设计中并未充分考虑车站出入口渗透风的影响，仍按照传统或普通公共建筑的设计思路，选取一定的人员机械新风量来进行设计，实际运行中也存在不同的机械新风运行模式。而从实际运行状况来看，典型地铁地下车站公共区域通常存在新风过量供应的现象：开启机械新风时，新风量（包含机械新风和出入口的渗透新风）远大于实际人员需求；而地铁车站出入口渗透风量不容忽视，对于绝大多数地铁车站来说，即便关闭机械新风，由出入口渗入的新风仍可满足其站内旅客等人员的新风需求。实测北京、上海、广州、深圳、重庆等多条线路的绝大多数地铁车站（含屏蔽门车站）在空调季与非空调季节的公共区域 CO_2浓度均低于 1000ppm，均低于标准中给出的 1500ppm 限定值，说明当前绝大多数地铁车站的公共区域新风供给供过于求；而即便当关闭机械新风系统，实测公共区域 CO_2浓度也没有明显提升，绝大多数车站仍维持在 1000ppm 以下，说明依靠车站出入口渗入风量也足以满足公共区域的人员新风需求。

这种地铁车站新风供应方式的设计与实际运行之间的显著差异，一方面是由于我们对地铁车站渗透风规律的认识不足：与机械新风系统相比，经由车站出入口进入站内的渗透风受到列车活塞风及室外综合影响，具有风量波动且不易确定等多种不规律特征。另一方面也是由于我们对地铁环控系统的需求分析不够，未能真正实事求是、从实际状况出发提出合理的解决方案。从本书第三章中的分析来看，新风供应可与室内温湿度控制等需求相独立，地铁车站则是可利用自然渗透方式解决人员新风需求的场合。公共区域可以取消机械新风供给，利用出入口渗透风来满足人员的新风需求，有助于立足实际进一步简化系统。

此外，目前多数地铁车站隧道轨行区内设置有排热风机即轨顶轨底（U/O）系统，其设计初衷是为了对列车停靠时的发热进行有效排除，而随着列车制动技术（刹车能量回收）等的发展，轨底排热的实际作用很多情况下并非真正排热、反而成了排冷；轨顶排热的实测结果也表明，仅在极个别时段可能实现排热、多数情况下仍是排冷，且排热时也并非高效排热（排出的热量与付出的风机电耗之比较低）。因此，关闭轨顶轨底（U/O）系统成为很多地铁车站实际运行中的重要节能措施。而从地铁车站的未来发展出发，取消排热风系统也成为重要的共识，实测与分析结果表明既可减少 U/O 风机、风阀等环控及配套设备，也可节省盾构土建费用，有利于进一步简化地铁隧道风系统。

4. 单风机运行，变频调节

现有地铁车站通风空调系统通常包含多个风机（送风机、排风机）和风阀（回风阀、排风阀、新风阀）等，可实现多种运行模式，例如全新风、小新风等，系统复杂程度及切换方式众多，但实际运行中却存在风阀漏风、风量调节范围有限等诸多不足，系统实际运行状况与设计状态之间存在显著差异。从实际环控能耗构成来看，各类风机能耗是其中重要组成，在某些车站中甚至超过冷机能耗，降低不必要的风机运行能耗、简化系统形式是实现风机能耗降低的重要途径。车站公共区域传统通风方案中，新风供给靠机械通风系统完成，对出入口渗入新风的考虑不足。而实测过程中发现，地铁车站的出入口由于活塞风效应存在大量渗风，能够提供大量的新风供给。从简化系统及运行的角度出发，应当研究更简单的通风空调系统形式及运行模式，据此提出地铁车站通风系统的单风机方案，减少机械风供给以节约风机能耗，如图 3-40 所示。

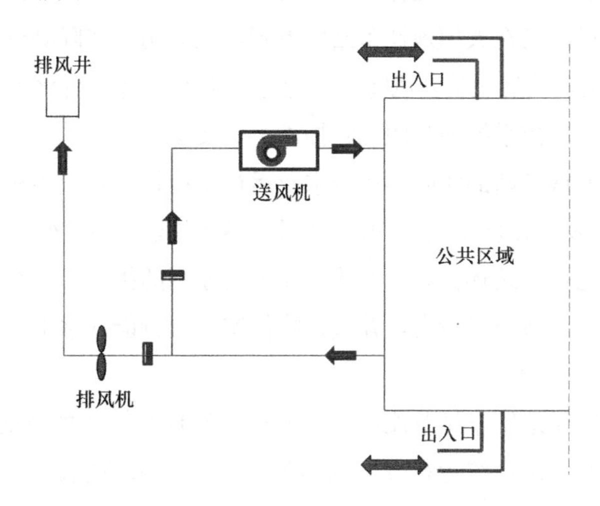

图 3-40　地铁车站通风系统单风机方案

在供冷季，公共区通风空调系统运行内循环模式，利用出入口渗风作为新风供给，避免机械新风的引入以减少负荷降低能耗。在供冷季同时监测公共区域的 CO_2 浓度，保证其低于 1500ppm，在必要时开启排风机，并变频调节使得在满足新风需求维持 CO_2 浓度的同时尽可能地减少新风负荷。在通风季，公共区通风空调系统运行不排不送模式，尽可能依靠出入口渗风进行排热，同时为公共区域提供新风。而在公共区域热环境参数超过设定值或 CO_2 浓度过高时开启排风机，通过排风机的排风作用引入更多的室外新鲜空气，变频调节新风量，满足公共区域的排热需求，并保证新风量供给。已有实际案例对仅利用单个排风机来满足大系统环控需求的模式进行了初步研究，仅运行单个排风机、关闭机械新风，实际结果表明这种系统形式也能满足车站在不同季节的环控需求。这一方式也有助于将车站新风需求与温湿度控制分开，利用不同的方式来分别满足环控系统的需求。

这种利用单风机运行的地铁车站环控系统模式，一方面简化了系统、降低了复杂程度，另一方面又能有效进行运行调节，将新风需求同车站内其他环控需求相解耦，并利用 CO_2 浓度监测来实现相应的调节，可以与地铁车站内人员、客流变化等进行有效结合。地铁车站客流量一天内通常存在显著变化，具有人员高峰时段和低谷时段，但不同日之间的客流变化又存在很大程度的相似，客流变化与这种单风机系统的运行控制可实现良好的结合，当人员高峰、室内CO_2浓度过高时，即可由排风机排风、加大引入站内的新鲜空气量，满足高峰时段的人员新风需求，实现基于客流量的变化的通风空调系统运行调控。目前，这种大系统取消机械新风、单风机运行的创新系统形式已在太原地铁车站中得到示范应用，实际测试结果表明其站内CO_2浓度等结果完全满足人员新风需求，为进一步推广这种简化系统形式、从实际出发解决地铁车站环控系统面临的难题提供了重要参照。

因此，针对地铁车站的实际环控需求及运行使用特点，应当从“大小分开，各司其职”“直接蒸发，创新末端”“取消新风，不要排热”“单风机运行，变频调节”等方面寻求新的地铁车站环控系统形式。在上述原则的指导下，有望大幅简化地铁车站环控系统，降低系统初投资，并大幅降低实际运行能耗水平、实现地铁车站的节能运行。

进一步地，针对地铁车站节能，除了上述车站环控系统的节能途径和措施外，还应当从车站照明、小系统运行等方面出发进一步寻求节能途径，例如通过LED照明直流化等实现照明能耗大幅降低、小系统通过分散高效的环控系统解决方案来降低其运行能耗。从现有实际车站能耗水平的调查结果来看，单个地铁车站（地下标准站）的年总能耗通常在150万～250万kWh/年，采用上述环控系统节能措施、照明节能等措施后，有望将单个标准车站的运行能耗控制在100万kWh/年的水平上。因此，在地铁车站节能工作中，建议以单个车站年运行能耗100万kWh/年为奋斗目标，突出目标导向、实际能耗数据导向，引导更合理的系统架构和方案设计、采用更适宜的高效系统和关键设备，全面扭转当前地铁车站运行能耗高的不利局面，更好地服务于轨道交通创新发展和全社会碳中和目标实现。

3.4 医　院

2016年12月27日，国务院国发［2016］77号文《关于印发“十三五”卫生与健康规划的通知》的主要发展目标显示，全国总人口将从2015年的13.7亿到2020年增至14.2亿左右，每千人口医疗卫生机构床位数由5.11张预期提升至6张。近年来，为落实国家发展目标，我国新建医院建设发展迅猛，既有医院也持续在扩建、增加配套以满足人们医疗服务的需求，截止到2020年，全国三级医院达

2996 家，其中的三级甲等医院 1580 家，具体情况如图 3-41 所示。同时，通过政府公开数据发现，医院尤其是三甲医院整体总能耗量及单位建筑面积能耗大，单位建筑面积约为其他公共建筑的 1.6～2 倍，常被政府纳入重点用能单位的名单中，是政府用能管理部门重点关注的对象，目前在以碳达峰、碳中和为长远战略发展目标背景下，开展医院建筑节能研究意义重大。

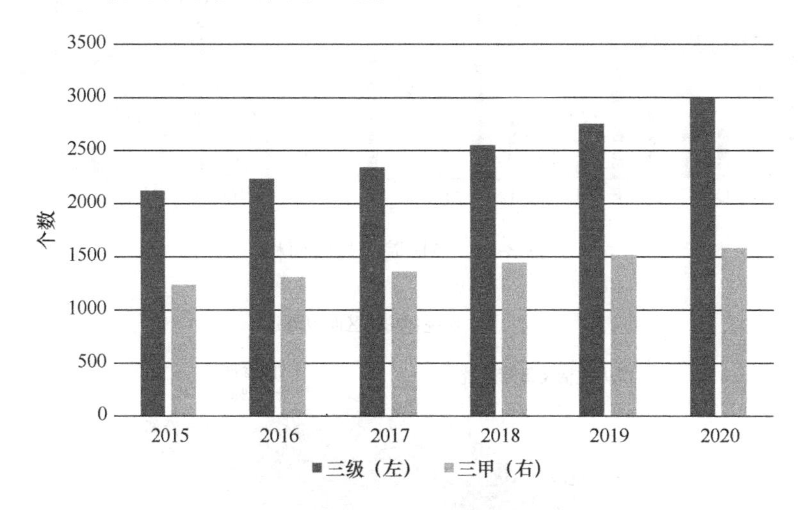

图 3-41 近年我国三级、三甲医院数量变化趋势

3.4.1 医院建筑能耗现状

（1）医院建筑特点

医院是专门从事疾病诊断、治疗活动，具有一定床位数的公共机构。医院建筑具有如下共性特点：

1）医院总建筑面积体量大。通过分布于全国各气候区 25 家医院的调研数据可知，除了 1 家 2.8 万 m^2 二级甲等医院和 2 家三级甲等专科医院外，其余 22 家三级甲等综合医院的总建筑面积都比较大，大部分医院总建筑面积在 15 万～30 万 m^2 之间，最大高达 79.5 万 m^2，如图 3-42 所示。

2）医院建筑功能多，主要包含有门急诊部、病房区、手术室、后勤办公、医技科、实验室、科研教学区、信息中心、消毒供应中心、食堂、地下车库、设备用房等，其中病房区和门急诊部是面积占比最大的两类功能区，如图 3-43 所示。

3）医院不同功能区有不同品位的用热需求。急诊部、病房区等部分区域 24h 运行；手术室、重症加护病房等特殊区域温度、湿度、洁净度控制要求高；消毒供

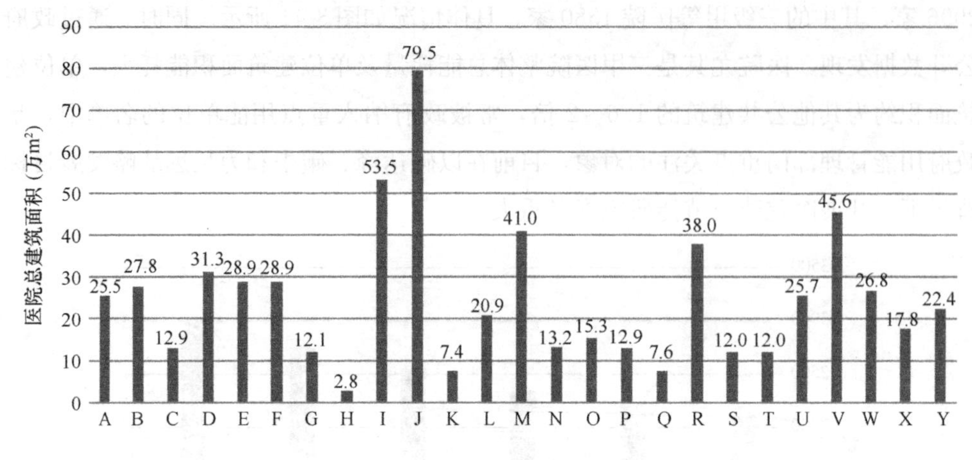

图3-42　各医院总建筑面积

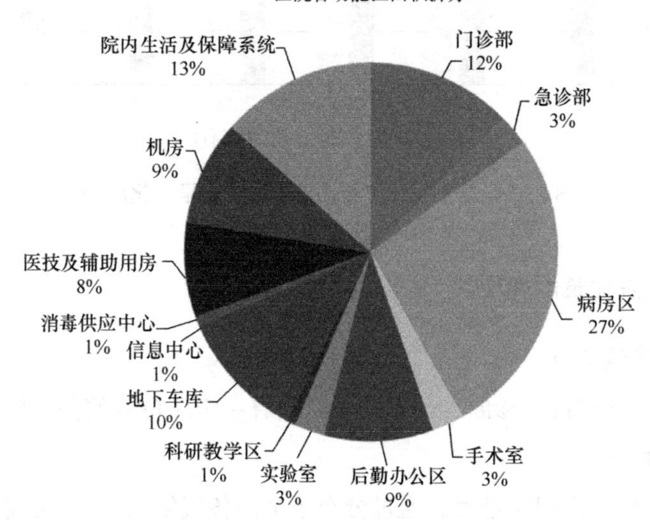

图3-43　上海某专科医院建筑各功能区面积比例

应室、洗衣房有蒸汽杀菌的要求；病房区24h供应生活热水，北方地区还需冬季进行供暖。

4）医院用能系统多样，其构成复杂。根据建筑末端能耗用途不同，可分为用电系统和用热系统两大部分：用电系统一般包括照明、空调供暖、给水排水、电梯以及用于诊断及治疗用的医疗设备等；由于医院特殊的医疗功能，用热系统除了医院医护人员和患者所需的生活热水、北方地区冬季供暖用热外，还有消毒供应室、洗衣房用于灭菌的蒸汽用热。故医院消耗的能源除了占比大的电力之外，还有市政热力、燃气、燃煤等。

5）医院能耗总量及单位建筑面积能耗强度普遍高于办公楼。随着人们对医疗需求、服务水平质量的提升，医院医疗设备的不断更新，医院能耗还将逐年攀升。

（2）医院建筑用电现状

能耗数据是医院开展建筑节能减碳工作的关键依据。医院整体能耗构成中，电耗占比大，尤其在夏热冬冷地区及夏热冬暖地区，用电系统中的空调供暖系统电耗大且受气候影响显著。再结合文献调研发现，医院电耗除了与建筑面积关系密切外，还与医院用能人数、病房区床位数有较强相关性。因此，下文将从这三个维度对上述 25 家位于不同气候区医院的电耗强度进行比较、分析，以了解当前医院电耗现状，为实施医院碳达峰、碳中和，节能减排工作及国家制定医院能耗限额标准奠定基础，如图 3-44～图 3-46 所示。

1）不同气候区医院单位建筑面积电耗

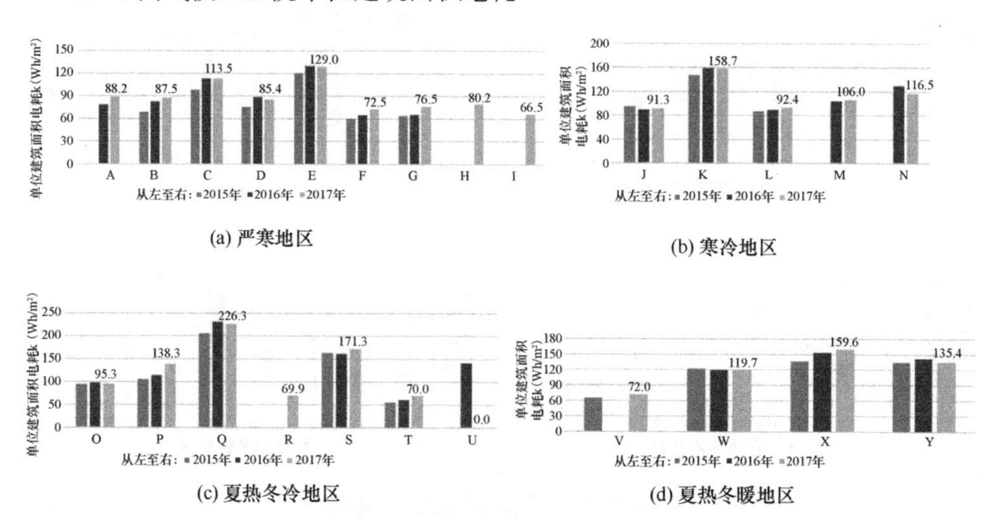

图 3-44 不同气候区医院单位建筑面积电耗

通过上文调研数据可知，不同气候区医院的电耗强度变化范围如下：

严寒地区：单位建筑面积电耗为 60～130kWh/m²，人均电耗为 6.7～19kWh/人，床均电耗为 5600～21000kWh/床。

寒冷地区：单位建筑面积电耗为 86～160kWh/m²，人均电耗为 6～22kWh/人，床均电耗为 8500～23400kWh/床。

夏热冬冷地区：单位建筑面积电耗为 55～230kWh/m²，人均电耗为 7.8～24kWh/人，床均电耗为 4000～31100kWh/床。

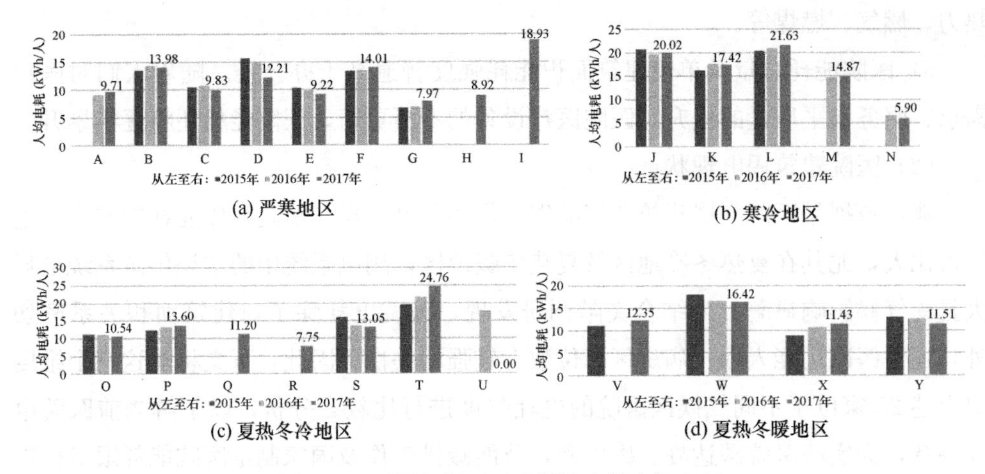

图 3-45　不同气候区医院用能人数人均电耗

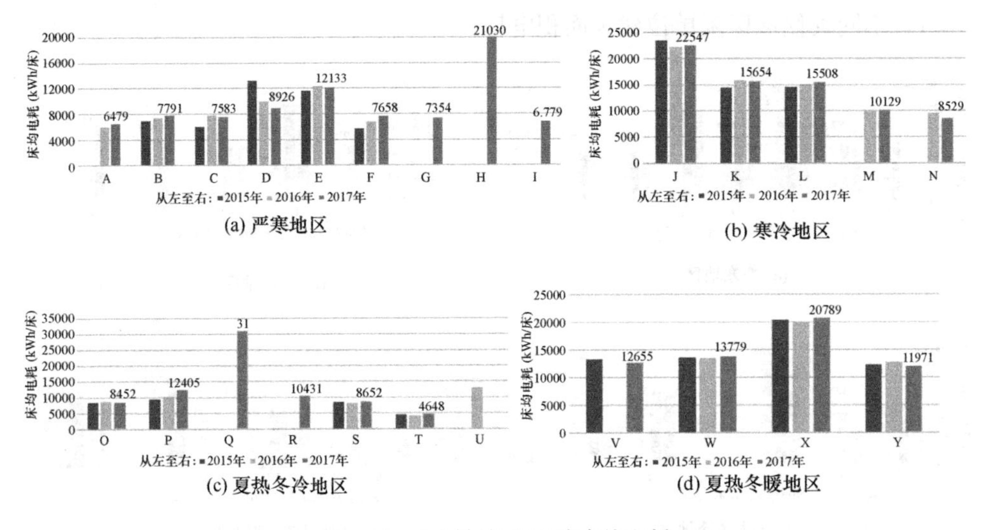

图 3-46　不同气候区医院床均电耗

夏热冬暖地区：单位建筑面积电耗为 65～160kWh/m²，人均电耗为 9～18kWh/人，床均电耗为 12000～20800kWh/床。

2）不同功能建筑的电耗

医院建筑功能多样，其中门诊部和住院楼是建筑面积占比最大的建筑功能区，故将其图例为医院建筑电耗分析、节能减碳的重点。

通过图 3-47～图 3-49 可知，因建筑功能不同，其单位建筑面积电耗也存在较大差异：

① 门诊楼：单位建筑面积电耗变化范围在 113～244kWh/m²之间，远高于普

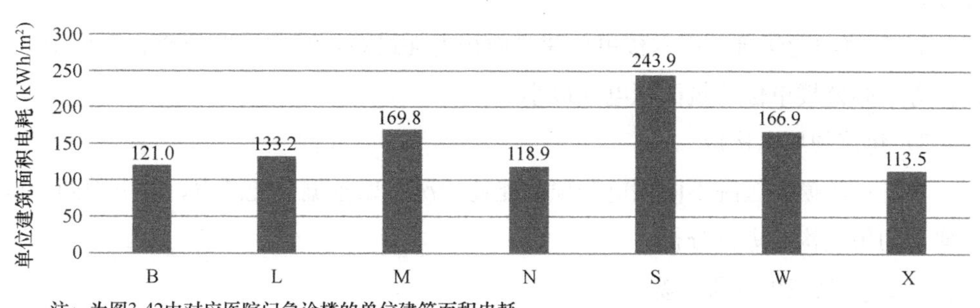

图 3-47 门急诊楼单位建筑面积电耗

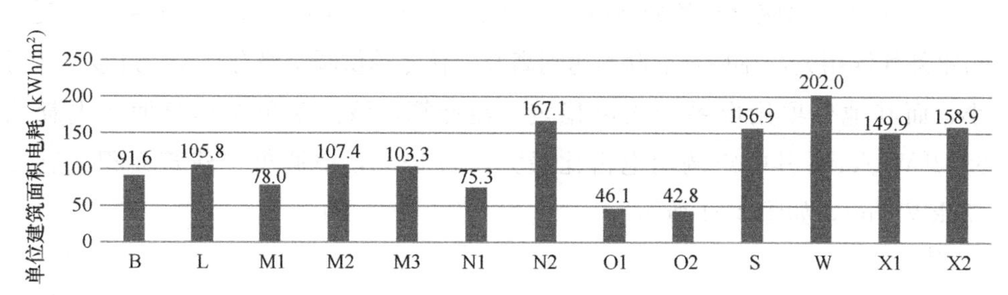

图 3-48 住院楼单位建筑面积电耗

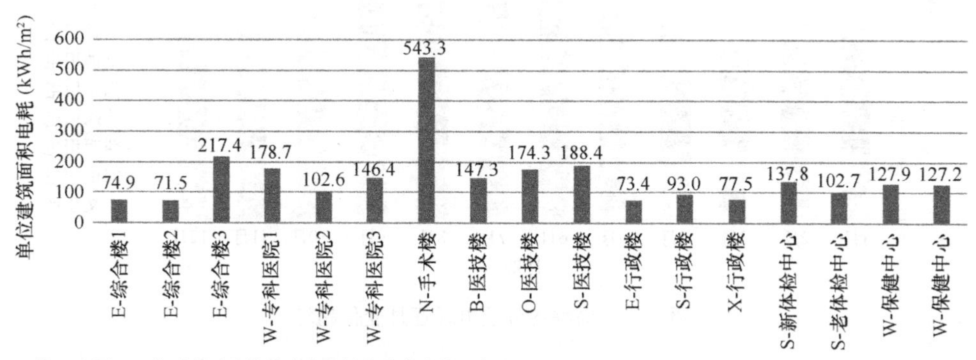

图 3-49 医院其他功能建筑（综合楼/专科楼）单位建筑面积电耗

通办公楼。

② 住院楼：除了冷源为直燃机的两栋住院楼，其他住院楼单位建筑面积电耗变化范围在 75～200kWh/m^2，整体看，住院楼略低于门诊部，但仍高于普通办

公楼。

③ 其他功能建筑：手术楼单位建筑面积电耗最高，其次是医技楼、体检中心、食堂等，办公楼单位建筑面积电耗最小。

3）建筑的用电构成

为进一步摸清医院不同用电分项的能耗情况，以挖掘节能潜力，对下面两个医院建筑的用电构成进行分析。

① 北京某三甲专科医院

北京某三甲专科医院建筑面积 74201m²，主要包含三栋建筑，分别为 15663m² 的门诊医技科研楼，47997m² 的病房楼，9713m² 的行政教学办公综合楼。

图 3-50 为该医院全年各分项电耗逐月变化趋势，空调、供暖两个系统电耗主要与室外气候相关，在夏季空调季达到高峰，秋冬季供暖季略有减少，过渡季 3 月最小，而其他分项用电系统用电稳定。经计算，该医院单位建筑面积电耗为 159.92kWh/m²，其中空调用电占比最大，为 38%，空调单位建筑面积电耗是 61.29kWh/m²，如图 3-51 所示。

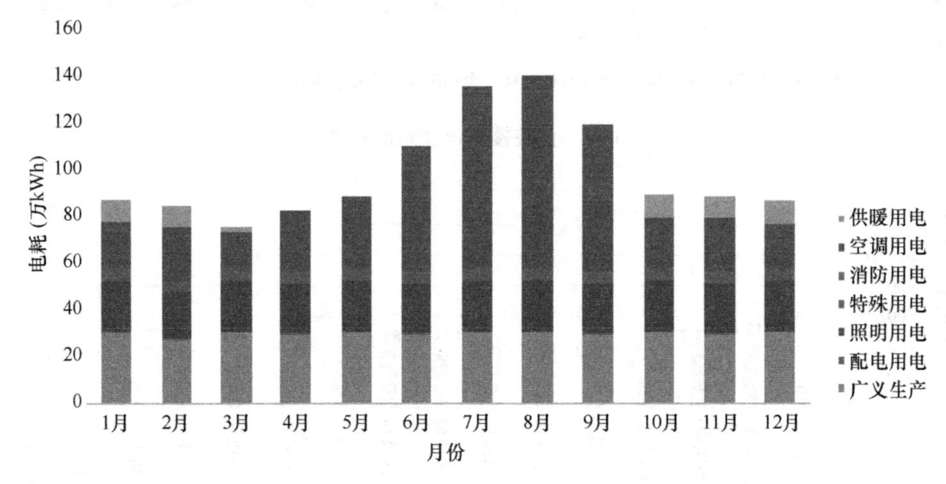

图 3-50　医院各分项电耗逐月变化趋势

② 上海某三甲专科医院

上海某三甲专科医院总建筑面积为 7.2 万 m²，其中，主要建筑综合楼建筑面积为 44279m²，该楼功能区包含有门诊、急诊、后勤保障、科研、医技科等，单位建筑面积电耗 249.94 kWh/m²。综合楼的冷源为冷水机组、模块机，由于空调末端风量不够，还加装 54 台 VRV。从图 3-52、图 3-53 中可看出，综合楼的能源站、VRV 及空调末端电耗随着各季节室外气温变化而波动，空调系统电耗占比很大，

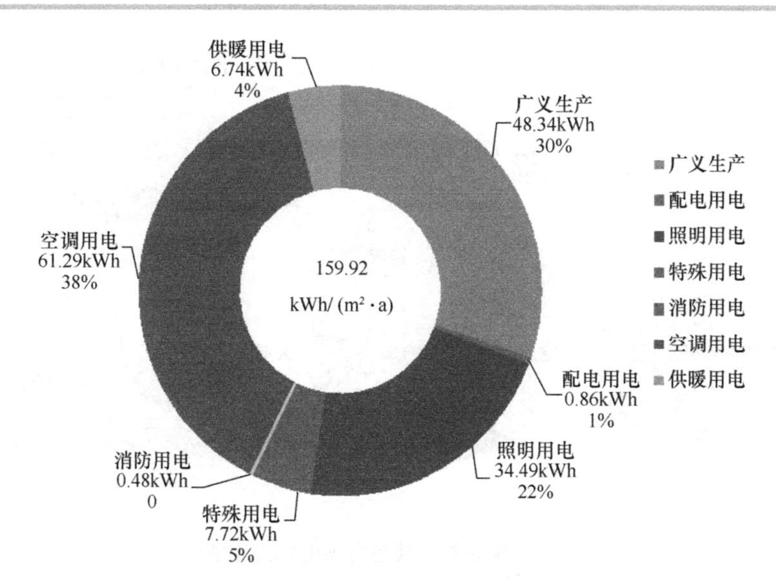

图 3-51 医院各分项电耗占比

单位面积电耗达 152kWh/m²，占建筑总电耗的 59.7%。其他系统如照明插座、普通动力、电梯、给水排水等电耗较为稳定，基本无季节性差异。

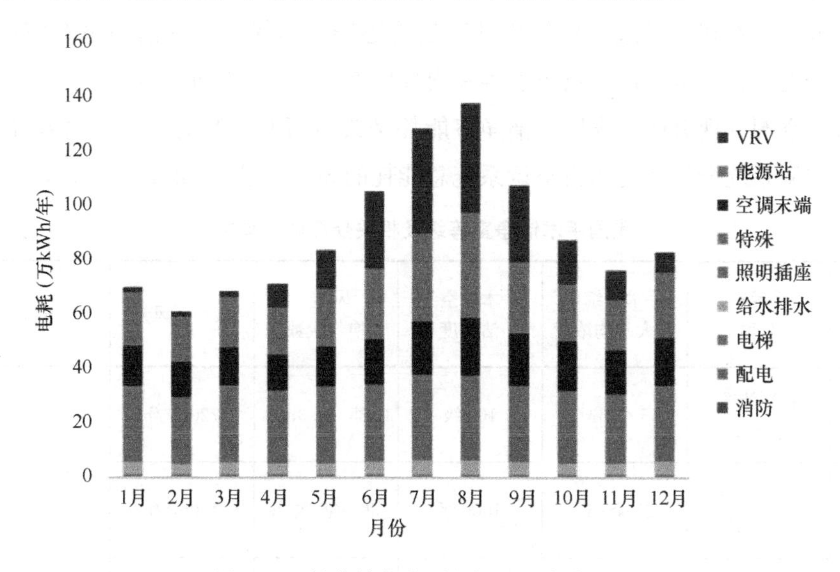

图 3-52 综合楼各分项电耗逐月变化趋势

通过对北京、上海这两家三甲医院建筑用电构成分析发现，医院建筑单位建筑面积电耗大，其中用于空调系统的用电占比大，是建筑用电系统节能减碳的关键环节。

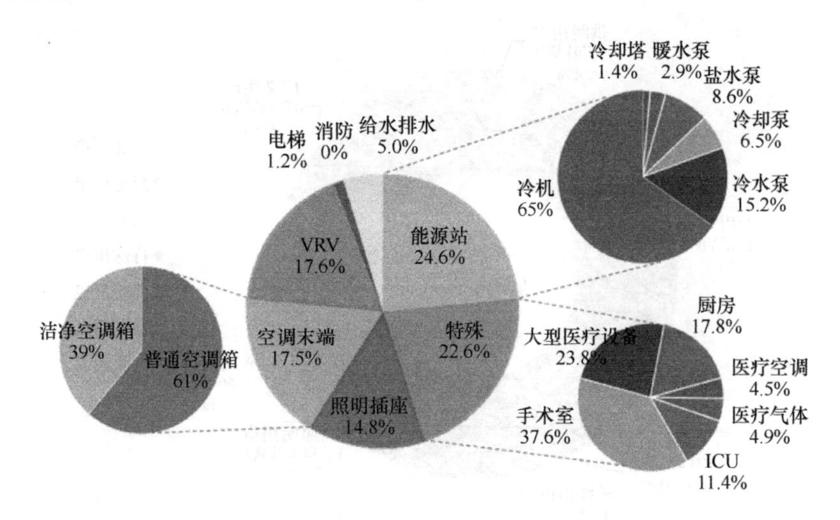

图 3-53 医院综合楼各分项电耗占比情况

3.4.2 洁净空调

洁净空调在医院建筑中主要应用在洁净手术室和重症监护病房等场所，其主要目的是减少手术和监护过程中发生的微生物感染。为保证医院洁净室对室内温湿度、洁净度、新风量、微生物浓度等室内环境参数的严格要求，洁净空调系统能耗高于普通空调。现有研究表明，洁净室能耗是典型商业建筑的 30～50 倍，医院建筑洁净空调系统全年能耗约占空调系统总能耗的 30%以上，如表 3-7 所示。

我国手术洁净室等级及相关受控环境需求 **表 3-7**

<table>
<tr><th>等级</th><th>手术室名称</th><th>手术区细菌最大平均浓度</th><th>手术区空气洁净度</th><th>风速/换气次数</th><th>最小新风量</th><th>温湿度</th></tr>
<tr><td>Ⅰ</td><td>特别洁净手术室</td><td>5 个/m^3</td><td>100 级</td><td>0.25～0.3m/s</td><td>720m^3/h</td><td rowspan="2">22～25℃
40%～60%</td></tr>
<tr><td>Ⅱ</td><td>标准洁净手术室</td><td>25 个/m^3</td><td>1000 级</td><td>30～36 次/h</td><td>480m^3/h</td></tr>
<tr><td>Ⅲ</td><td>一般洁净手术室</td><td>75 个/m^3</td><td>10000 级</td><td>18～22 次/h</td><td>480m^3/h</td><td rowspan="2">22～25℃
35%～60%</td></tr>
<tr><td>Ⅳ</td><td>准洁净手术室</td><td>175 个/m^3</td><td>3 万级</td><td>12～15 次/h</td><td>480m^3/h</td></tr>
</table>

（1）洁净空调发现的问题

医院手术室洁净空调系统需要解决温湿度和洁净度的控制需求，其中温湿度处理通常采用新风处理机组（PAU，MAV）和空气处理机组（AHU）等，洁净度处理通常采用多级过滤方式，包括粗效、中效和末端高效过滤器等。空调系统形式多为一次回风系统或采用新风独立除湿的一次回风系统，如图 3-54、图 3-55 所示。

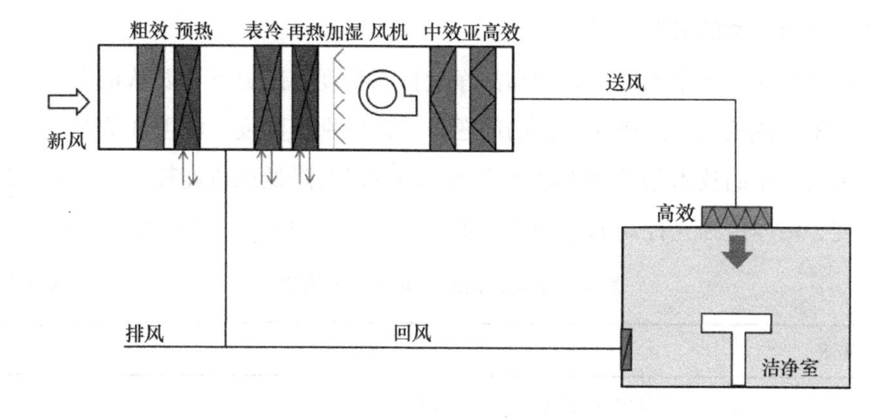

图 3-54 一次回风系统

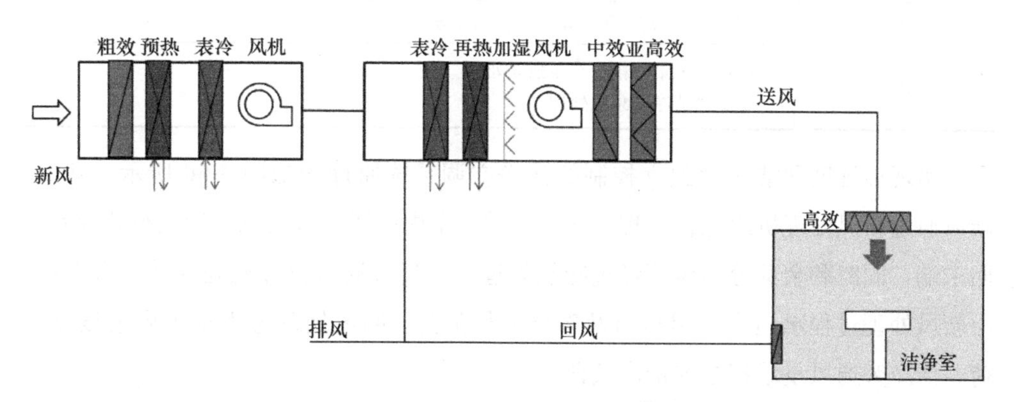

图 3-55 新风独立除湿的一次回风系统

医院洁净空调的共性问题有如下几点：

1）风量大。高等级洁净室往往采用单向流的气流组织形式，每小时换气次数可高达几十甚至几百次。维持室内洁净度所需风量远大于满足室内温湿度需求所需的通风量，因此风机的能耗很大。

2）风机压头高。洁净空调系统通常设置有三级过滤器和大量冷热盘管，部分工艺还会设置化学过滤器等特殊设备，功能段压阻大，总驱动风机压头往往会达到

1000Pa甚至更高。

3）空气处理过程处理能耗高。洁净室对温湿度要求较高，空气处理过程往往伴随着冷热抵消情况，造成额外的空气处理能耗。

4）设备附加温升。由于洁净室送风量大且风机压头高，洁净空调机组内的PAU、MAU、AHU等驱动风机的散热量能够造成约1～3℃的附加空气温升。

（2）洁净空调的节能途径

在保证洁净手术室温度、湿度和洁净度控制精度的前提下，要从根本上解决上述洁净空调冷热抵消、风机能耗高的问题，可以分别从温度、湿度和洁净度的角度切入，采用一定的技术路径实现降低冷热量消耗以及降低风机能耗的目标，实现温度、湿度、洁净度独立控制的空调系统形式。可以采用的技术路径如表3-8所示。

温度、湿度、洁净度独立控制方案　　**表3-8**

需求	技术路径
温度	① 温度湿度独立控制，避免冷热抵消 ② 通过高温冷源等解决
湿度	新风独立处理，可承担湿度控制任务
洁净度	① 循环风量解耦，洁净独立处理 ② 新风洁净度独立处理

实现温湿度和洁净度独立控制的洁净空调系统原理图如图3-56所示。其中，新风通过新风处理机组进行处理后送入末端，室内回风经过回风处理机组处理后返回末端，同时剩余部分回风不经过冷热处理，经过旁通后仅过滤处理并送入末端。由新风处理过程承担全部湿负荷及部分显热负荷，回风处理过程承担剩余显热负荷，洁净旁通风量承担主要洁净负荷。

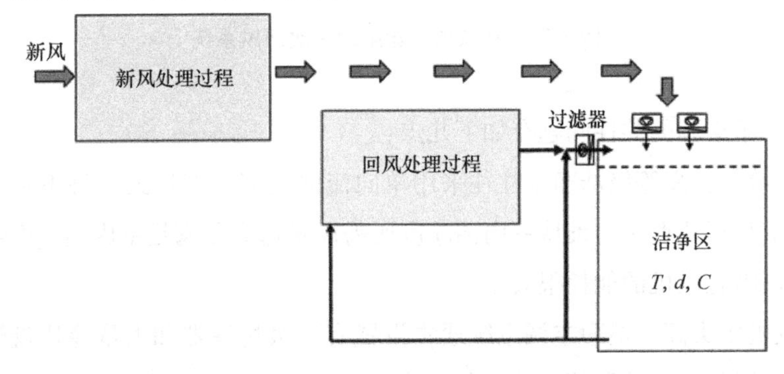

图3-56　温湿度和洁净度独立控制空调系统原理图

新风处理过程采用预冷空调箱（PAU）或全新风机组（MAU）机组，根据新风参数、湿度控制需求选择合适的处理模块，包括加热和冷却、除湿和加湿、各级过滤模块等。在新风处理过程中，室内全部湿负荷由新风处理机组承担，同时处理部分显热负荷和过滤负荷。回风处理过程通常采用组合式空调箱（AHU）、循环空调箱（RCU）或干式冷却盘管（DCC）系统，根据室内温度的控制需求选择合适的处理模块，包括加热和冷却以及过滤模块。回风处理过程承担室内剩余的显热负荷，同时承担一部分过滤负荷，最后由洁净风量旁通过程承担剩余的洁净负荷。这种空调形式室内温度、湿度、洁净度需求分别得到满足，实现三者的独立控制的目的。

（3）洁净空调改造案例

本节以寒冷地区某医院的洁净空调系统为例，针对其新风独立除湿系统存在的问题，提出合理的改造方案。

1）现状问题分析

不同的洁净空调系统形式在冬季的空气处理过程相似，而在夏季则有较大差异，因此重点对夏季实际运行情况进行分析。由图 3-57 可以看到，在该系统夏季运行过程中，新风首先经 PAU 冷却除湿至 7.6g/kg，但仍不能满足室内的除湿需求。因此混风在 AHU 中仍进行冷却除湿，然后再经加热器再热至所需的送风参数，混风状态点的温度和送风温度相近，差异体现在含湿量差上。经现场测试，手术室室内温度为 24.3℃，含湿量为 10.0g/kg，系统新回风比为 1∶7，洁净空调系统总供冷量为 68.8kW，再热量为 33kW，系统的实际需冷量仅为 35.8kW。再热量全部为冷热抵消量，达到实际需冷量的 92%，如图 3-58 所示。

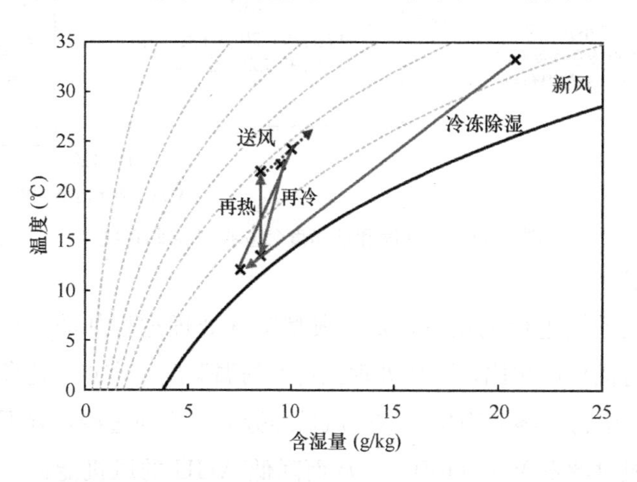

图 3-57　新风独立除湿系统夏季典型空气处理过程

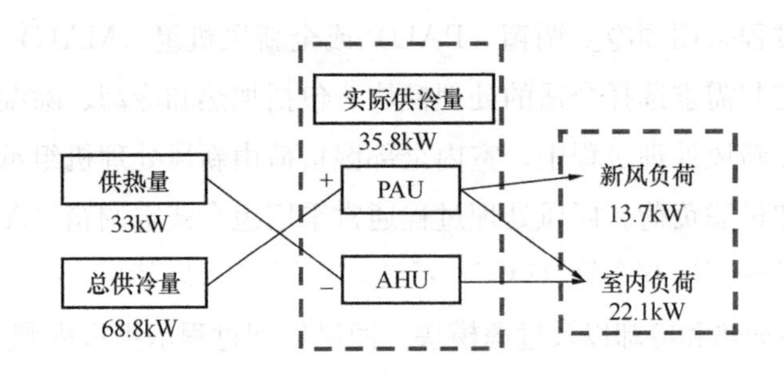

图 3-58 新风独立除湿系统夏季典型负荷情况

可见，在该系统中，混风温度与送风温度接近，但为了给混风除湿，需要同时除去大量热量，因此需要大量再热弥补损失的热量，从而造成极大的冷热抵消。

2）优化方案

采用温度、湿度、洁净度独立控制的洁净空调系统，其中新风处理机组采用最小新风量，利用低温冷水深度除湿，承担全部湿负荷，避免出现湿度处理不完全的现象；处理后的新风与部分室内回风混合后送入空调机组，空调机组仅再冷却或再热，承担剩余显热负荷；同时，由于室内洁净需求风量远远大于热湿需求风量，对超出室内热湿需求的风量通过回风旁通，仅过滤，不经过热湿处理，承担室内剩余的洁净需求。各个处理过程的具体形式如图 3-59 所示。

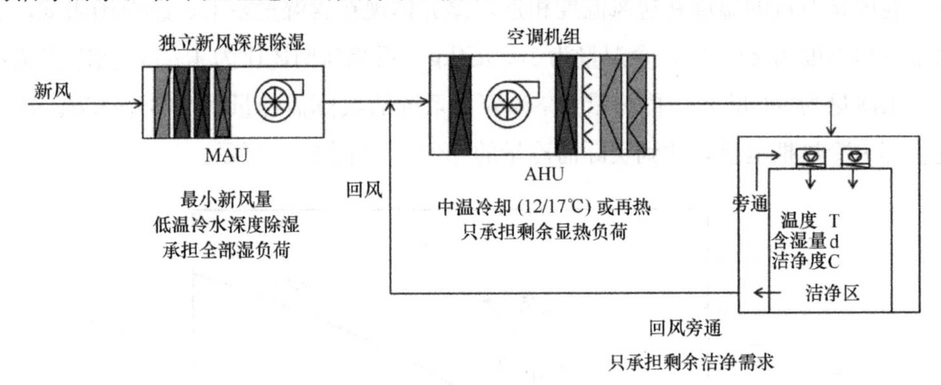

图 3-59 温湿度和洁净度独立控制空调系统

3）实施效果

对洁净空调系统进行优化后，夏季典型空气处理过程如图 3-60 所示。可见，优化后的形式与优化前相比，新风处理到更低的温湿度状态点，避免了新风处理不完全导致 AHU 中再除湿的现象。洁净风量经旁通，不通过冷热处理，类似电子洁净厂房中的风机过滤器单元（FFU），从而降低 AHU 的风机能耗。经计算，优化后新风、回风、循环风风量比为 1∶2∶4，相较于原方案有大幅提升。

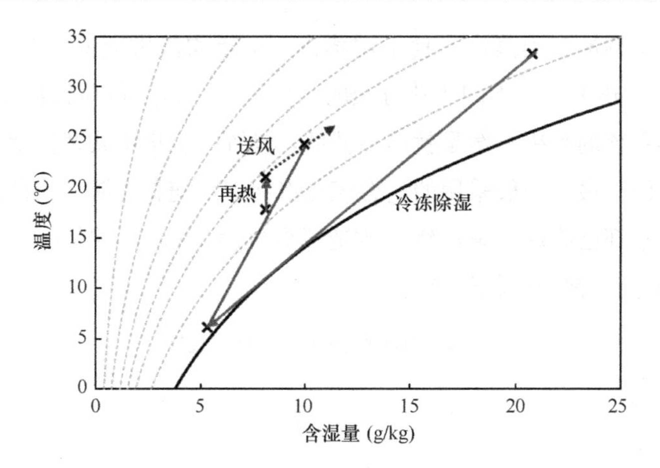

图 3-60 高级洁净室优化后空气处理过程

洁净空调系统优化前后的供冷量和供热量如图 3-61 所示。与现有形式相比，优化后的系统形式再热量由 33.0kW 降低到 3.0kW，减少了 90%的再热量。同时被再热量抵消的供冷量相应减少，耗冷量由 68.8kW 降低到 38.8kW，耗冷量减少 44%。冷热抵消比例由 92%下降至 8%，大幅降低。

洁净空调系统优化前后的风机能耗如图 3-62 所示。与现有形式相比，将 57%的回风直接旁通，不经过冷热盘管处理，系统风机能耗由 11kW 下降至 4.7kW，高等级洁净室风机能耗显著降低。

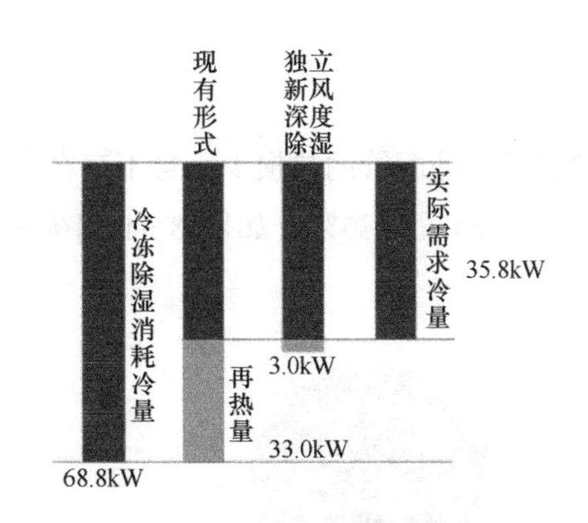

图 3-61 高级洁净室优化前后供冷热量

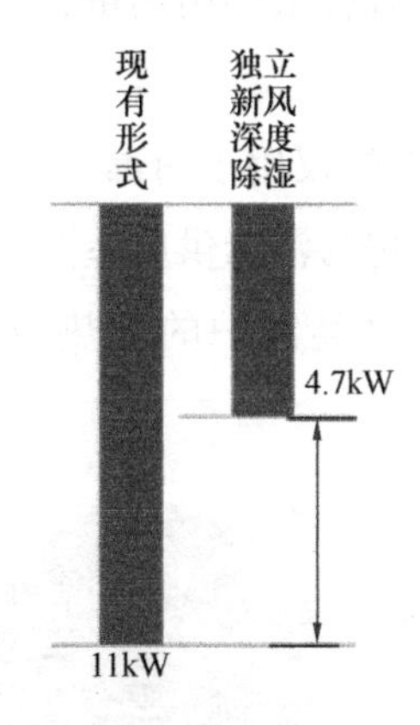

图 3-62 高级洁净室优化前后风机能耗

3.4.3 用热系统节能路径

(1) 用热系统发现的问题

医院因其特殊的医疗服务属性，用热需求比较复杂，用热分项包括消毒、洗衣灭菌用蒸汽、空调加湿用蒸汽、食堂用蒸汽、全年均需供应的60℃生活热水、冬季供暖用的40℃热水等，不同用热分项的品位不一，且热负荷特性亦有很大差别。很多医院用热系统的解决方案是就高不就低，设置一套集中式蒸汽锅炉以满足所有品位的用热。医院最初一般采用的是燃煤蒸汽锅炉，随着能源结构的改变和环境的要求，医院基本都已将燃煤蒸汽锅炉改造成燃气蒸汽锅炉。图3-63为采用集中式蒸汽锅炉15家蒸汽锅炉的耗气情况。

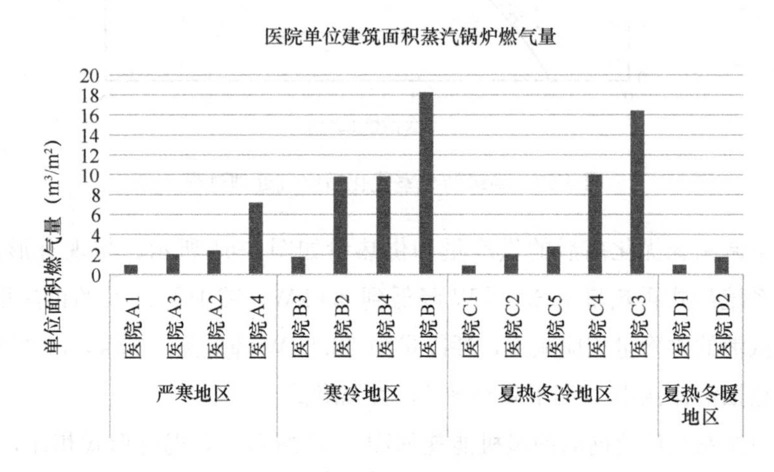

图3-63　医院单位建筑面积蒸汽锅炉耗气量

根据对医院各末端用热量、蒸汽锅炉耗气量，获得不同用热用途蒸汽锅炉的热效率：

1）蒸汽锅炉仅用于消毒

由于锅炉房与消毒供应室蒸汽末端距离较近，输配管网热损少，且不存在高能低用的现象，这类锅炉的用热效率较高，达到70%～80%，如图3-64、图3-65所示。

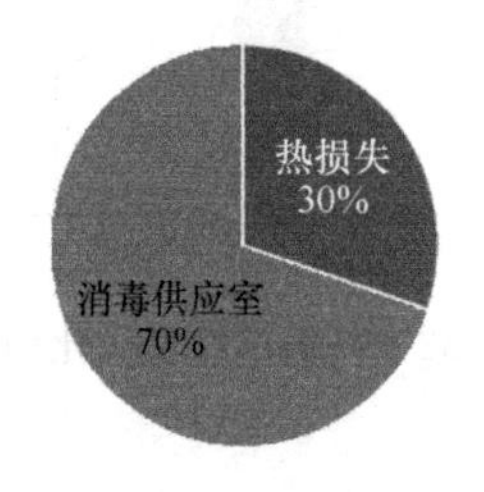

图3-64　医院C1的蒸汽锅炉用热情况

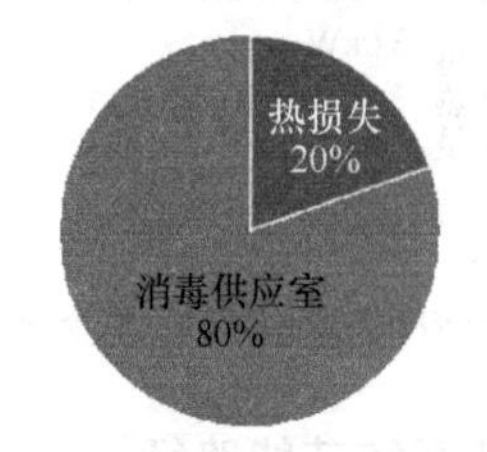

图3-65　医院D1的蒸汽锅炉用热情况

2）蒸汽锅炉用于消毒、洗衣和食堂

这类锅炉各用热末端均为蒸汽，但因蒸汽输送的距离远，且各蒸汽热负荷使用特征不同，锅炉长时间处于低负荷运行。全年平均蒸汽锅炉用热效率为45％～65％，比第1）类锅炉用能效率低。其中A2医院的蒸汽锅炉因输送管道维护良好，其用热效率要高于B3医院，如图3-66、图3-67所示。

3）蒸汽锅炉用于消毒和生活热水

蒸汽锅炉既用于蒸汽消毒，又用于生活热水，这两部分都为医院的稳定用热。其中，生活热水是由高品位蒸汽换热后供应的，为前文所提的高能低用情况，导致能效降低。由于这两部分用热特征不一致，消毒供应室仅白天运行，而生活热水系统每日24h运行，管道部分循环散热量大，这类蒸汽锅炉较上述两种类型蒸汽锅炉用热效率进一步降低，基本在28％～35％之间，如图3-68、图3-69所示。

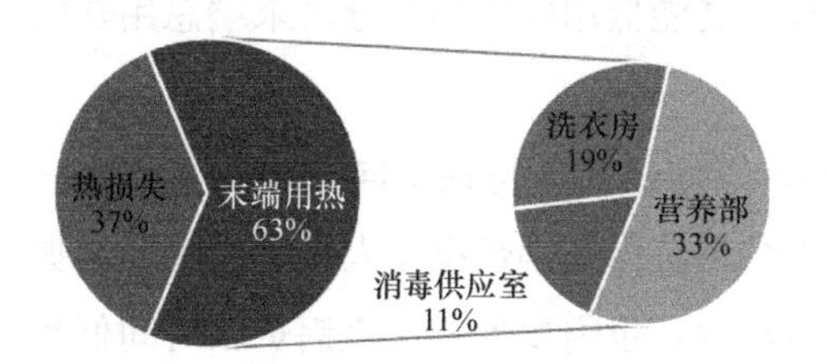

图3-66　医院A2的蒸汽锅炉用热情况

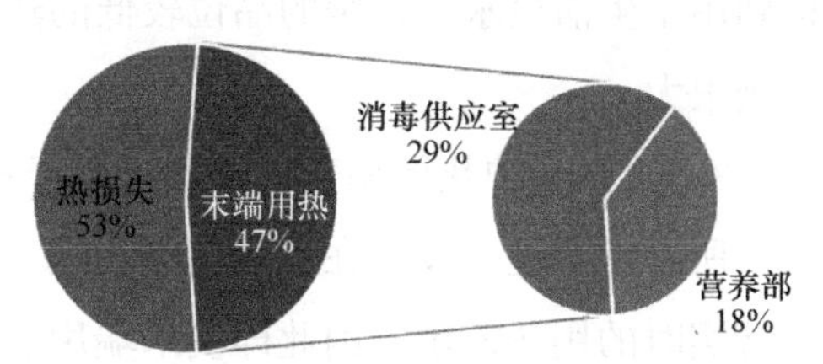

图3-67　医院B3的蒸汽锅炉用热情况

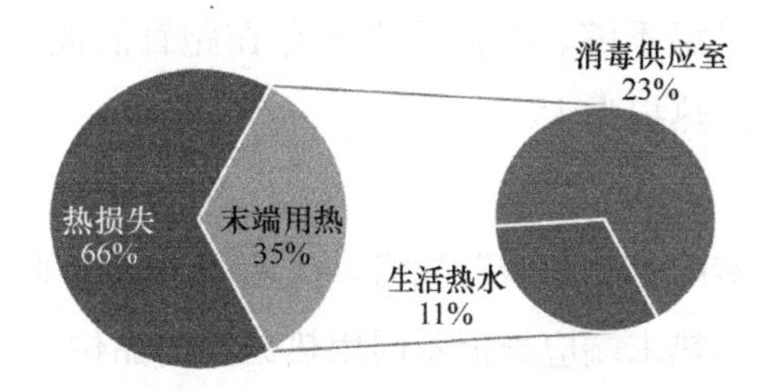

图3-68　医院A2的蒸汽锅炉用热情况

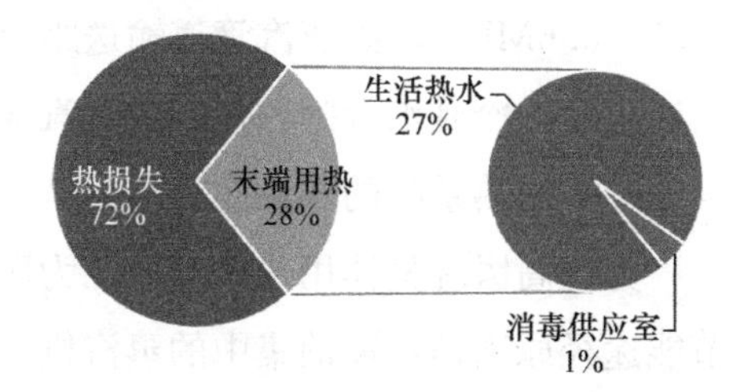

图3-69　医院B3的蒸汽锅炉用热情况

4）蒸汽锅炉用于消毒、生活热水、供暖及其他用热

这类锅炉基本承担医院所有用热，末端各用热负荷特性不同，且大部分用热量存在高能低用的情况，锅炉整体热效率很低，基本在50％～60％之间，如图3-70、图3-71所示。

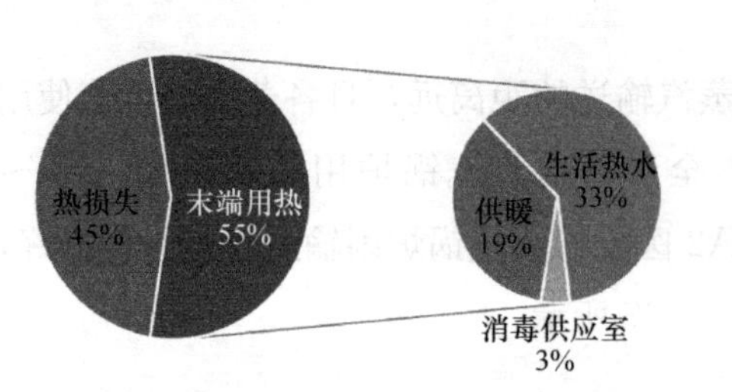

图 3-70 医院 C3 的蒸汽锅炉用热情况

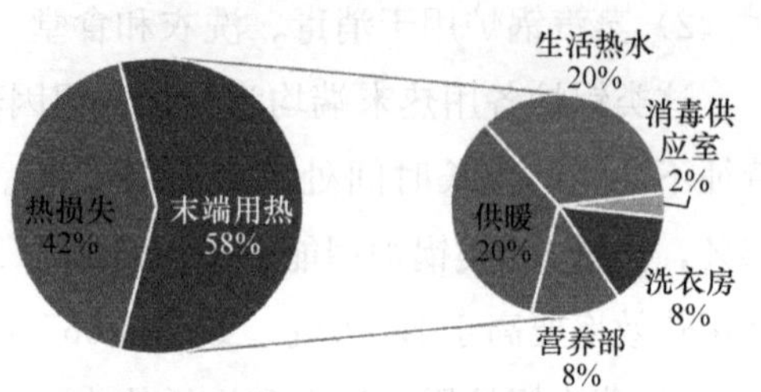

图 3-71 医院 C4 的蒸汽锅炉用热情况

通过以上调研分析，总结医院集中式蒸汽锅炉存在如下共性问题：

1）普遍存在高能低用的现象。实际的用热末端中仅有少量用热是必须为消毒、洗衣用的高品位的蒸汽用热，其余大部分用热则都是通过汽-水换热器与蒸汽换热得到用于生活热水、供暖的品位较低的热水，高能低用的用热部分占末端总用热的比例很大。

2）蒸汽锅炉热效率普遍较低。由于各末端用热负荷特性不同，时间需求不一致，所有用热统一设置在一套集中式蒸汽锅炉系统内，锅炉操作人员无法精确掌握末端实时的用热需求，因此即使末端用热需求少，也需要保持蒸汽锅炉长时间低负荷运行，大大降低了蒸汽锅炉的热效率。

3）蒸汽输配热损失大。蒸汽锅炉产生的蒸汽温度高（150～195℃）、压力大（0.5～0.6MPa），因蒸汽管道输送距离长、保温不够、维护不当而存在跑冒滴漏、未回收蒸汽冷凝水等问题，导致蒸汽输配管网热损失大。

（2）用热系统的节能途径

为提高医院整体用热效率，也为医院落实国家“两碳”战略，医院用热系统的节能途径原则是：取消集中的蒸汽供应，各用热末端应根据不同用热分项的品位不同，分别、分散供应各项用热，解决上述高能低用、输配系统热损大、无法回收利用凝水等问题，具体的解决方案如下：

1）蒸汽用热：消毒供应中心、洗衣房、食堂、厨房等用蒸汽区域应就近安装小容量的电蒸汽发生器、电烘干机、专用蒸汽炉或电炊具，即开即用。

2）冬季供暖用热：针对北方地区，优先利用市政热网供热；经能耗及经济性分析后，也可采用热泵供暖或自建的喷淋式烟气余热燃气热水锅炉；另外，应注意尽可能与生活热水系统分开，主要原因是这两部分用热的时间、温度、需求量不同。针对南方需供暖地区，可采用热泵供暖，冬季供暖电耗可以控制在 25kWh/m^2

以内；或采用燃气热水锅炉供暖，冬季供暖气耗可以控制在 3～6m^3/m^2之间；尽可能分栋分片单独设立热源，且实现智能运行。

3）生活热水用热：集中式生活热水循环管道系统的散热损失大，医院建筑生活热水系统这一特点更为突出。其节能方案包括如各建筑分别设置生活热水系统且各建筑内进行自循环。热源为各类热泵或者模块化天然气锅炉制备热水，在末端用水并不是很频繁的情况下，建议用呼叫式，用水时循环泵才启动；太阳能资源充足的地区，利用太阳能热水系统提供部分热水；经热电分析及经济核算后，可采用小型内燃机发电系统，利用余热加热生活热水。如有特殊原因，无法在各楼内分设热水炉、必须统一供应时，每个楼内至少要设有热水水箱，置于楼顶，由大院的热水系统向其供热水。这时楼内的热水水箱需要采用敞开无压式，水位也不恒定，低水位自动补水，高水位停止。凉水则自动旁通返回，旁通阀可以根据来水温度控制。在总的热水锅炉（或热泵热水器）处再设一个低位冷水箱，旁通的凉水都自动回到这个水箱中，再由水泵加压，送入锅炉。

（3）用热系统优化改造案例

为了进一步明确医院用热系统节能方案可获得的节能效果及经济效益、环境效益，选取了 2 家医院集中式蒸汽锅炉进行运行测试分析，提出针对性节能改造建议，并计算节能效果及其效益。

1）北京三甲医院 A

医院总建筑面积 74787m^2，内含病房楼、行政楼、门诊楼三大主要建筑。医院热源为 4 台 5.6MW 的燃气蒸汽锅炉（二用二备）为医院冬季供暖，为病房楼、行政楼、门诊楼等区域供应生活热水，为消毒供应室、洗衣房、食堂供蒸汽消毒。选取春季典型日对蒸汽锅炉进行用热系统测试，测试时蒸汽锅炉为消毒供应室、洗衣房、食堂供应蒸汽，为病房楼、行政楼、门诊楼供应生活热水。

测试结果表明：医院集中式燃气蒸汽锅炉输出的蒸汽为远距离输送，且管路维护不佳，管道输送损失高达 43.4％，锅炉损耗和排污损耗分别是 1.9％和 6.0％；锅炉所有末端用热占锅炉总热量的 48.6％，其中，生活热水末端用热占总热量的 6.5％，但生活热水循环散热系统损失占锅炉 15.0％的热量，其他消毒、洗衣和食堂则分别占锅炉总热量的 2.9％、22.4％和 1.9％，如图 3-72 所示。

2）北京三甲医院 B

医院总建筑面积 298000m^2（含地下车库 11934m^2），包括外科楼、内科楼、门

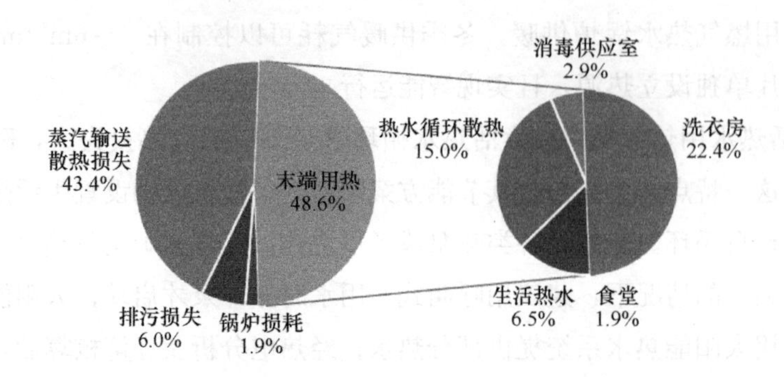

图3-72 北京医院A春季典型日（5月14日）用热情况

诊楼、行政楼、实验楼和机关楼六栋主要建筑。热源为3台4.2MW的燃气热水锅炉（二用一备）、2台4.2MW的燃气蒸汽锅炉（一用一备）。其中，燃气蒸汽锅炉为消毒供应室供应蒸汽消毒，为外科楼、澡堂、门诊楼供应生活热水。选取春季典型日进行锅炉用热系统测试。测试时，锅炉为消毒供应室供蒸汽，为院区供应生活热水。

测试结果表明：蒸汽输送散热占锅炉总热量的66.3%，锅炉本身损耗和排污损耗分别是14.5%和1.8%。锅炉所有末端用热占锅炉总热量的17.4%，其中，末端蒸汽用热仅占总热量的1.2%，通过汽-水换热器为病房楼、澡堂、门诊楼生活热水末端用热占6.2%，但该环路的热水循环散热占10.1%，如图3-73所示。

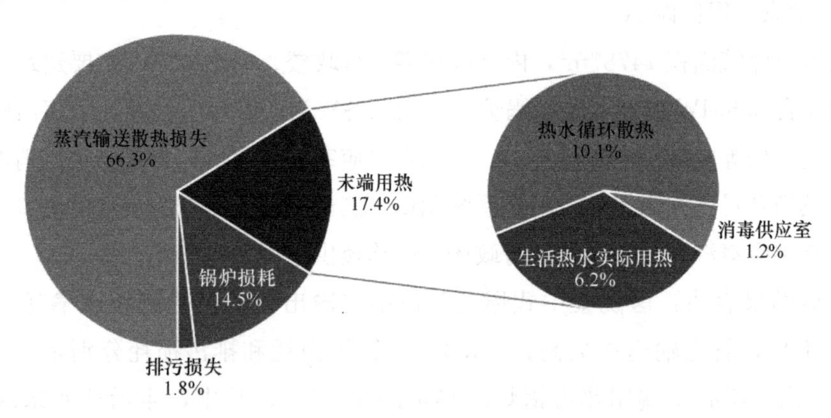

图3-73 北京医院B春季典型日（4月29日）用热情况

3）节能改造建议及经济效益

结合用热系统节能途径及医院自身现状特点，对上述两家医院的用热系统提出适宜节能改造方案，并对方案的经济效益、环境效益进行测算分析。用热系统改造后，医院将大幅降低燃气和水的消耗，同时也将增加一定电量的消耗。但总体而言，医院用热系统节能改造潜力空间大、效果显著，有非常可观的经济、环境效益，每年运行费用分别降低54.99%、88.09%，碳排放量分别减少54.82%、88.27%。一般而言，蒸汽系统节能改造的投资回收期在2～3年之间。节能改造建议及其效益具体情况见表3-9。

医院用热系统的节能改造潜力及其经济效益、环境效益　　表3-9

	医院A		医院B	
	现方案	节能改造方案	现方案	节能改造方案
用热系统	集中式蒸汽锅炉供医院冬季供暖，为病房楼、行政楼、门诊楼等区域供应生活热水，为消毒供应室、洗衣房、食堂供蒸汽消毒	在消毒供应室、食堂设置电蒸汽发生器；在洗衣房专门为洗衣机和熨台配备电蒸汽发生器，为烘干机和烫平机配备小型燃气蒸汽锅炉；生活热水和供暖由燃气热水锅炉进行提供	燃气蒸汽锅炉为消毒供应室提供蒸汽消毒，为外科楼、澡堂、门诊楼供应生活热水	在消毒供应室设置电蒸汽发生器；生活热水由模块式燃气热水锅炉为各楼提供
燃气量(m^3/年)	2638632	1051243	957509	84950
燃气费(万元/年)	496.06	197.63	180.01	15.97
水量(m^3/年)	36166	2925	12629	134
水费(万元/年)	14.10	1.14	4.93	0.05
电量(kWh/年)	—	513889		100000
电费(万元/年)	—	30.83		6
运行总费用(万元/年)	510.17	229.61	184.94	22.02
节约运行费用	—	54.99%	—	88.09%
碳排放(t/年)	5699.45	2574.91	2068.22	242.69
节约碳排放	—	54.82%	—	88.27%
节能改造投资(万元)	—	327.70	—	425.07
回收期(年)	—	1.2	—	2.6

4）北京三甲医院C

医院总建筑面积约44800m^2，设置床位600张，内含门急诊、住院部、行政楼、医技楼、中药及发热门诊等主要建筑。热源为4台地源热泵机组，其中1台135/78kW地源热泵机组为医院提供24小时生活热水，配有2台QWG型水泵（一用一备，均为工频运行）；1台532/251 kW地源热泵机组以及2台383/254kW热泵机组（一用一备）为医院提供冬季供暖和夏季供冷用热，配备12台水泵机组，也均为工频运行。

地源热泵系统供暖季、供冷季运行时间为24小时，每年的运行时间由6月初开始至10月初结束，再从10月底到次年的4月初结束，年大约运行300天。地源热泵系统均采用手动的控制方式，启停由运行人员根据气候情况进行人工操作（如，春夏季过渡季节，地源热泵系统会在白天开启一段时间进行供冷；秋冬过渡季节，地源热泵系统会在夜间开启一段时间进行供暖），系统一旦开启即在工频状态下运行。

根据计量，该地源热泵系统冬季供暖与夏季制冷总电耗约为300万kWh，合67kWh/m²。根据调研发现，该医院地源热泵系统均有较为完整的运行记录，运行人员能根据实际情况调整和控制空调系统的运行，整体情况良好，但仍存在一些节能潜力：①外网供水泵、外网回水泵、室内循环泵、热水循环泵、补水泵等均未加装变频装置，一直处于工频运行；②部分水泵已被列为高耗能落后设备，但仍在服役；③尽管管理方对相关运行数据有一定的记录，但缺少一些关键指标的记录以及数据综合分析。因此，针对上述问题，提出水泵变频改造、更换淘汰电机、建立能源管控平台等措施，并估算了各措施节能潜力、投资和收益，如表3-10所示，静态投资回收期为3.3年。

医院C地源热泵系统的节能改造潜力及其投资、收益　　表3-10

序号	改造措施	方案内容	节能潜力（万kWh）	投资（万元）	收益（万元/年）
1	水泵变频改造	安装11kW变频控制装置6台	26.73	30	24.05
2	更换淘汰设备	对淘汰、落后电机进行更换	6.68	15	6.01
3	建立能源管控平台	建立建筑能源管理平台，加强对地源热泵系统用电和用水数据实时监测与数据分析	32.16	180	37.81
合计			65.57	225	67.87

3.5 学　　校

3.5.1 学校教育建筑面临节能低碳与健康发展的双重挑战

教育科技文化类建筑是公共建筑的重要组成部分，特别是中小学校舍建筑的能源消耗与室内环境营造，不仅对国家的建筑能源消耗量和室内健康教室和环境具有重要影响，而且对青少年健康成长、养成绿色、低碳、健康的理念与生活方式具有重要意义，因此教育科技文化类建筑一直是发达国家学术界和工程界和关注的重点。受社会经济发展水平影响，学校建筑，特别是中小学教育建筑，过去并不是我国公共建筑节能关注的重点。近年来，随着我国教育事业蓬勃发展，教育机构规模不断扩大，根据教育部最新统计（2020 年 8 月 31 日）表明，截至 2019 年，全国共有各级各类学校 53.0 万所，共拥有校舍建筑面积 37.4 亿 m^2，比上年增加 1.6 亿平方米，增长 4.6%，是各类公共建筑中增长较快的一类，约占我国公共建筑总面积的 23.2%，能源消耗不应忽略。

另一方面，2016 年，中共中央、国务院颁布的《“健康中国 2030”规划纲要》中指出需要“建设健康环境”，强调“重点加强健康学校建设，加强学生健康危害因素监测与评价”。营造健康、舒适、节能的教室环境，不仅是“建设健康环境”的重要组成部分，也会是推进“健康教育”的有效途径。2021 年“双减”政策出台对校外教育培训机构影响巨大，反过来学生在校园和教室中停留时间加长。因此，我国应重视教科文类建筑室内环境的健康影响和能耗情况，开展针对性研究，通过不断创新、动态平衡好室内健康环境与节能低碳发展两者之间的关系，探索出一条符合我国国情且不同于发达国家高能耗方式的实现路径。

3.5.2 学校教室建筑节能发展与室内健康环境营造的难点

中小学教育建筑节能的难点在于：一方面，由于公立中小学校园建筑能源消耗均为财政预算承担，另一方面，教室室内环境质量标准为推荐标准，并没有很好地执行，导致很多教室环境质量并未达标。因此目前中小学校园建筑单位面积能耗强度，或单位学生（生均）能耗强度并不高，普遍低于各类大型公共建筑的能耗强度，也低于发达国家中小学教育建筑的单位面积能耗强度或生均能耗强度。未来如何在保持较低能耗和碳排放的前提下营造更有利于学生健康成长、高效学习的室内环境，成为主要挑战。例如，调研结果表明，上海市高中生均年能耗为 178kgce/(人·a)，生均年电耗为 354kWh/(人·a)，单位建筑面积年能耗为仅为 11.7 kgce/(m^2·a)，单位建筑面积年电耗仅为 23.3kWh/(m^2·a)。对比上海市政府机构办公建筑 80～120kWh/(m^2·a)，商场和酒店等商业建筑动辄 200～300kWh/(m^2·a)的电耗强度，中小学校舍单位面积能耗强度普遍不高。对比美国能源能源部能源情报署（U. S. Department of Energy, Energy Information Administration, DOE-EIA）发布的能耗数据，美国教育事业类公共建筑单位面积电耗平均值均为

118.4kWh/(m^2·a)，是我国教育建筑能耗强度的5倍。欧洲教育类建筑单位建筑面积电耗强度也不高，主要是气候适宜、空调制冷用电较少，但供暖能耗非常高，即使是在希腊、卢森堡等西欧国家，学校教育建筑的供暖能耗可达到93～113 $kWh_{热}$/(m^2·a)，而气候与之接近的我国长江中下游地区中小学校舍建筑，供暖能耗是极低的、甚至很多中小学校舍冬季并没有供暖措施。

但是近年来我国一些经济发达地区城市重视中小学校舍建设，发展绿色中小学校园建筑的方法是向国际学校校舍和办公建筑学习，选用集中空调系统，以地源热泵、空气源热泵作为集中的冷热源，增加太阳能热水、光伏等提高可再生能源利用比例以降低校园建筑运行过程碳排放。这一做法的出发点很好，但实际运行并不能很好地契合学校建筑使用的特点，导致能耗和碳排放偏高。例如，某小学市新建校园建筑总面积2.9万m^2，工程投资2.3亿元，应用多种可再生能源技术，获得绿色建筑三星认证（设计），其中绿色建筑增量成本312万元，设计方案预计“每年节省运行费用61.8万元”。项目投入使用后，由于暖通空调系统、多种可再生能源利用系统和自控系统都非常复杂，并未经过认真细致的系统调适，结果项目投入使用两三年后，各种施工遗留问题、设备故障和能效问题暴露，实际运行耗电超过200万kWh每年，折合每平方米电耗超过70kWh/m^2，其单位建筑面积耗电和人均耗电都远高于同气候区城市中小学单位建筑面积电耗25kWh/m^2的平均水平，使得采用集中空调系统的绿色校园建筑反而造成巨大的能量浪费。

近年来，大量调查和研究表明，我国中小学教室室内环境控制有其特殊性。上课期间，室内人员新陈代谢产生的二氧化碳浓度较高，常常超过相应标准阈值；课间教室外门打开，大量的室外空气进入教室，一方面迅速稀释室内二氧化碳，降低其浓度，但另一方面在室外雾霾严重时，也必然会带入大量的细颗粒物PM2.5，冬季还会显著增加供暖负荷。现场实测发现，我国中小学教室在上课期间室内二氧化碳浓度甚至可以超过5000ppm。这与我国中小学教学建筑设计的考量有关：绝大部分中小学教室外廊都是直接面向室外，鼓励学生课间尽量容易到室外活动。那么未来中小学教育建筑的设计，是尽量鼓励青少年能够更多地融入大自然中，尽量采用间歇但有效的自然通风解决室内环境控制问题；还是尽量地封闭起来、用机械送风的方式、像成年人的办公楼一样去营造室内环境，成为亟待研究解决的问题。

与成年人的普通办公楼不同，中小学教室建筑的人员密度非常高。成年人的甲级写字楼办公室，人均面积10m^2，而根据《中小学校设计规范》GB 50099—2011

中的规定，中小学普通教室人均面积分别不低于 1.39m^2 和 1.36m^2；清华大学蔡超睿等人实测了北京 18 所中小学和幼儿园教室，实际人均面积 1.35～2.02 m^2。换言之，教室内的青少年的人员密度是成年人办公楼的 5 至 6 倍。如果供给青少年和成年人办公楼的新风量相同，均为每人每小时 30m^3，中小学教室输送新风的风量、风机电耗、处理新风的供冷或供热量都是巨大的，单位面积能耗将是现有办公建筑的数倍，而中小学校难以负担这么沉重的能源成本。因此中小学教育建筑室内环境的控制与维持，不应简单照搬成年人工作、生活、休闲所在的各类公共建筑室内环境控制理念和方法，而应紧密结合学校建筑使用期人员密度高但间歇使用、严寒和酷暑天气下正值放假使用率低等特点，创新发展与此相宜的解决思路。

3.5.3 学校教室建筑室内健康环境营造面临的挑战与可能的破解方法

影响中国教室室内环境，特别是空气质量的因素主要包括外扰和内扰。外扰主要来自室外的颗粒物污染，已有一些在教室内开展的颗粒物浓度的研究，例如，在太原的 10 所中学，33 间自然通风教室中测得的 PM10 浓度为 129±97(mean±S.D.) μg/m^3。在香港 18 间幼儿园和小学教室中研究获得的 PM2.5 的浓度均值为 21 μg/m^3。在深圳 89 间幼儿园教室中测得的 PM10，PM2.5，PM1 浓度均值分别为 216±166，69±47，34±18μg/m^3。近年来随着我国大气质量的改善，外扰对学校建筑室内健康环境的负面影响逐步降低，但仍不能忽略。内扰主要是指来自教室内人员密集、新陈代谢率高、CO_2散发量大导致的教室内 CO_2浓度过高，冬季由于热舒适需求导致门窗密闭，使得此问题尤为严重。国外学者，如 Daisey 等和 Fisk 分别对 1984—2003 年和 1995—2017 年期间发表的教室内 CO_2浓度及换气次数的研究做了综述，发现绝大部分研究中教室 CO_2 的时均浓度超过 1000ppm。大量研究表明，教室内人均新风量不足，CO_2浓度过高，会显著增加学生的病假缺勤率，并对学生的学习能力产生负面影响。

因此，解决学校教室建筑室内健康环境问题，目标是既要降低室内颗粒物浓度和 CO_2 浓度，使得室内环境满足对于青少年长期停留的健康与舒适标准，还要最大程度降低运行过程中的风机电耗和冷热耗量。为达到此目的，需要研究并回答以下问题：

(1) 已开展的学校教室内（包括有无空气净化器）PM2.5 浓度研究还存在局限性，长期的调研还很少，一些研究中 PM2.5 浓度的测量时间最长是 20 天，大多数研究的测量时间是 1～7 天甚至几小时，需要在测试准确度和测试时长上有所提高。

（2）如何在雾霾相对高发地区和时段教室中，同时兼顾主要源自室外的PM2.5，以及主要源自室内的CO_2采取适宜的教室通风策略。在雾霾时，增大人均新风量一方面有利于降低室内CO_2浓度，但同时也可能带来室内PM2.5浓度超标的问题。

（3）使用机械通风系统后，教室内的空气温湿度是否满足热舒适的要求。尤其在寒冷及严寒地区，使用新风机后，在冬季的教室内空气温度是很可能“过冷”，新风机组盘管需要防冻，严寒地区冬季雾霾天气下学校教室内健康环境控制是最大的挑战，需要很好地调研和破解。

（4）使用通风净化设备后，对教室的能耗有多大的影响，是否可以接受。目前，在教室中的通风以及净化策略研究大多在发达国家开展，良好的大气环境使得通风策略仅以室内CO_2浓度进行控制；不同通风方式下能耗的比较，也未在所有目标污染物浓度都达标的前提下进行；此外噪声影响及其控制也不可忽略。

根据已有研究特别是我国中小学教室现场实测与理论分析，对于我国中小学教室室内健康环境营造方法有以下意见和建议。

一是要深入研究学校建筑室内健康环境应当遵循怎样的标准。我国现有各项国家及行业标准中，对于教室内PM2.5，CO_2浓度的规定并不完全一致，如表3-11。对于PM2.5浓度，有采用日均值37.5μg/m³，时均值一级35μg/m³，二级75μg/m³；有采用上学日早7点至18点，11小时均值不超75μg/m³等不同规定。对于CO_2浓度，有日均值1000ppm，时均值一级1000ppm，二级1500ppm，瞬时值1500ppm等不同的规定。这也与教室这类典型学校建筑使用规律有关。以北京实地调研为例，根据调研数据，北京市中学，小学，幼儿园学生在上学日每天分别有433min，379min，385min的时间在教室中度过，其中有343min，276min，206min是在课堂上，其余时间为课间休息。换言之，教室只有26.3%～30%的时间是被使用的，因此对于教室这种有着明显间歇使用、固定作息规律的建筑，标准中的“日均浓度”应按“每日教室中有人时的平均浓度”进行评价更为适宜。

我国现行标准中对教室室内环境参数的要求 **表3-11**

参数	要求
温度（℃）	(a)：24～26（夏），18～22（冬）*；(d)：≥16（冬）*
相对湿度（%）	(a)：40～60（夏），30～70（冬）*
PM2.5（μg/m³）	(b)：37.5***；(f)：一级：35，二级：75**；(h)：75***
CO_2（ppm）	(c)：1000***；(d)：1500*；(e)：1500*；(f)：一级：1000，二级：1500**；

续表

参数	要求
人均新风量（L/（s·人））	（c）：5.6（小学），6.9（初中），8.9（高中）
噪声（dB）	（d，g）：50*

（a）：《中小学校采暖教室微小气候卫生要求》GB/T 17225—2017；（b）：《健康建筑评价标准》T/ASC 02—2016；（c）：《中小学校换气卫生标准》GB/T 17226—2017；（d）：《学校卫生综合评价》GB/T 18205—2012；（e）：《学校安全与健康设计通用规范》GB 30533—2014；（f）：《中小学教室空气质量规范》T/CAQI 27—2017；（g）：《中小学校设计规范》GB 50099—2011；（h）：《中小学校教室空气质量和控制规范（征求意见稿）》

*：瞬时值；**：时均值；***：日均值

二是中小学教室中该不该安装净化设备，以及安装新风机还是净化器。有学者认为，教室环境中安装净化器存在以下问题：雾霾时教室大多门窗密闭，无法满足最小新风量的需求，且净化器长期使用有二次污染物的风险。另外由于教室活动规律的特殊性，课间门窗的开启使得室内颗粒物浓度增加，净化器很难快速降低颗粒物浓度，从而降低教室内学生的污染物暴露水平。也有研究认为，相比于定量、持续、恒定的机械通风，自然通风具有间歇、易于调节的优点。在室外温湿度适宜，大气空气良好温湿度和质量的情况下，通风一方面能降低教室的供暖或空调负荷，另一方面能净化室内空气质量。但是，当室外高温高湿或严寒时，或是大气污染严重时，通风便会起到相反的作用。由此可见，教室的通风应以“适宜”为原则，根据室外温湿度和空气质量，在条件合适时加大自然通风换气量以快速稀释CO_2，辅之以室内净化器，去除颗粒物等污染物。当室外严寒但空气质量较好时，可利用冬季建筑热压形成的少量自然冷风渗透，来保障室内的换气、稀释CO_2；当严寒且室外雾霾较严重的偶发气象条件下，宜加大室内净化器的循环风量和净化能力，特别是在学校建筑的低区出入口，此处由于人员进出频繁、热压风压综合作用导致冷风渗入量，因此在室外空气质量较差时，要密闭门窗，特别是在下课期间随手关门，减少通过门窗换气进入室内的颗粒物，在兼顾室内噪声的前提下选择更高*CADR*的净化器，或增加净化器的台数，从外扰进入室内的源头进行净化控制。当夏季高温时，学校建筑通常不会满负荷运行，此时也可在开启空调制冷的同时，利用门窗渗风、以较低的风机电耗和空调电耗来满足室内温湿度和健康环境的需求；课间或下课后，关闭空调打开外窗实现充分换气，或在学生到教室之前提前开启净化设备进一步降低室内PM2.5浓度，即可为教室的下一时段的使用充足洁净新鲜空气。

三是中小学教室使用场景与办公建筑的使用场景几乎正好相反，因此适用于办公建筑的机械新风系统和集中空调系统，在学校建筑中应用时往往面对两难的境地。从建筑和空间的使用场景上看，教室单位面积人员密度较办公建筑高，因此同样 70m^2 左右的空间（中小学阶段普通教室每间使用面积均不得小于 67m^2，参考《城市普通中小学校校舍建设标准》建标［2002］102号），办公建筑只需要提供约 240m^3/h 的新风量，就可以满足人均 30m^3/h 新风量的要求，而教室即使提供 500m^3/h 的机械新风，可以达到2次换气次数左右，也仅能满足人均 10m^3/h 的新风量，难以充分稀释人员散发的 CO_2。办公建筑，特别是采用玻璃幕墙的办公建筑，往往难以打开外窗；而中小学教室往往与外走廊相通，建筑设计中就强调自然通风，《城市普通中小学校校舍建设标准》中建议“炎热地区可采用开窗换气；温暖地区宜采用开窗与开启小气窗相结合的方式换气；寒冷和严寒地区应在外墙（或采光窗上部）和内走廊墙上设置小气窗（或门头采光通风窗）”，而且教室要求的层高更高，“普通教室的层高，小学不宜低于 3600mm；中学不宜低于 3800mm”，依靠更高的室内层高来稀释污染物。只不过这一标准二十年没有修订过，缺少与时俱进的定量要求，应当及时修订。此外，教室建筑采用机械新风系统的目的，通常是希望在室外雾霾较严重时能通过保持教室内正压、从而隔绝颗粒物通过门窗缝隙进入室内，然而教室建筑在使用中总处于“间歇使用”状态，每隔 45min 的课间休息和外门开启，会使得教室内人员密度、通风状况发生巨大的改变，一天之内学生也会到其他教室、体育场馆、餐厅等处，使得教室内处于暂时“无人使用”状态，因此课间或“无人使用”时教室机械新风系统是否开启就成了两难问题，而办公建筑使用持续稳定、机械新风系统也不需要大幅度频繁调节，两者使用场景完全不同，室内健康环境营造的合理方式也应随之不同。

3.5.4 学校建筑节能低碳发展应注意避免的典型问题

对于多层建筑、单体建筑面积不大的中小学教室建筑，采用自然通风、自然采光，辅以室内的低速低噪声吊扇、分体空调或多联机、可分区控制的 LED 照明等分布技术手段，实现“人走关灯、关空调、关设备”的节能管理方式，学校建筑的单位面积电耗可以控制在 20kWh/（m^2·a）左右。对于位于严寒和寒冷气候区的学校建筑，如果围护结构保温性能、气密性等能达到当地公共建筑节能设计标准的要求，同时供热系统可实现分时控制、分区控制，其每平方米建筑供暖耗热量或供热系统能耗也可控制在当地建筑能耗标准的引导值以下。

然而，目前有一批新建学校建筑和国际学校建筑等，仿照办公建筑等公共建筑的方式，采用集中式空调系统，导致生均能耗或单位面积能耗偏高。为了实现绿色低碳运行，往往采用地源热泵等系统形式集中供热供冷，系统实际运行时的每平方米电耗高、成本高，并未像设计方案所期待的大幅度降低能耗、碳排放和成本。通过对采用集中空调系统的多个中小学校园进行实测研究与分析，初步归纳了学校建筑在应用集中式暖通空调系统时运行节能应注意避免的问题。

（1）学校建筑间歇使用，系统运行调节应避免过量供热供冷

实测寒冷地区某学校项目 A，其采用地源热泵供暖系统为校园集中供热和供冷，并设定自动控制的策略。但实测该系统的实际供热量，发现系统在学生放学时间、周末放假时间全都处于“开启”状态，导致夜间，或周末、寒假期间教室温度仍维持 22℃左右，造成过量供热浪费，如图 3-74、图 3-75 所示。

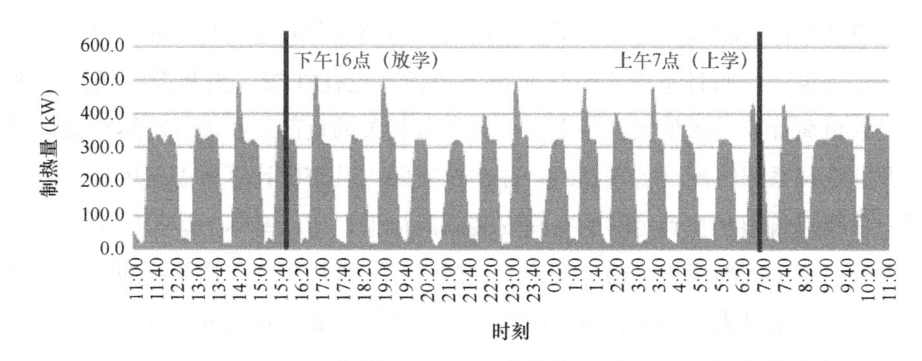

图 3-74 热泵系统全天制热量（3 月 19 日～3 月 20 日）

从图 3-75 可以看出，24h 内热泵机组制热量中，教室无人使用阶段消耗的热量为 2860kWh，占全天制热量的 57%。由于该校舍建筑围护结构保温性能较好、门窗在教室无人使用时保持密闭，经测算，如果在冬季白天教室使用时的温度控制在 20～22℃，放学后无人使用时即使完全不开启供热，室内温度在一夜之间的下降幅度不超过 2.5K。可见，对于采用良好围护结构保温、在无人使用时保持较好气密性的学校建筑，通过降低夜间或节假日供水温度设定值、仅保持值班供暖所需循环水量，可避免过量供热导致的浪费。

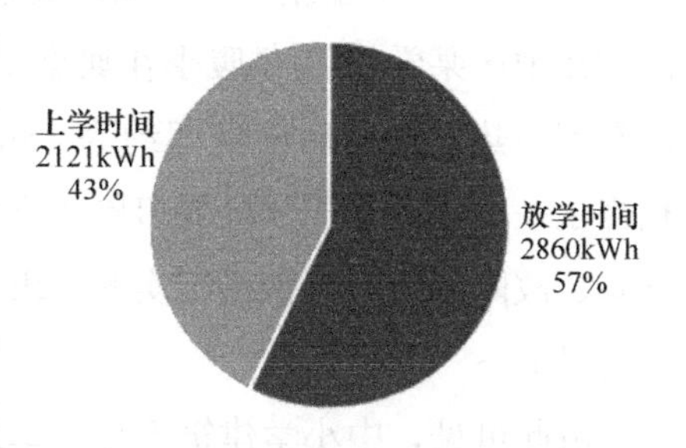

图 3-75 热泵系统工作日制热量占比（3 月 19 日～3 月 20 日）

夏季供冷时，学校建筑的空调系统都是间歇运行，只在学生上学期间开启供

冷。但也存在部分教室无人使用时空调水阀未关闭、导致冷量浪费的现象，教师晚间和周末加班时学校又不愿开启空调系统的情况。由此可见，学校应尽量采用可实现“部分空间、部分时间”灵活调节的空调系统，并与自然通风、吊扇等通风方式结合，建议利用校园建筑密度相对较低、电耗较低的条件，尽可能在校园中安装光伏板，未来实现“光储直柔”的学校建筑用电方式，同时实现低电耗节能运行、低碳排放绿色运行和低成本运行经济运行。

（2）设计阶段对学校建筑负荷计算过大，导致系统和设备长期大马拉小车、低效运行

相比于其他类型公共建筑，学校建筑最典型的特征在于夏季、冬季高峰负荷时段因正值假期而低强度使用，空调系统可错过这一气象条件的尖峰负荷时段。而通常系统设计往往忽略这一特征，不仅采用与其他类型公共建筑相同的“设计日”气象条件进行设计，而且室内人员灯光设备负荷，也往往按“正常教学场景”来设定，导致负荷计算结果偏大。特别是人员新风相关的负荷，在进行冷热负荷计算和冷热源、空调系统输配设备选择时，往往按实际人员密度计算所需新风量，但实际工程中学校建筑很难找到足够的空间安装新风风道，所以基本上运行时学生会开窗通风换气，集中的新风机组很少开启。这样就导致采用集中空调系统的学校建筑实际空调系统选型过大，而运行负荷极低，不仅导致无效初投资成为沉没成本，而且设备存在严重的“大马拉小车”低效现象，包括设备频繁起停、运行偏离高效工作点、“大流量、小温差”等空调系统常见低效问题。图3-76是典型案例，给出了我国寒冷地区某学校A供暖季在典型工作日供热系统回水温度的连续监测结果。可以看到，热泵机组启停周期约为38min，占空比约为50%，12h内启停约20次，相当于一个供暖季压缩机要启停4800次，各种阀门也要相应频繁开闭，导致效率下降、故障率上升，该机组实测12h平均*COP*仅为2.35，相比额定值3.76下降30%以上。

由此可见，中小学建筑不是简单地照搬办公建筑或绿色建筑的设计理念，采用集中空调系统或地源热泵、空气源热泵等就能解决绿色低碳问题的。学校建筑确实具有上课期间局部空间人员密度大、室内发热量大的特点，如果采用集中空调系统形式，空调末端换热面积或换热能力宜适当放大容量，但冷热源设计时应充分考虑寒暑假、校园建筑内各空间部分使用特征，不宜盲目放大容量。另外一个关键问题就是新风和室内健康环境的营造，建议以自然通风为主，辅以室内净化器，最不合理的方式就是设计集中新风处理系统但又从来不开启。

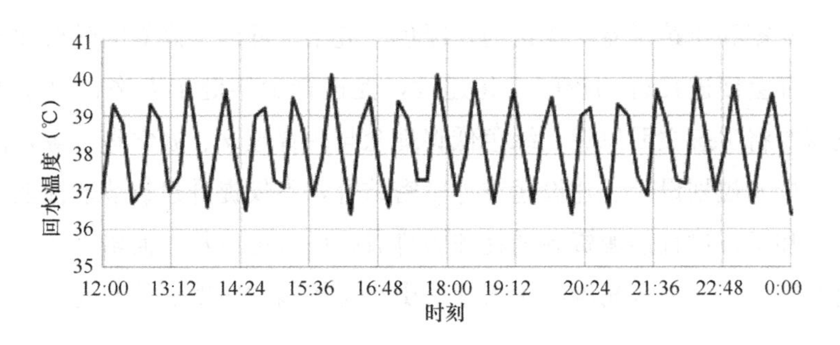

图 3-76 热泵系统周一回水温度变化曲线

此外，一般公立学校建筑用电都是按居民电价计费，不执行峰谷电价，但建议如果采用集中空调系统，特别是热泵形式的冷热源时，可考虑配置小型的蓄热（冷）水箱：一是可以满足夜间和节假日防冻或低负荷需求而避免热泵主机频繁启停；二是可作为应对超过设计负荷时、尖峰负荷工况下的系统“安全余量”；三是在未来校园尽可能安装光伏板、按“光储直柔”方式低碳运行时，增强系统吸纳可再生电力、保障系统供冷供热安全的重要手段。因此可探讨水蓄热：蓄冷方式在零碳运行学校建筑中的适用性。

3.5.5 小结

相较于办公建筑、商场建筑、宾馆饭店建筑等主要类型公共建筑，教科文类建筑的使用场景不同，因此室内健康环境营造策略不同，适合的暖通空调系统系统形式也不同。学校建筑按照功能细分，又可分为行政办公楼、教学楼、图书馆、宿舍楼、食堂、体育场馆等，其由于相似的建筑功能与能耗特点又可分别归类进办公建筑（办公楼、教学楼、图书馆）、住宅建筑（宿舍楼）、饭店建筑（食堂）、体育建筑（体育场馆）等，这就使得学校建筑及其能源系统、暖通空调系统的设计更需要按使用规律而定制和研究。同时，现有学校建筑和空调系统设计并没有充分发挥建筑密度相对较低、可再生能源可利用性高的特点，光伏安装量很少，以为采用了地源热泵就能达到“可再生能源利用率”的绿色建筑评价指标，但忽略了地源热泵等系统和设备能效偏低、太阳能热水系统循环散热量大导致电补热大等集中系统存在普遍问题。因此，应从学校建筑的使用场景和需求出发，开展针对不同气候分区、不同经济发展水平地区中小学校舍的能耗与室内环境调查，进行用能特征和室内环境现状分析，提出能够工程实施、经济可行、运维简便的具体改进提升措施以及新的校园、建筑、系统设计理念，势在必行。

教育学专家和建筑学专家都认为，绿色、健康、低碳、高效的学校建筑及其室内外环境，都会促进良好的校园文化建设，促进青少年健全人格、树立正确世界观。这就需要将生态文明思想、绿色低碳理念与教育理念、办学理念等，同中小学校舍设计、校园规划设计、建设运维等紧密结合，不仅提升建筑节能性能、降低学校建筑建造和运行过程能源资源消耗和碳排放，而且可以从如何培养碳达峰、碳中和、绿色发展的一代新人角度，深入探讨中小学校园建筑发展的问题。

3.6 建筑大数据应用

经历了十来年的发展，大数据已经从一个新技术概念，向建筑智能化运维的各方面渗透和落地。随着面向大数据的信息化技术和算法技术的日臻成熟，大数据切实提升了建筑运维两方面的能力。

其一是建筑运行需求的快速准确识别，以及系统供给如何快速对需求进行精准匹配。建筑运行中有许多不确定因素、个性化因素，传统的专家知识多数只能起到保障下限的作用，一些精细的优化方案，要么对物理模型的依赖程度高，要么普适性有限，工程广泛落地难度大。将大数据与专家知识相结合，各有所长，在保障数据分析背后科学性的同时，具有良好的工程适用性，较好地响应建筑中的各种变化情况。

其二是发挥海量在线数据的横向比较作用，更加准确地识别建筑或系统中的长期固有偏差。这类问题往往是设计、调试、采购遗留下的，抑或是因一线工程人员的工作习惯而长期存在。面向单体建筑历史数据的分析不易发现这类问题，但在相似建筑群体中比较，很容易定位问题，进而采取合理的方法改善运行状态。

当然，大数据能发挥的作用不局限于此，本书摘选了一些有代表性的大数据工程应用，作为参考，以示启发。

1. 建筑能源预算管控

(1) 问题描述

大型公共建筑存在建筑功能复杂、体量大、用能设备多、业态变化快、配电支路复杂等特点，为能耗精准管控带来了较大难度。目前，能耗预算的制定和过程管控均根据现场工程师经验管理，人工管理带来的局限性使得建筑能耗管理大多采用的是粗放式的管理方式，实际管理过程存在很多问题，主要体现在：

1) 定合理的能耗预算难。能耗计划基本依靠相关工程人员的个人经验编制，没有量化考虑多方现实因素，准确性低，不利于管控；

2）能源过程控制无从下手。在定额管理体系下，缺乏用能设备运行的科学指导，对于建筑运维人员的管理也难度较大，很难引导人员去较好执行定额管控的措施。

因此，科学准确的能耗预算及预算之后能耗实时动态管理成为亟须解决的问题。

（2）技术方案

利用大数据人工智能技术，结合行业专家经验，形成的一套可在大型公建领域大规模应用的能耗定额全过程量化管理解决方案，如图 3-77 所示。打通能源管理的全过程，从预算制定，到预算分解，执行管控，复盘分析，切实保障能源管理的科学性和可控性。

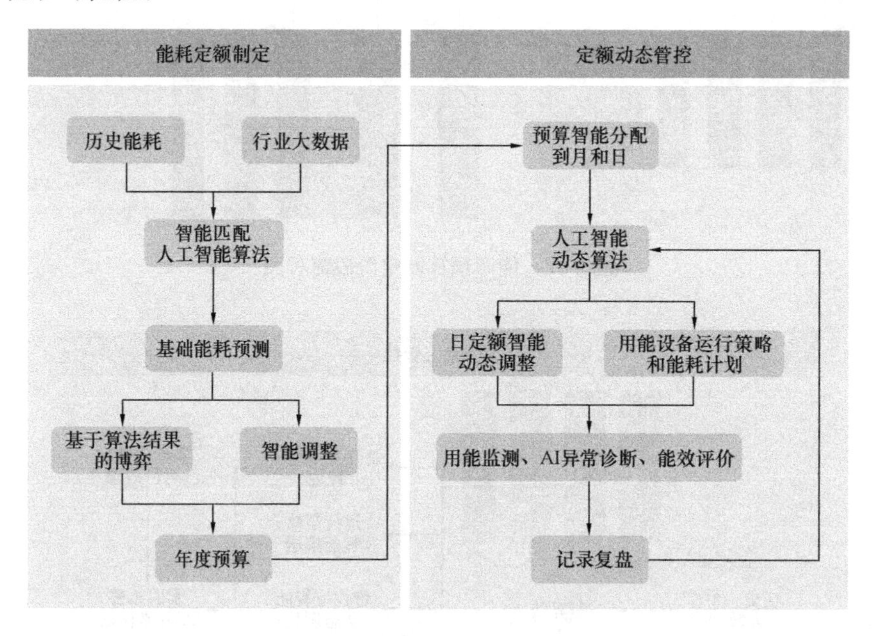

图 3-77 能源预算制定和管控流程图

能源预算制定阶段，如图 3-78 所示，首先基于建筑基本信息（包括建筑年代、建筑面积、地理位置、冷热源形式等）、各分项历史能耗、历史天气（包括温湿度、气压、降水等）、客流车流量等历史数据，结合业务模型以及行业大数据通过数据清洗、数据标记辨别剔除异常值，再根据不同项目历史数据采集情况智能匹配机器学习算法，进行初始的能耗智能预测。进而需要结合业务模型和人工智能算法，对初始能耗预测值进行不同分项、不同类型项目的精细调整，以及基于机器学习的结果，进行管理者与被管理者之间的预算指标博弈，辅助制定合理决策，最终确定年度能耗预算目标。

能耗预算动态管控阶段，如图3-79所示，首先将年度能耗目标根据多维度信息和数据，智能分配至月能耗和日能耗，然后再利用自动适配多种机器学习算法，

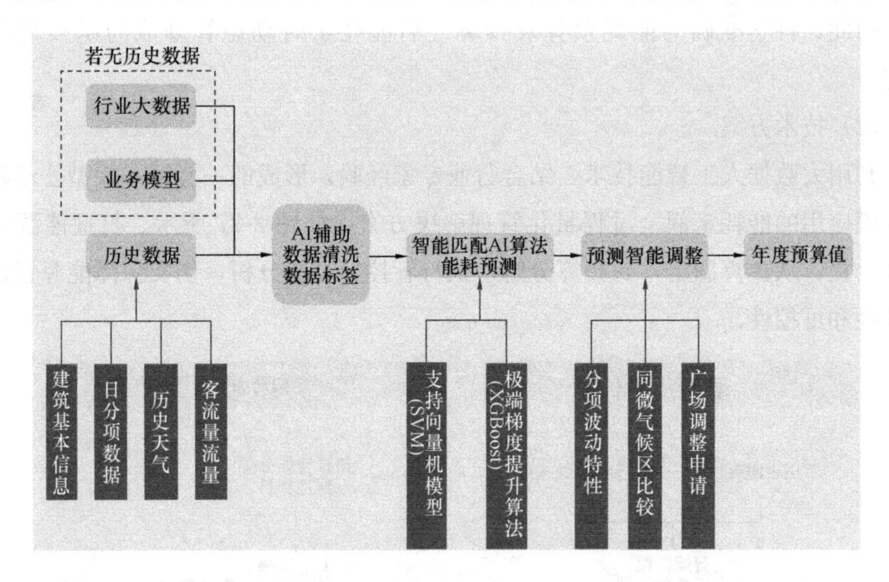

图3-78 能源预算制定阶段流程图

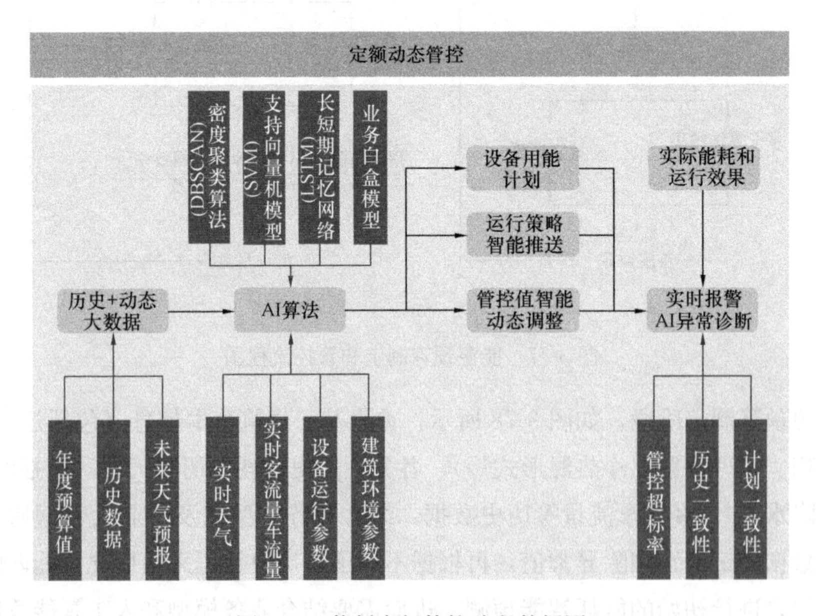

图3-79 能耗定额管控阶段数据图

在输入实时动态参数（天气预报、客流量、设备运行指标、建筑环境参数等）的条件下，智能动态地输出日维度能耗动态管控值，全方位指导建筑管理和运维人员进行能耗管理，并且利用人工智能算法，对运维人员执行定额的工作进行合理的激励与管控。

方案中涉及的关键技术包括以下几点：

1）建筑大数据处理清洗技术

历史数据中缺失值、异常值的存在都会干扰能耗预测及分析的结果，为得到高质量的建筑运行大数据，本方案采用了统计方法和机器学习方法相结合的方式对所有历史数据进行清洗。基于项目的数据缺失情况，以及统一的数据质量评价标准，将所有项目按照历史数据条件进行分类标记。根据特征参数的不同分布特征，采用了箱线法和 DBSCAN 算法共同剔除异常值。

根据历史数据质量划分项目质量标签，采取不同的、有针对性预测模型和业务流程。项目数据质量标签划分标准举例见表 3-12。

项目数据质量标签划分标准　　表 3-12

分类	备注
A	12 个月数据质量合格，且每个月最多 10 天数据质量不合格
B	11 个月数据质量合格（每个月最多 10 天数据质量不合格）
C	每个季节都有一个月数据质量不合格（每个月数据质量不合格＞10 天），或不合格季度（有一个月数据质量不合格）≥2
D	3 个季度中至少有一个季度其数据质量不合格月数＞1/3
E-1	新项目（完全无能耗数据）
E-2	新项目（1～3 个月无能耗数据）
E-3	新项目（4～6 个月无能耗数据）

首先利用 DBSCAN 算法对每一个分项数据进行离群点分析，筛掉离群的异常用能数据，对于 DBSACN 算法的 eps 和 minpt 参数的确定则采用 optic 方法结合网格搜索的方式进行参数的优化和调优。

箱线图法则是统计学方法，利用箱形图的四分位距 IQR 对异常值进行检测，离群点被定义为低于箱形图下触须（或 Q1－1.5＊IQR）或高于箱形图上触须（或 Q3＋1.5＊IQR）的观测值。

2）算法结构内嵌业务模型

为提升算法准确性和普适性，通过结合业务模型，直接将白盒模型嵌入算法内部，优化算法预测效果。具体嵌入的方式如图 3-80 所示。

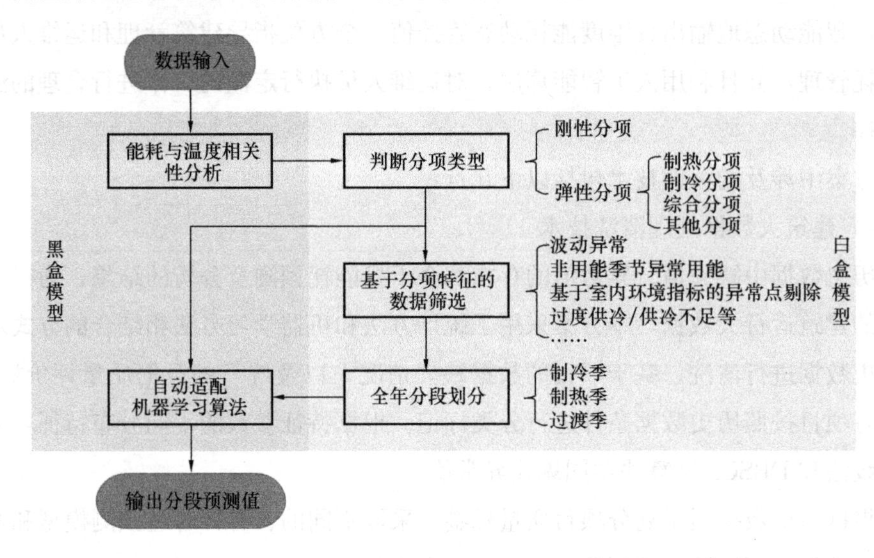

图 3-80 黑盒白盒结合模型流程图

同一栋建筑内部会同时存在 20 余个分项，不同的分项类型其用能特征、用能时段都存在显著的差异，如果对所有分项应用相同的算法模型，算法适用性会大打折扣。因此对于建筑内不同的用能分项应考虑按类别划分，根据不同类型分项特点，可确定不同的数据筛选方法，并匹配合适的算法。

为便于预测分析，通过分析不同分项历史数据的波动特性，首先将分项划分为刚性/弹性分项，其中弹性分项指能耗受外界特征（天气等）影响，会有比较大的波动，整体能耗呈现较不平稳的分项，刚性分项指相较于弹性分项的长期波动性，该类型分项受外界特征影响程度较低，或不受外界影响，整体能耗较为平稳。

对于刚性分项，其波动性较小，呈现短时间周期性波动，其部分历史能耗具有整体的代表意义，可以直接使用自身的历史能耗进行学习预测，作为未来的定额。而对于弹性分项，由于弹性分项波动性较大，整体与外界特征呈现非线性关系，部分历史能耗不具有整体的代表性，对于目标项目的数据质量较差或者数据缺失的情况，将参考相似建筑（同微气候区数据质量较好的项目）的能耗进行补充，共同参与定额计算。

对于分项的弹性、刚性定义引用差异系数概念来表征数据的离散程度，由于各项目的管理水平具有差异，因此各分项弹性、刚性的定义以项目 12 个月能耗数据为一组数据，通过计算此组数据的平均值、标准差得到项目的差异系数（差异系数为一组数据的标准差与其均值的百分比），通过各项目差异系数的平均值定义分项为弹性、刚性。定义分类如下：刚性分项差异系数＜30％，弹性分项差异系数＞30％，如表 3-13 所示。

各分项钢弹性统计 **表 3-13**

分项名称	平均值	标准差	差异系数	结论
冷冻站	1.64	2.16	109％	弹性
热力站	0.89	1.16	148％	弹性
空调末端	3.23	1.52	43％	弹性
热风幕	0.22	0.33	150％	弹性
送排风机	0.71	0.30	47％	弹性
分散空调	1.38	1.20	71％	弹性
停车场风机	1.33	0.56	49％	弹性
其他用电	0.90	0.47	64％	弹性
室内照明	7.23	0.64	9％	刚性
夜景照明	1.57	0.35	21％	刚性
停车场照明	3.22	0.36	13％	刚性
电梯	2.09	0.25	12％	刚性
给水排水	1.36	0.26	20％	刚性
强弱电机房	3.76	0.85	23％	刚性
物业用电	1.18	0.26	20％	刚性
LED 屏	0.57	0.10	19％	刚性

进一步地，考虑分析用能和温度的相关性，弹性分项又可细分为制冷分项、制热分项、综合分项和其他分项，制冷分项指冷冻站等只在夏季用能，其他季节用能较少或关闭的分项，制热分项指热力站等只在冬季用能，其他季节用能较少或关闭的分项，综合分项指空调末端等夏季冬季均会存在用能峰值，过渡季处于用能谷值的分项，其他分项则指用能时段不存在明显季节性的分项。算法程序中加入能耗和温度的相关性系数计算模块，通过计算历史能耗和温度的最大互信息系数和皮尔逊系数，自动识别分项类别。

得到了当前计算分项的分项属性之后，就可以在前文提到的数据清洗之外，增加基于分项用能特征的异常点筛选。数据筛选内容包括：波动异常筛选、非用能季节异常用能筛选、基于室内环境指标的异常点剔除。波动异常筛选主要指的是刚性分项异常波动过大；非用能季异常用能筛选针对的是用能有明显季节特征的空调分项；另外，由于定额目标的制定应对实际运行产生指导作用，因此通过室内评价指标对历史运行数据进行后评估，根据室内环境参数来标记学习集中数据的“好坏”，通过持续学习好的历史数据，并推送好的定额目标指导现场运维，来实现整个系统不断地迭代优化。通过叠加带有业务逻辑的数据筛选步骤，可使得数据清洗更为精细化，优化学习集提高预测结果质量。

通过在黑盒模型中内嵌上述各项白盒模型，提升算法针对不同分项的适用性，大幅提高算法准确性和普适性。

3）多种能耗预测算法适配应用

本方案采用了多种机器学习技术，包括支持向量机（SVM）、极端梯度提升算法（XGBoost）、长短期记忆网络（LSTM）等算法对建筑能耗进行日维度、细分到各分项的预测。本方案可智能适配不同的算法，SVM算法仅需自身建筑数据，可进行准确度5%以内的年能耗预测，XGBoost算法则适用于无历史数据的建筑，结合行业大数据以及同微气候区建筑用能进行该类建筑的能耗预测。在涉及预测未来短期高频的能耗计算，采用更适合短期预测的LSTM算法。通过不同算法的智能适配，实现了不同数据条件建筑的精准预测要求。

本系统根据不同项目历史数据采集情况智能匹配算法：①对具备历史能耗的项目，利用该项目历史数据，结合该项目所在地区的天气特征，时间以及自身建筑信息，使用机器学习方法进行训练学习，得出该楼自身的能耗模型。预测时使用目标建筑所在地区十年左右的天气数据得出该地区的典型气象年作为输入的天气特征，再结合未来的时间和建筑自身信息作为该楼能耗模型的输入特征进行未来能耗的预测，以得到高精确度的预测值。②对于无历史能耗或历史数据质量较差的项目，利用每个项目的建筑特征，结合气候区，地理位置等特征筛选出与目标楼相似的多个建筑，使用多座相似楼的历史能耗结合不同项目的建筑基本特征使用机器学习算法进行模型训练，得出基于相似建筑的通用能耗。预测时使用目标建筑所在地区十年左右的天气数据计算该地区的典型气象年作为输入的天气特征，再结合未来的时间和建筑自身信息作为该楼能耗模型的输入特征进行未来能耗的预测，得到具备一定参考价值的能耗预测值。

在特征的选择处理上，对于不同的分项采用Pearson相关系数和MIC最大互信息系数、特征重要性判断等方式自动对特征进行筛选，每个分项将根据筛选条件选用最合适的特征参与算法模型的训练过程。

在算法参数调优上：第一步首先会针对不同类型的分项（刚性分项/制冷分项/制热分项/综合分项），使用GridSearch的方式分别进行参数的范围搜索，如SVM

算法则会对 C，Kernel，degree，gamma 进行范围的寻找，针对 XGBoost 算法则会对 n _ estimators，max _ depth，min _ child _ weight，gamma，subsample 进行范围的寻找，同时在调参时会适当的放宽正则化系数的筛选，从而可以更好地适配不同建筑用能场景下的分项预测，降低过拟合的风险。第二步则在第一步的基础上使用交叉验证以及 RandomSearch 的方法，对模型的参数进行自适应优化调整，从而可以在线适配不同分项的用能规律，使用该方法能够在保证算法调优的同时保证了算法的计算效率。第三步则是对不同的特征加上不同的权重参数。在使用自身能耗进行预测的时候考虑到年份越远的能耗其训练时的影响程度是逐渐递减的，所以训练的时候会适当的增加最近几年的能耗权重。而在进行同区域预测的时候，考虑到自身的能耗重要性更强，所以也会适当的增加自身能耗在训练时的占比权重，而降低其他项目能耗的权重。

最后整套在线自动的数据处理、特征选择、算法自动选型、参数自动调优将会使用 Celery 的消息队列引擎的方式使用 Spark 平台进行大规模的分布式计算。

（3）应用案例

本技术方案应用在某集团大型公共建筑的大规模能耗定额全过程量化管理，可实现能耗定额制定、动态定额管控等功能。

管控建筑超过 500 栋，服务面积约 3200 万 m^2，涉及年度能耗定额达 35 亿度电以上。典型工况下，总体实际能耗与系统算法给出的管控目标值偏控制在±10%左右。

应用大数据和人工智能的定额管控将人力成本大幅降低——从原本 40～60 天时间减少到 14～25 天。另外，从集团到单体项目的预算准确性均显著提升。根据该集团应用结果统计，如图 3-81 所示对比人工填报，基于大数据人工智能算法的预算值明显更加准确。

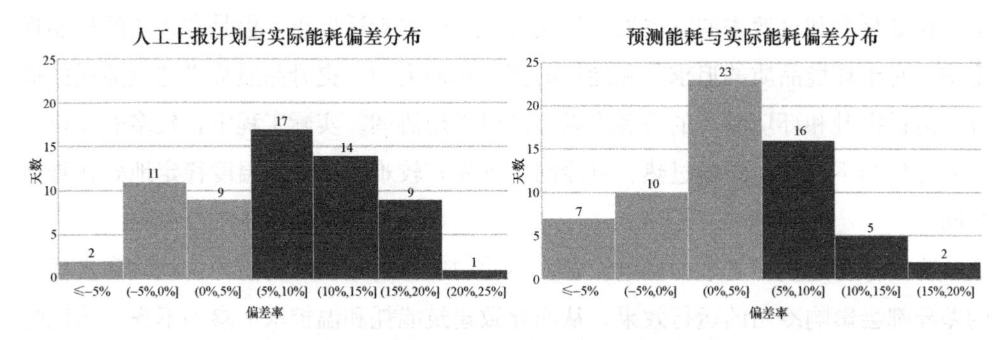

图 3-81 能耗预测准确度对比分析

表3-14为应用本系统后该集团单位面积能耗节能效果举例，可以发现，从2015年到2019年，该集团大商业总用能单位面积能耗从86.88降至65.29kWh/m²，4年降低21.6kWh/m²，每年平均节省5.4kWh/m²。可计算得到本项目为我国公共建筑每年节电量1.6亿kWh，累计节电量超过5亿kWh。

某集团大商业能耗2015—2019年节能效果　　**表3-14**

气候区	2015年（kWh/m²）	2016年（kWh/m²）	2017年（kWh/m²）	2018年（kWh/m²）	2019年（kWh/m²）
寒冷	80.12	71.95	69.18	66.73	58.91
温和	58.47	70.11	59.2	57.61	50.49
夏热冬冷	87.6	83.49	76.7	72.15	66.07
夏热冬暖	124.69	111.52	99.66	96.79	89.08
严寒	62.43	66.09	61.34	58.92	53.98
总计	86.88	82.19	75.81	72.19	65.29

2. 品能平衡的冷源运行辅助

（1）问题描述

在公共建筑中，中央空调系统是最主要的耗能系统，实际调研数据显示，中央空调系统能耗约占大型公共建筑能耗的30%～60%。可见，中央空调系统在保证室内环境舒适的同时，也大幅提升了大型公共建筑的能耗强度。大型公共建筑中央空调系统能耗强度普遍较高，同时也存在较大的个体差异，相同地区相同功能的大型公共建筑，单位面积的中央空调系统能耗可以相差数倍。在满足相同的建筑使用需求的情况下，中央空调系统不同的控制运行方式会带来巨大的能耗差异。对于落后者来说，通过优化中央空调系统的控制运行，可挖掘巨大的节能潜力。

除了对能耗的影响，冷站还是保证建筑室内环境品质的源头，为建筑提供冷量，保证夏季和过渡季的室内温度湿度符合人的热舒适要求。但是在传统的控制理论中，对于环境品质的追求是和能耗的把控相冲突的，提升品质势必造成能耗的提升，能耗提升和环境品质的关系难以定量科学地协调。实际工程中，较多的项目室内温度控制不稳定，场内过热、过冷问题频发，较难保证室内温度稳定地处在舒适区间。

冷站作为建筑中复杂的机电设备，不同的项目的工程师的能力，经验和责任心的差异都会影响冷站的运行效果，从而导致建筑能耗和温控水平参差不齐。传统的冷站运行主要依赖于工程师的经验和水平，对于能耗把控和环境品质的控制缺少定量的评估方法和工具。目前市场主要通过配置精密的群控系统，通过半自动或全自动的运行控制，来提升冷站的运行水平。但群控系统在大多数项目的使用效果较为一般，一方面，精密的群控系统需要巨大的初投资和后续运维成本，使得群控系统的效果在随着使用年限的变长而变差。另一方面，大多数群控系统的控制目标是实现冷站的持续高效运行，其下达的控制策略，缺乏对室内环境品质的整体考虑。对于重视室内环境品质的公共建筑来说，采用群控系统难以实现对品能平衡的诉求。

因此，一个低成本，低传感器依赖，高靠谱度，高灵活性的多目标智能控制系统是行业迫切需求的，是实现品能平衡的终极解决方案。冷站智控就是在传统控制模式走入瓶颈，智慧控制优势凸显的背景下诞生的。基于物联网和人工智能的辅助决策控制模式，以保证环境品质的最低能耗策略为目标，实现舒适温控和高效节能的相互共存。

(2) 与传统解决思路的对比

冷站高效运行比较理想的模式应该遵循如图 3-82 所示。

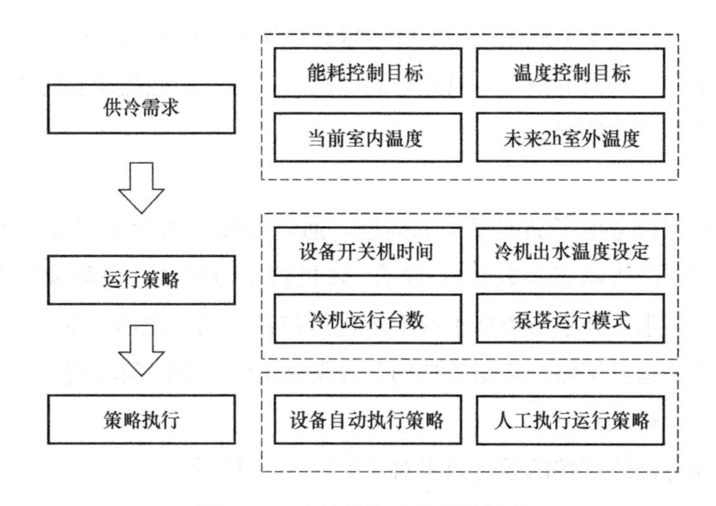

图 3-82 冷站高效运行理想模式

1) 明确供冷需求：即能通过计算给出当前或下一时刻室内的供冷需求，该需求需要综合考虑能耗控制目标、温度控制目标、当前室内温度、未来 2h 室外温度四个方面。能耗控制目标主要用于满足项目节能方面的需求；温度控制目标则是在能耗控制目标确定的基础上，选定合适的温度控制目标，且该温度目标要符合相应的国家标准，保证品能平衡；在确定两个目标的基础上，基于当前室内温度变化及未来 2h 室外温度，来预测当前或下一时刻的冷量。

2）生成运行策略：基于预测冷量，来匹配合适开关机时间、冷机出水温度设定、冷机运行台数以及泵塔的运行模式。

3）执行运行策略：当生成运行策略后，下发给相应的设备执行策略，可以由群控系统自动执行，也可在群控故障时由值机人员人工执行。

① 传统群控的问题

上述流程中，最重要的是第一个节点，即供冷需求，只有确定了供冷需求，才能基于该需求来指导冷站的运行。但传统的冷站群控系统并不设计供冷需求的计算，所有的需求都是由值机人员进行输入（如出水温度设定），但值机人员并没有办法基于多维度数据来综合定量的给出实际的供冷需求，这就会造成实际运行中存在需求过量或不足的情况，表现为室内过度供冷或欠供冷，造成室内品质大幅波动。

近年来，市场上也出现了可以进行冷量预测的群控系统，但该类群控系统只是基于温度目标、实际温度及未来天气进行计算来调节出水温度设定。但很多情况下，仍存在很多问题，一是存在场内温度点位设置数量不足、温度点位布置不合理的情况，导致预测冷量不满足场内实际需求；二是项目的运行往往需要综合考虑能耗与品质的平衡，该类群控存在只考虑温度控制，不考虑能耗控制的情况，导致温度达标但能耗失控的情况。

② 冷站智控

冷站智控综合考虑了品能平衡的问题，通过低成本的少量关键 IoT 数据（室内外温度数据、冷机状态参数等），结合 AI 机器学习算法，预测满足多控制目标的场内供冷量需求，并学习类似工况下较优的控制策略，定时（如每 1～2h 一次）向项目推送冷站运行策略。策略筛选的条件是该策略覆盖时间段内，能实现温控要求的最低能耗策略。

冷站智控与传统群控的运行效果对比如表 3-15 所示。

冷站智控与传统群控的运行效果对比　　表 3-15

日常操作事项	传统群控运行	冷站智控运行
冷机开机时间	一般由值机人员在群控中设定时间表，固定时间开机，如夏季 9：00，过渡季 9：30	根据室内温度变化趋势，动态调节开机时间，如可预测 9：45 开机
冷机出口温度设定	一般由值机人员手动输入冷机出口温度设定，如夏季一般设定 7～8℃，过渡季 8～10℃	基于对供冷需求的预测，动态调节出水温度设定，如可推送 9.5℃的设定温度
室内环境温度	并不直接与室内温度建立关联关系，温度波动范围较大，范围在 24～27℃之间	根据室内温度变化动态调整冷站运行，控制温度在目标温度±1℃之间

续表

日常操作事项	传统群控运行	冷站智控运行
冷机关机时间	一般由值机人员在群控中设定时间表，固定时间关机，如夏季 21：30，过渡季 21：00	根据室内温度变化趋势，动态调节关机时间，如可预测在 21：10 关机
冷机开启台数	根据冷机负载率、出水温度与设定值的偏差确定开启台数	根据室内实际供冷需求精确计算开启台数与切换时间

（3）技术方案

冷站智控是一种基于模型预测控制的方式（MPC Model Predictive Control），通过对历史数据的学习建立算法模型，并运用机器学习算法在运行过程中不断迭代算法模型，不断适配项目的实际运行需求。数据样本越好，模型的贴近度越好，对于动态数据的种类和响应速度要求就越低。随着时间的延长，机器学习模型的泛化性会大幅提升，累计的样本越多，学习的能力就越强。建筑的运行并不是一成不变的，我们无法统计所有的相关变量，也无法清晰地定位他们之间的复杂关系。但是基于机器学习建立的数据驱动的模型，变量之间细枝末节的关系在大数据的样本中被提炼成特征和目标的关系，以灰箱或是黑箱的模型形式存在。智控的控制模型每天都会更新，会不断的学习新的特征和变化。因此智控表现出高度的鲁棒性、灵活性和适应性以及对丰富数据的低依赖性。

智控的模型建立通过历史数据学习室内温度、冷机台数、设定值与冷量对应的关系，学习不同的工况对应的目标数据的特征关系。模型训练需要的数据量：一般开机策略需要至少一个月的历史数据，调节策略需要过去 7 天的动态历史数据进行模型的持续学习和更新。预测冷量采用长短期记忆（Long Short－Term Memory，LSTM）算法，通过输入计算时刻的内外部数据，预测下一个策略之前的冷量需求，并根据冷机静态信息选择效率最高的冷机组合，作为策略输出。具体流程图如图 3-83 所示。

（4）应用案例

1）多建筑应用案例分析

2020 年，冷站智控在某集团开始大范围推广使用，从节能量和温度管控两个维度都取得了非常显著的效果。2020 年共上线 142 个广场，累计节能量 2848 万度电，2020 年智控项目制冷季室内均温为 24～25.5℃，对比 2019 年的 23～26℃可以看出智控在取得巨大节能量的同时，明显缩短了温度控制区间，大幅规避了过冷

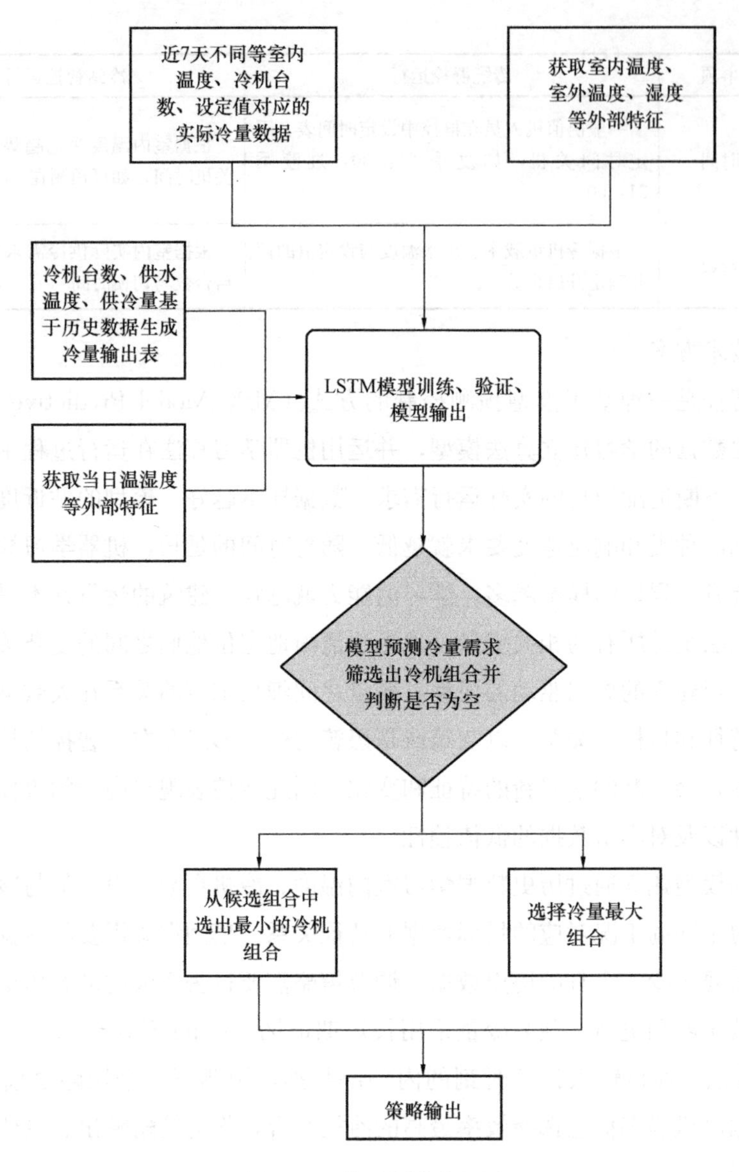

图 3-83　模型训练流程图

和过热的温度管控失衡问题，温度分布更加集中，更加稳定，如图 3-84 所示。

同时，统计 2020 年 21：00～22：00 期间关机时刻的能耗（能耗低代表关机时间早），2020 年同比 2019 年显著降低，且 2020 年关机时刻的室内温度均不超过 26℃，均符合集团管理需求，如图 3-87 所示。

2021 年累计上线 202 个综合商业广场，累计能耗 2900 万度电，经统计智控广

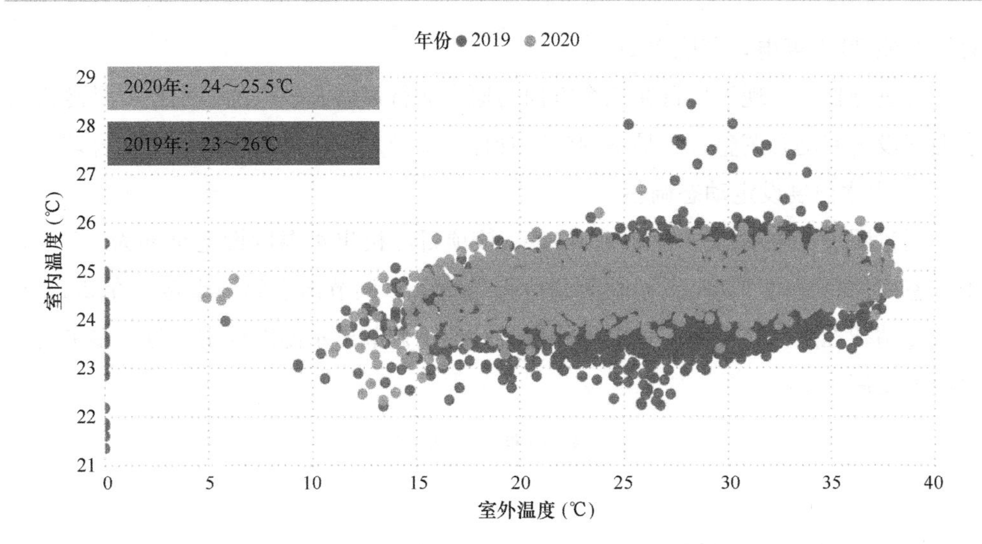

图 3-84　2020 年室内外温度变化同比

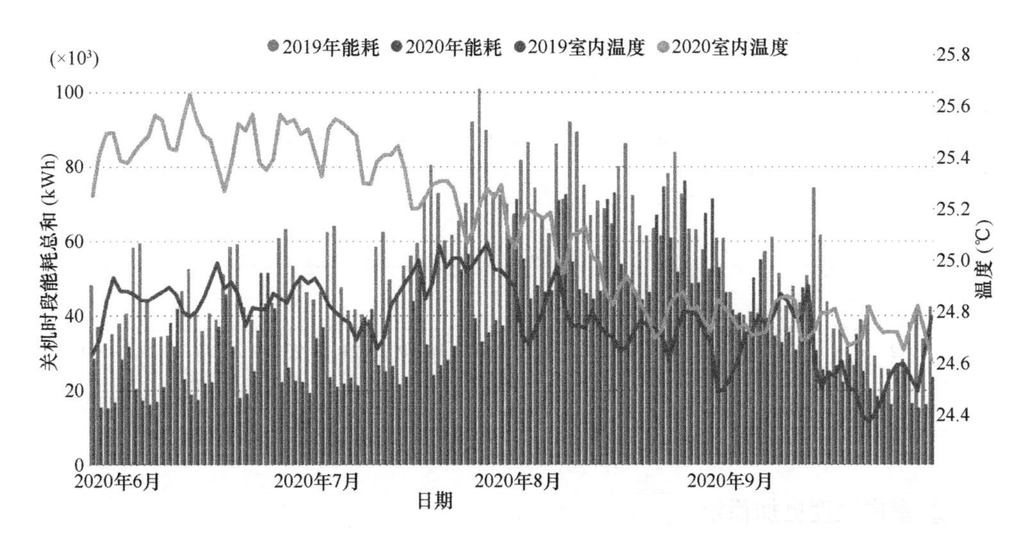

图 3-85　关机时刻能耗与室内温度变化

场比未接入广场能耗降低 18.5%，2021 年室内温度控制均值为 24.6℃，节能效果与温控效果均有较好表现。

上述实际数据可以得知，冷站智控在商业建筑度使用可以大幅降低能耗，提升项目度温度管理，规避温度管控失衡的风险，实现节能降耗和温度管控的双赢。

2）单项目运行案例分析

通过对比该集团下某项目上线冷站智控和未上线冷站智控时的策略，评估智控策略与集团建议的运行模式相比在实现品能平衡方面的具体表现。该项目在供冷季总计节能20万度电，节能率20%。

通过分析，发现该项目在三个方面与原有运行策略有较大的区别：一是冷机出水温度设定有动态调整；二是室内温度管控更加稳定；三是关机时间更加合理。

① 出水温度设定动态调整

通过图3-86可发现，在2019年时，该项目冷机出水温度设定全部为7℃，未根据室内负荷变化（如晴天与阴天、白天与晚上）调节出水温度设定。在2020年上线冷站智控后，智控基于室内供冷需求，不断调节出水温度设定，且大多平均出水温度要高于7℃。

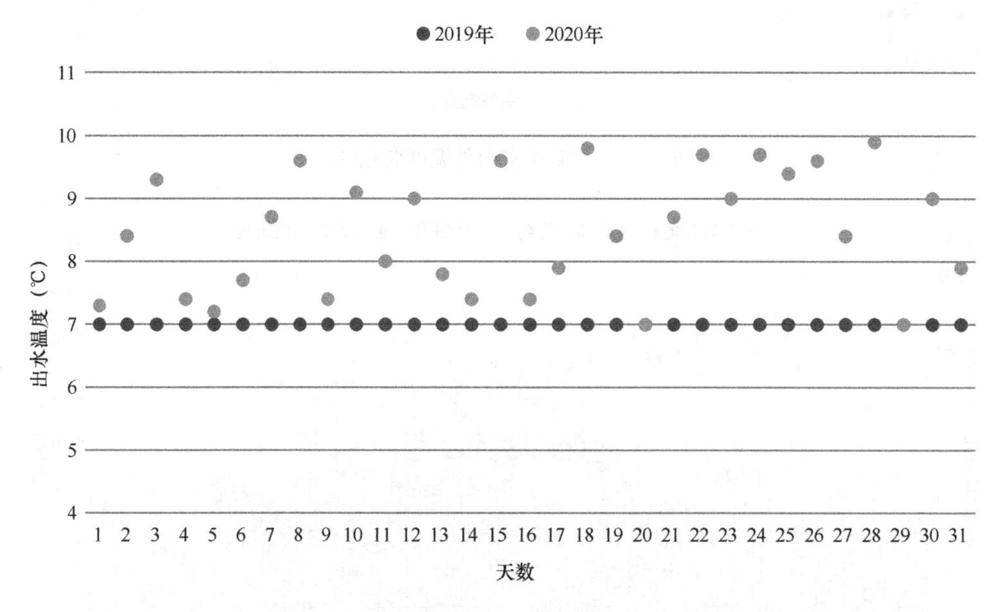

图3-86 8月份冷机出水温度设定对比

② 室内温度更加稳定

通过实际的温控数据可以看到，上线智控后，项目的温控范围在24～25℃之间波动，温度分布比较集中；对比2019年，室内温度在23.5～25.5℃之间，温度分布比较离散，且出现过度供冷的情况（集团定义低于24℃为过度供冷）。因此上线智控后，室内温度更加稳定，可以避免过度供冷，降低能耗，如图3-87所示。

③ 关机时间更加合理

对比2019年与2020年关机时段（21：00～22：00）的能耗，该能耗可以反映相应的关机时间。对比发现，该项目2020年关机时段的能耗同比2019年显著降

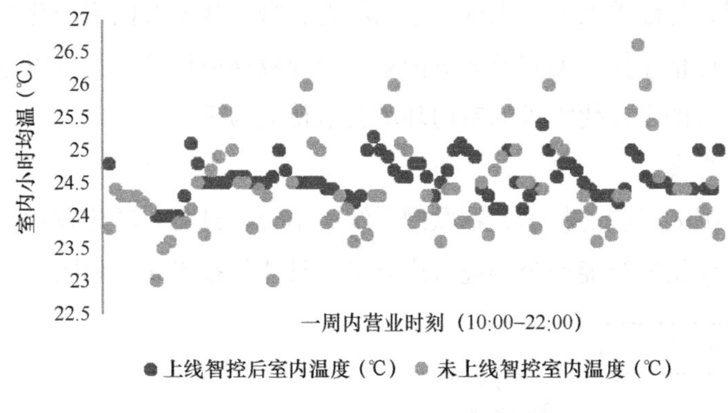

图 3-87 上线智控前后室内温度对比

低，且室内温度不超过 26℃，满足集团管理需求，因此，上线智控后，关机时间更加合理，如图 3-88 所示。

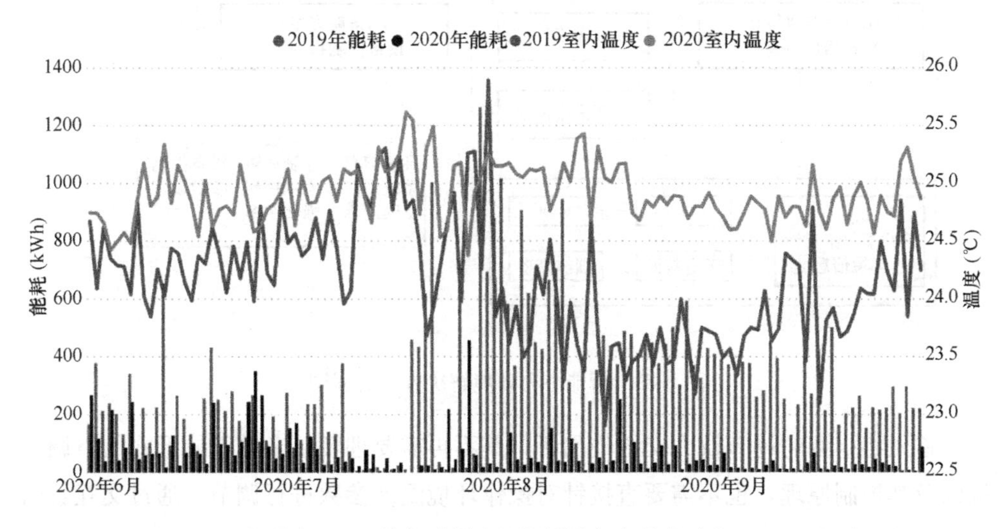

图 3-88 关机时刻冷机能耗及室内温度对比

3. 基于用户画像的智能办公环境

(1) 问题描述

人们每天在室内环境中度过的时间占 80%以上，因此室内环境的舒适、健康对现代人影响非常大。自从空调系统问世以来，人们一直试图通过非自然手段营造舒适、健康的室内环境。然而，传统的室内环境调节手段忽略了以下问题：人对环境参数尺度的感受非常不准确，因此无法表达准确的环境参数需求；虽然很多热舒适研究和建筑标准给出了基于人群统计的推荐环境标准参数，但人对于环境的需求并非恒温恒湿，是随着衣着、天气、运动状态、身体状况等因素变化的；群体中由于每个人个体性格差异、偏好差异等因素，会导致环境调节动作难以达成全局最优解。提供满足人的个性化需求的室内环境就显得极为重要。

(2) 技术方案

利用大数据人工智能技术、物联网系统，结合人机交互转化技术，形成一套可在办公建筑中应用的智能办公环境解决方案。具体的技术路径如图 3-89 所示。

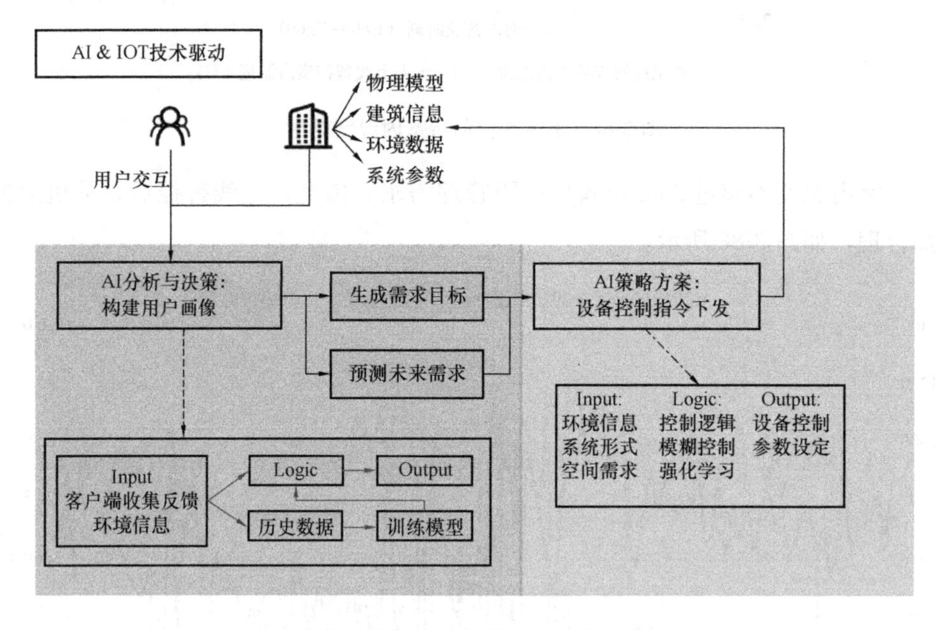

图 3-89 智能办公环境解决方案流程图

首先将空调的调节权力交给使用者，其不再需要理解复杂的不同形式的空调末端以及其控制原理，也不需要直接针对操作环境温度参数进行调节，通过交互页面上进行冷热投票表达自己目前对于所处环境的直观感受。将收集到的反馈内容输入人工智能算法，可以计算出空间目标温度，最终根据目标温度将动作指令下发到末端设备，实现智能环境控制。如何通过历史大数据以及使用者反馈内容挖掘出人对于环境最真实的需求，并依据需求细化控制场景，是这套解决方案中最为关键的问题。

方案中涉及的关键技术包括以下几点：

1) 根据历史数据构建用户画像

使用者通过用户端的每一次操作，其操作内容、时刻、室内外温度、天气情况等相关参数都被记录在数据库中。基于以上数据对不同使用者的反馈行为进行分析，使用机器学习方法进行训练学习。根据不同空间功能类型智能匹配算法以及选取对应特征，主要空间类型包括单人办公室、多人办公室、公共空间。

对于单人办公室，由于只有一位使用者使用，可以完全根据其偏好控制环境。将该使用者的反馈数据结合天气情况、室外温度、操作时刻等作为特征输入到模型中，使用机器学习方法进行训练学习，得出不同特征值下最舒适的室内温度。预测时结合天气预报、季节生成全天的温度偏好曲线，以北京某项目的单人办公室为例，其全天温度曲线如图 3-90 所示，可以看出该使用者由于热不舒适在刚进入室内时偏好温度较低，之后其偏好温度逐渐升高，到中午午休时刻需要调高温度，下午到傍晚温度再升高，时间转折点基本符合白领群体作息。使用该偏好曲线作为目标温度并对末端设备下发指令，即可实现智能办公环境控制。同时保持使用者也可以通过客户端进行实时反馈，在此曲线的基础上进行调整。由于部分用户调节意愿较低，无法收集到足够的反馈数据进行训练，这部分的处理方式在下文公共空间部分提及。

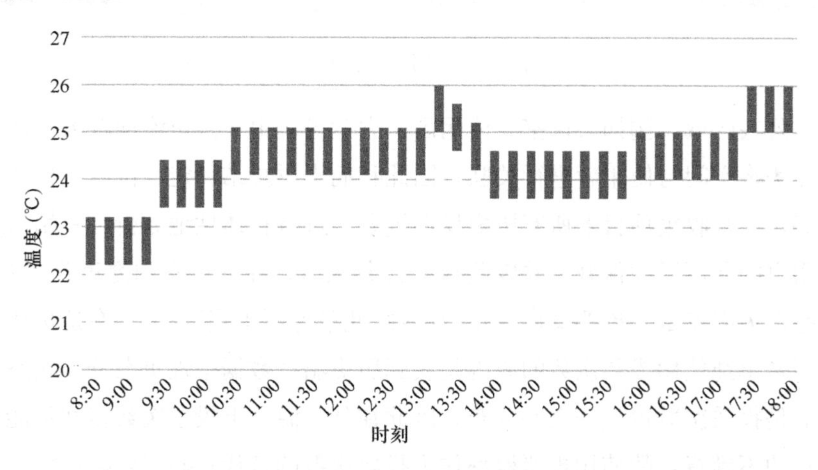

图 3-90 某单人办公室典型温度偏好曲线图

对于多人办公室，需要考虑到不同使用者之间的差异，很难做到像单人办公室一样完全满足个人的个性化需求。对此，我们将使用者在不同室内温度下的反馈次数作为数据集，对其使用 DBSCAN 聚类算法进行分析，采取先将使用者分类，构建用户画像，然后根据分类结果再计算同一空间下使用者是否存在温度偏好交集的做法，尽可能地保证目标值满足大部分人的需求。在聚类分析的过程中，可以发现不同用户之间存在很大的差异，这也正如我们上文中提到的，尽管很多热舒适研究给出了基于人群统计的推荐环境标准参数，但群体之中仍然存在很大的个性化差异，在同一季节下，用户之间的温度偏好差异可以达到5～6℃。根据项目的实际反馈数据聚类后，构建的用户画像如图3-91所示，将用户可以分为以下几类，并以动物形象来表达：耐热的骆驼代表偏好温度较高、耐冷的北极熊代表偏好温度低、鸭子代表偏好温度适中。用户画像的呈现也可以让使用者更好地了解自己的温度偏好，产生更好的交互体验。

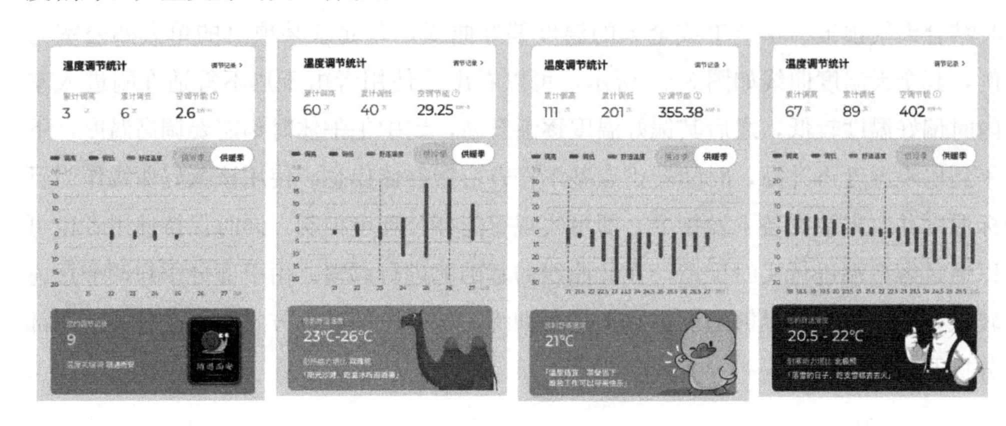

图3-91　用户画像示例

对于公共区域，例如会议室、休闲区、大堂等，由于人员流动较大，使用者不固定，无法将空间与使用者进行关联，因此我们不再总结特定一位或几位使用者的温度偏好，而是收集项目上所有历史反馈记录，进行整体性地分析，总结出适用于大部分用户的通用温度偏好，并以此控制公共区域。在此以室内温度作为自变量，投票概率作为因变量（投票概率＝投票次数/此条件下出现频次），在这里使用投票概率而不是单纯使用投票次数的原因是实际历史温度数据呈现正态分布状态，与之相对应的是投票次数也呈现正态分布，因此在某一温度下投票次数多并不能真正地表征用户的不满意，故使用投票概率作为投票次数的替代；确定好数据样本后，对训练集数据使用多种机器学习算法进行训练，使用GridSearch进行不同算法参数的调优，找出效果最佳的算法以及与之对应的模型参数。图3-92以北京地区项目供冷季历史数据为例，横坐标代表室内温度，纵坐标代表对应温度下的冷投票或热投票概率，预测使用SVM支持向量机算法，根据预测的拟合曲线寻找最合适的温度区间。针对个人办公室调节次数少无法训练、新项目上线无历史数据等情况，同样使用该温度区间对环境进行控制。

2）根据使用者偏好细化控制场景

如何根据目标值控制末端设备在过往研究中已有较为成熟的控制逻辑，在此不

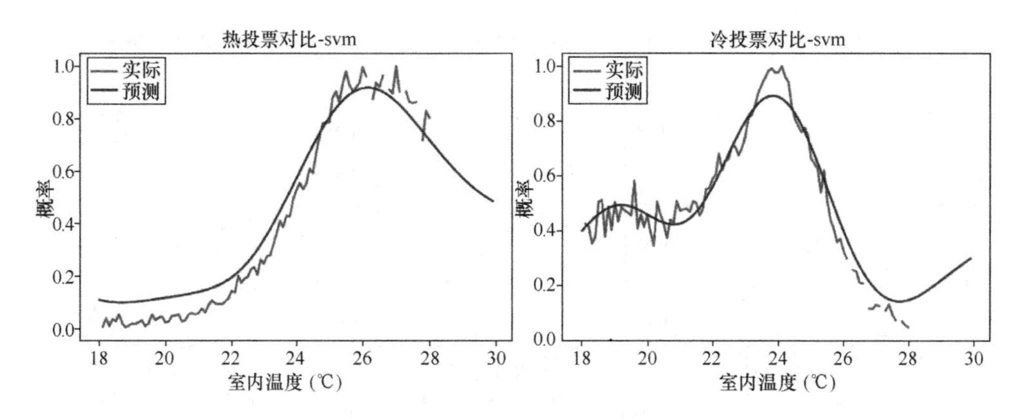

图 3-92 冷热投票概率预测曲线图

再论述。但我们通过历史数据挖掘出一些没有被人注意过的控制场景，下文以早上上班时刻使用者对环境的需求为例。通过对历史数据的观察发现，在大部分时间，用户的舒适温度区间较为稳定，但是在一些情况下，用户的舒适偏好会相比平时出现较大变动，例如：早上刚上班进入办公室时、天气出现剧烈变化时（大幅度降温、下雨）等。在这些情况下，用户会对室内环境提出更为苛刻的要求，比如早上刚进入室内时，供冷季会希望室内更凉快，供暖季则会希望室内更为温暖，其实这也与现在许多学者提出的观点热舒适是随着热不舒适的部分消除而产生的不谋而合。以图 3-93 为例（数据来源为北京某项目），图中冷/热比例代表冷/热投票概率，其含义与上文公共空间中提及的投票概率相同，可以明显看出，早上 8 点～9 点（该项目上班时间为 8：30）的舒适温度（冷热投票达到平衡且相加最低）相对其他时刻偏低 1.5℃，如图 3-93 所示。

但与使用者偏好相矛盾的是许多办公室的空调由用户本地控制，这也就意味着，在人到达办公室时，室内温度并不能让用户满意；当然还有一些项目物业会采用固定的时长进行提前开机，但手动设定难以寻找通用的时长，容易出现冷量供给冗余或舒适温度无法达到的情况。因此我们研发了基于历史数据预测不同办公空间提前开机时长的算法作为解决手段。以风机盘管系统为例，我们使用历史上早晨风机盘管的设备开启情况、档位、供水温度、室内温度、室外温度等参数作为数据集，其中开启风机盘管后达到期望温度的时长作为目标值，上述的其余参数作为特征值，同时还需要考虑到房间的固有特性：例如朝向、功能类型、面积等。应用机器学习中决策树、XGBoost 等算法对其进行训练，寻找最优模型后，将模型嵌入云端算法。该算法在北京某项目上线后，可以根据外界参数以及房间特性每天早晨

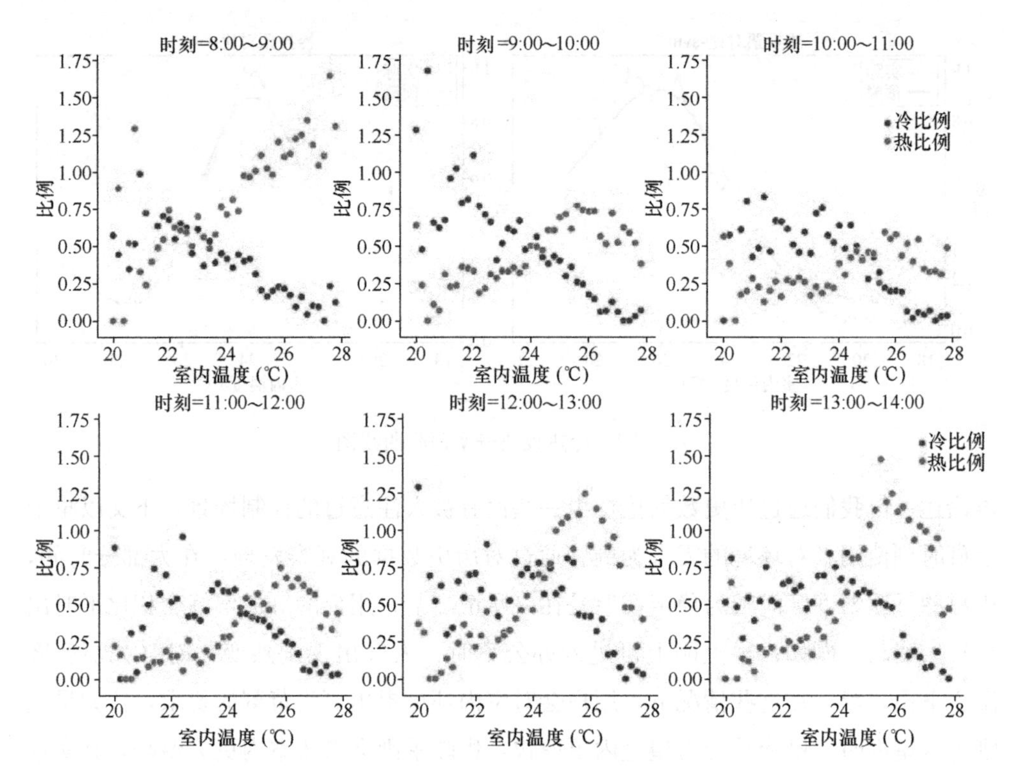

图 3-93 不同时刻冷热投票与室内温度关系图

自动计算提前开机时长，并下发给设备，整个过程不再需要用户或物业的参与。

（3）应用案例

本解决方案应用在北京某高端写字楼的环境智能控制中，通过使用者对环境的意愿表达、计算控制指令下发，营造满足个性化需求的智能办公环境。该项目建筑面积 2.4 万 m^2，共有 400 余个控制空间，使用者主要为银行、金融等行业的从业人员。

基于大数据和人工智能的办公环境控制将环境满意率大幅度提高——室内温度周达标率从原有的 63%升高到 94%。此外，通过物联网采集污染物浓度数据，以此控制新风机组运行，污染物浓度也有大幅降低，另外，从集团到单体项目的预算准确性均显著提升。同时根据物业统计，智能控制系统上线后，其收到的投诉大大减少。

为细化控制场景研发的提前开机预测算法上线后，使用者上班时刻的温度达标率达到 95%以上（部分空间末端存在缺陷），供暖季早上用户的冷投票次数降低 60%，同时因温度不满意的投诉率也大大降低，同时算法可以智能识别部分内区、东侧朝向室内温度较高的空间，这部分空间无需提前开启也可以达到目标温度，满足了室内环境舒适需求的同时，还可以降低设备能耗，据统计该项目末端能耗因提前开机算法降低 13.5%。

4. 基于冷量预测的商业建筑冰蓄冷系统优化控制

近年来，随着计算机技术的不断发展，人工智能（Artificial Intelligence，AI）和大数据成为当下非常热门的一个话题。而在建筑领域，传感器技术和数据存储/交换技术的快速发展也为建筑环境与能耗方面积累了大量的基础数据。合理有效地应用人工智能与大数据的分析方法和计算工具，能够发掘建筑大数据中的有效信息，解决建筑设计和运维过程中的关键问题，更高效地服务于建筑节能。

在商业公共建筑领域的人工智能应用，目前已有大量的技术研究和工程实践。从相关的实际工程问题出发，借助人工神经网络、决策树、聚类分析、强化学习、深度学习等方法，发掘和解决了包括建筑运维智能调控、系统故障诊断、城市建筑节能改造潜力分析等方面的各类工程实践问题。本部分以基于人工智能的商业建筑冰蓄冷系统冷量预测和优化控制为案例，对人工智能在商业公共建筑中的应用进行探讨。

冰蓄冷系统是一类常见于商业办公建筑的系统形式，在城市峰谷电价的约束条件下，利用夜间低谷电价进行制冰蓄冰，并在日间的高峰时段释冷供冷，降低系统能源费用，同时从城市电网的角度削峰填谷，缓解电力供需不匹配。而在冰蓄冷系统运行过程中，一个关键问题是如何提前预知下一日日间高峰时段的总冷量，同时在日间合理分配释冷，既满足高峰时段的用冷，又最大化降低能源费用。因此，冷量预测和基于预测的蓄冷系统优化控制，成为一个重要的技术手段，而人工智能的方法可以很好地解决这一问题。

以北京市某大型商业办公建筑的冰蓄冷系统冷量预测和优化控制为例，首先对 2021 年供冷季的运行数据进行预测分析。以室外干球温度、室外相对湿度、太阳辐射、星期/时刻数据为输入参数，采用并分析了包括人工神经网络（ANN）、随机森林（RF）和梯度提升决策树（XGB）等人工智能算法，对办公建筑和商场建筑的冷量进行预测分析。通过对比发现 XGB 算法在该案例的冷量预测效果最好，误差最低。同时对预测模型进行了输入参数敏感性分析和选择优化、历史样本量分析优化和预测窗格分析优化，最终基于 XGB 算法的人工智能冷量预测模型在 2021 年供冷季的整体预测相对误差为 12.1%。图 3-94 展示了 2021 年 8 月 21 日至 9 月 3 日两周时间内该商业办公建筑案例的冷量预测结果。

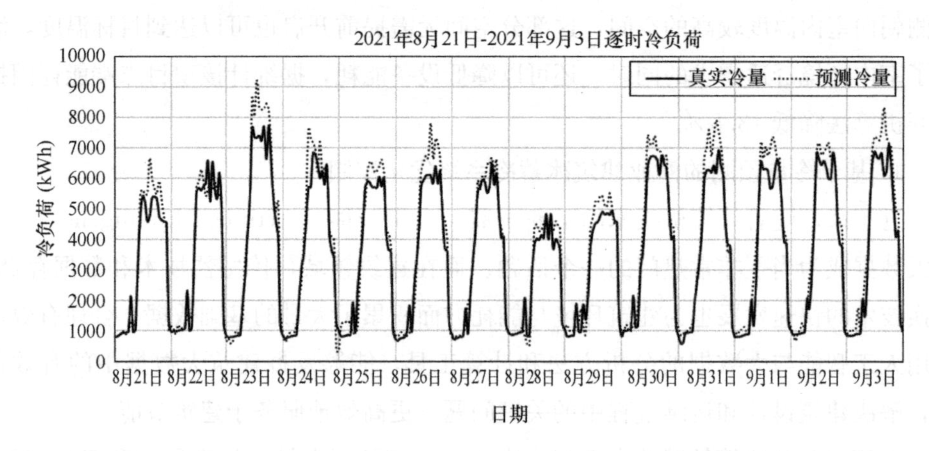

图 3-94 北京某商业办公建筑 2021 年 8 月 21 日至 9 月 3 日预测冷量与实际冷量对比

基于预测冷量，可以有效指导冰蓄冷系统的蓄冷和释冷控制策略。根据阶梯电价定价，结合冰蓄冷系统的容量和释冷速率，动态决策夜间蓄冰总量和日间释冷策略，可以实现在夜间多蓄冰，并在日间基于预测冷量，在保证高峰时段释冷用冷的前提下，将多蓄存的冷量在平价时段释放，从而进一步降低能源费用。图 3-95 以 2021 年 8 月 17 日的冰蓄冷系统优化控制策略为例进行对比，可以看出，基于人工智能预测的冷量值，优化策略在夜间增加了蓄冰量，并在保证日间峰时用冷的前提下额外地在 16 时、18 时和 23 时释冷供冷，从而降低了 23.5%的能源费用。

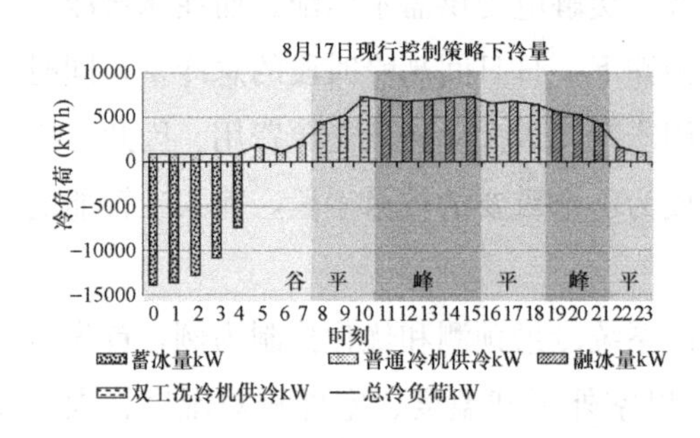

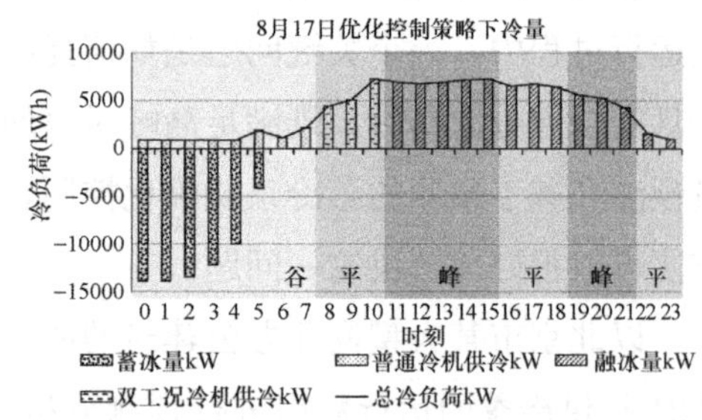

图 3-95 该商业办公建筑案例基于冷量预测的优化控制策略与现行固定策略的对比

从 2021 年整个供冷季而言，在该案例中基于人工智能的冷量预测和优化控制策略相比传统的固定模式策略可以节约 11.25 万元的能源费用，能源费用解决率可达 29%，如图 3-96 所示。

目前基于人工智能的冷量预测和优化控制系统已经在该案例建筑中进行了实地部署和运行测试，达到了很好的蓄冷系统运维效果。人工智能技术在故障诊断、节能改造分析等方面同样具有很大的应用潜力和前景，在未来公共建筑的智能运维和

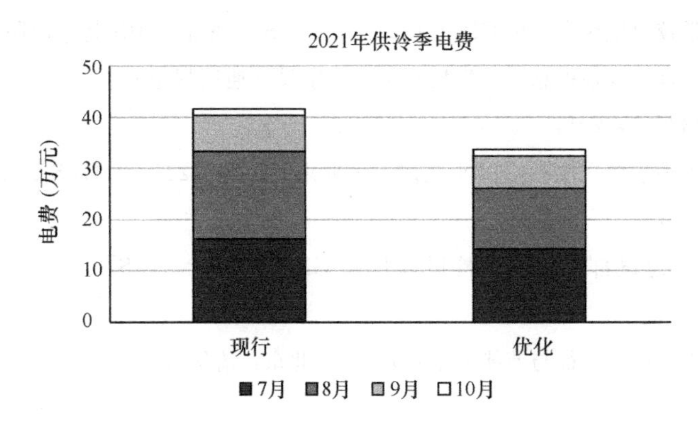

图 3-96 该商业办公建筑案例 2021 年供冷季能源费用对比

节能分析中也将发挥更加重要的技术支撑作用。

本章参考文献

[1] 余琼，徐宏庆，李丹. 冬奥场馆冰场制冷系统制冷剂适宜性分析[A]. BIAD70 周年院庆学术论文集[C]. 2019，9-17. 北京市建筑设计研究院有限公司. 北京：中国建筑工业出版社.

[2] 王珊，肖贺，王鑫，等. 北京市 21 家市属医院基础用能设备能耗现状及节能建议[J]. 暖通空调，2017，47(2)：48-53.

[3] Cai C R，Sun Z W，Weschler L B，Li T T，Xu W，Zhang Y P. Indoor air quality in schools in Beijing：Field tests，problems and recommendations[J]. Building and Environment，2021，205：15.

[4] Daisey J M，Angell W J，Apte M G. Indoor air quality，ventilation and health symptoms in schools：an analysis of existing information[J]. Indoor Air，2003，13(1)：53-64.

[5] Fisk W J. The ventilation problem in schools：literature review[J]. Indoor Air，2017，27(6)：1039-1051.

[6] Peng Z，Deng W，Tenorio R. Investigation of Indoor Air Quality and the Identification of Influential Factors at Primary Schools in the North of China[J]. Sustainability，2017，9(7).

[7] 中国建筑研究院. 健康建筑评价标准 T/ASC 02—2016[S]. 北京：中国建筑工业出版社，2016.

[8] 中国质量检验协会. 中小学教室空气质量规范 T/CAQI 27—2017[S]. 北京：中国质检出版社，2017.

[9] 教育部. 中小学教室空气质量和控制规范(征求意见稿)2021[S].

[10] 卫生部. 中小学校换气卫生标准 GB/T 17726—2017[S]. 北京：中国标准出版社，2017.

[11] 卫生部. 学校卫生综合评价 GB/T 18205—2012[S]. 北京：中国标准出版社，2012.
[12] 国家质量监督检验检疫总局. 学校安全与健康设计通用规范 GB 30533—2014[S]. 北京：中国标准出版社，2014.
[13] 卫生部. 中小学校采暖教室微小气候卫生要求 GB/T 17225—2017[S]. 北京：中国标准出版社，2017.
[14] 住房与城乡建设部. 中小学校设计规范 GB 50099—2011[S]. 北京：中国标准出版社，2011.
[15] 杨乐. 地铁站用能特征与节能策略研究[D]. 北京：清华大学，2017.

第 4 章　关键技术手段

4.1　围护结构技术

真空保温板是一种新型的绿色建材，热工性能好，导热系数低，在相同的保温效果下，厚度相较主流材料可以降低 50%以上，是目前最先进的保温材料之一。除保温效果好，它还具有防潮防水性，几乎不吸水不透水，对抹灰层保养抗裂也有一定帮助，更有利于保证整体建筑节能效果，在防水要求高的屋面保温系统也有很好的应用。目前真空保温板单价较高，但施工费用较低，施工过程中对铺装顺序、搭接做法要求、固定方式等都应严格要求。

4.1.1　真空保温板简介

真空保温板（简称 STP 板）是由超细二氧化硅、添加剂、助剂配置而成的芯材与高强度复合阻气膜通过抽真空封装技术复合后制成的一种超薄型保温板。真空保温板芯材主要有粉体芯材和玻纤芯材，粉体芯材采取二氧化硅为材料的真空保温板，导热系数相对较高，主要应用在墙体保温；而玻纤芯材的真空保温板导热系数较低，主要应用于冰箱、冰柜、冷藏车的节能保温。图 4-1 为外墙用真空保温板的外观照片。

图 4-1　真空保温板的外观照片

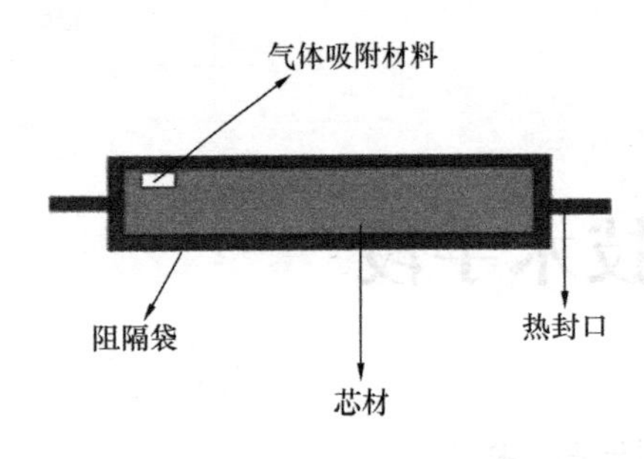

图 4-2 STP超薄真空保温板的构造示意图

STP板的构造主要是由无机纤维芯材与高阻隔复合膜通过超强真空处理、科学的封装技术制成，见图4-2。①阻隔袋：是无机纤维布、铝箔和多层致密材料复合而成的，承担着STP板材外围防护和固定的作用。②芯材：是微孔性无机材料加多种添加物组合而成。③气体吸附材料：主要作用是为防止STP板在使用过程中有小部分的空气渗漏到内部，通过在内部放置吸气剂，可以将这部分的气体吸收掉，延长板材寿命。

4.1.2 真空保温板的保温原理

热量的传递方式主要有3种，即热对流、热传导和热辐射。STP板对这3种方式的传热都有一定的阻隔：①采用不良导热体芯材破坏热量的传导，STP板选用的无机芯材经过科学的配方，属不良导热体，把物体之间的热传导降到最低。②采取超强真空对热对流造成破坏，将气流的流动传热降到最低。③利用铝箔对热辐射进行反射。

4.1.3 真空保温板的性能特点（表4-1～表4-4）

STP板的主要性能指标 **表4-1**

项目	指标	检验结果
单位面积质量（kg/m^2）	≤10	3～10
拉伸粘结强度（MPa）	≥0.10	0.12～0.15
热导率[W/(m·K)]	≤0.008	0.004～0.008
燃烧性能	A级	A级

STP板与传统保温热导率对比 **表4-2**

材料名称 项目	STP板	聚氨酯	膨胀聚苯板	岩棉板	无机保温砂浆	发泡水泥板
热导率[W/(m·K)]	≤0.008	≤0.024	≤0.041	≤0.040	≤0.070	≤0.060

STP板与传统保温燃烧性能对比 表4-3

项目＼材料名称	STP板	聚氨酯	膨胀聚苯板	岩棉板	无机保温砂浆	发泡水泥板
燃烧性能	A级	B1级	B1级	A级	A级	A级

与传统保温厚度对比 表4-4

项目＼材料名称	STP板	聚氨酯	膨胀聚苯板	岩棉板	无机保温砂浆	发泡水泥板
厚度（mm）	10	30	50	50	80	70

4.1.4 超薄真空保温板存在的问题

（1）无法现场裁切，一旦裁切，真空腔就漏气，失去保温效果。

（2）施工受环境影响大，施工工期长。STP板在大风和雨、雪、大雾天气不得施工；环境温度低于5℃时不得施工；夏季高温时不宜在强光下施工。在STP板粘贴完毕后，正常养护条件下应不小于12h，在STP板板缝处理完毕后，静置12h以上再刮抹专用抹面胶浆；在抹面层完成后，不得挠动，静置养护不少于24h/7d（涂料/面砖），才可进行下一道工序的施工，在寒冷潮湿气候条件下，还应适当延长养护时间，否则会破坏产品品质。

（3）复合阻气膜在施工现场复杂的环境条件下，在施工时极易发生磕碰，工人在施工时、抹灰时使用的钢制抹子和批刀易造成STP板破坏；采用吊篮施工时，吊篮靠墙一侧的边角和突出部位未做防护处理，施工过程中对已粘贴的STP板碰撞破坏；STP板粘结时用砖块、木条等坚硬物敲击固定，造成STP板破损漏气，这些施工过程中的失误会使得外保温系统出现渗水、空鼓等现象，造成饰面层脱落。

（4）使用寿命不稳定。STP板的使用寿命和效果与真空度的保持密切相关，STP板材外部采用由多层材料复合而成的高强度复合阻气膜，具有高阻气性，通过试验计算每平方米在60年内透气量必须≤3.56g，通过在每块STP板材内部放置吸气剂（这种材料成本高昂，很多生产厂家只是借用了这个概念），就可完全吸收透入的气体，保证STP板材在60年周期内其内部压强≤10Pa，而只有在这个范围内其热导率才能够保持基本不变。这项技术在生产应用中存在诸多问题，使得STP板的使用寿命并不像其理论上认为的那么长，保温效果也极易失效，外饰面层易出现起包、裂纹、空鼓、脱落等现象。技术的不成熟，导致 STP 超薄真空保温板的使用寿命不稳定，容易造成建筑物饰面空鼓，产生裂纹、脱落，给施工方及业主带来损失。

因此，建议将 STP 板作为保温芯材，通过复合外饰面层（如金属饰面）制成保温装饰一体化板，在现场进行直接安装，降低在施工过程中发生材料失效的可能性。保温装饰一体化板是工厂预制成型的具有外墙保温功能的板材，由保温芯材与装饰材料复合而成，由于贴挂在建筑的外墙面，具有保温和装饰的功能。施工难度低，受施工环境影响小，工期短。由于保温装饰一体化板都是采用工厂预制成型，现场直接安装的方式上墙，大大减少了现场湿作业的工序，明显缩短施工工期，减少成本。装饰面层采用工厂化全自动生产，不会产生在现场施工过程中由于温变、日照、雨水等因素的影响而产生的形变，稳定性更好，施工寿命会更长。

4.1.5 相关规范要求

目前与真空保温板相关的技术标准可参考：①山东省工程建设标准《STP 真空保温板建筑保温系统应用技术规程》DB37/T 5064—2016；②《建筑用真空保温板应用技术规程》JGJ/T 416—2017。

4.1.6 应用案例简介

北京市建筑设计研究院 C 座科研楼，建设于 1982 年，总建筑面积 8651.9m^2，改造完成时间为 2020 年，已经投入使用。本项目作为国内首个近零能耗改造项目，是既有建筑近零能耗改造的首次尝试和探索。为了增强其保温效果，外墙采用复合式保温体系，其中即含有真空保温板的应用。

在建筑西北外墙内侧增加 80mm 厚岩棉板＋30mm 厚 STP 真空绝热板，部分楼层外侧增加 40mm 厚岩棉板；东、南外墙采用真空绝热板＋岩棉的复合式龙骨构造墙，此时外墙平均传热系数可达约 0.21W/(K·m^2)，见图 4-3。

经过近一年的实测，本楼空调系统用电量与总用电量的比较见图 4-4。可见本项目空调系统的能耗比参照建筑降低了 54%，空调、照明和电梯的总能耗比参照建筑降低了 62%，达到了近零能耗建筑设计标准，验证了此保温材料的热性能和可靠性。

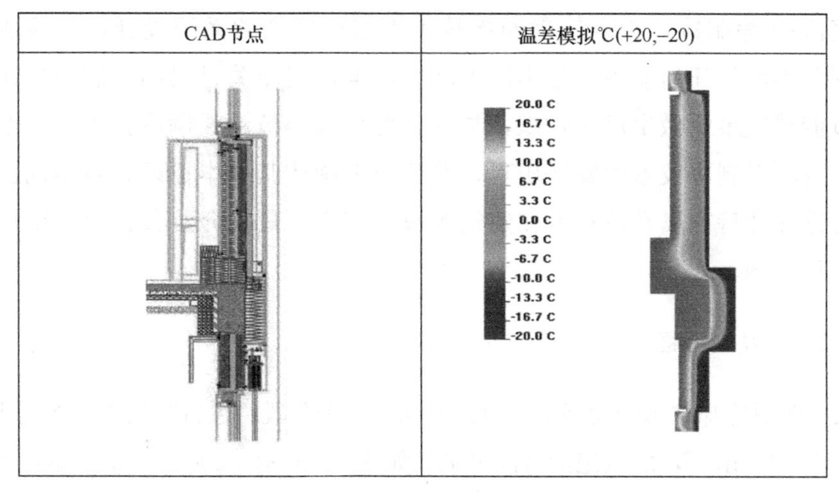

图 4-3 改造建筑外墙保温节点设计

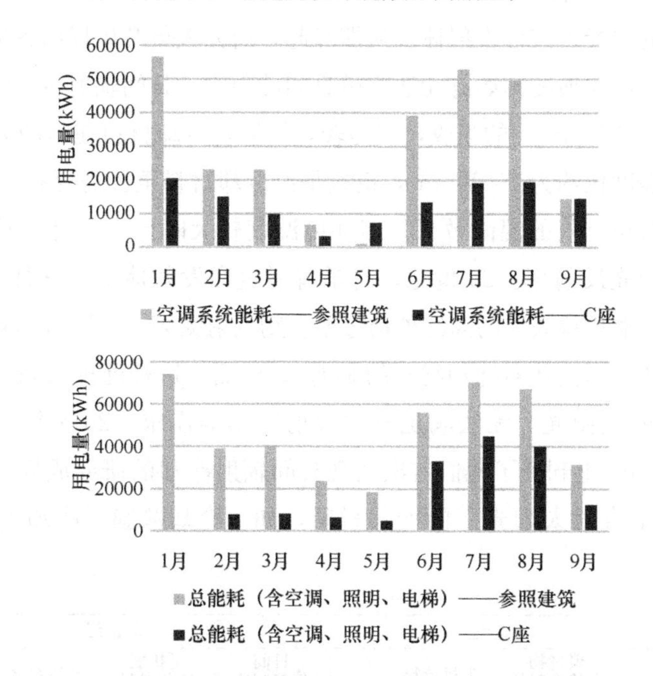

图 4-4 北京市建筑设计研究院 C 座科研楼能耗与参照建筑的比较

4.2 选择性表面辐射技术

天空辐射制冷技术以温度为 3K 的外太空为冷源，依赖 8～13μm 的“大气窗口”为通道，将地面上物体的热量以电磁波的形式散发到外太空。相较于传统的蒸汽-压缩制冷，天空辐射制冷技术不需要复杂的系统设计，制冷成本低廉，同时不消耗任何能源，且不产生环境污染，其相关材料的研制与应用将对我国节能减碳事业做出巨大贡献，是一种可持续的被动式制冷技术。本节首先概述天空辐射制冷技术的发展历程，然后详细阐述其基本原理、对不同波段电磁波的选择性特征以及该技术在建筑领域的应用，最后介绍其在建筑中应用的实际工程案例。

4.2.1　发展历程

天空辐射冷却技术的发展历程可以概括为三个阶段：远古时期的自然利用、20世纪的夜间应用以及21世纪的日间突破，如图4-5所示。200多年前，有些国家就采用晴朗夜间辐射冷却来生产和储存冰。1959年，Head首次提出可用于增强夜间辐射冷却效果的选择性红外发射体。从那时起，研究人员开始提出各种增强辐射冷却强度的方法，但辐射冷却始终无法突破日间的限制。日间辐射冷却需要考虑高强度的太阳光（1000W/m^2）的吸收，但是较好的辐射冷却材料在晴朗天空环境温度下辐射冷却的强度仅约为100W/m^2，也就是说冷却材料至少需要有90%的太阳光反射率，才能取得有效的温降效果；当环境湿度较大时，冷却材料甚至需要拥有95%以上的太阳光反射率。20世纪，有学者通过在发射体上方增加一层由ZnO、ZnS等高反射纳米颗粒嵌入的高红外透过聚合物反射太阳光，同时起到保护冷环境的作用（降低非辐射换热对冷却材料的影响）。然而，这种处理太阳光的方式最多仅能反射85%的太阳光，无法满足日间辐射冷却的需求。2014年，斯坦福大学Fan等人在Nature上刊登了他们首次实现日间辐射冷却的研究成果，随之相继出现了多种可用于直射太阳光下的冷却材料，如：冷却薄膜、冷却木材和冷却涂料等。

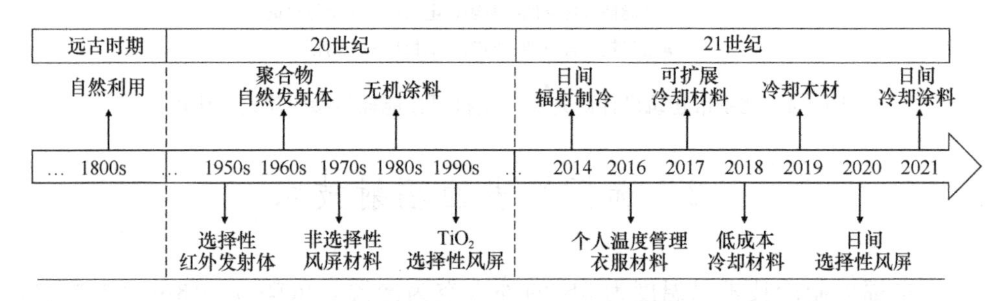

图4-5　天空辐射制冷技术的发展历程

4.2.2 技术特点

(1) 基本原理

任何绝对零度以上温度的物体均会对周围环境产生热辐射。研究表明，天空辐射制冷无时无刻不在进行着，地表不断向外太空发射大约 10^{17} W 的热辐射，这些能量理论上可以满足人类所有的生产和生活对能源的需求。但是对于辐射冷却技术，除冷却材料本身的热辐射功率外，太阳光辐射、大气辐射以及周围介质的非辐射换热都对其净辐射冷却功率产生影响，可以通过公式

$$P_{net}(T_{amb},T_r)=P_{rad}(T_r)-P_{solar}-P_{atm}(T_{amb})-P_{nonrad} \tag{4-1}$$

计算净辐射冷却功率，其能量平衡示意图如图 4-6 所示。

其中，$P_{net}(T_{amb},T_r)$为冷却材料的净辐射冷却功率，W/m^2；T_{amb}和T_r分别为环境温度和发射体表面温度，K；$P_{rad}(T_r)$为发射体的中红外辐射强度，W/m^2；P_{solar}、$P_{atm}(T_{amb})$和 P_{nonrad}分别为发射体吸收的太阳光强度、大气辐射强度和物体与周围环境的非辐射换热功率，W/m^2。

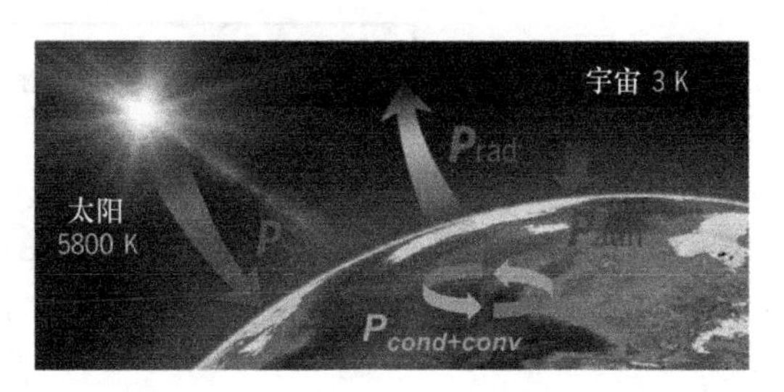

图 4-6 天空辐射冷却技术能量平衡示意图

热辐射的大小与其构成物质的电子振荡和跃迁释放的能量密切相关，与该过程温度有关。吸收的太阳辐射强度主要受材料的太阳光吸收率和当地太阳辐射强度影响。大气层由各种气体组成（如水蒸气、二氧化碳、臭氧和 PM2.5 等），不同的气体吸收不同波段的电磁波，如图 4-7 所示，从而削弱地球到外太空的热辐射，但在不同气体吸收峰之间存在电磁波高透波段（8～13μm），称为“大气窗口”。恰巧，常温下黑体辐射峰值的波段处于大气窗口内，便为以外太空为冷源的天空辐射制冷

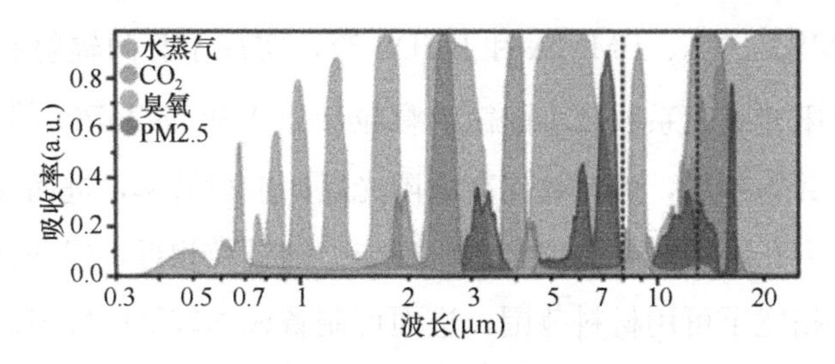

图 4-7 不同大气组分的电磁波吸收率

技术提供了有效辐射通道。同时，如果物体与周围环境存在温差，则会有非辐射换热的能量流动，主要包括与周围环境的对流和导热。当材料工作温度高于环境温度，如光伏冷却等，非辐射传热有利于散热，当发射体工作温度低于环境温度，如建筑冷却，低温冷却等，非辐射换热不利于发射体降温。

（2）选择性特征

从影响冷却效果的各辐射能量密度来看（图 4-8），太阳辐照强度远大于中红外热辐射强度，同时冷却材料与大气的辐射换热也限制了天空辐射制冷的实际效果。因此，想要实现有效的冷却效果，必须尽量减少其对太阳光的吸收和与大气的辐射换热。这就意味着，冷却材料需要对不同波长的电磁波，如：太阳光波段和中红外波段（尤其是大气窗口），具有选择性的光谱特性。

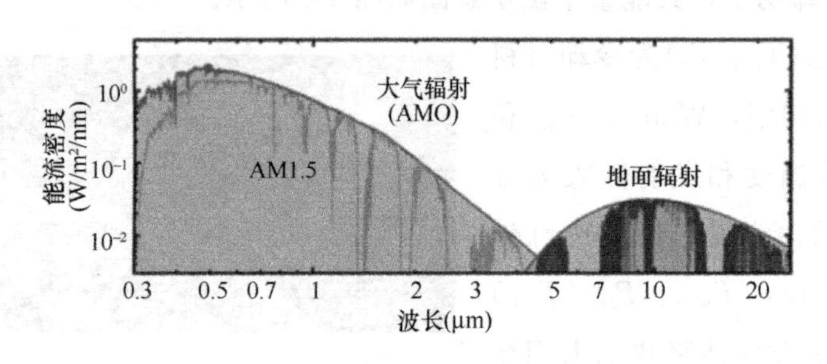

图 4-8 辐射能量密度图

1）太阳光波段

冷却材料通过降低对太阳辐射的吸收率，提高天空辐射冷却效果。材料可通过金属层反射、微纳颗粒散射和多孔散射等方式反射太阳光，各材料的太阳光反射率如图 4-9 所示，内嵌图为不同材料的结构示意图。其中，金属银涂层可反射绝大部分太阳光，使辐射冷却材料可以取得较高的太阳光反射率。2014 年，Fan 等人采用银涂层与多层光子结构结合，取得了 97%的太阳光反射率和 40.1W/m^2的冷却功率，首次实现了日间辐射冷却。自此，多个团队采用银涂层与不同发射材料结合的形式，如 PDMS、SiO_2、PMMA 和 PVDF 等，实现了日间辐射制冷；微纳颗粒散射反射利用太阳光吸收系数较小的微纳颗粒（TiO_2和 $NaZnPO_4$等），通过调控颗粒粒径、填充系数等参数，可有效提高太阳光反向散射效率，进而提高冷却材料的太阳光反射率；多孔结构散射太阳光的机理与微纳颗粒相近，但该种形式降低对微纳颗粒的依赖，拓宽了可用材料范围，进而可制备成本较低的辐射冷却材料，推动天空辐射冷却技术的实际应用。

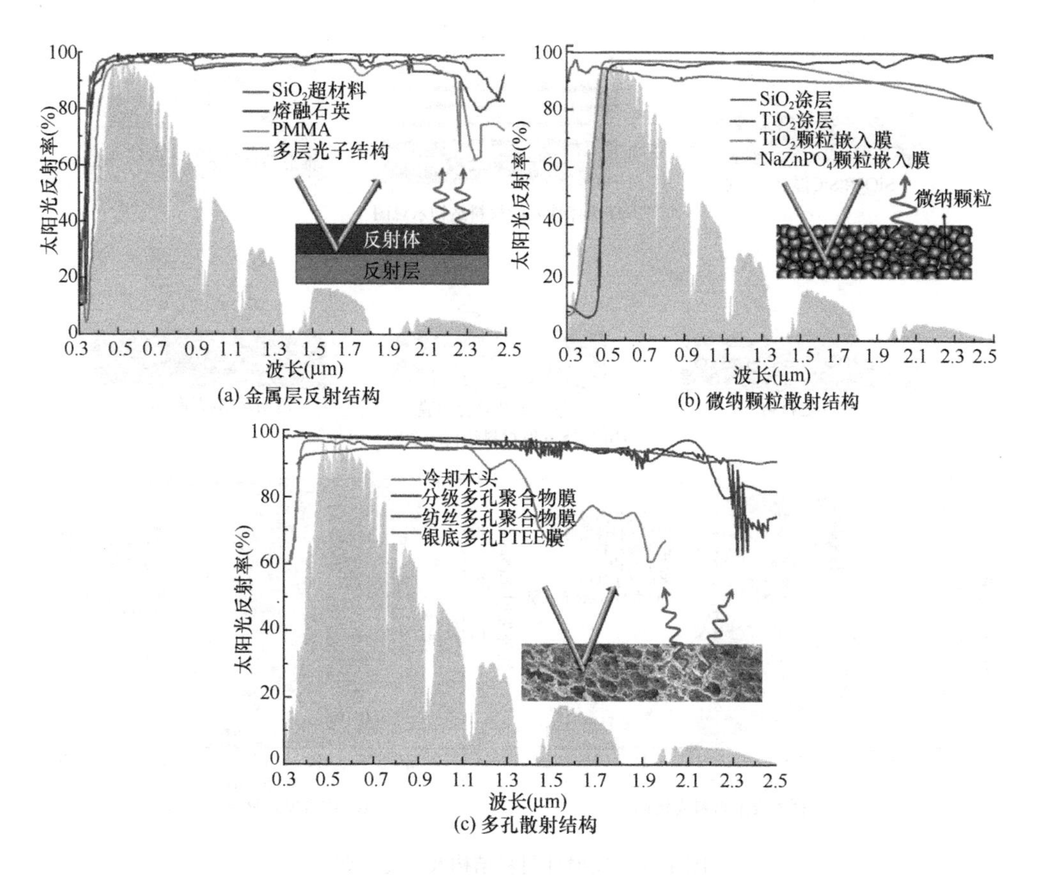

图 4-9 冷却材料不同处理太阳光辐射的方式

2）中红外波段

① 发射材料

根据中红外发射光谱是否集中分布在大气窗口（8～13μm）内，可将发射性材料分为选择性发射材料和广谱发射材料，两种材料的结构特征和光谱特性如图 4-10 所示。选择性发射材料的峰值发射率集中在 8～13μm，可以更有效利用大气窗口优势，因此可用于低温辐射制冷领域。但是此类发射材料需要严苛的光子结构设计，如图 4-10(a) 所示，材料尺寸通常较小，且成本过高，实际应用效果有限，有待进一步研究；而理想的广谱发射体在整个中红外波段的发射率几乎接近于 1，此类发射材料可通过 SiO_2 超材料和成本较低的聚合物，如 PDMS、PMMA 和 PVDF 等制得，延展性更高，适宜大规模应用，当在环境温度附近时，可获得更大的冷却功率，制冷效果更佳。

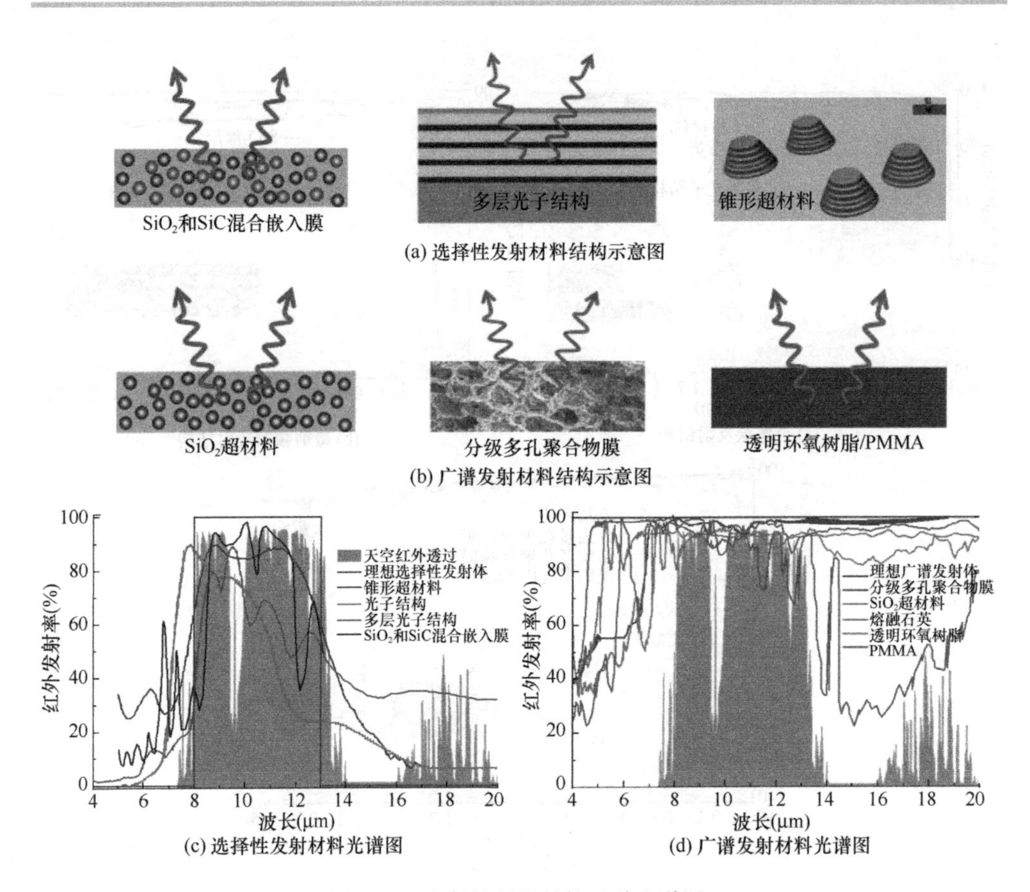

图 4-10 发射性材料结构及其光谱图

② 透射材料

具备太阳光反射特性的透射性材料为日间辐射冷却处理太阳光提供了新的思路，该材料在反射太阳光的同时，对中红外辐射（尤其在 8～13μm 的大气窗口）波段内具有较高的透过率。因此，即使将其与无太阳光反射特性的发射材料组合时，也可以实现日间辐射冷却，降低了辐射冷却材料对太阳光反射特性的需求。目前可以实现光谱选择性的透射材料可以归纳为四类：嵌入微纳颗粒的聚合物薄膜、纳米颗粒涂料、多层无机物薄膜和多孔结构聚合物，各种材料的结构示意图如图 4-11(a) 所示。在图 4-11 中，A 在透射性聚合物基体中嵌入相对折射率较高的无机物颗粒，使得复合薄膜在太阳光波段表现出高反射率，同时在大气窗口低反射。基于该方法，提出了多种以 PE 为基体材料的选择性透射性材料，钛、铝、钙、锌等多种金属粒子的氧化物或碳酸盐常被考虑用作被嵌入的粒子；B 除了将纳米颗粒嵌入到高分子聚合物基体中，还可以将其直接喷涂于冷却对象表面，作为一种太阳光反射性涂料。相较于嵌入粒子，涂料颗粒更加细小，常采用纳米尺度颗粒，对太阳光波段的电磁波更加敏感，散射效果更好。但是随着涂层厚度的增加，薄膜对太阳光的阻挡作用逐渐增强，但大气窗口透射率也随之降低。其中，TiO_2是常见的反射性涂料；C 多层无机物薄膜一般由高介电常数、低带隙的半导体材料制成，通过控制单层材料及其厚度，改变整个薄膜的辐射特性；D 多孔结构聚合物薄膜利用与太阳光波长相近的孔隙来散射太阳光，从而提高薄膜的太阳光反射率。为了便于比较以上不同类型风屏材料的光学特性差异，图 4-11(b) 为部分典型选择性透射性材料的大气窗口及太阳光波段的平均透射率，其中实心标记为实际制备的材料，空心标记为模拟计算结果。图中灰色箭头方向（左上角）为选择性透射材料的理想光学特性（即高大气窗口透射率和低太阳光透射率）。由图 4-11 可知，选择特性由低到高依次为：非选择性 PE 薄膜、嵌入微纳颗粒的聚合物薄膜、纳米颗粒涂料、多层无机物薄膜和多孔结构聚合物薄膜。

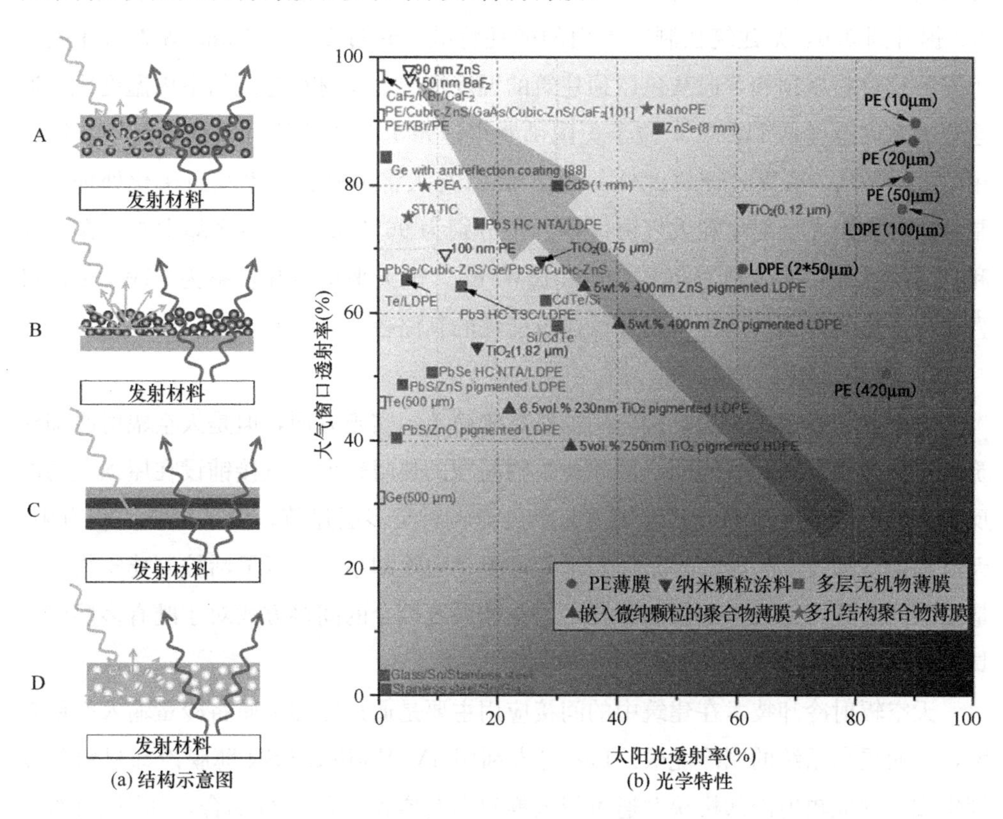

(a) 结构示意图　　(b) 光学特性

图 4-11　选择性透射材料

(3) 建筑领域应用

为获得舒适的室内环境，建筑通常使用空调、风扇、冷气机等制冷装置来降低室内温度，显著增加了建筑能耗。高能耗直接导致以CO_2为代表的温室气体的过量排放，又进一步加剧了气候变暖。据统计，建筑供冷系统消耗了全球15%的电力，排放了全球10%的温室气体。因此将天空辐射制冷技术应用于建筑领域，可助力建筑节能减碳。一般来说，建筑物中辐射冷却技术的应用可以分为直接应用和间接应用两种方式。

1) 直接应用

直接应用通常将冷却材料直接铺设于建筑围护结构外表面，如冷却屋顶。冷却屋顶是一种具有高太阳反射率和热发射率的辐射性屋顶表面，虽然不能实现低于环境温度的冷却，但对降低屋顶温度，减少屋顶负荷，节约建筑能耗仍有一定潜力，尤其适用于屋顶面积较大的建筑。如果屋顶的太阳辐射波段反射率由目前的0.1～0.2提升到0.6，则建筑在制冷方面的能耗将减少超过20%。Yang等人对比测试了安装超材料屋顶和普通灰色屋顶建筑的温度情况，超材料建筑的室内温度比普通建筑的室内温度低11.2℃，位于美国佛罗里达州奥兰多的超材料建筑每年在制冷用电上可节省91kWh/m^2。此外，2019年Li等人将木材脱木素和致密化处理，研制了一种太阳光反射率和大气窗口发射率分别为96%和95%的冷却木头，在夜间和日间的冷却功率分别为63W/m^2和16W/m^2，全天平均冷却功率为53W/m^2，可直接用于建筑外围护结构，是降低建筑能耗的新路径。

2) 间接应用

辐射冷却在建筑上的直接应用虽然系统简单，实施方便，但是天空辐射冷却建筑一体化应用存在一些问题，例如建筑物屋顶的热阻较大，直接铺设在屋顶上的高反射冷却材料只能部分降低建筑物的冷负荷。对于多层建筑，由于屋顶面积有限，天空辐射冷却技术不能满足整体需求，需要辐射冷却系统可以灵活控制建筑物的冷量输入。因此，将天空辐射制冷技术与空调系统耦合的间接方式对于既有多层建筑具有较好的应用前景。

天空辐射冷却技术在建筑中的间接应用主要是通过冷却工质将冷量输入空调系统，从而提高系统的制冷能效。Fan等人利用3M Vikiuiti ESR薄膜冷却材料与盘管集成，制成辐射冷却模块并通过板式换热器与空调系统进行耦合，如图4-12(a)所示。研究表明，若60%的屋顶面积采用该种辐射模块，拉斯维加斯一栋3300m^2的办公建筑整个夏季可节省电量14.3MWh，相当于整个夏季制冷电耗的21%。由于辐射冷却模块在夜间不受太阳辐射的影响，一般会有更大的净冷却功率，而此时室内需冷量较低，因此可以将其与蓄冷系统耦合，储存冷量，在日间用冷峰值提取冷量接入空调系统，从而最大限度利用辐射冷却冷量，进一步降低制冷能耗。Zhao 等人采用 SiO_2 嵌入聚合物的冷却材料与多通道模型集成的冷却模块，如图 4-12(b) 所示。采用该模块后，制冷系统可节电 32%～45%，可见采用蓄冷系统与辐射冷却模块结合能进一步提高节能效果。

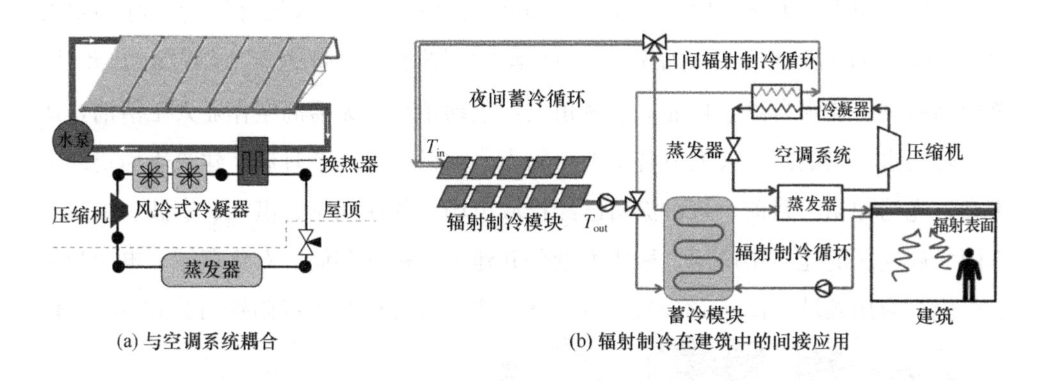

图 4-12 辐射制冷在建筑中的间接应用

4.2.3 实际工程案例

在建筑领域应用辐射冷却技术需将冷却材料依附于建筑外表面（主要为屋顶面积），由此便引发关于建筑表面合理利用的技术选择问题：常见的如利用太阳辐射进行光伏发电从而减少室内用电负荷，或者反射太阳辐射利用冷却材料降低围护结构表面温度从而减少室内冷负荷。那么，如何高效利用有限的建筑外表面便成为一个值得探讨的问题。目前，光伏发电技术在太阳辐射良好的条件下可转化 $100W/m^2$ 的电能。相对而言，虽然冷却材料在大气透过性良好的条件下可直接实现 $100W/m^2$ 的左右制冷功率，但经过建筑围护结构传热，作用于室内的冷量大打折扣，这部分冷量节约所对应的电耗节约与光伏发电带来的电量收益之间的关系，就需要进一步核算。因此，辐射冷却技术在建筑中的应用需要因地制宜地考虑具体的气候条件、建筑类型以及用能需求等多方面因素，将辐射冷却技术放到建筑表面资源综合利用的更大视角下进行分析，以便更好地发挥辐射冷却技术的有效性。

目前多种商用辐射冷却材料已经得到开发并在实际工程中得到应用，本节介绍两种辐射冷却技术在建筑中常见的实际工程案例。

（1）超双疏自清洁制冷涂料

涂料在其发展初期，主要是涂于物体表面，起保护、装饰或掩饰部分缺陷的作用。而辐射制冷涂料是一种新型涂料，能够对太阳光进行高反射，减少建筑围护结构的太阳得热，同时自发地进行辐射散热降温，把物体表面的热量散发到太空中去，降低物体的温度，确保了建筑内部空间能保持持久恒温的状态。

中国建筑西南设计研究院有限公司研制的超双疏自清洁制冷涂料，可以实现98.6%的太阳光反射率，中红外2.5～16μm辐射率95%，大气窗口8～13μm辐射率99%，在抑制对流换热的情况下，夏季中午制冷功率高达154.8W/m^2。此外，该产品还具有疏水自清洁功能，接触角大，滚动角小，无需高空作业人工清洁，灰尘可随雨水自然滚落，大大节省了人力物力，项目完工一个月后，建筑表面仍纤尘不染，光洁如初。目前，该种涂料已经投放市场，并在北京、湛江、宁波、烟台等不同气候地区的建筑中应用，聚焦大型公共建筑、粮食存储、石化存储、电力与通信设施等应用领域。图4-13(a)、(b) 分别是该涂料在四川资阳铁塔公司4G通信

(a) 四川资阳铁塔公司4G通信基站

(b) 中储粮某直属库浅圆仓

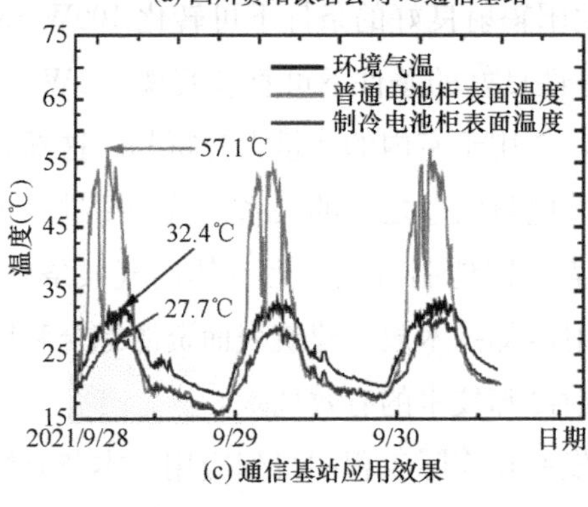

(c) 通信基站应用效果

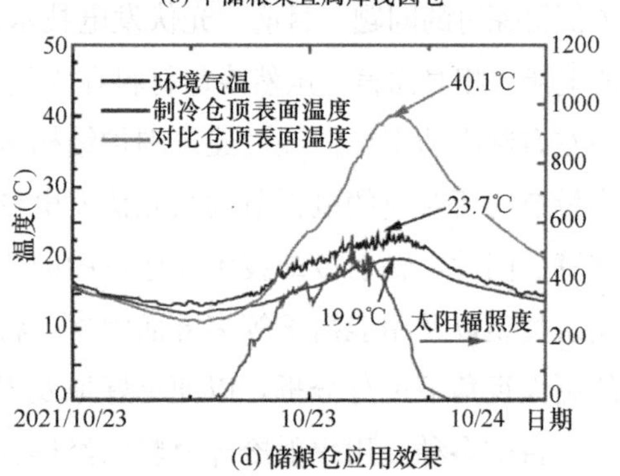

(d) 储粮仓应用效果

图4-13 超双疏自清洁制冷涂料工程案例

基站和中储粮某直属库浅圆仓的应用案例，图 4-13(c)、(d) 分别为其对应的应用效果。涂敷制冷涂料后，建筑表面一直低于环境温度，涂敷于电池柜和设备柜表面温度，并远低于普通机柜，最大制冷温差可达 29.4℃，节电率分别为 56.76%和 26.78%，总机组节电率为 38.78%；涂敷制冷涂料仓顶表面温度比对比仓顶表面温度低 20.2℃，即使连续阴雨天气后，涂覆制冷涂料的仓内粮堆内部温度比对照仓降低 6.06℃。

(2) 辐射制冷薄膜超材料

宁波瑞凌新能源材料研究院有限公司研制了一种辐射制冷薄膜超材料。超材料对太阳光谱全透明，在室温下具有近似黑体的红外发射率，结合超薄金属膜可反射 96%的太阳光。在太阳直射下，表面温度可降 7.5℃，制冷功率平均为 117W/m^2。在杭州萧山机场廊外表面应用该制冷薄膜后，如图 4-14(a) 所示，冷却廊桥顶部外表面与对比廊桥相比，最高温差高达 35.5℃，廊桥玻璃内侧附近空气温差 14.7℃，廊桥内中间区域温差 5.3℃。此外，该材料目前还应用于厂房、仓库、冷库、发电站点机房等领域。

(a) 杭州萧山机场廊桥应用

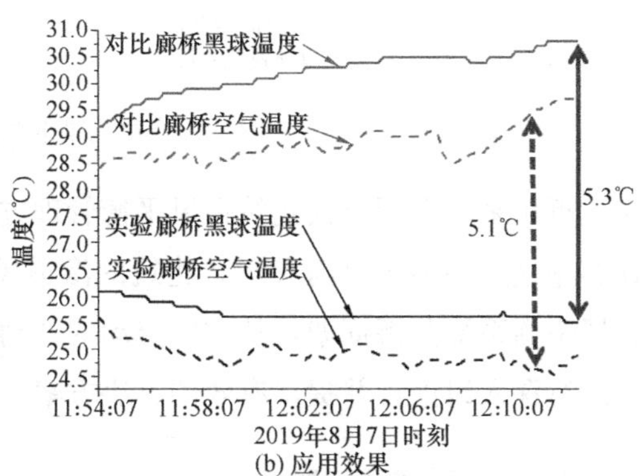

(b) 应用效果

图 4-14　辐射制冷薄膜超材料工程案例

4.3　公共建筑风平衡管理

公共建筑通常拥有巨大的室内空间，设置有复杂的暖通空调系统。在各种运行工况下，其可能采用不同的通风模式，如过渡季利用自然通风排热、冬季减少无组织渗透风以减少耗热量、疫情等特殊情况下采用机械和自然通风强化室内换气等。同时，暖通空调系统通常是该类建筑运行能耗的最大组成部分，并直接影响室内人员的舒适与健康。因此，做好风平衡管理对于公共建筑的节能低碳运行有重大意义。

在空调系统供给机械送回风的基础上，建筑风平衡管理主要关注的是室内外之间的空气流动（即通风或渗透风）。图 4-15 汇总了建筑室内外之间空气流动的主要影响因素，即室外环境、建筑本体和空调系统。室外环境因素一般难以随意改变，因此实际中多从建筑本体和空调系统两部分着手进行风平衡管理。从室内外之间空气流动的机理角度看，余下两部分影响因素可归结为“阻力”（建筑气密性）和“动力”（空间形式和空调系统）两方面。

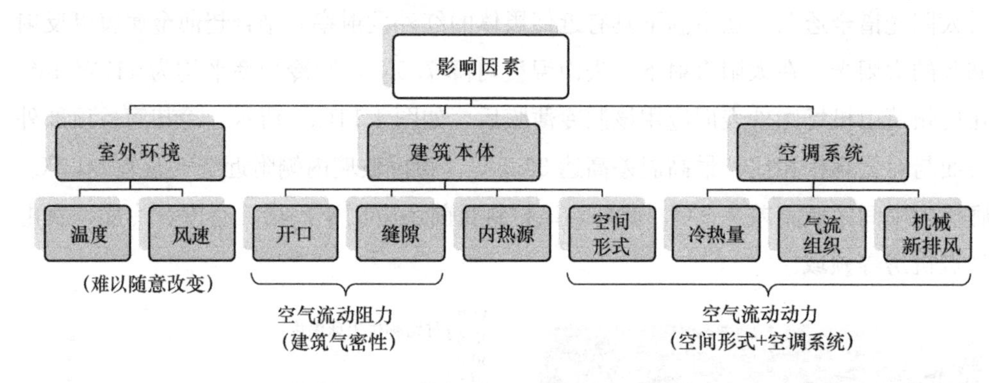

图 4-15　建筑风平衡的系统分析框架

近年来，我国公共建筑在风平衡管理方面涌现出的主要问题是机场航站楼、高铁客站这类多出入口高大空间建筑的渗透风与通风。本节将基于图 4-15 所示的建筑风平衡系统分析框架，从空气流动的“动力”和“阻力”两方面出发，对上述问题进行深入讨论，并提出有效的解决方案。

4.3.1　现状及问题

随着城镇化的快速发展和“一带一路”战略对基础设施建设的推动，我国涌现出大量具有多出入口高大空间特征的建筑，其中以机场航站楼、高铁客站等交通建筑作为典型代表。

交通建筑是一类具有特殊功能的公共建筑。其主要是满足人们使用不同交通工具过程中的基本需求，如进出站、办票、等候等；同时存在各种商业活动以提升服务品质，如餐饮、购物、休闲等。多种需求造就其建筑特征：单体建筑面积往往达到几万至几十万平方米；出于视觉体验和建筑美学要求，其通常设计为高大空间建筑。如图 4-16 所示，其室内高度一般在 5～40m。其中还存在大量跨层连通空间

（如出发层和达到层之间的扶梯走道、中庭等），使得室内垂直连通高度甚至达到40m以上，而人员一般仅在各楼层近地面2m内活动。此外，交通建筑中存在大量与室外环境连通的通道。图4-17给出了实地调研我国典型高大空间交通建筑过程中发现的各类建筑开口，可主要归类为顶部开口（如屋面缝隙、天窗/侧高窗开口、顶部检修门等）和底部开口（如各楼层外门、行李转盘开口、地下通道等）。对于底部开口，目前建筑外门虽然多采用自动门，但由于连续客流和“前置安检”要求，外门一般频繁开启甚至常开。对我国12座高大空间交通建筑中外门开启情况的测试发现，其开启时间占运营总时间的比例平均为86.7%。

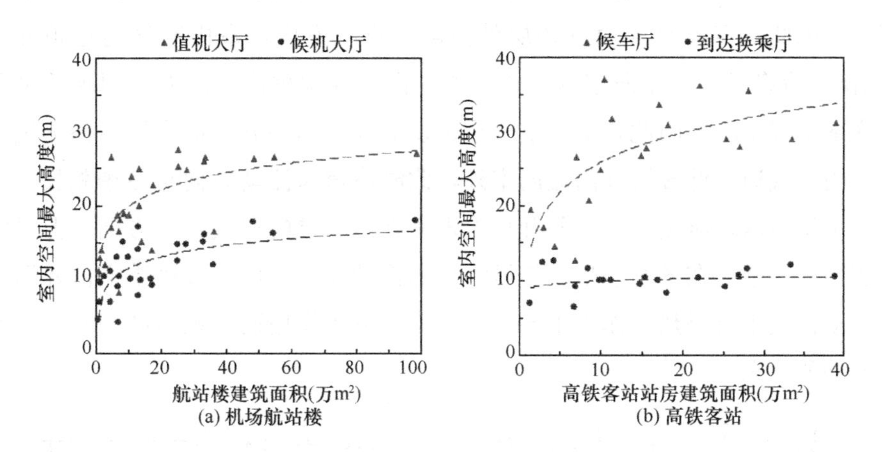

图4-16　典型高大空间交通建筑的室内空间高度

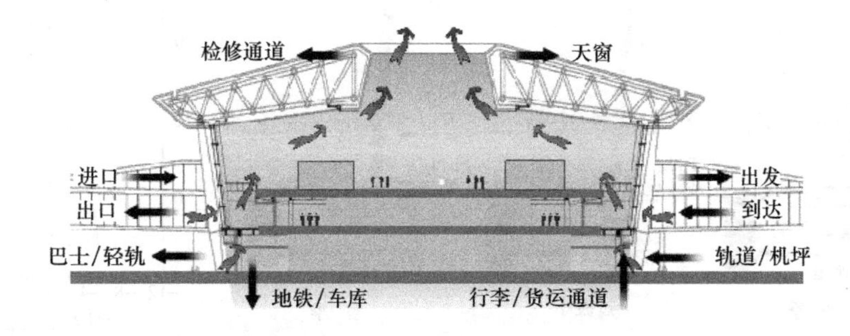

图4-17　高大空间交通建筑中常见的底部和顶部开口（空气流向以供暖工况为例）

因为交通建筑具有多出入口、高大空间的特点，实测发现我国的机场航站楼和高铁客站普遍存在严重的渗透风问题。在大量室外空气侵入的情况下，高大空间室内呈现出非均匀的热环境特征。在冬季渗透风影响下，采用射流送风的高大空间呈现出显著的热分层现象。空调控制区内垂直方向的温度非均匀分布，且一般均低于设计温度；而空调控制区以上空间的温度较高且较为均匀。采用辐射地板供暖的案例则有所不同，虽然有渗透风的影响，室内全空间垂直方向的温度较为均匀。在夏季渗透风影响下，室内供冷的高大空间均呈现出显著的热分层现象。由于射流送风冷空气下沉，空调控制区内垂直方向的温度较为均匀。采用辐射地板供冷案例的垂直温度梯度最大。另外由于太阳辐射的作用，夏季高大空间顶部的温度往往高于室外温度。

室内热环境的实测结果体现出渗透风的流动特征具有季节性差异，采用微压差计测量室内外压差的分布，可以直观展现渗透风的流动模式。图 4-18 给出三个季节某航站楼室内外压差的垂直分布。在冬季，高大空间底部呈现负压，而顶部呈现正压。因此，室外空气通过各层外门渗透进入室内，室内空气通过顶部开口（如天窗、检修门等）流向室外。在夏季，由于空调供冷，高大空间顶部呈现负压，底部呈现正压。因此，室外空气通过顶部开口和部分高楼层外门渗透进入室内，室内空气通过低楼层外门流向室外，此时渗透风流动方向与冬季相反。在过渡季，由于室内外压差较小，各开口上未呈现出主导的空气流动方向。上述实测结果表明：渗透风在冬夏季呈现热压主导的流动模式；由于过渡季室内外温差较小，流动模式不再以热压作为主导，可能受到风压作用而呈现出同一开口上空气双向流动的状态。

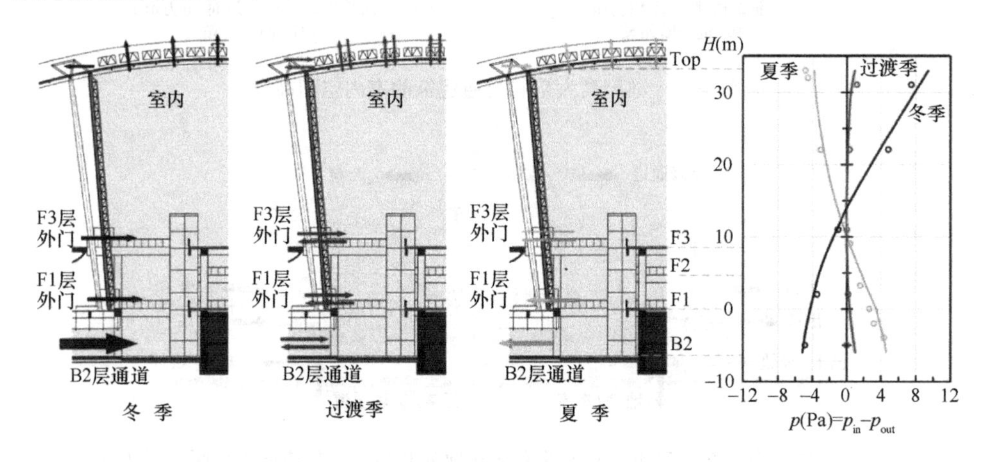

图 4-18　某航站楼典型季节渗透风流动模式及室内外压差垂直分布

利用多种渗透风测试方法（如风速测试法、示踪气体法、CFD 模拟法和热量平衡校核法等）可对渗透风量进行较准确的估计。以图 4-18 所示航站楼为例，实测渗透风量最大值出现在冬季供暖工况，换气次数达 0.56h^{-1}；其次是夏季供冷工况，换气次数达 0.37h^{-1}。两者均高于设计机械新风量（0.20h^{-1}）。在冬夏季，空调系统通过供给热量/冷量增加室内外温差，即增加渗透风的热压驱动力，可见空调系统会加剧高大空间的渗透风。再者，冬季典型日的渗透风负荷占比为71%，甚至和空调供热量相当（64%）。假如没有渗透风，理想情况下仅靠内热源发热量可基本抵消围护结构传热量，实现“零能耗供暖”。此外，冬季渗透风通过外门流入各楼层，直接影响人员活动区的热舒适。上述案例冬季人员活动区的PMV仅在−2.58～0.55（平均值为−1.2）。夏季典型日渗透风负荷占比（26%）明显低于冬季，主要负荷为内热源产热（37%）和围护结构传热（33%，含太阳辐射加热围护结构的影响）。

因此，渗透风是交通建筑高大空间空调能耗和室内环境的关键影响因素。采用类似方法开展大量实测后发现，该类建筑的渗透风问题普遍存在，冬季尤为突出。表4-5汇总了典型交通建筑高大空间冬季渗透风的实测结果，并以M2为例给出风平衡情况（图4-19）。测试期间机械新风系统几乎关闭，长时间开启的外门造成了严重的冬季渗透风（换气次数为0.06～0.56h^{-1}），室内CO_2浓度维持在极低水平（平均为478～682ppm），渗透风耗热量占供热量的比例为23%～92%。有效降低该类建筑的冬季渗透风量，将会产生巨大节能潜力。

交通建筑高大空间冬季渗透风及其影响的实测结果　　表4-5

编号		A3	D2	E2	E3	M2	H1&H2	R1
室外温度（℃）		−0.4	6.0	0.8	2.5	8.9	4.0	2.8
外门开启时间占比		94%	79%	87%	88%	99%	87%	55%
平均CO_2浓度（ppm）		598	654	548	478	507	560	584
机械新风开启情况		关闭	关闭	关闭	关闭	关闭	关闭	关闭
渗透风量	（万m^3/h）	2.5	22.3	16.0	14.5	69.8	41.1	11.3
	（h^{-1}）	0.06	0.36	0.45	0.18	0.56	0.41	0.33
渗透风消热量/供热量		23%	73%	70%	57%	92%	76%	

上述严重的渗透风问题在该类建筑的设计阶段是否得到了妥善考虑呢？笔者对比分析了我国26座航站楼的设计空调负荷拆分结果。在空调设计阶段，通常认为建筑门窗和外围护结构气密性良好，而机械新风在空调负荷中占据很大比例，冬季为60%～80%，夏季为30%～50%。然而，表4-5中的实测结果证明了冬季渗透风在实际运行中几乎完全替代了机械新风，而夏季时也多采用最小新风模式。因此，目前高大空间交通建筑空调系统的设计和实际运行存在巨大差异，需要针对其中的渗透风问题提出有效的应对方法。

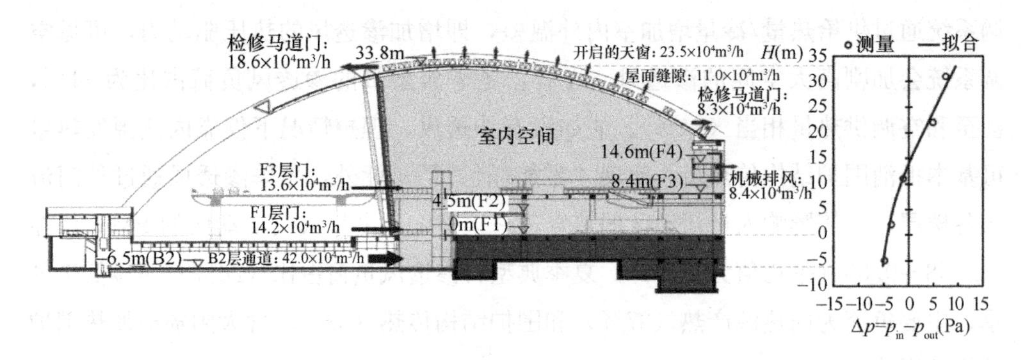

图 4-19　交通建筑高大空间风量平衡测试（以 M2 冬季日间为例）

4.3.2　应对方法

一般应对多出入口高大空间渗透风的方法是改善建筑的气密性，如改变门窗开启方式、设置门斗、使用外门空气幕等。基于建筑风平衡系统分析框架（图 4-20），一般的应对方法主要是从空气流动的“阻力”角度出发，主要停留在“关门”“堵漏”的层面。然而“动力”是渗透风产生的根本原因，对其进行深入分析有助于从源头解决问题。为了达到更好的渗透风削减效果，应从“阻力”和“动力”两方面着手，系统性地提出渗透风应对方法。

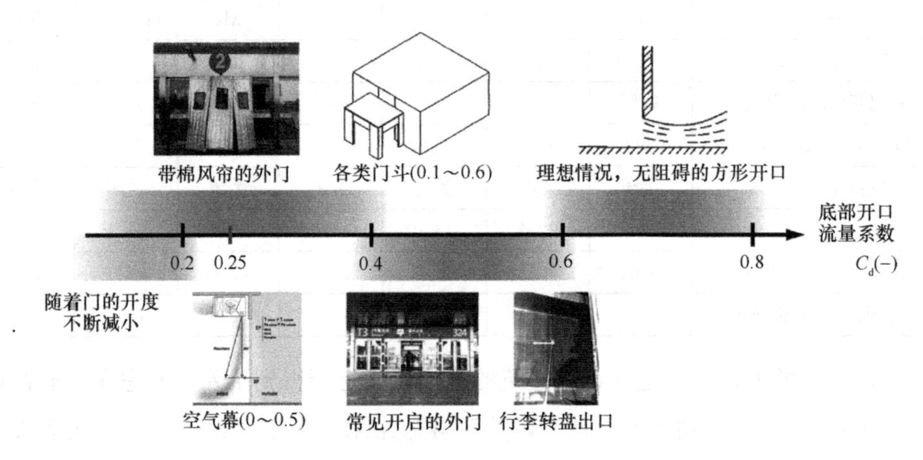

图 4-20　交通建筑高大空间底部开口流量系数 C_d 的标尺

“阻力”主要由建筑开口决定，可从顶部开口（天窗、检修门等，主要位于建筑屋面）和底部开口（建筑外门、行李转盘口等，主要位于各楼层人员活动区）着手提出应对方法。“动力”主要由主导的热压驱动力和空调系统机械新排风造成的机械驱动力决定，可从建筑有效高度和空调系统着手提出应对方法。

1. 阻力：建筑气密性（底部开口）

对于底部开口，可采用下式来刻画空气流量（m）和开口两侧压差（Δp）之间的关系：

$$m_{\mathrm{b}}=C_{\mathrm{d,b}}A_{\mathrm{b}}\cdot\sqrt{2\left|\Delta p_{\mathrm{b}}\right|\cdot\rho}$$

其中 C_{d} 为底部开口的流量系数。在开口面积（A）给定的情况下，采取不同方法降低 C_{d}，可实现增加空气流动阻力，减小渗透风量。可将不同开口形式的 C_{d} 实测值标注在标尺上进行比较，如图 4-20 所示。理想方形开口的 C_{d} 一般为 0.6～0.8；由于交通建筑中开口前后通常存在如人员、安检设施、装饰物等各种阻碍，实际该类建筑中常开开口的 C_{d} 一般为 0.4～0.6；若对外门增加各类阻隔设施，可进一步降低 C_{d}，如设置门斗或多层外门（一般为 0.1～0.6）、安装棉风帘（可降至 0.25）、安装空气幕（与空气幕送风参数和室内外压差相关，实验和模拟数据显示 C_{d} 可在 0～0.5 变化）。随着开口开度的不断减小，C_{d} 将不断减小。

2. 阻力：建筑气密性（顶部开口）

由于高大空间建筑的顶部开口通常数量较多且形式各异，难以对其分别描述，因此可将底部开口公式中的开口面积（A）改写为屋面面积（F_{r}）用于刻画顶部开口，具体如下：

$$m_{\mathrm{exf,o}}=C_{\mathrm{d,t}}A_{\mathrm{t}}\cdot\sqrt{2\left|\Delta p_{\mathrm{t}}\right|\cdot\rho}=C_{\mathrm{d,r}}F_{\mathrm{r}}\cdot\sqrt{2\left|\Delta p_{\mathrm{t}}\right|\cdot\rho}$$

其中 $C_{\mathrm{d,r}}$ 为屋面开口的流量系数。在屋面面积（F_{r}）给定的情况下，采取不同方法降低 $C_{\mathrm{d,r}}$，可实现增加空气流动阻力，减小渗透风量。可将采用风量平衡法得到 $C_{\mathrm{d,r}}$ 实测值标注在标尺上进行比较，如图 4-21 所示。当发现交通建筑高大空间

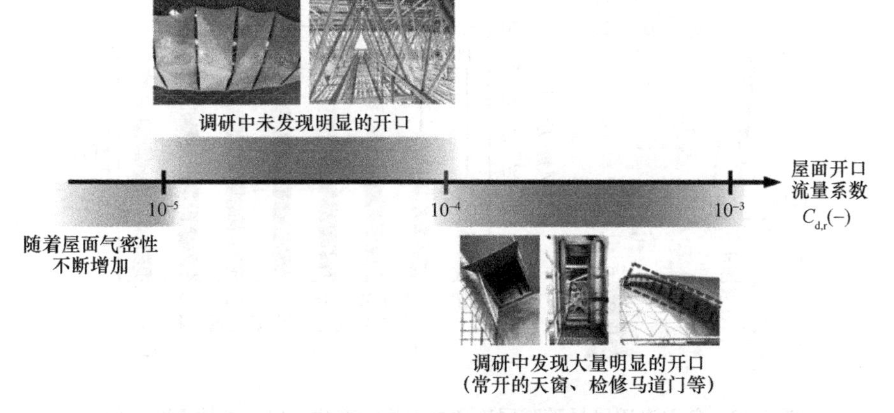

图 4-21 交通建筑高大空间屋面开口流量系数 $C_{\mathrm{d,r}}$ 的标尺

的屋面存在大量明显开口时，$C_{d,r}$一般在 10^{-4}～10^{-3}量级；当未发现存在大量明显开口时，$C_{d,r}$一般在 10^{-5}～10^{-4}量级。随着屋面气密性不断增加，$C_{d,r}$将不断减小。

3. 动力：室内有效高度

降低建筑的室内有效高度，可以降低渗透风的热压驱动力。高大空间交通建筑的室内有效高度主要由两部分组成，即最高楼层的空间高度和各楼层之间的跨层连通高度。

最高楼层一般是航站楼的值机大厅或高铁站的候车室。设计师通常考虑建筑美学、室内人员的视觉体验等因素，将其室内高度设计为 10～40m。为了确定实际满足人员视觉舒适的室内高度，可应用虚拟现实技术（VR）构建不同的空间模型，采用主观评价方法给出空间尺度参数的取值建议。研究结果表明，对于常见的交通建筑高大空间，视觉舒适的室内高度在 15m 以内；即使空间的进深达到 400m，视觉舒适的室内高度也未超过 20m。因此，在设计中可考虑将该类建筑高大空间的室内高度设在 15～20m。

交通建筑室内有效高度还受跨层连通空间的影响。以 M2 航站楼为例（图 4-22），值机大厅的室内最大高度为 25.4m，然而 B2 层可跨层直接连通至 F4 层，造成室内最大有效高度达到近 40m。如果能有效封闭连通空间，则可将室内最大有效高度降低 37%，从而减少跨楼层的空气流动。以 M2 航站楼为例，利用 CFD 模拟来分析减小垂直连通处面积对冬季渗透风量的影响，如图 4-22 所示。随着连通面积减小，总渗透风量降低。若能将连通空间完全封闭（采用透明材料阻断跨层空气流动），总渗透风量可降低 51%；若保留有扶梯、楼梯等连通空间（将连通面积减小为原来的 1/64，剩余 6.6m²），总渗透风量也可降低 30%。

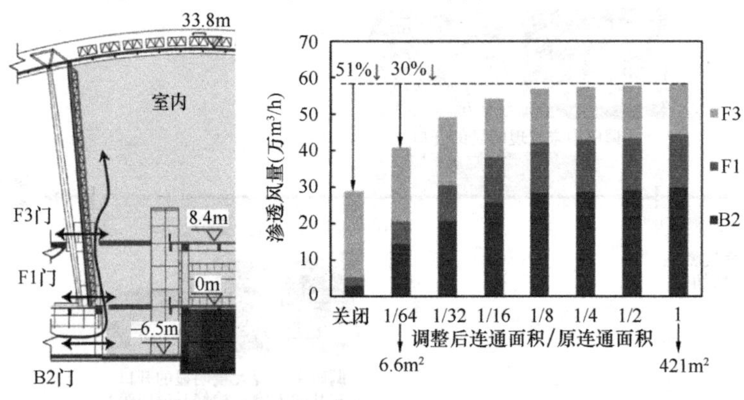

图 4-22　冬季渗透风量随跨层连通处面积的变化（以航站楼 M2 为例）

4. 动力：暖通空调系统（热压驱动力）

空调末端决定了室内主要冷热量的供给量和供给方式，营造出不同的室内垂直温度分布，影响渗透风的热压驱动力。以单体高大空间为例，采用 CFD 模拟进行定量对比分析。在控制人员活动区平均操作温度相同的情况下，不同空调末端对室内垂直温度分布和渗透风量的影响分别如图 4-23 和图 4-24 所示。

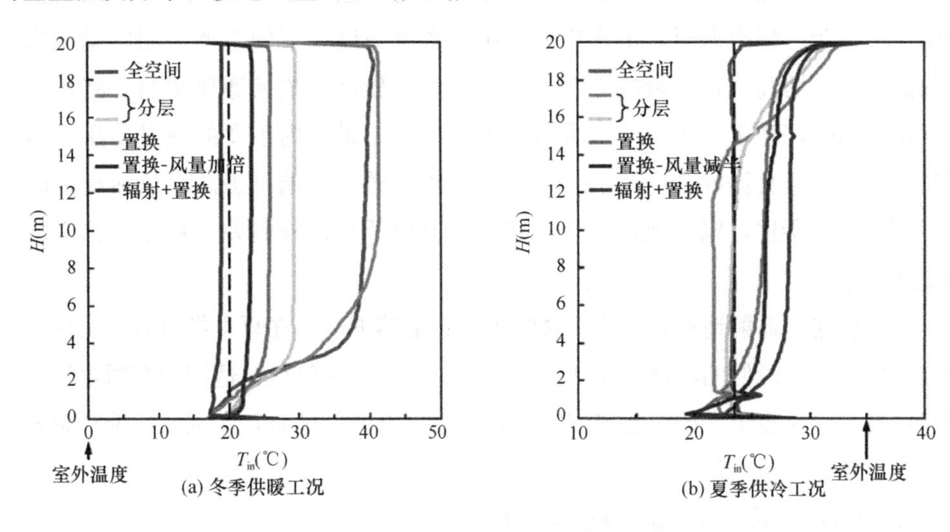

图 4-23 不同空调末端作用下单体高大空间室内垂直温度分布的比较

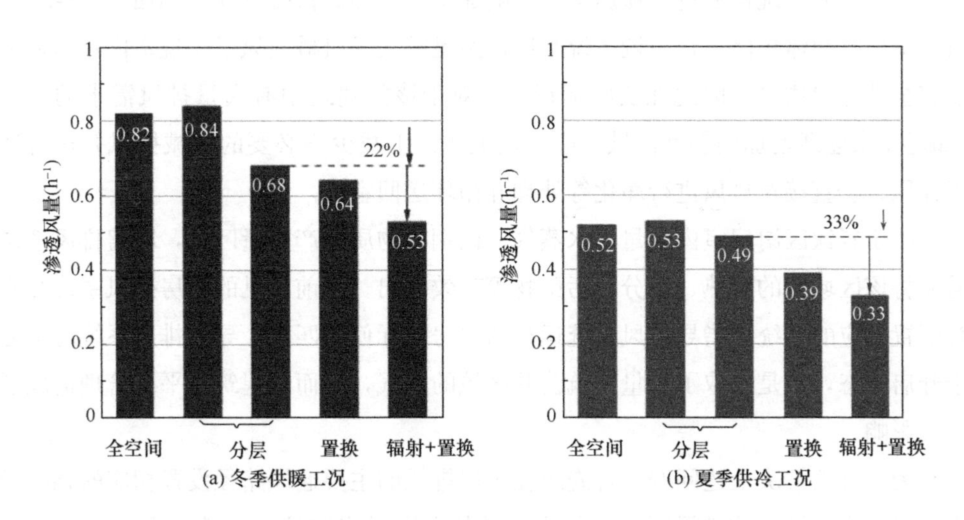

图 4-24 不同空调末端作用下单体高大空间渗透风量的比较

冬季供暖工况下，全空间空调和分层空调营造出相似的室内垂直温度分布，喷口送出的热风难以有效作用到人员活动区。置换通风相当于将送风口高度降低，可将热风直接送入人员活动区，营造出了更均匀的室内热环境。如果室内主要的热量采用辐射地板来供给，可实现最均匀的室内垂直温度分布，相比送风末端可降低人员活动区的空气温度。综上所述，辐射地板供暖可有效降低室内外温差，从而大幅降低冬季渗透风量。

夏季供冷工况下，全空间空调营造出最均匀的室内垂直温度分布。当送风高度降低而成为分层空调时，由于冷风下沉，送风高度以下的空调控制区呈现出均匀的热环境，而高温顶面造成上部空间空气温度较高。置换通风相当于将送风口高度再降低，产生了更大的室内垂直温度梯度。如果室内主要的冷量采用辐射地板供给，室内垂直温度梯度将进一步增大，相比送风末端可提高人员活动区的空气温度。综上所述，辐射地板供冷同样可有效降低室内外温差，从而大幅降低夏季渗透风量。

综上所述，辐射地板在冬季供暖时可缓解上热下冷，在夏季供冷时可实现有效分层，均实现了最低的渗透风量和空调负荷。因此，辐射地板适用于交通建筑这类多开口高大空间建筑，即在建筑气密性难以得到有效保证时，实现比传统空调末端情况下更低的渗透风量。

5. 动力：暖通空调系统（机械驱动力）

暖通空调系统还通过机械新排风影响建筑风平衡。根据图4-24中的实测结果，由于室内空间体积巨大，空调系统难以供给足够大的机械新风量实现室内正压，无法完全消除渗透风。因此在实际运行中，对于该类建筑中有大量排风需求的区域（如近年来逐渐增加的餐饮区域）应重点关注：①减少不必要的机械排风并进行适当补风；②直接对排风进行净化等处理并循环送回室内。

由于餐饮区厨房室内热量、水蒸气、油烟等物质的产生量巨大，厨房排风系统需要将该区域内的余热、水分、污染物等有效排出。目前常见的厨房排风系统并没有配置相应的系统来指导排风系统运行与厨房实际使用匹配，导致排风系统时常处于开启状态，于是抽取了大量建筑公共区域的空气，从而给建筑风平衡管理造成了巨大影响。

为了有效解决上述问题，首先应在厨房排风的主要通风路径设置相应的感应探头，对厨房区域内的排风需求进行实时监控，同时将监控信息传输至风机控制系统，并进行变频控制。该类区域的补风系统应与排风系统联动控制，避免由于排风造成的餐饮区域室内负压过大。

此外，还可直接将厨房室内排风进行处理后循环送入室内，这样可以免去排补风系统的联动控制问题。对厨房排风的处理主要是对油污、颗粒物等有害物质的过滤。此外，还需要冷却排风，同时实现对这部分热量的有效回收。可将室温自来水引入烟罩内的隔油板内腔，隔油板与隔油板之间相互串联，通过这样的隔油板对厨房烟气进行热回收。隔油板内的水被加热后送至储水罐中储存，并根据实际需求对供水流量进行调节。被加热的水还可以直接送至建筑中的生活热水器，相当于实现了预热功能，减少生活热水能耗。

4.3.3 效果分析

聚焦渗透风最为严重的冬季工况，可采用简化计算模型来分析，从“阻力”和“动力”两方面出发的应对方法对渗透风量和供热量的削减效果。如图 4-25 所示，简化计算模型包含三类典型建筑形式：单体空间建筑代表支线机场航站楼、小型铁路客站等；二层楼建筑是目前高大空间交通建筑最常见的形式，代表干线/枢纽机场航站楼、中型铁路客站等，其中 F2 和 F1 层分别为出发层和到达层；三层楼建筑代表近年来高速建设的各类综合交通枢，其中 B1 层为交通换乘层，通常也直接连接室外环境。三类建筑中的最高层均为高大空间（室内高度 10～30m），其余楼层均为相对低矮的空间（室内高度 4～10m）。不同楼层之间开敞连通，空气可无阻碍地流动。围护结构立面均为玻璃幕墙，屋面为非透光围护结构。建筑的多种开口可即设为顶部开口和底部开口。由于实地测试发现交通建筑的机械新风在冬季几乎处于关闭状态，如表 4-5 所示，因此简化计算方法仅考虑餐饮/厕所的机械排风（即图 4-25 中的 m_e）。该模型通过实测数据的检验，可较为准确地计算渗透风量与耗热量。

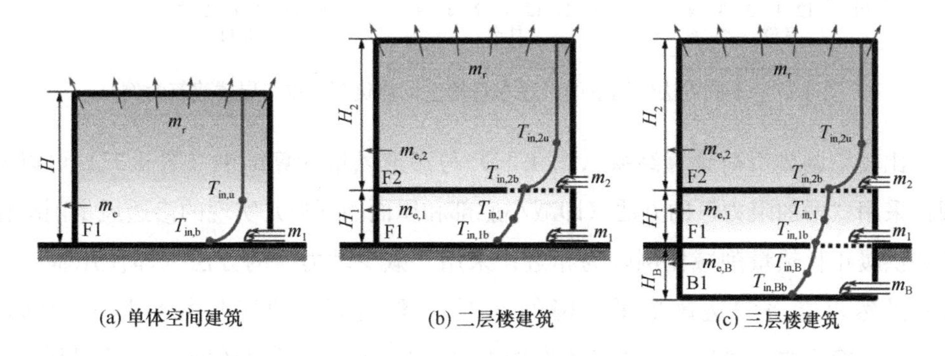

图 4-25　交通建筑高大空间冬季渗透风简化计算模型

图 4-26 给出了不同应对方法作用下的供暖季渗透风量。三种方法（即减小底

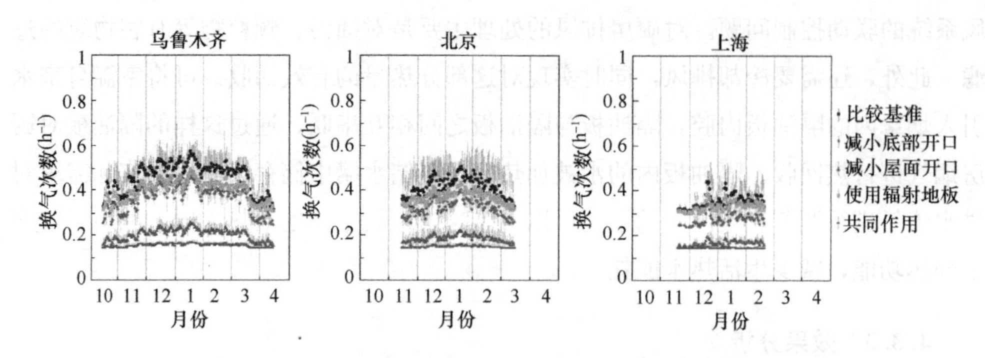

图 4-26 不同方法作用下的供暖季渗透风量的换气次数（以二层楼建筑为例）

部开口、减小屋面开口和使用辐射地板）不仅能降低逐时渗透风量，还能降低供暖季渗透风量的波动幅度。三种方法分别可将供暖季平均渗透风量降低 23.0%、52.2%和 9.4%。若同时采用三种方法，渗透风量可降低 61.4%，供暖季渗透风量将会稳定维持在较低水平（0.14～0.23h^{-1}）。

图 4-27 给出了不同应对方法作用下的供暖季日均热负荷。三种方法（即减小底部开口、减小屋面开口和使用辐射地板）分别可将供暖年耗热量降低 28.8%、65.4%和 49.0%；若同时采用三种方法，供暖年耗热量可降低 82.4%。

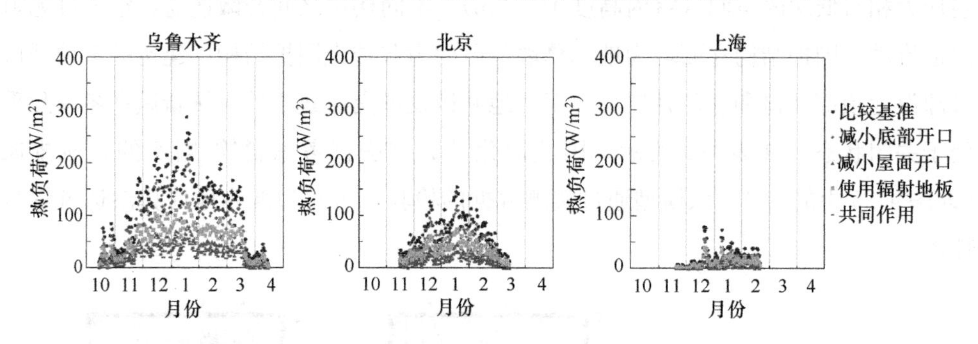

图 4-27 不同方法作用下的供暖季日均空调热负荷（以二层楼建筑为例）

比较空调热负荷计算结果（图 4-26）与渗透风量计算结果（图 4-27）可以发现：采用“增加阻力”的方法（即减小底部和屋面的开口）实现的渗透风量削减比例和供暖年耗热量削减比例较为相近；采用“减少动力”的方法（即使用辐射地板）虽然仅能将渗透风量平均降低 9.4%，但可以将供暖年耗热量平均降低 49.0%。换言之，采用“减少动力”的方法可在建筑通风量变化较小的情况下大幅降低供暖能耗。这是因为辐射地板供暖能够在渗透风量较大的情况下依旧营造出垂直方向较为均匀的室内热环境，于是从高大空间顶部渗透流出的空气温度将会低于室内存在显著热分层的情景（即采用传统送风空调末端）。以上结果说明采用“减少动力”的方法可从根本上缓解高大空间冬季渗透风的问题。另外，在建筑气密性不佳或是有较大通风需求的情况下（例如呼吸道传染病疫情时需要开启交通建筑的门窗进行通风），辐射地板可在保证自然通风量的情况下最大程度降低空调热负荷。

依据相关行业标准，可进一步分析我国不同省份高大空间交通建筑通过降低渗透风量实现超低能耗供暖或近零能耗供暖的可能性。从“增加阻力”和“减少动力”两方面出发降低高大空间交通建筑的冬季渗透风量，可在我国全部夏热冬冷地区实现该类建筑的近零能耗供暖（供暖能耗比同类建筑的现有标准降低75%），可在我国全部寒冷地区实现超低能耗供暖（供暖能耗比同类建筑的现有标准降低50%）。

4.4 高效空气源热泵供热技术

在“双碳”和“清洁供暖”的大背景下，电动式热泵成为发展重点。空气源热泵以环境空气为低位热源，具有热量“处处存在、时时可得、随需而取”的特点，已在我国“由南向北，自东向西”以多种形式在建筑供暖中规模化应用。虽然，空气源热泵以自然能源为热源，热量源自自然，取自自然，但其性能也受制于自然，“低温”和“结霜”是制约空气源热泵机组稳定运行和高效供暖的关键因素。此外，空气源热泵供暖应用效果和性能受送风形式和室外气候条件影响，在实际应用过程中存在工作区供热效率偏离实际性能、热舒适度低等问题。本节将聚焦“低温”“结霜”和“热舒适性”三大关键问题的解决措施，介绍空气源热泵在低温性能提升、有效抑霜、准确除霜、热舒适性提升等方面的技术新进展。

4.4.1 空气源热泵低温性能提升技术

传统空气源热泵在寒冷和严寒地区时，随着冬季环境温度的降低，会出现以下主要问题：①系统蒸发温度降低导致压缩机吸气比容增大，吸气量减少，空气源热泵的制热量急剧衰减；②系统冷凝温度与蒸发温度的温差增大，压缩机压比增大，制热能效下降；③随着环境温度的降低，压缩机压比不断增加，排气温度迅速升高，引起压缩机过热，压缩机难以稳定运行，当气温较低时，甚至导致压缩机电机烧毁。

为解决上述传统空气源热泵在低温运行时制热量不足、能效低和可靠性差的行业难题，格力创新性地提出在单台滚动转子式压缩机上实现带中间补气的双级压缩技术，研发出适用于寒冷和严寒地区的双级增焓滚动转子式压缩机（容积比固定），以及三缸双级变容积比压缩机，应用于低温空气源热泵机组。

1. 双级增焓滚动转子式压缩机

双级增焓滚动转子式压缩机（图 4-28）具有两个串联的工作气缸和一个内置式中间腔，与常规单级滚动转子式压缩机相比，其将制冷剂的一次压缩过程分解为两次，制冷剂在低压级气缸中压缩至中压后排入中间腔，与来自增焓部件的中压制冷剂充分混合，然后进入高压级气缸进行压缩，达到高压状态后排出。

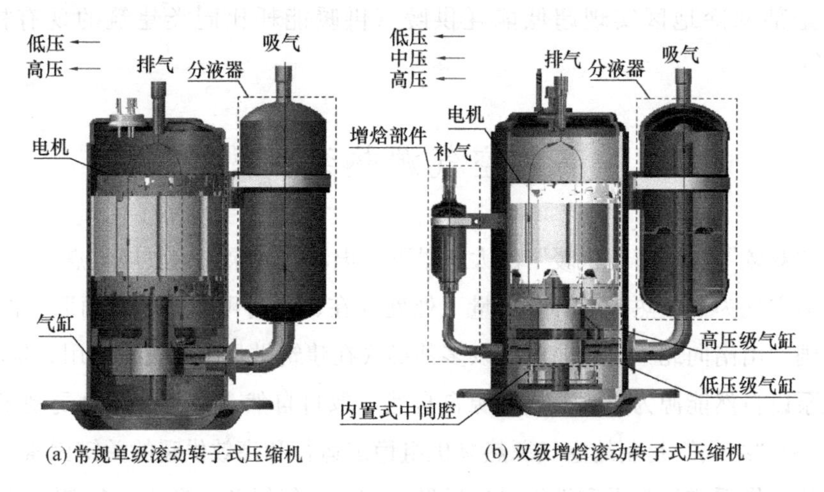

(a) 常规单级滚动转子式压缩机　(b) 双级增焓滚动转子式压缩机

图 4-28　双级增焓压缩机与常规压缩机内部结构对比示意图

双级增焓压缩循环为带闪蒸器的两级节流中间不完全冷却的双级压缩循环，同常规单级压缩循环相比（循环系统对比见图 4-29，循环压焓图对比见图 4-30），主要有以下优势：

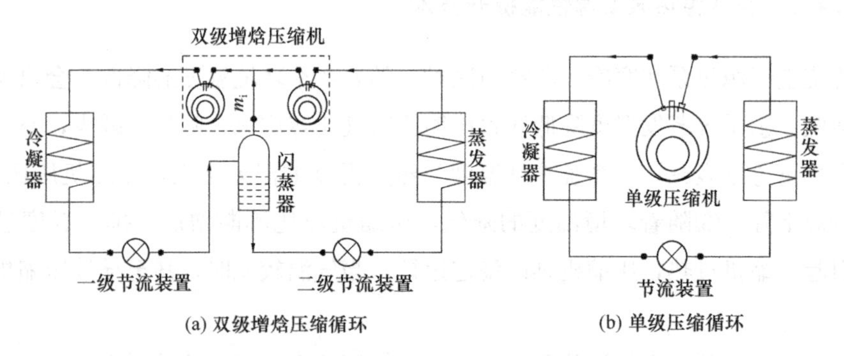

(a) 双级增焓压缩循环　(b) 单级压缩循环

图 4-29　双级增焓压缩和单级压缩循环系统对比

通过两级压缩，使每一级压缩的压比减小，提高了压缩机的效率；两级节流中间的闪发过程将气、液两相制冷剂分离，液相制冷剂进一步过冷，降低了蒸发器入口制冷剂比焓，提高了系统焓差，提升了系统的制热量；气相制冷剂通过补入压缩机高压级，增加了高压级循环的质量流量，同时降低了压缩机的排气温度，使系统提升制热量的同时，解决了压缩机低温制热排气温度高的可靠性难题。

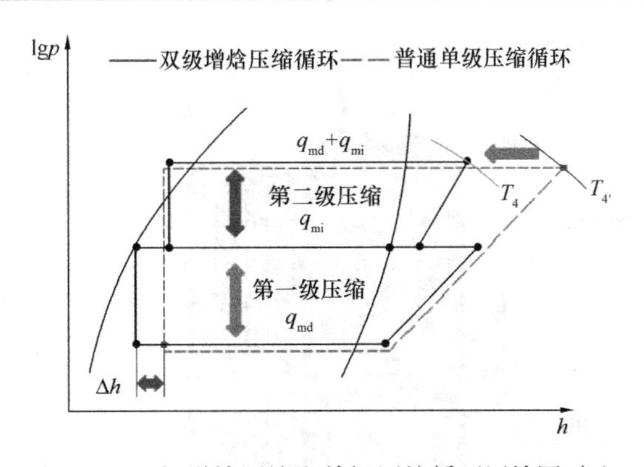

图 4-30　双级增焓压缩和单级压缩循环压焓图对比

注：q_{mi}为中间补气质量流量，q_{md}为低压及质量流量

双级增焓滚动转子式压缩机通过两级压缩和中间补气，将空气源热泵运行温度范围由－15～43℃拓宽至－30～54℃，可有效解决空气源热泵在低温环境下制热量衰减大、能效低和可靠性差的问题。

2. 三缸双级变容积比压缩机

三缸双级变容积比压缩机（图 4-31）具有两个低压级气缸和一个高压级气缸，通过增加一个低压级气缸扩大双级压缩机的排量，同时可根据系统负荷的变化调节低压级气缸的工作状态（加载/卸载），在单台压缩机上实现了变容积比的双级压缩。三缸双级变容积比压缩机系统（原理图见图 4-32）循环原理与双级增焓压缩循环相同，差异在于其具有两种双级工作模式，压缩机在轻负荷工况下采用大容积比的双缸双级模式运行，在重负荷工况下采用小容积比的三缸双级模式运行，依靠双级容积比的变化使两级间的压比分配保持在合理区间，实现了宽温工况下压缩效率的提升，将系统最低运行温度拓展至－35℃，大幅提升空气源热泵的低温制热能力和全工况下的运行效率。

4.4.2　空气源热泵抑制结霜技术

对于高湿重霜工况，空气源热泵一旦开机运行便会迅速结霜，导致机组频繁除霜且长期低效运行。此时若单纯依靠除霜控制应对结霜问题显得“力不从心”，机组需要同时具备抑制结霜能力，因此开发有效的抑制结霜技术同样重要。本节主要介绍一种方便实用、可靠性好的抑制结霜新技术。

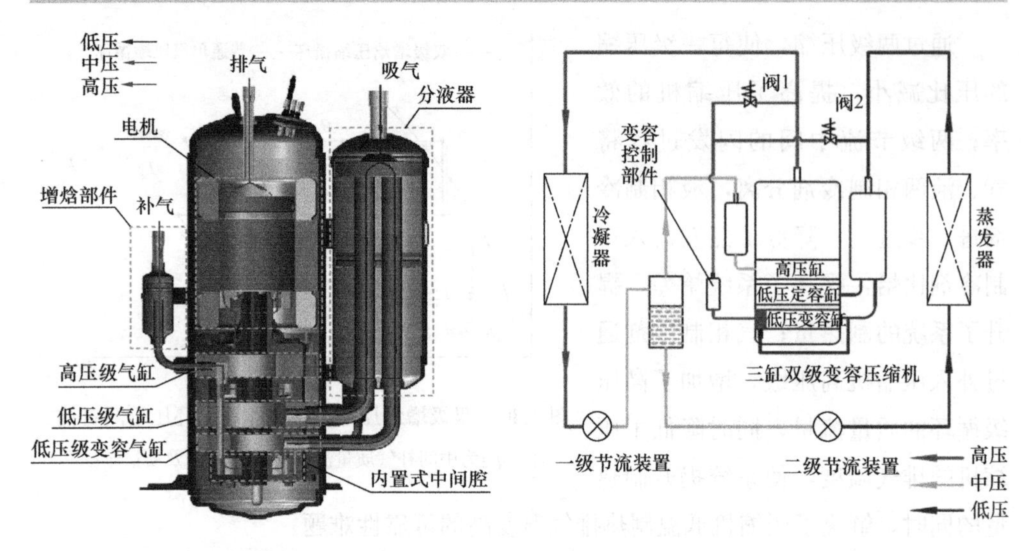

图4-31　三缸双级变容积比压缩机　　图4-32　三缸双级变容积比压缩机系统原理图

空气源热泵室外换热器表面结霜的必要条件是：换热器表面温度要同时低于湿空气的露点温度和水的三相点温度。根据结霜的关键影响因素分析，减小换热温差是抑制结霜的有效途径，其实质是提高机组的蒸发温度，即提高室外换热器的表面温度。通过对空气源热泵室外换热器侧、空气侧和制冷剂侧的传热传质过程进行数学描述，获得了可表征空气源热泵机组结霜程度的无量纲综合本构参数 *CICO*(Characteristic Index for the Configuration and Operation)：

$$CICO=f(G,F,n,V_0)$$

其中：固定参数：F—室外换热器面积，V_0—压缩机行程容积；

可调参数：G—室外风机风量，n—压缩机运行频率。

根据实验研究结果，机组本构参数 *CICO*($4\times10^6\sim85\times10^6$) 与换热温差的关系，如图4-33所示，对于测试机组，换热温差和结霜速率均呈现出随 *CICO* 的增

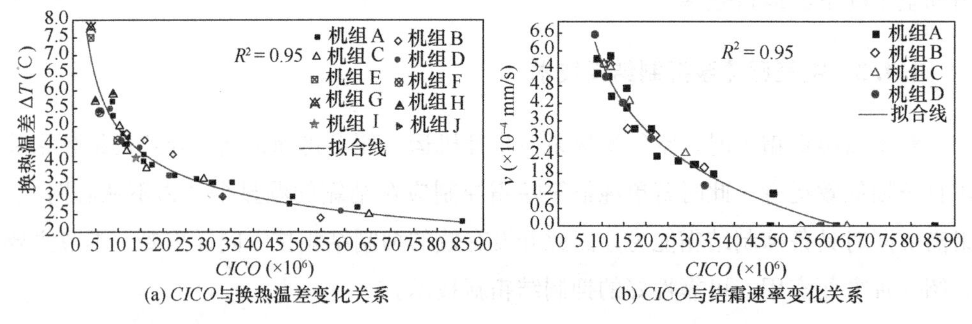

图4-33　无量纲综合本构参数 *CICO* 与换热温差和结霜速率变化关系

加而降低的规律，而且此规律不受机组类型、机组容量和机组形式的影响，具有高度一致性和普适性。以上表明，通过调节 *CICO* 参数可改变机组的换热温差和结霜速率，进而达到机组抑制结霜的目的。

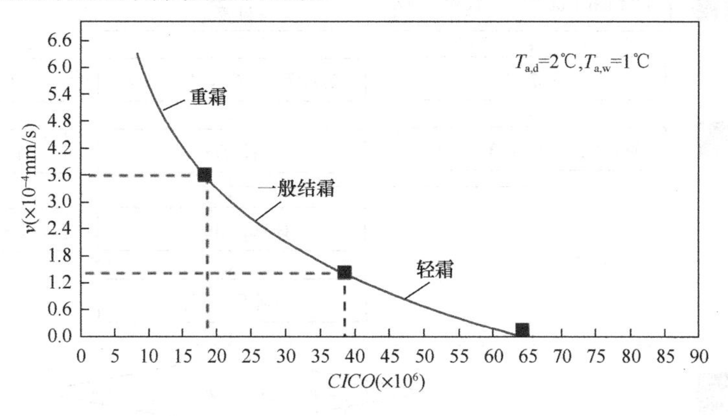

图 4-34 空气源热泵抑霜水平划分

根据图 4-34 规律，结合空气源热泵结霜图谱研究成果，依据空气源热泵不同结霜速率区间划分出不同的结霜区域，再将 *CICO* 与结霜速率相关联，能够获得在 2℃/1℃标准结霜工况下不同 *CICO* 所对应的不同结霜区域，从而实现空气源热泵抑霜水平的准确划分。在明确抑霜目标（无霜、轻霜、一般结霜、重霜）后，即可量化 *CICO* 的设计值，为抑霜型机组的研发提供明确的设计目标，如表 4-6 所示。

空气源热泵结霜程度划分 **表 4-6**

结霜区域		结霜速率 v（10^{-4}mm/s）	推荐除霜时间 T_{dc}（min）
重霜区		$3.6 \leqslant v$	$T_{dc} \leqslant 30$
一般结霜区	Ⅰ	$2.5 \leqslant v \leqslant 3.6$	$30 \leqslant T_{dc} \leqslant 45$
	Ⅱ	$1.4 \leqslant v \leqslant 2.5$	$45 \leqslant T_{dc} \leqslant 90$
轻霜区	Ⅰ	$0.5 \leqslant v \leqslant 1.4$	$90 \leqslant T_{dc} \leqslant 150$
	Ⅱ	$0 \leqslant v \leqslant 0.5$	$150 \leqslant T_{dc} \leqslant 240$

基于以上工作，实现对空气源热泵机组研发过程的重构。机组传统研发流程以名义制热工况点的制热性能确定机组的制热目标，而未对抑霜提出任何要求。新方法打破常规“制热为单一目标”的机组研制方法，耦合抑霜目标（*CICO*），重构空气源热泵机组研制流程，建立“制热优先、兼顾抑霜”的抑霜型空气源热泵机组研制新流程。具体研制流程如图 4-35 所示：

（1）确定制热与抑霜研发目标。制热目标：额定制热工况（7℃/6℃或−12℃/−13.5℃）需要达到的制热能力 q_{hc_rc}；抑霜目标：标准结霜工况（2℃/1℃）需要

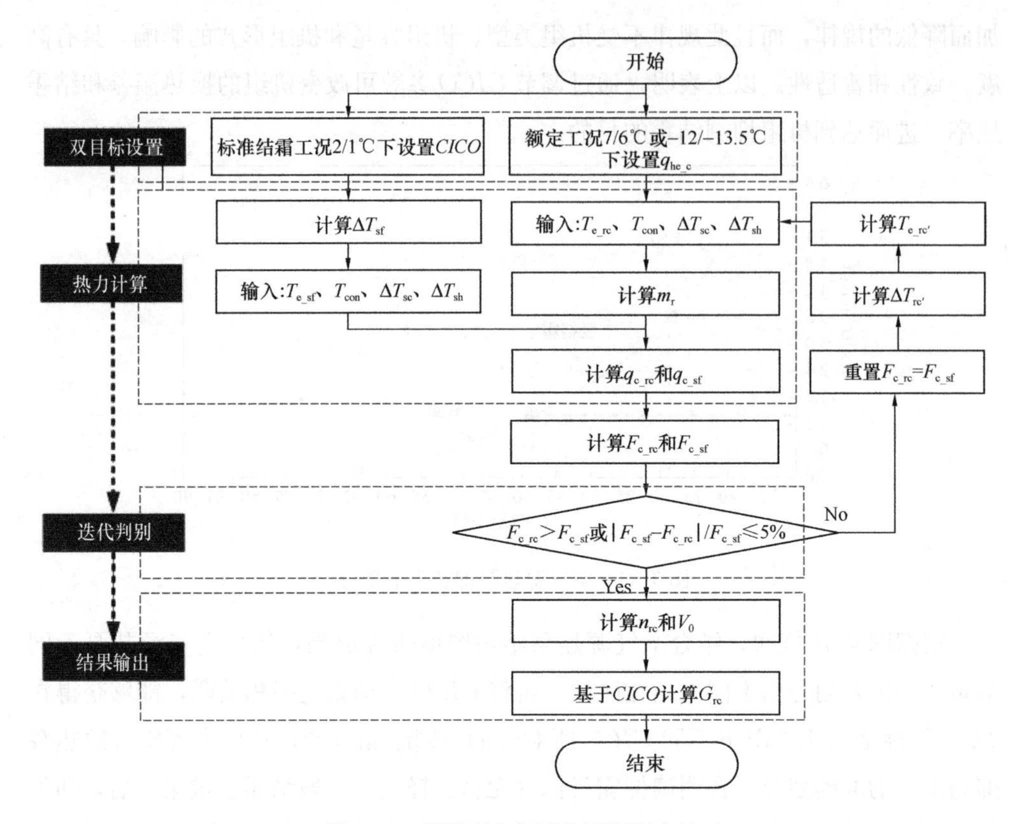

图4-35 抑霜型空气源热泵研制方法

达到的抑霜水平，确定 *CICO* 目标设计值。

(2) 根据 *CICO* 目标设计值，采用所建立的理论模型，计算标准结霜工况的换热温差（ΔT_{sf}），进而确定标准结霜工况的蒸发温度（T_{e_sf}）。

(3) 根据制热目标，设定制热额定工况的蒸发温度（T_{e_rc}）和制冷剂侧的冷凝温度（T_{con}）、蒸发过热度（ΔT_{sh}）以及冷凝过冷度（ΔT_{sc}）等状态参数。

(4) 基于 T_{e_rc} 和制冷剂侧状态参数，通过蒸汽压缩理论循环计算，得到额定制热工况的单位质量制热量（q_{0_rc}）；根据额定制热能力 q_{hc_rc}，进而得到制冷剂质量流量（m_r）。

(5) 基于 T_{e_rc}、T_{e_sf} 和制冷剂测状态参数，通过蒸汽压缩理论循环计算，可分别得到额定制热工况和标准结霜工况的单位质量换热能力（q_{k_rc}，q_{k_sf}），根据 m_r，进而可以得到对应的室外换热器换热能力（q_{c_rc}，q_{c_sf}）。

(6) 根据 q_{c_rc} 和 q_{c_sf}，通过热力计算，可分别得到额定制热工况和标准结霜工况对应的室外换热器换热面积（F_{c_rc}，F_{c_sf}）。若 $F_{c\_rc}>F_{c\_sf}$ 或 $|F_{c\_sf}-F_{c\_rc}|/$

F_{c_sf} $\leqslant 5\%$，则认为设计的空气源热泵同时满足制热和抑霜目标，进而确定 F_{c_rc} 即为室外换热器设计换热面积（F_c）；否则，需要根据 F_{c_sf} 重新设定 F_{c_rc}，计算 $\Delta T_{rc}'$ 和 T_{e_rc}'，并返回步骤 3 进行迭代计算，直至满足判别式。

（7）根据以上计算结果，通过设定压缩机额定工况的设计转速（n_{rc}），可得到对应的设计行程容积（V_0）；根据标准结霜工况设定的抑霜目标 $CICO$，进而确定额定工况的设计室外风机风量（G_{rc}），完成设计。

依据以上方法，在满足低温制热性能的基础上，分别以 2/1℃标准结霜工况轻霜运行和一般结霜水平为抑霜目标，研制了抑霜型热风机（3kW，$CICO=39\times10^6$）和热水机（14kW，$CICO=20\times10^6$）。新机组经实验室检测，制热和抑霜能力均达到研发目标。经国家空调设备质检中心等权威技术部门，在低温高湿地区现场检测：抑霜型热风机结霜频率为 19.0%，较常规热风机降低 59.2%，供暖季平均运行 COP 为 3.7；抑霜型热水机结霜频率为 14.5%，较常规热水机降低 36.9%，供暖季平均运行 COP 为 3.0。

该抑霜新技术突破传统以室外换热器表面改性、运行环境优化以及改善冷媒温度等抑霜方法，解决了局部优化存在的耐久性弱、技术复杂度高、规模应用难和适用性差等问题。通过提出可表征结霜程度的无量纲特征参数 $CICO$，建立 $CICO$ 与换热温差和结霜速率变化关系，将 $CICO$ 与结霜程度和抑霜水平耦合，确定抑霜目标并量化 $CICO$ 目标设计值，依据抑霜目标重构空气源热泵机组研制新方法，有效弥补了传统空气源热泵抑霜能力的不足，实现了热泵设备抑霜功能的从无到有。

4.4.3 空气源热泵准确除霜技术

对于复杂结霜气候区，在"抑制结霜"的同时，也要做好"准确除霜"。由于霜层生长是一种瞬态低温传热，伴随相变传质的复杂热物理过程，受多因素耦合影响，存在初始霜层密度设定难、霜层生长阶段动态发展规律不清晰、空气源热泵结-除霜过程性能无法准确辨识等国际公认技术难题，导致空气源热泵难以实现"按需除霜"。机组"带霜运行"或频繁"无霜除霜"等"误除霜"事故发生率超过 50%，造成能源大量损失与室内环境大幅波动。因此，开展有效感知霜层存在、监测霜层动态生长、判定最佳除霜时机、高效除霜过程等基础理论和技术研究是空气源热泵机组"按需除霜"所不可或缺的重要技术体系，如图 4-36 所示。

1. 空气源热泵结霜图谱

当空气源热泵室外换热器盘管温度 T_w 低于周围空气的露点温度 T_d 时，翅片表

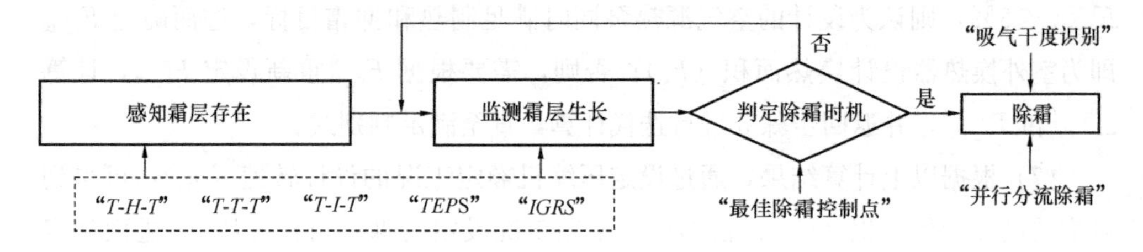

图4-36　空气源热泵机组“按需除霜”技术体系

面将发生结露现象，若此时 T_w 也低于水的三相点温度 T_f，即0℃时，翅片表面将有霜层生长。在室外环境“温-湿度图”基础上，根据 T_w，T_d 及 T_f 三者的耦合关系，推演空气源热泵霜层瞬态传热传质机理与动态生长规律，得到可有效感知霜层存在的临界结露线和临界结霜线，并将结霜图划分为三区：结露区、结霜区和非结霜区。进一步按照结霜速率不同，将结霜区细分为重霜区（A）、一般结霜区Ⅰ、Ⅱ（B、C）和轻霜区Ⅰ、Ⅱ（D、E）五个结霜区域，形成了基于全工况气候环境，由“两线、三区、五域”组成的“分区域结霜图谱”。

通过结霜图谱，可以看出机组在不同地域运行时的结霜情况。定频空气源热泵由于压缩机转速是恒定的，随着室外温度的降低，从室外空气中的吸热能力变弱，室外空气与盘管表面的温差逐渐减小，从而使其临界结露线随室外温度降低逐渐升高，如图4-37(a) 所示；变频空气源热泵的压缩机转速会随着建筑热负荷进行调节，室外温度越低时建筑热负荷越大，压缩机转速升高，能够从空气中吸收更多的热量，室外空气与盘管表面的温差逐渐增大，使其临界结露线随室外温度的变化趋势与定频空气源热泵的相反，如图4-37(b) 所示。变频空气源热泵在我国不同地域应用时，由于气候和建筑特性的差异，调节规律差异明显，结霜区域会发生明显的变化，比如同一台空气源热泵在哈尔滨的临界结露线明显高于北京，而北京又明显高于上海。由于采用变频和定频调节及在不同地域运行时的结霜差异，需要根据实际情况区分对待或开发新型除霜控制方法。

2. 新型除霜控制技术与原理

在感知霜层存在和监测霜层动态生长方面，现有空气源热泵除霜技术普遍缺乏可靠的结霜故障诊断特征参数，无法有效感知并监测霜层生长阶段动态发展状况和准确量化机组结霜程度，导致空气源热泵频繁发生“有霜不除”和“无霜除霜”等“误除霜”事故。基于“间接”或“直接”测霜技术，针对机组不同体量和应用场景，提出风机电流和图像识别结霜量等多种适于判断结霜程度的特征参数，并基于“风机电流”（T-I-T）和“图像识别”（IGRS）的新型除霜控制技术，将从源头上

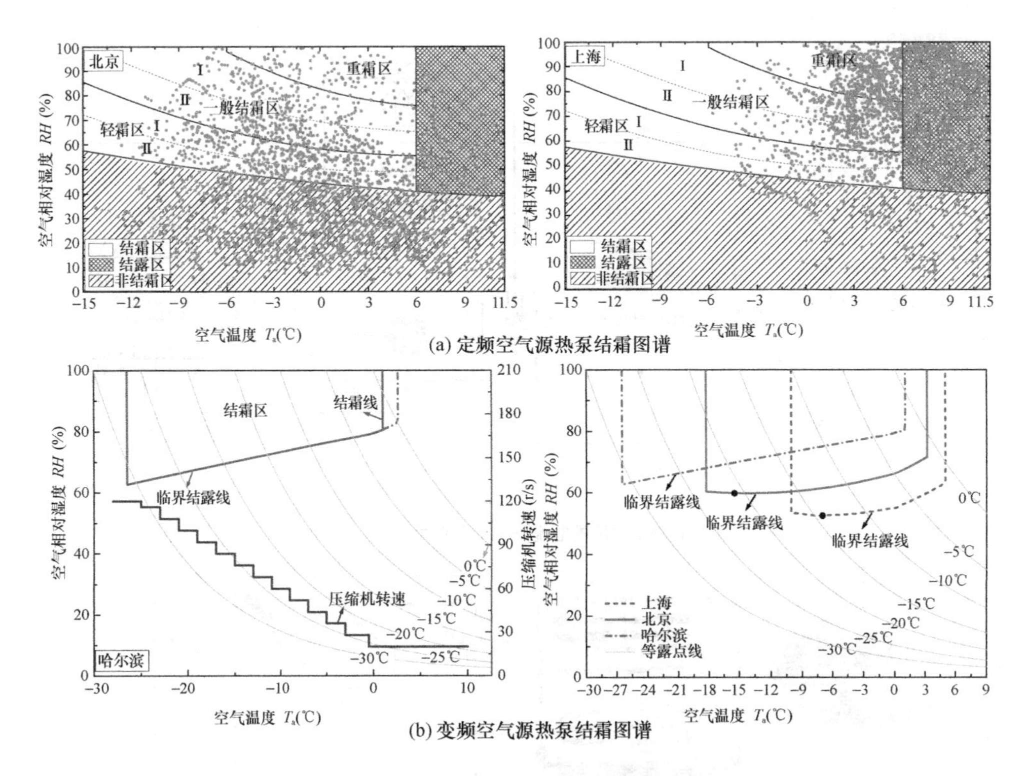

图 4-37 基于我国全工况气候环境的空气源热泵“分区域结霜图谱”

解决空气源热泵机组的“误除霜”事故，如图 4-38 所示。

针对户用定频热风型空气源热泵机组应用场景，开发了基于风机电流阈值自适应整定的“时间-电流-温度差（T-I-T)”除霜控制新技术。空气源热泵室外换热器表面霜层增长会严重阻塞换热器翅片空气通道，增加室外风机运行阻力，通过对不同结霜工况室外风机运行特征参数的随动性分析，揭示室外风机电流、电流增量和平均电流增长速率随霜层增长的变化规律，建立以“通过电流变化速率判定机组运行工况，通过电流变化增量控制除霜操作，以盘管温度和运行时间设定保护机制”为核心思想的新型 TIT 除霜控制方法，并由此分别开发了适用于新型机组研发场景和既有机组改造场景的可编程 TIT 除霜控制逻辑和控制器。

针对商用变频热水型空气源热泵机组应用场景，开发了基于图像识别技术(IGRS）的除霜控制新策略。空气源热泵室外换热器表面结霜图像是最能直观反应翅片结霜状况的有效途径，通过图像灰度识别转换可以有效感知霜层存在，准确监测霜层动态生长，以霜层识别面积（f）与识别密度（ρ）的乘积作为霜量识别特征参数（F)，构建了全工况自适应的“图像识别-霜量转换”理论模型，研发了集

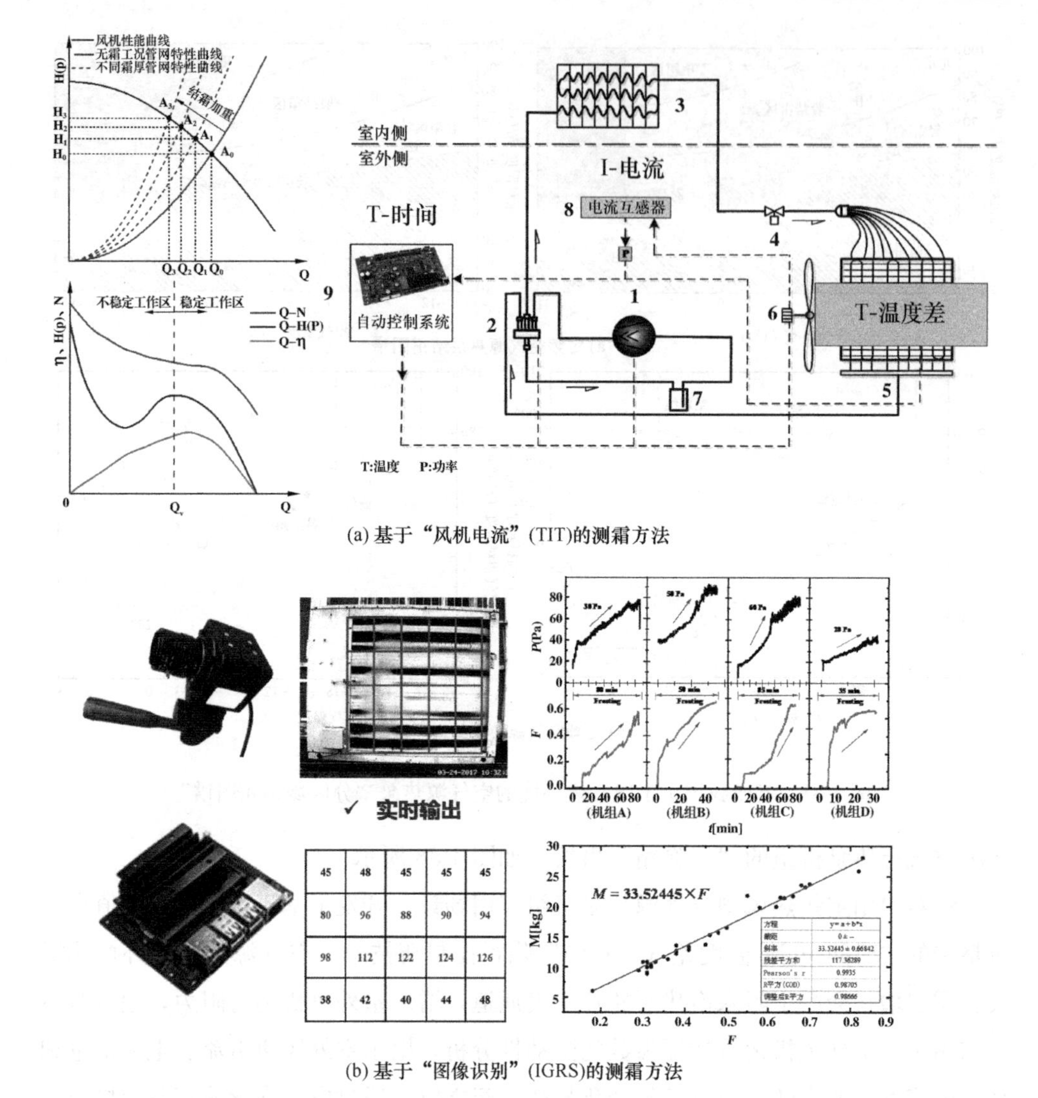

(a) 基于“风机电流”(TIT)的测霜方法

(b) 基于“图像识别”(IGRS)的测霜方法

图 4-38 空气源热泵新型除霜控制技术与原理

成软硬件一体化的新型图像识别测霜传感器。

3. 最佳除霜控制点的判定

在实现霜层的有效感知和动态生长监测的基础上，还需要针对机组的最佳除霜时机进行准确判定，避免因除霜时机不准导致机组频繁进入除霜动作和运行能效衰减过大的问题。

在结霜工况下，随着机组结霜程度的增加，瞬时制热量在对应无霜工况制热量的基础上开始不断衰减，这一部分的制热量损失是由结除霜过程影响造成的。因此，提出了结除霜过程的“名义制热量损失系数”这一概念，用于表征机组在结除霜过程中相对于名义工况总制热量的损失程度，并利用广义人工神经网络模型分析历年机组供暖季期间的运行数据，建立了空气源热泵“名义制热量损失系数”预测模型。同时，以机组运行能效最高为优化目标，确定了空气源热泵全工况下最小名义制热量损失系数对应的除霜控制时间，建立了最佳除霜控制点计算模型。并利用最佳除霜控制点计算模型，依据“实时计算”“累加平均”“阈值保护”技术路线，提出了空气源热泵最佳除霜控制方法（OPT）。最后，结合可有效监测霜层动态生长的风机电流和图像识别结霜量等多种适于判断结霜程度的特征参数，准确量化结霜程度，开发了基于最佳除霜控制理论的“温度－电流－时间（TIT）”和“图像识别（IGRS）”除霜控制方法，实现空气源热泵“按需除霜”，机组除霜控制准确率由50%左右提升至95%以上，供暖系统性能整体提高10%以上，如图4-39所示。

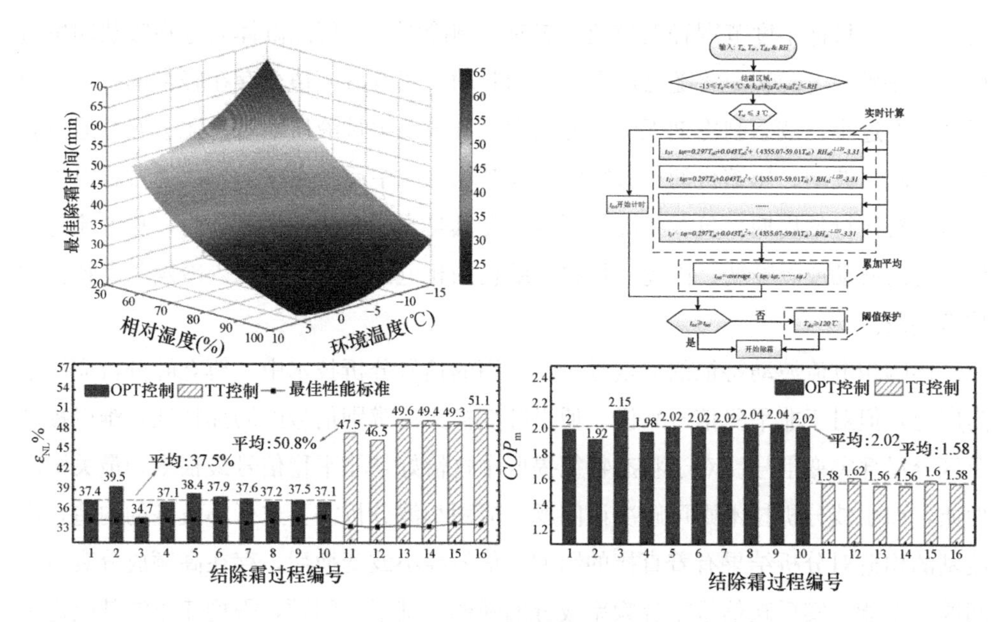

图4-39 空气源热泵最佳除霜控制技术新发展

4. 高效除霜过程

在感知霜层存在，监测霜层生长，并识别最佳除霜时机后，需要进行高效除霜。传统除霜方式除霜期间室内温降可达4～9℃，除霜无效耗能大、除霜效率仅约40%。主要受制于：①缺乏制冷剂吸入状态识别技术，为保证压缩机可靠性，需限制循环流量，造成除霜热量不足；②室外换热器前后位置除霜不同步、过热损耗大，导致除霜效率低。

空气源热泵除霜过程大致存在两个阶段：初期回液阶段和动态除霜阶段。初期阶段，系统由制热转入除霜，室外换热器由蒸发吸热状态转为冷凝放热状态，系统短时间内大量回液。通过除霜前降低内风机转速进行系统蓄热可提高初期阶段除霜热量，提高压缩机缸体温度，保证系统可靠性；随着制冷剂被转移到气液分离器中，制冷系统循环流量逐渐趋于稳定，但随着霜层的变化，气液分离器液位和吸气状态呈动态变化。该阶段是除霜过程动态控制的关键，吸气干度作为制冷剂的一种状态特征，其识别过程较为困难。如何进行吸气干度的识别及控制，是保证除霜热量及除霜可靠性的关键。

（1）除霜过程制冷剂吸入状态识别研究

研究发现，压缩机的制冷剂吸气特征可在相电流中反映出来。通过研究不同制冷剂吸入状态下压缩机相电流的波动特性，为制冷剂吸气状态的识别提供了创新方向。吸气在目标干度范围轻微带液状态时，制冷剂进入压缩缸体后存在吸热闪发过程，压缩机的电磁转矩将随之产生一定的脉动，相电流幅值会存在轻微的脉动；当吸气干度过小，液态制冷剂无法充分闪发，导致发生带液压缩时，还会并存运行频率的间歇性波动。压缩机的负载特性会在其相电流中反映出来，可以通过相电流判别压缩机运行的周期，负载状况等因素。尤其是当压缩机发生液击时，相电流将产生一定的波动或者畸变。因此，可将压缩机的相电流作为识别吸入冷媒状态特征的技术手段。

影响相电流波动特征的因素复杂，常用的信号分析技术中，傅立叶分析应用最为广泛，但对于非平稳信号来说，傅里叶变换无法辨别信号的局部特征，难以提取及区分局部突变信号。对于状态特征提取中这恰好是非平稳信号最根本和最关键的性质，而小波分析技术则可解决该问题。应用小波分析需要进行小波基的构造，小波基的构造对分析结果有着直接的影响。信号经小波变换后，存在高频成分衰减的问题，不能真实反映信号中各频率成分的强弱。基于该问题，需构建小波基改进函数，形成基于小波分析的相电流波动特征提取技术，消去离散小波变换中产生的衰减因子，解决相电流中非稳态信号特征提取的技术难点，实现相电流波动特性与吸气干度间的实时、快速转换，如图4-40、图4-41所示。

（2）室外换热器并行分流除霜研究

通过对除霜热量分布趋势的分析（图4-42），增设除霜并行旁通流路（图4-43），发明并行分流热气均衡除霜技术，攻克传统热气除霜时室外换热器不同位置除霜不同步、除霜效率低的行业难题。

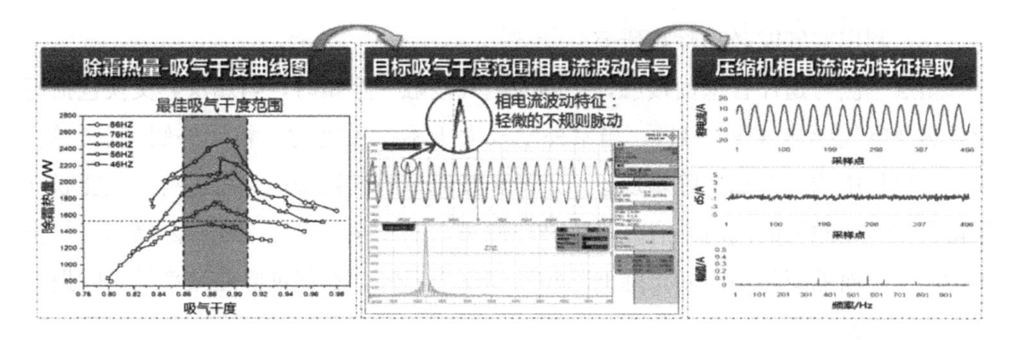

图 4-40 除霜过程吸气状态确认及识别

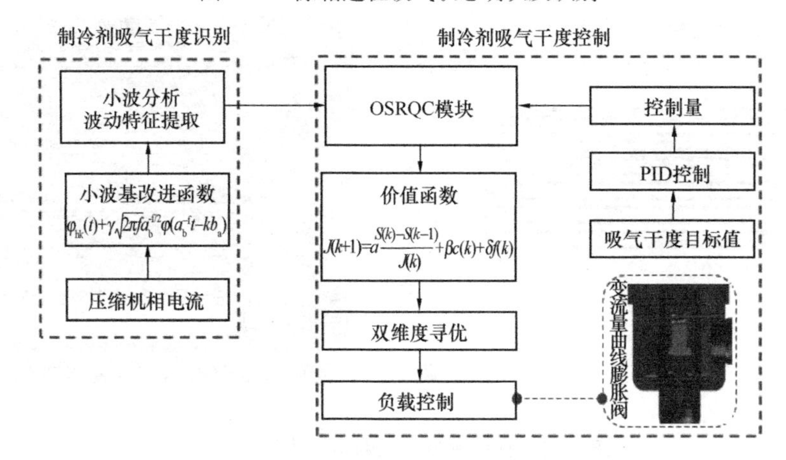

图 4-41 除霜过程吸气干度控制框架图

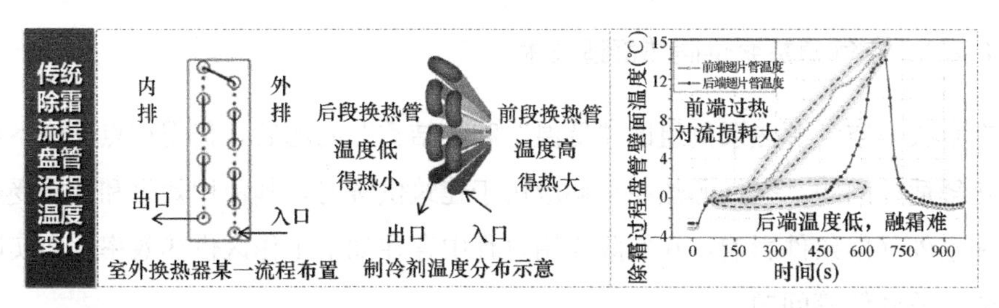

图 4-42 传统除霜流程室外换热器盘管沿程温度变化

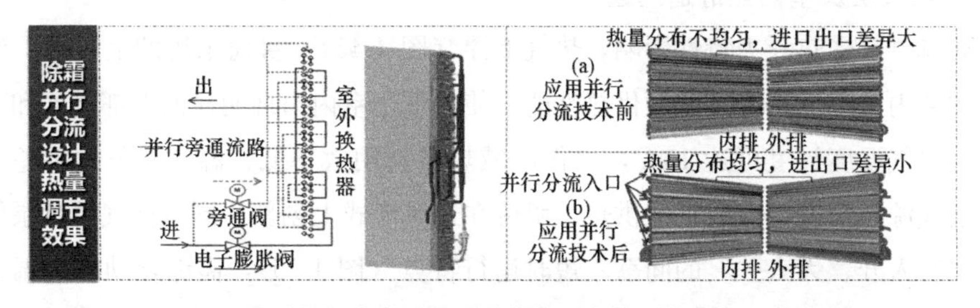

图 4-43 除霜并行分流设计室外换热器盘管温度分布调节效果

（3）利用空气能联动除霜研究

霜层一侧与翅片管壁面接触，一侧与空气接触。除霜时，与霜层热交换包括铜管导热及空气导热（图4-44），当室外空气大于零摄氏度时，霜层外侧（空气侧）受空气导热影响存在加速除霜现象，结合长江流域的气候特征，可进行空气能联动除霜研究，在除霜的同时开启外风机循环通风，同步实现制冷剂循环除霜与空气循环除霜，进而缩短除霜时间，降低除霜期间室内温降，在保证除霜效率的同时提升室内热舒适性。

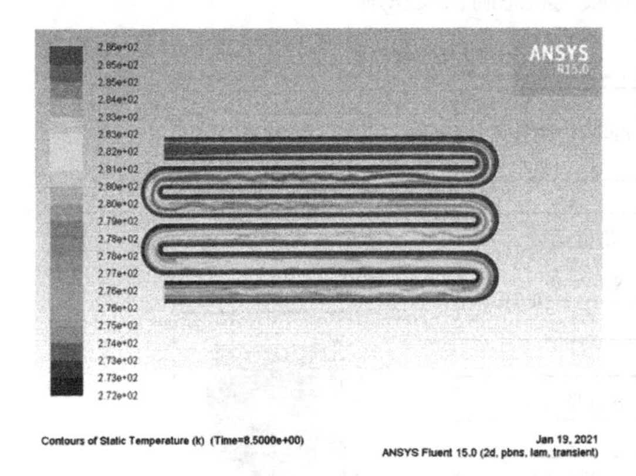

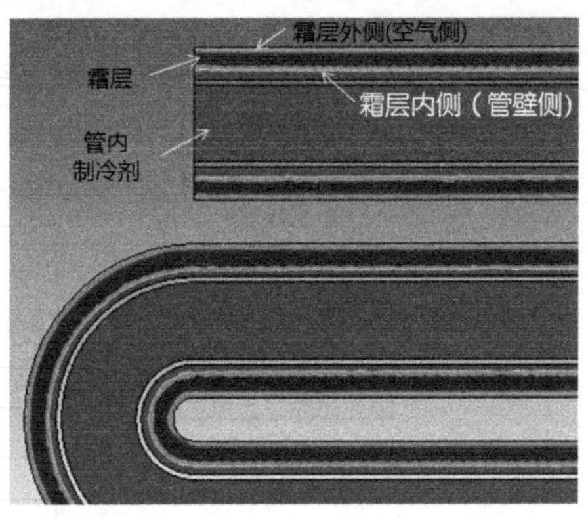

图4-44　管壁侧与空气侧霜层传热示意图

4.4.4　空气源热泵供暖热舒适技术

在解决完空气源热泵机组的“低温”和“结霜”问题后，仍需重点关注室内的供暖热舒适性问题。空气源热泵空调应用于建筑供暖时，其使用效果和性能受送风形式和室外气候条件影响，在实际应用过程中存在如下工作区供热效率偏离实际性能、热舒适度低等问题。

1. 热分层及室内热舒适问题

通风供热受热浮力特性影响，热气上浮（图4-45）。目前采用的上送风、侧送风形式室内末端，未合理兼顾供热性能，使得整个室内出现明显的上部暖区和下部冷区，空气温度梯度可达10℃，工作区域热量利用效率低、温度调节效果差，制约了空气源热泵空调高效舒适供热。亟待在送风形式上创新。同时空气源热泵供热具有“有人开、无人关”的间歇、短时运行特点（图4-46），需综合动态升温、稳态控温不同阶段热量利用效率及人体舒适性需求进行调控。

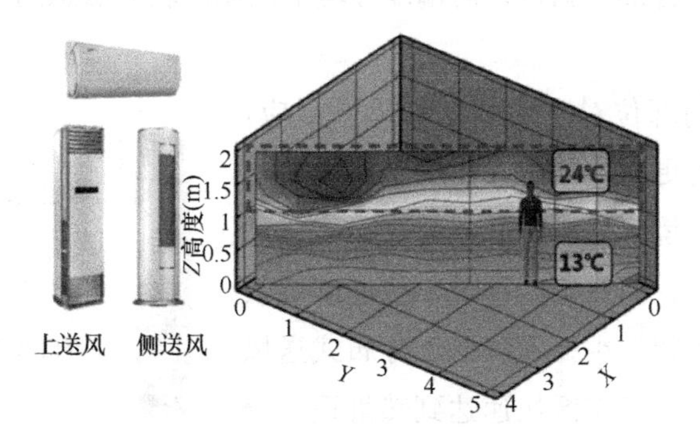

图 4-45 传统送风供热形式房间热分布状态

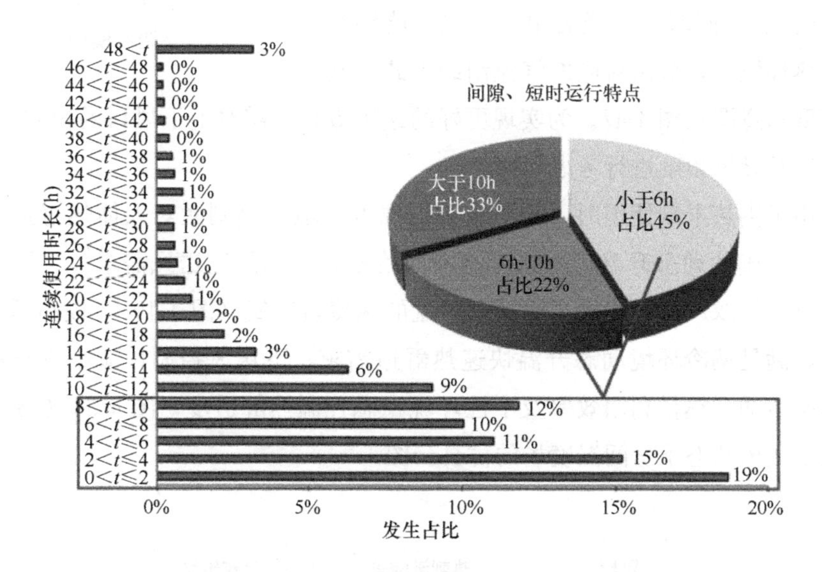

图 4-46 用户连续使用空气源热泵产品制热时长分布图

2. 供热气流组织效率不佳问题

基于空气射流原理及人体热工学，考虑空气的浮升力和下坠力，并结合人体不同部位对冷热刺激的不同反应，提出一种基于热舒适与节能的分布式送风末端技术。根据不同的热环境，采用合理的气流组织形式，更好实现供热、供冷，在降低无效耗能的同时，解决人体在空调房间内制热“头热脚冷”、制冷“冷风吹人”的痛点问题，实现舒适与节能运行。

人体皮肤层中存在温度感受器，分为“冷点”和“热点”，即对冷敏感的区域和对热敏感的区域。因冷点和热点的分布位置不同，且人体各部位的冷点和热点的数量不同，人体对冷热刺激将出现不同的响应。在偏热环境下，冷刺激最为敏感的部位大致为头部、背部、胸口；而偏冷环境下热刺激较为敏感的为头部、大腿、小腿和手四个部位。

基于人体不同部位对冷热刺激的不同反应，采用分布式送风可更有效的对人体动态热舒适进行调节：在偏热环境下，能够有效刺激人体背部和胸口等躯干部位；而在偏冷环境下，能够有效刺激人体头部、大腿、小腿和胸口。分布式送风实现靶向性送风，使工作区快速达到热舒适。分布式送风气流组织，即具备多股气流（上部气流和下部气流），同时送风或者单一送风，能够在不同的热环境下，输出对应的气流组织形式，其末端模型示意图见图4-47。为实现更好的送风效果，需对上下风口的位置、高度、风量配比及导风角度进行考虑和研究。

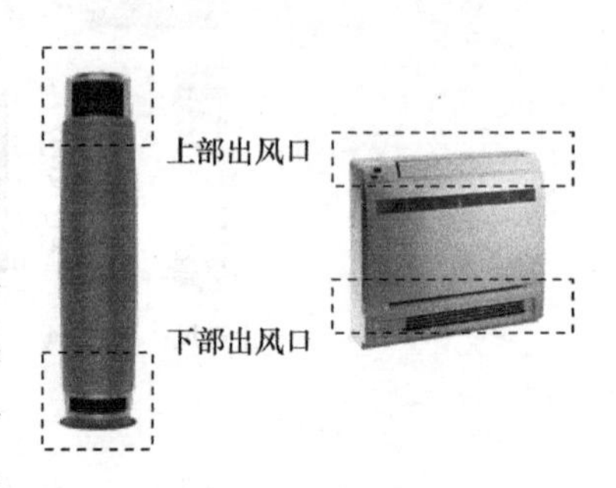

图4-47 分布式送风热泵空调器模型

应用于供热末端使用时，需基于不同温度环境下热刺激对人体热舒适的影响（图4-48），确认动态升温、稳态控温不同阶段人体热舒适送风需求。上下送风控制，通过上下双风口射流提高活动区对流的热覆盖区域（图4-49），提高活动区温升速率，满足偏冷环境动态升温快速热舒适需求；下送风控制，减小垂直温度梯度，提高活动区热量利用效率及中性环境稳态控温热舒适度，图4-50为模拟上下送风及下送风状态下房间温度场的仿真云图。

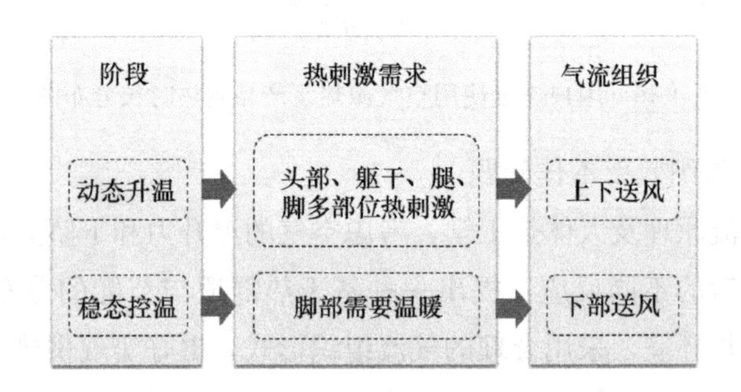

图4-48 上制热送风人体热舒适需求

试验案例：

以3HP机型为例，对不同送风方式（上部出风口送风、正面长条形风口送风、分布式送风）制热运行效果进行实验对比验证，结果如表4-7所示。

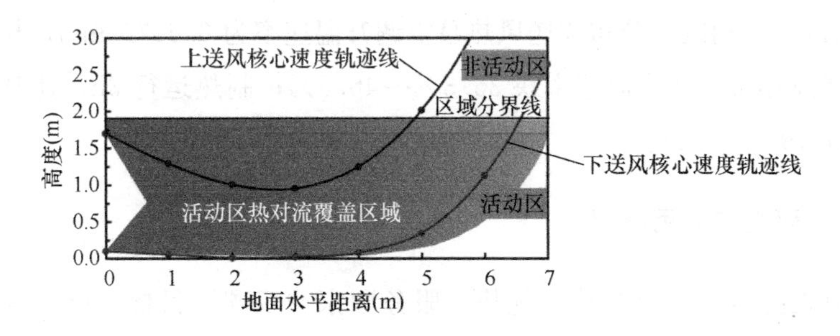

图 4-49 上下双风口分布式送风供热活动区热对流覆盖区域示意

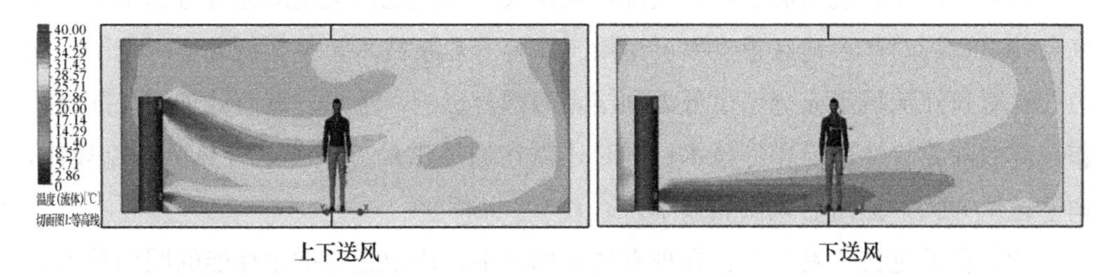

图 4-50 供热送风仿真温度场

与国内外热泵空调器关键指标对比 表 4-7

运行模式	测试项目	分布式送风热泵空调器	上部送风热泵空调器	正面送风热泵空调器
制热	垂直空气温差（℃）	2.21	7.34	11.71
	升温速率（℃/min）	0.69	0.47	0.51
	耗电量（kWh）	6.52	8.07	12.7

制热运行时：分布式送风热泵空调热风能够更有效作用于活动区，在人体主要活动区 0.1～1.6m 高度范围内（人体站姿时头部与脚踝处垂直范围），房间垂直温差为 2.21℃，相比上部送风及正面送风热泵空调，降低 5.13～9.5℃。房间温度场分布情况，如图 4-51 所示。分布式送风热泵空调房间温度分布更均匀，而上部送风和正面送风热泵空调的热量积聚于房间上部区域，房间上下温度梯度大。在

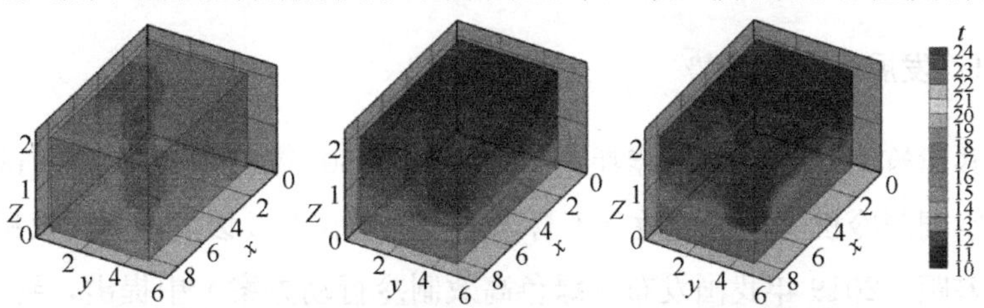

图 4-51 房间空气温度分布云图

1.6m截面以下活动区，分布式送风热泵空调升温速率为0.69℃/min，相比上部送风和正面送风热泵空调升温速率快35.3%～46.8%；制热运行3h，比其他送风热泵空调节能19%～48%。

4.4.5 研究与应用展望

为更好发挥空气源热泵技术优势，服务国家“双碳”目标，可重点开展如下工作：

（1）在产品特色发展上：空气源热泵在我国不同地区应用应充分考虑不同地域气象特点，针对严寒地区重点发展增焓、变容等热泵技术，拓宽低温运行范围和能力；针对长江流域需充分考虑低温和结霜的耦合影响，重点发展有效抑霜、准确控霜，高效除霜、快速除霜等技术；同时还需在通风供热方式上结合热风对流规律，调整送风方式，提高通风供热效率。

（2）在关键技术发展上：在现有技术标准中，均缺乏对抑霜性能的明确技术要求，政策牵引乏力，生产厂家对改善机组的抑霜性能动力不足，导致抑霜技术发展和应用缓慢。未来可在如下方面重点开展工作：①应加速推进空气源热泵抑制结霜技术标准的编制工作，从源头上引导空气源热泵技术转型升级，并在国际上抢占先发优势；②加强抑霜技术的应用，尤其是不增加机组成本的抑霜运行策略；③在结霜严重地区，采取抑霜技术与准确控霜技术相结合，开发适用于商用和户用、变频和定频、水机和风机等多种应用场景的空气源热泵准确除霜技术。

（3）在新技术路线发展上：热泵还可以为电力调峰填谷，从而间接消纳风电。如何实现热泵需求侧响应模式的间歇运行，实现建筑柔性用电，也应是领域研究的重要方向。

4.5 中央空调高效制冷机房

4.5.1 发展现状及趋势

在公共建筑中，暖通空调能耗通常占总能耗50%以上，经实地测试，90%以上的中央空调制冷机房运行能效（不含末端能耗）在3.5以下，与高效机房水平尚有较大的差距。2019年我国发布《绿色高效制冷行动方案》中提出，到2030年大型公共建筑制冷能效提升30%。近年来，随着双碳战略的实施，中央空调技术逐渐从机组本身节能向系统运行节能转变，高效制冷机房等系统节能技术获得蓬勃发展。

高效机房技术在美国、新加坡等地发展较早。新加坡是世界范围内对于绿色建筑要求最高的国家之一，新加坡建设局 BCA 绿色指标规定，对于总装机>500RT 的空调系统，最高"铂金级"要求全年制冷机房平均能效高于 5.41；美国供暖、制冷与空调工程师学会 ASHRAE 对制冷机房能效进行了分级，定义全年平均能效高于 5.0 为高效制冷机房，如图 4-52 所示。在国内，目前尚无中央空调系统能效等级的相关国家标准，广东省《集中空调制冷机房系统能效监测及评价标准》规定，对于冷量大于 500RT 的制冷机房，一级能效需大于 5.0。

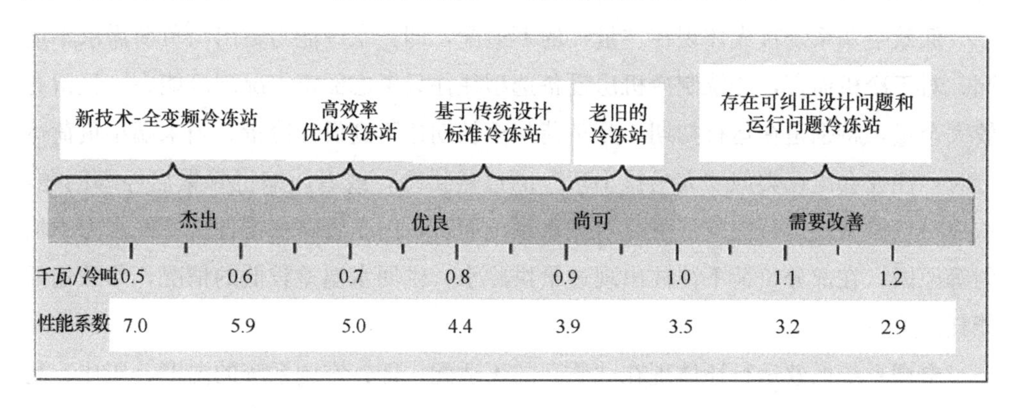

图 4-52 ASHRAE 全年制冷机房能效评价

国内高效机房技术发展尚处于初步阶段，例如：广州白天鹅宾馆通过采用水系统大温差、管阻优化等技术进行节能改造，冷站全年平均能效达到 5.91；江门五邑大学超低能耗空调项目基于冷冻中温大温差设计温度，研发了"小压比"中温工况、低压降高效换热器的永磁变频离心机，并应用了管路低阻、中温高效末端等节能技术，实现制冷机房全年平均能效比达 7.12，说明通过集成各类系统节能技术，使制冷机房能效达到 7.0 以上是可行的。

4.5.2 低效制冷机房主要问题

制冷机房能耗包括冷水机组、冷水泵、冷却水泵以及冷却塔等部分，是多个子系统与多个参数耦合影响的复杂系统，其运行能效水平与系统设计、设备能效、水系统阻力、系统控制策略等关系密切，对设计、运维管理的整体专业性要求很高。大多数冷站低效运行原因主要可概括为以下几个方面：

(1) 设备运行低效。在很多工程中，针对额定工况、满负荷进行设计，而对部分负荷工况没有要求。选型时往往注重额定工况的效率，选用定频设备，其能效等级低，尤其在部分负荷工况下不具备调节能力而低效运行。另外，由于未获得专业化的运行维护而导致运行能效长期达不到合理水平，例如：冷机可能存在壳管污垢、冷却水量不足、冷却水温过高、控制策略不优化等问题。

(2) 空调系统特性与负荷工况不适配。实际建筑运行的负荷、工况多样，要达到高效运行，必须实现空调系统输出与建筑负荷工况的适配。其中"量"的适配是基础，而温度、压比、高效区属于"质"的概念，适配实现起来更复杂。而空调系统的低效运行往往是由某些方面的不适配所造成的。

低效空调系统首先体现在"量"的不适配，即：系统能力输出与负荷需求不适配。对于冷机而言，传统制冷机房设备选型往往只考虑额定工况制冷能力，且留有较大余量，特别是在运行初期，冷负荷甚至长期达不到设计冷量。当末端小负荷运行时，往往会出现类似"大马拉小车"的过量供冷，或者压缩机频繁启停等问题，造成冷量浪费及运行能效低下。对于水系统而言，由于管路热惯性、管网水力不均匀等原因，在部分负荷下往往出现过量供冷水，供回水温差较低的情况，导致输配能耗的浪费。

空调系统低效运行还体现在"质"的不适配，即：空调系统的温度、压比、高效区等运行特性往往难以与负荷工况进行合理适配。主要体现在：

(1) 设计水温与实际需求不适配。传统系统设计为了满足除湿需求，采用单一的设计参数（如：冷水设计供回水温度7/12℃），不能根据不同地域和建筑类型的热湿负荷需求，合理提升冷冻供水温度及供回水温差，制约了冷水机组及输配系统能效的进一步提升，难以满足高效空调系统发展需求。

(2) 压比与工况需求不适配。对于冷机而言，通常在大多数时间运行于部分负荷，此时室外气温低于设计值，既需要减少冷量输出适配负荷需求，也需要通过降低运行压比适配工况需求，提高冷机运行能效。然而，传统制冷机房通常采用多台定频机组，通过减少冷机数量及调节导叶阀开度进行冷量调节，其转速不可调，压比输出不能随工况变化进行调节，造成过压缩及能效降低。对于水系统而言，由于管路走向及管径选型、水系统零部件选型、水力不平衡、水泵频率不可调等原因，往往导致扬程高于实际需求，造成输配系统的能源浪费。

(3) 冷水机组长期运行于非高效区。传统定频离心压缩机因转速不可调，叶轮只能依据额定工况做单点设计，在设计点达到较好性能，但在非额定工况运行时流动分离损失增大，效率衰减很快。而离心机绝大部分时间是运行在非额定工况，处于低效状态，综合能效较难提升。

4.5.3 高效机房主要实现方法

1. 高效机房研发理念

高效设备并不意味着运行节能。传统的高效空调系统主要有以下特点：①通过在设计时计算系统能效，进行 LEED 等认证来方式来评价；②选择高能效等级的设备；③注重考虑设备初投资费用。但其在实际运行中往往并不节能。高效制冷机房是对传统机房的彻底革新，具有以下全新的研发理念：①通过在建筑实际使用中长期计量累计运行能效来进行评价，是更加科学可信的评价方式；②按需定制开发满足适配性的高效设备，从而与建筑负荷工况需求更加适配；③注重考量在设计、建造、运维的全生命周期，获得合理的投入与节能收益，实现节能与经济效益的最大化。

为了尽最大可能提升制冷机房运行能效，应全面应用全工况高效设备，并基于能力、品位、压比、高效区精准适配的原理，从系统适配性设计、管路降阻设计、智能控制与调适等多方面进行精细化管理。

2. 全工况高效设备

高效设备是系统高效运行的基础。在绝大多数时间空调设备运行于部分负荷工况，为了提升全工况系统能效，需要在水系统主要设备选型时采用全工况高效设备，其中永磁变频、直驱等是比较典型的节能技术。冷水机组是空调水系统最核心设备，不同类型冷机随负荷变化的能力、压比调节特性不同，需要根据建筑负荷工况需求，合理配置变频冷机，以下以变频离心机、变频变容螺杆机为例进行介绍。

(1) 变频离心机

对于定频离心机，转速不可调，通过入口导叶调节制冷剂流量，压比输出不能随工况变化进行调节，在部分负荷时存在过压缩现象，因此运行能效较低。对于变频离心机，制冷剂流量与转速成正比，压比与转速成平方关系，功率与转速成三次方关系，如图 4-53 所示。当压缩机排气压力与背压不适配时，容易导致喘振或堵塞等不稳定运行现象。例如：当运行于高室外温度，低负荷率时，容易导致机组喘振；当运行于低室外温度，高负荷率时，容易导致机组堵塞。可见压比与能力属于同向耦合调节，并不能解耦独立调节。因此，变频离心机适用于负荷随季节变化的场合，比如舒适性空调。

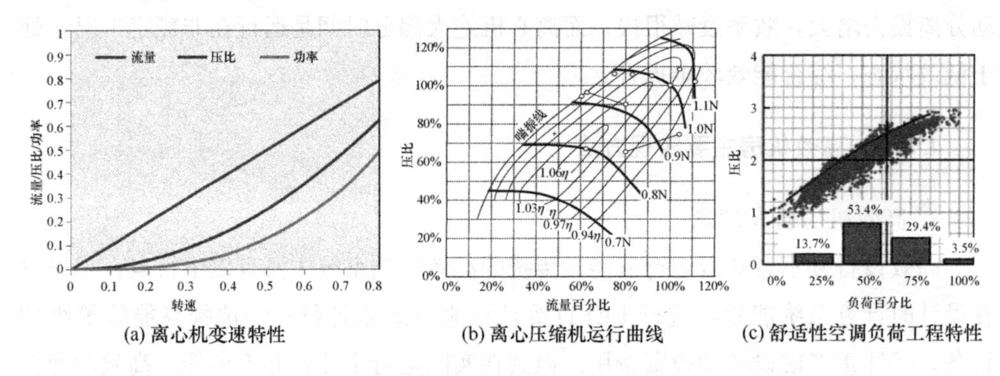

(a) 离心机变速特性　(b) 离心压缩机运行曲线　(c) 舒适性空调负荷工程特性

图 4-53　离心机的能力压比调节

近年来随着永磁变频电机及控制，磁悬浮、气悬浮等无油轴承，离心压缩机气动效率提升等节能技术的发展，冷机能效特别是全年综合能效进一步大幅提升，离心机各环节的效率基本已趋近极致（表 4-8），例如：在《蒸气压缩循环冷水（热泵）机组第 1 部分》GB/T 18430.1 标准工况下，1000RT 永磁变频离心机 *COP* 达到 7.3，*IPLV* 达到 10.3，均远超国标 1 级能效，其 *COP* 与 *IPLV* 存在理论极限，热力完善度均接近 0.7，如果没有新的理论突破，进一步提升机组能效已比较困难。

永磁变频离心机能效与极限能效对比　　**表 4-8**

参数	单位	数值			
负荷率	%	100	75	50	25
比重	%	2.3	41.5	46.1	10.1
冷水供水温度	℃	7	7	7	7
冷却进水温度	℃	30	26	23	19
冷却出水温度	℃	35	29.7	25.4	20.2
*COP*max		10.01	12.35	15.21	21.24
*IPLV*max		14.51			
IPLV		10.3			
热力完善度		70.9%			

（2）变频变容螺杆机

对于定频螺杆机，通过滑块调节制冷能力，压比调节范围很小。当压缩机排气压力与背压不适配，出现过压缩与欠压缩，均造成能量浪费。变频变容螺杆机转速调节容积流量，滑阀独立调节排气孔口打开位置，改变吸排气容积比，实现能力与压比完全解耦调节，既可满足小负荷、高压比（降转速、延迟排气），又可实现大负荷、低压比（升转速、提前排气）工况，在宽工况范围内保持较高效率。

图 4-54 为磁悬浮离心机、永磁变频螺杆机全工况能效对比，可以看出，在“大负荷、高压比”区域，永磁变频螺杆在与磁悬浮离心机性能相当；在“小负荷、低压比”区域，永磁变频螺杆能力-压比解耦，性能优势明显。例如：永磁变频螺杆机在 25%负荷率下，*COP* 相对于磁悬浮离心机提升 10%～25%；其综合能效 IPLV 较磁悬浮离心机高 8%～10%。

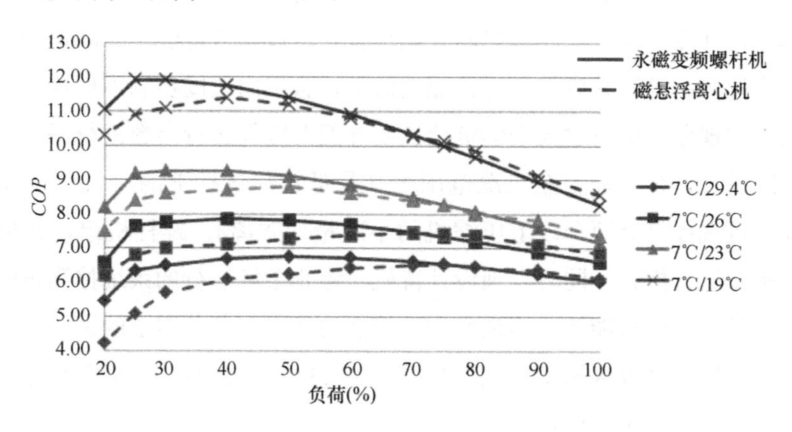

图 4-54 永磁变频螺杆机 VS. 磁悬浮离心机（100RT）

（3）水系统全变频设备

除冷水机组外，所有水系统主要设备均建议采用永磁变频、直驱等节能技术，最大优化设备能效，主要包括：

① 高速永磁电机：大幅提升部分负载下电机效率。

② 直联结构：取消增速齿轮、皮带等，提升传动效率。

③ 提升本体效率：优化叶轮、叶片、风机等效率。

如表 4-9 所示，基于高效变频技术，风机盘管、冷却塔、组空机组、变频水泵等设备能效均明显提升，有助于提高空调系统在全工况运行的节能性。

水系统变频设备对比表 **表 4-9**

设备	节能技术	传统设备效率	高效设备效率
风机盘管	直流无刷电机	35%～40%	48%～52%
组合式空调箱	EC 风机	42%～52%	62%～68%
冷却塔	永磁电机，直驱结构	40%～50%	55%～60%
水泵	永磁电机，直驱结构	72%～74%	78%～80%

3. 系统适配性设计

中央空调水系统是多因素耦合的复杂系统，且建筑运行负荷工况多样，设备性能各异。为了实现整个系统的全局能效最优，需要基于建筑负荷工况需求研发精准适配的设备，适配参数包括冷量、温度、压比、高效区等四个方面。需要充分应用全年逐时能耗仿真，大数据分析等技术手段，使空调系统从“量”和“质”等方面实现与负荷工况需求的适配。

冷量属于“量”的概念，较容易实现适配。传统空调系统设计方法仅考虑额定负荷，单机设计冷量往往偏大，然而空调系统在过渡季节可能长时间运行于极低负荷，导致冷机压缩机频繁启停，运行能效低下，且室内温度控制不稳定，还可能存在过量供冷的现象。应对建筑全年负荷、室外温湿度等运行参数进行深入分析，从而优化系统设计，合理配置全工况范围尤其是低负荷运行下的冷机选型及控制策略，例如：可选择具有两个以上压缩机的小冷量变频离心/螺杆机组，在极低负荷时采用单机头运行模式，同时合理设计待机时停止泵塔运行的系统控制策略，尽最大可能节约低负荷运行能耗，实现空调系统能力输出与负荷需求的适配。

温度、压比、高效区属于“质”的概念，往往被忽视，其适配实现起来更复杂。主要包括以下几个方面：

(1) 品位适配

常规系统设计为了满足除湿需求，冷冻侧采用单一的供回水设计温度，即7/12℃。7℃又除湿又降温，两者耦合，在降温中造成品位浪费。冷水出水温度每提升1℃，或冷却水进水温度每降低1℃，作为能耗占主要部分的冷水机组能效可提升3%左右。随着高效空调末端、冷却塔等技术的发展，重新优化系统设计参数，从而追求系统运行整体最高效成为可能。

在不同地域、应用场合及气候条件下，建筑负荷对于冷水温度需求有所不同。例如：对于西北地区，或者数据中心等应用场合，空调除湿能力的要求较低，可以适当提升冷水设计温度或温差。对于常规舒适性空调，目前已有厂家采用全新设计方法适当改进空调末端设计，提升换热及除湿能力，在保证室内降温和除湿需求前提下，适度提升冷水设计温度或温差，从而提升冷机能效及输配效率。

提升水温提升冷水机组能效与空调末端除湿能力存在矛盾。常规风机盘管进水温度每提高1℃，性能衰减约12%，除湿能力衰减30%；冷冻供水温差每增大1℃，性能衰减12.5%，除湿能力衰减31%。如果仅增大送风量，将导致风机功率增大，9℃以上冷冻供水将难以保证设备制冷和除湿能力，满足室内舒适性要求。

为了在中温大温差工况下高效满足室内舒适性需求，需要采用全新的中温末端设备设计方法，从换热能力、出风温度、风侧压降和水侧压降等四个维度进行全面优化：

1）当水温及温差提高时，末端换热器传热系数降低，通过增大换热面积提高传热系数，延长空气与冷水接触时间，可满足制冷量需求；

2）保持换热器风水平行逆流布置，使末端风机盘管出风温度低于风机盘管冷水出水温度，满足除湿要求；

3）随着管排数增加，风侧压降会增大，通过增大翅片片距及降低风速，使中温风机盘管风机能耗与常规风机盘管基本相同；

4）换热器逆流平行流路设置可实现分流均匀，其水压降较常规风机盘管降低 20%。

通过优化设计，在不影响风量、制冷量、除湿量的前提下，风机盘管及组合式空调箱可实现 10/16℃水温下正常制冷，而不增加风侧及水侧能耗，为实现高效空调系统打下了基础。

对于冷却侧，高效空调系统可打破常规 37/32℃设计标准，加大冷却塔散热设计，选用高效冷却塔散热设备，将冷却塔出水设计温度降为 35.5/30.5℃或 35/30℃，以有效提升冷机运行效率。

为实现系统全局优化设计，可基于系统全年能耗仿真方法，采用具备设备特性库的全年动态仿真软件，对不同系统设计参数、设备组合的系统设计方案进行系统全年能耗仿真，对设计方案的节能和经济性开展评估，从而选择冷冻供回水温度、冷却侧供回水温度的最佳设计值。

（2）压比适配

在大多数时间室外气温低于设计值，空调系统需要通过调节能力输出与运行压比，以匹配工况需求，降低能耗。不同类型冷水机组能力、压比调节特性不同，需要根据建筑负荷工况需求，选择合理的冷水机组组合配置，实现在全工况范围内冷机压比与工况需求的适配。

结合变频离心机、变频变容螺杆机各自的优势，并综合考虑空调系统全工况运行的情况，高效制冷机房的最佳搭配为 1 台或多台大冷量永磁变频离心机＋1 台小冷量永磁变频螺杆机。在保证设计冷量的前提下，发挥大冷量变频离心机 40%以上负荷能效高与永磁变频螺杆全工况能效高的优势，实现全工况能力、压比适配，充分发挥运行高效优势。图 4-55 为 3 台 650RT 永磁变频离心机与 1 台 300RT 永磁

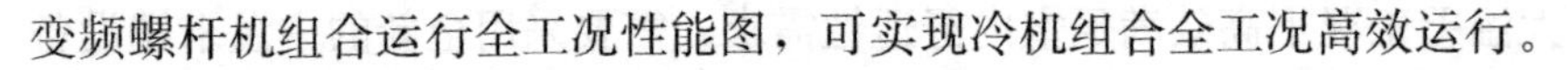
变频螺杆机组合运行全工况性能图，可实现冷机组合全工况高效运行。

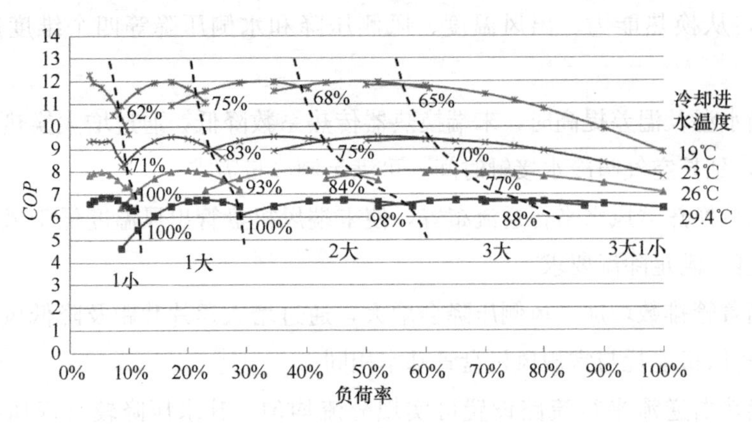

图 4-55 3 台 650RT 永磁变频离心机与 1 台 300RT 永磁变频螺杆机组合组合运行性能曲线（百分数为最佳切换冷机负荷率）

（3）高效区适配

传统冷机大多按额定工况设计，在额定点达到较好性能，但在非额定工况运行时流动分离损失增大，效率衰减很快。然而绝大多数时间运行于部分负荷工况，导致机组长期低效运行。随着永磁变频、大数据等技术的发展，以全工况综合能效最优为目标的全工况气动设计方法取代传统额定工况设计方法成为新的发展趋势。基于全年逐时仿真结果或运行大数据，引入时间权重，分析不同类型建筑全年运行工况特性。不同类型建筑负荷、工况、时间等运行特性不同。针对不同类型空调运行时长占比高的工况进行优化设计，定制化设计适应变转速、宽负荷范围的叶轮、扩压器等气动结构，拓展高效运行区，实现变频压缩机特性与空调设备全年运行特性的最优适配，达到全年运行节能的目的，如图 4-56 所示。

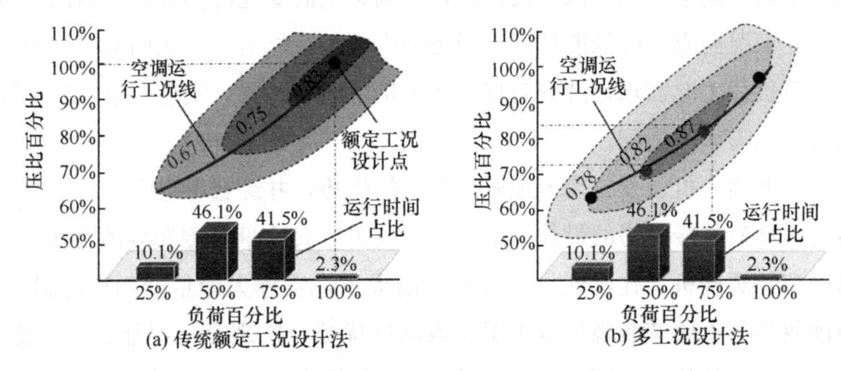

图 4-56 传统设计方法与多工况气动设计法对比

（4）管网降阻设计

在管网设计过程中，应精确核算和优化循环水网管长、流量、管径、水流速、沿程阻力构件和局部阻力构件，可将 BIM 技术应用于制冷机房的设计、建造、运维中，尽最大可能降低水泵设计扬程，减少不必要的输配能耗，实现水系统的压比适配。图 4-57 为水系统管路优化流程图，通过管路降阻优化设计，可将水泵扬程从 $43mH_2O$ 降为 $24mH_2O$。具体优化措施如下：

1）采用新型低阻力设备。例如：冷水机组通过优化壳管换热管设计，使蒸发器、冷凝器压降减为 $4mH_2O$ 以内；末端采用管排优化布置的高效设备，水阻从 $16mH_2O$ 降为 $12mH_2O$ 以内；

2）降低水系统零部件阻力。例如：过滤器采用水阻小于 $0.5mH_2O$ 的篮式或直角过滤器；设置顺水弯头替代直角弯头；选用低阻力阀件，控制阀件阻力小于 $0.5mH_2O$；

3）优化管路设计。例如：可通过优化管路路径，减少管路长度；主机与水泵等直线连接，尽量减少弯头与阀件数量。

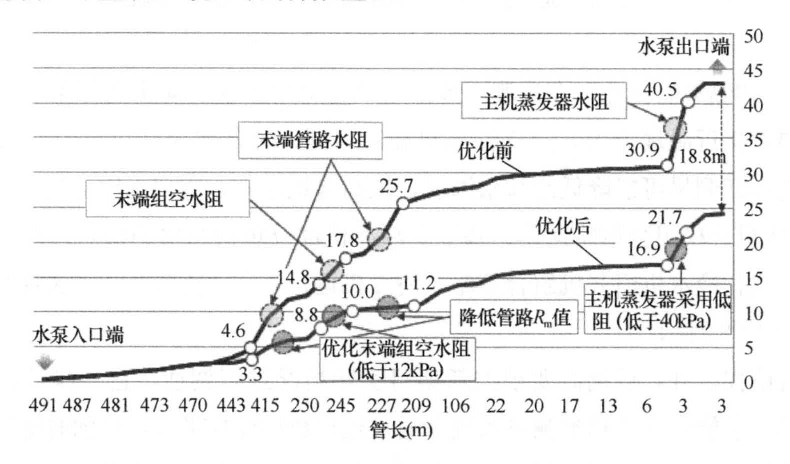

图 4-57　水系统管路优化

（5）全局优化控制策略

中央空调系统属于多子系统耦合复杂系统，单一控制某一参数无法实现整体空调系统节能效果最优。如图 4-58 所示，当冷水出水温度升高时，冷水机组功耗降低，但末端除湿能力下降；当冷水侧温差增大时，冷水泵功耗降低，但末端除湿能力降低；当冷却侧水温升高时，冷却塔功耗降低，但冷水机组功耗增大；当冷却侧温差增大时，冷却水泵功耗降低，但冷水机组功耗增大。因此，需要在保证末端室

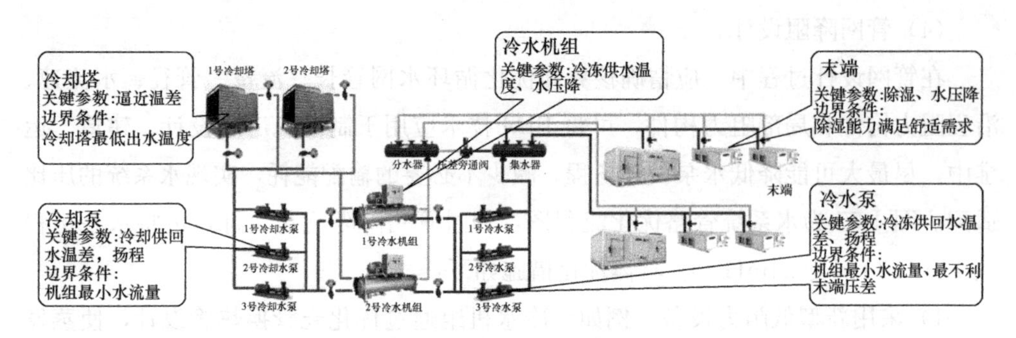

图4-58 空调系统控制策略图

内舒适性的边界条件下，以降低系统总耗电量为总目标，基于全局能效最优仿真方法，整体联调优化空调系统的运行参数，才能真正实现空调系统运行的节能效果。

中央空调系统节能运行控制策略主要包括：

1）冷水管网大温差运行。在部分负荷下，基于管网水系统水力调节平衡的前提，通过末端流量调节、管网水力平衡调节、水泵调频等控制策略，使冷水系统全工况在适度大温差下运行，避免过量供水的现象，降低输配能耗，实现水系统的能力适配。

2）冷却侧策略优化。在过渡季节下，通过均匀布水、同步变频策略，使冷却塔出水温度接近湿球温度，并降低风机能耗，同时冷却水泵适度变频提升输配效率，实现冷却侧尽可能降低冷却水温度，提高冷机能效，实现压比适配。

3）冷机开机组合策略优化。基于变频冷机部分负荷高效的特点，在不同冷却水温下，优化冷水机组开机组合策略，使冷机运行于高效负荷区间，实现高效区适配，如图4-58所示。

除智能控制外，后期需要根据新项目实际情况进行调适，进一步挖掘节能空间，包括：①能效在线精准测量系统。通过远程数据监控平台，可随时随地监测系统能效数据；②能耗专家诊断。针对实时运行参数，充分利用大数据分析手段，对设备及系统运行健康状况进行在线诊断，提供专业的节能运维建议。

4.5.4 高效机房系统方案

为了对高效制冷机房全生命周期的经济效益进行评价，基于全年能耗逐时仿真方法，对不同系统设计方案的节能和经济性进行对比分析。以广州某写字楼高效机房改造项目为例，该项目总建筑面积为52755m^2，空调时间为4月1日-10月31日，7-20时，最大建筑冷负荷为6858kW。基于DeST仿真结果，全年累计建筑冷负荷为 997 万 kWh。采用冷源 3 台 650RT 离心机，建筑末端采用风机盘管加新风系统，共设立 5 种不同的集中空调系统方案，具体方案设计如表 4-10 所示。其中，方案 1 与方案 2 为常规空调系统方案，采用冷水侧低温 7℃出水，5℃供回水温差，其中方案 1 采用全定频系统、方案 2 采用全变频系统；方案 3 为中温空调系统方案，采用冷水侧中温 10℃出水，同时还采用了管路降阻优化的设计。

方案设计说明 **表 4-10**

设计参数	方案 1	方案 2	方案 3
系统	常规全定频系统	常规变频系统 $\Delta T=5$℃	中温变频系统
	$\Delta T=5$℃		$\Delta T=5$℃
冷水温	7/12℃	7/12℃	10/15℃
冷却水温	32/37℃	32/37℃	30.5/35.5℃
冷水机组	定频	常规变频	中温变频
风机盘管	定频	常规变频	中温变频
水泵	定频	变频	变频
冷却塔	定频	变频 32/37℃	变频 30.5/35.5℃
新风机组	定频		

中温变频系统（方案 3）制冷机房能效可达 6.85，相比常规全定频（方案 1）提升 98%，其中全变频技术提升约 64%，中温技术提升约 21%。中温变频系统能效可达 5.54，相比常规全定频（方案 1）提升 82%。对比全年空调系统耗电量，相对于常规全定频方案，中温变频系统全年节能率为 45%，相对于常规全变频（方案 2），中温变频系统全年节能率为 14%，如图 4-59 所示。

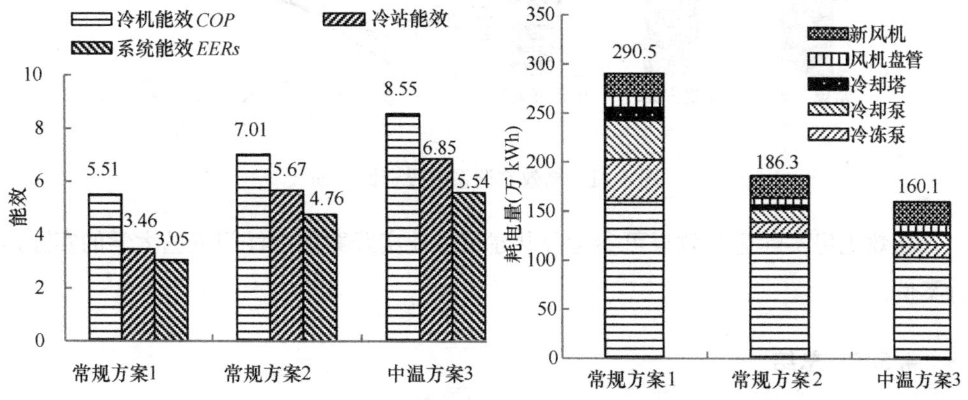

图 4-59 能效及全年耗电量对比

中温变频系统（方案3）制冷机房能耗占比相对于常规全定频系统（方案1）发生明显变化。其中冷机能耗减少，能耗占比增加，达80%以上；水泵通过采用变流量、大温差、低流阻设计，能耗大幅降低，占比可小于20%。如图4-59～图4-60所示。

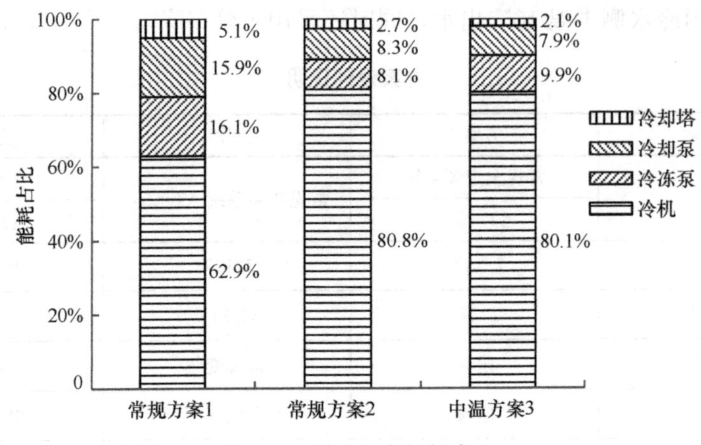

图4-60　制冷机房能耗占比

通过对初投资和全生命周期运行费用进行对比，相对于常规全定频系统（方案1），中温变频系统初投资仅增加13%，在2年内即可回收新增投资，如图4-61所示。

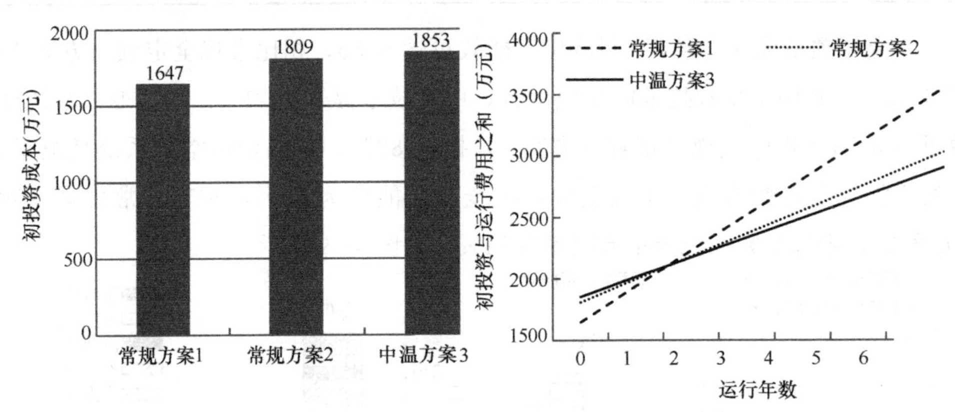

图4-61　高效空调系统投资回收期

高效机房实际运行效果可参考公共建筑最佳实践案例中江门五邑大学的实际运行案例。

4.5.5　总结

（1）提高空调系统运行特性与建筑负荷工况的适配性对于实现高效制冷机房至

关重要，需要对应用场合的全年负荷工况进行深入分析，在满足室内热舒适性的前提下，通过系统优化设计与设备定制化开发，满足能力、品位、压比、高效区的适配要求，真正实现“按需定制、精准适配”，提升系统运行能效。

（2）高效制冷机房是一个复杂系统工程，首先所有水系统设备需采用高效永磁电机直驱技术，提升全工作范围能效；其次，需要在满足室内热舒适性前提下，基于适当的中温大温差工况进行系统设计，采用高效换热末端，提升冷水机组能效并降低输配能耗；再者，需要对管网进行精细化设计，降低输配系统水阻及扬程；最后，通过智能控制系统进行优化控制、精准检测计量、调适诊断，实现长期高效运行。

（3）中温变频空调系统制冷机房能效可达 6.85，初投资仅增加 13%，投资回报期为 2 年以内，具有良好的节能及经济性。未来随着“双碳”政策的实施，市场发展必然将朝着一体化的系统整体解决方案去转变。高效机房将是新建和改造空调系统项目的发展趋势。

4.6 “光储直柔”建筑配电系统

在“双碳”目标指引下，未来的电力系统将转型成为以可再生能源为主体的零碳电力系统。“光储直柔”建筑配电系统可有效解决电力系统零碳化转型的两个关键问题，即增加分布式可再生能源发电的装机容量和有效消纳波动的可再生能源发电量。《国务院关于印发 2030 年前碳达峰行动方案的通知》中“城乡建设碳达峰行动”部分明确指出：“提高建筑终端电气化水平，建设集光伏发电、储能、直流配电、柔性用电于一体的‘光储直柔’建筑”。“光储直柔”建筑配电系统将成为建筑及相关部门实现“双碳”目标的重要支撑技术。本节将详细介绍这一系统的基本原理、系统结构、关键技术与展望。

4.6.1 系统基本原理与特征

“光储直柔”，英文简称 PEDF（Photovoltaics，Energy storage，Direct current and Flexibility），是在建筑领域应用光伏发电、储能、直流配电和柔性用能四项技术的简称，如图 4-62 所示。该系统的内涵具体阐释如下：

“光”指的是建筑中的分布式太阳能光伏发电设施。太阳能光伏发电受空间限制和资源条件限制较小，目前已成为可再生能源在建筑中利用的主要方式之一。这

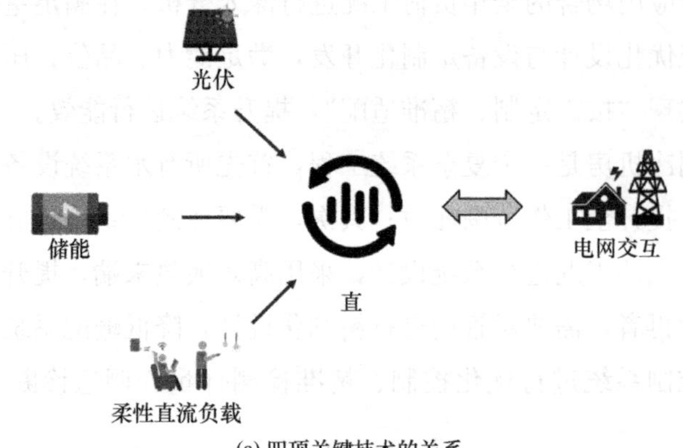

(a) 四项关键技术的关系

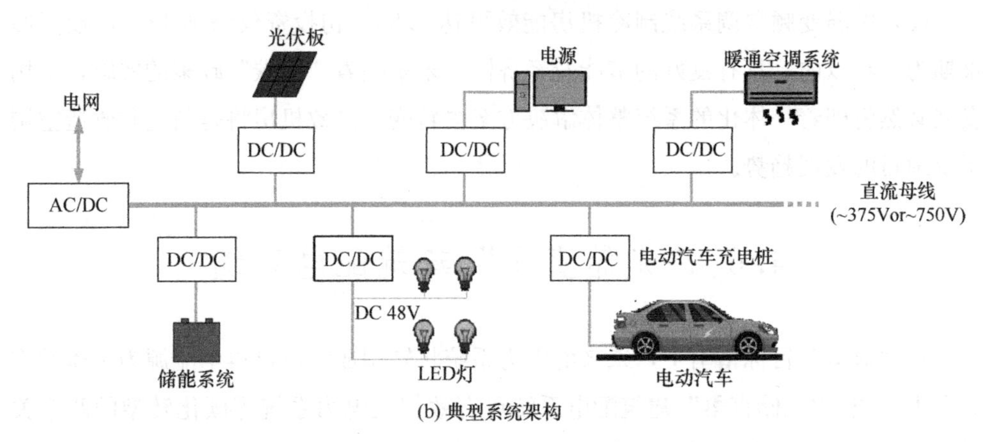

(b) 典型系统架构

图 4-62 “光储直柔”建筑配电系统

些设施可以固定在建筑周围区域、建筑外表面或直接成为建筑的构件，例如光伏板、柔性太阳能薄膜、太阳能玻璃等。随着光伏组件和系统的成本不断降低，以及光伏组件色彩、质感和与建筑构件的结合形式越来越丰富，推广建筑分布式光伏已成为低碳建筑的必然选择。其他分布式发电设施（如分布式风力发电机等）如果可以与建筑进行有机结合，则同样可以作为“光储直柔”系统中的发电设备。

“储”指的是建筑中的储能设施。其广义上有多种形式，电化学储能是形式之一，且近年技术发展最为迅速。电化学储能具有响应速度快、效率高及对安装维护的要求低等诸多优势，在目前建筑中应急电源、不间断电源等已普遍采用电化学储能。未来，随着电动车的普及，具有双向充放电功能的充电桩可把电动车作为建筑的移动储能使用。除此之外，建筑围护结构热惰性和生活热水的蓄能等也是建筑中可挖掘的储能资源。这些蕴藏在未来建筑中的储能资源对于电力的负荷迁移、对波动性可再生能源的消纳将发挥着举足轻重的作用。

“直”指的是建筑低压直流配电系统。随着建筑中电源、负载等各类设备的直流化程度越来越高，直流配电系统的优势在不断凸显。电源设备中的分布式光伏、储能电池等普遍输出直流电；用电设备中传统照明灯具正逐渐被 LED 灯替代，空调、冰箱、洗衣机、水泵等设备中的电机设备也在更多采用直流变频技术；还有电脑、手机等各类电子设备均属于直流负载。上述各类直流设备可通过各自的 DC/DC 变换器连接至建筑的直流母线，直流母线可通过 AC/DC 变换器与外电网连接。建筑直流配电系统对于提高建筑的能源利用效率、实现能源系统的智能控制、提高供电可靠性、增加与电力系统的交互、提升用户使用的安全性和便捷性等方面均具有较大优势。

“柔”指的是柔性用电，也是“光储直柔”系统的最终目的。随着建筑光伏、储能系统、智能电器等融入建筑直流配电系统，建筑将不再是传统意义上的用电负载，而将兼具发电、储能、调节、用电等功能。因此，通过设计合理的控制策略，完全可以将该类建筑作为电网柔性用电的节点。具体而言，在保证正常运行的前提下，建筑从电网的取电量可响应调度指令在较大的范围内进行调节。在外界电力供应紧张时，自动降低取电量；在外界电力供应充裕时，自动提高取电量。发展柔性用电技术，对于解决当下电力负荷峰值突出问题以及未来与高比例可再生能源发电相匹配的问题均具有重要意义。

将上述四部分技术进行有机结合，则可以支撑“光储直柔”建筑配电系统的功能。外部电网评估其中的电力供需情况，给出“光储直柔”系统的指令用电功率（P^*）。则“光储直柔”系统的输入功率为 P^*+P_{PV}，其中 P^* 由外电网连接建筑的 AC/DC 变换器控制，P_{PV} 由系统内部的光伏设施及相应的 DC/DC 变换器控制。基于“光储直柔”系统上的功率平衡关系，直流母线电压（U_{DC}）可在一定范围内变化，并作为“光储直柔”系统中所有设备之间通信的信号。该系统的工作原理具体阐述如下：

（1）稳定运行状态：当总负荷（包括所有电器、电动汽车充电桩和储能系统）等于 P^*+P_{PV}，同时 U_{DC} 在限值范围内（即 $U_{DC,min}<U_{DC}<U_{DC,max}$），则系统稳定运行。

（2）高负荷状态：当总负荷高于 P^*+P_{PV} 时，U_{DC} 下降。各电器响应电压下降，根据各自的控制策略降低负载。电动汽车充电桩和储能系统也会降低充电功率，甚至切换到放电模式。通过以上方式，可将总负荷降低至 P^*+P_{PV}。如果 P^*

$+P_{PV}$过低而无法达到（即U_{DC}已达到$U_{DC,min}$），AC/DC必须增加其功率输入，来将U_{DC}稳定到$U_{DC,min}$。

(3) 低负荷状态：当总负荷低于P^*+P_{PV}时，U_{DC}升高。各电器响应电压升高，根据各自的控制策略增加负载。电动汽车充电桩和储能系统也会增加充电功率。通过以上方式，可将总负荷增加至P^*+P_{PV}。如果P^*+P_{PV}过高而无法达到（即U_{DC}已达到$U_{DC,max}$），则光伏或AC/DC必须降低其功率输入，来将U_{DC}稳定到$U_{DC,max}$。

基于前述“光储直柔”建筑配电系统的内涵与工作原理，该系统的关键特征如下：

1）“光储直柔”系统并非简单将光伏、储能、直流配电系统、智能电器等组合，上述技术也并非独立存在，而是有机融合并构成一个整体来实现“柔性用能”，即实现建筑与电网之间的友好互动。因此，基于变化直流母线电压的系统控制策略是其中的关键。

2）“光储直柔”系统将给电力系统的设计和运行带来巨大变革，即从传统的“自上而下”(集中电站发电，并通过电网输配给各终端用户）转变为“自下而上”(各终端用户自身具有发电能力，分布式发电首先在终端用户自消纳，若有剩余再传输至上一级电网)。

3）“光储直柔”系统将成为电力系统中可调度的柔性用能节点。对于目前以火电为主的电力系统，“光储直柔”建筑可实现“削峰填谷”(消纳夜间谷电，减少日间取电)；对于未来以风光电为主的电力系统，“光储直柔”建筑可实现增加可再生能源的利用率。

4.6.2 系统拓扑结构与策略

为了实现上述基本原理和特征，本节将从电网、建筑以及设备层对“光储直柔”系统的拓扑结构和策略进行介绍。

(1) 电网层

“光储直柔”系统可与电网产生友好互动，成为电网中可调度的柔性用能节点。具体而言，电网给出指令用电功率P^*，“光储直柔”系统可根据指示进行自我调节。考虑到当地电网的不同情况，可以采用以下三种方法来确定P^*。

分时电价：如果当地电网采用了分时电价，“光储直柔”系统可提前优化其电力需求曲线（即一天内的P^*），来最小化电费成本。通过这种方式，“光储直柔”

系统可以起到“削峰填谷”的作用。

与现有电力调度系统互动：“光储直柔”系统可作为虚拟电厂的关键组成部分并入现有电力调度系统。例如10000m^{2}办公楼周围停留有100辆电动汽车，即使不考虑建筑光伏和其他柔性负载，该建筑可通过V2G/V2B技术为当地电网提供至少0～10MW的电力调节能力。具体而言，电力调度系统可以向“光储直柔”系统发送指令功率P^*来实现实时控制。

与集中光伏或风力电站互动：可将集中光伏或风力电站与“光储直柔”系统连接，根据预测发电量提前确定指令功率P^*。如果“光储直柔”建筑的实际取电功率完全符合P^*，该建筑完全可被视为“零碳运行”的建筑。

（2）建筑层

“光储直柔”系统在建筑层的拓扑结构需依据其配电容量规模进行设计。对于如住宅、小办公楼等小型建筑，“光储直柔”系统可采用图4-62所示的直流母线拓扑，相关设备均直接连接在直流母线上。此外，对于如大型办公楼、产业园区等需求较大配电容量的建筑或区域（如＞500kW），由于大容量电力电子设备的成本目前较高，且在大型系统中协调多个电池组的难度较大，因此不适合将其设计为单个“光储直柔”系统。可将其设计为具有多个“光储直柔”子系统的直流微电网。其中每个子系统具有直流母线拓扑，各自通过AD/DC连接到电网，并通过DC/DC相互连接。这种网状拓扑结构可实现大型建筑或区域内的能源互联，在采用大量电力电子设备和可再生能源的情况下，有助于提高系统供电的可靠性。

（3）设备层

“光储直柔”系统中的电器设备通过配电设备（即电力电子变换器）连接建筑直流母线，主要包括连接电网的AC/DC、连接光伏的DC/DC、连接电池的DC/DC、电动汽车智能充电桩（含DC/DC）、电器（含DC/DC）和连接两个“光储直柔”子系统的DC/DC。表4-11简要介绍了上述配电设备的控制策略，详细内容见参考文献。

“光储直柔”建筑配电系统中的关键配电设备及控制策略　　表4-11

配电设备名称	控制策略
连接电网的AC/DC	为了追踪电网给出的指令功率P^*，AC/DC先测量实际取电功率P，并通过内置函数计算出直流母线电压设定值U^*_{DC}。该函数可以是一系列预设的电压等级、基于历史数据的机器学习模型等。计算出U^*_{DC}后，AC/DC可采用双环控制策略将U_{DC}控制到U^*_{DC}

续表

配电设备名称	控制策略
连接光伏的DC/DC	可采用最大功率跟踪（MPPT）控制策略，实现最大化光伏发电量。如果 U_{DC} 达到 $U_{DC,max}$，则DC/DC需改变策略，来控制母线电压至 $U_{DC,max}$，即降低光伏发电量。如果 U_{DC} 下降，则DC/DC再次采用MPPT控制
连接电池的DC/DC	可采用传统分级控制策略，来实现基于 U_{DC} 调节充/放电功率。该策略的主函数由三个区域组成，即中心死区（避免由于电压延程降低、波动等引起的频繁充放电）、死区两侧的下垂区（稳定母线电压）以及下垂区两侧的恒定区（限制充电/放电功率）。此外，还可采用基于直流母线电压历史数据的机器学习模型来优化电池的充/放电策略
电动汽车智能充电桩（含DC/DC）	传统充电桩的充电功率完全由汽车电池管理系统决定；适用于“光储直柔”系统的智能充电桩可根据系统电力供需情况主动调节充/放电功率。具体而言，充电桩从汽车电池管理系统读取电池 SOC 和充/放电功率的最大允许值 P_{max}，并测量 U_{DC}。然后，采用基于 SOC 和 U_{DC} 的控制策略来设定充/放电功率。随 U_{DC} 增加，SOC 低的车辆优先充电，充电功率随 U_{DC} 的增加而增加；随 U_{DC} 降低，SOC 高的车辆首先降低充电功率，甚至切换为放电模式。充/放电功率还需受 P_{max} 的限制，来保证电池安全
电器（含DC/DC）	“光储直柔”系统中的电器多为柔性负载，主要可分为三类：可中断负载、可削减负载和可时移负载。在供电不足的情况下，切断可中断负载一般不影响建筑的正常使用，如广告灯箱、景观喷泉等。可削减负载可通过内置系统（如变频调速系统）连续调节功率，如分体式空调、多联机（VRV）、风机、水泵和自动扶梯等。可时移负载一般具有储能能力，可在一段时间内的任意时间运行，如带储热水箱的热泵/冷机、冰箱、冷柜、家用热水器和便携式电子设备（如笔记本电脑、手机等）。另外，从产品设计的角度看，可为电器设置“柔性用能模式”的按钮或其他交互界面，供用户根据自身需求选择合适的柔性用能模式
连接两个子系统的DC/DC	两个“光储直柔”子系统之间的直流母线电压差 ΔU_{DC} 是控制策略的关键参数。当 ΔU_{DC} 处于死区（如±10V）内时，DC/DC切断，避免两个系统之间频繁的双向切换。当 ΔU_{DC} 超过死区时，电量从 U_{DC} 较高的子系统流向 U_{DC} 较低的子系统，其大小与 ΔU_{DC} 呈正相关。上述的互联控制策略有助于充分利用分布式可再生能源，同时提高供电的可靠性

为了能够更直观地展示“光储直柔”系统的工作原理，笔者根据上述系统拓扑结构和控制策略给出典型建筑在一天内的电力供需模拟算例。该建筑由公寓房和商铺组成，负载包含了家用电器/照明、商铺电器/照明、商户中央空调、充电桩、景观照明喷泉等。如果采用目前以火电为主的电力系统供给，该建筑的一日电力供需情况如图4-63(a)所示。此时负载均不能任意调节，只可通过电网供给侧的调节来满足电力需求。若采用“光储直柔”建筑配电系统，可安装分布式光伏约500m²(90kWp)，负载可拆分为不可调负载（152kW）、可切断负载（4kW）、可削减负载-电动汽车充电桩（210kW）和可削减负载-中央空调（150kW），配备1200kWh的储能系统（约一日总用电量的29%）。基于此，该建筑的一日电力供需情况如图

4-63(b) 所示。此时，电网可完全按照风光电 1∶1 的零碳电力结构供给，分布式光伏可按最大功率发电，储能系统可蓄存日间电力供给夜间使用，因此可完全实现“零碳运行”。

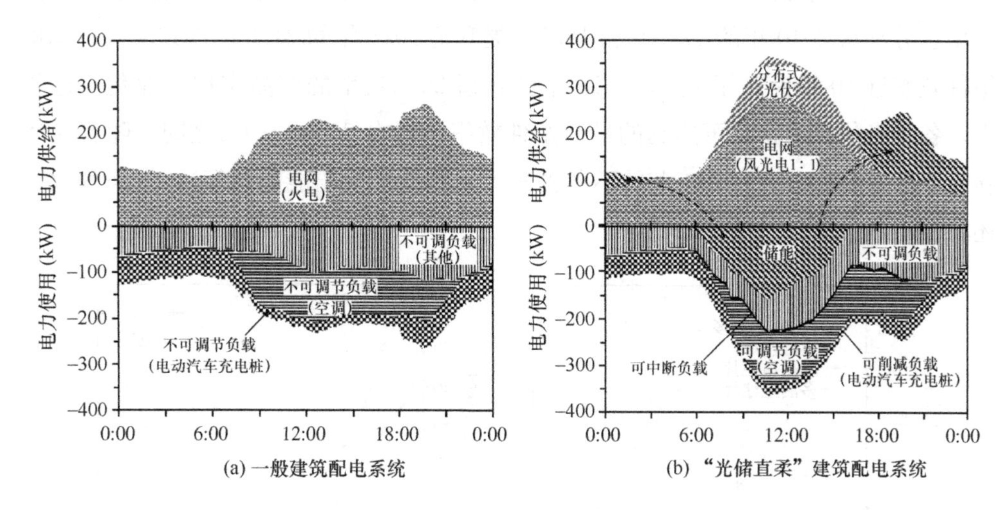

图 4-63 典型建筑一日电力供需情况的模拟计算结果

4.6.3 关键技术与展望

本节将聚焦“光储直柔”配电系统中的四项关键技术，分别讨论其现状和发展趋势。

(1)“光”：更高的效率与更低的成本

在“光储直柔”系统中，光伏技术在建筑中的应用起步较早、规模最大。根据能源局的统计数据，分布式光伏的装机容量增长迅速，分布式光伏在 2018 年新增光伏中的占比达到 50%，从 2013 年到 2018 年累计装机容量从不到 500 万 kW 增长到 1.2 亿 kW，而且在“双碳”目标下光伏装机容量的有望加速增长。

光伏装机容量的爆发式增长得益于组件效率的持续提升和成本的持续降低，如图 4-64 所示。2016 年国外某企业的硅基组件的转换效率为 24.1%，IBC 电池组件效率 24.13%。薄膜电池组件的效率在 12.34%～31.2%，电池组件效率由高到低依次为：砷化镓 31.2%、碲化镉 18.6%、铜铟镓硒 17.9%、硅基薄膜 12.34%。国内 6 家太阳能公司在售光伏组件的调研结果显示单晶硅电池组件效率为 19.3%～19.3%，多晶硅电池组件效率在 16.5～17.5%。薄膜电池组件的效率在 9.59%～32%，电池组件效率由高到低依次为：砷化镓 32%、碲化镉 13.1%、铜铟镓硒

12.6%、硅基薄膜9.59%。2018年，规模生产的单多晶电池基本采用高效技术，其中多晶电池全面应用黑硅技术，单晶领域则大规模普及PERC技术，预计2～3年内在多晶领域也将全部由PERC技术替代。大规模生产的单多晶电池平均转换效率也分别从2010年的17.5%和16.5%提升至2018年的21.8%和19.2%。光伏组件效率近10年提升了6%，2018年已有超20%效率的产品实现商业化。近年来，各种光伏技术路径可达到的最高组件效率一般在20%～30%之间，随着光伏新技术的不断突破和制作工艺的不断提升（如钙钛矿太阳能电池等），未来其效率还将会不断提高。

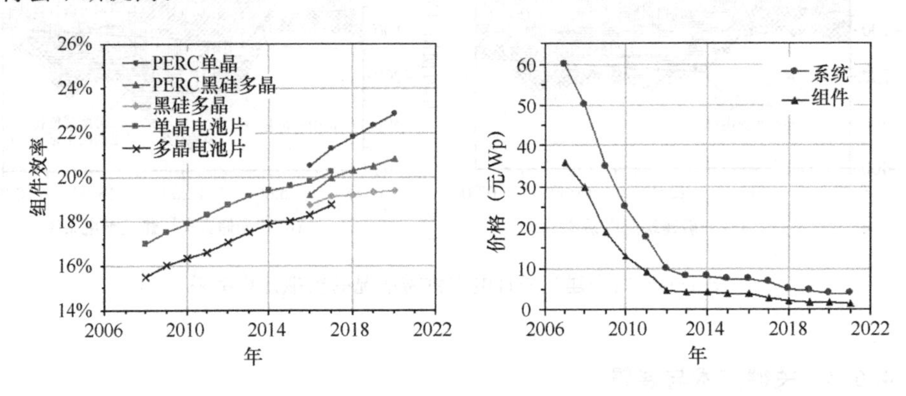

图4-64 近年我国光伏设备的效率及价格走势

在光伏发电成本方面，其相较于传统发电系统的经济性优势也在不断体现，这主要得益于光伏组件成本的不断降低。国际社会各类光伏组件的单位装机容量成本已从2010年前后的2.5～3.5美元/Wp降低至近年来的0.2～0.4美元/Wp，我国光伏组件成本更是从2010年前后的约13元/Wp降低至近年来的约1.5元/Wp。对于光伏系统，2018年地面光伏电站在1200等效利用小时数下的平准化度电成本已经达到了0.46元，预计到2025年将会降到0.35元左右，逐渐具备与煤电竞争的能力。对于分布式光伏，由于节省了土地租赁等一系列投资维护费用，经济性更加优越，其2018年地面光伏电站在1200等效利用小时数下的平准化度电成本已经达到了0.4元，预计到2025年将会接近到0.3元。再考虑到分布式光伏所发电量可以优先就近使用，对电网降损和支撑有重要作用。

建筑分布式光伏与光伏电站相比通过与建筑设计、施工同时进行，又或安装在既有建筑屋面上，可以节省土地租赁等一系列建设维护费用，比集中式光伏电站更具经济优势。技术迭代和规模化应用又会使光伏的组件效率和经济性进一步提高。未来光伏会成为建筑的重要组成部分，兼具绿色、经济、节能、时尚等优势。

（2）“储”：“硬技术”与“软模式”结合

有效、安全、经济的储能方式（尤其是储电方式）对于可再生能源的高效利用来说至关重要。各种储能方式有其各自的技术特性和相关资源储备的限制，目前尚不存在一种单一技术路径可以满足所有储能需求。与电网级储能相比，和建筑等用电终端结合的分布式储能方式（如“光储直柔”系统），在提高可再生能源利用率、降低输配电系统容量要求、提高电网安全性等方面具有较大优势。为了应对巨大的分布式储能需求，应该从“硬性”的储能技术和“软性”的储能模式两方面共同着手，提出适用于不同应用场景的储能解决方案。

在储能“硬技术”方面，近年来的科学研究和工程产品主要集中在电化学储能方式，尤其是聚焦蓄电池的新材料与电池管理系统，以提升其储能密度和安全性。其中，应用于建筑层面的蓄电池技术目前还处于初期发展阶段。可用于建筑储能的蓄电池主要包括锂离子电池、铅酸电池、镍镉电池等。其中，铅酸电池在过去几十年中应用广泛，但由于其放电深度受到限制、循环次数相对较低且存在环境污染等问题，近年来逐渐正被锂离子电池所替代，尤其面对频繁充放电切换的调峰需求。三元锂电池的高能量密度优势，磷酸铁锂电池的经济性优势，钛酸锂电池近万次的循环寿命优势都为建筑场景各式各样的储能需求提供多样化选择。此外，储能电池技术也呈现出成本降低和收益增加的趋势，这将为大规模使用电化学储能作为建筑层面的储能方式提供推动力。例如，目前磷酸铁锂电池的初投资价格已经低于1.5元/Wh，考虑使用寿命和效率后的单位度电储存成本已经低于0.7元/kWh。目前很多城市的电力峰谷差已经高于0.8元/kWh，特别是随着灵活性资源逐渐稀缺，未来电价峰谷差逐渐拉大，电池储能的收益会逐渐增加。当然，建筑储能技术并非储能电池技术的简单移植，而必须与建筑这类使用场景的特点结合，例如需要特别关注电池的热安全问题。目前最为普遍的锂离子电池对工作的温度区间有较高要求，以此来保证电池性能、安全性和循环寿命。北京市颁布的《用户侧储能系统建设运行规范》中要求将环境温度控制在0～45℃。因此，如何将电池布置与建筑设计结合来保证电池安全散热，如何合理管理电池来匹配建筑负荷特性，这些都是储能电池应用于建筑场景所必须解决的关键问题。

除此之外，上述储能“硬技术”的创新无疑是具有挑战性的任务，在工程应用之前需要进行长期研究，具有较大不确定性。除了这些“硬技术”外，针对现有技术的模式创新（即“软模式”）极有可能为应对当前迫切的储能需求提供实用、经济的解决方案。如调动电动汽车的储能电池与电网或建筑进行能源互动（即V2G/

V2B）实现电力储存、通过空调末端充分利用建筑物自身的热容实现冷热量储存（如热活化建筑系统 TABS）、通过大地的热惯性实现冷热量储存（如地源热泵）等。而用户的行为模式和接受程度将会很大程度影响上述“软模式”的储能能力。因此，系统运行策略和控制方法是这些“软模式”在大面积推广过程中的关键问题。

（3）“直”：更成熟的低压直流配电系统（智能电器与配电设备）

直流配电技术同样是建筑场景的新技术，尤其在近年来发展势头迅猛。早在 21 世纪初就有学者认识到可再生能源和电器直流化的发展趋势，提出了将直流微网应用于建筑场景。目前建筑低压直流配电技术在国内外已有大量的研究和应用，其相较于传统交流建筑配电系统的技术经济性优势也在逐渐体现。据不完全统计，国内外建成运行的采用低压直流配电系统的建筑已有不少，如图 4-65 所示，涵盖了办公、校园、住宅、厂房等众多建筑类型，配电容量在 10～400kW。在早期的项目中，直流电器/设备种类比较局限（以 LED 照明为主），使用功能也比较单一，其主要是在示范低压直流配电系统在建筑中应用的可行性。随着直流配电技术发展和直流电器的丰富，综合性的示范项目逐步涌现，如于 2019 年底投入使用的深圳建科院未来大厦 R3 办公模块（建筑面积超过 5000m^2，配电系统容量 400kW）。

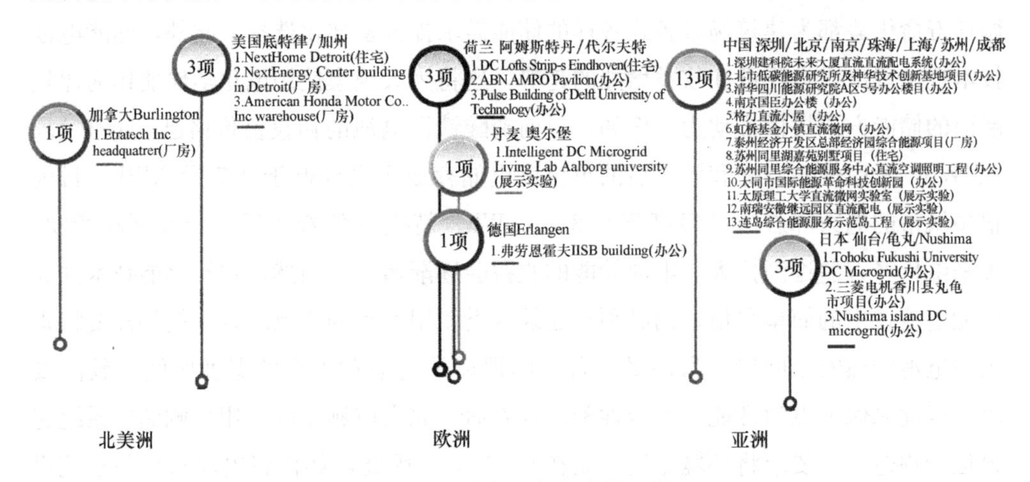

图 4-65 国内外典型直流建筑示范工程

展望未来，成熟的建筑级低压直流配电技术将进一步提高“光储直柔”系统的可靠性和技术经济性。其中最关键的是直流微网主要部件（智能电器和配电设备）的标准产品化。

构建直流电器生态是推广“光储直柔”系统的基础。虽然目前直流电器的产业化能力比较薄弱，但许多设备厂家均在直流电器方面进行了一定的布局。以直流电器专利为例，直流家电及直流系统专利申请总体上升趋势。2002年松下申请第一件以直流电作为电源的空调器专利，后续相关专利的申请数量逐年增加。从申请人国家分析，直流电器专利中国申请较多，其次是美国、日本。虽然直流家用电器产品进入市场还需要解决一系列问题，但是直流家用电器全面取代交流家用电器的进程已经启动。除已经较为成熟的LED直流照明、便携式电子设备外，空调、冰箱、洗衣机、风扇等需求旋转电机的电器正逐步采用效率更高、调节性能更好的无刷直流电机或永磁同步电机。除了常用的小功率家庭电器外，大型特种设备的直流化也亟待推进，如电梯、消防风机、大型冷水机组等。为了满足各种使用需求，未来还需大力开发直流应用场景、促进用户直流消费习惯、进一步扩大直流电器的覆盖面。此外，也亟待开发各种直流电器的智能控制策略，以实现基于“光储直柔”系统原理的电器柔性用能调节。

除了直流智能电器外，建筑级电网中的各类配电设备也是“光储直柔”系统发展的瓶颈问题，包括DC/DC变换器、AC/DC变换器等。其中，各类电力电子变换器可实现不同电压、电流值的转换或交直流之间的转换，是电网、太阳能光伏、蓄电池、各类电器等接入“光储直柔”系统必不可少的设备。随着技术的推陈出新，电力电子变换器使用的半导体材料也在同步发展，包括绝缘栅双极型晶体管（IGBT）、碳化硅（SiC）以及目前进入市场化应用的氮化镓（GaN）等。考虑到电力电子变换器功能众多、连接设备各异，为了促进其规模化发展，“底层硬件标准化＋上层软件多元化”可能是一条可行的发展路径。以功能需求种类众多DC/DC变换器为例，其底层硬件完全可以根据技术要求进行产品分类（如传输的功率等级、隔离型/非隔离型、单向变换/双向变换等），不同功能需求可以通过软件层面来实现（如光伏调节策略、蓄电池策略、电器策略等），两者可通过一套标准化的操作系统来协调管理。以上思路与当前智能手机的发展模式类似，能够有效推动硬件可靠性不断提升和软件功能覆盖面不断扩大。此外，当“光储直柔”系统的流母线电压在一定范围内变化时，电力电子设备的寿命也是一个值得关注的问题，可通过设备的产品化迭代来不断完善。建筑直流配电系统的关键设备还包含直流断路器、剩余电流检测、绝缘监测、保护装置等。直流开关（断路器及继电器）与交流开关在功能上并无区别，但是过往的直流开关一直被阻性负载的灭弧问题困扰。但是随着技术发展，目前已经出现了能适用于各电压等级的直流开关产品，可以针对不同负载特性，采取合理的灭弧措施。同样也有适用于直流配电系统的剩余电流保护器、绝缘监测装置等关键配电设备，以及有效的故障定位方法和接地方式。

随着建筑直流配电技术的成熟，推出直流建筑相关标准的呼声也越来越高。如图4-66所示，《民用建筑直流配电工程技术导则》（建标工〔2017〕135号）已启动编制，已于2021年完成报批，2022年初发布并启动2.0版编制工作。标准重在从建筑电气设计工作者的角度出发，解决低压直流配电当前面临的主要问题，包括如何设计、关键设备参数与选型，以及“光储直柔”系统运行与控制，为了促进可再生能源建筑应用，提升用电安全和质量，促进民用建筑低压直流系统稳定和高效运行，规范建筑低压直流配电系统设计，为低压直流供电系统进一步向民用建筑常规领域推广提供技术标准支撑。标准包括总则、术语、直流配电系统、用户侧储能系统、关键设备参数与设计、直流系统保护与防护、直流配电系统性能、控制与监测等章节，适用于新建或改建的民用建筑工程中采用低压直流配电系统，并且与既有的国标《民用建筑电气设计标准》GB 51348—2019形成相互补充。在此基础上，国内各相关单位也在进一步合作研究，希望建立“光储直柔”建筑配电系统的完整标准体系，形成系统规划与评估、电气系统设计、控制与保护、工程设计等相关的标准、规范、指南等。

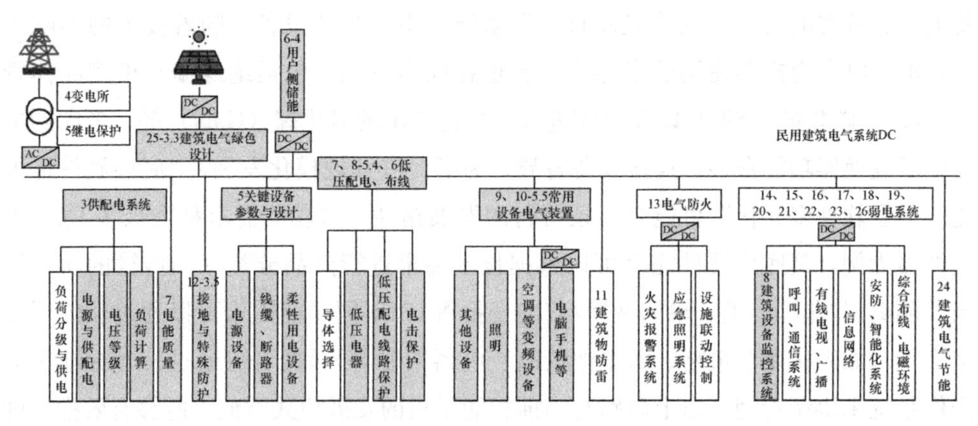

图4-66 《民用建筑直流配电工程技术导则》与国标《民用建筑电气设计标准》GB 51348—2019的关联

（4）“柔”：柔性用能的量化指标与激励机制

柔性用能是“光储直柔”系统的主要目的，需要通过“光”“储”“直”三方面的技术集成来实现。柔性建筑的概念是由国际能源署IEA EBC Annex 67课题（2014—2020）系统提出：在满足正常使用的条件下，通过各类技术使建筑对外界能源的需求量具有弹性，以应对大量可再生能源供给带来的不确定性。柔性建筑实现的“用电负荷可控”这一特征对于电网的运行调节具有重大意义，因为从电网角度出发来准确估计需求侧的用能柔性往往非常困难，但这对电网的安全、稳定、高效运行意义重大。为了鼓励建筑柔性用能技术的发展，多省市已经出台需求侧响应补偿政策以及示范，包括江苏、浙江、上海、广东等。以广东省为例，2020 年 11 月广东能源局、南方能监局印发《关于征求〈广东电力市场容量补偿管理办法（试行，征求意见稿）〉等文件意见的函》，指出用户侧储能、电动汽车、充电桩等其他具备负荷调节能力的资源可以作为市场主体参与，起步阶段独立储能和发电侧储能暂不纳入市场交易范围。要求市场主体响应能力不低于 1MW；需求响应时长不低于 1h。削峰响应补偿价格为 0～4500 元/MWh，填谷响应价格为 0～120 元/MWh。未来如果需求侧响应的补偿额度提高，又或者可以通过参与电力市场辅助服务等途径获得额外经济收益，将会刺激建筑柔性用能技术的大范围应用。

从技术角度上看，传统的柔性建筑往往依赖于物联通信网络和能量管理系统，即需要一套中央控制系统通过通信来实现能量调度管理。这样的方式很大程度增加了柔性建筑的系统复杂度，限制了系统的适应性、可扩展性和供电安全性。但是在“光储直柔”建筑中，柔性用电的实现方式更加简单、经济、可靠。其直流母线电压可以在较大范围的电压带内变化，而不采用传统直流微网的“恒定直流母线电压”策略。主要通过 AC/DC 控制母线电压，以母线电压为信号引导各末端设备进行功率调节。这样的系统形式有利于适应复杂多样的建筑终端设备和用户需求。

虽然已有实现用能柔性的技术方案，目前仍然缺乏一套通用的定义方法来量化建筑用能的柔性，因此从电网角度也难以给出科学有效的建筑柔性用能激励机制。从最大化可再生能源利用的角度来看，最有利于电网的用电负荷应该与电网的可再生能源发电完全匹配。因此，“光储直柔”建筑的用能柔性可以通过建筑用电曲线和可再生能源发电曲线之间的不匹配度来给出。进一步而言，需要开展更深入的研究来揭示“光储直柔”系统中的各组成部分（即光伏、储能技术/模式、智能直流电器等）对建筑用能柔性的影响，从而给出最大化柔性的技术指导方案。基于此，上述柔性指标可以支撑电网提出合理的电价激励机制，来最大程度鼓励终端用户配合电网进行友好响应。

4.7 群智能建筑控制技术

群智能技术是一种仿照鸟群、鱼群等智能群落工作机制的新一代人工智能技术。群智能建筑系统将建筑物理场模型与分布式计算深度融合，颠覆了传统系统由不同机电设备系统各自建立控制子系统的分层中控架构，以集成、智能化的建筑空间和源设备为智能化的基本单元，采用全新的、去中心化、自组织计算架构，实现建筑机电设备系统自动化运行、节能优化控制、能耗管理和诊断、故障自诊断、智慧物业管理等功能，是我国自主知识产权的新一代建筑控制系统。

本节介绍群智能建筑控制技术的研究初衷、技术架构、典型算法及其在部分工程中的应用效果。

4.7.1 传统建筑自控技术的应用现状

随着人力成本和能源成本的增加，自动化且节能的建筑设备系统运维日益为公共建筑特别是大型公建的管理者所重视。建筑自控系统是实现建筑设备自动、节能运行的关键。近年来针对暖通空调、照明等建筑主要用能设备系统的控制和节能专项应用，如冷冻站群控、变风量控制、照明节能控制、能耗分析管理等，其实是建筑自控系统本就应该实现的功能。

建筑自控并不是一项新的技术。早在20世纪90年代，我国就已在大型公共建筑中普遍设计安装了这一系统。伴随着信息技术的发展，建筑自控技术也在不断迭代更新。在通信技术上，从20世纪90年代采用的工业总线技术，到为了打通各个信息孤岛而制定的标准协议BACnet；从成熟的无线通信技术如蓝牙、Zigbee等，到今天的热点新技术LoRa和NB-IoT等，建筑自控领域不断引进新的通信解决方案。在集成软件方面，从早期的OPC接口标准，到引进互联网技术经验从C/S架构到B/S架构的转变，再到引进“软件即服务”（SaaS）的理念，这一领域也紧跟软件工程领域的成果。在工程上，制定了一系列工程技术规范来指导和约束从设计到验收的各个环节，并结合信息技术，设计了如组态王、Tridium等组网调试软件。如今，物联网、云计算、人工智能、大数据等热门技术也已经被应用在一些建筑节能优化控制项目上。

然而，虽然建筑自控技术紧跟信息领域的发展，并作出了若干精品项目，但是在相当多的实际项目中控制效果并不如人意，许多项目中的“自动化”只不过是在中央机房能实现远程人工监控，能耗水平取决于运行人员的经验和专业水平，远没有达到自动优化控制的设计目标。这背后技术层面的原因是什么？既然在各个局部技术环节的改进都不能最终解决问题，那么就有可能是系统整体架构上存在不足。

图4-67给出了典型的建筑自控系统架构。要实现控制，就要全面掌握被控系统的信息；而在传统架构中，现场控制器、子系统控制器和中央站之间的网络连

接，反映的是通信或者控制层级之间的关系，被控机电设备系统的信息只能在各级控制器的软件中通过配置和建模来定义。这给实际工程实施带来了困难：首先，公共建筑尤其是大型公共建筑中设备众多，要在各级控制器软件上定义成百上千设备的信息和模型并保证没有错误，是一项耗时费力的工作；其次，在软件上定义设备系统模型，要求工程人员不仅要熟悉暖通空调领域的知识，还要具备信息技术领域的技能，这要求工程人员具备跨学科的专业能力；最后，各个项目具体采用的设备系统结构和组合方式都不同，自控工程师只能结合具体情况为每个项目进行定制化的开发。

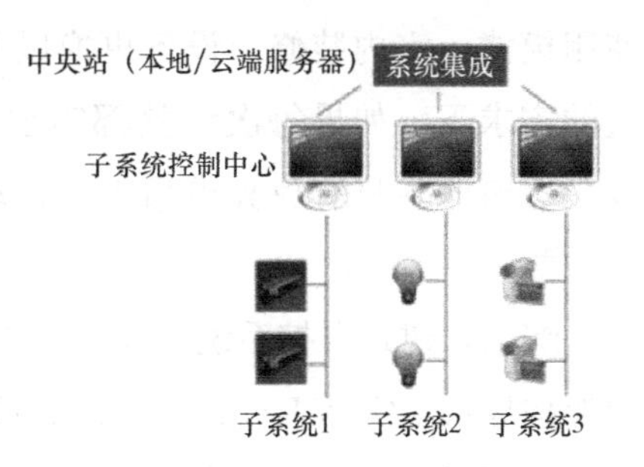

图 4-67 典型的建筑自控系统架构

整个系统由针对各机电设备系统的控制子系统组成。每个控制子系统都采用集散式的架构，用现场控制器连接传感器、执行器等控制终端实现局部的控制；通过通信总线将现场控制器接入网络，由子系统控制中心完成其内部各个现场控制器之间的协作控制；各个子系统的控制中心再通过网络连接到中央站，实现各个子系统之间的联动控制。近些年物联网+云端大数据/人工智能的架构也被用在建筑控制系统中，与传统系统相比，只是省去了子系统控制器一层，结构更扁平，但依然是分层中央控制的结构，传统系统架构的弊端依然存在。

在面对较小规模被控系统时，上述三种问题都不突出。但是，现代大型公共建筑中的被控设备相关信息动辄以万计，信息背后的设备系统结构复杂并分布在数万平方米的工程中。对于这样的大规模复杂系统，传统架构下的上述问题导致需要跨专业的工程师为每个项目进行定制化开发，自控功能的实际工程落地通常需要极大的工作量，导致系统建设成本高，周期长。在实际工程中，出于工程成本和周期的考虑，现有的建筑自控系统工程往往牺牲品质，放弃自控优化功能，仅实现“只监不控”的初步功能。

建筑自控系统的传统架构是从工业控制领域继承来的。同样的系统架构在工业控制领域取得了成功并一直沿用至今，为什么同样的架构却不适合建筑自控领域？首先，工业控制可以接受传统系统架构下较高的调试成本，而建筑领域难以接受。工业控制系统是工业生产、创造价值的前置条件，而建筑自控系统主要作用是帮助业主节省人工和能耗成本，因而建筑自控对成本相对敏感。其次，建筑对控制系统的灵活适配能力要求更高；工业控制相对稳定，不会像建筑一样，随着租户、使用模式、室内装修、设备更换以及运行管理团队的变化而不断调整。在不断调整的需求下，如果每次调整都需要定制化开发的高成本投入，又不能在短期回收，建筑业主只有放弃更高级的自动优化与节能功能，只保留“只监不控”的初步功能。

综上，建筑自控系统工程实践中各种问题的根源是系统架构：传统的分级中央的架构导致了实际工程调试过程的长周期和高成本。在人力成本和能源成本不断增加，国家提出“双碳”战略的今天，建筑自控领域迫切需要一种能够真正解决工程落地问题，实现自动、节能运行的新系统。从建筑及其设备系统智能化运行维护管理的需求出发，新的建筑自控系统，应能够①大幅简化甚至取消定制化的组网、配置、建模工作；②灵活地适应建筑控制管理需求的变化，使控制逻辑灵活快捷地搭载到控制系统；③能够打破信息技术与暖通等机电专业的门槛，让真正懂机电和节能的暖通专业人士能够实现其节能控制逻辑。

4.7.2 颠覆传统架构的群智能

既然传统建筑自控系统工程应用问题的根源是分级中央控制架构，解决这一问题的思路是尝试颠覆传统架构。

除了高级智能生物群通常采用的分层集中的组织形式外，自然界中还有另一种智能系统形式，例如蜜蜂、蚂蚁等昆虫群落，鸟群，鱼群等。这些智能群落通过简单的智能个体实现大规模系统的复杂功能。系统由标准化的简单个体组成，个体之间不分层级；任何个体都可以触发某项任务；在执行某项工作时，没有中心个体指挥调度其他个体该干什么，而是靠个体之间的自组织协作机制完成整体功能；个体的局部自组织任务相对简单，但通过相互协作机制又能完成很复杂的全局优化功能；个体离开或重新加入群体，不需要注册/注销机制，对整体任务的完成也几乎没有影响。标准化、自组织、即插即用是这种群体智能的特点。

如果能在建筑自控领域实现这样的系统架构，应该就可以实现免配置、灵活组网的目标，大幅简化定制化调试工作，大幅缩短调试时间，降低调试成本，从而从根本上解决传统系统架构在实际工程应用中遇到的问题。信息技术近年来的高速发展为建筑领域实现群智能架构提供了基础：一方面，某个设备中嵌入芯片使该设备能够自我调节并与其他设备通信，已是简单易行的事；另一方面，具备机电一体化能力的相关设备，如制冷机组、水泵、空气处理机组等也屡见不鲜。那么，如何用“群智能”的思路实现建筑自控？这需要回答以下两个问题：①什么是建筑自控的基本单元？这些基本单元应像上述智能生物群落中的个体一样，是标准化、在不同建筑中可复制的。②基本单元之间如何协作？这种协作应该能做到标准化、免配置、即插即用，从而赋予智能单元以自组织能力，自动适配不同建筑项目的系统结构，自适应的不同建筑及其机电设备系统的自动调节和节能优化任务。

4.7.3 换个角度看建筑自控

无论是借鉴工业控制系统，还是近年来物联网、大数据、云计算在建筑自控领域的应用，都是从信息技术领域“拿来”成熟技术用在建筑自控行业，而这样的“拿来”也给传统架构与建筑及设备系统脱节埋下伏笔。既然要重新定义建筑自控系统架构，群智能建筑自控系统的研究，尝试从建筑和机电设备系统的特点和需求出发，回答上面上一节末尾提出关于建筑“群智能”的两个问题。

1. 建筑自控的基本单元

以往认为传感器、执行器、控制器是自动化系统的组成单元。但是，这些构件并没有完整的建筑功能。用它们作为智能建筑的基本单元，在实际工程中仍需要面对将这些控制构件与建筑空间和建筑机电设备相互对应的复杂工作。

从建筑及其机电设备系统的组成单元出发，换个视角看建筑自控系统，可以认为建筑自控功能是由若干“空间”和“源设备”拼接而成的，如图 4-68 所示。

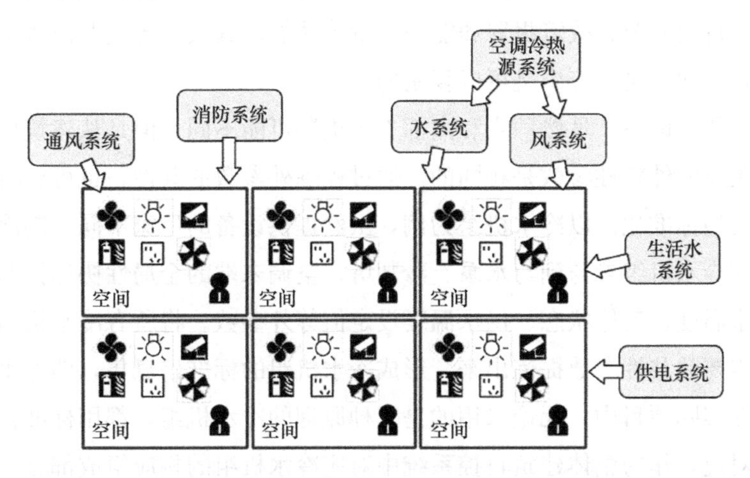

图 4-68 建筑控制系统由基本单元按照位置关系拼接而成的示意图

空间是构成建筑的基本单元。对应空间的智能控制系统也可以看作是建筑自控系统的基本单元，即智能空间单元。空间单元完成空间内所有机电设备的集成控制，包括空调末端、送排风、照明、插座、门禁、电动窗或窗帘、火灾探测器等，为空间内用户营造舒适、健康、安全的环境，并保证设备安全节能运行。空间单元彼此按所在位置就近连接，组成网格状的控制网络，覆盖了大部分建筑区域，也即涵盖了大部分建筑机电设备的控制管理需求。

这样的智能空间单元是可以标准化的。对于办公室、会议室、酒店客房、商场公区、中庭等典型空间，在不同建筑中，具体到同一类空间单元，其空间内部的信息内容及控制管理功能相差不大。不同建筑的信息模型的差别，主要不是由同一类空间单元的差别造成的，而是不同建筑中各类标准化单元的种类和数量不同造成的。根据建筑相关机电专业的设计方法，每种典型功能和尺度的建筑空间，其中空调末端、照明、插座、传感器等设备的配置都存在某种设计“模数”，即在各种典型空间中的配置密度。因此，可以根据各类典型空间的功能和尺寸，确定其中各种机电设备的最大数量，进而将空间单元中描述设备运维信息的种类和数量标准化，定义各类空间单元的标准信息集，也即这一类空间的控制系统信息模型。

为空间提供各种电源、冷热源、水源、新风源的机电设备，是构成能源和输配系统的组成单元，它们本来就是标准化的产品，在不同建筑项目中灵活组合。结合机电一体化的发展趋势，可以认为：每个内置控制器（或控制系统）的智能化机电设备，或者控制箱＋传统机电设备一一对应的标准化组合，也是建筑自控系统的基本单元，即源设备单元。与空间单元一样，首先，源设备单元能够完成设备内部的安全保护、自动调节、故障报警和能源计量等功能；其次，各类源设备单元也是标准化的、在不同建筑系统中是可以复制的。

同类型的源设备，虽然厂家和内部工艺机制可能不同，但是从建筑控制和运维的角度所关注的外特性参数是相同的。通过提炼外参数的共性，也可以将各类源设备的信息模型标准化。以冷水机组为例，虽然提供设备的厂家不同，制冷原理可能不同，但在冷水机组参与到与水泵、冷却塔、空调末端的全局性协作控制时，都需要提供回水温度、启停状态、供水温度设定值等外参数。将所有冷水机组用于控制和运维所需要的共性参数提炼出来，形成冷水机组的标准信息集，即冷水机组的信息模型。在实际项目中，无论采用的是哪种原理的冷水机组，都用标准化的冷水机组单元去对应，作为整体建筑自控系统中对应冷水机组的相应组成部分。采用同样的方法，可以定义水泵（包括冷水泵、冷却水泵、一级泵、二级泵）、冷却塔、分集水器、空气处理设备（包括组合式空调机组、新风机组）、配电柜/配电箱、电梯等各类源设备的基本单元。

表4-12给出了按照上述思路提炼整理的几种建筑标准单元。通过对几十个实

际项目进行模拟设计，已经初步验证用表中 20 多种标准单元相互组合完全可以覆盖这些项目的建筑自控系统。对于日后可能出现的新型源设备形式，能用表 4-12 中某个基本单元对应的就用其对应；否则，也可以补充增加相应的标准单元定义。

建筑基本单元列表 **表 4-12**

间单元	暖通空调设备单元	给水排水设备	电气设备	消防设备
办公室	冷水机组	水泵	配电柜	消防泵
走廊/大堂	锅炉	分集水器	配电箱	消防炮
客房/家居	换热器	定压补水系统	直流配电柜	消防空气压缩机
地下车库	冷却塔	储液箱体	变压器	
设备机房	空气处理设备		内燃机组	
室外气象站	风机		后备（储能）电源	
	多联机室外机		新能源发电单元	
	太阳能集热系统			

综上，从建筑及相关机电设备系统的角度出发，按照上述方法可以定义支持群智能系统的建筑基本单元。

2. 基本单元的协作方式

智能的建筑基本单元分别都能完成各自内部的自动控制和优化调节。但是，公共建筑通常有统一的物业管理；有同一套能源系统、空调系统、给水排水系统、消防系统；各个空间单元相互共享相同的逃生通道；因此，通常还需要实现整体的联动控制。

设计群智能架构下各基本单元的协作方式，仍然从建筑和机电设备系统的特点入手分析。在各种建筑机电系统控制调节任务中，控制调节的对象是冷机、风机、水泵这些机电设备，但本质上是对建筑中的冷热量传递、气流传递、供水网络、人群移动、光和声音传递等这些物理场进行调节。

表 4-13 给出了各种物理过程的描述方程。分析这些物理过程可以发现，它们大部分都可以近似为空间上的二阶或一阶过程。这意味着，这些物理过程与空间位置相关，并且空间距离近时影响大，距离远时影响小。图 4-69 给出了火灾发生时烟气和温度的扩散过程。在火源区域烟气浓度和温度最高，在周边区域依次递减。在暖通领域，当某个房间的温度升高时，首先向邻室传热，对其他空间的温度影响是逐渐传递过去的。在集中空调系统中，虽然冷水机组是集中冷源，但冷量向各个末端的输送方式并不是像通信网络的星形连接那样，由交换机分别连接各个末端，

而是由一根总管按照空间位置由近及远地输送冷量。冷量一定是先到近处，再到远处的末端设备且相邻支路的相互影响最大。

建筑物理过程方程 表4-13

物理现象	过程（微/差分）方程	时间阶数	空间阶数	线性
传热	$\rho c\frac{\partial t}{\partial \tau}=\nabla(\lambda\nabla\tau)+q_v$	1	2	√
辐射	$J=\sigma T^4$	0	0	×
电网	$RI=V_z$(回路) $GV=I_z$(节点)	0	1	√
水管网	$\begin{cases}AG=Q\\A^{T}P=\Delta H\\\Delta H=S\mid G\mid G+Z-DH\end{cases}$	0	1	×
气流	$\begin{cases}\frac{\partial\rho}{\partial t}+\nabla\cdot(\rho\vec{V})=0\\\frac{\partial}{\partial t}\rho\vec{V}+\nabla\cdot(\rho\vec{V}\vec{V})=\rho\vec{F}-\nabla p+\nabla\cdot\vec{\tau}\\\frac{\partial E}{\partial t}+\nabla\cdot((E+p)\vec{V})=\rho\vec{F}\cdot\vec{V}+\nabla\cdot(\vec{\tau}\cdot\vec{V})+\nabla\cdot(k\nabla T)\end{cases}$	1	2	×
人流网	$N(\tau)-N(\tau-\Delta\tau)=Af(\tau)$	1	1	√
声音	$\frac{\partial^2u}{\partial\tau^2}-\alpha^2\nabla^2u=f_z$	2	2	√

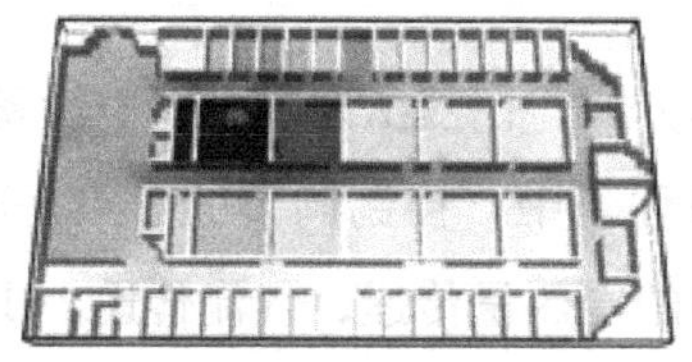

图4-69 火灾发生时的烟气和温度扩展过程

在各种物理场中，只有变化的发起位置，而没有某个特定的中心点；物理过程的演变是沿着空间位置关系由近及远发生的；物理场各部分的影响规律始终由物理定律控制且保持一致，不随着物理场规模的变化而改变。从物理场的特点出发，仿照物理场的特点设计建筑基本单元的协作方式：建筑自控系统中的基本单元之间只需要按照空间位置与邻近的单元连接并协作计算，所有节点连接成覆盖建筑空间的计算网络；在某种触发事件下，整个系统可以由触发点发起计算，计算出建筑物理场的整体变化，进而可以寻找到整个系统在何种控制方案下，可以满足用户需求的同时实现能效最优。类似于有限元算法，可以将上述关于物理场计算的机制或“算子”标准化地植入到每一个基本单元中；基本单元构成的计算网络随建筑物理场规模变化而变化，物理规则不变，则上述分布式计算网络中的算法就可能自组织的适配各种建筑及其机电设备系统结构，从而实现建筑自控系统自组织、免配置、即插即用、灵活适配的预定目标。

4.7.4 群智能建筑系统

根据上述从建筑和机电设备系统特点出发分析得到的系统设计思路，群智能建筑系统的基本架构如图 4-70 所示。

对照此图，本节详细介绍这一新型智能系统的硬件设备，网络结构，自组网、自识别机制，分布式计算机制，和控制算法实现。

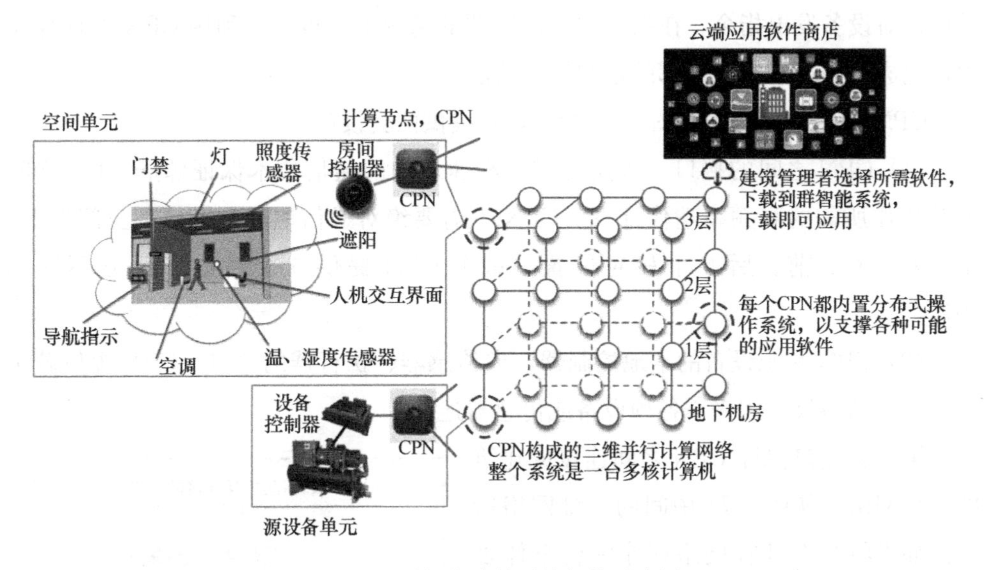

图 4-70 群智能建筑系统架构示意图

1. 关键硬件设备

计算节点（Computing Processing Node，CPN）是群智能建筑自控系统的关键设备。CPN 嵌入在各个建筑空间或源设备中，使它们能够成为“智能”基本单元。

所谓智能包含以下功能：①实现基本单元内部的数据采集、安全保护、控制调节、故障诊断和报警、能耗计量等功能。②具备自动辨识和组网能力。一方面通过内置相应基本单元的标准信息集，辨识出自己，作为相应基本单元的“代理”，能够让系统中其他计算节点对应标准信息集找到本地环境与设备的运行参数，并能对设备发出设定指令；另一方面能够辨识区分出所在网络中的各个邻近节点，完成局部系统网络的识别。③具备与邻近节点协作计算的能力，从而能支持各种可能的全局控制管理策略。

目前，制冷机、水泵、空气处理设备等源设备产品已经或正在逐步向智能机电设备转变。许多设备产品都已经开始内置控制器，完成设备内部的自动化控制调节。同时，智能传感器、智能执行器也不断完善。鉴于这一发展趋势，为了充分利用现有技术成果，CPN主要完成上述第二项和第三项功能。对第一项功能，CPN提供通信接口与源设备的本地控制器连接，从而能够对应标准数据集获取设备的运行状态，并可以对设备发出运行指令或设定值；而更底层的安全保护和本地调节等功能，由设备的本地控制器完成。当然，由于CPN可以获取设备的实时运行状态并可以对设备发出指令，在没有本地控制器的情况下，也可以利用CPN的计算能力，完成部分基本单元内部的控制管理功能。

CPN的硬件结构图如图4-71所示，它提供两套接口：

(1) CPN之间的接口。采用可靠、高速通信的通信技术保证邻居CPN之间彼此协作所需的高频率迭代计算。CPN不需要绝对通信地址。考虑到空间有上、下、左、右、前、后6个相对位置，每个CPN提供6个接口来区分不同的邻居。

(2) CPN和源设备的本地控制器，或传感器、执行器的接口。CPN提供若干种标准通信协议，用来与各种设备或传感器连接。

第一套接口保证CPN之间连接成建筑的计算网络，如图4-71中间的三维网络所示。如果将整个计算网络视作一台整体多核计算机，那么第一套接口就可以看作是这台多核计算机内部的计算总线。第二套接口实现与建筑中各类实际机电设备的对接，如图4-71左侧空间单元和源设备单元所示。第二套接口可以看成是计算网络的对外接口，是开放的，采用常见的标准通信技术，并且可以根据具体需求和技术发展进行调整和更新。

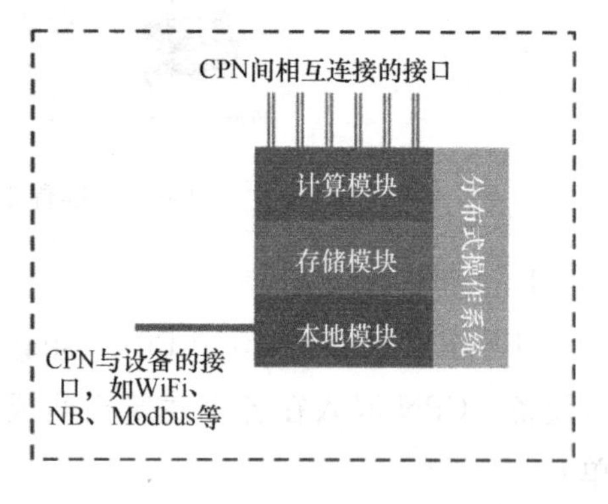

图4-71　CPN结构示意图

2. 计算网络

代表每一个建筑空间单元或源设备单元的 CPN，彼此按照空间位置关系就近连接，就构成了群智能建筑系统的计算网络。如图 4-72 所示。

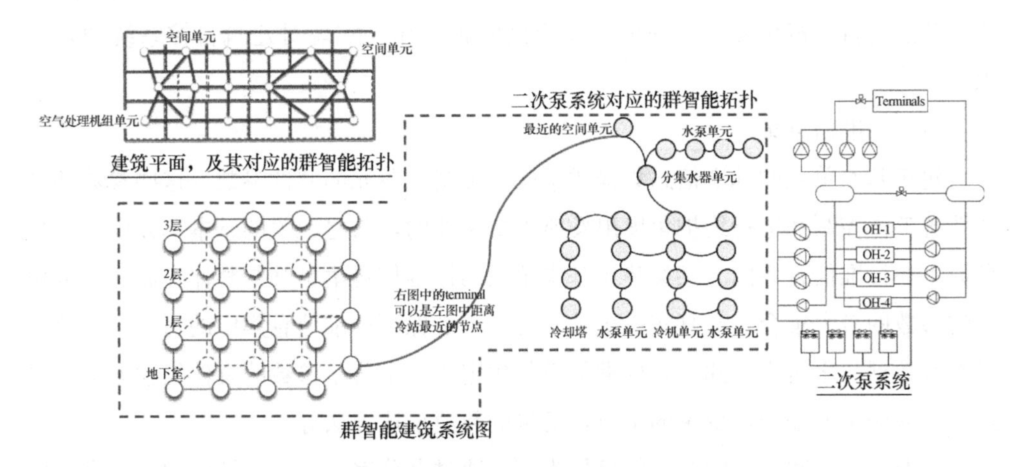

图 4-72 典型群智能建筑系统示意图及基本单元与建筑平面和机电设备系统的对应关系

如图 4-72 中，各层对应各空间单元的 CPN 按照其所代表的空间位置关系连接，就构成了覆盖各楼层的网格状网络；各楼层网络之间，依靠对应楼梯间、竖井等区域的 CPN 与上下层邻居连接，就将各楼层连接成了一个三维网格状的网络。

制冷机、水泵、冷却塔、配电柜等源设备单元的相应 CPN，按照设备网络拓扑，与设备网络上相邻设备的 CPN 连接，并最终与相关专业终端设备所在空间对应的 CPN 连接，就形成了与相关设备专业网络一致或相似的计算网络。

由于系统网络拓扑与建筑平面或机电系统拓扑近似，虽然没有任何单元掌握全局网络结构，但每个单元都清楚掌握局部模型，具有与邻近单元协作的工作机制，这样通过各个单元的相互联系，也就间接地反映了整个系统的状况。

3. 自组网自识别机制

组网配置是常规系统架构在工程实施过程中的瓶颈。本质上是在自动化系统的各种软件上构建建筑系统的信息模型，用信息技术重新定义建筑及其机电系统设备。包括，定义与建筑环境和机电设备系统运行参数对应的变量；将变量与真实存在的传感器、执行器等物理设备的参数对接；描述参数与设备或空间的从属关系及其空间位置；描述空间或设备之间拓扑连接关系，即机电设备系统结构等。这些内容在建筑空间和源设备不改变的情况下基本不变，与灵活多变的控制管理策略无关，是自动化系统的基础信息。

群智能系统通过在CPN中植入对应建筑基本单元的标准信息集，以及CPN对邻近节点的自动辨识能力，完成上述组网配置工作，实现对建筑自控系统的自动识别。

(1) 标准信息集

建筑基本单元的标准信息集描述了同一类基本单元的共性参数。这些参数都是从系统整体控制和运行维护角度出发所需要关注的，与之无关的基本单元内部运行参数不在标准信息集内。某类建筑基本单元的标准信息集是其与整体控制和运维相关的参数的最大集合，与真实系统关联时，不必保证标准信息集中的每一个参数变量都有数据与之对应。此外，标准信息集规定了其中每个参数的具体描述方法，包括所对应变量的编号，变量的单位，变量的数值描述方法等。

以办公室空间单元的标准信息集为例。通过办公室空间的共性归纳，标准信息集描述了一个30～80m^{2}典型办公空间的信息模型。在这样一个典型空间中，假设环境参数相对均匀，因此标准信息集中只设计了一套环境参数（包括空调温湿度、空气品质、照度等）的测量值和设定值变量；规定了办公室空间中照明回路、插座、空调末端、围护结构等空间内设备的最大数量，如表4-14所示；从运行状态参数、执行动作反馈值、设定值、能耗计量信息、故障和报警、额定和静态参数等角度分别规定了各个可能存在的空间内设备的相关变量，如表4-15所示；规定了上述所有变量在此标准信息集中的唯一编号，规定了每个变量的数值描述方法，包括数值类型、单位、数值内容等，如表4-16所示。

办公室空间单元中各种内部设备的数量　　　　表4-14

设备类型	数量	设备类型	数量
智能插座	16	风机盘管（FCU）	4
照明回路	16	变风量箱（VAVBOX）	4
电动窗	8	多联机室内机	2
出入口（门、闸机等）	8	辐射末端	4
智能遮阳	8	分体空调	4
独立风机	4	独立风阀	4
独立水泵	4	独立水阀	4

办公室空间信息表内容摘要 **表 4-15**

参数	空间环境	设备 1（以照明回路为例）	设备 2（以风机盘管为例）	…… 设备 n
运行参数测量值	有无人状态，人数，温度，湿度，照度，PM2.5，CO_2等		供回水温度测量值	
执行动作反馈值		开关状态反馈，亮度反馈	水阀开关状态反馈，风机挡位反馈	
设定值	温湿度设定值，CO_2设定值，照度设定值等	开关状态反馈，亮度反馈	设备是否运行和运行模式设定，水阀开关设定，风机档位设定	
能耗计量信息	空间内总电耗总耗水量等	累计电耗	风机瞬时功率累计电耗	
故障和报警	火灾报警，危险入侵报警，温度超高预警等	设备故障报警	设备故障报警	
额定参数/静态参数	空间面积，层高，通过本区域的疏散时间等	额定功率	三挡风机额定功率	

办公室空间单元标准信息集（部分内容节选） **表 4-16**

编码	参数内容	数据格式	单位	长度(B)	变量描述方法备注
0x00000207	空间高度	单精度浮点数	m	4	
0x00000208	空间面积	单精度浮点数	m^2	4	
……					
0x00000220	室内空气温度监测值	单精度浮点数	℃	4	
0x00000240	室内空气温度设定值	单精度浮点数	℃	4	
0x00000221	室内空气相对湿度监测值	单精度浮点数	%	4	
0x00000226	室内空气 CO_2 浓度监测值	单精度浮点数	ppm	4	
……					
0x00000270	本区域瞬时总电功率	单精度浮点数	W	4	
0x00000271	本区域累计用电量	双精度浮点数	kWh	8	
……					
0x00000280	本区域安全报警	无符号整型	无	4	0—安全；1-10 分别表示从低到高报警等级
……					
0x00000330	5 号照明设备开关状态反馈	布尔型	无	1	0—关闭；1—开启
0x00000331	5 号照明设备开关设定	布尔型	无	1	0—关闭；1—开启

续表

编码	参数内容	数据格式	单位	长度(B)	变量描述方法备注
0x00000332	5号照明设备亮度反馈	单精度浮点数	%	4	0~100
0x00000333	5号照明设备亮度设定	单精度浮点数	%	4	0~100
0x00000335	5号照明设备累计用电量	双精度浮点数	kWh	8	
0x00000337	5号照明设备报警	布尔型	无	1	0—正常；1—报警
……					
0x00000420	2号风机盘管运行状态反馈	布尔型	无	1	0—关闭；1—供冷；2—供热；3—过渡季
0x00000421	2号风机盘管运行状态设定	布尔型	无	1	0—关闭；1—供冷；2—供热；3—过渡季
0x00000424	2号风机盘管水阀开度反馈	单精度浮点数	%	4	
0x00000422	2号风机盘管风机挡位反馈	无符号整型	无	4	0—关闭；1—1档；2—2档；3—3档
0x00000423	2号风机盘管风机档位设定	无符号整型	无	4	0—关闭；1—1档；2— 2档；3—3档
0x0000042F	2号风机盘管报警	布尔型	无	1	0—正常；1—报警

源设备单元的标准信息集与空间单元类似。只不过，整体控制和运维一般不涉及机电设备内部各个部件的运行情况，而只关心外特性的共性参数，因此源设备单元的标准信息集一般将源设备作为一个整体，只描述其外特性参数。以制冷机单元的标准信息集为例，其中包含了描述冷机运行状态参数、启停动作反馈值、相关设定值、能耗计量信息、故障和报警、额定参数和性能曲线等方面信息的各个变量，规定了各个变量在此标准信息集中的唯一编号，规定了每个变量的数值描述方法，包括数值类型、单位、数值内容等，如表4-17所示。

冷水机组单元标准信息集（部分内容节选）　　表4-17

编码	参数内容	数据格式	单位	长度(B)	变量描述方法备注
0x00000200	冷水机组启停状态的反馈	布尔型	无	1	0—停机，1—开机
0x00000208	冷水机组启停状态设定	布尔型	无	1	0—停机，1—开机
0x00000214	蒸发器侧进口水温监测值	单精度浮点数	℃	4	
0x00000215	蒸发器侧出口水温监测值	单精度浮点数	℃	4	
0x00000217	蒸发器侧出口水温设定值	单精度浮点数	℃	4	
……					

续表

编码	参数内容	数据格式	单位	长度(B)	变量描述方法备注
0x00000220	电功率的监测值	单精度浮点数	kW	4	
0x00000223	累计供冷量	双精度浮点数	kWh	8	
0x00000225	累计用电量	双精度浮点数	kWh	8	
……					
0x00000240	设备报警	布尔型	无	1	0—正常；1—报警
0x00000242	设备报警码	无符号长整型	无	8	描述制冷机给出的报警信息，由制冷机组厂家含义自定义
……					
0x0000032C	启动保护时间	无符号整型	s	4	描述机组停机后多长时间可以启动
0x0000032D	停机保护时间	无符号整型	s	4	描述机组启动后多长时间可以停机
0x00000311	额定制冷量	单精度浮点数	kW	4	
0x0000031C	冷凝器侧进口水温下限值	单精度浮点数	℃	4	
……					
0x00000330	工况1的定义变量	单精度浮点数数组	无	128	描述了定义制冷机某一性能工况的变量条件，每4个字节为一个单精度浮点数，各变量的编号为0-31，0—蒸发器水侧流量(单位为m^3/h)；1—冷凝器水侧流量(单位为m^3/h)；2—制冷工况下蒸发器出口水温(单位为℃)；3—制冷工况下冷凝器进口水温（单位为℃）
0x00000331	工况1的性能曲线X变量	单精度浮点数数组	无	128	描述了工况1下对应性能曲线*X*轴的负荷率*PLR*值
0x00000332	工况1下性能曲线Y变量	单精度浮点数数组	无	128	描述了工况1下对应性能曲线*Y*轴的*EER*或*COP*值

标准信息集被嵌入到CPN中。由于CPN与空间或源设备一一对应，这就自然完成了信息所在位置或者信息与设备从属关系的软件描述。由于标准信息集对应建筑及其机电设备系统的构成单元，它们所组合成的建筑自控系统的数据结构天然与被控系统一致。植入到各个CPN的标准信息集共同定义了整个系统的软件数据结构。随着CPN拼接成建筑自控系统，结构化的数据系统随之同步生成。这相当于

将软件开发工作部分预先植入 CPN 中。留给现场工程的，只剩下将真实存在的物理参数与相应标准信息集中的变量相对接。

CPN 的第二套接口提供基于标准通信技术的外设接口，实现标准信息集与真实的物理参数的对接。标准通信接口可以保证数据的可靠交换；而数据含义的解析，则由标准信息集中各个变量的编号、对应的参数内容、变量数值描述方式等内容所规定。在这个意义上标准信息集其实也是 CPN 与外设设备的应用层开放通信协议。

空间单元和源设备单元的外设接入工作不完全相同：源设备可以是标准化的产品。生产商可以在其机电设备中嵌入 CPN。设备内部各个传感器和执行器信息与 CPN 及其标准信息集的对接，可以是出厂前在设备生产线上就完成的测试工作。现场工程即插即用，没有额外的外设接入工作。空间的需求是个性化的。现场工程师需要确定空间内部设备应关联到标准信息集提供的同类多个设备中的哪一个。但与常规系统架构下的配置不同，群智能系统中各个空间单元的配置相互解耦，彼此不影响，可以同步并行进行。

（2）CPN 对邻近节点的自动识别

在群智能系统架构下，没有任何一个 CPN 需要知道建筑或机电设备系统的整体结构。整体系统结构的辨识问题被转化为各个 CPN 只分别对局部系统结构进行识别的问题。

每个 CPN 提供 6 个独立的接口分别连接 6 个邻近的 CPN。由于这 6 个接口在物理上是彼此独立的，CPN 会清晰地区分出来自不同 CPN 的数据，并给连接在不同接口上的邻近 CPN 分别取名为 1～6 号邻居。CPN 与邻近 CPN 之间存在心跳检测机制：如果接收到来自邻近节点的数据就认为相应的邻居存活；如果长期接收不到则认为相应邻居不存在。每个 CPN 都知道各自对应的基本单元类型。通过与邻近 CPN 的信息交换，CPN 也可以知道各个邻居的类型。在此基础上，每个 CPN 都会根据节点类型和相应标准信息集内容，设定本地和 6 个邻居节点的实时运行数据存储空间，从而建立起局部的系统信息模型。

CPN 之间的连接线决定了系统的网络结构，也决定了各 CPN 局部建立的信息模型。随着网络的搭建，系统模型在各个 CPN 上伴随生成且在邻近的 CPN 上相互备份。用这种方式群智能系统可以自动地识别出整个系统，作为进一步实现控制管理的基础。

4. 面向分布式计算的分布式操作系统

虽然如图 4-73 建筑控制的主要目标是改变建筑中各种物理场，但实际工程中的控制管理需求不止于此，同时也几乎不可能穷尽今天和未来所有可能的控制管理任务。如何能支持未来各种可能的控制管理需求？更深一层的思考会发现各项控制管理功能的深层共性是数学计算：即各种控制管理策略本质上都是一系列计算。

如果各种数学计算都能由上述 CPN 构成的网络准确可靠地完成，那么 CPN 网络就能够完成由数学计算排列组合而成的多种计算任务序列，从而能够支撑未来控制管理功能的各种可能。但是，在 CPN 计算网络中：①不允许/要求任何一个节点知道全局信息，每个 CPN 只能与邻居交互；②要求对同一个算法，所有 CPN 中的相关计算及机制是相同的；③每个节点都只能与邻居节点直接协作计算，以保证算法能自动适应各种 CPN 网络拓扑和网络规模，与网络结构无关。在上述条件下，还要求计算总能够收敛并得到准确的结果或近似最优的结果，这是否可能实现？

图 4-73 是简单的求和计算的例子。图中 7 个节点组成如图 4-73 所示的网络。每个节点各自的本地参数 x 的数值依次为 1-7，即 $x_i = i$，$i = 1 \sim 7$。对变量进行求和计算希望等到 $\sum x_i$。在网络中，没有任何一个节点知道系统中一共有多少节点，每个节点只知道自己的本地参数 x_i，并可以和邻近的节点交互数据。网络中任何一点都可以发起计算。假如由 1 号节点发起计算，第一步会生成一个以 1 号节点为根节点的虚拟生成树网络，生成树上每个节点最多只有一个上游节点，可以有多个下游节点。对应图 4-73，节点 5 和节点 6 之间的连线取消就是一个以 1 号节点为根节点的生成树。第二步，从生成树的末端节点开始，每个节点都执行式（4-1）所示的计算算子，当节点收到所有下游节点传来的数据后触发算子计算，将本地数值与所有下游节点传来的数值相加，再发送给上游节点。

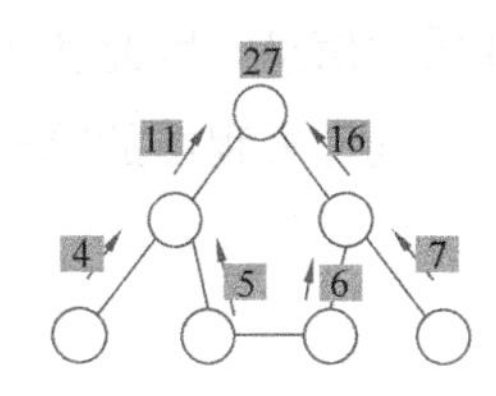

图 4-73 CPN 结构示意图

$$x_{\text{out}} = x_0 + \sum x_{in} \tag{4-1}$$

式（4-1）中，x_0 是本地变量数值，x_{in} 是各个下游节点的数值，x_{out} 是输出到上游节点的计算结果。对应图 4-73，节点 4、5、6、7 判断出自己是生成树的末端节点，没有下游节点，按照式（4-1）计算，就将各自的 x 变量值发送给其上游节点，节点 4、5 发送给节点 2，节点 6、7 发送给节点 3。节点 2 收到节点 4、5 的数据后，将本地变量值 2 与其相加，再将结果 11 发送到其上游节点 1；节点 3 执行类似的操作。节点 1 收到节点 2、3 的数值后，计算得到最终结果 27。由于它没有上游节点，网络中的计算到此结束，发起节点获得最终计算结果。上述计算过程中，节点4、5、6、7，节点2、3的计算可以分别是并行执行的，从而充分利用网络中各个节点的计算资源，缩短计算时间。这一计算方法，每个计算节点的处理机制是完全相同的，与系统的网络结构无关，与发起点无关，在各种网络和发起点情况下都可以得到准确的计算结果。

图4-74为求解线性方程组计算的例子。图中只有4个节点，它们彼此连接成环状。每个节点都有一个未知数 x_i，节点 i 和 j 之间的相互影响用参数 $a_{i,j}$ 描述，线性方程组 $Ax=b$ 描述了各个节点未知数满足的约束方程，其中，$x=[x_1,x_2,x_3,x_4]^{\mathrm{T}}$，$b=[b_1,b_2,b_3,b_4]^{\mathrm{T}}$。根据群智能建筑自控系统假设，节点之间连接反映的是其位置关系，也即各自物理场相互影响的关系。以节点1为例，由于其只连接了节点2和4，表明节点1的物理场只与节点2和4发生关系，和节点3没有关系。因此矩阵A中反映节点1和3关系的系数值为0。由于每个节点都只允许了解本地和邻居的信息，因此各个节点只掌握部分参数，如图4-74中1号节点的示例。

线性方程组的算子为：

$$x_0=\frac{(b_0-\sum_{m=1}^{6}a_m x_m)}{a_0} \tag{4-2}$$

$$(x_0^k-x_0^{k-1})^2<\varepsilon,\ k=1,2,3,\cdots \tag{4-3}$$

式（4-2），式（4-3）中 x_0 为本地计算结果；a_0，b_0 为本地参数；a_m，x_m 分别为与第 m 个邻居的相关系数及第 m 个邻居传来的计算结果，ε 是收敛阈值，k 是计算次数。

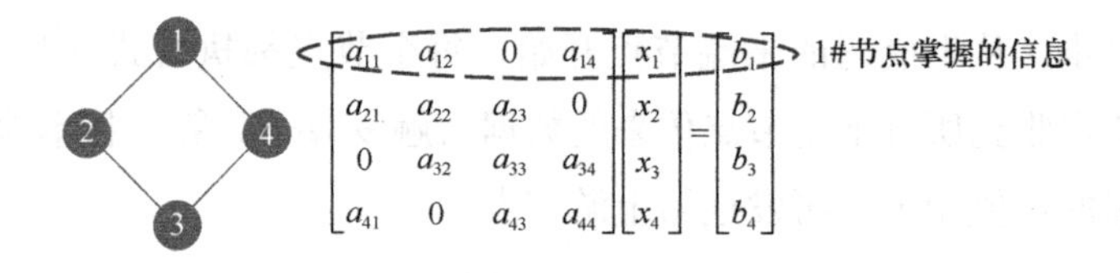

图4-74　群智能计算求解线性方程组

每一次调用算子计算出本地的变量 x_0，都会发给所有邻居，从而触发邻居节点继续调用该算子进行迭代计算，直到每个节点2次计算出的结果满足式（4-3）所示的收敛条件。当系统中不再有节点触发算子，整个计算结束。此时各个节点最后计算得到的变量 x_0 就是方程的解，且每个节点只获得了与自己有关的解。可以证明，上述迭代计算在不同的规模和拓扑结构下都是收敛的，并且收敛速度不随系统规模变化。

从上述两个例子可以看到，在没有任何节点掌握全局信息且所有节点处理机制完全相同的情况下，可以只通过邻近节点间的相互协作实现整体的计算任务。

研究团队通过多年研究，对各种常用数学计算都作了类似的分布式算法设计，并通过数学证明、硬件计算实验等方式验证了算法的可行性。大部分分布式算法都采用这样的机制：将计算拆成基本“算子”，完全相同地植入每一个 CPN。每个算子都是一小段运算，其输入来自本地或者邻居的信息，其运算结果会发送给相应的邻居，触发邻居的算子运算。计算由某个或某些节点率先触发，然后在相邻节点间依次或迭代进行，直到所有 CPN 达成计算完成条件。计算结束后各个节点分别得到计算结果。新增或删除节点不需要额外的注册或注销机制。系统会自动适配因节点规模和网络结构变化导致计算问题的改变，自动对新问题计算得到正确结果。这类似于昆虫群落的协作机制：依靠植入在各昆虫体内、几乎一致的基因代码指导个体行为，通过个体间的简单交互完成整体的任务；昆虫群落的各种行为仅是调用相应功能的不同基因代码；群体的任务可以由任何昆虫个体发起，每项工作都是由群体共同完成的。

图 4-75 列举了已通过验证、CPN 计算网络可以实现的分布式计算函数。包括最基本的数学运算，常用的优化算法，以及建筑管理领域知识相关的应用算法等，它们形成了 3 层算法函数库。就像植入在昆虫体内用于执行不同任务的基因代码一样，库中函数的算子也被植入在 CPN 节点中，供各种控制管理任务调用。

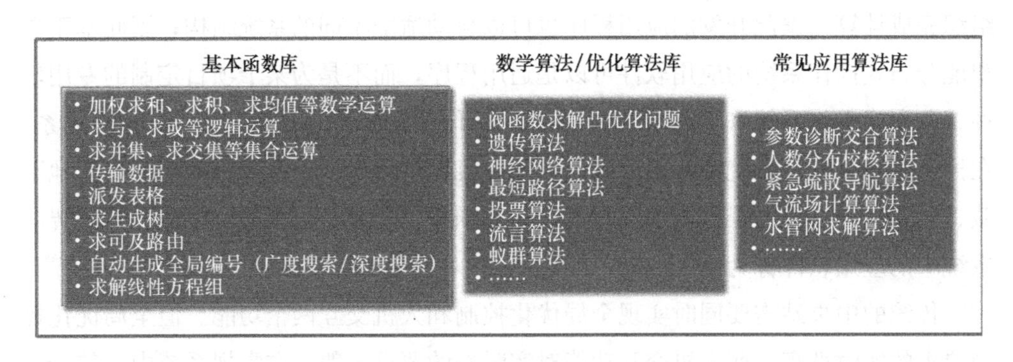

图 4-75　分布式操作系统支持的 3 层计算函数库

在此基础上，群智能系统研究团队也开发了一套分布式操作系统，用来协调调度各个 CPN 的工作。称其为“分布式操作系统”，是因为系统中任何一项计算任务都是由 CPN 构成的群体通过分布协作的方式共同完成的。分布式操作系统主要有以下功能：①使 CPN 具备自我辨识和局部系统辨识的能力；②将标准信息集和分布式计算函数库平等地植入每个 CPN；③响应应用程序要求，执行分布式计算任务序列，依照时序触发具体的计算任务，完成应用程序；④当系统中有多个应用程序时，调度 CPN 响应不同应用程序的时序，尽可能充分利用 CPN 计算能力，缩短应用程序完成时间，提高计算效率；⑤实现系统安全保护、用户和项目权限管理、在线升级等功能。

分布式操作系统对外提供一系列 API（Application Programming Interface）接口。通过这些 API 接口可以实现变量管理、定义或触发计算、定义或触发计算任务序列、获取计算结果等功能。用 API 指令序列定义分布式计算任务序列，从而可以将暖通工程师的控制管理思路转化为 CPN 计算网络能够理解执行的代码。

5. 应用软件

群智能建筑自控系统上的应用软件，是基于分布式操作系统提供 API 编辑的分布式计算任务序列。

分布式操作系统提供的 API 接口是开放的，因此可以在这样操作系统上灵活编辑应用算法和策略。编程工作的内容，从基于专业计算机语言“垒码”的工作转变为计算任务工序的设计，这为暖通等专业工程师降低了门槛，有助于他们将专业领域知识应用在建筑自动控制领域。由于操作系统内置了各种建筑基本单元的标准数据集，这相当于在建筑中内置了一套标准的结构化数据结构；操作系统提供的分布式计算库中的函数又可以通过邻居节点间相互协作自动适配不同的系统结构、自组织完成计算，据此开发的应用程序也可以自动适配不同的系统结构；因此基于群智能分布式操作系统的应用软件可以是通用程序，而不是为某个项目定制的专用软件。分布式操作系统和应用软件的关系，就像手机操作系统和手机 App 的关系。在群智能建筑自控系统中，用户也可以像手机用户那样从云端应用商店中灵活地下载、删除应用软件，根据需求随时自定义建筑的“智能”。因此，有时也将群智能系统中的应用软件称为“App”。

传统的中央站需要同时实现全局优化控制和人机交互两个功能。但全局优化控制要求的实时性高，而人机交互功能对实时性的要求一般。在常规系统中，整个系统的数据都汇总到中央，虽然方便了用户对系统整体运行情况的查阅，但为了同时保证全局控制的实时性，对系统延时、中央站处理能力等都提出了极高的要求。群智能建筑自控系统将这两个功能解耦：用 CPN 计算网络完成实时要求高的优化控制和数据诊断工作，人机交互功能用 PC 和移动终端领域的成熟方案解决。既然整个 CPN 网络是一台并行计算机，且每个 CPN 都可以提供 WiFi 等外部接口，因此可以用 PC 或移动终端从任何一个外部接口接入群智能系统，触发系统中数据查询和统计的应用程序，获得建筑运行的数据和统计报表，完成人机交互功能。这样可以充分利用相关领域的成果，提升人机交互的用户体验。

4.7.5 典型群智能算法及其运行效果

1. 变风量系统控制

变风量系统控制一直是暖通空调系统控制的热点，群智能建筑系统曾被用在深圳某办公楼改造项目中解决变风量控制问题。在改造前，电动风阀可以远程手动调节，但没有实时控制策略。管理人员只是根据初调节的结果，让各个风阀分别保持在某个固定的开度，以保证各个建筑区域不会过热，不会引起投诉。但建筑中许多区域存在过冷现象。此次改造业主曾考虑安装压力无关的变风量箱，但考虑到设备和工程成本，最终还是选择尝试用控制策略解决问题。这个项目用了 20 人·天，完成了总计超过 2 万 m^2 空调面积，多个变风量系统的调试工作。

如图 4-76 所示，为 AHU 设置一个 CPN，实现 AHU 的控制调节；同时为每个可调节风阀所在的室内空间安装一个 CPN 节点，测量该空间温度，调节相应的风阀；所有 CPN 一起完成变风量系统的优化调节。CPN 之间按照空间位置连接成树枝状拓扑；由于风道是沿着空间敷设的，CPN 的连接拓扑也是风道的拓扑。

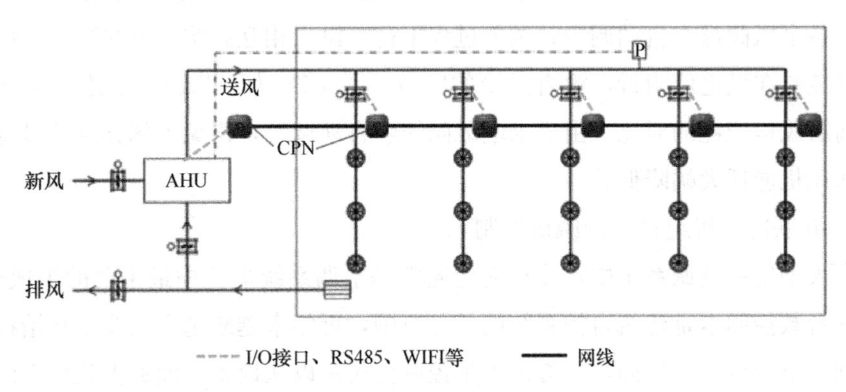

图 4-76 变风量案例项目风系统和群智能系统

整个变风量系统的控制策略包含 AHU 内部控制策略、风阀末端的本地调节，以及风阀解耦协作控制、总送风量调节 4 个部分。其中，AHU 内部控制策略和风阀末端的本地调节都是基本单元内部的控制调节任务，可以选用成熟的控制算法实现。需要 CPN 之间相互协作完成的是风阀解耦协作控制和总送风量调节。

压力无关形变风量箱通过增加串级控制环节来解耦各风阀的调节，从风阀动作效果来看，如果邻近风阀开度增大，即使本地的冷热量需求不变，本地风阀也会相应地开大。在本应用案例中，虽然没有压力无关形变风量箱，却可以在每个CPN中植入式（4-4）所示的算子：

$$\Delta K_0 = \Delta k_0 + \max_{m=1\cdots 6}\{\alpha \Delta K_{\mathrm{m}}\} \tag{4-4}$$

其中，ΔK_0为最终的本地风阀调节量，是综合考虑邻近阀门变化量后的修正结果；Δk_0为因本地负荷变化引起的风阀开度调节需求，由风阀末端本地调节逻辑得出；α为在[0，1）区间的系数，可以是经验值，也可以由在线自学习算法得出；ΔK_{m}为各邻近风阀的调节量。按照式（4-4）任何节点阀门的最终开度都是本地控制需求和相应邻居阀门调节的综合结果。对风阀开度的修正会从发起点开始，沿着CPN网络由近及远地扩散，修正效果依次递减，远离发起点的风阀几乎不需要修正。

各空间CPN可以根据式（4-4）的计算结果各自判断是否存在风量不足的情况：如果风阀开度增量与当前开度之和超过100%说明风量不足。变风量系统的总送风量通过调用植入在CPN中的“求与”计算和“求最大值”计算，分别计算得到各个末端是否存在风量不足的情况；以及系统中各个末端阀门开度的最大值；如果系统中有风量不足的情况，就增加风机转速；否则，如果末端风阀开度的最大值小于90%，说明送风机转速偏高，降低风机转速；其他情况保持风机转速不变。

图4-77显示了风阀开度和房间温度在上述控制策略下的实际运行效果。可以看到：各个风阀都在自动调节；调节过程平稳，没有相互影响导致的振荡；房间温度始终控制在设定值附近，没有过冷的区域。图4-78为下载运行上述变风量控制策略前后风机能耗的对比。由于末端风阀能够自动调节，避免了部分区域过冷的情况，送风机能耗大幅降低。

2. 并联冷水机组自动加减机控制

在大型集中空调系统中，冷机能耗通常是空调系统能耗中最主要的组成部分。冷机的台数控制本是建筑自控系统的任务范围，近年来越来越多的业主开始将这块业务划分给冷机设备厂商，一方面由于控制公司难以从设备厂商那里获得不同工况条件下的冷机性能曲线族，另一方面也因为设备厂商更熟悉暖通空调专业。在实现冷站群控时，冷机设备厂商也普遍采用传统的建筑自控技术体系；但是如前所述，由于各个工程项目的冷机台数、各冷机制冷能力配置等不同，在传统技术架构下控制策略需要定制化开发。这使得本来只做冷机产品的企业，还要有自动化工程管理能力，这与设备厂商熟悉的产品生产维保模式不同。群智能技术以单个冷机设备为

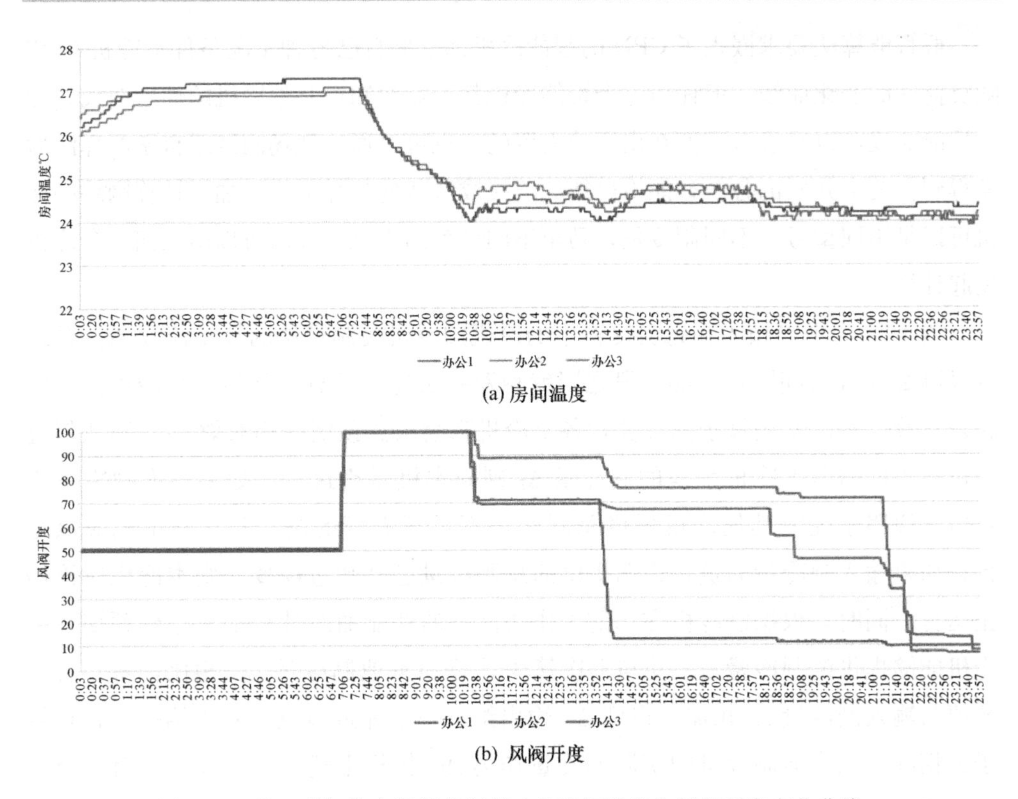

(a) 房间温度

(b) 风阀开度

图 4-77 基于群智能变风量控制策略的房间温度和风阀开度变化曲线

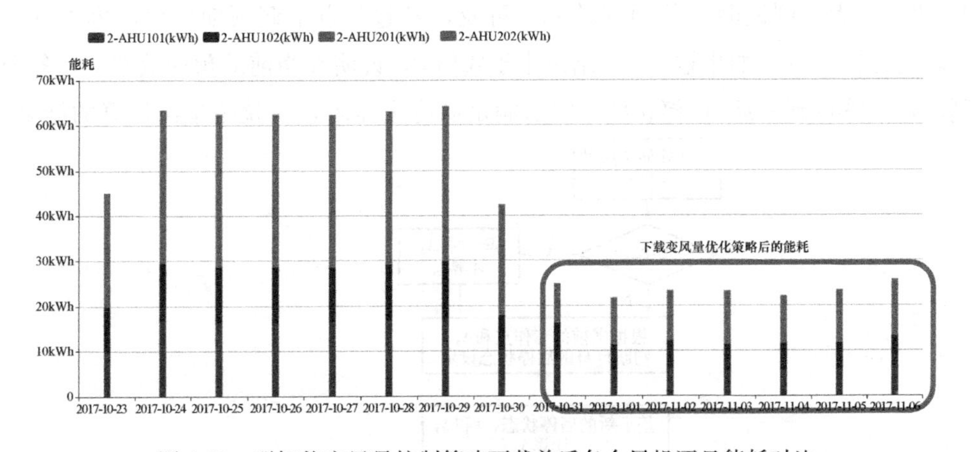

图 4-78 群智能变风量控制策略下载前后各台风机逐日能耗对比

基本单元，通过将 CPN 植入到冷机产品中让其升级为智能产品。群智能冷机彼此可以自组织协作实现全局优化控制。设备厂商可以延续产品生产制造的管理模式，不必担心工程管理的问题，同时又能实现冷机群控的优化效果。

群智能算法要求嵌入了CPN的智能冷机都掌握自己各种工况条件下冷机*COP*随负荷率的变化曲线，但任何一个智能冷机都不需要知道其他冷机的性能曲线。冷机性能曲线可以是设备厂商在出厂前内置的，也可以通过现场测试或自学习算法后期得到。要求并联的各台智能冷机彼此连接成链状的计算网络。加入计算网络的冷机可以是不同型号、不同制冷量，乃至不同厂家的冷机。算法可以由任何一台冷机发起计算。

图4-79为平等植入在每台冷机中的冷机加减机控制算法的算子流程图。系统可以以20min为间隔，每隔一段之间就触发一次优化计算。任何一个冷机都可以触发计算。每次调用算子的计算，各个冷机都会根据预期的相对效率ε_{in}和从邻近冷机输入的需要本冷机承担的制冷量Δ_{in}判断本机是否运行：如果输入制冷量为正值，说明系统中其他冷机提供总制冷量不足还需新的制冷量，则本机应该运行；如果输入制冷量为负，说明提供的总制冷量已经超过需要，则本冷机应该停止运行。同时，根据制冷机在当前工作条件下的性能曲线计算如果达到预期效率冷机能够提供的制冷量Δ；并与上次算子计算的本地制冷量Δ_{last}相比，将二者的差值与输入制冷量Δ_{in}相加；得到Δ_{out}输出给下一个邻近节点。对于第一次执行算子的情况，以当前制冷机的实际制冷量作为Δ_{last}执行上述运算。如果所有的节点都执行过当前预期效率下的计算且每个制冷机都尝试过运行和停止两个状态，Δ_{out}仍然较大，则说明当前预期效率不可及，发起节点下调预期效率，再进行下一轮的迭代计算；如果输出Δ_{out}结果小于阈值δ，说明在当前的预期效率下，各个制冷机计算得到的运行/停止状态能够满足制冷量需求，这就是本次计算的结果，

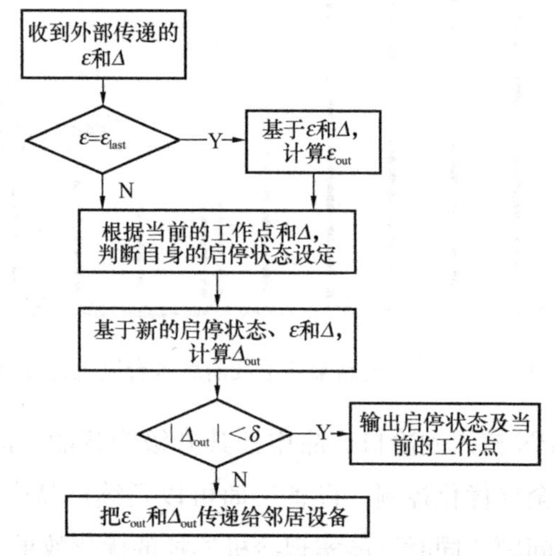

图4-79　冷机台数优化控制群智能算法的算子流程图

同时最后的预期效率就是执行了新的制冷机运行/停止设定之后，各个制冷机所能达到的效率。

图 4-80 为上述冷机台数控制算法在珠海某冷机测试台项目中冷机的逐时开启台数结果，可以看到冷机台数随负荷波动自动调整，并且与理论上的最优结果基本一致。这个项目的现场安装和调试只用了 2 人·天。图 4-81 为长三角地区某大型商业项目应用上述算法在 8 月份各台冷机运行负载率的统计结果。图 4-81 中横坐标是负荷率区间，纵坐标是各台冷机在各个负荷率下的运行总小时数。图 4-82 为项目中制冷机在 8 月各典型工况条件下的性能曲线。可以看到，各台制冷机都主要工作在 *COP* 较高的 60%～80%的负荷率下。上述两个案例的算法完全相同，不需要针对项目的二次定制开发。此外，群智能算法与常规的冷站群控系统相比的另一项特点是可以自适应机电设备检修和维保管理。任何一台设备检修、停止，群智能算法都可自动选用其他设备，不需要单独另开算法。

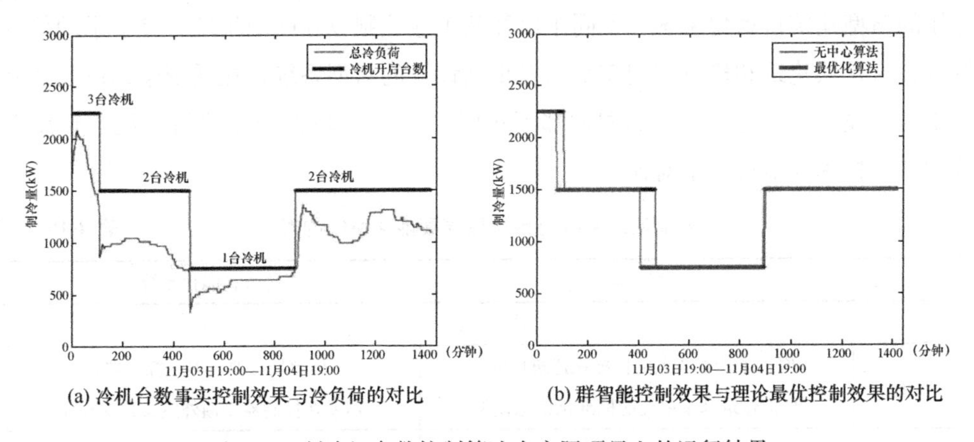

(a) 冷机台数事实控制效果与冷负荷的对比　　(b) 群智能控制效果与理论最优控制效果的对比

图 4-80　制冷机台数控制算法在实际项目上的运行结果

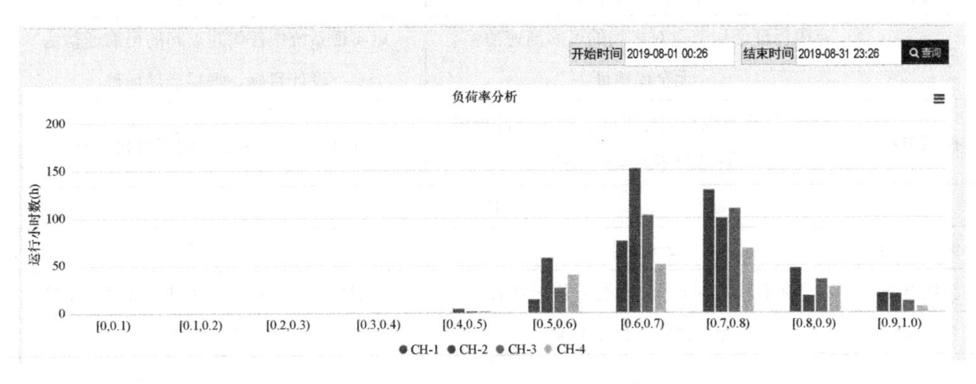

图 4-81　某商业项目 8 月内各冷机开启小时数在各个负荷率下的分布

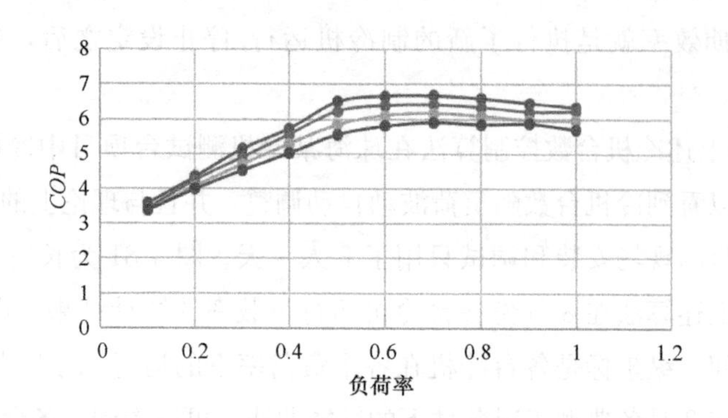

图 4-82 某商业项目 8 月各典型工况条件下冷机性能曲线

4.7.6 总结

群智能建筑控制技术是一种仿照昆虫群落工作机制，可以自组网、自辨识、自协作的新型建筑自动化系统。不同于以往从工业控制或互联网领域直接继承的信息技术，这是从建筑和机电控制需求出发重新设计的新型系统，在系统架构以及在实际工程中设计、应用、调试的方式都不相同。表 4-18 将群智能建筑系统与传统系统的各个技术环节进行了对比。

群智能建筑系统与传统建筑智能化系统的对比 表 4-18

	群智能系统	传统智能化系统
	技术特点	
组成单元	嵌入了计算节点的标准化建筑单元； 自带建筑基本单元的标准化信息模型	传感器，执行器，控制器； 需要在控制器中额外定义建筑模型
网络结构	扁平的网状拓扑，与建筑系统结构相似	分层总线拓扑，与建筑结构无关
系统层级	扁平化，无中心	存在各级控制中心
通信方式	有限保证邻居节点对之间的可靠高速通信，无全局地址	以实现系统中任何两点间的可靠通信为设计目标，需要全局地址
控制策略	分布在计算节点中的标准化、通用软件程序，自适应不同系统结构	面向不同目标系统的定制化开发
	应用效果	
调试时间	2～4 周	6～12 月
算法开发	标准软件，下载即运行，快速部署	定制化开发，定制化调试，部署成本高
自动运行	无人值守，自动节能	大部分工程手动运行

这项研究工作的初衷是改变目前建筑自动化系统普遍存在的组网调试周期长、

成本高，系统改造和策略更新不灵活，暖通空调专业知识落地困难等问题。经过多年的研究和工程验证，目前已经在包括鸟巢、水立方等“双奥”项目在内的30余座大型公共建筑中得到了应用，普遍展现出相对传统技术大幅缩短工程调试周期、部署和升级灵活、标准算法在不同项目中运行效果稳定等技术特点；在各项目中都实现了不依赖专家人工指导、自动运行稳定节能的良好效果。

群智能是建筑自控领域的一次技术革新尝试。面对长期以来，建筑机电专业与信息系统专业融合困难、“建筑”和“自控”脱节的问题，群智能建筑系统将建筑专业领域知识，与信息和分布式计算技术深度融合，不止要实现建筑运行的智能化，更要实现建筑自控系统建设和调试的智能化，从而降低IT专业为建筑和机电专业设立的技术门槛，使更了解建筑运行和控制的专业人员在更开放的技术架构下，充分发挥专业特长，提升建筑节能运行的自动化水平，促进我国建筑节能事业的深度发展。

群智能建筑技术还需要更多的工程应用，以促进这一新技术的发展，让更多高效、节能的运行策略广泛有效的落地在更多的实际工程中。

本章参考文献

[1] 姚钟莹，陈晓曦，STP超薄真空保温板的性能与应用[J]. 建筑节能，2014年第4期(总第42卷 第278期)p45-47.

[2] Smith G, Gentle A. Energy savings from the sky[J]. Nature Energy, 2017, 2: 17142.

[3] Head A. Method and means for refrigeration by selective radiation [P]. Patent No. 239364, 1959.

[4] Byrnes SJ, Blanchard R, Capasso F. Harvesting renewable energy from Earth's mid-infrared emissions[J]. Proceedings of the National Academy of Sciences, 2014, 111(11): 3927-3932.

[5] Yin X, Yang R, Tan G, Fan S. Terrestrial radiative cooling: Using the cold universe as a renewable and sustainable energy source[J]. Science, 2020, 791: 786-791.

[6] Mandal J, Fu Y, OvervigA C, et al. Hierarchically porous polymer coatings for highly efficient passive daytime radiative cooling[J]. Science, 2018, 362(6412): 315-319.

[7] Chen Z, Zhu L, Raman A, et al. Radiative cooling to deep sub-freezing temperatures through a 24h day-night cycle[J]. Nature Communications, 2016, 7: 13729.

[8] Addeo A, Nicolais L, Romeo G. Light selective structures for large scale natural air conditioning[J]. Sol. Energy, 1980, 24: 93-98.

[9] Kim H, Lenert A. Optical and thermal filtering nanoporous materials for sub-ambient radia-

tive cooling[J]. J. Opt. 2018, 20: 084002.

[10] Naghshine BB, Saboonchi A. Optimized thin film coatings for passive radiative cooling applications. Opt. Commun. 2018, 410: 416-23.

[11] Zhang J, Zhou Z, Quan J, et al. A flexible film to block solar irradiance for daytime radiative cooling[J]. Solar Energy Materials and Solar Cells, 2021, 225: 111029.

[12] 张吉. 辐射冷却中多孔选择性风屏材料研究[D]. 天津：天津大学，2021.

[13] Sunday JM , Bates AE, Dulvy NK. Thermal tolerance and the global redistribution of animals[J]. Nature Climate Change, 2012, 2(9): 686-690.

[14] Goldstein EA, Raman AP, Fan S. Sub-ambient non-evaporative fluid cooling with the sky [J]. Nature Energy, 2017, 2(9): 17143.

[15] Liu J, Zhang D, Jiao S, et al. Daytime radiative cooling with clear epoxy resin[J]. Solar Energy Materials and Solar Cells, 2020, 207: 110368.

[16] Hashem Akbari, Paul Berdahl, Ronnen Levinson, et, al. Cool coler roofing materials[R]. Lawrence Berkeley National Laboratory, Berkeley, CA(United States), 2006.

[17] Li T, Zhai Y, He S, et al. A radiative cooling structural material[J]. Science, 2019, 364 (6442): 760-763.

[18] Goldstein EA, Raman AP, Fan S. Sub-ambient non-evaporative fluid cooling with the sky [J]. Nature Energy, 2017, 2(9): 17143.

[19] Zhao D, Aili A, Zhai Y, et al. Sub-ambient cooling of water: toward real-world applications of daytime radiative cooling[J]. Joule, 2019, 3: 111-123.

[20] Xue X, Qiu M, Li Y, Zhang QM, Li S, Yang Z, et al. Creating an Eco-Friendly Building Coating with Smart Subambient Radiative Cooling[J]. Adv Mater, 2020, 1906751.

[21] Zhai, Y. , Ma, Y. , David, S. N. , et al. Scalable-manufactured randomized glass-polymer hybrid metamaterial for daytime radiative cooling[J]. Science, 2017, 355(6329), 1062-1066.

[22] 刘晓华，张涛，戎向阳，杨玲，瞿燕，李灵翔. 交通场站建筑热湿环境营造[M]. 北京：中国建筑工业出版社，2019.

[23] 刘效辰. 交通建筑高大空间渗透风特征研究[D]. 北京：清华大学，2021.

[24] ASHRAE. ASHRAE Handbook: Fundamentals 2017, Chapter 16: Ventilation and Infiltration[M]. Atlanta, GA: ASHRAE Inc, 2017.

[25] Yuill G K. Impact of High Use Automatic Doors on Infiltration[R]. ASHRAE Research Project 763-TRP, 1996: 1-150.

[26] Zhang C, Yang S, Shu C, Wang L, Stathopoulos T. Wind pressure coefficients for build-

ings with air curtains[J]. Journal of Wind Engineering and Industrial Aerodynamics，2020，205：104265.

[27] 中国建筑西南设计研究院有限公司，等. 国家重点研发计划科技进展报告-公共交通枢纽建筑室内环境与节能的基础问题研究：第五章 建筑形态和空间尺度研究[R]. 2020.11：179-186.

[28] 中华人民共和国住房和城乡建设部，国家市场监督管理总局. GB/T 51350—2019. 近零能耗建筑技术标准[S]. 北京：中国建筑工业出版社，2019.

[29] 中国民用航空局. MH/T 5112-2016. 民用机场航站楼能效评价指南[S]. 北京：中国民用航空局，2016.

[30] 中华人民共和国国务院. 国务院关于印发2030年前碳达峰行动方案的通知(国发〔2021〕23号)[EB/OL]. http：//www.gov.cn/zhengce/content/2021-10/26/content_5644984.htm，2021-10-24/2021-12-15.

[31] 江亿. "光储直柔"助力实现零碳电力的新型建筑配电系统[J]. 暖通空调，2021，51(10)：1-12.

[32] Giri F，Abouloifa A，Lachkar I，Chaoui F Z. Formal framework for nonlinear control of PWM AC/DC boost rectifiers—controller design and average performance analysis[J]. IEEE Transactions on control systems technology，2010，18(2)：323-335.

[33] Eltawil M A，Zhao Z. MPPT techniques for photovoltaic applications[J]. Renewable and Sustainable Energy Reviews，2013，25：793-813.

[34] Jin C，Wang P，Xiao J，Tang Y，Choo F H. Implementation of hierarchical control in DC microgrids[J]. IEEE transactions on industrial electronics，2014，61(8)：4032-4042.

[35] The National Renewable Energy Laboratory (NREL). Champion Photovoltaic Module Efficiency Chart. Available at https：//www.nrel.gov/pv/module-efficiency.html，2021-08-04/2021-12-15.

[36] International Renewable Energy Agency (IRENA). Renewable Power Generation Costs in 2020. Available at https：//www.irena.org/publications/2021/Jun/Renewable-Power-Costs-in-2020，2021-06-01/2021-12-15.

[37] 中国光伏行业协会. 中国光伏产业发展路线图(2020年版)[EB/OL]. http：//www.chinapv.org.cn/road_map/927.html，2021-02-03/2021-11-16.

[38] Jensen S Ø，Marszal-Pomianowska A，Lollini R，Pasut W，Knotzer A，Engelmann P，Stafford A，Reynders G. IEA EBC Annex 67 Energy Flexible Buildings[J]. Energy and Buildings，2017，155：25-34.

第5章 公共建筑节能最佳工程实践案例

5.1 深圳建科院未来大厦

5.1.1 项目基本信息

未来大厦项目位于深圳市龙岗区的深圳国际低碳城核心启动区内。项目由深圳建科院投资建设，总投资约7亿元，总建筑面积6.29万m^2，整体采用钢结构模块化的建造方式，包括了办公、会展会议、实验室、专家公寓等多种业态。

项目整体定位为绿色三星级建筑和夏热冬暖地区净零能耗建筑（Net Zero Energy Building）。通过采用强调自然光、自然通风与遮阳、高效能源设备及可再生能源与蓄能技术集成的“光储直柔”的技术路线，探索建筑领域碳达峰路径。本示范项目于2016年备案立项，2017年完成施工图设计和审查，于2018年启动工程建设，目前项目整体已经结构封顶，正在进行相关机电设备安装工程，计划2022年底全部竣工。其中，未来大厦R3零碳模块（建筑面积6259m^2）已于2019年底完工，目前已投入科研使用，已投用部分在2020年08月—2021年08月实测得到的单位面积能耗为51.1kWh/m^2。由于未来大厦目前尚在建设和调试过程中，只是研发人员先期入驻开展相关测试与实验，这个能耗值也并不能完全说明问题。

在碳中和、碳达峰的背景下，我们不只关心能耗，更关心建筑用能的碳排放量；我们不只关心单体建筑的节能，更关心建筑用能对城市能源系统整体效率和能源结构的影响。为此，自2017年起深圳建科院与清华大学、南方电网、美国劳伦斯伯克利实验室等国内外机构合作开展“光储直柔”建筑技术的研究，未来大厦是第一个走出实验室在实际工程中应用的项目，并先后入选中美建交四十周年40项科技合作成果和联合国开发计划署（UNDP）中国建筑能效提升示范项目。依托未来大厦“光储直柔”系统的负荷柔性调节能力，2021年7月和11月同南方电网联合开展的建筑参与“虚拟电厂”的测试。在测试中，未来大厦项目接收电网的调度指令，在保障建筑正常运行、室内舒适度不受影响的情况下，通过“光储直柔”技术中的柔性负荷控制方法，削减了近50%的建筑用电负荷。“光储直柔”技术已经作为建筑领域重要的碳达峰技术写入了国家《2030年前碳达峰行动方案》，未来规模化推广将使建筑不仅是能源的消费者，同时也是能源的生产者，并且能与电网友好互动，协同促进全社会的碳达峰、碳中和进程，项目外立面如图5-1所示。

图5-1 未来大厦东立面图

5.1.2 项目特点介绍

1. “光储直柔”低压直流配电技术

低压直流配电与传统的交流供电架构相比，具有转换效率高、电能损耗小、可控性强等优势，特别适合负荷需求多样化、分布式新能源接入规模化的发展要求。本示范项目构建了包括直流配电设备、分布式电源、直流用电电器、直流用电保护以及智能微网控制在内的低压直流配电工程。系统整体架构设计遵循简单、灵活的原则，力求通过最简洁的架构达到分布式能源灵活接入、灵活调度和安全供电的目的，系统整体架构参见图5-2。

智能群控制技术是近年来在分布式计算和物联网通信技术上发展起来的新型建筑智能化控制系统。本示范项目基于智能群控技术开发了集成DC48V直流电源、应急储能、智能群控制系统为一体的终端用电模块，解决了直流配电系统用电安全保护和智能控制的难题，不仅能够为桌面电脑、插座等500W以下小功率电器供电，也同时实现了建筑强电系统与弱电系统的有机结合，不需要专门配置通信和控制机房，设备成本更低，可靠性更高，非常适合“点多、量大、面广”的民用建筑分散控制场合应用，如图 5-3 所示。

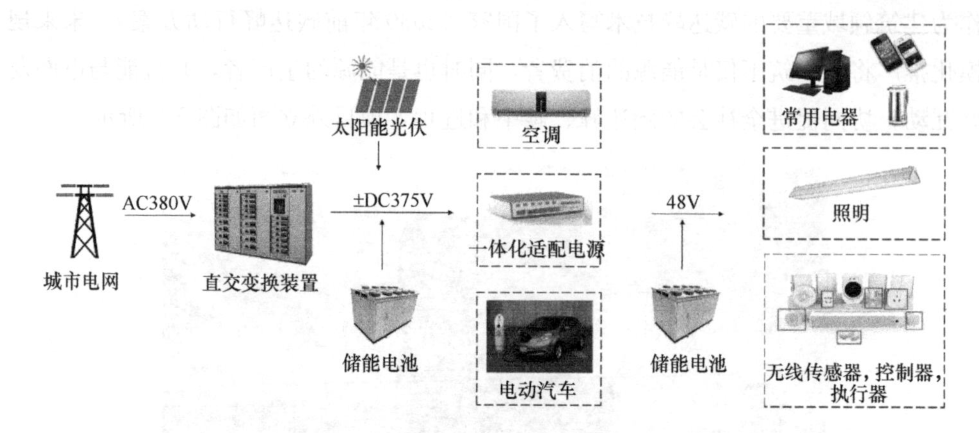

图 5-2　未来大厦直流配电系统方案示意图

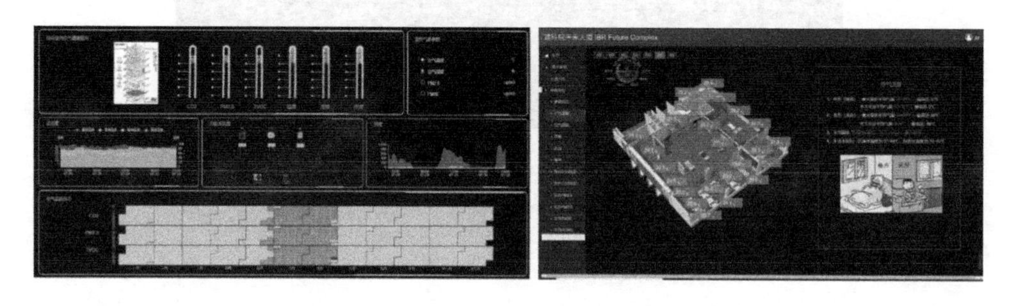

图 5-3　未来大厦智能群控制系统界面

2. 与电网互动的需求侧响应技术

需求侧响应技术是使建筑用电负荷具备灵活调整能力，能够优化用电负荷曲线，与电网友好互动，实现城市功能可靠性、用能经济性和环境友好性三者综合最优的集成技术。本示范项目中采用了多种建筑分布式储能系统，并且采用基于直流母线电压的自适应控制技术，解决了传统交流并网光伏系统出力随机，储调和光伏耦合控制稳定性差的问题，能够根据上级电网的需求响应信号自动调节分布式光伏和储能蓄电池出力，能够保证本项目全年 80％的时间可以不依赖市政电网进行离网运行，全年建筑用电峰值负荷降低幅度达到 64％，屋顶光伏发电的自用率达到 97％，实现了可再生能源、直流和变频负荷的高效接入和灵活管理，并根据负载变化和需求提供高效、灵活、安全的供电功能，如图 5-4 所示。

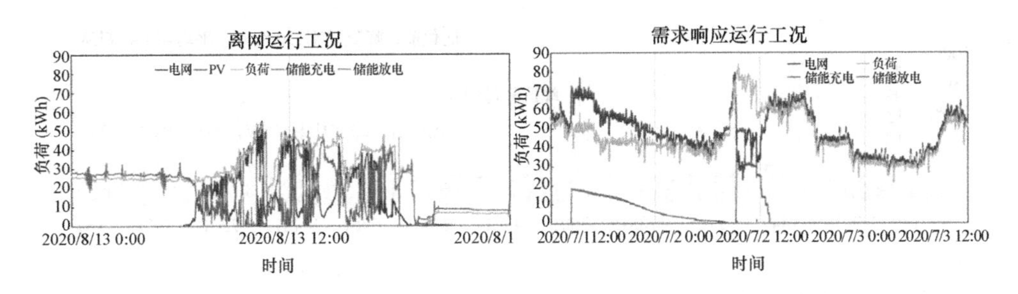

图 5-4 未来大厦实测用电负荷功率曲线

5.1.3 “光储直柔”技术分析

1. 光伏、储能系统

在光伏、储能等分布式能源接入方面，未来大厦配置了 150kWp 的光伏系统，通过具备 MPPT（最大功率点跟踪）功能的直流变换器接入建筑直流配电系统的直流母线。由于建筑按照净零能耗建筑标准设计，采用了多种被动式节能措施，因此通过充分利用屋顶光伏，该建筑有望实现净零能耗，但是前提是解决光伏负荷曲线和建筑用电负荷不匹配的问题。

本项目储能配置总容量 300kWh，在储能配置形式方面，依据储能电池使用目的、负载运行特点，采用了集中和分散两种储能形式，电池储能系统分三个层级：第一层级是楼宇集中式储能，通过双向可控的储能变换器分别接入母线，属于维持母线电压稳定、光伏消纳等的能量型应用，采用了的价格低、安全性好的集中式铅碳储能电池；第二层级空调专用储能分布在各楼层多联机室外机附近，协助空调负荷的调节并作为空调备用电源，属于削峰运行、动态增容等功率型应用，采用了能量密度大、放电倍率高的分散式锂电池，第三层级储能分散地布置在末端，服务于 48V 配电网、控制系统和小功率直流电器。储能系统容量按照建筑用能的逐时负荷特性和光伏发电量的预测对储能配置容量进行了优化设计如图 5-5 所示，本项目全年 80%的时间可以不依赖市政电网进行离网运行，全年建筑用电峰值负荷降低幅度达到 64%，屋顶光伏发电（图 5-6）的自用率达到 97%，实现了可再生能源、直流和变频负荷的高效接入和灵活管理，并根据负载变化和需求提供高效、灵活、安全的供电功能。

2. 低压直流配用电系统

未来大厦直流配用电项目整体架构设计遵循简单、灵活的原则，力求通过最简

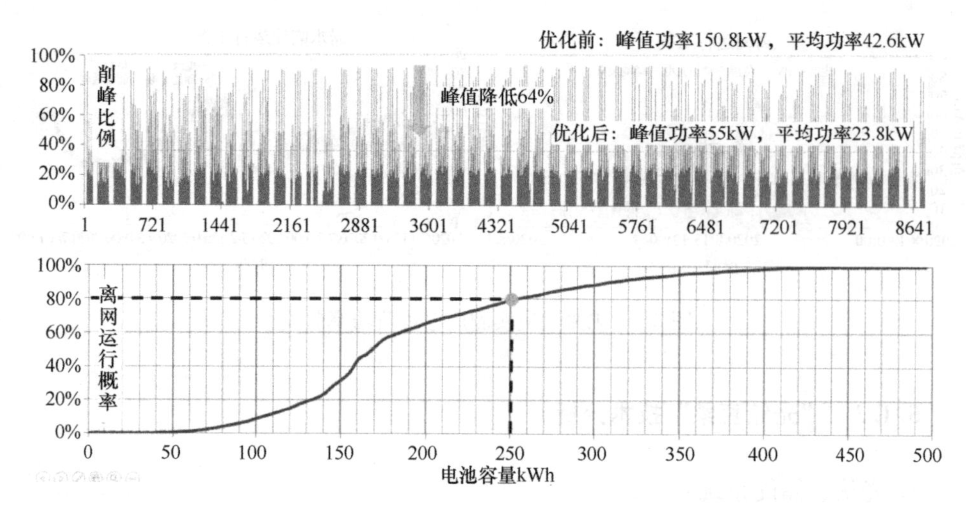

图 5-5 未来大厦储能系统配置分析

洁的架构达到分布式能源灵活接入、灵活调度和安全供电的目的，系统整体架构参见图 5-2。直流负载总用电容量达到 388kW，如表 5-1 所示设备类型涵盖了办公建筑内除电梯、消防水泵等特种设备之外全部用电电器，包括空调、照明、插座、安防、应急照明、充电桩，以及数据中心等负荷类型。通过集成应用“光储直柔”技术，实现建筑配电容量显著降低。如果按照常规商业办公楼的配电设计标准，该楼至少配置 630kVA 的变压器容量，本项目的对市政电源的接口容量仅配置了 200kW 直流变换器，比传统系统降低了 50%，有效降低建筑对城市的配电容量需求。

图 5-6 未来大厦屋顶光伏

项目采用了±375V 和 48V 的两种电压等级的直流配电系统，兼顾高效性和安全性的需求。系统架构采用正负双极直流母线形式，实现了建筑内一个配电等级提供两种电压等级的灵活配电方式，相应的电压等级在高压侧采用极间电压 DC750V，中压采用 DC±375V。充电桩、空调机组等大功率设备接入 DC750V 母线，DC±375V 母线负责建筑内电力传输，楼层内采用 DC+375V 或 DC-375V 单极供电。

未来大厦 R3 模块负荷情况表 **表 5-1**

序号	名称	功率（kW）	数量	母线
1	LED 照明	4.4	3	+375V 母线
2	48V 插座	4.4	3	
3	375V 插座	10	3	
4	直流充电桩	30	2	
小计			116.4kW	
5	LED 照明	4.4	3	−375V 母线
6	48V 插座	4.4	3	
7	375V 插座	10	3	
8	数据中心	40	1	
9	公共照明	4	1	
10	应急照明	4	1	
11	安防系统	8	1	
小计		112.4kW		
12	直流变频空调	159kW		750V 母线
总计		387.8kW		

未来大厦直流配电系统采用 IT 高阻接地形式，能够从本质上将人员的活动环境从电流的环路中剥离出来，即使人员无保护接触单极也不会形成电流回路。对于可能出现的第二个故障点接地问题，采用了成熟的直流母线绝缘监测系统（Insulation Monitoring Device，IMD），配合支路的剩余电流检测（Residual Current Detect，RCD），能够实现绝缘下降故障的报警和定位，如图 5-7 所示。

针对建筑室内用电安全要求高的特点，在人员活动区域采用了 DC48V 特低安全电压，从本质上保障了直流配电系统的安全性。直流 48V 特低电压配电主要覆盖人员频繁活动的办公区域，在满足设备供电需求的基础上，从根本上保障人员的用电安全，并且通过可变换的转接头，可以满足各种桌面办公设备的接入需求。各类常见的移动设备都可以方便地连接电源，建筑用户几乎不用为各类移动设备携带各种电源适配器了。

通过采用 48V 直流特低电压使强电和弱电系统紧密融合。一体化配电单元在实现 375V 转 48V 变压功能的同时，还内置了分布式控制系统的计算节点（CPN）实现

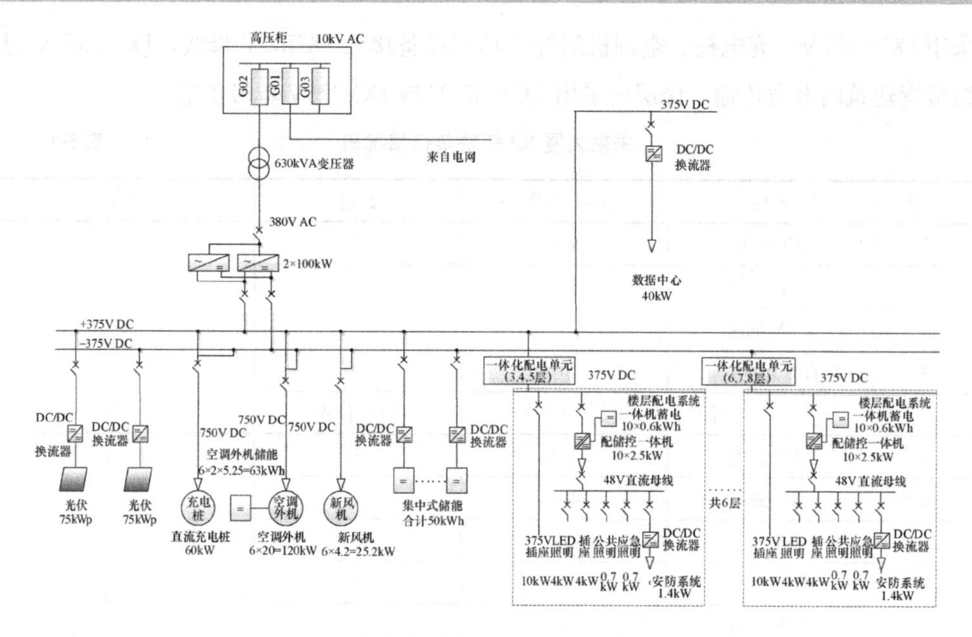

图5-7 未来大厦直流配电系统方案示意图

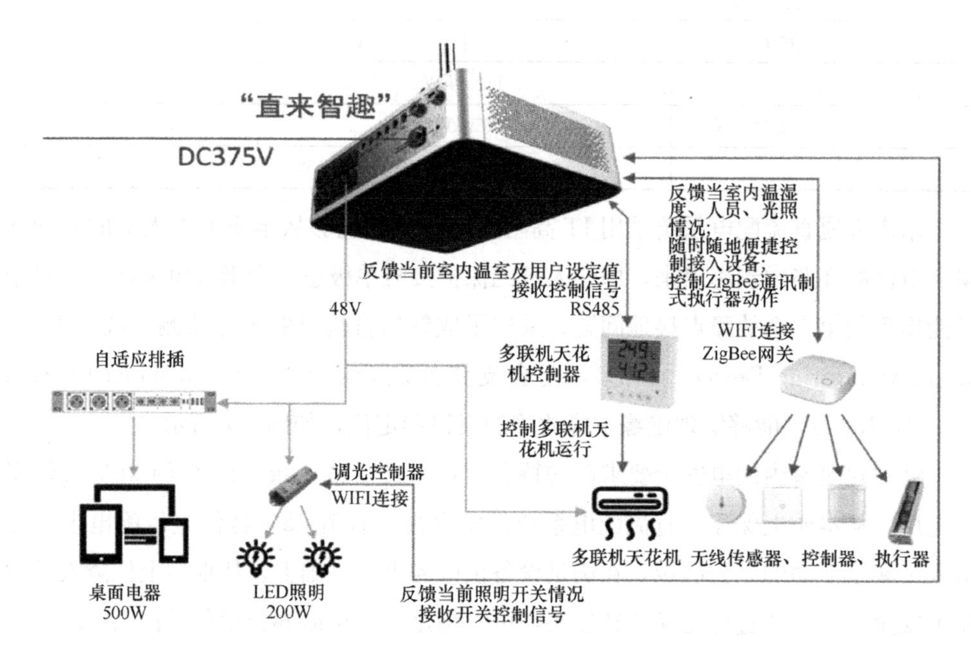

图5-8 未来大厦直流终端用电系统示意

建筑空间内设备分布式群智能控制（图5-8）。利用分布式控制系统的快速组网的优点，在直流配电系统的所到之处，楼宇自控平台的节点硬件也随之配置，从而能够适应多变的建筑空间和使用功能。与此同时，控制策略可通过编写App并下载执行，这为日后基于这套系统的功能拓展留下了无限遐想的空间，如图 5-9 所示。

图 5-9　直流建筑室内场景

3. 负荷柔性控制

在用电负荷柔性控制方面，未来大厦基于直流供配电系统采用基于直流母线电压的自适应控制策略，利用直流母线电压允许大范围波动特性，建立起直流母线电压与建筑设备功率之间的联动关系，例如空调设备可以在电压较低时降功率运行，建筑储能电池和电动车在电压较高时开始充电，就可以通过调节直流母线电压来调节建筑的总功率，而不需要对所有设备进行实时在线控制。目前未来大厦已经实现的柔性用电调节的负载包括集中式储能（75kW/150kWh）、多联机空调（150kW）和双向充电桩（60kW）。

在建筑实现柔性负荷调节的基础上，本项目与南方电网科研院合作打通负荷侧资源进入电网调度业务链条，具备电网直接调控的技术条件，并在楼宇管理系统的基础上，开发了建筑虚拟电厂子平台，具备接入多栋建筑进行负荷聚集的条件和日前及紧急调度的技术条件，如图 5-10 所示。

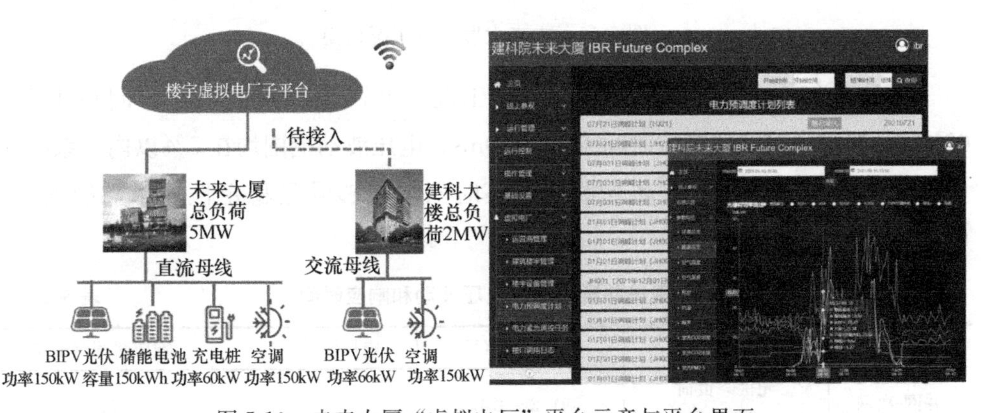

图 5-10　未来大厦“虚拟电厂”平台示意与平台界面

5.1.4 系统性能测试分析

未来大厦项目在投运后，从系统功能验证、电能质量、安全保护和系统能量损耗四个方面开展了测试和实验，以验证未来大厦直流配电系统在实际运行中功能和性能是否可以达到设计要求，并通过实际测量尽可能找出实际运行存在的问题，通过分析找到解决方案，为系统调适与直流建筑项目建设方法改进提供建议和经验。

1. 系统功能

功能测试具体包括并网/离网切换，正负母线单极运行，储能充放电状态切换和大负荷切入/切出等四个方面，如图 5-11 所示。从实验的整体结果看，未来大厦的直流配电系统运行安全稳定，控制功能执行正常，没有触发系统故障和相应的保护功能。市政电源、分布式光伏和分布式储能可以通过直流母线电压的自适应控制实现运行工况的切换和不同电源之间的功率分配，极大地减低了系统稳定性控制对能源管理系统和通信的依赖。

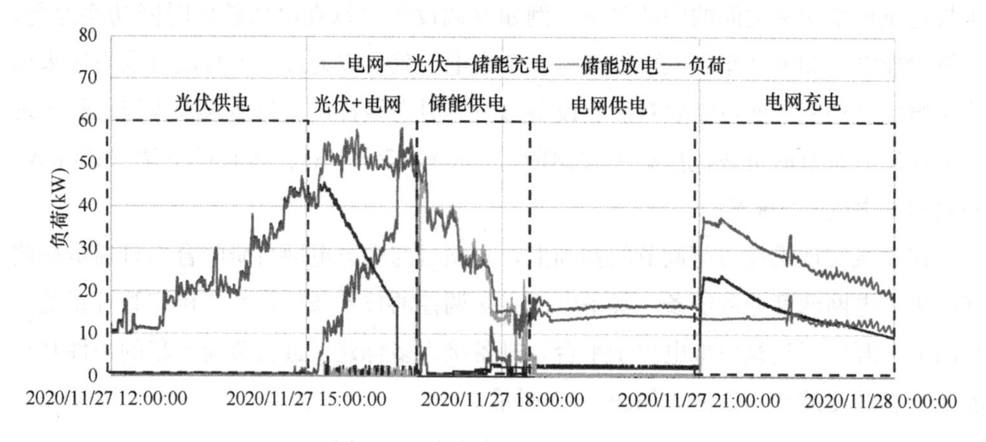

图 5-11 未来大厦运行工况切换

在系统并离网状态的切换中，各种工况下并网到离网的切换时间在 192～620ms，离网到并网的响应时间 115～160ms，电压波动范围均在 5%以内。系统在并离网切换过程的电压波动幅值及调整时间均能够满足稳定性要求，如表 5-2 所示。

系统并离网切换电压波动和响应时间 **表 5-2**

测试工况		稳态电压（V）	电压波动（%）	响应时间（ms）
并网-离网	光伏>负荷 （光伏主导）	391.2～374.3	4.5	115

续表

测试工况		稳态电压（V）	电压波动（%）	响应时间（ms）
离网-并网	光伏＞负荷（光伏主导）	375.2～390.7	4.1	192
并网-离网	光伏＜负荷（储能主导）	386.1～375.0	2.9	160
离网-并网	光伏＜负荷（储能主导）	374.6～383.4	2.3	620

在负荷切入切出的实验中，在正常使用的轻载工况下，例如空调启动（负荷 17kW），负荷切入和切出过程电压变化在 1.3%～3.6%，电压稳定时间范围是 180～417ms，末端用电负载不受影响。在较为极端的情况下，例如相当于交直流变换器总容量 80%的大功率负载一次性投入，系统的稳定性受制变换器容量和变换器的动态响应能力，会出现电压显著瞬态波动的情况。在测试中，一次性对单极母线投入了 75kW 的负载，光伏主导情况下母线电压从 390V 暂降到 330V；储能主导情况下母线电压从 380V 暂降到 360V；电网主导情况下母线电压从 375V 暂降到 290V，部分末端用电变换器出现低电压保护情况，如图 5-12 所示。

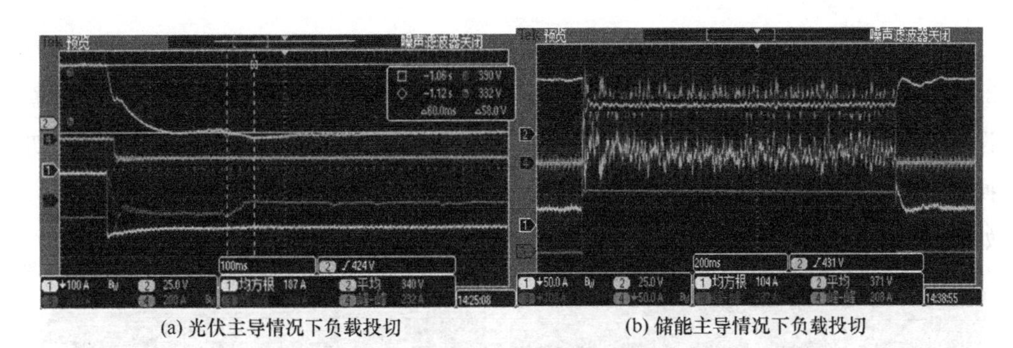

(a) 光伏主导情况下负载投切　　(b) 储能主导情况下负载投切

图 5-12 不同电源供电情况下负载投切情况

大负荷投入情况下直流母线电压瞬态波动显著，因此系统中变换器低电压穿越能力需要匹配，系统中冲击性负载需要快速响应的储能来平抑电压波动，具体的匹配关系需要进一步仿真和实验确定。

2. 电能质量

电能质量测试目的在于研究系统运行过程中直流母线电压/电流控制是否能满

足设计电能质量要求，实验内容包括纹波特性、稳态电压特性和暂态电压特性等方面。

直流系统中纹波系数指的是直流电压（电流）中仍含有一定的脉动交流成分、变换器的开关动作、控制性能和系统阻抗特性，都会影响纹波电压（电流），纹波不仅可能引起谐振，过大的纹波还可能增大损耗，降低了电源的效率。测试依据《低压直流电源设备的性能特性》GB/T 17478—2004 和《低压直流电源》GB/T 21560.6—2008 两项标准对不同电源设备单独供电时系统的纹波电压与纹波电流特性进行了测试。整体来看，系统中各变换器纹波性能都能够满足设计要求，电压和电流纹波有效值系数分别不超过 0.5%和 0.75%，峰值系数分别不超过 1%和 1.5%，如图 5-13 所示。

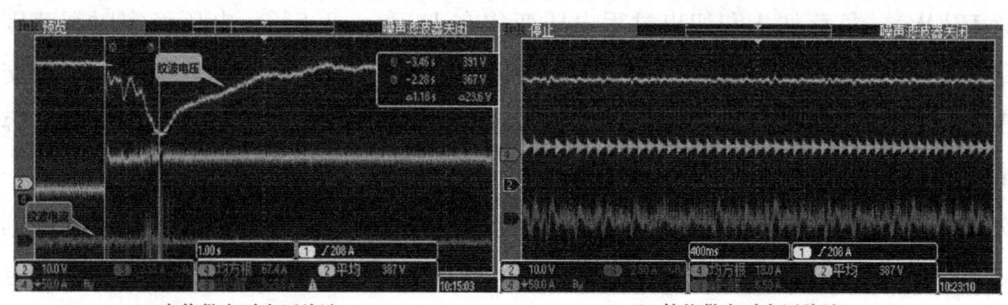

(a) 光伏供电时电压纹波　　(b) 储能供电时电压纹波

图 5-13　不同电源供电情况下系统电压纹波

在系统运行工况切换的测试中，系统主要运行在三个设定电压值，分别为 390V、380V 和 360V，分别对应光伏、储能和交直流整流电源为主导。三类电源设备都是以定电压控制为主，通过电压带下垂控制，可实现发电设备之间的平滑切换，稳态电压偏差范围±15V（360～390V，以 375V 为参考，稳态电压偏差±4%），如图 5-14 所示。

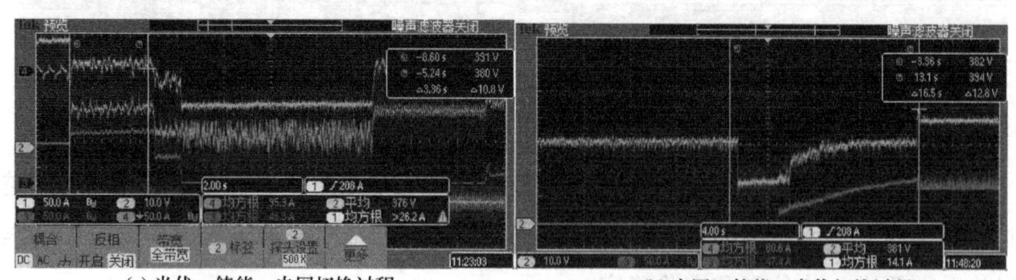

(a) 光伏→储能→电网切换过程　　(b) 电网→储能→光伏切换过程

图 5-14　不同电源供电切换过程

3. 用电保护

短路保护实验主要用于分析短路电流和电压的动态变化，包括短路电流的严重程度以及直流母线电压的跌落深度、短路电流组成、短路保护配合等。短路测试点位置位于楼层配电箱支路开关下端，分别采用阻值为 1.0Ω 和 75mΩ 分流器作为过渡电阻进行短路实验。

在 1.0Ω 短路电阻短路试验中，短路电流测得为 320A，支路断路器（瞬时脱扣电流 112A）脱扣，分断时间 2～3ms ，楼层断路器（瞬时脱扣电流 440A）保持正常，末端电器未受影响，母线电压跌落在限值以内，系统整体供电连续性不受影响。楼层配电箱内的断路器可以对楼层位置的短路故障提供有效保护，楼层和支路两级断路器可以实现正常的级差配合。

在 75mΩ 短路电阻短路试验中，不同工况下短路电流在 1.9～0.9kA 范围，支路和楼层断路器均脱扣，分断时间 1.5ms 左右，母线电压跌落到 250～366V 之间，末端电器出现低电压保护现象，如图 5-15 所示。

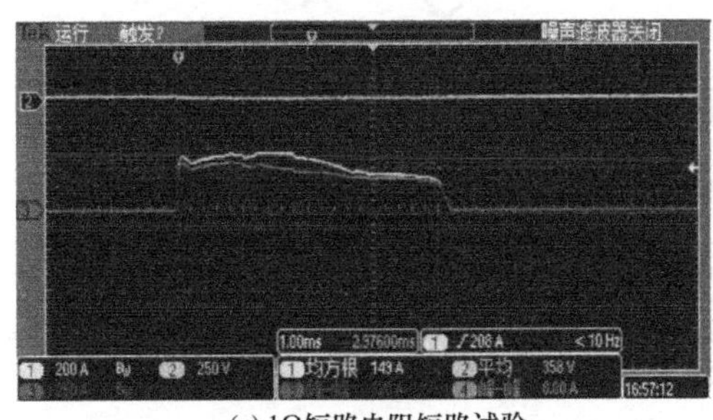

(a) 1Ω短路电阻短路试验

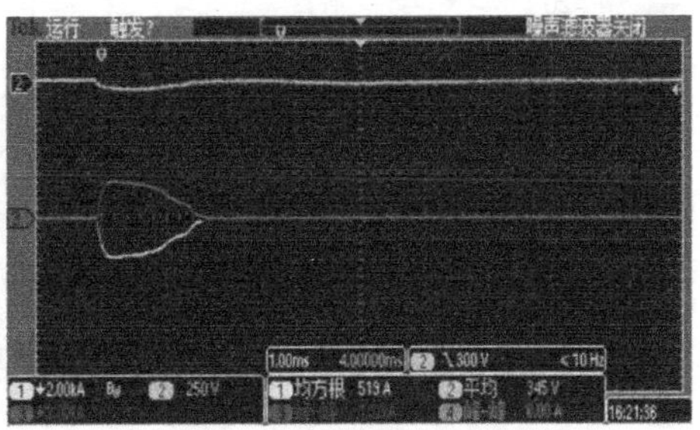

(b) 75mΩ短路电阻短路试验

图 5-15 不同短路电阻条件下短路电流和动作时间

在上述实验中，光伏和储能分布式电源贡献了大部分的短路电流，短路电流显著大于楼层和支路断路器的瞬时脱扣电流值，导则两级断路器同时脱扣，扩大了短路故障的影响范围，末端电器出现了低电压保护情况。因此，在后继的支路和楼层断路器配合、末端换流器暂态电压波动耐受能力，以及系统中电容电感对短路电流的影响需要进一步深入研究。

4. 柔性控制

目前未来大厦已经实现的柔性用电调节的负载包括集中式储能、多联机空调和双向充电桩。项目组分别对储能空调系统参与电网需求响应的性能进行了测试和实验。分布式储能属于电力电子类柔性可调资源，其控制和调度相对直接。在于电网联合测试的过程中，虚拟电厂平台在接收到电网响应功率指令后，由AC/DC主动调节直流母线电压，控制储能电池放电功率，在半个小时的响应时间内将平均60kW的用电负荷降到了28.9kW，响应削峰比例达到了51.6%。从图5-16可看出，光伏发电波动对柔性负荷控制的精度有较大的影响。如何提升控制策略的抗扰动能力是进一步研究的方向。

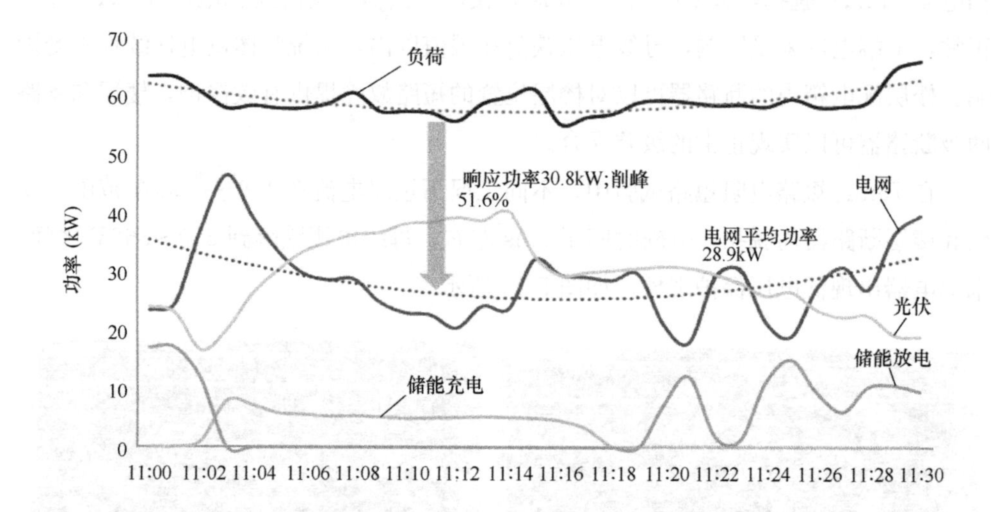

图5-16　储能参与需求响应过程

空调系统也是建筑负荷中另一个可调节的柔性用电负荷。项目组在空调响应特性测试的基础上，建立了空调运行功率和空调设定温度之间的动态关联关系，并对空调参与需求侧响应的过程进行了测试。在响应时段内，空调负荷从平均40kW降低到20kW，削峰比例达到50%左右。同时，从测试结果中可以看出，空调系统相对于储能系统其响应能力受制于室内舒适度要求，在空调负荷波动较大的情况下，会优先保障舒适度要求，放弃对目标功率的控制。其次，空调属于温控型柔性负荷，其调节能力取决于建筑本体的蓄热能力，其功率响应功率稳定的时间取决于建筑本身的热惰性，与储能和充电桩等电力电子类设备相比空调柔性负荷更适合参与日前调度的需求响应，如图5-17所示。

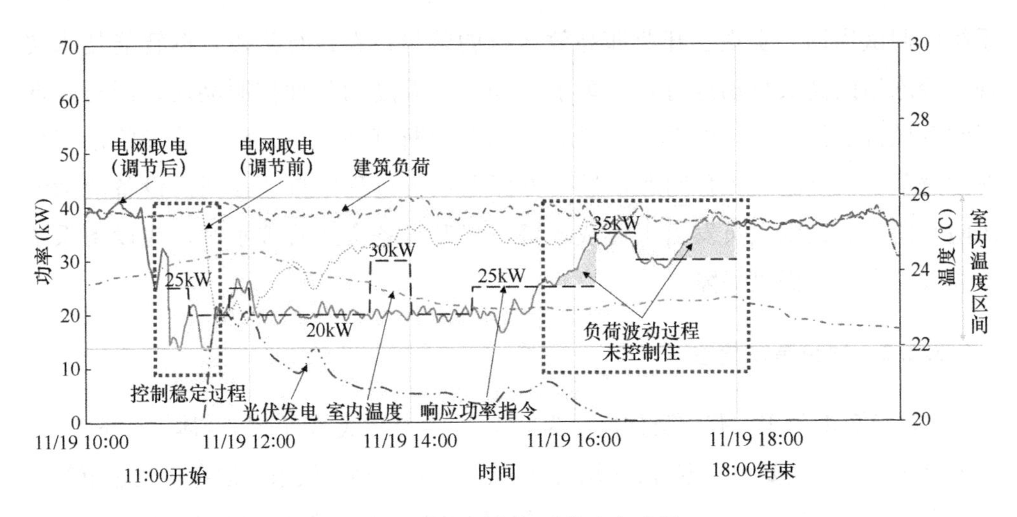

图 5-17　空调参与需求响应过程

5.1.5　总结

本项目自 2020 年 8 月光伏系统接入，整个系统已经稳定运行了近两年时间。整体来看，系统运行稳定、调控灵活，终端用电方便智能，基本实现了预期的设计目标，验证了低压直流配电在民用建筑中应用的可行性和优势，期间也发现了系统可以继续完善和改进的方面。目前研究团队在基于本系统进一步开展直流网架结构、安全保护配置、系统能效和柔性负荷控策略等方面实验研究工作。希望能够通过更多的实施工程运行数据和用户反馈意见夯实直流配电技术的规模化发展基础。

5.2　群智能系统在公共建筑的实践案例

5.2.1　前言

群智能系统作为一种新型控制技术，已在多个项目中落地应用，取得了良好的运行效果，很好地实现了自动控制、高效节能等功能。

吴江万象汇、济南万象城这两个商场项目是其中的代表。在这两个系统项目中，群智能系统用来实现冷冻站、全空气系统、新风系统、送排风机等主要用能设备的自动控制和节能优化调节，同时监控遮阳、照明等设备系统的运行。在建设阶段，群智能技术以其自组织、即插即用的技术特点，大幅缩短了自控系统的调试周期，实现了开业即高效运行的效果；在运行阶段，群智能技术实现了冷冻站的高效自动运行，改善了商场中庭温度均匀性控制品质，同时降低了空调风机能耗；群智能系统内置的故障自诊断算法，一方面在建设阶段帮助业主避免了大量隐蔽工程问题，另一方面在运行过程中自动诊断出设备故障或风险，向物业运维人员发出报警或预警，提升设备资产管理水平，为设备系统的高效安全运行提供保障。

5.2.2 项目基本信息

吴江万象汇位于苏州市吴江区，为2019年6月建成的商业综合体，地下2层、地上商业4层，主要包括零售、影院、餐饮、儿童活动、娱乐、健身房及超市等业态，商业部分总建筑面积为14万 m^2，如图5-18所示。群智能控制系统实现了其中冷源站和空调系统的自动控制，迄今已稳定运行近三年。

图5-18 吴江万象汇建筑效果图

济南万象城位于山东省济南市，为2019年9月建成的商业综合体，地下2层，地上5层，主要包括大型商业、百货、餐饮、儿童液态、室内冰场及影院等，商业部分总建筑面积35万 m^2，如图5-19所示。业态与吴江万象汇类似，体量为吴江万象汇的两倍。群智能控制系统实现了其中冷源站、空调系统、照明等设备系统的自动控制，迄今已稳定运行超过两年。

图 5-19 济南万象城建筑效果图

5.2.3 即插即用、快速部署

群智能在两个项目中覆盖了传统楼宇控制系统的大部分功能，替代传统楼控系统，真正实现机电设备系统的自动运行。具体功能范围如表 5-3 所示。

群智能系统的应用范围 **表 5-3**

应用范围	吴江万象汇	济南万象城
冷冻机房群控系统	√	√
锅炉房群控系统	√	—
室内外环境监测	√	√
空调末端系统	√	√
公共区域送排风系统	√	—
采光天窗电动遮阳系统	√	√
机房管理系统（预留）	√	√
照明子系统集成	—	√
电力监控子系统集成	—	√

预制信息模型的标准化控制硬件（计算节点，CPN），以及基于自组织算法的多种标准化控制策略软件，是群智能技术能实现即插即用、快速部署、大幅缩短自控系统调试周期和相关算法定制化开发成本的关键。

（1）标准化的硬件

计算节点（CPN）是组成群智能系统的关键设备。在商场区域内，通常每 100～200m^2 的公共区域作为一个空间单元。每个空间单元设置一个 CPN。安装在该空间单元内并且仅服务于该空间单元的设备，如风机盘管、排风机、遮阳卷帘等，都由该空间单元的CPN节点就地集成管理，不同的基本空间单元中CPN节点管理的设备是不同的，如卫生间内包括风机盘管和室内环境传感器，公共区域走廊内包括室内环境传感器，顶层天窗区域包括电动遮阳和室内环境传感器，重点机房内则包括送排风机和门禁（预留）等。空间单元配置的CPN吸顶或侧壁安装，如图5-20所示。

每一个大型机电设备（冷机、水泵、冷却塔、AHU、新风机组等），都是群智能系统的一个智能单元。为每个大型机电设备配置一个CPN，并利用CPN提供的各种类型接口，与大型机电设备内置控制器或传感器、执行器连接，实现大型设备内部的安全运行、局部优化调节、能耗计量和故障诊断。CPN安装在控制箱中，并与相应的机电设备就近安装，如图5-21所示。通过这样的方式，将传统机电设备升级成“群智能设备”。

图5-20　空间单元节点在工程中的安装照片

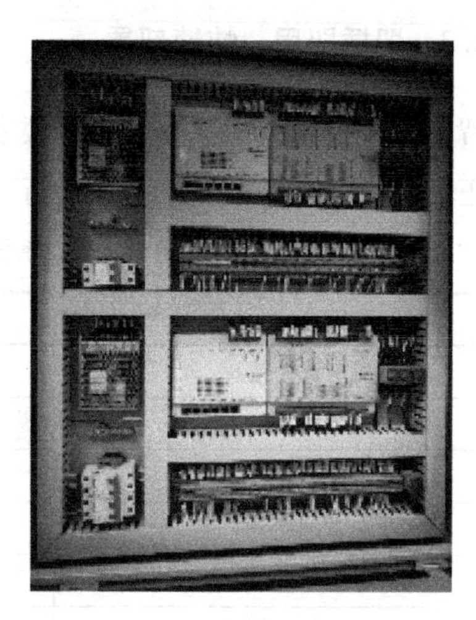

图5-21　设备单元节点在工程中的安装照片

按照上述设计方式，两个项目中分别配置了218个和316个CPN。各类基本单元的类型、数量及详细功能信息如表5-4所示。

群智能系统的基本单元　表5-4

单元类型		基本功能	吴江万象汇	济南万象城
			部署数量	部署数量
机电设备单元	空调箱/新风机组	新风阀，回风阀，初效＋静电除尘＋中效，表冷器电动水阀＋出口水温传感器，变频送风机	35	96

续表

单元类型		基本功能	吴江万象汇	济南万象城
			部署数量	部署数量
机电设备单元	冷机	变频离心机、电动水阀、水侧压力传感器、电表、能量计	4	5
	水泵	水泵、电表、进出口压力传感器	14	14
	冷却塔	双速风机、电动水阀、电表、出口水温传感器	4	13
	空调干管-协调控制器	分集水器或末端干管上，供回水温度、总水量/冷热量测量，压力测量，旁通阀调节，支路阀门调节，供热/制冷模式切换	13	21
	锅炉	真空燃气锅炉、电动水阀、电动排烟阀、能量计	3	—
	软化水/定压补水机组	启停、故障状态监测，液位监测	2	1
空间单元	公区集成监控	公共区域空间单元内环境参数传感器监测（温度、CO_2、PM2.5），顶层遮阳控制，空调供回水温度、压力测试，门禁、照明控制	84	159
	独立房间	电梯厅、卫生间等独立房间内环境温度传感器、多个FCU末端的监控	41	—
	室外-环境监测	监测室外温度、湿度、照度、PM2.5	2	3
	设备机房	设备机房内的排风机监控、照明控制、门禁控制	16	—
智能单元（空间单元 + 设备单元）合计			218	316

（2）通用的应用策略

群智能系统的各项控制管理功能是以标准化通用软件的形式，下载到CPN组成的计算网络中运行。群智能系统内置的标准信息模型、自组网机制和自组织操作系统，保证了这些标准化通用软件可以自动适配不同项目中不同设备系统的结构，无需二次开发，下载即运行。

在吴江万象汇和济南万象城项目中，均下载了如表5-5所列举的标准应用软件，涉及系统管理、自动监控、室内环境控制、冷站系统群控等多项功能。各项应用软件在两个项目中的代码完全相同，自动适配不同项目的结构特点，实现预定的自动控制、节能优化功能。

（3）大幅缩短工程调试时间

传统智能控制系统通常要等到被控系统设备（冷源站设备、空调设备、通风机、照明等）安装调试完成，才进行控制系统的部署与调试。

两项目下载通用应用软件列表 表 5-5

应用软件名称	功能介绍
群智能系统管理	
系统授时	系统中智能节点之间授时与时钟同步
协处理器程序下载	通过智能节点远程升级协处理器程序
VPN 设定	根据系统节点协作需求，在系统中设置虚拟子网
路由表查询	查询系统中根据 VPN 自动生成的连接路由
用户变量接口自定义	用户根据 App 开发需要，在系统中自定义变量及系统接口
参数查询	通过该 App 查询系统中的各类参数
参数设定	通过该 App 对系统中的相关参数进行设定
系统结构自辨识	用于自动辨识智能节点之间的连接拓扑关系
自动监控	
时间表	用于指定系统中各类智能节点在什么时刻执行什么样的操作
电力数据采集	采集并统计配电系统实时运行数据
空调系统设备故障	根据相关专业知识，以及空调、冷热源设备的实时运行数据，对传感器测量错误，执行故障，设备性能衰减，自动发出报警或预警
环境控制和优化节能	
空间单元内 FCU 自动控制	根据智能单元内的温度自动调节 FCU 的风机和水阀，同时自动计算风机电耗和供冷（热）量
中庭区域环境协同控制	中庭区域的空间单元与负责该区域的送排风机、电动遮阳、智能空调箱单元、智能新风机单元沟通协作，共同完成该区域的环境参数控制
冷源站安全、节能控制	
冷站系统结构自动辨识	自动辨识冷站内智能设备单元之间的连接关系，如冷机与水泵先并后串或先串后并，为冷站内各类智能设备单元之间的相互协作提供通信基础
冷站系统协作保护	冷站内各类智能设备单元之间相互配合、确保各类设备均能安全稳定运行的机制
末端系统冷负荷需求计算	利用系统信息（能量计、流量计、温度传感器等）计算冷站当前总制冷量，根据系统供水温度测量与设定值、运行冷机的电流比，对当前总制冷量进行修正，得到目标制冷量，即末端系统的冷负荷需求
并联冷机自组织优化控制	智能冷机节点内置了机组的性能曲线，基于当前蒸发、冷凝温度工况下的冷机性能曲线，对目标制冷量进行优化分配，得到总体能效最高情况下应当运行哪几台冷机
并联定频水泵自组织控制	智能水泵节点内置了水泵的性能曲线，调整定频冷却泵的台数，响应冷机冷却侧流量的需求

续表

应用软件名称	功能介绍
冷水系统压差优化设定	动态优化调整冷水系统的压差设定值，在满足所有末端负荷需求的情况下，使得末端调节水阀开度接近全开（70%～90%）
并联变频水泵自组织优化控制	智能水泵节点内置了水泵的性能曲线，调整变频冷水泵的台数和转速，一方面保证冷机冷水侧最小流量需求，另一方面满足根据末端负荷需求得到的扬程设定值，同时使得水泵工作点效率最高
并联冷却塔自组织优化控制	根据冷却水系统总流量判断冷塔水阀开启的数量，在保证均匀布水的前提下，开启尽量多的水阀充分利用冷塔的换热面积；根据室外湿球温度及冷塔出口水温调节风扇开启的台数及运行档位，同时确保冷却塔出口水温不低于冷机安全运行的冷水水温下限

群智能系统将建筑基本单元的信息模型，分布式计算算法等都内置于 CPN 硬件中，只要 CPN 计算网络安装完成，算法就可以运行，只是尚未与实际设备关联时，只能模拟运行。因此，群智能系统的安装调试可以与机电设备并行进行。

在吴江万象汇与济南万象城两个项目中，群智能系统充分发挥了其技术特点，实现了快速部署、即插即用、软件下载及运行，传统自控系统通常要半年至一年的调试周期，被缩短到一个月内，大幅节省了调试时间和人力成本。同时，这两个项目均在开业前就实现了全部预定的自动控制功能，在开业第一天冷站综合 *COP* 就达到优秀水平；相对于有些项目需要将近一年才能将节能控制调试完成的情况，大幅提前了节能运行效果的落地时间点，为碳达峰的早日实现提供了有力支持。项目实施过程中，群智能与传统楼控技术在各个方面的对比如表 5-6 所示，可以看到群智能技术的显著优势。

与传统楼控系统对比 **表 5-6**

序号	事项	群智能	传统技术
1	系统安装人力成本	40 人·月	62 人·月
2	安装接线	简单，标准化	易出错
3	系统调试时间	30 天	半年
4	系统功效	自控功能实现	大部分不能自控
5	系统扩展	扩展容易	不易增加功能
6	软件功能	自动分析	需增嵌套分析软件

5.2.4 冷站优化高效运行

吴江万象汇和济南万象城项目中，制冷站部分并没有采用高效冷站设计。在常规设计的基础上，群智能系统自动控制调节，运行出接近或达到高效机房的运行效果。

(1) 与机电设备系统结构相近的群智能计算网络

吴江万象汇冷源系统包括4台额定制冷量2637kW的变频离心冷水机组，5台冷水泵（变频，4用1备），5台冷却泵（定频，4用1备），4组冷却塔（每组塔配置4台风机，风机高、低速调节）。空调水系统为一次泵变流量系统，分水器和集水器之间设置保证冷机安全流量的旁通管和压差旁通阀。冷却供、回水总管之间也设置旁通阀，保证冷机冷凝器进水温度不低于冷机要求下限值。冷源系统结构如图5-22所示。群智能控制系将每一个冷机、水泵、冷却塔等机电设备视为一个基本单元。每个单元实现相应设备等参数监测、安全保护、控制调节、能源计量、故障报警等所有智能化相关功能。在吴江万象城项目中共计23个智能设备单元，包括4个冷机单元、10个水泵单元、4个冷却塔单元、两个水系统协调器单元和3个不利末端单元。各设备单元按照冷源系统水管的拓扑用网线连接成网络，形成了对应的群智能系统冷源系统拓扑图，如图5-23所示。

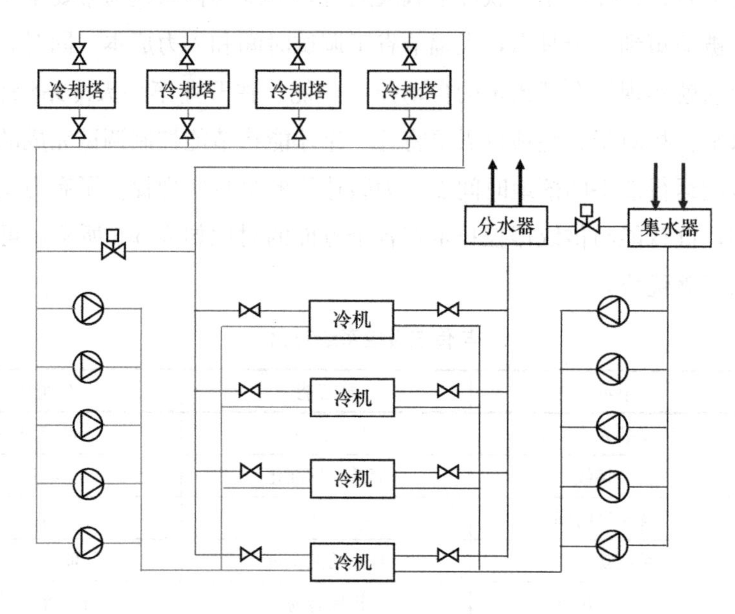

图5-22 冷源系统示意图（吴江万象汇）

按照同样的设计方法，济南万象城冷源系统为大小冷机并联系统，包括3台额定制冷量5626kW的大冷机，对应4台冷冻泵（变频，3用1备），4台冷却泵（定频，3用1备），3组冷却塔（每组塔配置3台风机，风机高、低速调节）；2台额

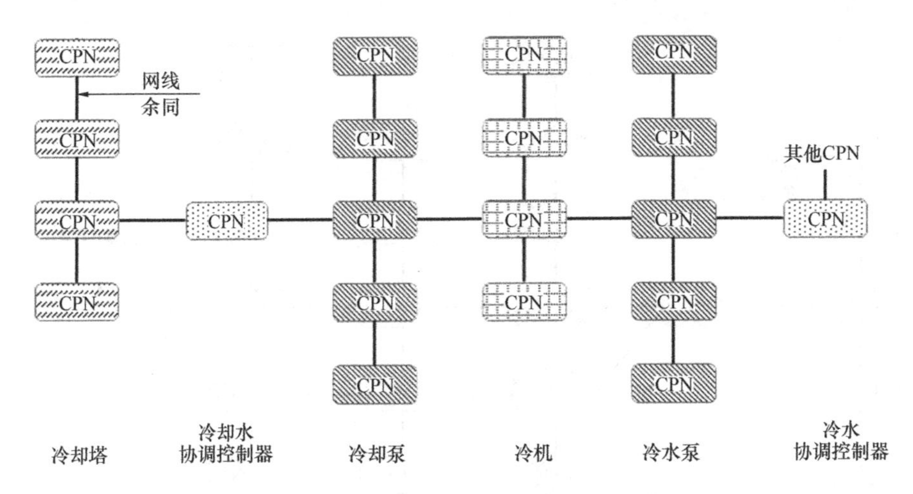

图 5-23 冷站群智能系统拓扑图（吴江万象汇）

定制冷量 2813kW 的小冷机，对应 3 台冷冻泵（变频，2 用 1 备），3 台冷却泵（定频，2 用 1 备），2 组冷却塔（每组塔配置 2 台风机，风机高、低速调节）。空调水系统同样为一次泵变流量系统，冷水分水器和集水器之间设置旁通管和压差旁通阀；冷却供、回水总管之间也设置旁通阀。冷源系统图和相应的群智能控制网络图如图 5-24 和图 5-25 所示。

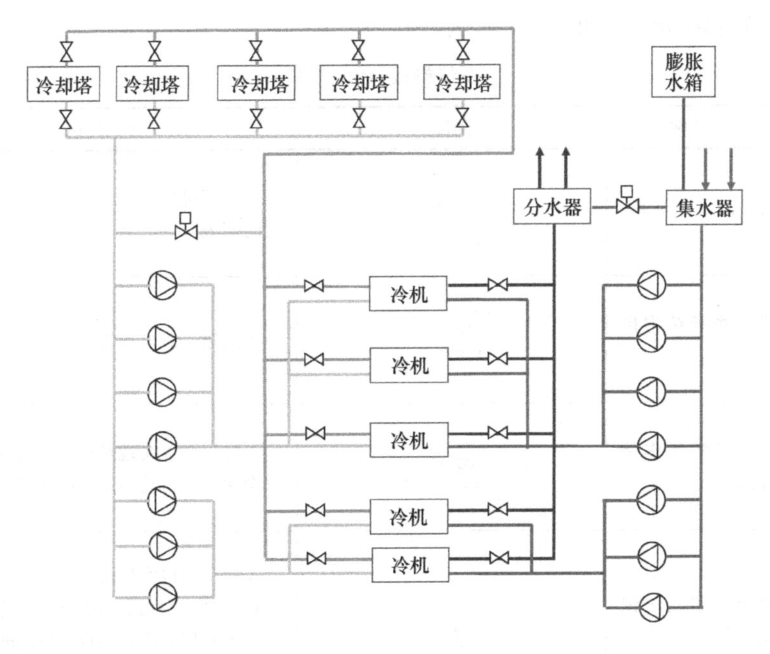

图 5-24 冷源系统示意图（济南万象汇）

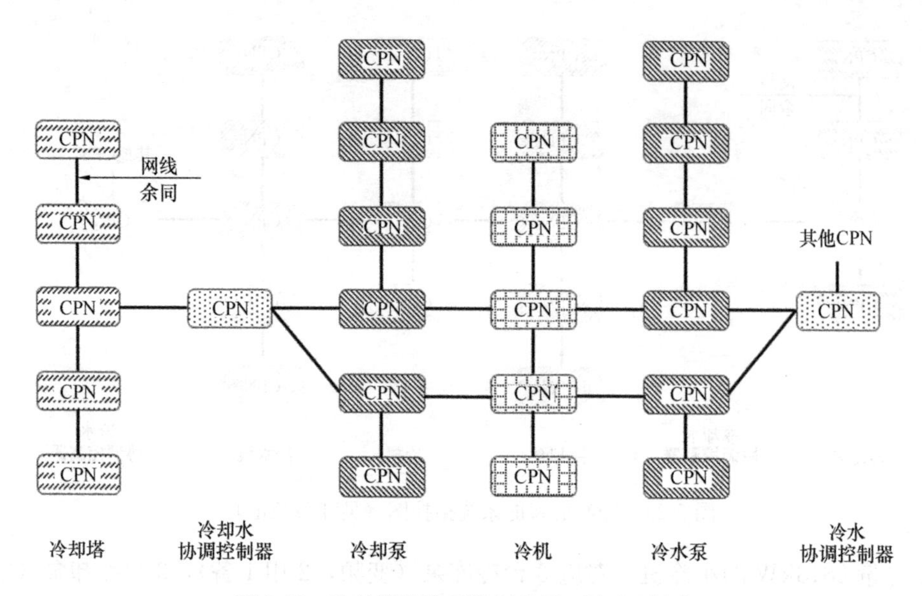

图5-25 冷站群智能系统拓扑图（济南万象汇）

（2）冷站节能优化通用算法包

在这两个冷站中，下载了完全相同的一套群智能策略，这些算法自动运行在相应设备的CPN上，通过自组织实现冷站系统结构自识别、自动启停、安全保护、优化调节等各项功能，如表5-7所示。

冷站群控App清单 **表5-7**

序号	应用名称	图标	应用功能
1	冷站群控时间表	CP	本应用可以为冷站内的设备单元设定运行时间表
2	冷站系统结构自辨识算法	CH PCWP	本应用可以自动辨识出冷站系统结构
3	冷站系统协作保护算法	ON OFF	本应用可以实现对冷站系统设备运行的安全保护、自动顺序启动和停机
4	并联冷机自组织优化控制		本应用可以实现对并联主机启停的优化协作控制。根据负荷需求，优化调节各台主机的启停状态，实现冷机组的整体能耗最优

续表

序号	应用名称	图标	应用功能
5	水泵自组织优化控制		本应用可以实现对水泵启停台数和变频器转速的优化协作控制。根据不利末端供回水压差需求，优化调节各台水泵的启停和转速，实现水泵组的整体能耗最优
6	并联冷却塔自组织优化控制		本应用可以实现对并联冷却塔开启台数和风机变频器转速的优化协作控制
7	分集水器协调优化算法		本应用可以调节一级冷水泵的旁通阀门开度，保证分集水器的供回水压差不超过设定值

其中，“冷站系统结构自辨识”算法，可以自动对设备连接拓扑、类型等信息进行辨识。水泵通过连接的设备类型，自动辨识出为冷却泵还是冷水泵；冷机与水泵自动辨识出对应关系，先并后串、先串后并、大小冷机对应的大小泵组等，从而实现对不同冷站系统结构的自动适配。这些自动适配出的分组和对应关系，将作为其他节能优化算法自组织计算的基础。这样，即使两个项目的设备台数，系统连接形式都不相同，上述一套算法包也能自动适配而无需针对工程的二次开发。

在辨识出冷站系统结构后，冷站优化控制算法的各项协作机制可以概述如下：以冷机为核心，冷水泵、冷却泵、冷却塔设备均自动响应冷机的需求，在保证冷机安全运行的前提下，根据各自的控制目标进行自动优化调节。以“并联冷机自组织优化控制”算法为例，其调节过程是多台冷机间相互协商的迭代过程。其目的是调节冷源侧制冷量，使其维持与末端需冷量的平衡，同时供水温度维持在要求的范围内，从而保证被控建筑物的热环境状态。优化控制的主要流程为：根据当前所需制冷量、冷机工作性能曲线，确定最优的冷机运行方案，使其在满足冷量需求的前提下制冷能耗最低（图 5-26）。基本原理为，所有设备的均以效率的最高点作为调节的起始点，根据设备初始工作点偏离最高效率点的方向确定调节的方向，同时，向邻居节点传递效率的预期（当前 *COP* 与最高 *COP* 的比值）和负荷的偏差（当前承担的冷负荷与系统冷负荷总需求的偏差），节点根据收到的效率预期与需求偏差，结合自己当前的效率预期，给出新的效率预期与需求偏差，传递给邻居，当传递出的负荷偏差小于设置的计算精度时，计算收敛，输出并执行控制结果。其中，冷机

性能曲线结构为 $COP=f$（冷水供水温度，冷却水进水温度，负荷率），即综合考虑了不同冷水供水温度、冷却水进水温度的实际工况。如果冷机厂家可以进一步提供在不同冷水流量、不同冷却水流量工况下的性能曲线，也可以将其内置到冷机设备单元中用于优化计算。

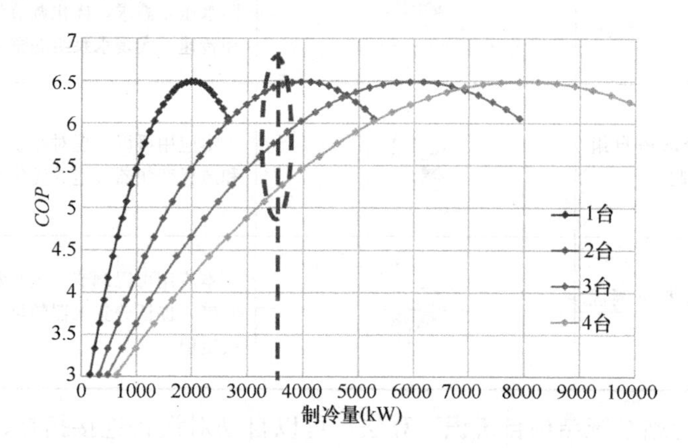

图 5-26　不同制冷量需求下不同运行台数冷机总体性能

吴江万象汇项目夏季典型日冷机运行情况如图 5-27、图 5-28 所示，根据末端冷量需求，冷机自动加、减机，并使机组总体运行能效最优。

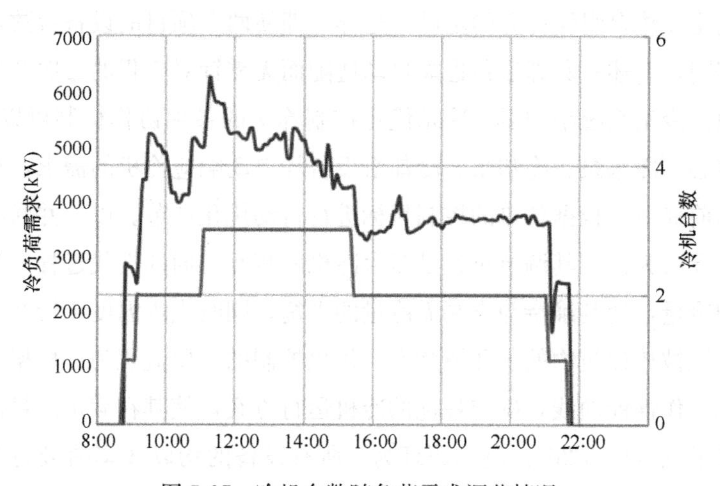

图 5-27　冷机台数随负荷需求调节情况

根据厂家提供的性能曲线，项目使用的冷水机组高效区在负荷率 0.6～0.8。统计运行结果，在优化控制机制下，机组绝大部分时候都运行在高效区内，如图 5-29、图 5-30 所示。

其余控制算法的具体逻辑，可以详见本章参考文献。

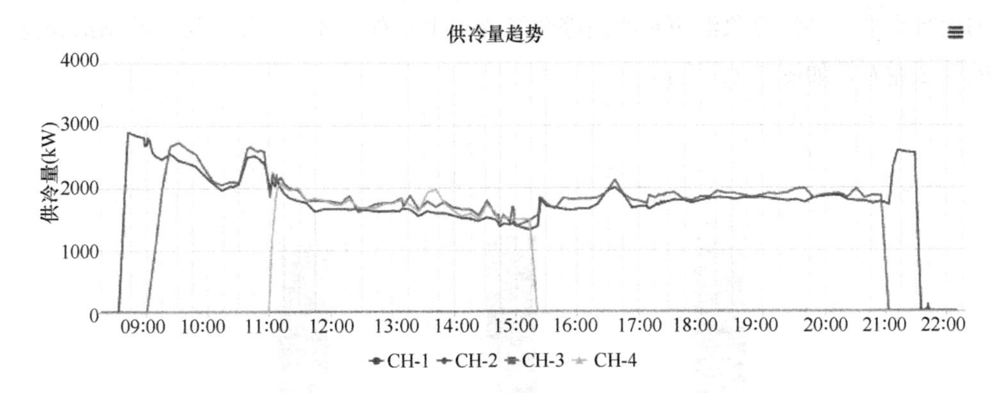

图 5-28 各台冷机供冷量变化情况

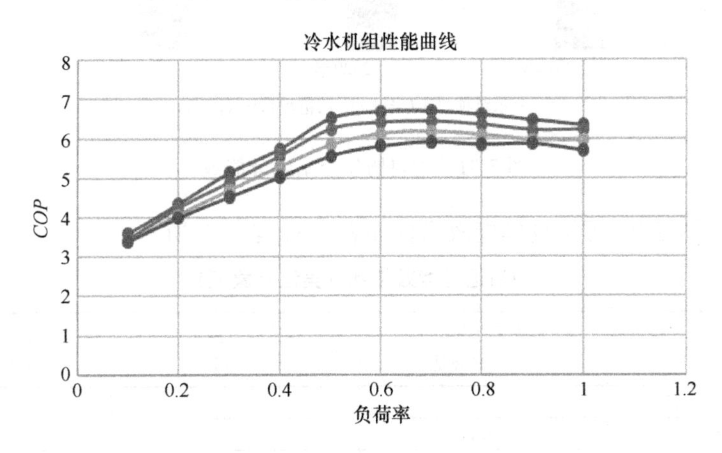

图 5-29 项目使用冷水机组性能曲线

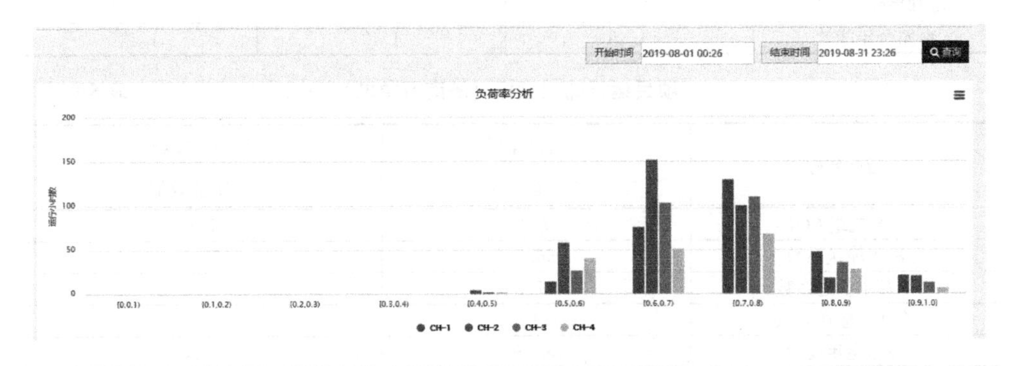

图 5-30 冷水机组负荷率分布情况

(3) 高效稳定的冷站自动运行效果

通过下载运行优化控制算法，两个项目均实现了冷站设备的全局优化运行。自系统上线以来，系统各项能效指标均优于国标限值，且连续几年始终保持高效稳定的运行水平。吴江万象汇历年冷站综合能效4.4左右。济南万象城历年冷站综合能效5.2左右，如图5-31所示。

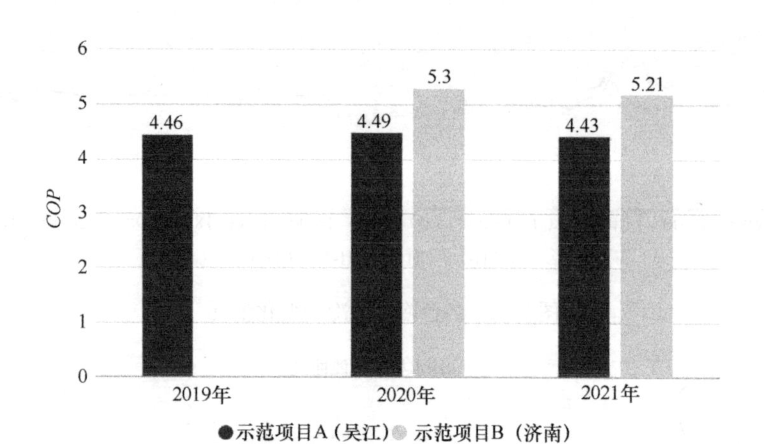

图5-31 项目历年冷站综合能效

两个项目冷站的历年具体能效指标如表5-8、表5-9所示。

项目运行能效指标（吴江万象汇） **表5-8**

指标名称	吴江万象汇 2019能效值	吴江万象汇 2020能效值	吴江万象汇 2021能效值
冷水机组 *COP*	6.02	6.01	5.83
冷水输送系数	60.76	59.68	61.39
冷却水输送系数	39.69	38.18	40.35
冷却塔输送系数	93.81	126.7	132.91
冷站全年能效	4.46	4.49	4.43

项目运行能效指标（济南万象城） **表5-9**

指标名称	济南万象城 2020能效值	济南万象城 2021能效值
冷水机组 *COP*	7.2	7.1
冷水输送系数	56.7	57.3
冷却水输送系数	47.8	51.2
冷却塔输送系数	171.3	98.7
冷站全年能效	5.38	5.21

可以看到，在自动控制模式下，两个项目各年的冷站年度平均 *COP* 都分别稳定在4.4、5.2左右的较高运行水平。完全相同的标准化节能算法软件，在两个项目控制效果有所差别，主要原因是：①相对吴江万象汇地处夏热冬冷地区，济南万象城地处寒冷地区，从而可以通过自动调节，在更长的时间内更充分地降低冷却水

温度，提高冷机能效；②吴江万象汇项目中，末端空调换热设备选型较小，为了保证末端需求，部分负荷时不能通过提高供水温度来提高系统能效；而济南万象城项目空调终端换热器选型较大，可以在满足末端负荷需求的前提下，自动提高供水温度，实现高 *COP*。采用标准化智能化技术实现节能控制，虽然不像专家定制化设计和改造，为每个项目做到最优的节能效果，但是，标准化的智能控制可以相对专家定制化设计、运维的更低的成本，不依赖运行人员的水平，将更普适的技术快速应用到整个行业，提升建筑节能的整体水平。

5.2.5 中庭垂直温差并实现节能

商场中庭区域，普遍存在夏季顶层温度过高、冬季地面层温度过低的环境控制问题。此现象与空调系统设计、建筑工程质量等都可能有关系。在前提问题未解决时，控制系统不能根本解决问题，但通过将中庭相关空调机组、通排风机统一控制调节，却有可能使问题得到改善。

传统控制模式下，中庭中每层的空调机组分别独立地根据各自的回风温度控制调节送风温度和风机转速。由于中庭区域的自然对流，分别独立控制各个空调机组，很可能进一步形成正反馈，使中庭垂直温差更显著。

在吴江万象汇和济南万象城中，群智能系统将水平相邻的同层空调机组、上下垂直关联的空调机组相互协作；中庭空调机组、电动遮阳、顶层排风机跨系统协作；保证了各楼层温度控制在合理范围内，避免夏季中庭“上热下冷”，图 5-32 是群智能系统将同一个中庭相关空调设备联动控制的现实界面，图 5-33 是吴江万象汇 2020 年夏季某时刻所有中庭各层温度的实际控制效果。可以看到，各中庭垂直

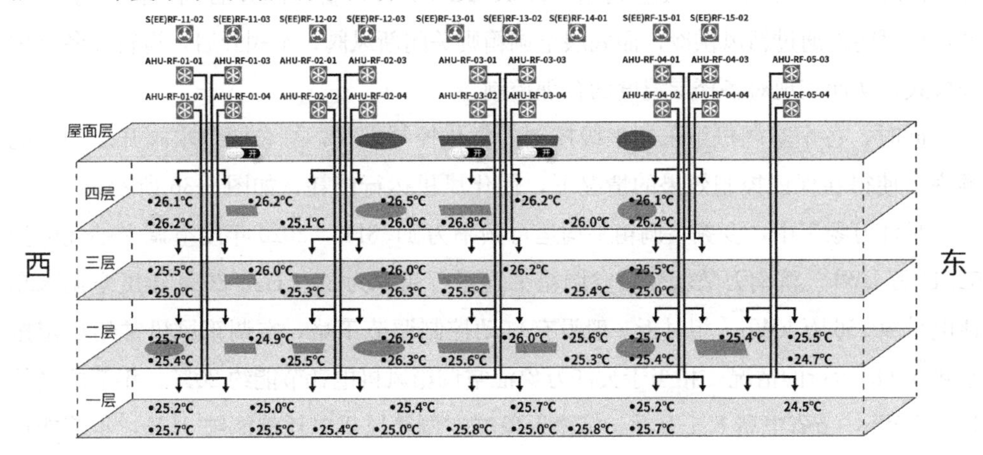

图 5-32 中庭监控原理图

方向温度梯度变化不大。

图5-34为夏季典型日同一中庭各空调箱的运行情况。根据空调箱所属中庭区域的平均温度和空调箱负责区域的平均温度，对不同区域空调箱的回风温度设定进行综合调节，从而实现顶层空调箱降低回风温度设定值，底层空调箱升高回风温度设定值；同时，垂直关联的空调箱相互协作，对风机的转速进行整体调节，避免因风机转速差异过大，加速自然对流对中庭温度梯度的影响。图5-34（a）可以看出，在优化调节下，各空调箱的回风温度设定并不一致，而实际回风温度（代表中庭各区域温度）基本维持一致；图5-34（b）可以看出，各空调箱根据各自的回风温度目标调节风机转速和送风温度（水阀开度），同时垂直相关的空调箱风机转速相互约束，实现设定值差异≤10%。

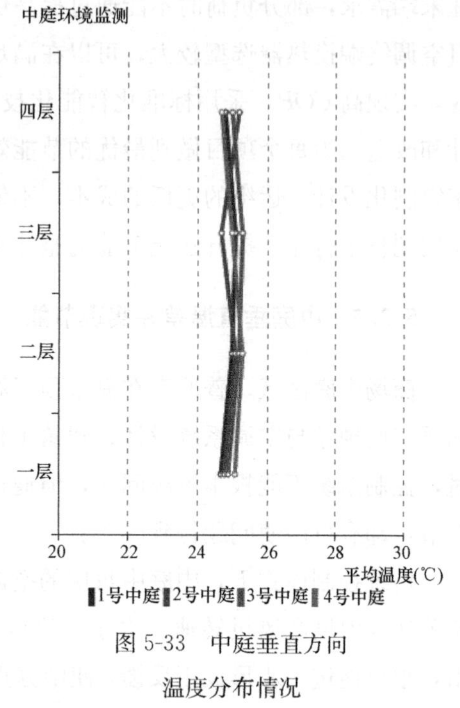

图5-33　中庭垂直方向温度分布情况

冬季工况下，顶层和内区过热区域空调箱自动切换为新风供冷模式，有组织地增加新风量，降低热源侧供热量的同时，也可形成室内正压，减少送排风不平衡，从而减缓冷风从中庭底部进入。图5-35为典型冬季工况下各空调箱的新风阀开度和水阀开度情况，可以看出，顶层空调箱（AHU-RF-01-01）新风阀开启同时降低水阀开度，尽可能地通过新风供冷；而底层空调箱则关闭新风阀，水阀开启，运行在冬季供暖模式。从而实现对各楼层温度的合理控制。

同时，各个空调机组采用串级控制的优化控制方式，综合调节水阀开度和风机频率，使得在保证控制效果的情况下，优化风机运行能耗，如图5-36所示。

吴江万象汇中，变频空调箱平均运行频率为41.8Hz，2020年度空调末端耗电量52.41万kWh。济南万象城变频空调箱平均运行频率为39.7Hz，2020年度空调末端耗电量60.56万kWh。相对于一般没有自动控制调节策略，空调箱风机常年稳定按定频45Hz运行的情况，相当于吴江万象汇空调箱风机电耗节能约20%，年节能量约13万kWh，节省电费8.4万元；济南万象城空调箱风机电耗节能约31%，年节能量约27.6万kWh，节省能源费用约19.4万元，如表5-10所示。

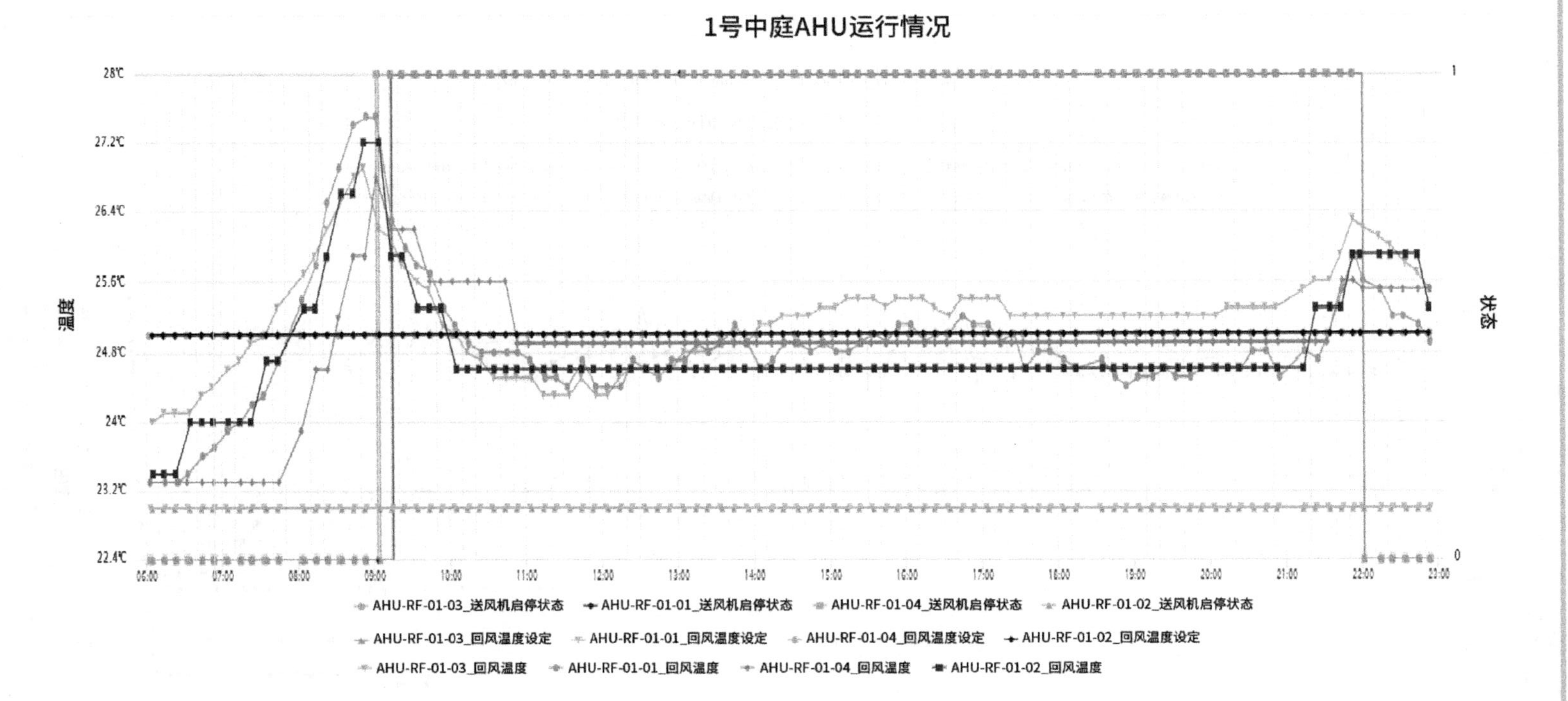

(a) 各空调箱回风温度与回风温度设定值

图 5-34 典型夏季工况下中庭各空调箱运行情况（一）

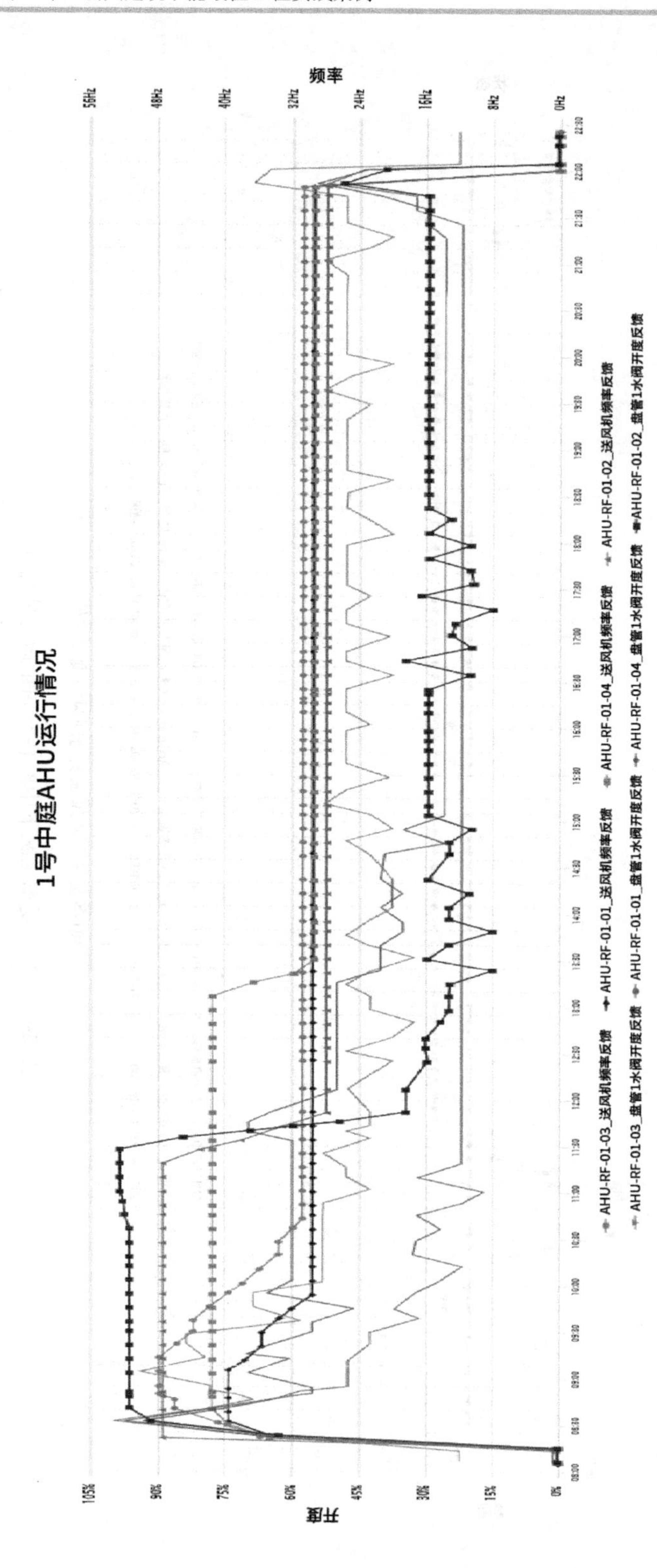

(b) 各空调箱风机转速和水阀开度

图 5-34 典型夏季工况下中庭各空调箱运行情况（二）

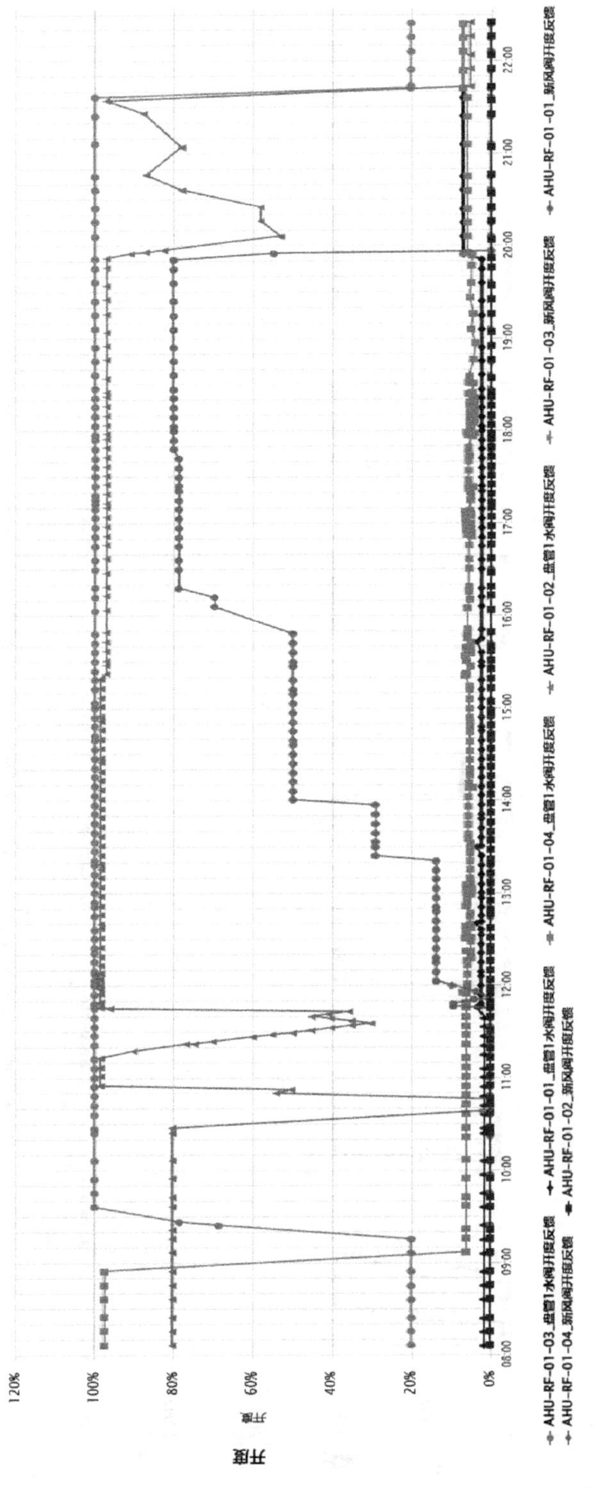

图 5-35 典型冬季工况下中庭各空调箱运行情况

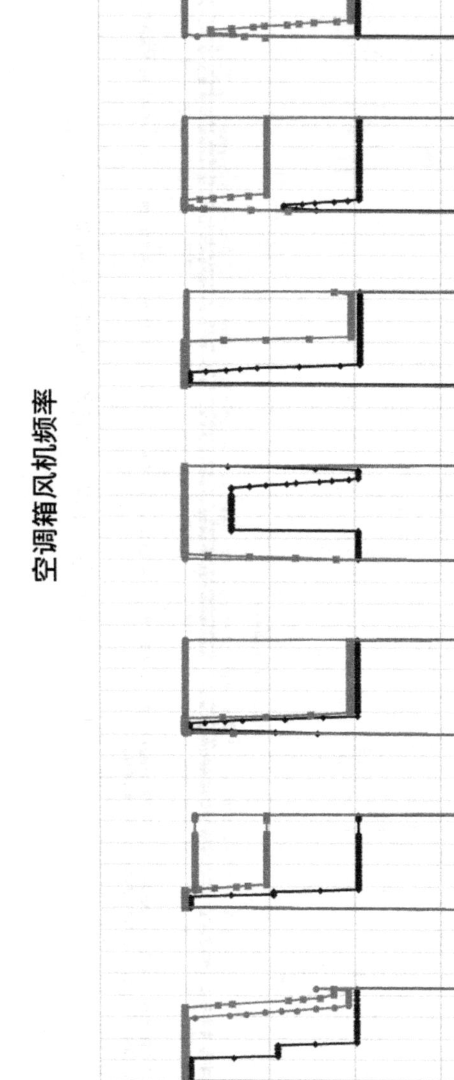

图 5-36 项目空调箱运行情况

项目空调箱年运行情况 表 5-10

项目	频率 (Hz)	2020 年度 空调末端耗电量 (万 kWh)	对比无自控条件 2020 节省电量 (万 kWh)	对比无自控条件 节省电费 (万元)
吴江万象汇	41.79	52.41	13.03	8.41
济南万象城	39.70	60.56	27.64	19.39

5.2.6 实现自动故障诊断

群智能系统整合机电设备单元底层大数据，基于群智能系统控制节点内置的智能化诊断算法，实现机电设备单元的开机自检功能，以此诊断隐藏的施工安装问题。

在吴江万象汇工程实施中，先于空调系统上线运行的群智能系统及其内置故障自诊断算法，随着空调设备系统逐步接入群智能系统，陆续发现了诸如风道安装错误、冷水机组性能未达标等问题，在工程验收前及时发现隐蔽工程问题，避免设备系统带病高能耗运行。以图 5-37 为例，诊断发现两台空调机组的回风温度与负责

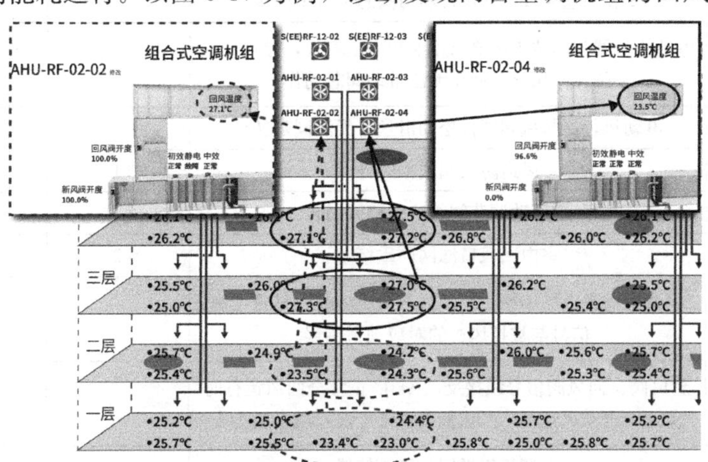

(a) 空调机组回风温度与负责区域室内环境温度不一致，诊断发现两台机组的送回风管道施工接反了

(b) 接反的送回风管道

(c) 修改后的送回风管道

图 5-37 自动故障诊断发现空调机组管道施工错误

区域的室内环境温度不一致，进而发现两台空调机组对应的风道接反。

在日常运行过程中，随着传感器执行器使用，群智能的故障诊断算法也逐渐发现了近百项机电安装问题，辅助实现了施工现场质检，提升了工程质量，如表5-11所示。

发现机电问题汇总 **表5-11**

预警提示	问题原因	吴江万象汇	济南万象城
		数量	数量
新风阀异常	风阀固定安装问题，无法顺畅转动	10	10
	风阀转矩型号安装错误	4	4
回风阀异常	风阀进水损坏，无法动作	12	5
电动水阀异常	电动执行器故障，无法转动	3	3
	电动执行器与阀杆安装角度有偏差不垂直，执行器无法顺畅上下拉动阀杆，易卡死	—	8
	安装问题导致电动执行器与阀芯位置不同步	1	1
	电动执行器与阀芯未按要求用卡扣固定安装，导致二者脱扣，执行器动作无法带动阀芯动作	—	12
风机功率异常	电动执行器与风阀阀杆松动滑丝，无法同步转动	1	4
	风道防火阀脱扣闭合	4	—
	风道手动调节阀阀位偏移或闭合	4	—
	室内回风口滤网严重堵塞	2	6
	弱电箱与强电柜串线、变频器与风机串线，导致控制信号与被控风机的对应关系错误	—	5
	新风阀、回风阀信号线接反，AHU正常全回风运行时实际为全新风运行，严重偏离设计工况，风道阻力大	—	2
温度异常	空调机组送回风管道接错	2	—
	风温传感器安装位置错误	—	3
网络拓扑异常	智能单元间网线连接错误、连接网线遗漏	11	14
	网线对接延长导致通信不稳定	3	3
	网线绝缘外皮破损，线芯裸露短接导致通信异常	4	—
总计		61	80

5.2.7 总结

本节介绍了群智能控制系统在两个公共建筑上的实践应用：

1）群智能控制系统快速部署、即插即用、标准化软件下载即运行，将传统控制系统近一年的调试周期缩短为短短几周，在开业前就实现开通了全部预计自动控制功能，大幅提前了节能运行效果的落地时间点，为碳达峰的早日实现提供了有力支持；

2）自动控制和优化调节，连续2～3年冷站综合效率均稳定控制在较高的节能水平；

3）在改善室内环境控制效果的基础上，实现节能运行；

4）群智能控制系统内置的暖通空调设备故障自诊断算法，贯穿用能系统建设和运维阶段，发现机电设备工程安装中的隐蔽工程问题、提高工程品质、避免设备带病运行，为实现系统节能提供良好基础。

两个项目案例介绍了群智能这种新型控制技术在商业建筑节能运行中的应用，希望可以为节能运行向自动化、智能化方向发展提供参考和借鉴。

5.3 广州太古汇

5.3.1 项目简介

广州太古汇是太古地产位于广州的大型综合发展项目（图5-38），由太古地产开发建设并运营管理。项目位于广州市天河中央商务区核心地段，总建筑面积约

图5-38 广州太古汇项目

35.8万 m^2（不含文化中心），由一个大型购物商场、两座甲级办公楼、广州首家文华东方酒店及酒店式服务住宅、一个文化中心构成，共有718个停车位。商场及办公楼部分于2011年开幕，文华东方酒店及酒店式服务住宅于2013年初开幕。根据中国购物中心等级评价标准2019年评定为国家五星购物中心。

广州太古汇开业至今10年间，致力于持续提升环境效益，从项目规划、设计、建造到管理的每个环节，均充分考虑可持续发展因素，以整个生命周期都贯彻可持续发展理念，务求打造夏热冬暖地区的超低能耗的大型综合体，重点开展照明节能技术、空调系统升级改造、空调系统节能调适以及光伏发电技术的既有建筑的示范。希望通过实际技术及措施，为夏热冬暖地区的既有建筑实现超低能耗起到示范作用。

如图5-39所示，太古汇商场、写字楼及文华东方酒店共用同一冷站，由10台冷机联合供应，冷水系统采用一次泵变流量大温差设计，根据压差自动控制调节冷水泵台数及运行频率，冷却侧采用开式冷却塔排热，冷站主要设备参数如图5-40所示。供冷末端分为14支路，办公层采用全空气变风量系统，每层设置两台变风量空调机组。商场公区采用全空气定风量系统，商场商铺采用两管制风机盘管加新风系统，酒店服务区域使用四管制风机盘管，后勤区使用两管制风机盘管加新风系统。

图5-39　太古汇冷站示意图

设备名称	台数	参数
2000RT 离心冷机	6	10kV 功率(606.1+574.2)kW
		冷水供回水温度 7/14 ℃
		冷水流量 :861m³/h
		冷却水流量 :1440m³/h
		额定 *COP* : 5.95
700RT 离心冷机	3	380V 功率416kW
		冷水供回水温度7/14℃
		冷水流量 :301m³/h
		冷却水流量 :506m³/h
		额定 *COP* : 5.43
700RT 磁悬浮冷机	1	380V 功率 453kW
		冷水供回水温度 7/14 ℃
		冷水流量:302m³/h
		冷却水流量 :500m³/h
		额定 *COP* : 5.91
冷水泵	7+5	流量(866+302)m³/h
		扬程 40m
		电机功率(160+55)kW
冷却水泵	7+5	流量(1446+530) m³/h
		扬程 40m
		电机功率(185+75)kW
冷却塔	16	流量 800m³/h
		进出水温度 37/32 ℃
		电机功率(55+11)kW

图 5-40 太古汇冷站主要参数

5.3.2 建筑能耗现状

项目团队对广州太古汇自 2013 年全部投入运营至今的实际运行能耗开展了持续监测与分析。如图 5-41 所示，广州太古汇 2013 年电量趋近平稳，截至 2021 年整体建筑能耗（除文华东方酒店外）呈逐年下降趋势。

图 5-42 则从公共用电和租户用电对广州太古汇实际用电量进一步分析，可以看到 2013 年广州太古汇实际用电量 7259.2 万 kWh，其中公区、租区用电量分别达到 3190.2 万 kWh、4069.0 万 kWh，分别占比 43.9%和 56.1%。通过项目管理团队的持续节能工作，至 2019 年，广州太古汇实际用电量下降至 6771.0 万 kWh，降低 471.2 万 kWh，其中公区用电量下降至 2825.8 万 kWh，降幅达到 347.4 万 kWh，租区用电量下降至 3945.2 万 kWh，降幅达到 123.8 万 kWh，实现了显著的

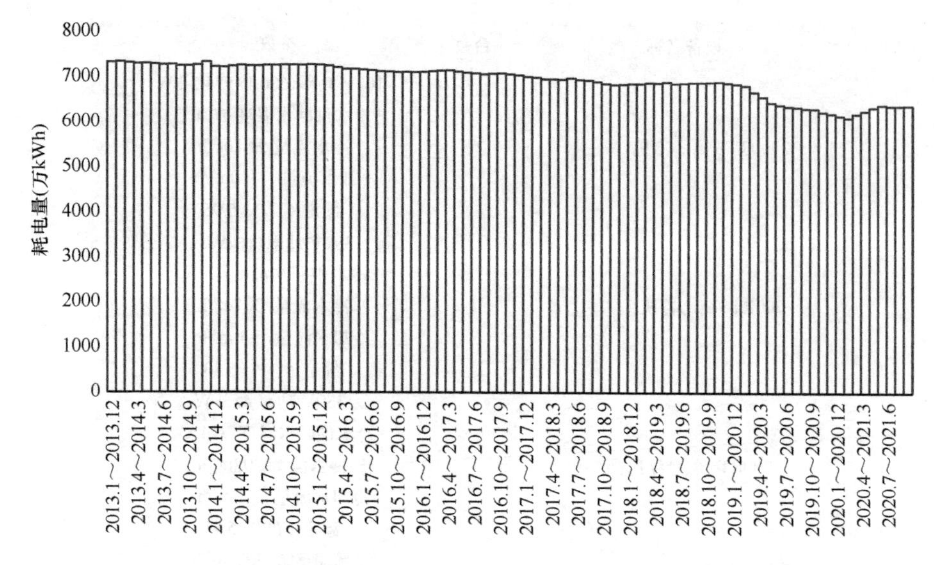

图 5-41 广州太古汇 2013.1—2021.8 逐 12 月滑动总电耗

节能减排效果。

2019 年广州太古汇单位面积耗电量指标为 156.1kWh/m²，其中空调系统占比接近 40.9%，单位面积空调系统能耗降低至 63.9kWh/m²，空调风系统单位面积能耗为 23.7kWh/m²，冷源单位面积能耗为 40.2kWh/m²。

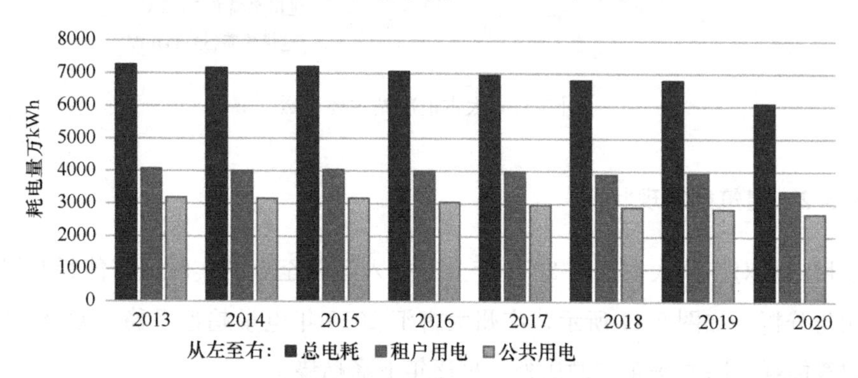

图 5-42 广州太古汇 2013—2020 年度总电耗

如图 5-43 所示，广州太古汇开业至今 10 年的时间，每一个阶段都持续开展了节能优化调适工作，用实际工程应用构建了大型商业综合体节能全过程管理路径，机电能源系统实现了持续的节能优化提升，起到了良好的节能减排效益。本文将对主要工作进行详细介绍分析，希望能为同类型项目起到良好的示范作用。

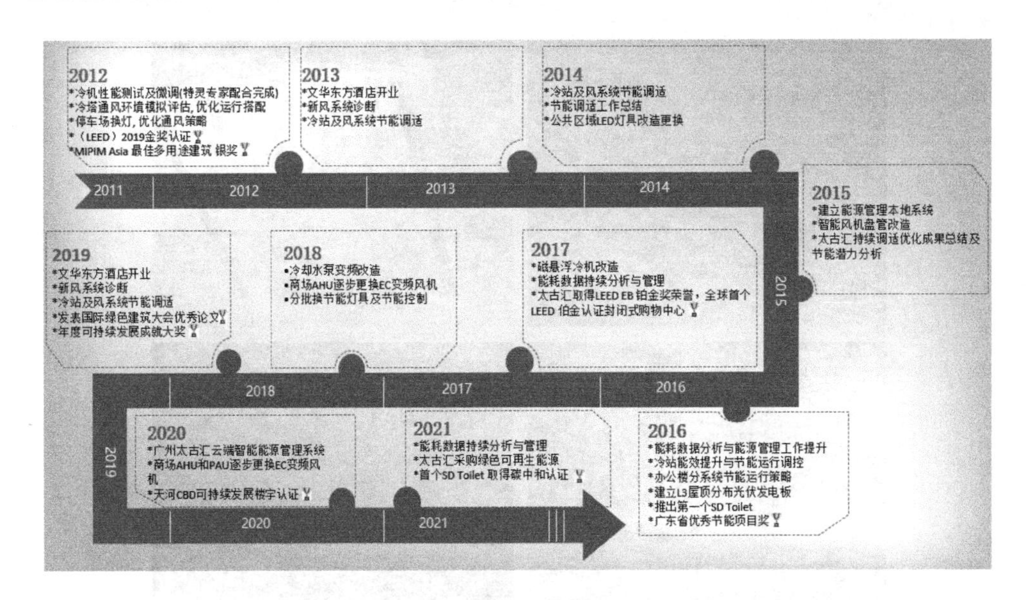

图 5-43 广州太古汇 10 年的项目全过程调适里程碑

5.3.3 精细化管理下的十年持续调试关键技术

1. 设计及安装阶段把控（2012—2013）

2012—2013 年，广州太古汇处于开业调试阶段，重点工作从机电安装过程的严格把控开展，解决影响性能关键安装问题，消除先天不足，如图 5-44 所示。包括一次装修过程经常忽略的风系统软管安装检查（长度及弯曲度问题），风口的布置检查（送分反向及风阻问题），VAV BOX 前阀门问题（安装位置及调节性问题）。以及水冲洗问题把控：干管高流速排掉大块杂质，目视干净、流速超过 1.5m/s、末端和配件单独高流速清洗，保障无杂质，流速高于 2m/s、主管道、末端多、水系统分段压降合理，不超过设计值。

而对于关键设备的验收调试同样关键。在项目初运行阶段，高压冷机就存在出力不足，与设计工况存在偏差的情况，问题源于高压冷机电流设定值有误，导致显示电流达到上限时，实际电流值偏小约 10%（图 5-45），项目团队与冷机厂家开展了调适工作，问题得以解决规避损失，使其达到最佳运行状态。

2. 空调风系统持续节能调适

大型公共建筑使用复杂空调系统容易出现设计缺陷以及施工质量、设备运行等问题，因此调适工作需要整体也需要局部进行，而且整个工作过程以避免由于诊断评估、整改实施和效果验证的各个环节相互脱钩而带来的调适效果无法保证等问

图5-44 安装调试阶段深入排查

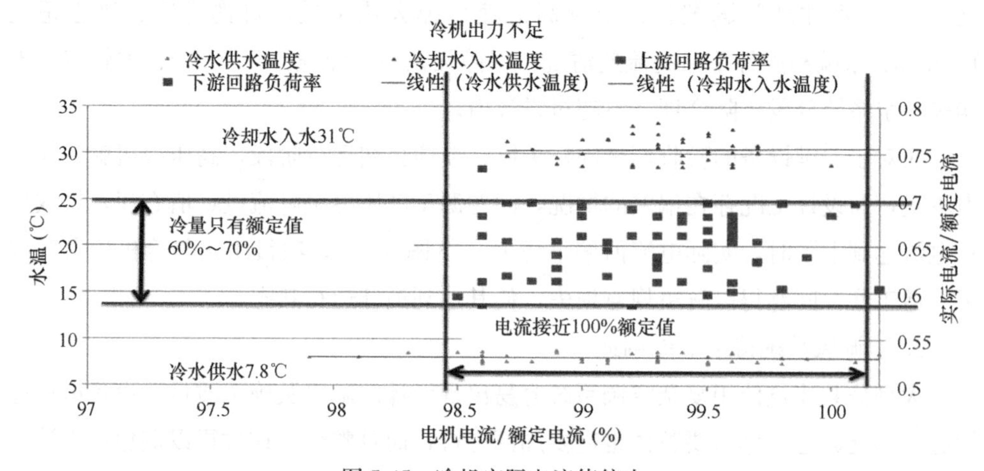

图5-45 冷机实际电流值偏小

题，因此项目团队邀请清华大学建筑节能研究中心从技术上及整体性上共同完成调适工作，并取得良好的成果，同时给后续的节能改造实施起到重要的指导作用。

（1）裙楼空调机组冬季运行策略

对裙楼空调箱进行冬季运行状态检测发现，部分空调箱风机开启，而水阀开度很小几乎不提供冷量，项目团队随即关闭这部分空调箱（图 5-46），以降低不必要的风机电耗，并降低由此带来的冷量需求。

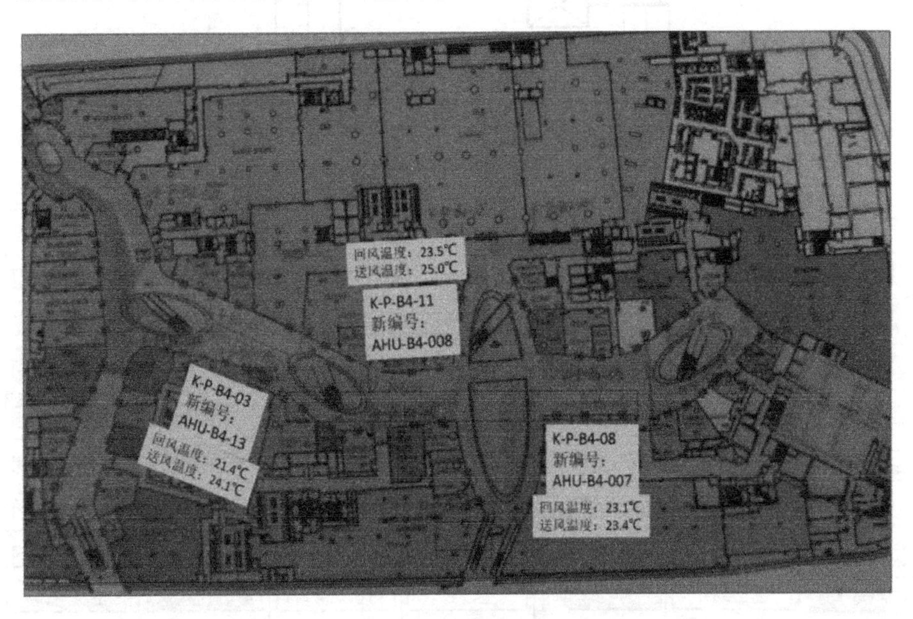

图 5-46 可关闭的裙楼空调箱负责区域示意图

通过测试，将送回风温差很小，且负责区域不相邻的三台裙楼空调箱 AHU-B4-007、AHU-B4-008、AHU-B4-013 关闭，并测试关闭风机后室内环境场。测试结果显示室内二氧化碳浓度基本处于 600～680ppm 之间，而 L1/L2 层东侧二氧化碳浓度均较低为 600ppm 以下。顶层平均温度为 21.8℃，底层平均温度为 18.5℃。总的来讲，关闭这 3 台裙楼空调箱对环境场影响很小，降低了风机电耗和冷量需求，进一步节省了能耗。同时优化了过度供冷的影响，使商场热舒适性也得以提升。

（2）塔楼变风量系统运行策略探究

如图 5-47 所示，广州太古汇写字楼每标准层设置两台 AHU，通过 PAU 集中处理的新风与室内回风混合后，经 AHU 制冷后供至约 60 个 VAVbOX 进入室内。自控系统主要有以下三个控制环节：一是水阀开度，根据送风温度实际值与设定值进行反馈调节；二是风机频率，通过最小静压及静压设定值进行反馈调节；三是VAV风阀开度，通过回风温度实际值与设定值进行反馈调节。

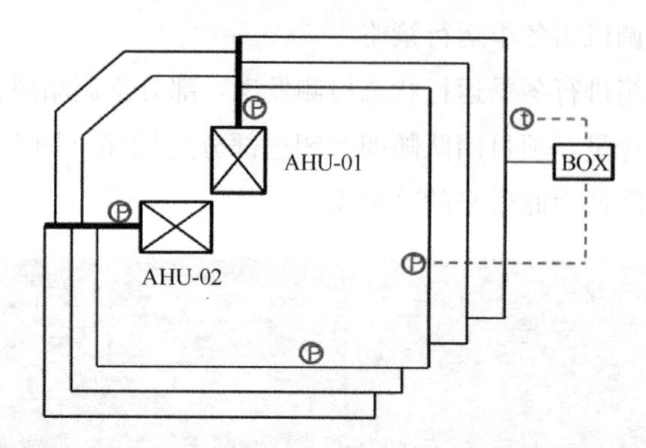

VAV	回风温度	回风温度设定	风阀开度	风量	最大风量设定	最小风量设定
3F-VAV-A01	26.0 deg C	26.5 deg C	18.7 %	59.6 cu meter/h	50.0 cu meter/h	50.0 cu meter/h
3F-VAV-A02	21.3 deg C	25.0 deg C	106.9 %	25.5 cu meter/h	50.0 cu meter/h	30.0 cu meter/h
3F-VAV-A03	20.8 deg C	26.0 deg C	25.3 %	54.0 cu meter/h	100.0 cu meter/h	50.0 cu meter/h
3F-VAV-A04	21.2 deg C	24.0 deg C	38.7 %	391.3 cu meter/h	600.0 cu meter/h	400.0 cu meter/h
3F-VAV-A05	19.8 deg C	27.0 deg C	24.8 %	96.2 cu meter/h	200.0 cu meter/h	100.0 cu meter/h
3F-VAV-A06	20.8 deg C	27.0 deg C	22.2 %	113.3 cu meter/h	200.0 cu meter/h	100.0 cu meter/h
3F-VAV-A07	20.5 deg C	24.0 deg C	32.6 %	412.5 cu meter/h	800.0 cu meter/h	400.0 cu meter/h
3F-VAV-A08	20.9 deg C	26.0 deg C	29.2 %	53.9 cu meter/h	50.0 cu meter/h	50.0 cu meter/h
3F-VAV-A09	21.3 deg C	25.0 deg C	33.6 %	410.1 cu meter/h	800.0 cu meter/h	400.0 cu meter/h
3F-VAV-A10	20.9 deg C	26.0 deg C	25.2 %	54.6 cu meter/h	50.0 cu meter/h	50.0 cu meter/h

图 5-47 风系统控制及设定示意图

如图 5-48 所示，项目运行初期，静压设定值全年维持在 150Pa，在当前运行策略下，夏季 AHU 送回风温差可以维持在接近 10K 的水平，达到设定值，但到了过渡季，虽然风机频率相比有所降低，但送回风温差大幅度降低，到低负荷阶段仅达到 4.6K，风系统处于大流量小温差工况，造成了风机能耗的严重浪费。

究其原因主要有两方面，首先如图 5-49 所示，由于 VAV BOX 风量下限设置较高，导致过渡季和冬季部分负荷下，大量 VAV BOX 运行在风量下限情况，风量仍有降低空间但被自身设定值锁定，无法进一步调节。

其次，由于静压设定值全年设定在 150Pa，过渡季供冷需求较小时，VAV

月份	风机频率 (Hz)	送风温度 (℃)	回风温度 (℃)	送回风温差 (K)	送风量 (m^3/h)
12月	27.9	18.0	22.6	4.6	15766
3月	29.3	16.0	23.2	7.2	21445
7月	34.8	15.3	25.0	9.7	28599

图 5-48 TKH 塔楼一 18/F AHU 运行工况汇总

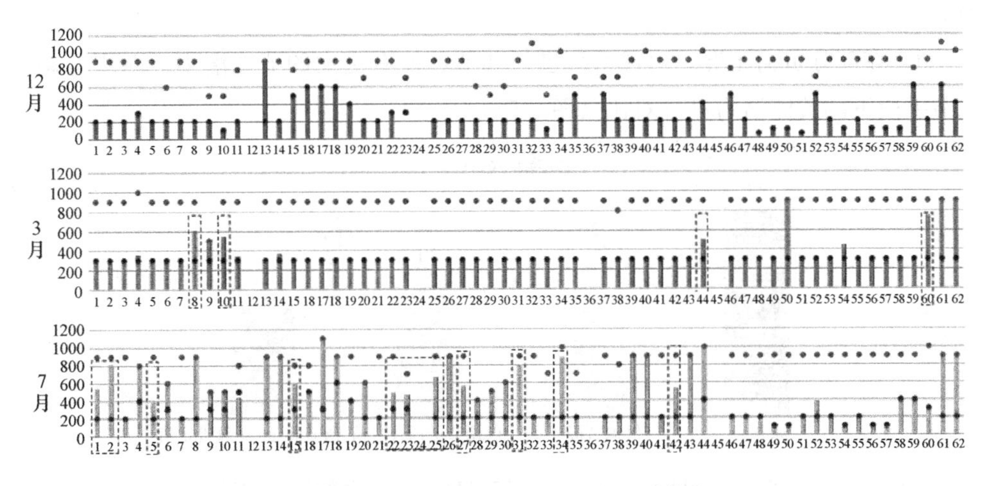

图 5-49 TKH 塔楼一 18/F 风量汇总数据

BOX 只能通过调小自身风阀开度，起到降低供冷量的目的，如图 5-50 所示，即使在夏季风阀开度多数在 50%以下，到了过渡季风阀开度进一步降低。如此一来，增大了风系统运行阻力，风机仍然还维持高频运行，导致了能耗的浪费。

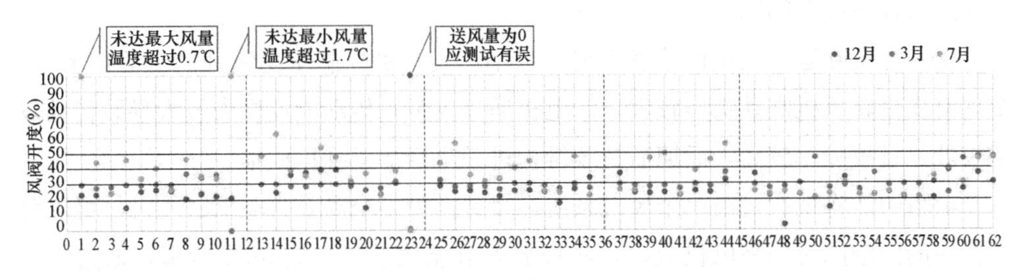

图 5-50 TKH 塔楼一 18/F 风阀开度汇总数据

由此可见，对于 VAV 系统实际运行情况，目前存在着风量下限设定值较高、静压设定值较高的问题，导致风系统在过渡季部分负荷时过量供应，增加了系统能耗。

为了优化 VAV 系统控制逻辑，项目团队开展了调试优化工作，主要有四个方面：

a）系统静压设定值进一步降低后，风机功率可在原状态基础上降低 12%左右，且对室内热舒适影响不大，是实际调试的首选策略；

b）BOX 送风量设定值变化，较静压设定值的节能潜力更大，但统一调节会影响室内热舒适性，需根据室内不同区域需求个性对待、谨慎调节；

c）进一步，可考虑楼层 AHU 送风温度调整的控制策略，进一步实现精益调节。

d）在部分负荷工况，对风系统进行调节可能有更大的节能潜力。对现有调试调节手段下的节能潜力进行对比（图 5-51）。

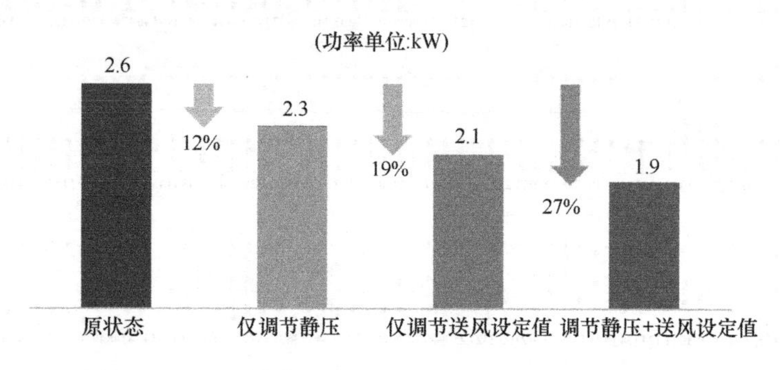

图 5-51 TKH 塔楼一 18/F VAV 系统调试策略节能对比

（3）商场公区空调机组改造

在前期优化 VAV 系统调控逻辑的基础上，项目团队持续关注空调风系统运行性能，针对商场公区 AHU 运行性能开展了持续的实测评估，并发现 AHU 皮带轮传动风机存在以下问题：

①部分实际运行风量比铭牌额定风量小，实际机外静压比铭牌额定静压要高；②现有皮带轮风机震动噪声较大；③电机通过皮带轮传动能耗损失较大导致传动效率较低，且故障率较高，后期需持续维护进一步增加了维护成本。

项目团队将现有机组单个风机系统逐步更换为多个高效直驱 EC 风机，可避免所存在的问题同时提高风机效率，实现显著节能效益。如图 5-52 所示，通过持续优化提升，2017—2019 年，在项目供冷量持续提升的情况下，AHU 风机能耗反而实现了持续降低，其输送系数也由 2017 年的 10.6 大幅度提升至 2019 年的 19.3，起到了显著的节能减排效果。

3. 冷源系统精细化调适及改造

物业管理团队及清华团队针对空调冷源系统，基于大量的数据分析，因地制宜地制定出一系列精细化调试节能措施，实现了显著的节能减排效果。

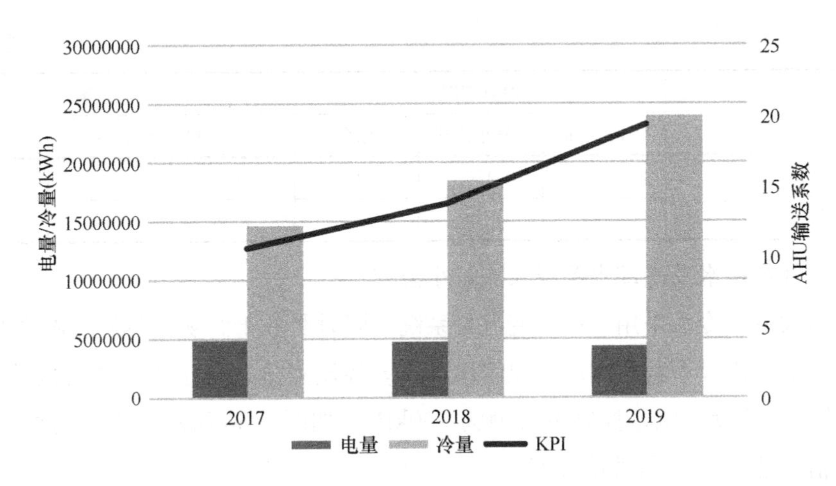

图 5-52 商场公区 AHU 改造后节能效果

(1) 大小冷机搭配运行时，设定不同的供水温度设定值，达到整体优化

本项目冷源系统最初采用 6 台大冷机（额定 *COP*5.95）及 3 台小冷机（额定 *COP*5.43）联合运行。常规运行控制时对不同机组采用相同供水温度设置，但在运行过程中发现部分负荷时大冷机性能下降较为明显。为了提升冷机整体运行性能，部分负荷工况项目团队将大冷机供水温度设定值由 7.5℃降低至 7℃，小冷机由 7.5℃提升至 9℃。如表 5-12 所示，经试验大冷机虽然供水温度降低，但承担制冷负荷更大，使得运行 *COP* 不降反增，而小冷机由于蒸发温度提高，*COP* 同样也提高，冷机效率总体提升 4%。因此，在原有冷机设定值统一为 7.5℃的情况下，大小冷机搭配运行策略优化为：将小冷机冷水温度设定值调整为 8.5℃，观察大小冷机电流百分比。如果小冷机电流百分比仍比大冷机高，继续调整设定值至大冷机 7℃，小冷机 9℃，如表 5-12 所示。

冷机性能优化实验 **表 5-12**

	原有工况			实验工况		
	4 号大冷机	8 号小冷机	综合	4 号大冷机	8 号小冷机	综合
时间	3/22 14：15			3/22 15：40		
冷水供水温度设定值（℃）	7.5	7.5		7	9	
冷供水温度（℃）	7.7	7.8		6.9	8.9	
冷回水温度（℃）	13.7	13.4		13.4	13.2	
电流百分比（%）	74	94		77.6	69.8	
制冷量（kW）	6082	2581	8663	6582	1967	8549

续表

	原有工况			实验工况		
	4号大冷机	8号小冷机	综合	4号大冷机	8号小冷机	综合
冷机功率（kW）	873	426	1299	916	316	1232
冷机 *COP*	6.96	6.06	6.67	7.19	6.22	6.94

（2）杜绝冷水及冷却水系统大流量小温差

广州太古汇冷水采用一次泵变流量系统，同时服务于商场、办公楼和酒店。水泵变速调节采用最不利末端压差控制法，压差控制点分别位于1号办公楼的27楼和38楼，系统设计压差控制参考值为100kPa。如图5-53所示，冷水输配系数全年平均值可达50，运行性能良好。

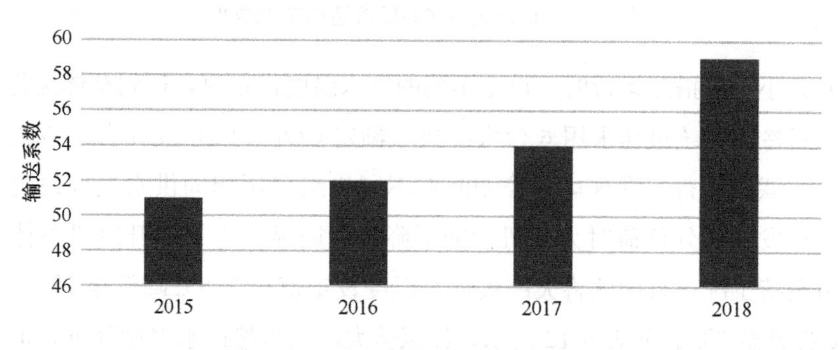

图5-53 2015—2018年冷水输配系数

但在实际运行过程中，特别是在冬季、过渡季等冷负荷率较低的情况时，冷水输配系数相对偏低。其主要原因是还有末端存在水力失调，导致局部支路大流量小温差运行，影响水系统整体运行效率。具体而言：①酒店支路供回水温差偏小，导致水力分布不平衡；②水系统压差设定值有下调空间；③部分末端由于设定值不合理或传感器不准确导致控制不当。针对上述问题，物业管理团队进行了相应的优化与改造措施：①多次对支管的水平衡进行微调；②优化空调箱末端控制，校正传感器与执行器错误；③将量程过大的压差传感器由0～3200kPa更换为0～1000kPa以提高控制精度等。经过多次实验，截至2018年，冷水系统压差设定值已由100kPa降至78kPa（表5-13），水系统输送系统由51逐年提升至2018年的59。

压差设定值 **表5-13**

时间	2015	2016	2017	2018
压差设定值（kPa）	100	96	90	78

（3）细化主机与冷却塔搭配策略

常规的冷源运行策略例如“一机一泵一塔”和“大机大泵大塔”模式普遍存在冬季和过渡季效率偏低的问题。在过渡季充分利用冷却塔面积进行换热，降低冷却水回水温度有利于提高冷机效率。为了探究冷却塔最有效控制策略，对冷却塔性能进行了测试及冷机性能分析，在保留原有夏季冷却塔高速运行策略的同时，将冷却塔在过渡季及冬季的控制策略进行了优化，如表 5-14 所示。

当室外气温低于 18℃时，应将冷却水回水温度降低至 22℃；如果冷却塔回水温度低于 22 ℃，可适当将低速冷却塔风机关闭；如按表 5-14 对应冷机开启台数的冷却塔开启策略，冷却水回水温度仍高于 22℃，则维持冷却塔开启策略不变。

总体而言，在室外气温较低时，开启冷塔低速风机，气温较高时，多开冷塔，适当开启高速风机。

主机与冷却塔搭配策略 **表 5-14**

大冷机运行台数	小冷机运行台数	低速塔运行台数	高速塔运行台数
0	1	3	
0	2	6	
1	0	4	
1	1	7	
1	2	10	
2	0	8	2
2	1	11	2
2	2	14	2
3	0	8	8
3	1	7	9
3	2	6	10

表 5-15 则对比了控制策略优化效果，可以看到，通过充分利用冷却塔换热面积，优化运行调控策略，在室外湿球温度更高的情况向，冷站 *EER* 也由 4.27 提升至 4.64，起到了明显的节能效果。

冷却塔控制策略优化实验 **表 5-15**

	温度（℃）	湿度（%）	湿球温度（℃）	冷却进水温度（℃）	冷站供冷量（kWh）	冷站电耗（kWh）	*EER*
2015/12/4	14	89	13	25～29	93354	21851	4.27
2015/12/21	16	79	13.8	23～25	89787	19351	4.64

（4）冷却水泵改造优化提升冷却水系统效率

本项目最初采用定频冷却泵运行，但实际运行下来发现全年有1/3时段在部分负荷运行，而此时冷却水泵依然保持着定频运行状态，导致冷却侧全年供回水温差均值仅为4℃，造成了冷却水泵电机的部分能源浪费。2018年项目决定对部分冷却泵进行变频改造。

改造完成后，物业团队重新优化运行策略，通过参考运行主机的总负荷率，调节冷却水泵的总流量百分比，以降低冷却水泵的电耗。改造后2018年比2019年电量减少约11万度电的节能量，约占冷却泵总耗电量的6%。同时冷却水泵的输送系统也总体提升，年度总冷却输送系统提升到38。

（5）加装高效磁悬浮变频冷机，提升系统低负荷运行性能

为了实现冷水机组高效运行，项目团队根据实际供冷需求制定了冷水机组搭配策略，如表5-16所示。

主机减机策略 **表5-16**

搭配	平均负荷	减机
2小	<50%	1小
1大	<60%	2小
1大1小	<70%	1大
1大2小	<75%	1大1小
2大	<80%	1大2小
2大1小	<85%	2大
2大2小	<86%	2大1小
3大	<87%	2大2小
3大1小	<88%	3大
3大2小	<90%	3大1小
4大	<91%	3大2小

如图5-54所示，在实际运行过程中发现，冬季或夜间工况建筑总的冷负荷较低，接近40%时间运行在500RT以下。但由于冷站最小冷机为700RT常规定频离心机组，在负荷较低时导致冷水机组整体运行性能便宜。在经过对各项运行数据分析后，项目团队决定假装一台700RT变频磁悬浮冷水机组，以提高低负荷时段的冷站整体能效。

如图5-55所示，加装磁悬浮冷水机组（CH-10）后，其低负荷、小压比实际运行性能相比于常规冷水机组得到大幅度提升，夏季夜间工况能维持在接近8.0的运行*COP*，冬季工况运行*COP*甚至达到10.0以上，较常规冷水机组节能50%以上，一年内实现了约56万度电的节能量。

如图5-56所示，通过空调系统从末端到冷源，从关键设备到运行调控策略的

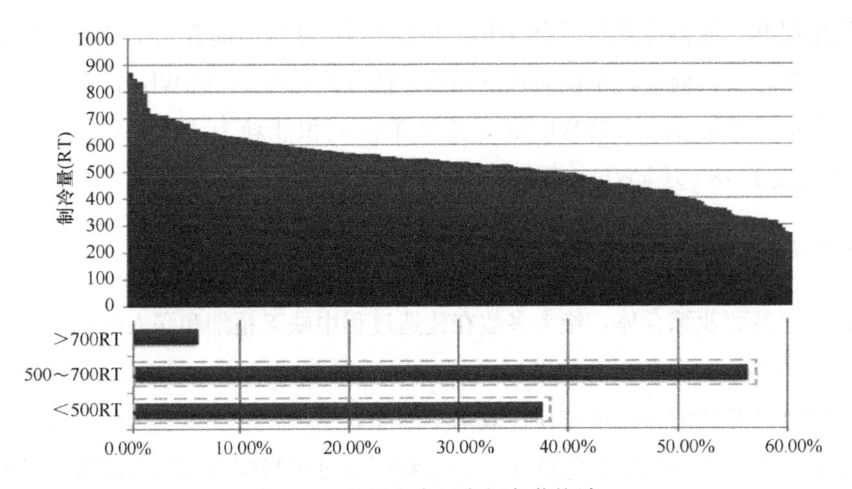

图 5-54 广州太古汇夜间负荷统计

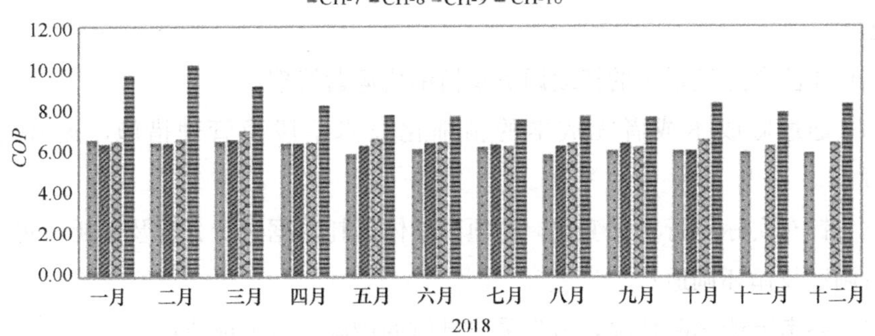

图 5-55 夜间冷机运行情况（8 号离心式主机未投入使用）

注：冷机 *COP* 对比（CH-7～CH-9 为 700RT 离心式主机，CH-10 为 700RT 磁悬浮主机）

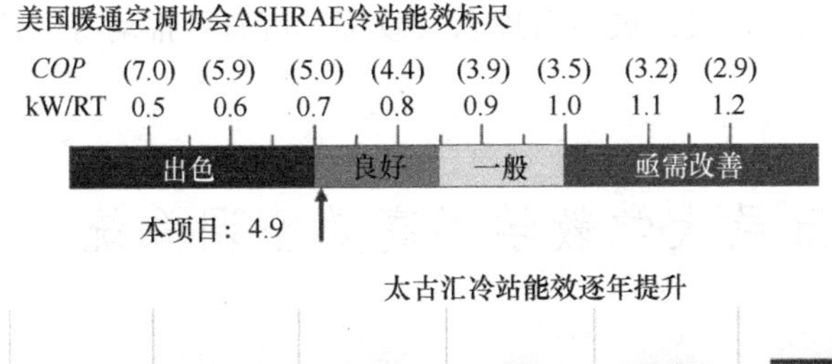

图 5-56 太古汇冷站 *EER* 逐年提升

持续优化提升，使得冷站的总体 *EER* 由 2013 年的 3.6 提升到了 2019 年的 4.9。太古汇（含办公、商业）单位面积空调系统能耗降低至 63.9kWh/m²，其中空调风系统单位面积能耗为 23.7kWh/m²，冷源单位面积能耗为 40.2kWh/m²，相较于 2013 年实现了 480 万 kWh 的节能效益。

5.3.4 总结

我国大型商业综合体，绝大多数在建造过程中缺乏精细和深入的调适工作，业主和相应的服务机构在现有的节能项目中缺乏对节能工作系统性、可持续性的认识，导致已经开展的节能项目往往效果不尽如人意，一定程度上干扰了业主对既有公共建筑节能潜力和重要性的认知。本文希望通过项目综合调适与功能提升改造为实例，分析大型综合体建筑的调适改造措施，从而降低既有建筑能耗，具体有以下方面建议：

（1）关注全过程系统的持续调适及精细化运营管理；

（2）通过低成本或者无成本的精细化技术手段及管理措施，提升建筑运营 KPI；

（3）针对实际运行状态变化，对项目整体能耗数据进行分析及诊断，实行初调适、再调适及循环调适；

（4）参考节能诊断情况，适当采取具体的措施进行节能改造；

（5）可利用创新技术如：BIM、云端大数据等，可更准确及高效地帮助推进调适工作；

（6）企业可制定相关可持续发展经营理念及政策，可有效推动每个营运层面节能工作的执行。

5.4 五邑大学教学楼高效空调系统

5.4.1 项目基本信息

为响应国家“节能减排”政策、助力智慧校园建设，2018 年，五邑大学校方联合广州市设计院集团有限公司、珠海格力空调有限公司、广州国灵空调有限公司、东莞空研冷却塔有限公司，依托广东省江门市五邑大学校内三栋相邻教学楼（北主楼、黄浩川楼、马兰芳楼，如图 5-57 所示）的中央空调安装工程项目建设契机，组建了产学研项目团队，并成立了“兼具科教功能的高效空调系统关键技术研究与应用”研究课题，以教学楼新安装的中央空调系统为对象，开展相关研究与应用实践。

图 5-57　新装中央空调系统的五邑大学教学楼

本项目本次仅为三栋教学楼共计 90 间教室集中供冷，分为 100 人/间、150 人/间和 200 人/间三种规格，总计可容纳学生 15000 人，总空调面积为 15360.00m^2（马兰芳楼 2840m^2、黄浩川楼 2840m^2、北主楼 9680m^2）。

本项目存在以下两个目标：

1）增效降耗：在满足室内热舒适性的前提下，制冷系统年平均设计能效比≥6.0，空调系统的年平均设计能效≥5.0；

2）科教拓展：实际空调系统具有教学展示、专业实训、实验研发等功能，并与既有教学管理平台融合，助力智慧校园建设。

本项目实现了空调系统的一物多用，可提升学校教学、科研以及设备管理水平。此外，具有科教功能的高效中央空调系统为全国首创，为行业内产学研合作项目树立了典范。不仅如此，该项目因地制宜地集成降耗增效节能技术，设备完全国产化、增量投资小且静态回收期短，经济适用，易于推广应用。

5.4.2 空调系统信息

1. 空调末端形式

教室原设有吊扇及壁挂摇头扇，如图5-58所示。在本次加装中央空调系统时，仍保留原有风扇，并将其接入空调自控系统，与新装的2台室内空调器（AHU）及2台新风机（PAU）联动，共同调节室内热湿环境参数，如图5-59所示，设备参数如表5-17所示。

图5-58 五邑大学空调教室

耦合风扇的空调器/新风机会根据房间CO_2浓度（或视觉系统上传的在室人数）自动调节风机转速，实现需求化送风；根据新风进风温度、出风温度和风量的变化进行PID运算，控制冷水阀的开度以维持出风温度的稳定，实现自动寻优控制；空调器的采用喷口送风，余压≤40Pa，送风距离≤12m。

2. 风扇环境下的教室空调设计参数

结合教室原有吊扇与壁挂摇头扇，考虑到教室属于人员短暂停留环境，可通过提高室内风速，在相同的热平衡热舒适水平下，适度提高室内空调设计温湿度，达到降低空调负荷、提高制冷效率的目标，如表5-18所示。表5-18中，工况1为标准设计值（干球温度为26℃、相对湿度65%、风速0.3m/s），为《民用建筑供暖通风与空气调节设计规范》GB 50736—2016所推荐；工况2为增大室内风速后，并提高室内空调设计温度后的室内空调设计参数（干球温度为 28℃、相对湿度 65%、风速 0.6m/s），若假设室内平均辐射温度比室内空气温度约高 2℃，此时，仍满足《民用建筑室内热湿环境评价标准》GB/T 50785—2012 中Ⅰ级热舒适度要求（−0.5≤*PMV*≤0.5，*PPD*≤10%）。因此，实际运行时，默认按工况 2 节能运行。此外，用户还可根据个性化需求，进行自主调节。

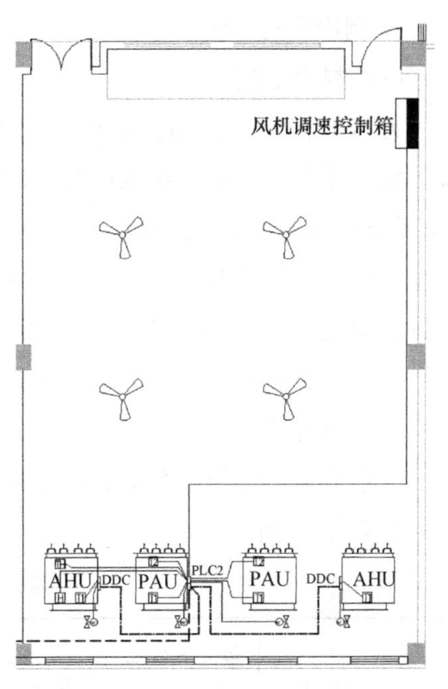

图 5-59 教室空调末端设备布置示意图

3. 空调冷负荷

本项目各栋教学楼的空调冷负荷计算结果如表 5-19 所示，空调总冷负荷为 5719.2kW，即 1626.6RT，冷负荷指标为 372.3W/m²。综合考虑教室同时使用系数以及后期附近教学及办公楼中央空调接入需求，本项目选择了较大的空调装机容量（1500RT）。

末端典型设备性能参数 **表 5-17**

设备	供冷量（kW）	进风干/湿球温度（℃）	风量（m³）	机外余压（Pa）	输入功率（W）	噪声［dB（A）］	风机综合效率（%）
PAU	33	33.6/27.6	2400	40	260	≤45	≥50
AHU	15	26.0/21.1	2500				

室内不同设计工况下的 *PMV-PPD* 值 **表 5-18**

工况	室内温度（℃）	相对湿度（%）	平均辐射温度（℃）	室内风速（m/s）	*PMV*	*PPD*（%）
1	26	65	28	0.3	−0.08	5.1
2	28	65	30	0.6	0.51	10.0

室内不同工况下的 *PMV* 和 *PPD* 指数 **表 5-19**

项目	面积（m²）	空调总冷负荷（kW/RT）	冷负荷指标（W/m²）
马兰芳楼	2840	1297.6/369.0	456.9
黄浩川楼	2840	1297.6/369.0	456.9
北主楼	9680	3124.1/888.6	322.7
总计	15360	5719.2/1626.6	372.3

4. 制冷机房系统

(1) 制冷工艺

为尽可能提高冷水送水温度，本项目通过扩大空调器/新风机表冷器面积，实现等状态送风：教室内新风机与空调器的出风状态一致，新风机与空调器的冷幅(出风温度与冷水供水温度温差)一致，共同承担室内湿负荷。针对前述表5-8中1工况(26℃/65%RH)，冷水供回水温度为10℃/18℃，送风温度为18.2℃，与机械露点温度基本一致；对于2工况(28℃/65%RH)，冷水供回水温度为12℃/20℃，送风温度为19.7℃，与机械露点温度基本一致。

(2) 系统设备表

冷水机组配置为2大1小，均为永磁电机直流变频离心式冷水机组，具体性能参数如表5-20所示。

冷水机组性能参数　　表5-20

冷水机组	制冷量(kW/RT)	输入功率(kW)	设计工况		性能系数		水压降	
			冷水(℃)	冷却水(℃)	*COP*	NPLV	蒸发器(kPa)	蒸发器(kPa)
小	1055 / 300	135.2	10/18	30.5/35.5	7.6	10.93	29.8	39.7
大	2110 / 600	270.5	10/18	30.5/35.5	7.8	11.04	34.6	39.8

本项目冷水机组与水泵为1对1配置，共设有3台冷水泵(2大1小)与3台冷却水泵(2大1小)，均为永磁电机驱动，具体性能参数如表5-21所示。

水泵性能参数　　表5-21

序号	用途	流量(m^3/h)	扬程(m)	配套功率(kW/4P)	电机效率	综合效率
1	冷水泵	245	24	30	94.90%	78%
2		125	24	15	93.90%	76%
3	冷却水泵	445	21	37	95.20%	82%
4		225	21	22	94.50%	76%

本项共采用8台横流式冷却塔，均采用永磁直流电机，具体性能参数如表5-22所示。

冷却塔性能参数　　表5-22

名称	流量(m^3/h)	进/出水(℃)	进/出风(℃)	电机功率(kW)
横流式冷却塔	175	36.0/31.0	34.2/28.0	5.5

因空调制冷机房安排在北主楼前的伍舜德楼首层，且冷却塔安装于校园室外地

面上，安装环境对噪声要求较高，故需根据冷水机组与水泵的噪声值及频谱特性，采用相应的基础隔振及消声措施，如图 5-60 所示。

（3）系统流程图

本项目冷水机组与水泵采用 1 对 1 配置，主要制冷设备连接关系如图 5-61 所示。

图 5-60　水泵基础隔振及冷却塔消声措施

5.4.3　关键节能技术

1. 高效静音风机盘管（空调器）

针对前述的教室空调设计参数以及制冷工艺设计参数，即等状态送风技术，本项目专门开发了与之相匹配的高效静音空调器/新风机。

常规设计通常关注冷风比、换热量、噪声和压力降参数，较少关注冷幅。因末端设备的送风温度与冷水送水温度温差直接决定了冷水机组的出水温度，对其能效影响较大，故应重视缩小该温差。然而，缩小该温差需增加表冷器换热面积、改变流程设计等措施，会直接导致风/水侧的阻力、运行噪声与造价的增加。因此，需对空调器的表冷器、风机及其电机等进行系统优化。

最终，对于较常规空调器而言，本项目所研发空调器的风输送能耗可节省约 17.6%，单位风量输送能耗为 0.098W/(m^3/h)，风道系统 W_s 值为 0.0244W/(m^3/h) 远小于标准限值 0.24W/(m^3/h)，节能效果显著。

2. 高效小冷幅变流量冷却塔

目前，冷却塔设计时通常只关注额定工况下的换热量和冷幅（出水温度与空气湿球温度的差值），而较少关注其换热能效比（换热量/风机耗功）和变流量的运行性能。实际运行时，通常全开所有冷却塔，而不考虑也不检测冷却塔组的流量平衡状态以及单体塔的换热效果等，造成冷却塔组实际运行时换热能效比低下，拖累制

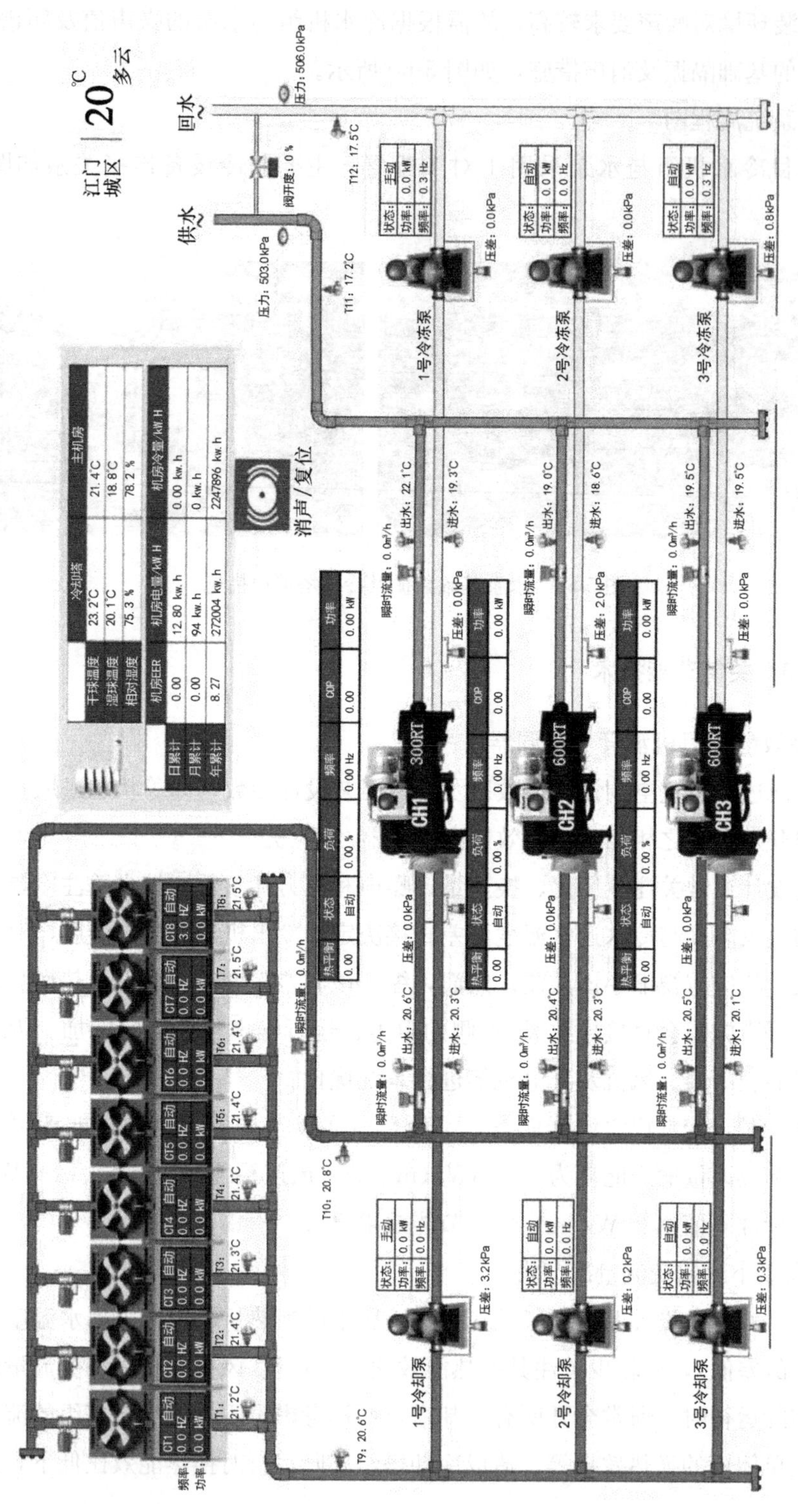

江门城区
20℃
多云
供水
回水
阀开度：0 %
压力：503.0kPa
压力：506.0kPa
T11：17.2℃
T12：17.5℃
1号冷冻泵
2号冷冻泵
3号冷冻泵
1号冷却泵
2号冷却泵
3号冷却泵
消声/复位
冷却塔
主机房
干球温度
湿球温度
相对湿度
机房EER
机房电量/kW.H
机房冷量/kW.H
日累计
月累计
年累计
CH1
300RT
CH2
600RT
CH3
600RT
T9：20.6℃
T10：20.8℃

图 5-61　系统流程图

冷系统能效比。

本项目基于换热能效和冷却水冷辐双达标的标准，根据塔内填料的构造和流体的流动状态，优化冷却塔组的模块设置，优化塔体结构、布水系统和下水盘的构造等，尤其更加关注低负荷状态下高效运行状态，以利于实现最大限度的资源共享，在部分负荷低至 30%下仍然实现双达标。实际运行数据表明：冷却塔组的年平均换热能效比达到 198.93，年平均冷幅达到 2.97℃，较现行《机械通风冷却塔第一部分：中小型开式冷却塔》GB/T 7190.1—2018 中的 1 级能效水平而言，有较大幅度提高。

3. 永磁电机直流变频离心式冷水机组

离心式冷水机组是空调系统的最大能耗终端与核心设备。为满足超低能耗空调系统的节能需求，使系统节能运行效果最大化，在系统设计参数最优化的基础上，格力自主研发了中温大温差超高效变频离心式冷水机组，主要突破了以下核心关键技术：

1）中温工况变频离心压缩机。专门针对高效空调系统的中温大温差（18℃/10℃）及优化冷却水温（30.5℃/35.5℃）的小压比工况，对叶轮、扩压器等核心部件进行了定制化设计，大幅提升压缩机效率。

2）压缩机全工况气动设计。通过建筑负荷、运行工况的全年逐时仿真结果，统计冷水机组在不同负荷率、压比运行区域的时间概率分布。基于长时间运行区域的多个典型部分负荷工况点，对叶片斜率、扩压几何比、叶片稠度等进行全局优化设计，实现压缩机运行特性曲线与建筑空调负荷特征最佳匹配。

3）大温差低压降高效换热器。高效空调系统多采用大温差、小流量、变流量等设计，导致管内水流速低，雷诺数小，换热效率衰减。研制了高效三维内肋强化管，进一步突破流动边界层并增加二次扰流，使低流速下管内换热系数提升 9%～14%。在设计工况下，实现两器水侧压降≤40kPa，大幅降低水力输送能耗。

4）安全节能协同控制方法。研制两级可调节流控制方法，使补气量、循环流量在负荷变化下精确控制在最佳范围，实现机组在全工况下高效运行；研制高次方、多段防喘控制方法，使控制线与喘振线均匀贴合，在低压比、小负荷下有效拓宽运行范围并避免能力浪费。

基于以上技术创新，600RT 永磁变频离心机在设计工况（冷水侧 18/10℃，冷却侧 30.5/35.5℃）*COP* 达到 7.8，300RT 永磁变频离心机在设计工况 *COP* 达到

7.6。在项目实际运行中，冷机全年平均能效达到8.7，为空调系统高效运行打下了良好基础。

4. 输配管网及其主要设备优化技术

对于输配管网而言，在确保其水利平衡的前提下，尽可能地降低其输送阻力是实现高效空调系统的必要条件之一。

本项目冷水管网水利平衡措施如下：

1）采用低阻力的空调末端设备，利于水管网的压力平衡；

2）全部温控电动二通阀均采用等比例调节的半球形浮点式电动二通阀，其局部阻力小、控制精准，有利于管网的动态平衡和降低阻力；

3）冷水管网水力平衡以管网平衡设计为主，不使用流量平衡阀和压差平衡阀，冷水管网的敷设尽可能增加主环的输送距离、减小分环支路的输送距离，以改善并联管路的相对不平衡差额，加大管网的共享权重。

输配管网降阻措施如下：

1）优化风机盘管和空调器的管程数设计、采用较大直径的铜管，把空调末端设备的压力降控制在＜40kPa范围内；冷水机组蒸发器水侧压力降＜35kPa，冷凝器的压力降＜40kPa；

2）机房内的止回阀和过滤器供应商均按研究标准制造，额定工况下水系统主要压损部件的过滤器和止回阀的压力降控制在＜5kPa；止回阀需满足30%～120%额定流量范围内安全运行；

3）管网尽可能减少阻力系数大的弯头，T形三通需做Y形顺水弯分支，不得90°分支，最大限度降低阻力损失。

综上所述，本项目冷水管网的设计压力降＜220kPa，冷却水管网的设计压力降＜190kPa；冷水泵的设计扬程为240kPa，冷却水泵的设计扬程为210kPa；冷水泵设计输送系数为103.36（现行标准限值为30），冷却水泵设计输送系数为73.83（现行标准限值为25）。实际运行数据表明：全年冷水泵输送系数平均为138.18，冷却水泵输送系数平均为129.56，均远高于现行标准限值。

5. 具有高计量精度的能效监测及自控系统

本项目控制器分两层架构，“冷水机组-冷却水泵-冷水泵”串配备一个底层控制器，冷却塔组配备一个底层控制器，本系统的四个底层控制器层设置一个控制器（称为策略控制器），策略控制器再与中央工作站上位机集成。策略控制器与底层控制器间采用TCP/IP架构，底层控制器与设备和传感器间采用RS485网络架构，实现为全方位的自适应变参量灵活无死角地控制及系统变量数据采集，支持在线远程编程，提高数据交互速度和稳定性，实现一键开机、无人值守的全自动运行、半自动运行和手动控制模式。

对于自动控制系统而言，能效监测用传感器的测量精度至关重要。本项目能效监测系统的能效比测量相对不确定度≤5%，且监测期间 80%以上的能量平衡系数≤5%，符合国内外高效机房能效监测标准要求。

5.4.4　空调系统运行效果分析

本项目安装了具有计量精度的能效监测系统，可对空调系统及其主要设备的能效指标进行监测，并对其分项能耗进行计量。项目在调试结束后，经独立第三方监测公司对空调教室的室内热环境品质进行了测试，并对监测系统仪表测量精度进行了校核。室内热环境品质测试结果表明：无论吊扇是否开启，室内平均温湿度均满足设计要求；仅当吊扇开启时，室内平均风速才能达到设计工况（见表 5-18 中工况 2）。此外，仪表测量精度校核结果表明，除个别三相电表、电磁式热量表及电磁式流量计的测量值需要小幅修正外，绝大多数测量仪表的准确度满足计量精度要求，实时能效监测数据真实可信。本章即基于第三方热环境测试数据以及监测系统历史数据，对空调教室室内热环境品质、典型日及典型年的空调用能情况、技术经济性进行分析。

1. 空调教室室内热环境品质

空调教室室内热环境测试时间段为夏季晴日上午 10：00～12：00、中午 11：30～13：30、下午 14：00～16：00。室内温湿度及风速测试仪表均经过检定校准，室内测点位置符合现行国家标准要求，如图 5-62 所示。

在每个测试时间段内，室外温度在±1.0℃之间波动，且均不小于 32.0℃，室外相对湿度在±3.0%之间波动，室外温度和湿度相对稳定，测试工况合理有效。测试期间，不论吊扇是否开启，空调教室室内平均温度约在 25.0～26.2℃之间，室内平均湿度约在 58.2%～60.9%之间；开启吊扇后，空调教室室内平均风速约在 0.34～0.41m/s 之间，关闭吊扇后，室内平均风速约在 0.11～0.15m/s 之间。测试结果表明：空调教室室内热环境可达到标准设计工况（见表 5-18 中工况 1），即可满足用户热平衡热舒适要求，并在开启风扇后，具有进一步提高室内空气温度（提高冷水供水水温）的潜力。

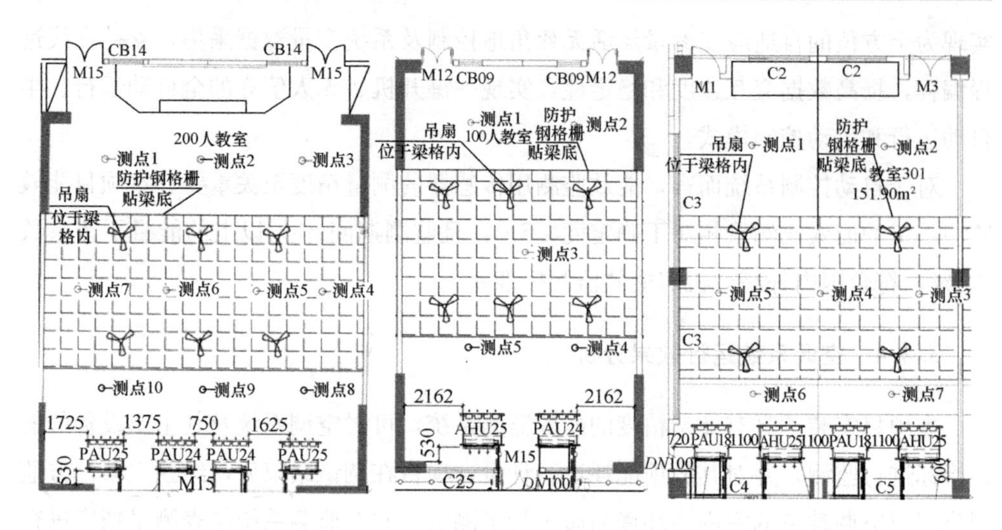

图 5-62 空调教室室内测点布置图

2. 典型日空调用能分析

本项目于 2019 年 7 月份陆续竣工，8 月份一边供冷一边调适，调适到位后 9 月正式投入运行。因学校 7 月～8 月暑假，故选择 19 年 9 月 12 日数据用于典型日空调用能分析，该日室外天气仍然较为炎热，与夏季空调室外设计工况接近，室外逐时干湿球温度如图 5-63 所示。

此外，该日空调使用时段为 06：00～22：00，空调负荷率在 30%～50%，如图 5-64 所示。

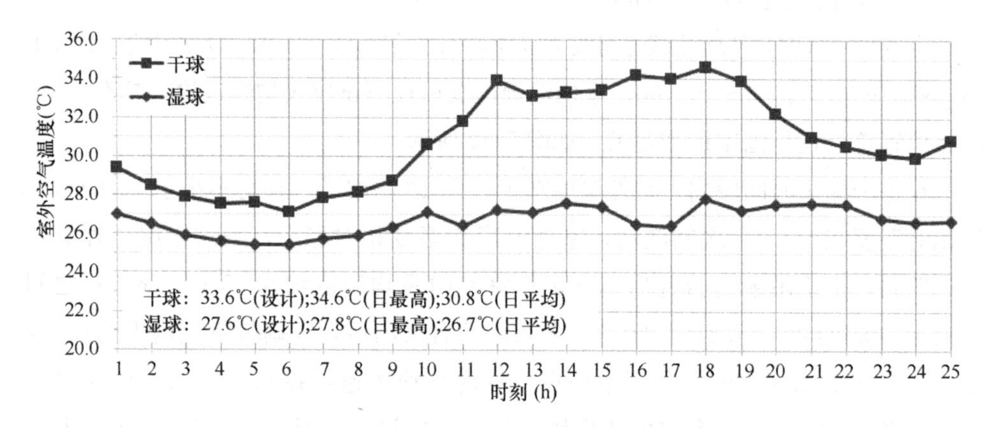

图 5-63 2019 年 9 月 12 日室外空气干/湿球温度

该日空调制冷机房系统逐时运行参数如表 5-23 所示，总供冷量为 33820.3kWh，总用电量为 4725.1kWh，空调末端设备总用电量为 372.0kWh，则

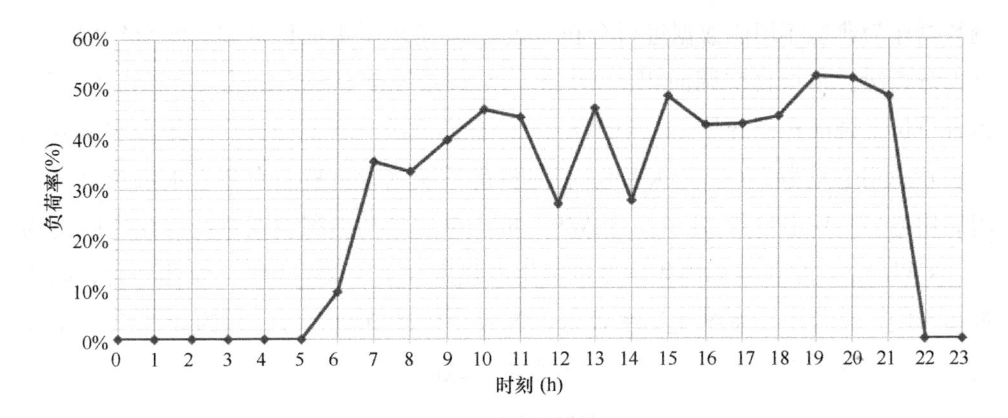

图 5-64 2019 年 9 月 12 日空调系统逐时负荷率

该日制冷机房系统能效比为 7.16，空调系统能效比为 6.64。

2019 年 9 月 9 日空调制冷机房系统逐时运行参数 **表 5-23**

时刻	总供冷量(kWh)	制冷机房总用电量(kWh)	末端设备总用电量(kWh)	制冷机房系统 *EER*	空调系统 *EER*
06：00	492.7	66.1	11.5	7.45	6.35
07：00	1873.2	241.4	24.5	7.76	7.04
08：00	1765.5	216.4	23.7	8.16	7.35
09：00	2103.4	269.0	24.0	7.82	7.18
10：00	2417.8	333.1	25.0	7.26	6.75
11：00	2333.2	323.4	23.5	7.21	6.73
12：00	1424.6	190.2	18.3	7.49	6.83
13：00	2433.5	339.8	23.0	7.16	6.71
14：00	1463.0	195.0	17.6	7.50	6.88
15：00	2561.3	365.2	27.6	7.01	6.52
16：00	2249.8	315.5	23.5	7.13	6.64
17：00	2269.9	314.1	22.6	7.23	6.74
18：00	2349.3	354.7	22.3	6.62	6.23
19：00	2772.4	414.9	29.2	6.68	6.24
20：00	2749.8	409.8	28.9	6.71	6.27
21：00	2560.9	376.5	26.8	6.80	6.35

3. 全年空调用能分析

本项目于 2019 年 7 月份陆续竣工，以 2019 年 9 月—2020 年 8 月的空调能效监测数据作为典型年用能数据进行分析。表5-24给出了本项目空调系统全年用能及其拆分情况。本项目空调面积15360m²，空调系统年总制冷量为1776648.8kWh，折合单位空调面积制冷量115.7kWh/m²。空调系统（含制冷机房系统和空调末端系统）总用电量为276425.9kWh，制冷机房系统（含主机、水泵、水塔及机房内附属用电）总用电量为249527.5kWh，折合单位空调面积空调系统总用电强度为18.0kWh/m²，单位空调面积制冷机房用电强度为16.2kWh/m²。总体而言，因受疫情影响，全年空调系统使用率较低，等效全年满负荷运行时数约为337h，全年逐时负荷率如图5-65所示，处于较低水平，最高约为55%。

全年空调系统能耗指标 **表5-24**

评价指标	全年耗电量（kWh）	单位空调面积用能强度（kWh/m²）	用能占比
空调系统	276425.9	18.00	100%
制冷机房系统	249527.5	16.25	90.3%
制冷主机	203891.9	13.27	73.8%
冷水泵	12857.2	0.84	4.7%
冷却水泵	18828.6	1.23	6.8%
冷却塔	13949.8	0.91	5.0%
空调末端	26898.4	1.75	9.7%

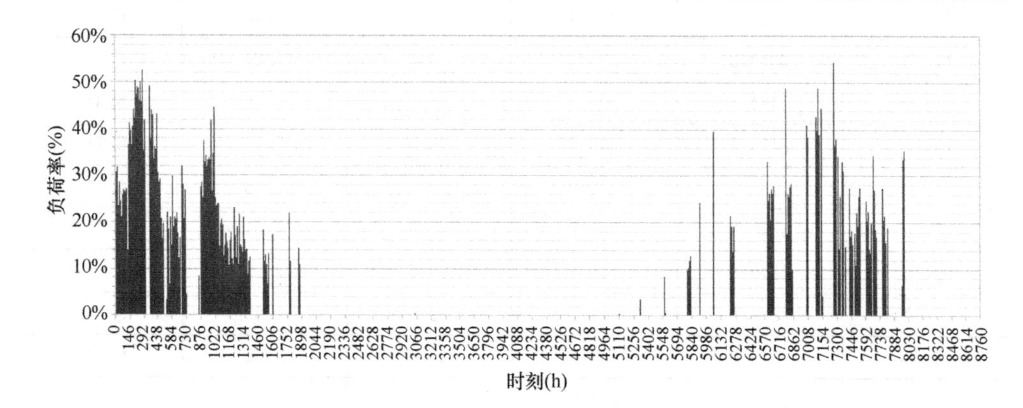

图5-65 2019年9月—2020年8月空调系统逐日日平均负荷率

基于前述时段监测数据，可计算得到该空调系统及主要设备的运行能效指标，如表5-25所示。表中可观察到，全年空调系统实际运行能效比达到了6.43，远大于设计值5.54；全年制冷机房系统实际运行能效比达到7.12，不仅远大于国内外高效机房引导值 5.0，也远大于设计值 6.04。此外，空调系统全年能耗强度以及主要设备能效指标均远高于现行标准限定值。

全年空调系统能效指标 **表 5-25**

评价指标	标准限定值	标准引导值	项目设计值	实际运行值（全年平均）
空调系统能效比（kWh/kWh）			5.54	6.43
制冷机房系统能效比（kWh/kWh）		5.0	6.04	7.12
制冷主机 *COP*（W/W）	≥5.4，≥5.9		7.8	8.71
冷水泵输送系数（WTFchw）	30		103.36	138.22
冷却水泵输送系数（WTFcw）	25		73.83	105.21
冷却塔换热能效（kWh/kWh）	≥166（4.0 ℃冷幅）			141.88（2.97 ℃冷幅）
空调末端换热能效（kWh/kWh）	≥9			66.05

5.4.5 总结与展望

通过研究风扇环境下空调室内设计参数、等状态送风空调系统节能技术、高效静音小冷幅风机盘管、小冷幅高能效比冷却塔技术以及单体空调设备及其组成系统的自动寻优控制技术，并应用冷水机组、水泵以及输配管网增效技术，使得本空调项目设计工况下的制冷机房系统能效比（*EER*，Energy Efficiency Rate）及空调系统能效比分别达到了 6.04 与 5.54。实际监测数据表明，本项目全年平均制冷机房系统能效比为 7.12，大幅高于国内外高效空调制冷机房系统评价标准要求（≥5.0），也远高于设计值 6.04。本项目全年平均空调系统能效比为 6.43，也大幅超过了原定设计值 5.54。本项目也于 2020 年通过了住房和城乡建设部科技与产业化发展中心所组织的成果鉴定，与会专家一致认定项目成果整体达到国际先进水平，全年运行能效达到国际领先水平。

在另一方面，基于空调自动控制系统，实现了与暖通空调、制冷、人工智能等跨学科专业的教学展示、科研、实训以及教学与设备管理平台，产出多项相关专利项及多篇论文，并孵化了相关创新创业学生团队，获得多项学生竞赛奖项，取得了较好的社会效益。此外，本项目因地制宜地采用节能技术，完全采用国产化设备，增量投资回收期约为3.86年，不仅为业主五邑大学大幅节省了能源运行费用，也具有较高的行业推广价值。

5.5 中山大信新都汇A座高效制冷机房节能改造

5.5.1 项目基本信息介绍

大信新都汇A座位于广东省中山市大信南路2号，总建筑面积11.8万m^2。由地上5层商业广场、700m商业街、两层地下停车场组成，如图5-66所示。项目已经投入运营18年，制冷系统由于建设时期标准低技术落后、部分设备老化，实际运行能效水平远低于当前技术水平，因此建设单位对该制冷机房进行节能改造，由建设单位投资建设，委托有资质的单位承担本改造工程的勘察、设计、施工、调试及持续优化工作。本项目采用能效验收的模式，双方约定改造的目标为改造后的首年的制冷机房年综合$EER \geqslant 5.6$，由承担单位开具工程款的20%的保函作为履约保证。

图5-66 项目实景图

5.5.2 改造前机电能源系统及其运行性能介绍

在建设单位提出改造需求后，经过现场勘查、与运维人员座谈了解项目日常管理所存在的问题及痛点，分析改造前的运行能耗数据及实际使用规律。

制冷机房于2000年开始建设，2002年建成投入使用，采用定频离心式冷水机组（1200RT）3 台和螺杆式冷水机组（300RT）1 台，冷水采用一次泵系统，在 2010 年做了冷水泵变频改造，采用人工调节频率的控制方式，运维人员反馈节能效果不太显著，直到 2020 年设备能效低且故障频发，存在制冷系统管路上的管件漏水、过滤网堵塞、阀门及水泵锈蚀等情况，同时因为商业业态变化导致夏季高峰负荷时间段存在制冷量不足的问题，因此决定对该项目进行改造，如图 5-67、图 5-68、表 5-26 所示。

根据调研结果，该建筑地处夏热冬暖气候区域，气候条件和业态决定了建筑需要常年供冷。每日 7 时有部分早茶餐厅提前运营，夜间有电影院、KTV 等运营到凌晨 3 时，上午 10 时至晚上 10 时为正常营业时间。从用冷负荷的角度上来看，项目具有制冷周期长、负荷零散的特点，各个季节、每日负荷变化幅度均非常大。系统每日 7 时开启制冷到第二天凌晨 3 时停止供冷，7 时至 9 时及 22 时至凌晨 3 时为零星低负荷需求时间段。

图 5-67　改造前现场图片

改造前主要设备　　表 5-26

设备	数量	主要性能参数
1200RT 定频离心机	3 台	制冷量 4219kW（1200USRT）输入功率 731kW 冷水 756t/h 冷却水 907t/h 冷媒 R134a
300RT 定频螺杆式冷水机组	1 台	制冷量 1055kW（300USRT）输入功率 186kW 冷水 179t/h 冷却水 211t/h 冷媒 R134a
冷水循环泵	3 台	KQSN300-M9/387 流量 896t/h 扬程 39m 功率 132kW
冷水循环泵	1 台	KQSN200-N13/188 流量 219t/h 扬程 35m 功率 30kW
冷却水循环泵	3 台	KQSN350-N19/340 流量 1069t/h 扬程 27m 功率 110kW

续表

设备	数量	主要性能参数
冷却水循环泵	1台	KQSN200-M13/174 流量 292t/h 扬程 26m 功率 30kW
冷却水塔	3组	SC-250-4-1 湿球温度 28℃时水量 250×4=1000t/h 功率 5.5×4=22kW
冷却水塔	1台	SC-250-1-1 湿球温度 28℃时处理水量 250t/h 电功率 5.5kW

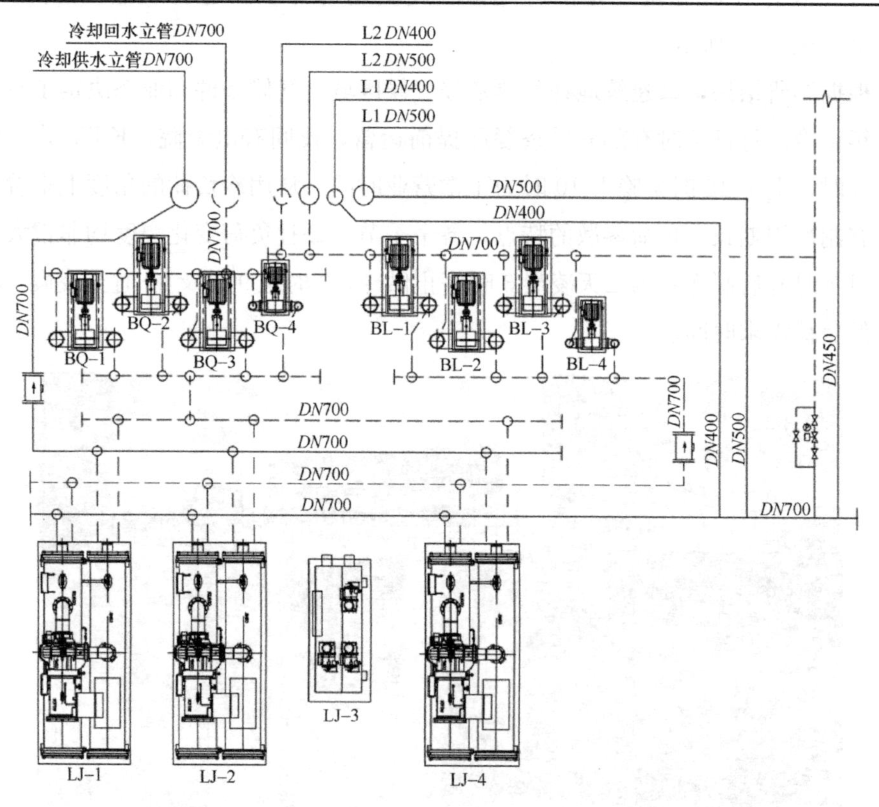

图 5-68 改造前机房平面布置图

如表 5-27 所示，制冷机房改造前全年耗电量 572.3 万 kWh，折合单位面积指标达到了 48.5kWh/m²。由于系统改造前未安装能源监控系统，因此无法对系统运行能效进行评估。

改造前系统年能耗统计耗电量 **表 5-27**

	1月	2月	3月	4月	5月	6月	年汇总
耗电量(kWh)	147638	252425	268707	449575	546028	749328	5722991
	7月	8月	9月	10月	11月	12月	
	850664	791833	622561	511271	315512	217449	

5.5.3 制冷机房改造关键技术

经过与建设单位、运营单位多方沟通后，本次高效制冷机房改造对主机、冷水泵、冷却泵、冷却塔、智能控制系统、机房内管路管件全部更换。根据调研的情况，本次高效空调制冷机房改造采用以下几项关键技术：①高效变频离心式制冷机组；②水泵、冷却塔变频智能控制；③低水阻管路和管件；④高效机房群控系统；⑤智慧能源管理系统；⑥机房持续调试及能效跟踪，如表 5-28、图 5-69 所示。

改造前后技术对比表 表 5-28

	主机容量	主机类型	高效主机	水泵变频	冷却塔变频	自动控制	能源管理	低水阻设计
改造前	2600RT	定频	×	√	×	×	×	×
改造后	2790RT+1200RT	变频	√	√	√	√	√	√

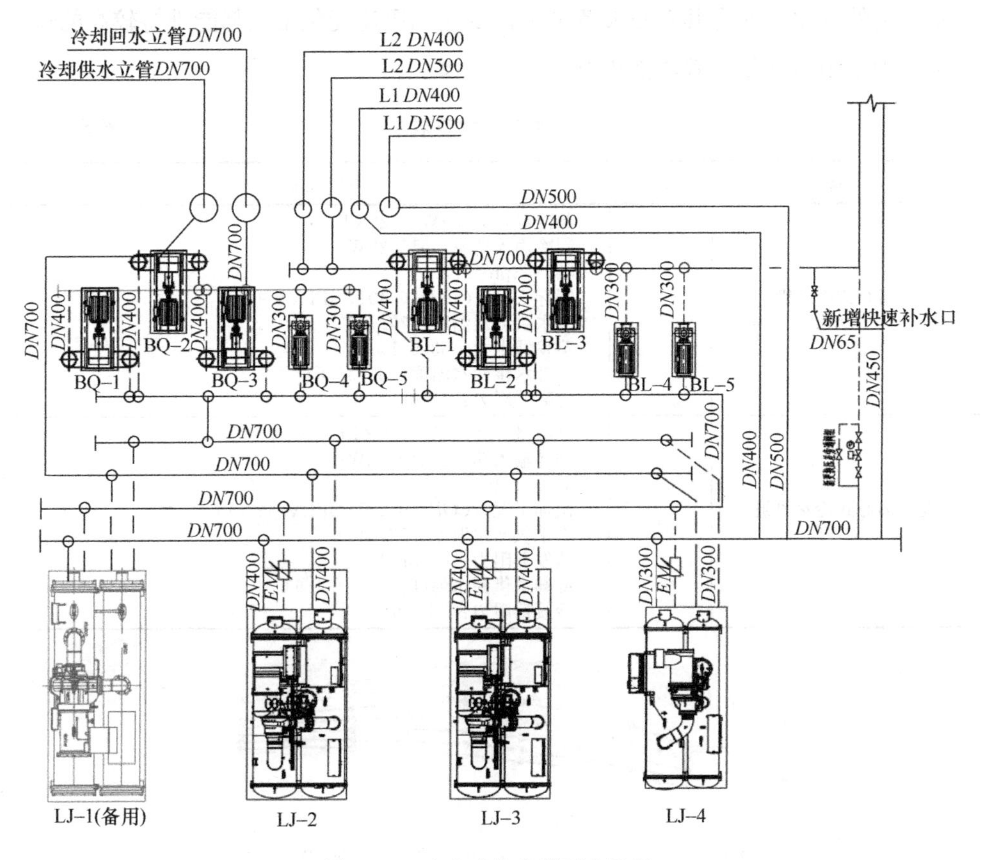

图 5-69 改造后机房平面布置图

1. 主机选型合理

改造前主机容量为2600RT/9142kW，考虑到夏季尖峰负荷时段制冷量不足的问题改造适当提升主机容量至2790RT并留1台1200RT旧主机作为备用机。本次改造所使用的主要技术措施及设备如下：①根据调研的结果分析，项目在夜间有较小的冷负荷，因此本项目采用大小主机搭配的形式，小主机与大主机的容量比为1∶0.5；②选用一级能效的变频机组，最大限度地提高主机的部分负荷运行能效；③选用冷水机组蒸发器、冷凝器的水压降尽量低（≤50～60kPa）。本项目在三台冷水机组的冷却侧分别安装了全自动清洗机，全自动清洗机根据主机冷却侧的小温差自动启动清洗过程，提高主机内部管道的换热效率同时降低水阻。表5-29给出了冷水机组配置表。

如图5-70、图5-71所示，新选用的变频离心机组主要采用压缩机转速调节实现制冷量的变化，使得其在较大范围负荷变化和压比变化工况都能维持较高的运行效率，为本项目全年高效功能提供了技术支撑。

冷水机组配置表　　表5-29

设备	数量	主要性能参数
变频离心式冷水机组 1120RT	2	制冷量：3938kW(1120RT) 制冷输入功率：615.2kW 380V-3ph-50Hz 国标工况：*COP*＝6.401，IPLV＝9.057 冷水供回水温度：7℃/12℃ 蒸发器阻力：63.0kPa 冷却水供回水温度：30/34.6℃ 冷凝器阻力：47.4kPa
变频离心式冷水机组 550RT	1	制冷量：1934kW(550RT) 制冷输入功率：310.6kW； 380V-3ph-50Hz 国标工况：*COP*＝6.227，IPLV＝8.815 冷水供回水温度：7℃/12℃ 蒸发器阻力：60.8KPa 冷却水供回水温度：30℃/34.6℃ 冷凝器阻力：23.2kPa

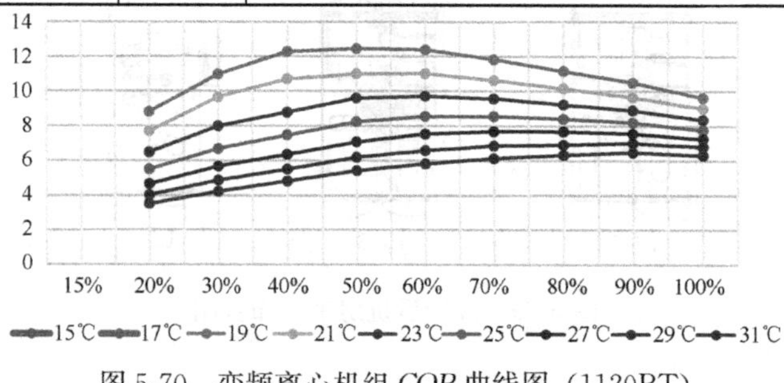

图5-70　变频离心机组*COP*曲线图（1120RT）

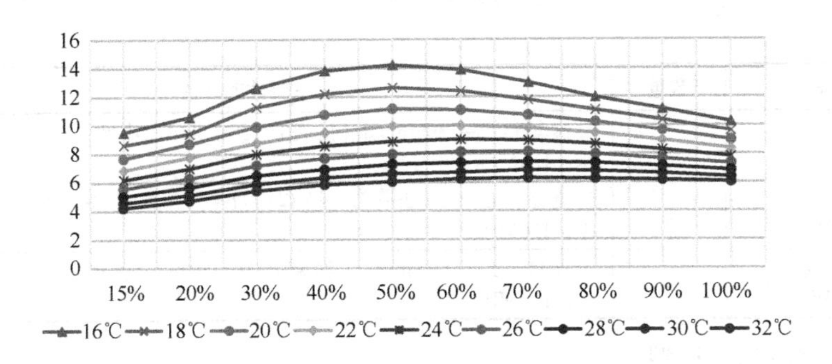

图 5-71 变频离心机组 *COP* 曲线图（550RT）

2. 降低阻力损失与水泵选型

降低水阻是实现较高能效目标的必要技术手段之一。通过适当增大管径、合理布置管道及设备、缩短管路长度、减少管路弯头、采用 45℃ 斜三通替代正三通（图 5-72）、选用阻力低的阀门及阀件、选用较大滤孔（8～10 目）的 Y 形过滤器并加大过滤面积。

（1）管路沿程阻力计算公式

$$\Delta P_{\mathrm{m}}=\frac{\lambda}{d}\cdot\frac{\rho v^{2}}{2}$$（d：管径，v：流速）

（2）管路局部阻力计算公式

$$\Delta P_{\mathrm{j}}=\zeta\cdot\frac{\rho v^{2}}{2}$$（ζ：局部阻力系数，v：流速）

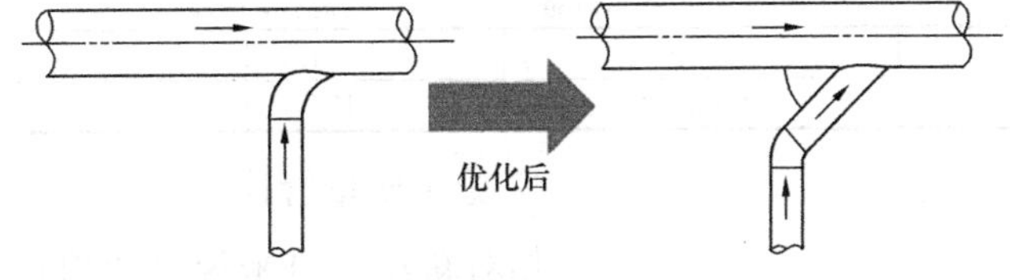

图 5-72 优化三通水阻力

水泵的功率与水泵扬程的平方成正比关系，与水泵效率成反比关系，而扬程与系统内阻力成正比关系，因此降低水系统阻力是降低水输送动力的有效途径。选择的冷却水泵、冷水泵在整个特性曲线上具有宽广的高效区，任何一点都应能满足连续运行，水泵运行在最高效率点附近，系统设计为一机对一泵的运行方式，因此水泵的选型需要与主机的流量相匹配，如表 5-30 所示。

输送水泵配置表 **表 5-30**

设备	数量	主要性能参数
冷水泵 75kW	2	流量：$L=745\mathrm{m}^3/\mathrm{h}$，扬程：$H=28\mathrm{m}$，功率：$N=75\mathrm{kW}$，承压：1.0MPa

续表

设备	数量	主要性能参数
冷水泵 37kW	3	流量：$L=365\text{m}^3/\text{h}$，扬程：$H=28\text{m}$，功率：$N=37\text{kW}$，承压：1.0MPa
冷却水泵 90kW	2	流量：$L=1002\text{m}^3/\text{h}$，扬程：$H=24\text{m}$，功率：$N=90\text{kW}$，承压：1.0MPa
冷却水泵 37kW	12	流量：$L=458\text{m}^3/\text{h}$，扬程：$H=24\text{m}$，功率：$N=37\text{kW}$，承压：1.0MPa

3. 优化冷却塔选型

主机冷却进水温度是影响空调制冷系统能效的主要因素之一，尽可能地降低冷却水温是实现高效制冷机房的一个必要手段，本项目通过适当的放大冷却塔出水量可以在一定程度上缩小冷却塔出水温度与室外空气湿球温度的差距，如表5-31、表5-32和图5-73所示。

冷却塔配置表　　表5-31

设备	数量	主要性能参数
方形横流冷却塔	3组	循环水量：302m³/h×4（32℃/37℃） 循环水量：181.2m³/h×4（30℃/35℃） 电机功率：15kW×4/380V～50Hz 室外湿球温度：T_s=28℃

冷却塔冷却水量　　表5-32

冷却进出水温度	冷水机组冷却侧总流量	冷却塔总循环水量	冷却塔富裕系数
32℃/37℃	2110m³/h	3624m³/h	1.72
30℃/35℃	2110m³/h	2174m³/h	1.03

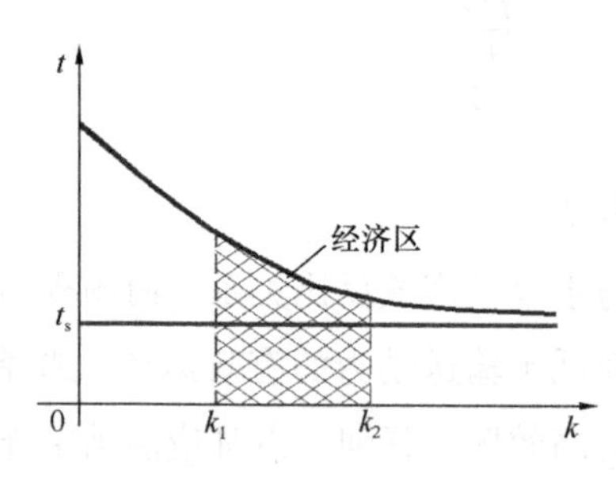

图5-73　冷却水温与冷却塔富裕系数经济性

4. 施工质量管控

相对新建项目来说改造项目在施工上存在一定的困难，为了考虑到尽量不影响商场正常营业，拟定本次改造施工周期不超过60天。项目施工承担单位需要具有施工资质、技术能力、突击抢工能力的机电安装单位。边拆除、边施工、边运行给项目的施工带来了非常大的困难，在施工之前制定了详尽的施工组织计划，保障商场正常供冷的同时按照施工计划完成施工是该项目获得成功的因素之一，另一方面保证施工质量也是实现高效、稳定运行的手段之一，在施工过程汇总秉承不放过任何一个细节的态度对待施工的任何一个步骤，如图5-74所示。

图 5-74 改造完成后机房实景图

5. 智慧能源管理

高效机房智慧运维管理系统是实现高效制冷机房高效节能运行的关键技术手段之一，也是实际运行能效验证的主要工具。改造过程中根据本项目制冷机房关键设备与系统形式，构建了智慧能源管理系统。如图 5-75 所示，系统具备能耗系统实时监测、能效统计分析、制冷量统计分析、系统能耗分项统计、系统负荷率、主机负荷率、系统 *EER*、主机 *COP*、冷水泵 *EER*、冷却水泵 *EER*、冷却塔 *EER* 实时监测及统计分析功能、各类监测参数实时数据监测及趋势分析、逐日、逐月能效统计分析、历史数据报表、专家诊断分析系统等。

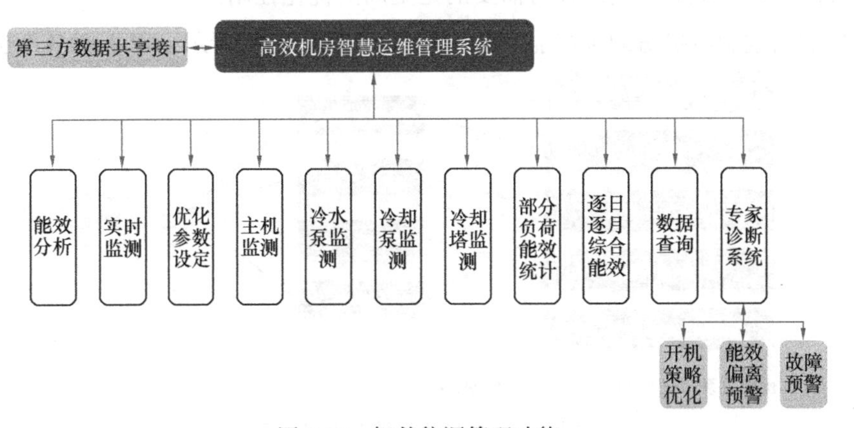

图 5-75 智慧能源管理功能

为了准确了解制冷机房的能效水平，在主机冷冻侧均安装电磁式热量计，相比其他类型的热量计电磁式热量计的计量精度更高，采用成对的温度传感器提升温度测量精度，内置冷、热量积分功能，避免机外积分导致的误差。采用高精度的温度传感器和压力传感器可以降低群控系统的控制误差，可以适当提高系统能效水平，如表 5-33 所示。

计量与自动清洗设备参数 **表 5-33**

设备	数量	主要性能参数
电磁热量计（冷水侧）	3	测量范围：0.1～10m/s 测量精度：±2% 输出信号：4～20MA
多功能电能表	30	测量范围：20V～1.2Un 通信接口：RS-485 有功功率：±0.5% 有功电能 0.5S 级
水管温度传感器	5	温度测量范围：0～50℃ 测量精度：0℃时，精度±0.1℃ 温差测量精度：5℃时，精度±0.1℃
水管压力传感器	8	测量压差范围：0～10bar 测量精度：±0.5% 输出信号：4～20MA 工作温度：－15～120℃
室外温湿度传感器	1	温湿度测量范围：0～50℃，0～100% 传感器工作范围：温度－5～60℃；湿度 10%～99% 输出信号：4～20MA 温度测量精度：20℃时，精度±0.3℃ 湿度测量精度：20℃时，精度±3.0RH 温敏元件采用 PT1000

6. 精细化运营管理与智慧调控

中央空调制冷系统虽然由多个传热环节串联构成，但却是一个有机的整体。只有保持各个环节间的热量传递平衡，才能实现空调系统整体性能优化，总能耗最低。如果只对其中的某个环节或部分环节进行优化控制，这只是一种局部优化。局部优化实质上是片面追求其中某个设备或部分设备的能耗降低，而不可能使系统整体能耗降低，因此高效制冷机房需要的是全局的优化控制。

影响高效制冷机房的系统能效的主要参数如图 5-76 所示，以下对各个关键控

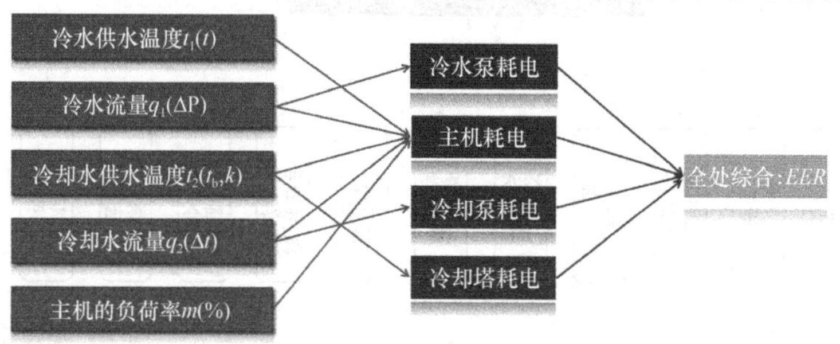

图 5-76 制冷机房控制变量关系

制点做简要说明。

1）冷水系统控制。冷水系统控制一般包含冷水泵启停、冷水泵频率、最不利点压差、冷水温差、冷水旁通阀等。本项目的冷水控制采用一机对一泵的方式运行，根据所选择的主机的大小自动选择对应的水泵，根据预设不利点压差值（某些情况下使用温差）自动调整水泵的运行频率。与常规不同的是本项目采用变不利点压差的方式来控制，最不利点压差根据系统负荷率、冷水供回水温度自动设定。变不利点压差根本原理上是根据末端的供冷需求进行调整的，能很好地使用末端既不降低室内舒适度又能进一步降低冷水泵能耗。

2）冷却水系统控制。冷却水系统控制包含两个部分一是冷却水泵的控制，二是冷却塔的控制。冷却水泵的控制也是一机对一泵的方式运行，常规情况下冷却水系统采用主机的冷却进出水温差来控制，默认设定温差为 5℃，本项目采用变冷却水温差，在不同的季节采用预先设定的函数计算出设定的冷却水温差。冷却塔的控制主要是台数控制和风机运行频率控制，根据主机的冷却水需求量控制台数，风机运行频率则随室外气象参数变化而变化，通常模式为根据室外湿球温度逼近度来控制风机的运行频率，本项目采用变湿球温度逼近度的方式控制，在不同的室外气象下设定不同的逼近度来实现冷却水的最低温度，同时兼顾冷却塔运行能耗。

3）主机启停、加减机控制。主机的启停在不同的运行模式有不同的控制方式，在全自动模式下，主机启动的依据为预测的负荷，根据主机的能效曲线选择最佳搭配组合，在运行过程中由于负荷的波动导致主机的电流百分比超过预设的数值后，需要进行加减机，达到加减机条件后则重新计算最佳主机组合，追加启动对应主机后并持续一定的时间后停止应该关停的主机。

4）余冷模式。余冷模式通常在系统停机之前使用，根据预设的控制逻辑，在快要结束一天的运行时提前停机，然后启动余冷模式，目的为尽可能利用冷水管道余冷，减少主机的启停次数。

7. 基于实际运行数据的持续优化调适

持续优化调适是高效制冷机房能效持续高效的保证措施，通过持续优化系统的运行控制参数，发现不足后再次优化的方法对系统进行至少一个年度的持续能效跟踪管理。本项目的承包单位安排一名技术工程师在运行的前六个月常驻现场，根据预先指定的调适计划进行调适与能效跟踪，发生能效异常后及时汇报情况，同时后台管理人员每日通过能源管理平台检查系统的能效水平，动态调整各项设定参数，整个调适过程直至到能效达到预期水平，能效验证期结束后由建设单位优先聘请承包单位作为调适顾问进行持续调适。

5.5.4 改造效果分析

本项目自2020年5月投入使用后经过3个月的调适后，开始能效验证阶段，能效验证起始日期为2020年8月1日至2021年7月31日止，为了数据直观好看，数据按照1～12月的顺序排序，制冷量和用电量单位均为kWh，以下对该时间段项目的运行数据进行分析。

1. 全年能耗数据分析

能效验证期间内总制冷量为2050.6万kWh，总用电量353.5万kWh，系统*EER*5.8。按照建筑面积11.8万m^2计算，单位建筑面积用冷量为173.8kWh/(m^2·a)，单位建筑面积制冷用电量为30.00kWh/(m^2·a)。相比节能改造之前的年制冷用电量572.3万kWh，节能量达到219.0万kWh，节能率达到38.22%，年节约电费185.9万元，如表5-34、表5-35所示。

总体节能分析 **表5-34**

阶段	关键数据	数值	单位
改造前	建筑面积	118000	m^2
	总制冷量	—	kWh
	总用电量	5722991	kWh
	单位面积用冷量	—	kWh/(m^2·a)
	单位面积用电量	48.50	kWh/(m^2·a)
改造后	建筑面积	118000	m^2
	总制冷量	20506164.60	kWh
	总用电量	3535401.50	kWh
	单位面积用冷量	173.78	kWh/(m^2·a)
	单位面积用电量	29.96	kWh/(m^2·a)
	节能量	2187589.50	kWh
	节能率	38.22	%
	节约电费	1859451.10	元

各月份能效数据 **表5-35**

月份	总制冷量	总用电量	主机*COP*	*EER*	冷水泵输送系数	冷却泵输送系数	冷却塔输送系数
1月	496873.0	70970.9	9.1	7.00	58.4	105.3	152.8
2月	848282.0	125697.1	8.6	6.75	67.4	101.3	143.3
3月	1254355.0	192537.4	8.1	6.51	84.7	99.8	121.4
4月	1583526.0	257900.1	7.5	6.14	100.0	84.2	117.5
5月	2578838.0	458167.8	6.8	5.63	102.1	88.7	96.2
6月	2369309.0	424285.8	6.7	5.58	96.4	91.0	107.1
7月	2816059.0	512492.5	6.7	5.49	82.6	91.4	96.2

续表

月份	总制冷量	总用电量	主机 *COP*	*EER*	冷水泵输送系数	冷却泵输送系数	冷却塔输送系数
8 月	2447967.6	479021.9	6.4	5.11	68.7	71.3	90.1
9 月	2329991.0	438229.0	6.6	5.32	72.8	79.4	92.6
10 月	1750337.0	285585.8	7.7	6.13	74.0	84.3	120.2
11 月	1401949.0	202373.2	8.7	6.93	91.8	100.4	117.7
12 月	628678.0	88140.0	9.2	7.13	63.8	106.2	162.7
合计/平均	20506164	3535401	7.2	5.80	81.3	87.4	105.8

统计期间内制冷主机、冷水泵、冷却泵及冷却塔用电量分别为 285.5 万 kWh、25.2 万 kWh、23.5 万 kWh 及 19.4 万 kWh，分别占总用电量的 80.8%、7.1%、6.6%和 5.5%。七月的制冷量最高，日均制冷量达到了 90840kWh，如图 5-77、图 5-78 所示。

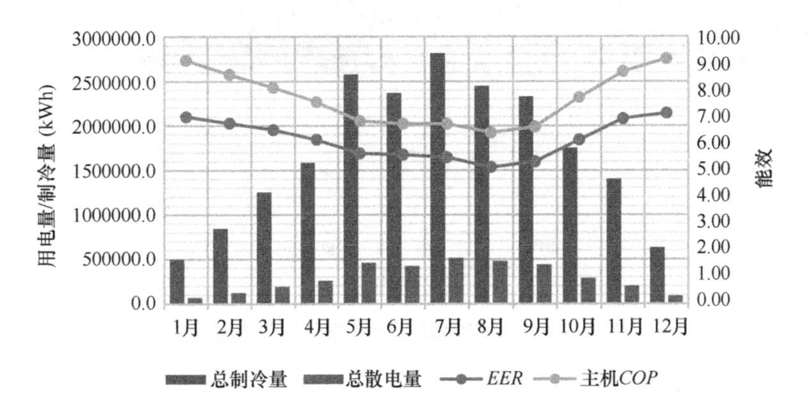

图 5-77　月度 *EER* 统计图

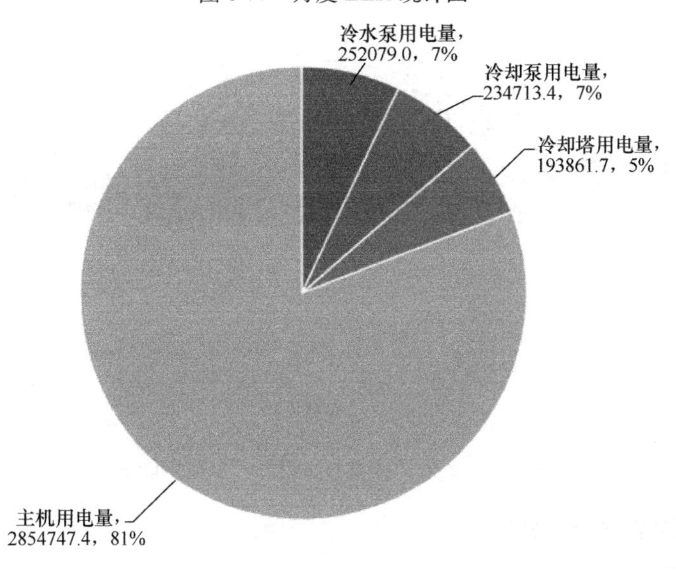

图 5-78　分项用电量分布图

统计期间三台主机的制冷量分别为：01号机（1100RT）制冷量为7021641.0kWh，占比34.2%，02号机（1100RT）制冷量为6759636.0kWh，占比为33%，03号机（550RT）制冷量为6724887.6 kWh，占比为32.8%。

如图5-79～图5-82所示，使用的变频离心机组在部分较低的负荷率的情况下依然能够保持较高的能效水平。

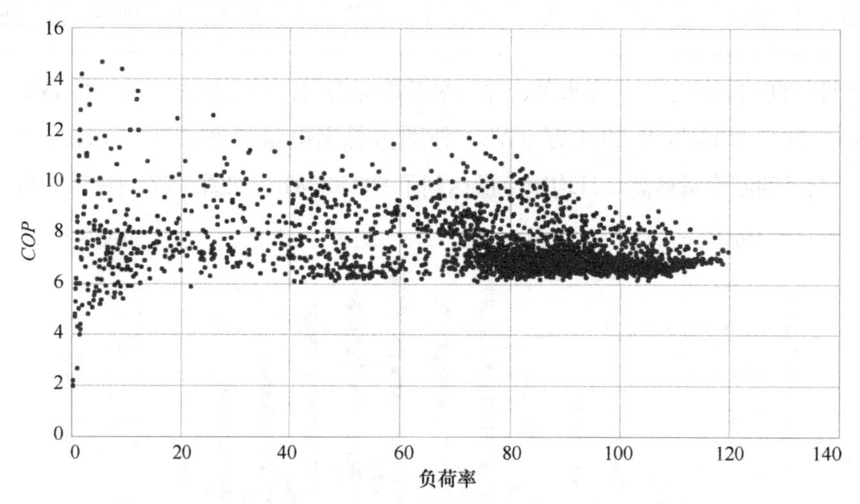

图5-79 1号变频离心机组部分负荷率能效

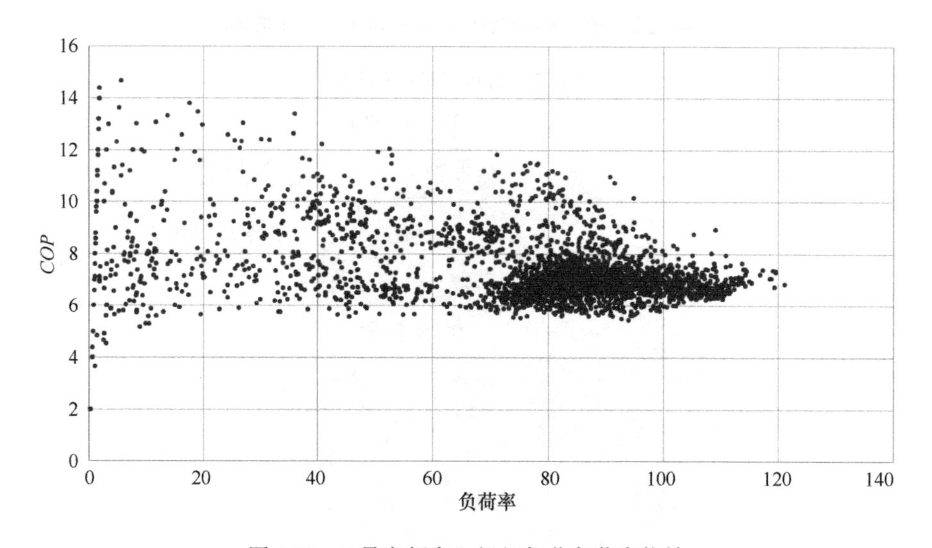

图5-80 2号变频离心机组部分负荷率能效

2. 典型周数据统计分析

(1) 夏季典型周数据分析

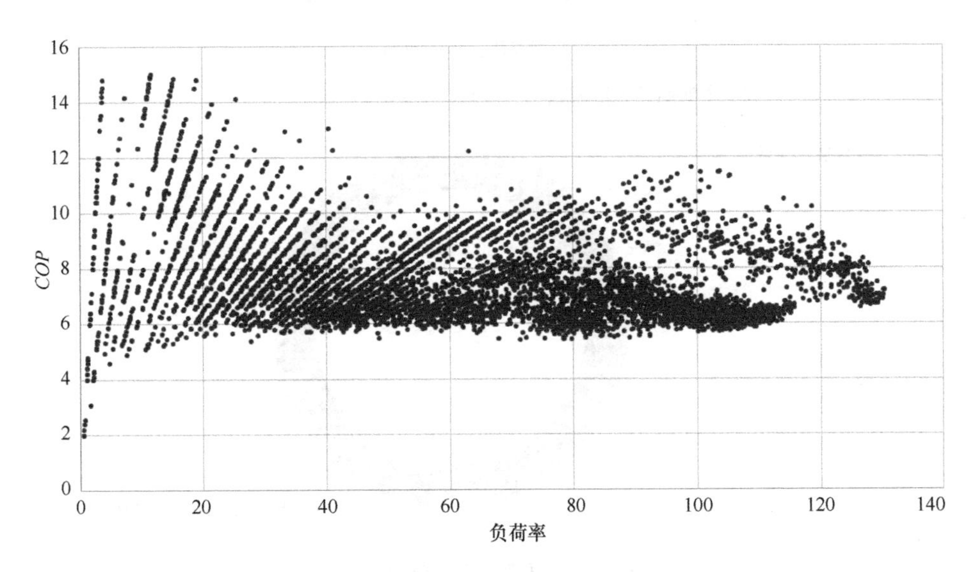

图 5-81 3号变频离心机组部分负荷率能效

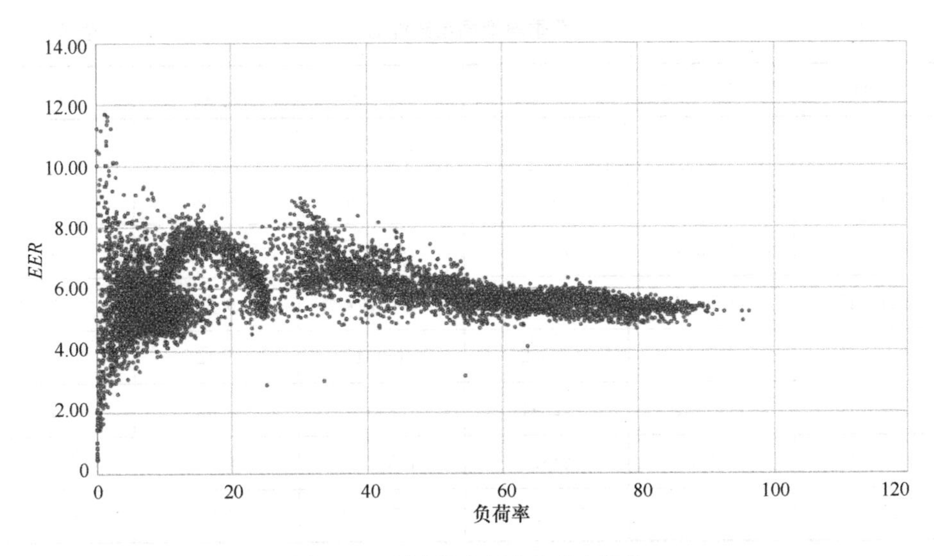

图 5-82 制冷机房部分负荷率能效

取2020年8月3日至8月9日作为夏季典型周进行数据分析，如表5-36所示，典型周日均制冷量为78289kWh，日均用电量为15342.4kWh，*EER*为5.1。典型周平均室外气温29.6℃，平均湿球温度26.3℃，平均相对湿度77.6%，如图5-84所示。

典型周内主机用电量86243.5kWh占比80%，冷水泵用电量7788.3kWh，占比7.3%，冷却泵用电量7508.7kWh，占比7.3%，冷却塔用电量5856.3kWh，占比5.5%，如图5-83所示。

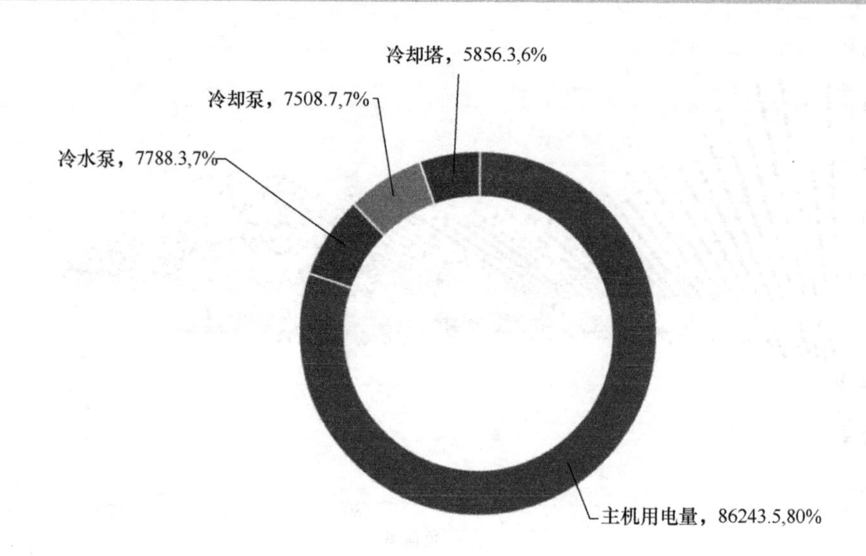

图 5-83　夏季典型周分项能耗

夏季典型周系统能效　　表 5-36

日期	主机用电量	总制冷量	总用电量	主机 *COP*	*EER*
8月3日	13762.8	86169	17312.9	6.26	4.98
8月4日	13903.7	85395	17259.6	6.14	4.95
8月5日	11663.1	74626	14603.4	6.40	5.11
8月6日	11092.3	73606	13679.7	6.64	5.38
8月7日	12173.8	74562	15084	6.12	4.94
8月8日	11268.2	72344	13949.3	6.42	5.19
8月9日	12379.6	81321	15507.9	6.57	5.24
合计/平均	86243.5	548023.0	107396.8	6.35	5.10

（2）过渡季典型周数据分析

于2021年1月18日至1月24日作为过渡季典型周进行数据分析，典型周日均制冷量为20540.2kWh，日均用电量为2972.1kWh，*EER* 为6.91。典型周平均室外气温20.1℃，平均湿球温度14.7℃，平均相对湿度56.9%，如表5-37所示。

典型周内主机用电量16577.9kWh占比79.7%，冷冻泵用电量2085.8kWh，占比10%，冷却泵用电量1360.0kWh，占比6.5%，冷却塔用电量780.7kWh，占比3.8%，如图5-85所示。

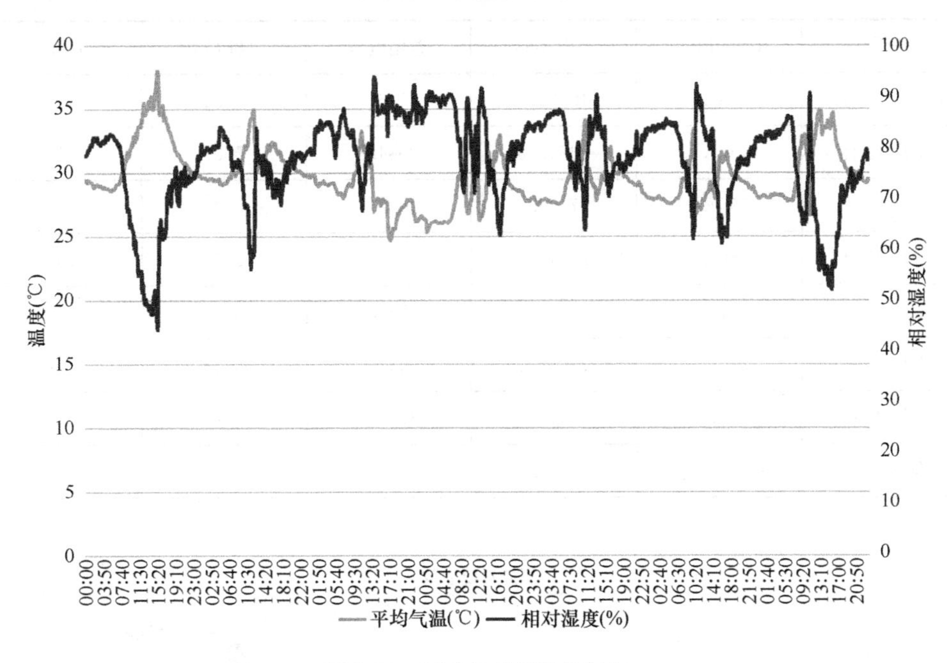

图 5-84 夏季典型周室外气温

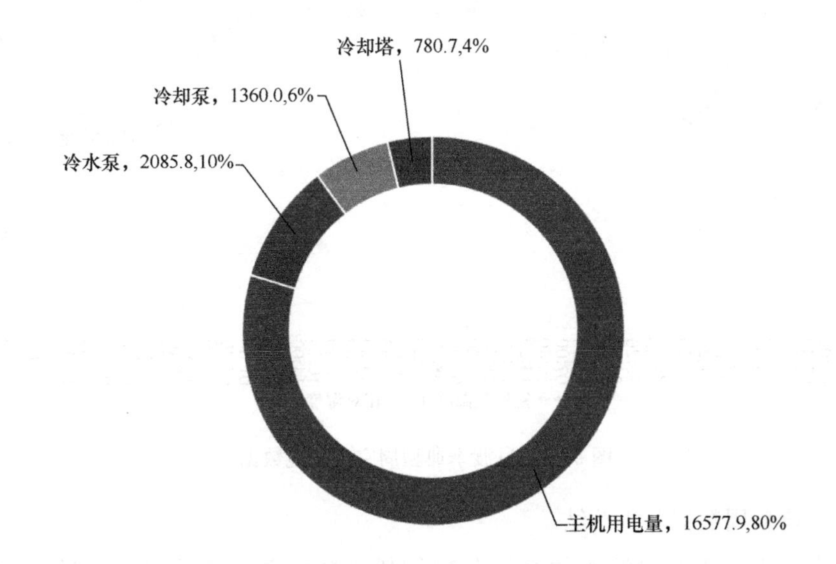

图 5-85 过渡季典型周系统分项用能

过渡季典型周系统能效 表 5-37

日期	主机用电量	总制冷量	总用电量	主机 *COP*	*EER*
1月18日	1091.3	10822.0	1546.7	9.92	7.00
1月19日	1501.0	13648.0	2034.3	9.09	6.71
1月20日	1957.7	17476.0	2422.7	8.93	7.21
1月21日	2467.0	21547.0	3024.0	8.73	7.13
1月22日	3219.4	26277.0	3923.4	8.16	6.70
1月23日	3304.0	27502.0	4055.0	8.32	6.78
1月24日	3037.5	26510.0	3798.3	8.73	6.98
合计/平均	16577.9	143782.0	20804.4	8.67	6.91

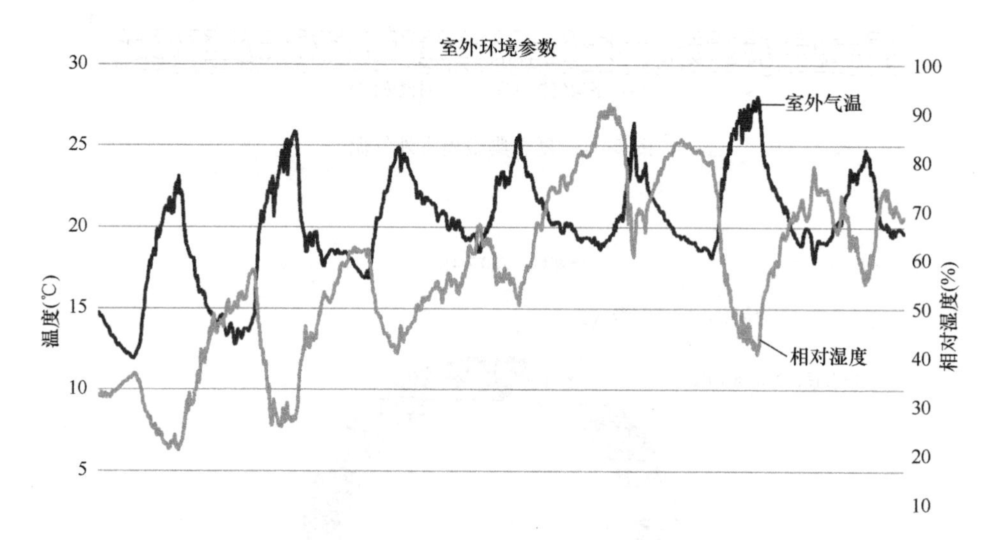

图 5-86 过渡季典型周室外环境数据

(3) 典型周数据分析总结

综合分析夏季与过渡季的系统分项能耗，夏季主机能耗占比比过渡季节高0.5%，夏季冷水泵能耗占比比过渡季节低2.7%，夏季冷却泵能耗占比比过渡季节高0.5%，夏季冷却塔能耗占比比过渡季节高1.7%，如表5-38所示。

过渡季、夏季典型周数据对比　　表 5-38

用电/制冷量（kWh）	过渡季		夏季	
主机	16577.9	79.7%	86243.5	80.3%
冷水泵	2085.8	10.0%	7788.3	7.3%
冷却泵	1360.0	6.5%	7508.7	7.0%
冷却塔	780.7	3.8%	5856.3	5.5%
总用电量	20804.4		107396.8	
总制冷量	143782.0		548023.0	
日均用电量	2972.1		15342.4	
日均制冷量	20540.3		78289.0	

3. 典型日数据统计分析

(1) 过渡季典型日数据分析

以1月24日作为过渡季节典型日进行实际运行数据分析，当日平均室外温度20.7℃，平均湿度68.4%，平均湿球温度16.8℃。当日仅开启3号制冷机组，总制冷量26510kWh，当日 *EER* 为6.98，如图5-87～图5-91所示。

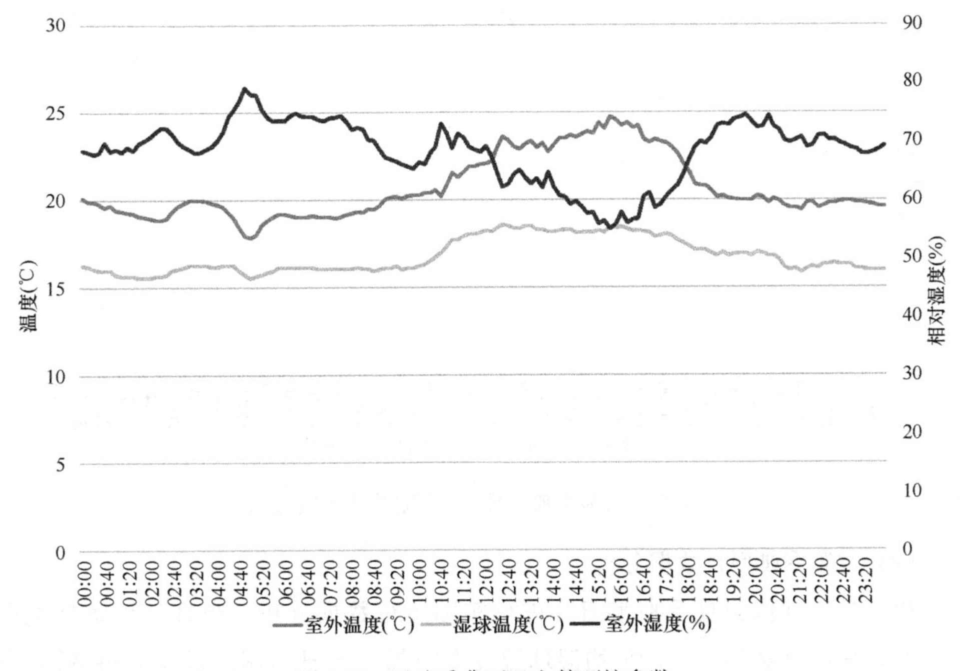

图5-87　过渡季典型日室外环境参数

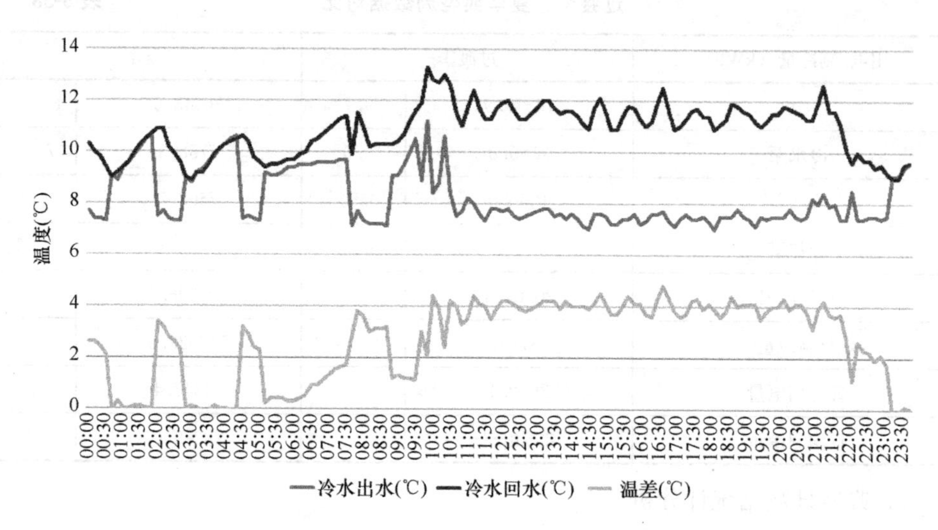

图5-88 过渡季典型日主机冷水进出水温度

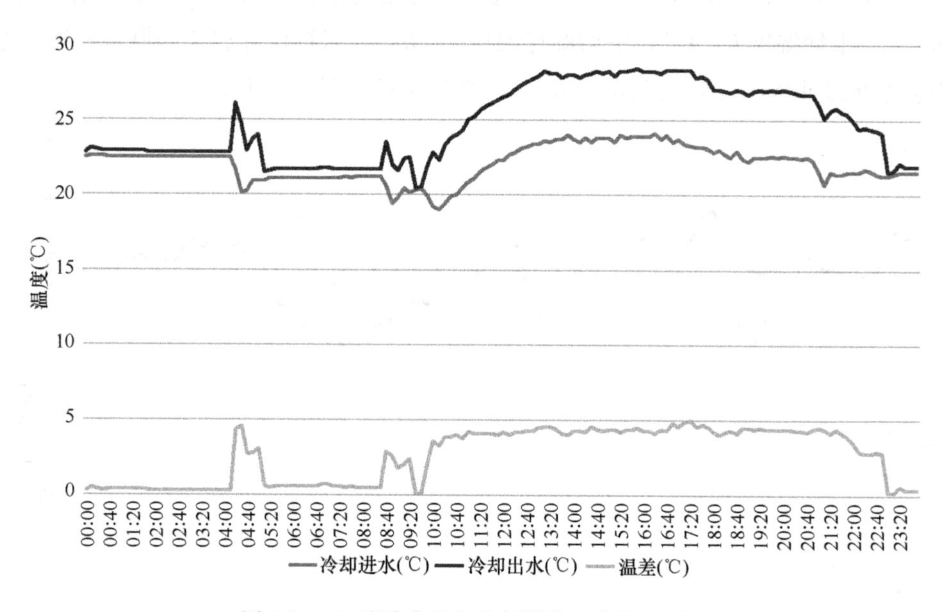

图5-89 过渡季典型日冷却侧进出水温度对比

（2）过渡季典型日数据分析

以8月9日作为夏季典型日，进行实际运行数据分析，当日平均室外温度31.3℃，平均湿度70.3%，平均湿球温度26.6℃。当日总制冷量90786kWh，当日总用电量18066kWh，当日*EER*为5.03，如图5-92～图5-96所示。

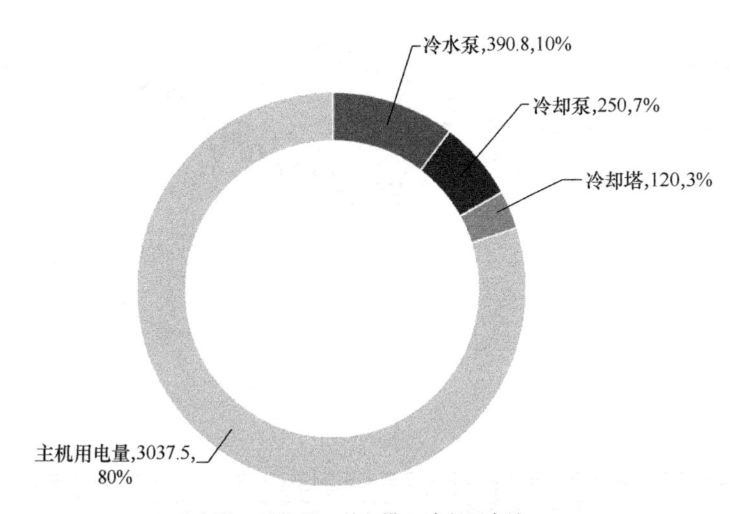

图 5-90 过渡季典型日分项能耗占比

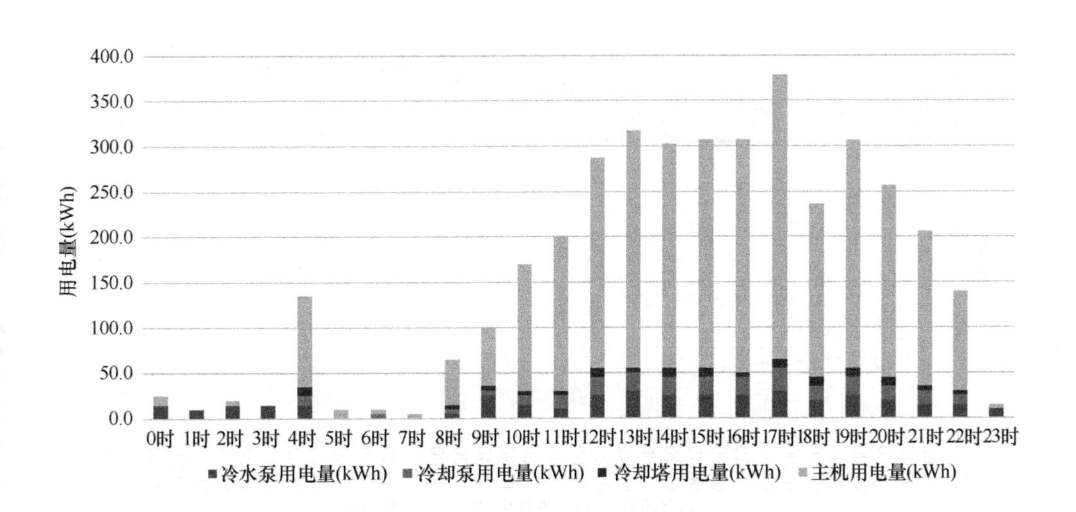

图 5-91 过渡季典型日逐时能耗

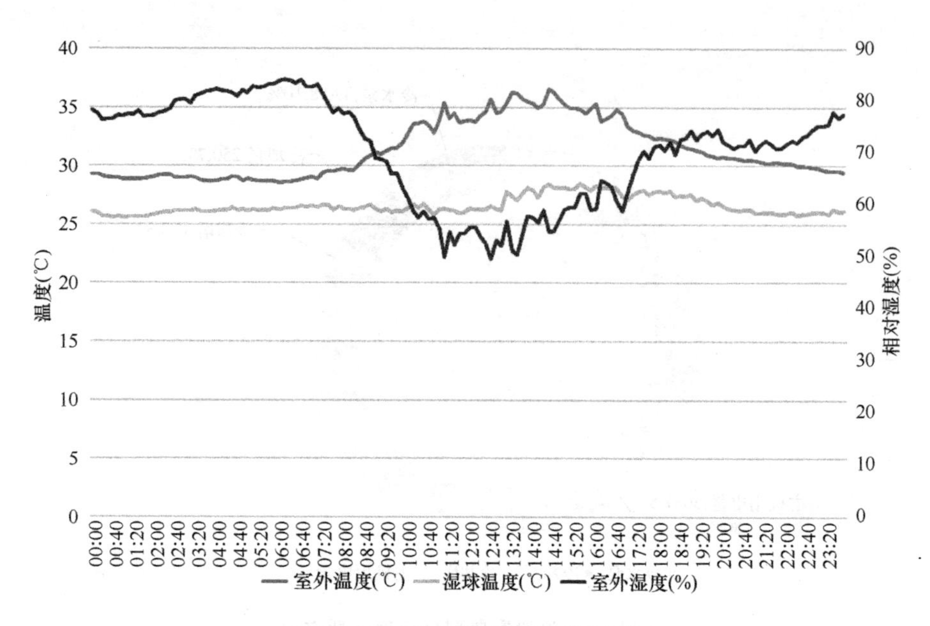

图 5-92 夏季典型日室外环境参数

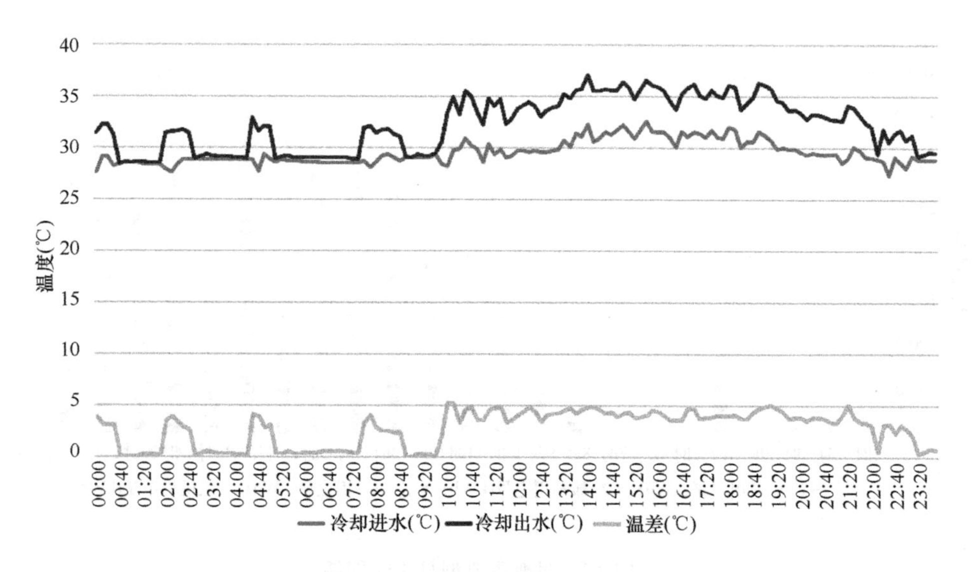

图 5-93 夏季典型日冷却侧进出水温度对比

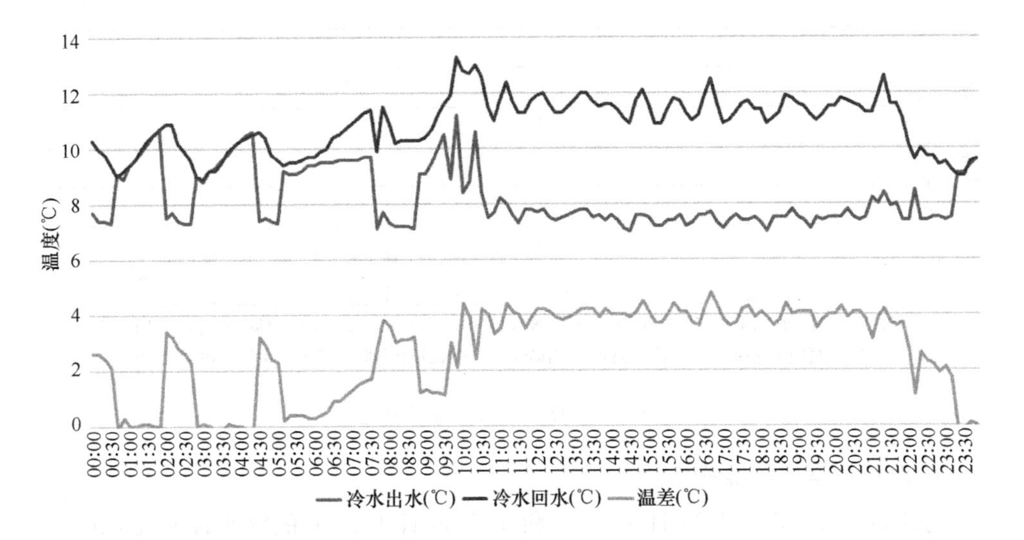

图5-94 夏季典型日冷冻侧进出水温度对比

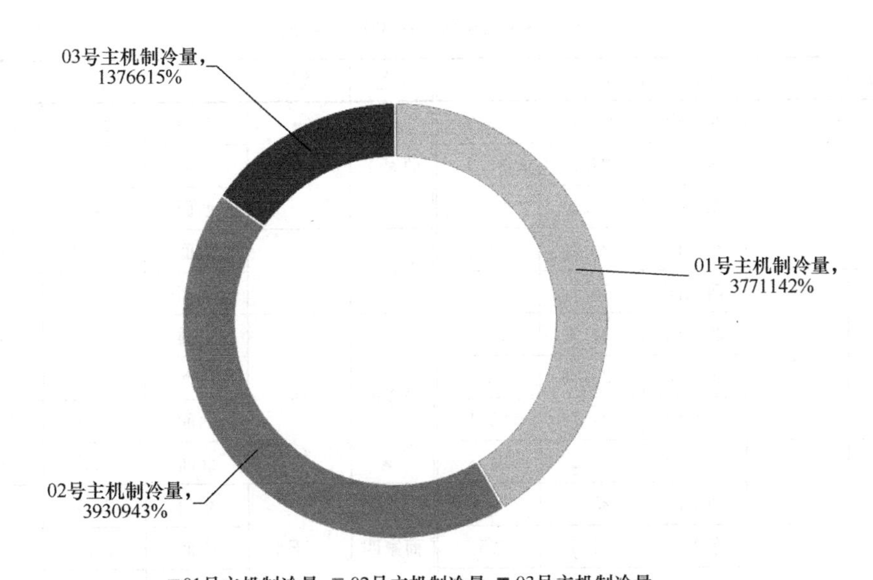

图5-95 夏季典型日冷机出力分布

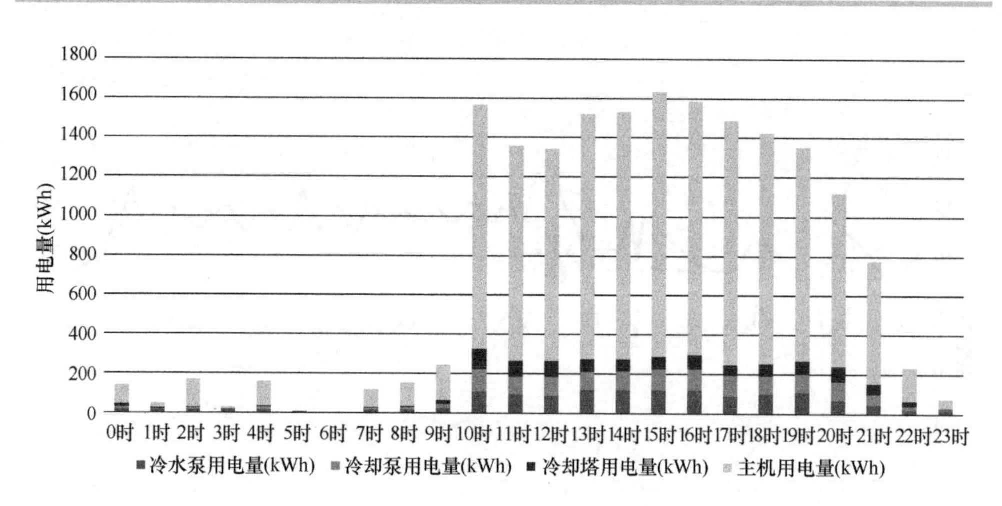

图 5-96 夏季典型日逐时能耗

4. 改造后室内环境数据

分别以2021年5月25日13：00和5月30日13：00的物业管理人员的手抄记录的室内温度数据进行统计分析，如表5-39、表5-40所示。

5月25日13：00室外温度为33.4℃，室内平均温度25.1℃，符合室内温度要求。

2021年5月25日13：00室温测试 **表5-39**

商铺	楼层	朝向	温度1	温度2	商铺	楼层	朝向	温度1	温度2
商家一	1F	西北面	25.1	25.3	商家二	1F	东面	25.2	25.1
		西南面	24.7	24.9			南面	25.4	25
		东南面	25.2	25.5			西面	24.9	25.2
		东北面	25.1	25.4	商家三	3F	南面	24.2	24.8
商家一	2F	西北面	24.7	24.9			北面	24.7	25.1
		西南面	24.9	24.7	商家四	4F	东面	24.7	25.6
		东南面	25.2	25			南面	25.2	25.7
		东北面	24.7	25.1			西面	24.8	25.4
商家一	3F	西北面	24.2	24.8			北面	25	25.3
		西南面	25.1	25.3	商家四	5F	东面	25.7	25.5
		东南面	24.8	25			南面	24.9	25.1
		东北面	25	25.3			西面	25.2	25.4

5月30日13：00室外温度为34.3℃，室内平均温度25.3℃，符合室内温度要求。

2021年5月30日13：00室温测试 **表3-40**

商铺	楼层	朝向	温度1	温度2	商铺	楼层	朝向	温度1	温度2
商家一	1F	西北面	25.3	25.1	商家二	1F	东面	25	25.1
		西南面	25.2	25.3			南面	24.9	25
		东南面	25.6	25.4			西面	25.3	25.2
		东北面	25.1	25	商家三	3F	南面	24.8	24.6
商家一	2F	西北面	25.8	25.6			北面	24.9	24.8
		西南面	25.5	25.4	商家四	4F	东面	25.6	25.7
		东南面	25.4	25.1			南面	25.5	25.6
		东北面	25	25.1			西面	25.7	25.5
商家一	3F	西北面	25	25.2			北面	25.8	25.7
		西南面	25.1	25	商家四	5F	东面	25.7	25.6
		东南面	25.3	25.1			南面	25.6	25.8
		东北面	25.5	25.3			西面	25.8	25.8

5.5.5 总结与展望

本项目是一个制冷机房改造项目，空调系统先天就存在各种各样的问题，仅改造制冷机房达不到极致的节能效果，但是通过对本项目的改造依然实现了38.2%的节能率，全年*EER*达到5.8，对于类似地区、建筑类型、使用年限的建筑有一定的指导意义。通过引入以能效结果导向的工程建设新思维，以此保障在建设施工完成投入运营阶段的实际能效。在碳达峰、碳中和的时代背景下，为同类的既有建筑的节能改造建立了一个良好的示范工程。

项目地处夏热冬冷气候区域，建筑制冷周期长、负荷大，制冷空调能耗占建筑机电设备的总能耗比例达50%以上，尤其是大型商业建筑，通过引入高效制冷机房技术的引入可以显著降低建筑运行能耗，希望通过本项目案例分享，给社会一个正确的引导，促进建筑节能行业良好、有序发展。

5.6 佛山顺德悦然广场

5.6.1 项目概况

悦然广场位于佛山市顺德区人昌路与诚德路交叉口，为美的置业集团总部大楼，也是一个含办公、商业餐饮的中高端超高层综合体。项目总建筑面积 22 万 m^2，其中空调面积为 10 万 m^2，空调面积占总建筑面积 45.5%，地下室 2 层，地上 34 层，总建筑高度 137.5m。其中地下室做车库用，负一层含部分商业用，裙楼为商业，餐饮用；塔楼为办公用途。其建筑外立面如图 5-97 所示。

图 5-97　悦然广场建筑外立面

悦然广场地处夏热冬暖地区，全年均有供冷需求。如图 5-98 所示，供冷系统采用 5 台冷水机组，其中 3 台 950RT 美的变频直驱离心冷水机组，2 台 500RT 美的变频直驱离心冷水机组。冷水泵共 5 台，与主机采取一对一连接。冷却水泵共 5

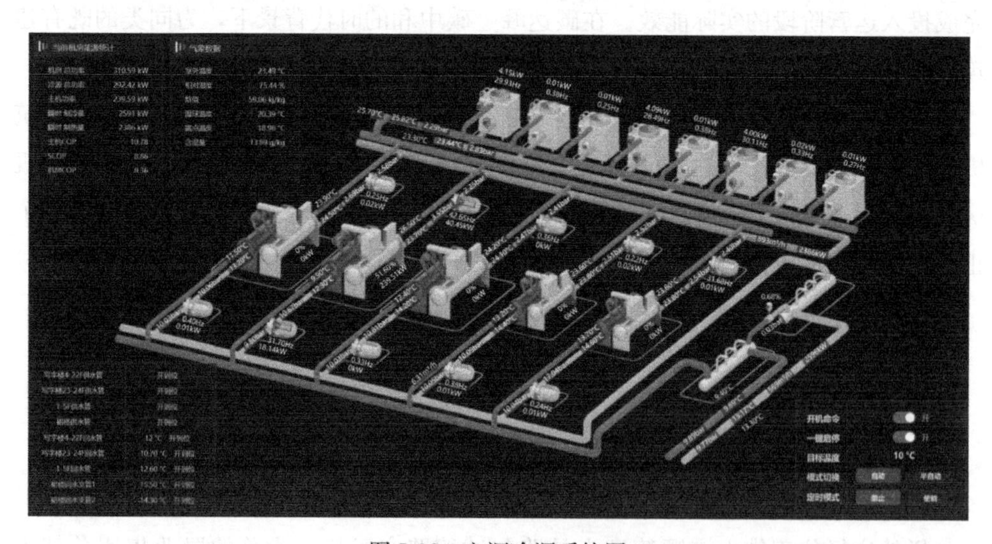

图 5-98　空调冷源系统图

台，与冷水机组一对一连接。冷却塔共8台，末端采用AHU+FCU系统，表5-41为冷源主要设备参数。

悦然广场机房设备参数 **表5-41**

名称	额定制冷量(kW)	额定功率(kW)	*COP*	额定流量(m^3/h)	额定扬程(m)	数量(台)
冷水机组	3340	509.6	6.194 (工况13/732/37)	冷水478， 冷却666	—	3
冷水机组	1758	271.5	5.978 (工况13/732/37)	冷水251， 冷却353	—	2
冷水泵	—	55(电流103A)	—	480	31.5	3
冷水泵	—	30(电流56.6A)	—	252	31.5	2
冷却水泵	—	75(电流136A)	—	662	26	3
冷却水泵	—	37(电流69.6A)	—	380	26	2
冷却塔	2907	18.5	(工况32/37)	500		8

5.6.2 机电能源系统关键节能技术分析

1. 冷水机组节能设计及关键技术

本项目冷源采用美的双一级高效变频直驱降膜离心机，整机在全负荷段高能效变频供冷，达到更高的冷源生产效率。蒸发器采用大温差设计更适用于大温差小流量工况。冷凝器加装在线清洗，保证冷凝器的长期高效换热，确保蒸发器和冷凝器水阻<5m。

美的双一级高效变频直驱降膜离心机采用的核心技术如下：

(1) 水平对置压缩技术

压缩机设计两级叶轮水平双向背靠排列在轴承两侧，形成水平对置压缩机。此技术具有结构简单、体积小的特点，轴承受力小，提高压缩机效率，能效提升10%；完美的平衡力使机组保持稳定的输出，有效防止喘振，运行稳定；机械损失小，转子残余轴向力较传统设计降低90%以上，延长轴承寿命，如图5-99所示。

(2) 单轴直驱技术

美的单轴直驱技术，采用高速变频电机直驱叶轮，大幅提升压缩机效率，节省运行成本；取消传统压缩机的增速齿轮，传动系统简单，大幅降低机组运行噪声；结构紧凑，易损部件降低为传统部件的30%，机组使用寿命增高，如图5-100所示。

图 5-99 水平对置压缩机

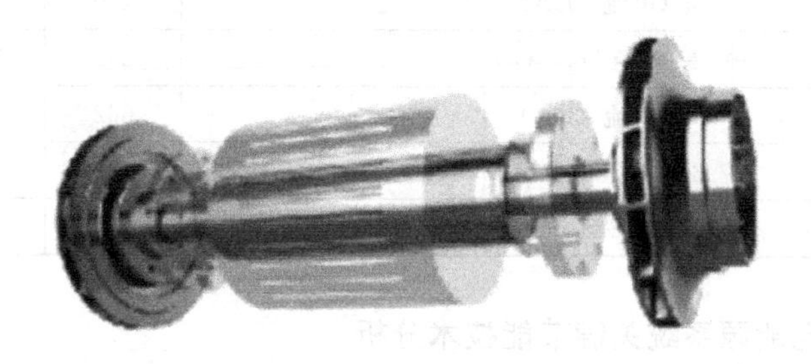

图 5-100 单轴直驱技术

(3) 高速变频技术

采用高速变频电机，电机效率高达 96.5%，力能指标（效率×功率因素）较普通变频电机高 2%以上。零电流冲击技术，变频启动过程无冲击电流，电流可实现从 0 逐步到 FLA 的平稳运行，如图 5-101 所示。

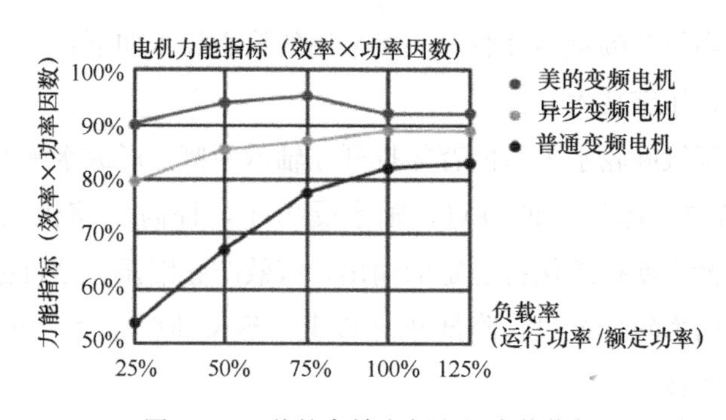

图 5-101 美的高效变频电机力能指标

(4) 航天气动技术

运用航天发动机设计领域技术，对压缩机叶轮、蜗壳等核心部件进行技术性革新。新型设计三元流高效叶轮，有效提升叶轮效率；蜗壳流道优化设计，内部流速恒定，进一步提升压缩机效率；独特串列消旋叶栅设计，如图 5-102 所示，降低气动噪声。压缩机等熵效率提高至 88.2%。

图 5-102 高效闭式叶轮设计

(5) 全降膜蒸发技术

采用全降膜蒸发器，运用多项技术，保证分液均匀、实现膜态蒸发，大幅提升蒸发器换热效率的同时减少冷媒充注量，全降膜蒸发器换热器换热效率比传统蒸发器提升 10%以上，冷媒充注量降低 40%，如图 5-103 所示。

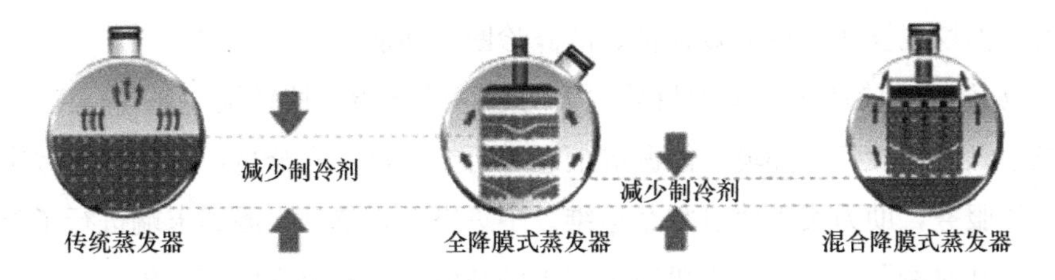

图 5-103 全降膜蒸发器原理

2. 空调水系统节能设计及关键技术

冷水系统采用大温差设计，同时通过 BIM 精细化制图及施工督导，优化机房内接管，通过采用斜管连接及采用低流阻管道和阀件获得更低的管路水阻。将常规为 Y 形过滤器替换为直角过滤器，水阻小于 0.5m。冷水泵扬程可降低至 31.5m，从而减小水泵的选型。冷却泵扬程选型可减少到 26m 之内，并采用变频运行。

由于水泵台数较多，总共 5 台（不含备用），根据规范要求是不需要设置备用泵的，且水泵与主机一对一连接，可减少 4 台备用水泵及主机进出水电动阀门 10 个。传感器精准定位，大温差中温出水的冷水变频供冷和冷却水随负荷变化变频输送，降低输送能耗。

3. 空调末端系统节能设计及关键技术

末端采用美的大温差低阻力组空、空调箱及风机盘管设备，充分利用换热面积被动节能。空调自控系统采用美的超高效智能环控系统，实现空调系统全自动风水联动智能优化运行。基于负荷预测的末端变频控制，可以防止冷量过度供应或迟滞供应。

对于末端系统，由于该项目末端大多为风机盘管，在支路上增加电动调节阀及回水管温度传感器，根据支路供回水温差调节开度，保证各支路实现 6℃大温差。

且末端温控器配备联网功能，可实时监控管控区域的室内温度情况，同时实现集中统一控制及分区域控制，机房设备跟末端联动控制，实现满足舒适性的前提下最大程度的节能。

4. 智能运行调控关键技术

1）系统众多包含超高效制冷机房，空调机组，新风机组，给水排水，变配电，发电机，电梯，联网温控面板等，是一个系统齐全的超高效 BA 系统。超高效智能环控系统控制箱众多，有 130 个控制箱。

2）采用美的超高效智能环控系统集成管理超高效制冷机房及高效末端。

3）采用美的超高效智能环控系统云能效管理平台对环控系统进行能源管理，使用大数据挖掘算法实现能效评估、故障诊断等功能。

4）如图 5-104 所示，本项目采用美的超高效智能环控系统 IOC 智慧运营中心对建筑中人员、设备、环境、能源等信息进行全面监测和分析，构建建筑数字化管理应用和服务，助力实现建筑智慧运维。中央空调系统从冷源到末端进行了整体系统优化，针对冷源设备：制冷机组采用美的高效变频直驱降膜离心机，实现全负荷段高效变频供冷，蒸发器采用两流程大温差设计适用于大温差小流量工况，冷凝器加装在线清洗装置保证长期高效换热，蒸发器和冷凝器端盖异侧开口便于主机和水泵一对一直通超低阻设计；冷水泵、冷却水泵采用变频调节运行；冷却塔并联运行充分利用散热面积，降低冷却塔出水温度。针对输配系统，采用大温差、低流量设计降低输配系统能耗；制冷机房内管路连接形式进行了优化，并通过加大管径、采用低阻力阀件等措施降低管路阻力；由于水泵台数较多，总共 10 台（不含备用），根据规范要求是不需要设置备用泵的，且水泵与主机一对一连接，可减少 4 台备用水泵及主机进出水电动阀门 10 个。中央空调自控采用美的超高效智能环控系统，该系统使用 AIE＋E（能效＋环境）优化算法，通过智能控温、智能启停、智能控载、智能寻优及智能联动，实现系统全自动优化运行。对于冷源系统采用先进的负荷预测算法，根据建筑内外环境参数的变化实时预测主机负荷，优化主机的开启台数。对于输配系统，美的超高效智能环控系统控制逻辑是采用温压双控，在对温差控制的同时，监控并保证最不利末端的压差达到要求。

该项目设置了云能效管理平台，通过云端大数据接入，实时上传运行数据，使用大数据挖掘算法实现能效评估、系统诊断等功能。超高效智能环控系统云能效管理平台界面如图 5-104 所示。

图 5-104 云能效管理平台

5.6.3 实际运行能耗、能效及碳排放分析

1. 空调系统全年能耗分析

根据项目云能效管理平台监测数据，对空调冷源全年用电进行统计分析，结果如图 5-105 所示。

可以看到，本项目全年机房能耗 343.1 万 kWh，折合单位空调面积 34.3kWh/

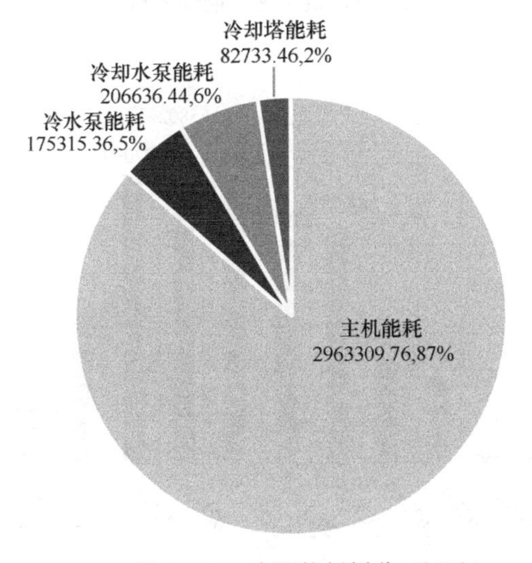

图 5-105 冷源能耗拆分（kWh）

m²。其中冷水机组、冷水泵、冷却泵及冷却塔全年能耗分别为296.3万kWh、17.5万kWh、20.7万kWh和8.3万kWh，分别占机房总能耗的87%、5%、6%和2%。

图5-106～图5-108分别给出来冷站及各关键设备逐月能耗统计结果。可以看到，冷站总能耗从1～8月逐月上升，8月到达峰值62.7万kWh，随后呈下降趋势。冷水机组能耗在1～8月逐月上升，在8月达到峰值55.8万kWh，随后呈下降趋势。冷水泵能耗从1～7月逐月上升，在7月达到峰值275992.76万kWh，随后呈下降趋势。冷却水泵能耗从1～9月逐月上升，在9月达到峰值3.7万kWh，随后呈下降趋势。冷却塔风机能耗从1～7月逐月上升，在7月达到峰值1.3万kWh，随后呈下降趋势。

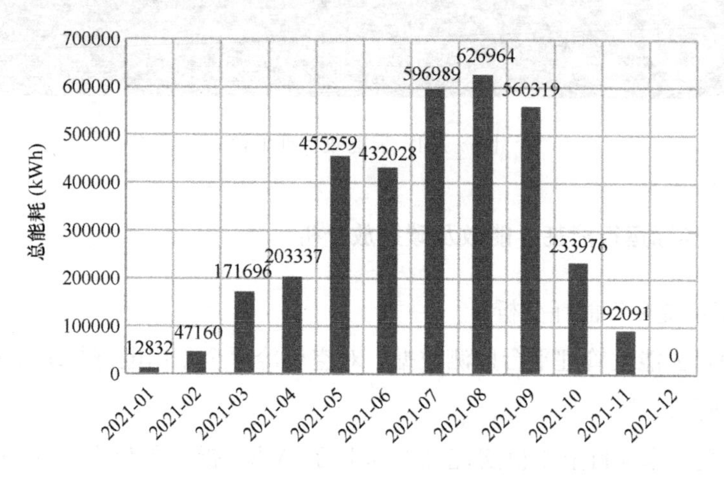

图5-106 空调机房逐月能耗分析

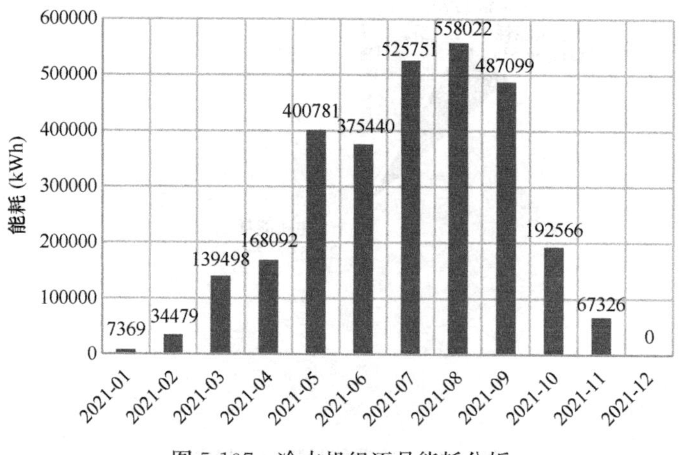

图5-107 冷水机组逐月能耗分析

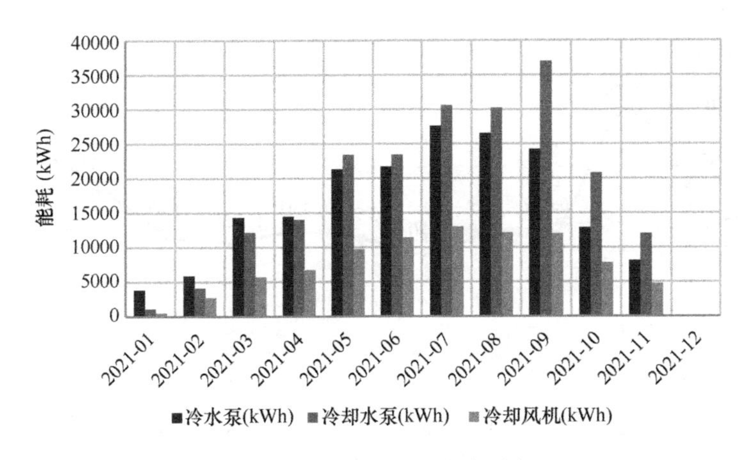

图 5-108 水系统逐月能耗分析

2. 全年供冷及能效分析

图 5-109 给出来本项目逐月耗冷量分析。本项目位于广东省佛山市，地处我国夏热冬暖地区，全年均存在供冷需求，无供热需求。全年累计制冷量为 2070.5 万 kWh，折合单位空调面积 207.05kWh/m^2。逐月制冷量在 1～7 月逐渐增大，最大单月制冷量出现在 7 月，为 353.8 万 kWh，随后逐月降低。

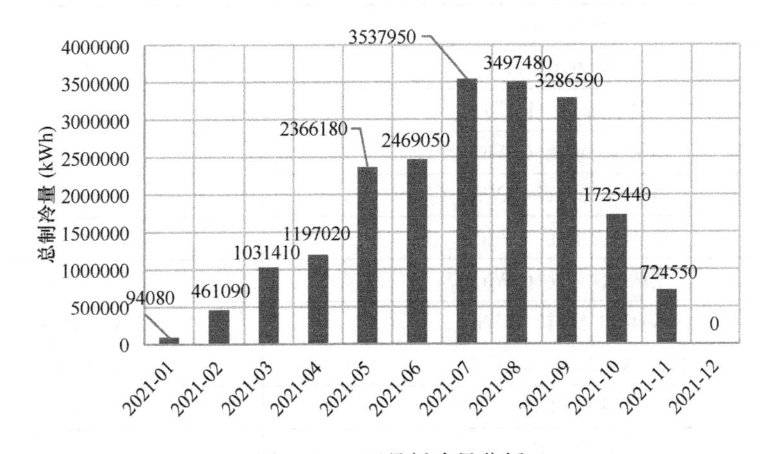

图 5-109 逐月耗冷量分析

结合冷站逐月能耗数据，分析得到空调冷站逐月 *COP* 如图 5-110 所示。冷站全年综合 *COP* 高达 6.04，其中夏季供冷高峰及冷站 *COP* 分布在 5.20～5.87 之间。过渡季得益于室外气温的降低，冷站 *COP* 得到大幅度提升，在 2 月接近 9.78，达到全年最大值，如图 5-110 所示。

表 5-42 则给出了本项目全年供冷量、冷站能耗及能效分析数据。可以看到，

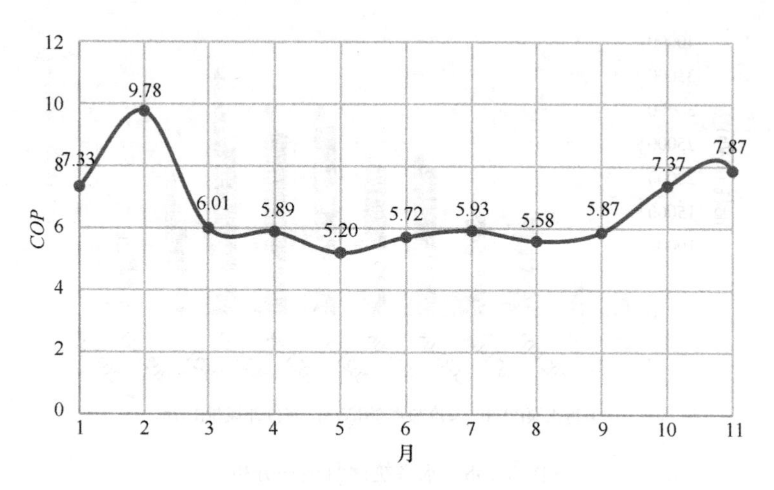

图 5-110 逐月空调冷站 *COP*

虽然本项目全年单位面积供冷量达到 207.05kWh/m²，但得益于空调冷站超高效运行性能，单位面积机房能耗仅为 34.31kWh/m²

本项目全年运行能耗能效数据统计 **表 5-42**

	数值
建筑面积（万 m²）	22
空调面积（万 m²）	10
主机总能耗（kWh）	2963309.76
冷水泵总能耗（kWh）	175315.36
冷却水泵总能耗（kWh）	206636.44
冷却塔总能耗（kWh）	82733.46
空调冷源能耗（kWh）	3252679.66
空调机房总能耗（kWh）	3430579.31
空调系统全年供冷量（kWh）	20705188.60
主机 *COP*	6.98
机房 *COP*	6.04
单位面积供冷量（kWh/m²）	207.05
单位面积空调冷源能耗（kWh/m²）	32.52
单位面积机房能耗（kWh/m²）	34.31

经国家级第三方权威检测机构现场检测，环控系统开启工况相对于关闭工况，冷源系统节能率为 38.2%，每年节能 130 万 kWh，按每度电产生 0.997kg CO_2 计算，全年减排 1296t。

3. 典型日空调系统运行参数

为了深入分析空调系统实际运行情况，项目选取了 2021.8.5（周四）典型日运行数据进行补充说明。

（1）冷水流量、供回水温度

图 5-111 给出来 8 月 5 日冷水供回水温度及流量逐时运行数据。可以看到，早上 7：00 系统开始供冷，冷水泵开机，水流量逐渐上升，在 10：00 达到峰值，然后逐渐下降，在 14：00 达到下降平台期，21：00 继续下降，22：00 系统关闭，冷水泵关机，全天最大流量是 2208m³/h。而冷水供水温度从早上 7：00 开始逐渐下降，在 8 点达到平台期，然后一直到 20：00，冷水供水温度在 6～7℃之间波动，21：00 开始水温逐渐上升，22：00 达到最高值，此时系统已关闭。对于冷水回水温度，从早上 7：00 开始逐渐下降，8：00 达到最低值然后有所上升，直到 21：00，全天冷水回水温度在 11～12℃之间波动。22：00 开始再次上升，此时系统关闭。

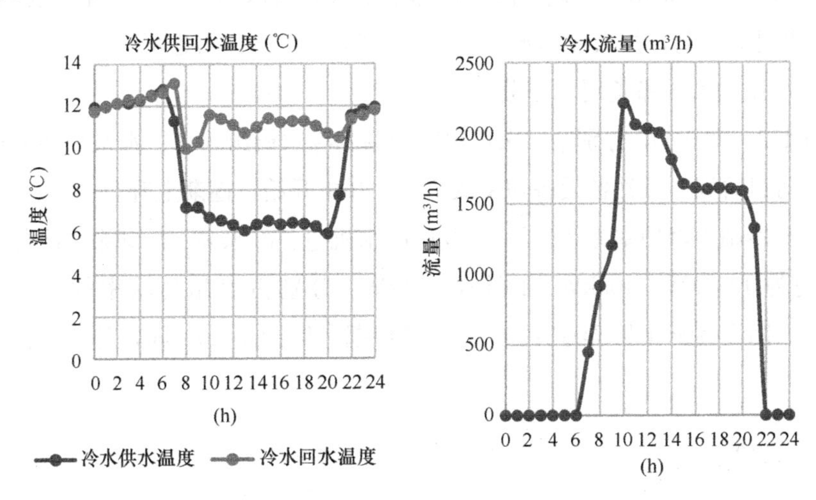

图 5-111 典型日冷水供回水温度及流量分析

（2）冷却水流量、供回水温度

图 5-112 给出来 8 月 5 日冷水供回水温度及流量逐时运行数据。可以看到，早上 7：00 系统开始供冷，冷却水泵开机，水流量逐渐上升，在 10：00 达到峰值，然后逐渐下降，在 15：00 达到下降平台期，21：00 继续下降，22：00 系统关闭，冷却水泵关机，全天最大流量是 2324m³/h。冷却水供水温度从早上 7：00 开始逐渐上升，在 10 点达到平台期，然后一直到 20：00，冷却水供水温度在 34～35℃之

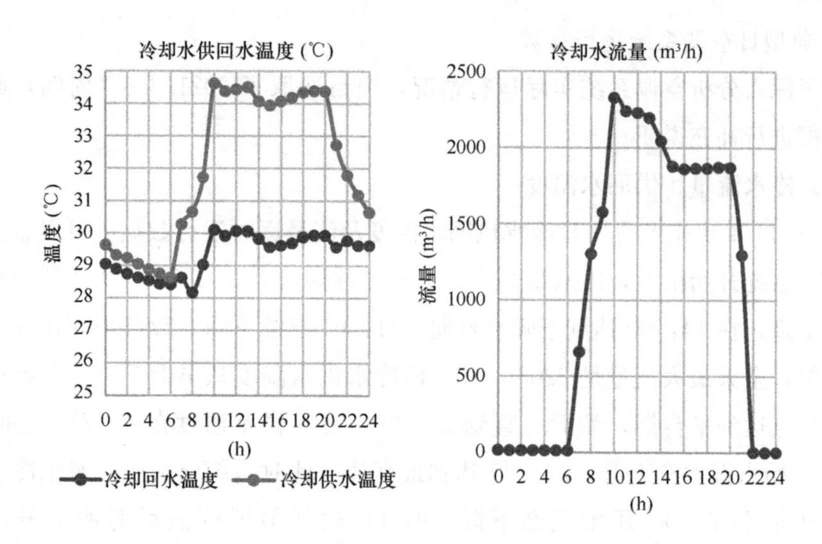

图 5-112 典型日冷却水供回水温度及流量分析

间波动。21：00 开始水温逐渐下降。冷却水回水温度从早上 8：00 开始逐渐上升，在 10 点达到平台期，全天冷却水回水温度在 29～30℃之间波动。

（3）冷站关键设备逐时功率分析

图 5-113～图 5-115 分别给出来机房总功率、冷水机组功率、水系统功率逐时变化情况。可以看到，冷站各设备功率从 7：00 开机开始，逐渐上升至 10：00 达到峰值。典型日冷站尖峰功率为 2059kW，其中冷水机组、冷水泵、冷却泵、冷却塔尖峰功率分别为 1804kW、105kW、107kW、41kW，分别占冷站总功率的 88%、5%、5%、2%。随后逐渐下降至 15：00 进入平台期，保持至 20：00，并于22：00系统关机。

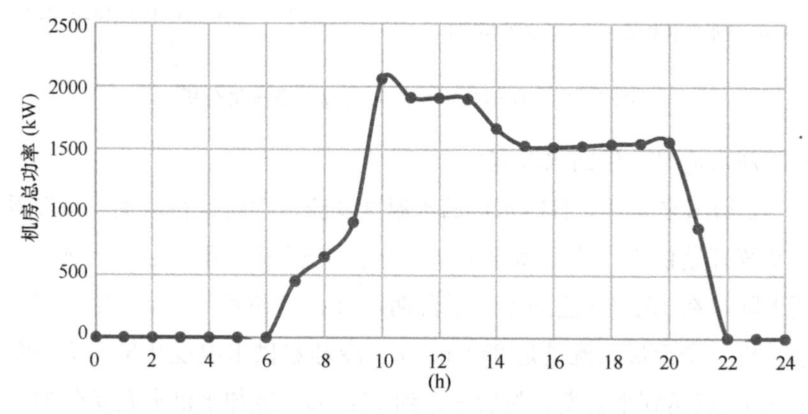

图 5-113 典型日机房逐时功率

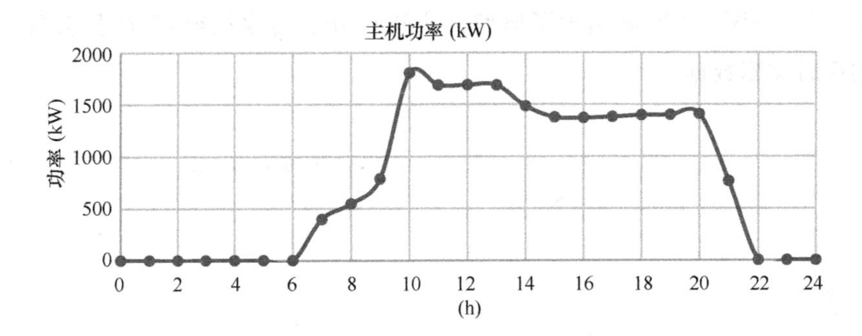

图 5-114 典型日冷水机组逐时功率

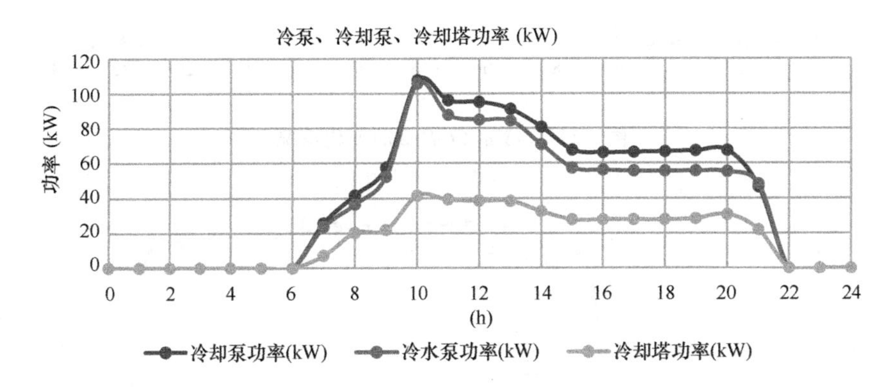

图 5-115 典型日水系统逐时功率

（4）冷站逐时供冷量及运行能效

图 5-116 给出了冷站逐时供冷量的监测数据，系统冷量从 7：00 开机，逐渐上升至 10：00，达到峰值 12435kW，折合单位空调面积 124W/m^2。随后逐渐下降至 15：00 达到 9000kW 左右，一直保持至 20：00，然后 21：00 开始下降，并于 22：00 系统关机。

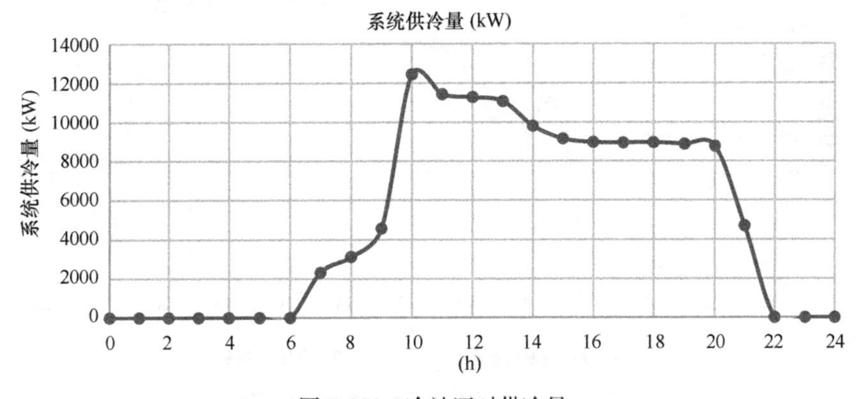

图 5-116 冷站逐时供冷量

图5-117～图5-120则给出了典型日冷站 *COP*、冷水机组 *COP* 及水系统输送能效的逐时监测数据。

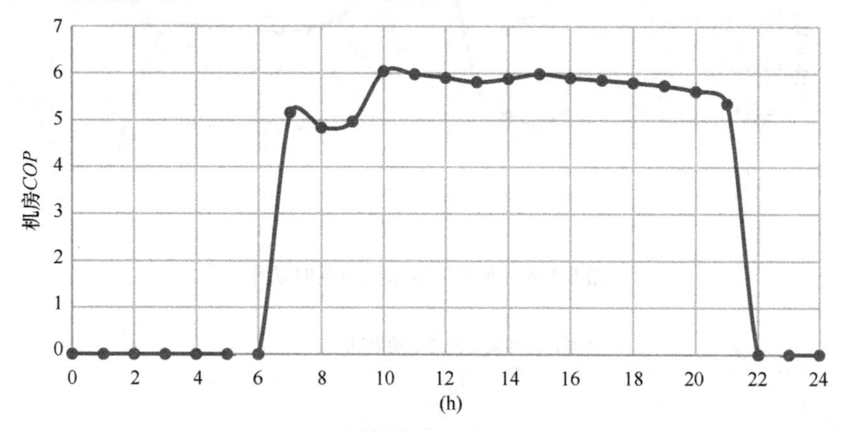

图5-117　冷站 *COP* 逐时变化情况

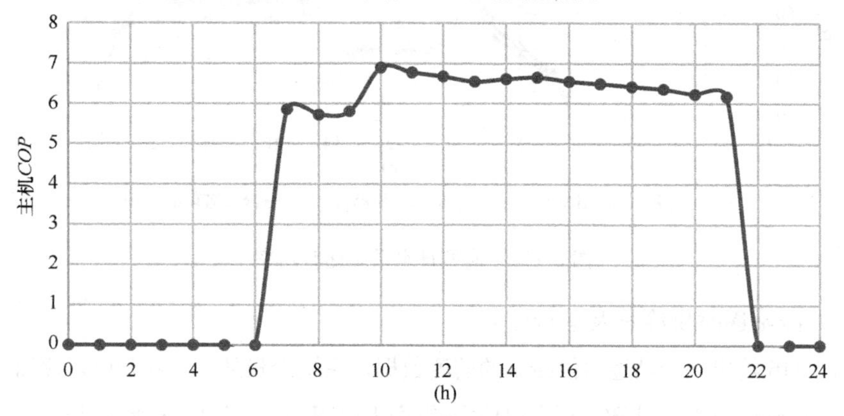

图5-118　冷水机组 *COP* 逐时变化情况

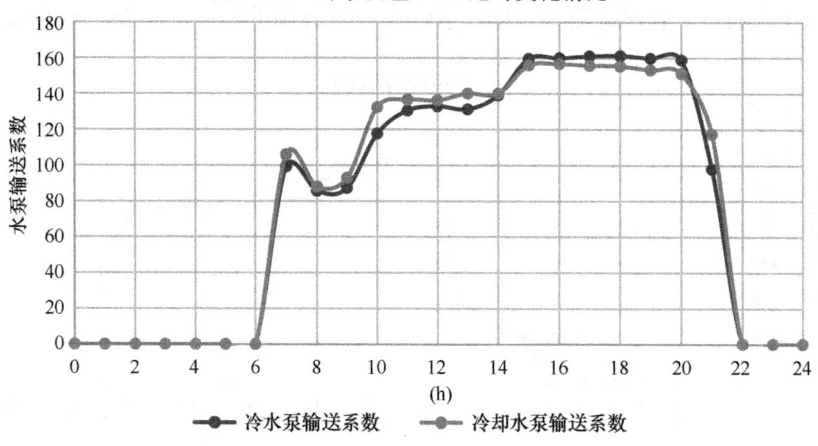

图5-119　水泵输送系数逐时变化情况

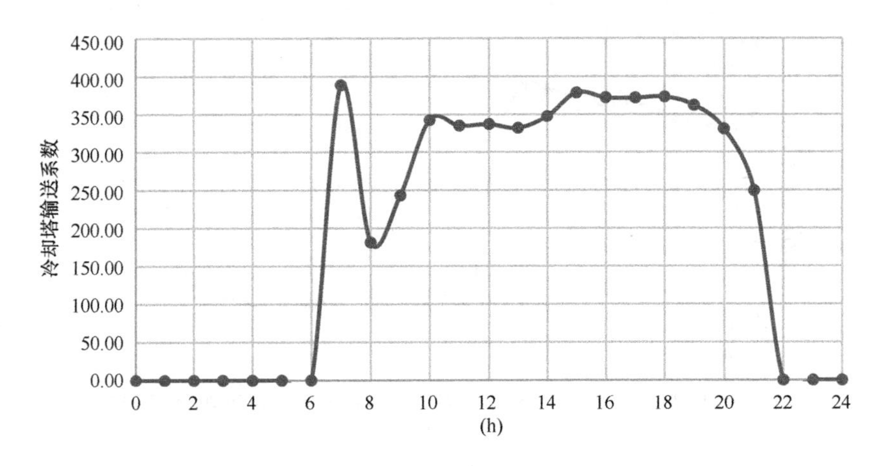

图 5-120 冷却塔输送系数逐时变化情况

系统于早上 7：00 开机，机房 *COP* 达到 5.0 左右，冷水机组 *COP* 达到 6.0 左右，冷冻泵、冷却泵及冷却塔输送系数分别达到 100 左右和 390 左右。随后在 10：00～21：00 基本维持温度，机房 *COP* 达到 6.0，冷水机组 *COP* 达到 6.5 左右，冷冻泵、冷却泵及冷却塔输送系数分别达到 1300 左右和 350 左右。21：00 后由于建筑供冷需求下降，系统能效也处于下降阶段，并于 22：00 关机。

4. 室内环境及热舒适营造效果分析

夏季典型日（2021.8.5）室内外温湿度逐时监测数据如图 5-121～图 5-124 所示。

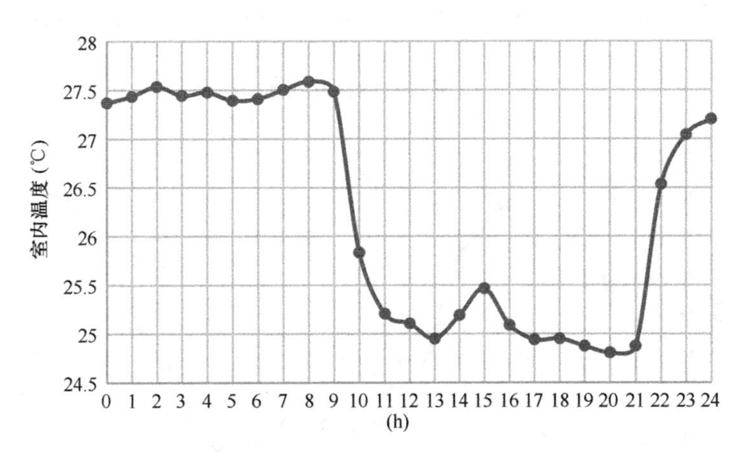

图 5-121 夏季典型日室内逐时温度

可以看到，夏季典型日室外气温 29.3～32.2℃，相对湿度 67.5%～80.4%，室外干球温度不高，但出于高湿度状态。项目在开启空调系统后，室内温度由

图 5-122　夏季典型日室内逐时相对湿度

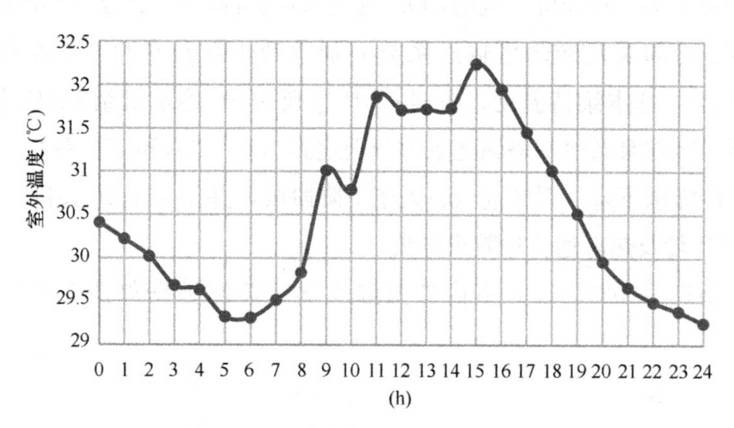

图 5-123　夏季典型日室外逐时温度

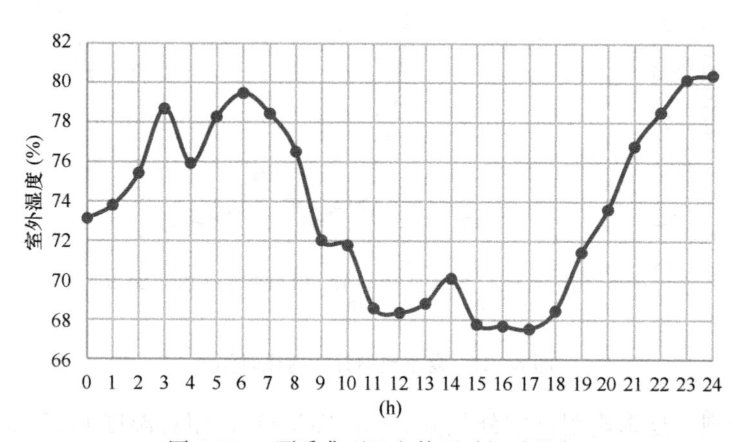

图 5-124　夏季典型日室外逐时相对湿度

27.5℃开始逐渐下降并维持在25℃左右，相对湿度由82%开始逐渐下降，并维持在65%左右，营造了舒适的室内环境。

5.6.4 总结与展望

1. 对本项目采用关键技术及其应用效果总结

系统众多包含超高效制冷机房、空调机组、新风机组、给水排水、变配电、发电机、电梯、联网温控面板等，是一个系统齐全的超高效BA系统。系统控制箱众多，有120几个控制箱，其采用超高效智能环控系统管理超高效机房及高效末端，并且采用美的云能效管理平台对环控系统进行能源管理，使用大数据挖掘算法实现能效评估、故障诊断等功能，还采用IOC运营中心对建筑中人员、设备、环境、能源 等信息进行全面监测和分析，构建建筑数字化管理应用和服务，助力实现建筑智慧运维。

项目全生命周期服务通过前期介入实现设备设计及选型的针对性，同时通过自动及云端AI辅助运维，管理人员减少>50%，能源消耗降低>30%。通过线上、线下的智慧场景打造，塑造充满活力的美好生活社区。通过国家级第三方检测机构认证，系统节能率38%，制冷机房年均能效超6.0。

2. 对其他项目节能改造实践的建议

本项目系统能效水平比行业平均水平提升50%以上，提前10年完成《绿色高效制冷行动方案》能效指标要求，该技术具有行业领先的能效水平，积极响应国家“绿色发展节约集约、低碳环保”要求，符合国家“节能减排”战略发展目标，市场大规模推广后可以减少排放，为环境保护和社会可持续发展作出贡献，可广泛用于轨道交通、大型场馆、酒店等场所新建及改扩建。不但可以降低运行成本、节能降耗、推动行业绿色发展，还可以降低运维成本、提高生产效率、改善生态环境。

通过超高效智能环控系统与智慧运维云平台的不断推广应用，有效提高建筑能源利用效率、控制温室气体排放、保护生态环境，助力国家实现“2030年前碳达峰，2060年前碳中和”的绿色发展目标。

5.7 广州地铁白江站线高效制冷系统

5.7.1 项目概况

广州市白江站为十三号线一期工程自西向东第8个车站，位于南端107国道和北端山头之间，呈南北向布置，南端是温涌路站，北端是新塘站。车站总长度223m，标准段宽21.1m。车站设计客流量以远期2041年客流量控制，其设计客流量为18033人/h；车站有站厅站台共两层，两端为设备区，中间为公共区。站厅层公共区面积2422m²，站台层公共区面积2050m²，公共区面积共4472m²，如图5-125所示。

图5-125　白江站外观图

目前轨道交通地下车站的制冷机房运行费用整体偏高，如何有效降低制冷机房的运行能耗和运行成本一直是地铁运行较为关注的问题。针对以上国家政策和市场需求，项目团队及广州地铁集团有限公司针对高效机房开展相关研究，针对广州地铁13号线的白江站进行研究并实施，预计规划机房全年能效比不小于5.5。在工程验收后，实际运行中该制冷机房的全年能效比高达6.0。

白江站为分站供冷，冷水机房设置在车站负一层A端，站内采用异程式系统，车站总计算冷量1776kW（505RT）。大系统采用全空气系统（AHU），小系统采用全空气系统（AHU）和新风加盘管系统（PAU＋FC）。为了提升冷水机组运行性能，同时考虑到地铁规范对地下车站环境温湿度的要求，本项目设计冷水供水温度为10℃。考虑采用大温差水系统，降低水泵运行费用，设计从传统的5℃温差变为7℃温差，同时对末端的表冷段排数进行优化设计。冷却塔选用变流量喷头，同时设计逼近度为2℃，与传统的4℃逼近度冷却塔相比，大大降低主机冷凝温度，提升主机能效。系统采用BIM设计，大大降低弯头对管路阻力的影响。主机、水泵、冷却塔、末端风机采用福加智能化控制，基于运行历史数据以及对设备建模，实现系统始终处于高效运行状态，从而达到整体节能的目的，如图5-126所示。

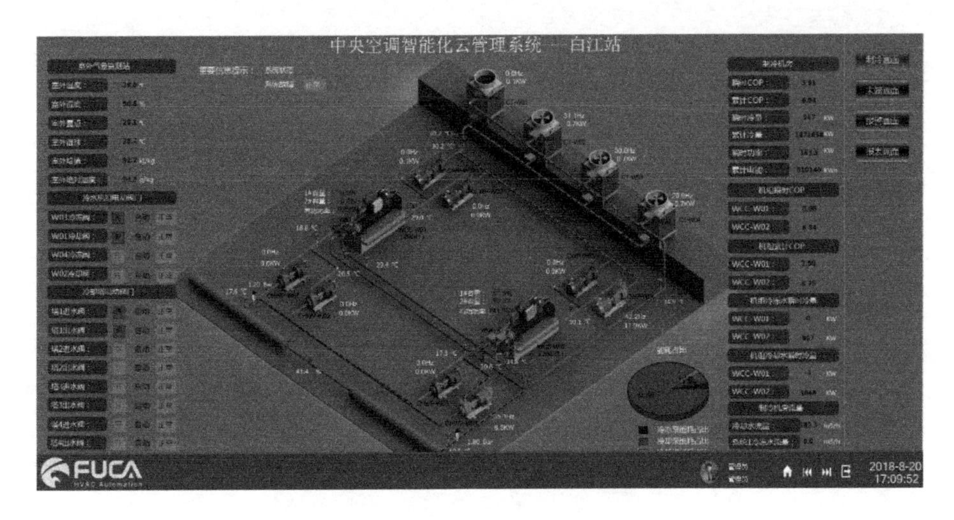

图 5-126 中央空调智能化管理系统

5.7.2 系统关键节能技术分析

本项目轨道交通地下车站智能化高效制冷系统关键技术及产业化包括一个完整的制冷空调系统设计施工安装应用过程，其包含精准的负荷计算、优化系统设计、高效设备选型、设备安装与调试、高效系统节能控制等，其主要的科技创新点如下：

1. 精准的负荷计算和能耗分析

根据《地铁设计规范》GB 50157—2013，由于地铁环境是人员密集、短时间逗留的公共场所，乘客完成一个乘车过程，从进站、候车到上车，在车站上仅 3～5min，下车出站约需 3min，因此车站的空调有别于一般舒适性空调。为了节约能源，只考虑乘客由地面进入地铁车站有较凉快的感觉，满足于“暂时舒适”即可，故站厅中公共区的空气计算温度取低于空调室外空气计算干球温度 2～3℃，且不超过 30℃；站台中公共区的空气计算温度取低于站台的空气计算温度 1～2℃，相对湿度均为 40%～70%。故地铁空调系统设计温度比地上常规舒适性空调系统设计温度要高。本项目以此为基础，通过对车站负荷逐时、逐日、逐月的计算获得准确的制冷总负荷、最小制冷负荷，获得详细的车站日负荷变化规律和年负荷变化规律。详细见图 5-127～图 5-130，剔除设计选型余量、为系统精细化设计、设备精细化选型及精确控制提供前提。

同时由于地铁空调系统设计温度高，因而在设计过程中冷水进出口温度可以适

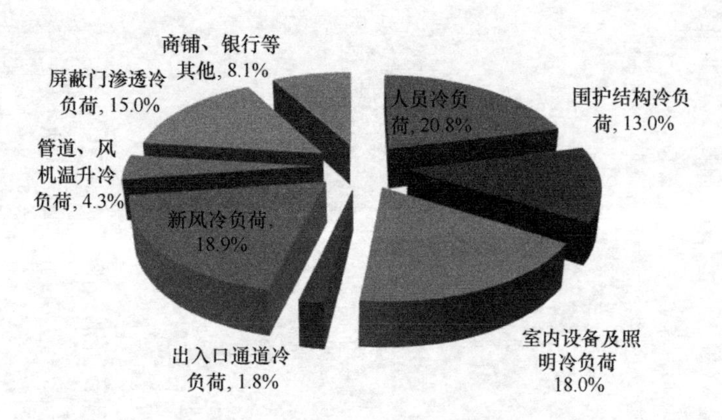

图 5-127 白江站大系统各分项负荷比例

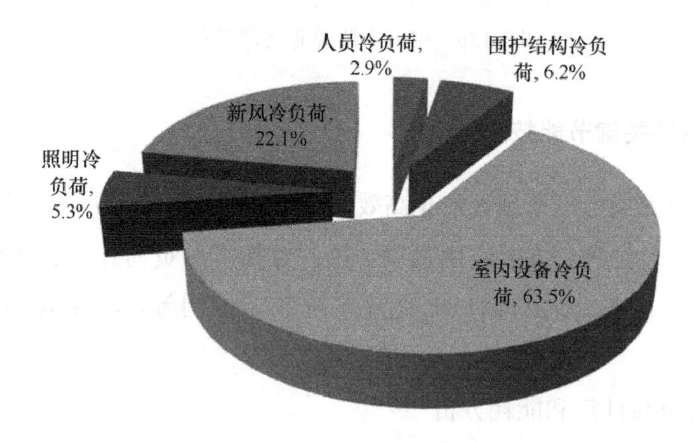

图 5-128 白江站小系统各分项负荷比例

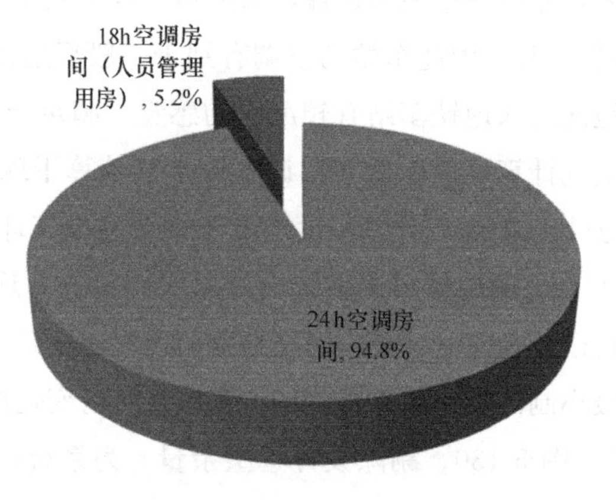

图 5-129 白江站小系统不同运行时间空调系统负荷比例

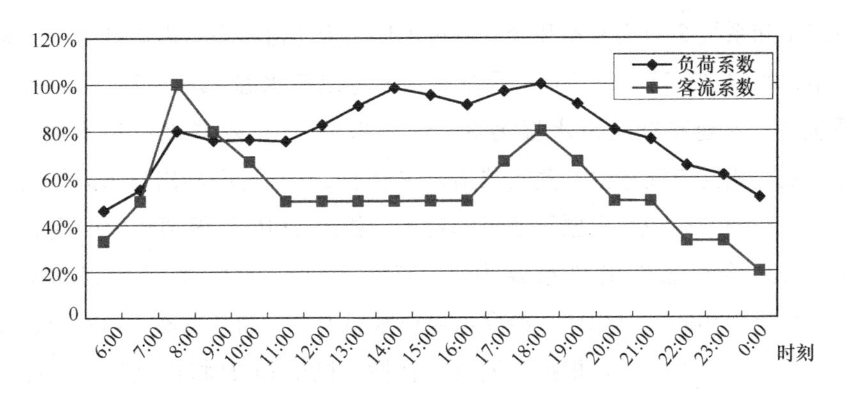

图 5-130 车站客流及负荷变化曲线

当提高，本项目根据地铁特性选取冷水出水温度为 10℃，另外冷水系统按大温差 7℃考虑，回水温度取 17℃，以此为基础进行主机和水泵的选型与设计。

2. 高效设备选型与设计

针对主机在部分负荷运行能效差的特性，考虑到轨道交通对主机台数的要求，本项目设计主机采用大小配的模式即小主机产生冷负荷的 40%左右，大主机产生冷负荷的 60%左右，同时配合节能控制实现单个压缩机头始终在高能效运行状态。

针对单个机组本身，为实现高效制冷系统，提出一种串联逆流子母配双机头高效冷水机组，其采用子母配的方式实现机组单台机组在 30%～100%负荷下均处于高效运行状态。同时配合系统优化，机组在 10%～100%负荷均可实现高效运行。采用特有的串联逆流方式，与传统冷水机组相比，平均压比有较大的降低，从而实现提高机组能效比。示意图如图 5-131 所示，采用该机组的主要优势如下：

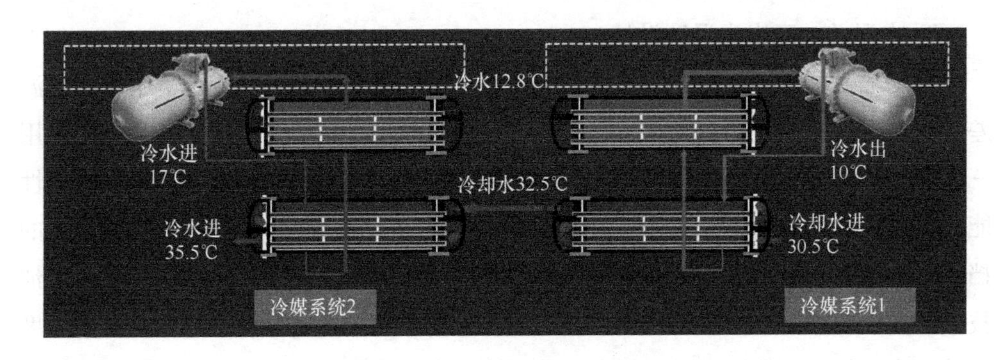

图 5-131 串联逆流示意图

（1）串联逆流设计

系统1和系统2的蒸发器和冷凝器进出口呈现逆流状态，以设计工况（系统冷凝器进出口水温30.5℃/35.5℃，系统蒸发器进出口水温10℃/17℃）为例，此时对于系统1，冷凝器进出口水温为30.5℃/32.5℃，蒸发器进出口水温12.8℃/10℃与单机头相同工况相比，蒸发器出口水温不变，而冷凝器出口水温较设计工况低（35.5－32.5＝3℃），根据压缩机的特性，机组*COP*将得到较大的提高。同样对于系统2，冷凝器进出口水温为32.5℃/35.5℃，蒸发器进出口水温17℃/12.8℃与单机头相同工况相比，冷凝器出口水温不变，而蒸发器出口水温较设计工况低（12.8－10＝2.8℃），根据压缩机的特性，机组*COP*将得到较大的提高，同时冷量亦得到较大的提高。综上所述，采用串联逆流的设计可以实现机组冷量和*COP*均有较大幅度提高，*COP*提升得更多。

（2）双机头子母设计

该高效冷水机组包括系统1和系统2两个独立的制冷系统，压缩机设计冷量比例为4：6，由于压缩机的特性，在相同工况下，单个压缩机在75%～100%负荷下系统性能相差不大，但随着压缩机负载的进一步降低，其系统性能将大幅度降低，因而该设计主要目的在于通过有效控制实现机组能够在较大负荷范围内均能够高效运行。对于子母配双机头高效冷水机组，在确保机组一直处于75%负荷以上，通过子母配设计，在最小压缩机处于75%负荷时，其本身负荷为：0.4×0.75＝0.3，即为系统负荷的30%。多台串联逆流子母配双机头高效冷水机组，同时按照4：6冷量匹配，其高效率能量调节范围两台机组最低达到0.4×0.75×0.4×100%＝12%，三台机组最低负荷达到0.4×0.75×(4/(4＋6＋6))×100%＝7.5%。可以实现机组在大冷量范围内均能高效运行。

3. 大温差，高出水温度设计

根据地铁站台冷量需求的特点，串联逆流子母配双机头高效冷水机组采用大温差设计，根据大温差和高出水温度匹配优化换热器尺寸和换热面积，换热器均采用三流程，提高在水流量变小情况下水侧的换热性能，从而提高整体换热器换热性能。采用高出水温度设计（10℃及其以上蒸发器出水温度），在蒸发中设置特有的挡液板，确保制冷剂在蒸发器中剧烈沸腾时不产生带液现象。同时采用特有的回油技术，实现压缩机在不同工况下回油问题得到完好解决。通过大温差、高出水温度设计，实现机组蒸发温度得到较大提升，从而大幅度提高机组*COP*。

4. 低阻力标准化系统设计

城市轨道交通地下车站的高效制冷空调系统设计应依照相关规范和标准，结合当地气候参数进行规范化标准化设计，并满足城市轨道交通地下车站对于环境温度、湿度以及新鲜空气及有害物浓度等的环境要求。对城市轨道交通地下车站通风空调系统而言，其标准化设计主要是大系统、小系统、水系统以及通风系统的设计，同时还包含机房的标准化设计。冷水机房标准化的定义是针对城市轨道交通冷水机房，模块化空调水系统管路阀件、冷水机组、冷却水泵、冷水泵以及集水器、分水器等其他配套设备设施，从而实现冷水机房空调水系统标准化设计，推荐固定建筑尺寸的冷水机房空调设备及管路布局，为实行冷水机房空调设备管线装配式施工奠定基础。

本项目采用BIM对制冷空调系统进行建模，在建造设计之初尽可能减少管道的弯头和各项阻力，从而降低冷却水泵、冷水泵和末端风机的扬程和全压，从而从源头上降低水泵和风量的设计功率；同时采用BIM建模设计，各个管道和阀门可以在厂家进行组装，后期到现场进行模块化安装，大大缩短了安装施工工期，同时也保证了各个管道和阀门的可靠性，如图5-132所示。

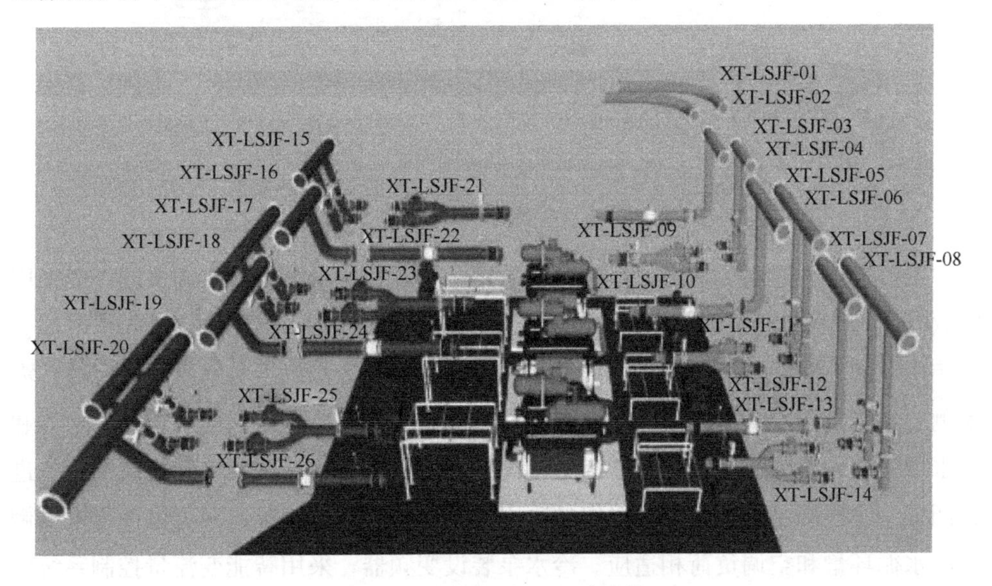

图5-132 广州地铁BIM建模模型

5. 高效水系统及末端选型

针对冷水7℃温差的特性以及优化设计后的扬程选用合适的高效变频水泵，同样对冷却水泵和冷却塔风机采用高效变频设备，以配合自动高效节能控制系统的优化运行。

针对新风风机和排风风机以及末端空气处理机组和风机盘管，根据设计需要选用高效变频设备，以配合自动高效节能控制系统的优化运行。

6. 自动高效节能控制系统

轨道交通地下车站智能化高效制冷系统的设备部分已经按照高效原则进行设计，空调自控系统作为整个空调系统的策略和控制中心，对于整个系统的节能效果具有举足轻重的作用，高效制冷机房控制系统如图5-133所示。

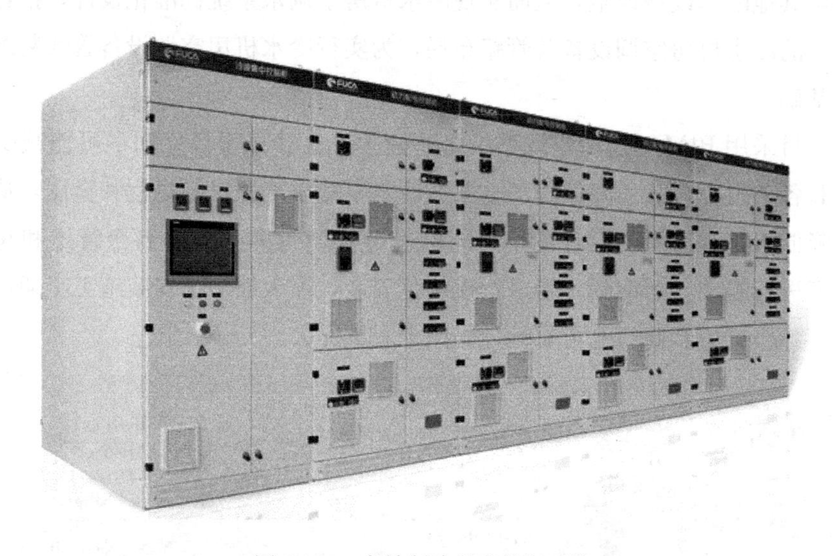

图5-133　高效制冷机房控制系统

城市轨道交通制冷机房水系统一般采用一次泵变流量系统，空调末端一般采用ON/OFF控制的电磁阀或能连续调节流量的电动阀，故每个末端的调节作用都会影响用户侧的总流量。但机房侧的总水流量仍取决于冷水机组与水泵开启台数。需求侧总水流量和冷水机组侧的总水流量并不能总是保持一致，因此，需在分水器和集水器之间设置旁通管，旁通管上电动阀的开度根据分水器和集水器之间的压差进行调节。这样既可以实现冷水机组的冷水流量保持在额定流量，又可以使得末端侧的冷水循环量和空调负荷相适应。冷水泵装设变频器，采用智能变流量控制系统实现水泵变频与冷水机组、冷却塔结合进行整体寻优控制。

节能控制系统采用制冷机房综合优化算法，跟踪冷水机组、冷水泵、冷却水泵和冷却塔的性能曲线，对每台设备采用主动式控制和整个机房设备的集成控制，实现整个制冷空调系统综合能耗最低的目标。节能控制系统是以制冷机房设备数学模型为基础、以整个制冷机房瞬时能效比（*COPc*）最高为目标的多维、主动寻优节能控制系统。

制冷机房的主要耗能设备为冷水机组、冷水泵、冷却水泵、冷却塔，机房的综合能耗由每个单体设备的能耗累加而成，但是每个单体设备的能耗又受到多种因素的影响。在具体的控制策略中，首先根据制冷机房内各设备的特性建立各自的能耗数学模型，在此基础上建立整个制冷机房的能量平衡数学模型及能耗数学模型。

在系统运行时，智能控制主处理器以一定的时间步长测量制冷负荷的实时值及其他参数（例如温度、压力、流量等），并据此进行各能耗数学模型的联合计算，从成百上千种运行组合方式中，找出能够满足此制冷负荷且整个空调系统总能耗最低（即整体效率最高）的工作状态。

5.7.3 实际运行能耗、能效及碳排放分析

基于以上高效制冷机房配置和主动寻优控制逻辑，对高效制冷机房进行了工程实测，包括空调制冷时间段的室外温湿度和负荷分布、主机特点及节能率、冷却/冷水泵功耗特点及节能率，冷却塔功耗特点及节能率以及系统的整体运行参数及节能率。

1. 室外温湿度与负荷分布变化规律

为了展示制冷机房室外参数特性，对整个供冷期间该车站的室外干球温度和湿球温度进行了统计，统计结果如图 5-134 和图 5-135 所示。

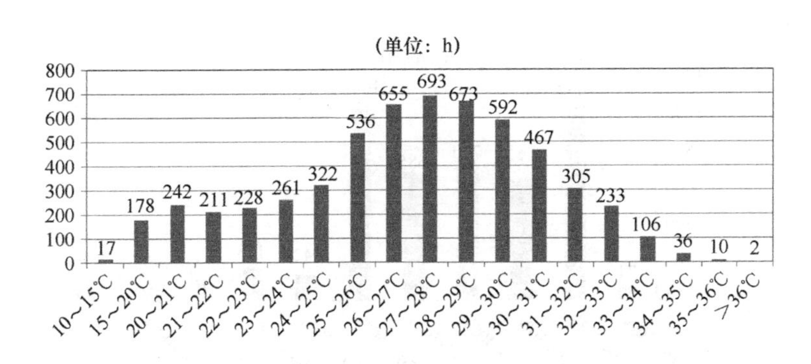

图 5-134 广州市室外干球温度分布曲线

可以看出最高室外干球温度高达 36℃以上，最低室外干球温度 10～15℃。常见干球温度在 26～30℃。最高湿球温度高达 29℃以上。最低湿球温度低于 10℃，常见湿球温度在 25～27℃。整体上广州的确室外干湿球温度偏高，尤其湿球温度

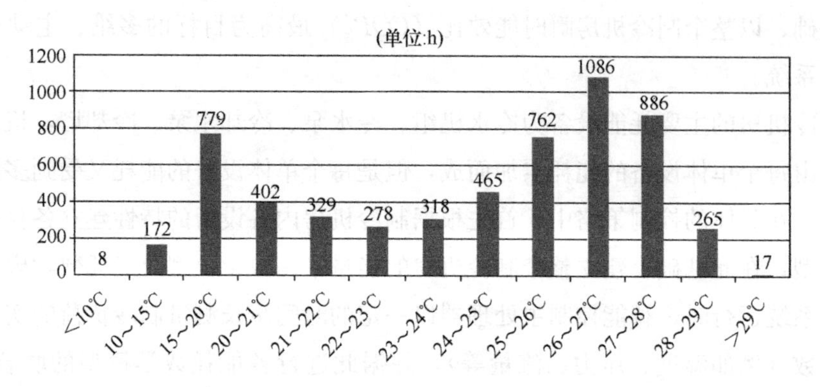

图5-135　广州市室外湿球温度分布曲线

偏高。但是在空调制冷时间段的干湿球温度跨度比较大，在低湿球温度情况下（10～15℃），冷却水系统运行需要考虑制冷机组保证正常运行的压差，增加系统保护功能。同时此时负荷一般很低，因此需要控制考虑主机的运行策略以提升系统能效。

为了展示制冷机房室内负荷特性，统计了2019年系统制冷负荷百分比，并将负荷百分比从0～100%分为了10个段进行了统计，其结果如图5-136所示，可以看出该制冷机房最高负荷百分比在50%～60%左右，高达1047h，最大负荷在80%～90%，主要原因在于机房设计时考虑了地铁运行特性，该制冷机房为新开地铁线，目前仅运行到第二年，人流量尚未有达到设计要求，随着后期人流量的增加，负荷会有一定的提升。

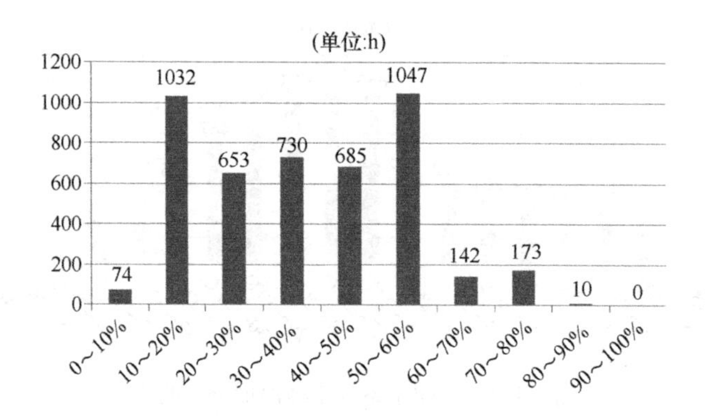

图5-136　制冷机房负荷百分比曲线

为了保证测试数据的准确性，本项目实时监测了整个制冷机组的制冷量、散热量和压缩机耗功，并重点关注该系统的不平衡率[（散热量－制冷量－压缩机耗功）/

制热量]，结果表明整个供冷期间系统不平衡率平均低于 2%，结果表明整个测试数据有效。

2. 串联逆流主机的节能性分析

在设计工况下（冷却水进出口水温为 35.5℃/30℃，冷水进出口水温为 10℃/17℃），对串联逆流机组同时开启系统 1 和系统 2 和分别单独开启系统 1 和系统 2 进行对比测试。串联逆流机组和传统机组在 *COP* 和制冷量的比较，测试结果如图 5-137和图 5-138 所示。

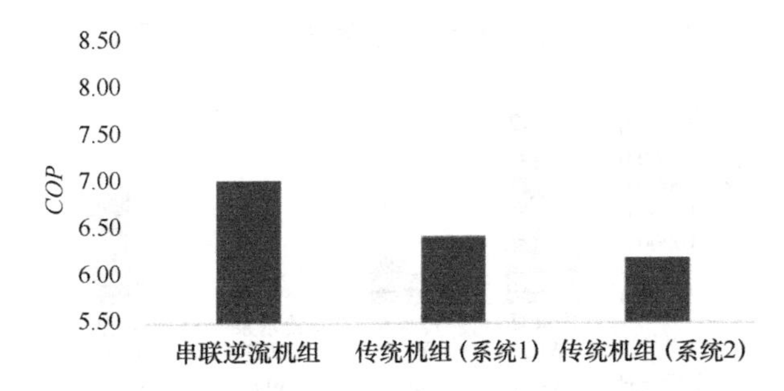

图 5-137 串联逆流机组和传统机组 *COP* 比较

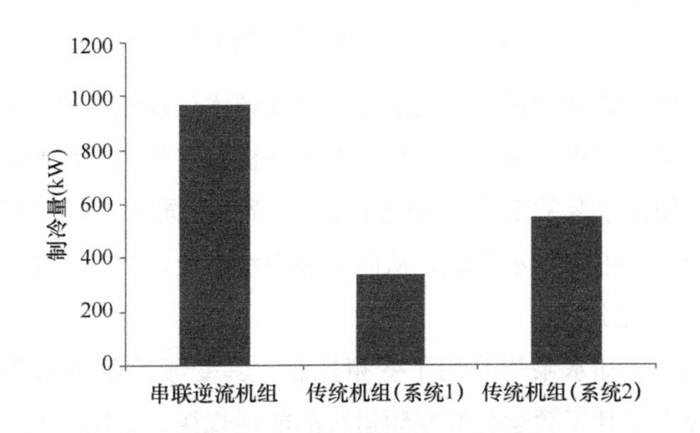

图 5-138 串联逆流机组和传统机组制冷量比较

可以看出，单独开启系统 1 和系统 2 时，其相应 *COP* 分别为 6.40 和 6.19，综合 *COP*（制冷量之和/功率之和）为 6.27，而串联逆流机组的 *COP* 为 7.01，*COP* 提高了 11.8%；系统 1 和系统 2 的制冷量分别为 338kW 和 552kW，二者制冷量之和为 890kW，而串联逆流机组的制冷量为 968kW，在输入总功率几乎相同的情况下（串联逆流机组为 138kW 而传统机组为 141kW），系统的制冷量提高了 8.76%。产生该现象的原因为：相同工况下，在串联逆流系统中，与单机头机组比，对于系统 1，蒸发器出口水温不变，而冷凝器出口水温低于 35.5℃（即蒸发温度不变，冷凝温度降低），根据压缩机的特性，机组 *COP* 将得到较大的提高；同样对于系统2，与单机头相同工况比较，冷凝器进出口水温不变，而蒸发器进出口水温高于10℃，冷凝器出口水温不变（即冷凝温度不变，蒸发温度升高）。根据压缩机的特性，机组 *COP* 将得到较大的提高，同时冷量亦得到较大的提高。因此相同工况下，输入功率相同时制冷量和 *COP* 都将大大提高。

3. 冷水泵节能分析

系统所采用的冷水泵均采用了变频控制，其变频控制逻辑来自主动寻优模块，以下对比分析了其工频运行和变频运行的能耗规律，如图5-139所示。

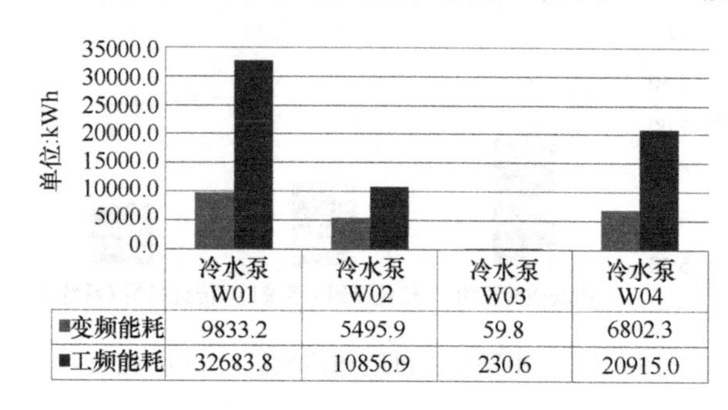

图5-139 冷冻泵工频与变频用电对比图

可以看出，该高效制冷机房采用了冷水泵变频优化控制策略，从图5-139中可以看出，采用主动寻优控制策略，冷水泵的频率根据室外温湿度和室内负荷的变化而变频，与工频相比水泵的节能百分比高达65.7%。同时工频运行水泵所产生的能耗有很大部分将会进入冷水系统，从而增加冷水负荷，增加系统耗功。

4. 冷却水泵节能分析

系统所采用的冷却水泵均采用了变频控制，其变频控制逻辑来自主动寻优模块，以下对比分析了其工频运行和变频运行的能耗规律，如图5-140所示。

可以看出，该高效制冷机房采用了冷却水泵变频优化控制策略，根据主动寻优控制策略，冷却水泵的频率根据室外温湿度和室内负荷的变化而变频，与工频相比水泵的节能百分比高达47.1%。同样工频运行水泵所产生的能耗有很大部分将会进入冷却水系统，从而增加冷却水负荷，增加系统耗功。

5. 冷却塔节能分析

系统所采用的冷却塔风机均采用了变频控制，其变频控制逻辑来自主动寻优模块，对比分析了其工频运行和变频运行的能耗规律，如图5-141所示。

可以看出，该高效制冷机房采用了冷却塔风机变频优化控制策略，从图5-142

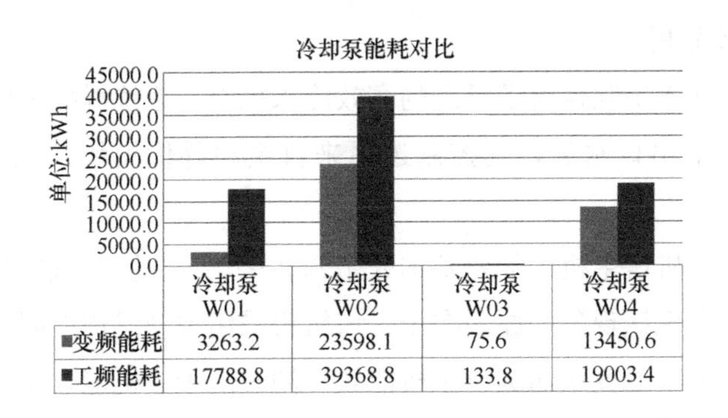

图 5-140 冷却泵工频与变频用电对比图

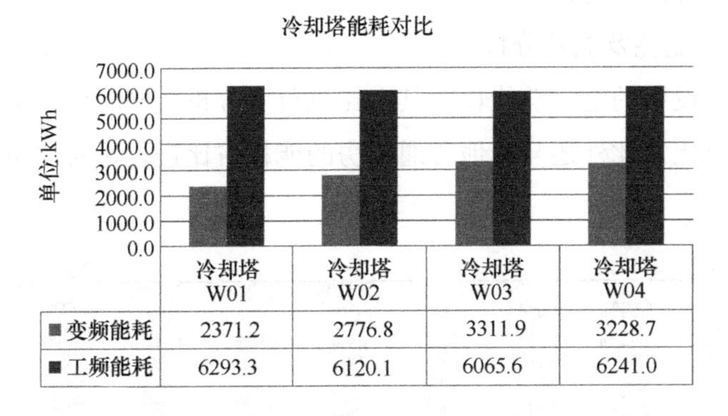

图 5-141 冷却塔工频与变频用电对比图

中可以看出，冷却塔风机的频率根据室外温湿度和室内负荷的变化而变频，与工频相比水泵的节能百分比高达 52.7%。当然冷却塔若不采用变频调节，将有利于降低冷凝温度，从而提升主机能效。因而实际冷却塔的节能率略低。但基于主动寻优的节能控制系统综合考虑主机、水泵、冷却塔的各能耗占比及贡献率，对系统节能具有重要意义。

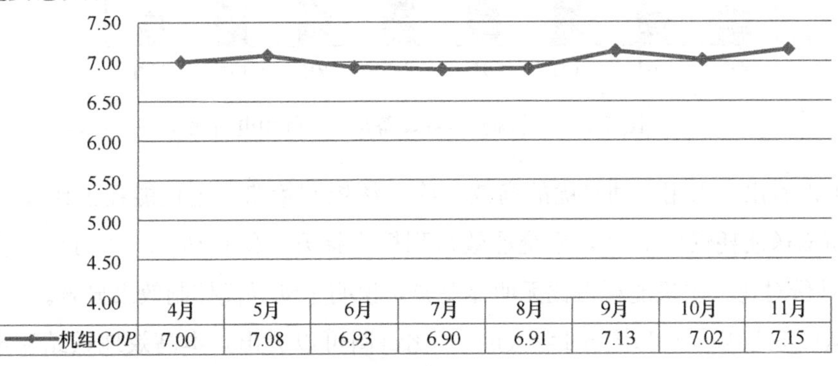

图 5-142 冷水机组月均 *COP* 曲线

6. 主机能效分析

系统选用了基于串联逆流子母配的高效冷水机组，系统群控可以直接控制加减载压缩机头和冷水出口水温，其控制逻辑来自主动寻优模块，机组运行 *COP* 如图 5-142所示。

可以看出，该机房主机的能效基本处于 6.9～7.2 波动，在过渡季节能效偏高，夏季能效偏低。出现该现象的原因在于：该机房采用主动寻优控制策略，在过渡季节可以降低机组冷凝温度从而提升主机能效。同时由于主机能效高，在基于系统能效比最优的基础上，自动计算过程中主机能耗占比得到了强化，通过降低输送能耗从而提高系统综合能效的目的。

7. 用能设备能耗及能效分析

对用能各个设备的全年总能耗及其占比进行了分析，同时分析了该机房制冷季的全月综合能效比。此外还与其他普通机房的能耗占比进行了对比研究，其结果如图 5-143 所示。

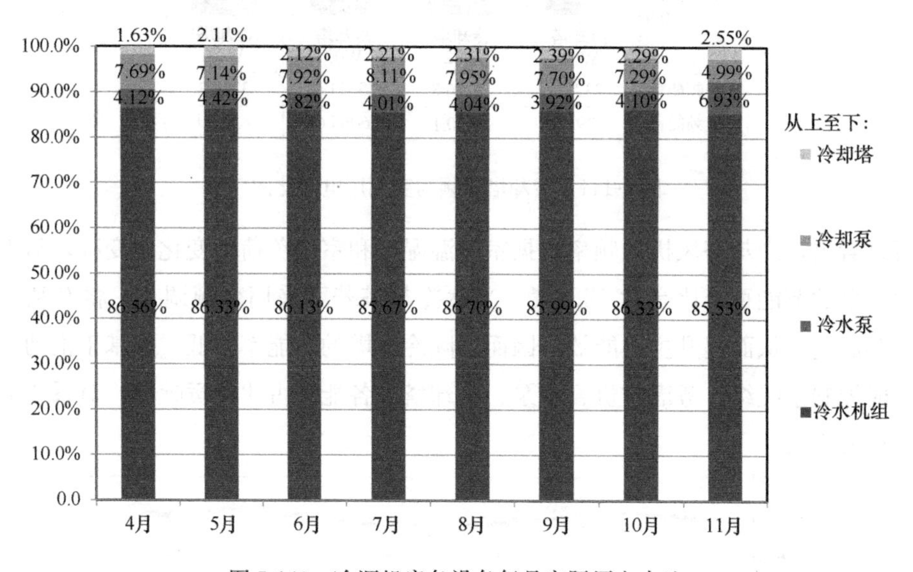

图 5-143 冷源机房各设备每月实际用电占比

可以看出，采用主动寻优的高效制冷系统控制策略，主机能耗占比在 85%以上，而输送能耗仅仅 15%，系统能效得到极大提升，低负荷 4、11 月份和高负荷 7、8 月份对比，主机能耗占比无明显差异，说明主动寻优控制效果显著。

从图 5-144（a）和图 5-144（b）对比饼图可以看出，本高效地铁站制冷机房各个用能设备能耗中，冷水机组能耗占比高达 86%，其他机房输送能耗仅为 14%，配合高效冷水机组优化设计，全年机房平均能效比得到极大提升。而典型建筑中冷水机组能耗占比仅为55%，输配能耗占比高达45%。

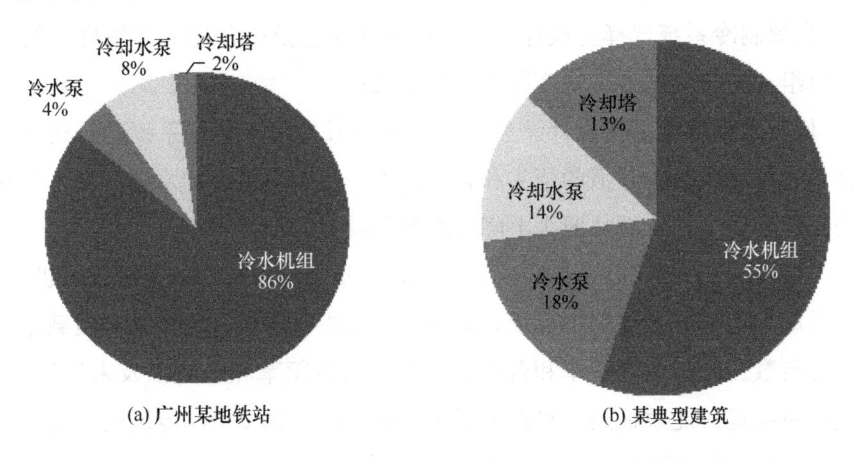

图 5-144 制冷机房各用能设备能耗占比

从图 5-145 可以看出，2019 年全年机房平均能效比最高可达 6.18，平均在 6.03 左右，且最高能效比出现在负荷较小的 4 月份。主要原因在于本项目采用了全工况均高效的制冷主机，并匹配主动寻优的控制策略。4 月份和 11 月份时室外气温相对较低，室内负荷相对较小，因而总体上系统能效略高。整体上该机房与传统制冷机房 3.5 相比，能效比提升 80%左右。

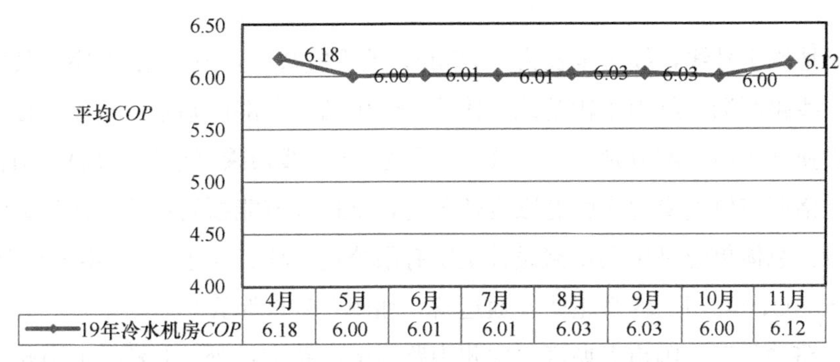

图 5-145 2019 年冷源机房全年平均 *COP*

5.7.4 总结与展望

本项目研发一种轨道交通地下车站智能化高效制冷系统，其包含精准的负荷计算、优化系统设计、高效设备选型、设备安装与调试、高效系统节能控制等，从各个方面进行核心技术攻关和系统优化，其主要的技术突破点如下：

1）精准地下车站供冷负荷需求分析和能耗计算，使得冷水进出口温度从12℃/7℃提高到17℃/10℃甚至更高；

2）高效制冷系统选择与设计。本项目设计和选择适合地下车站机房的专用高效冷水机组，同时选用了高效变频水泵与风机；

3）低阻力标准化系统设计。本项目采用BIM对制冷空调系统进行建模，在建造设计之初尽可能减少管道的弯头和各项阻力，从而降低冷却水泵、冷水泵和末端风机的扬程和全压，从而从源头上降低水泵和风量的设计功率；

4）自动高效节能控制系统研发。本项目对整个制冷机房的关键设备进行建模，通过自适应和自学习方式完善模型，并通过模型指导主机开启台数和负载率，冷水泵频率和台数、冷却水泵频率和台数、冷却塔风机频率和台数以及末端风机频率，从而实现系统运行能效最高。目前该系统能效已经达到6.0，传统机房能效平均在3.0左右，节能率达到50%。

5.8 洛阳地铁1号线磁悬浮直膨式空调机组示范项目

5.8.1 项目介绍

洛阳地铁1号线，线路全长为25.3km，地下线敷设，设车站19座，其中一个地上站。线路西端设红山车辆基地，接轨于红山站；东部设瀍东停车场，接轨于杨湾站。设换乘车站3座分别与2号线、3号线、4号线换乘（远景规划）。项目的建设单位是洛阳市轨道交通集团有限责任公司，全过程节能顾问单位是清华大学建筑学院，设计总体单位是中国铁路设计集团有限公司。项目与于2016年8月19日获批，已于2021年3月28日正式开通运营，如图5-146所示。

解放路站位于洛阳市老城区、中州中路与解放路交口处，1号线沿中州路东西向偏利口西侧布置，2号线沿解放路南北向跨路口布置，1、2号线两站为“T”形节点换乘。解放路站是1号线的第9个车站，车站小里程端是王城公园站，大里程端是周王城广场站，车站为地下三层双柱岛式站台车站，地下一层为车站站厅层，地下二层为1号线车站设备层及2号线站台层，地下三层为1号线车站站台层。站台长度120m，站台宽度14m，1号线公共区建筑面积为5285m^2，远期计算负荷为565kW，负荷指标为106.9W/m^2。

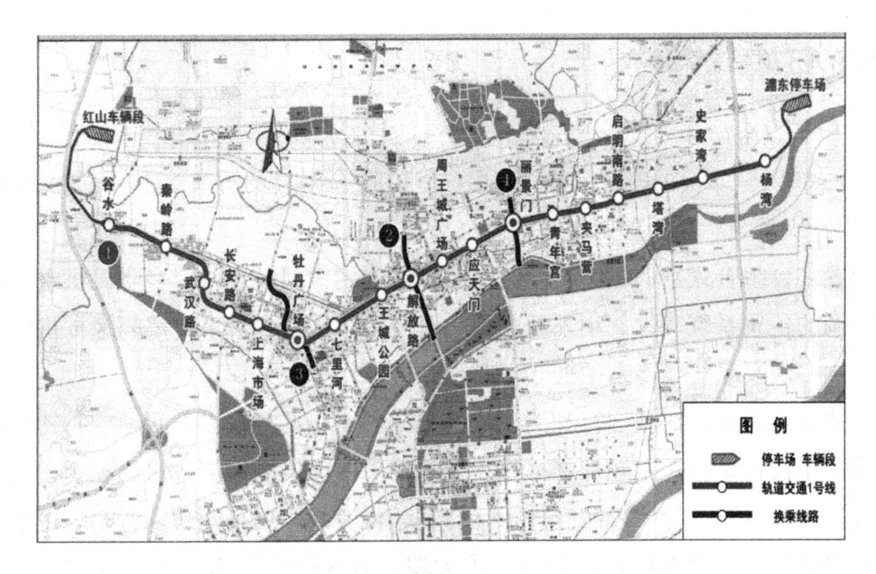

图5-146 洛阳市地铁1号线

牡丹广场站位于西苑路与太原路交叉口以西的牡丹广场内，沿西苑路东西向敷设，为1号、3号线的换乘站，采用平行岛换乘，1、3号线车站均为地下岛式站台车站，地下一层为站厅层，地下二层为站台层。牡丹广场站为1号线的第6个车站，车站小里程端是上海市场站，大里程端是七里河站。1、3号线车站总长267.4m，标准段宽49.9m，两站均为地下两层明挖13m岛式站台车站，有效站台长度120m，车站设备及管理用房分别设置在站厅及站台层的两端。车站公共区面积9439m^2，1、3号线总体远期计算负荷为1109.0kW，负荷指标为117.5W/m^2。

洛阳地铁的通风空调的节能实践理念的核心是基于目标导向的全过程管理。为了避免出现部分项目高能效同时高能耗的情况，项目在最初把目标确定在了通风空调总能耗上。通过结合气候条件的能耗测算，洛阳一号线标准站的全年通风空调能耗目标为控制在30万度电以内。为达到上述目标具体工作主要从几个方面开展，达到上述目标：①对重要基础设计参数的校核和优化；②不拘泥于常规设计方案，从大量实测经验出发，拓宽思路，采用更优方案；③在招标和调试阶段，对于节能运行相关的指标进行验证和把关，做好专业技术守门人；④在运营管理阶段，通过专业的数据分析服务，以及持续不断的追踪，让项目的运行策略能够更好地适应实际的变化和需求。

5.8.2 项目方案简介

1. 传统方案简介

全国80%～90%的车站普遍采用一套相同或相近的方案。其中公共区空调（后简称：大系统）和管理用房区空调（后简称：小系统）均采用全空气定风量系统，配置多台组合式空调机组，同时小系统重要的房间设置风冷多联机机组，作为常规空调的备用系统。大、小系统合用一套冷源，采用多台水冷定频螺杆机组。水系统采用一次泵系统，冷水泵变频，其他定频。

上述方案从过去实际运行和测试的情况来看，主要存在以下问题：①初近期实际负荷小于设计负荷，定频螺杆运行在低负荷工况，实测性能普遍不理想；②大小系统合用一套冷源，导致夜间螺杆机运行在较低负载，运行能效较低；③冷水系统运行状况频出，水泵能耗占比过高；④大端设备区由于管道过多，管网排布极困难，经常需要压缩风管尺寸；⑤小系统全空气系统风管漏风率高，高的甚至达到50%，但施工阶段监管难度较大；⑥小系统房间温度偏差大，风平衡在运行阶段的再调节对于运营单位管理团队又存在较大难度等。

结合上述问题，清华大学团队协同业主单位及总体设计团队对洛阳地铁通风空调方案进行了针对性的改进。

2. 项目通风空调方案简介

洛阳地铁1号线解放路站和牡丹广场站的公共区空调（后简称：大系统）采用磁悬浮直膨式空调机组方案。直膨式空调机组是一种带有制冷系统（压缩冷凝单元）的空气处理设备。由多种空气处理功能段组成，适用于地铁车站等大型公共交通场站。机组采用冷媒直接膨胀蒸发的方式进行降温除湿后送风，省去了空调冷水循环系统，无需二次换热，集成冷水机组和组合式空调箱功能，非常适用替换地铁车站类公共区这种一般仅设置两台大组合式空调机组的情况。

解放路车站冷源选用2台直膨式空调机组（KT-A1，KT-B1），分别布置在公共区两侧的小端设备机房和大端设备机房，两台空调机组名义制冷量均为282kW，设计机组进出水温度（冷却水）为32℃/37℃，与空调机组配套的2台冷却水泵（LQ-B1，B2）及水处理装置（旁滤式），其系统原理图见图5-147。

牡丹广场车站的设计与解放路站类似，其冷源选用4台直膨式空调机组（KT-A1，KT-B1，KT-A2，KT-B2），分别布置在公共区两侧的小端设备机房（两台）和大端设备机房（两台），四台空调机组名义制冷量均为282kW，设计机组进出水

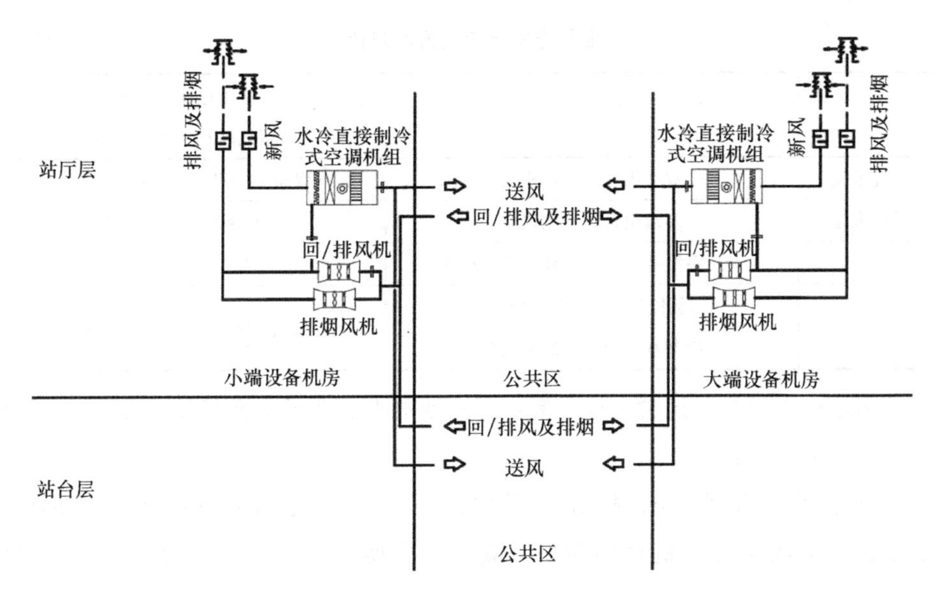

图 5-147 解放路站系统原理图

温度（冷却水）为 32℃/37℃，与空调机组配套的 2 台冷却水泵（LQ-B1，B2）及水处理装置（旁滤式）。3 号线未启用前，仅运行大小端机房各一台直膨式空调机组。

洛阳地铁 1 号线解放路站和牡丹广场站的管理用房区空调（后简称：小系统）采用风冷多联机方案作为主要冷源，重要房间的风冷多联机组设置两套独立系统，互为备用。风冷多联机组之前就广泛应用于地铁车站项目，不过通常是单纯作为重要房间的备用系统。

解放路站设备及管理用房选用 7 组多联空调机组，室外机（DLW-A1～A5，DLW-B1～B2），单台制冷量从 28kW 到 78kW 不等。从有利于室外机散热的角度，室外机均布置在地面，同时选择尽量靠近风亭位置减少冷媒管长度。牡丹广场站设备及管理用房选用 6 组多联空调机组，室外机（DLW-A1，DLW-B1～B5），单台制冷量从 33.5kW 到 73kW 不等。室外机的布置原则与解放路相同。按照各设备管理用房的最大在室人数配置独立的新风机供应人员新风量。

3. 设计方案小结

洛阳地铁 1 号线解放路和牡丹广场站两个试点站的空调方案，在对既有车站大量调研、实测的基础上，通过问题总结和针对性改进，其设计方案与传统方案对比见表 5-43。

洛阳方案与传统方案对比 表 5-43

	传统方案	洛阳地铁1号线 解放路和牡丹广场站
大系统末端	双端组合式空调机组	双端280kW磁悬浮直膨机组
小系统末端	多台组合式空调机组	风冷多联机室内机
冷源	大小系统共用2台螺杆式冷水机组	无专门的冷水站
水系统	冷水系统：一次泵变频 冷却水系统：一次泵定频	仅冷却水系统：一次泵变频

洛阳地铁1号线的这套设计方案，有效地解决了许多传统方案在实际运行过程中的一些常见问题：

1）通过采用直膨式空调机组，彻底取消了冷水系统，同时由于机组高都集成化的设计，节约了冷水机房的面积，减少一次换热后冷机蒸发温度提高，能效提高。

2）通过采用高效变频磁悬浮压缩机，磁悬浮轴承的转子在运行中处于悬浮状态，避免轴承的摩擦。压缩机采用变频控制，机组部分负荷性能优异。变频磁悬浮压缩机解决传统方案按远期设计在近期运行时“大马拉小车”导致的冷机运行低效问题。同时由于磁悬浮压缩机无需润滑油，也避免了常规冷水机组润滑油的管理和控制提高了机组的可靠性。

3）通过采用风冷多联机作为小系统空调冷源，解决了传统小系统方案采用定风量全空气系统时末端风冷无法调节导致房间温度偏差大及施工过程中的风平衡调节难度大和风管漏风监管难的问题。由于风冷多联机采用冷媒输送冷量，其冷媒管尺寸要远小于全空气系统的风管，很好地缓解了地铁车站大端机房的管网排布难问题。

4）通过将传统方案大小系统冷源合设改为大小系统冷源分设的方式，解决了传统方案夏季夜间小系统运行时仍需要开启一台冷机的开启的问题，避免了冷机运行在极低负荷率的情况，提高了冷机效率。

5.8.3 节能关键技术介绍

1. 直膨式空调机组技术

项目大系统采用的格力280kW制冷量的变频磁悬浮直膨式空调机组。如图5-148所示，磁悬浮直膨式空调机组的磁悬浮压缩机和冷凝器放置在机组的回风段下部，相关控制设备均集成在机组内部。整体机组尺寸与相同风量的常规组合式空调机组基本一致。

图 5-148 磁悬浮直膨式空调机组现场安装情况

机组的直膨式蒸发器采用四分液包分液、均流设计四片蒸发器组件，确保分液效率最优，减少蒸发器组件尺寸，减少蒸发器流程，降低蒸发器的压降，进一步提高能效，同时方便生产维护和工程改造更换。

机组的压缩机采用双级压缩补气技术，相比单级冷机能效效率提高了5%～6%。同时采用双级压缩，叶轮出口的气流较大，喘振裕度大，运行范围更广。机组采用高速电机直接驱动双级叶轮结构，取消了常规离心机的增速齿轮装置和2个径向轴承，减小了机组的机械损失，提高了机组效率。

2. 磁悬浮压缩机技术

项目对直膨式空调机组的多种不同压缩机类型如定频螺杆压缩机、变频螺杆压缩机、变频磁悬浮压缩机进行了系统对比，项目最终采用了变频磁悬浮压缩机。

如图5-149所示，从相关产品的部分负荷效率测试结果来看，调试得好的磁悬浮直膨式空调机组，其部分负荷运行效率，特别是50%负荷率下的效率明显高于变频螺杆。结合洛阳地铁的负荷分析，磁悬浮压缩机的运行能耗预期会比变频螺杆低30%左右。

变频磁悬浮压缩机采用磁悬浮轴承，转子在运行中处于悬浮状态，没有摩擦损失，进一步降低了机械损失。同时，压缩机实现了无油运行，制冷循环中没有了润滑油，避免了壳管式换热器中油膜覆盖在换热管上导致换热效率下降，减少了润滑

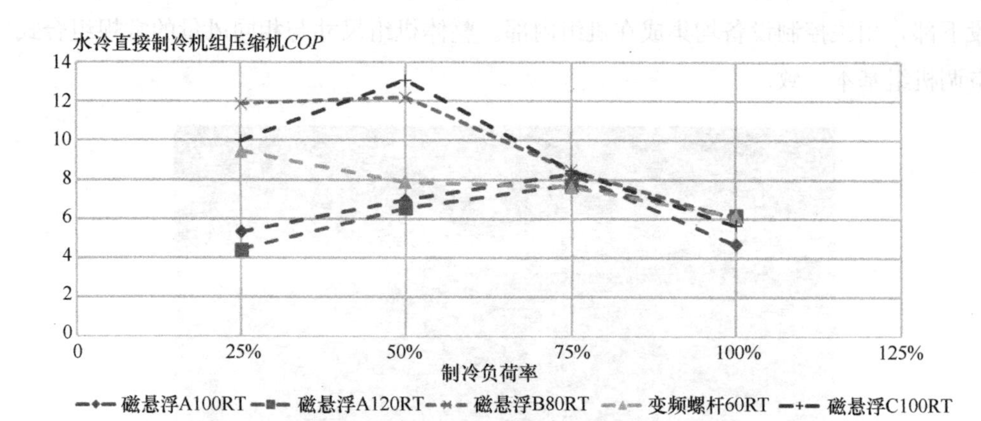

图 5-149 不同压缩机直膨式空调机组性能分析（仅压缩机）

油对于换热的影响，从而保证了产品在整个使用寿命周期上具有可持续性。变频磁悬浮压缩机结构示意图见 5-150。

图 5-150 变频磁悬浮压缩机

变频磁悬浮压缩机还具备以下优势，如①启动电流小，压缩机启动电流仅 2A，启动安全，对电网无冲击，无需启动柜，工程安装简单可靠，而传统螺杆压缩机启动电流为 500～600A；②无级负荷调节，转速 18000～48000r/min 可调，实现 10%～100%负荷无级调节变频；③低振低噪，磁悬浮轴承无机械摩擦，压缩机运行噪声在 70dB 以下，完全满足特定场合需求。

同时考虑到地铁车站电压波动大及潜在断电风险等问题，采用断电能量回馈技术，机组异常断电时，对其进行制动发电，通过能量回馈维持轴承控制器在电机制动过程中稳定悬浮，直至电机停止转动。同时压缩机备用轴承里的径向轴承用来支持断电后压缩机的转子，防止转子与其他金属表面接触，保证轴承可靠性。

3. 风机墙技术

直膨式空调机组的风机段采用了6台直流无刷风机墙技术，图5-150为现场设备安装后的局部放大图。风机墙在一定程度上非常适用于地铁类经常处于部分负荷运行的项目。在常规风机只能变频运行到25～30Hz的情况下，风机墙可以几乎做到风量0～100%的无级调节。该技术极大降低了送风机对启动电流的要求，同时单台风机的故障对系统运行的影响相对较小，也提高了设备保障率。同时采用变频低噪声离心风机，减少风机气流噪声，整机框架采用发泡板结构，进一步降低整体磁悬浮直膨式空调机组噪声，如图5-151所示。

图5-151 直膨式空调机组风机墙现场安装情况

4. 控制方案优化

水冷直接制冷机组整个系统的主要控制思路如下：

1）通过调节压缩机出力，实现定送风温度控制。其送风温度默认设定为18℃，具体设定值可根据运行情况灵活调整。

2）通过调整在直膨式空调机组风机转速改变送风量，来实现位置地铁车站公共区温度调节，使室内温度实测值符合室内温度设定值的要求，如图5-152所示。

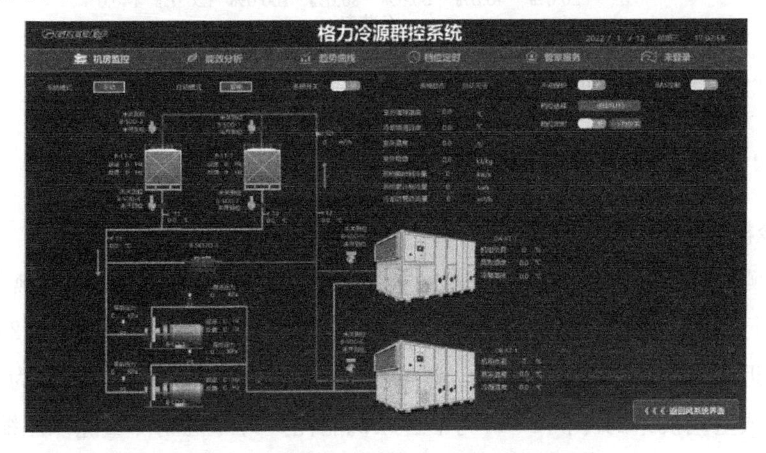

图5-152 磁悬浮直膨式空调机组控制系统

3）冷却水泵采取定温差控制，通过冷却水泵变频调节，维持冷却水供回水温差接近设定值。供回水温差设定值默认设定为5℃。

4）冷却塔也设置了变频控制，根据冷却泵转速设定初值，同时根据冷却塔出水温度的逼近度进行修正。

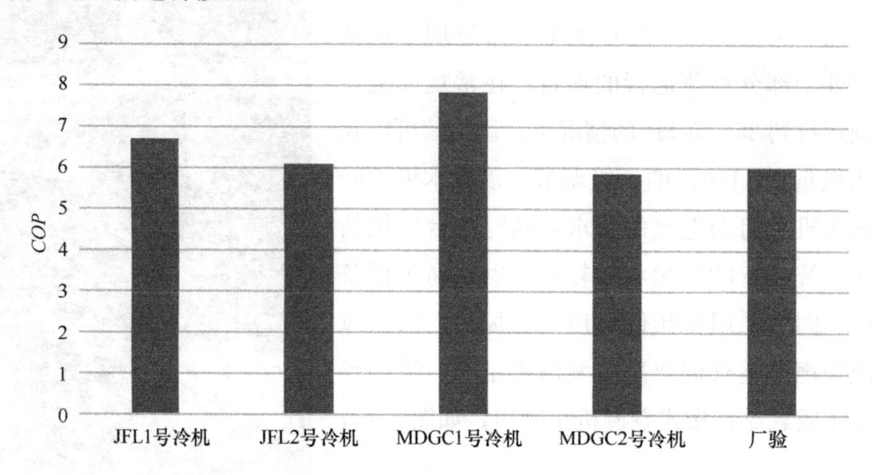

图5-153 磁悬浮直膨式空调机组冷机COP实测结果

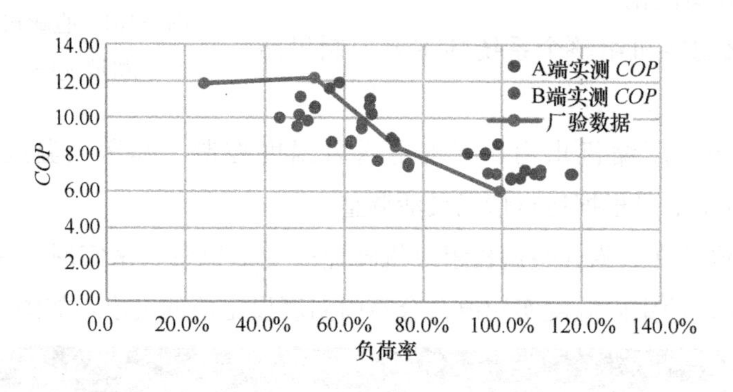

图5-154 磁悬浮直膨式空调机组冷机COP部分负荷性能实测结果

5.8.4 实际运行效果测试验证

1. 冷机性能实测

现场测试了洛阳地铁两个地铁车站共计4台磁悬浮直膨式空调机组现场安装后的实际运行性能。参考设计条件选择出风温度18℃，冷却水回水温度32℃，冷机负载率接近100%的工况进行对比，磁悬浮直膨式空调机组冷机COP（为了方便对比，直膨式空调机组的冷机COP均不含风机能耗，为冷机制冷量除以压缩机功率）的实测结果如图5-153所示。从图5-154中可以看到磁悬浮直膨式空调机组基本符

合厂验阶段的冷机 *COP* 实测结果，安装到现场后实测冷机 *COP* 6.1～7.8 远高于《空气调节系统经济运行》GB/T 17981—2007 典型工况对于 200kW≤CL<528kW 冷机要求的实测性能限值 4.4，见表 5-41。

以解放路站为例，近期空调负荷率（某时刻空调负荷/设计空调负荷）集中在 30%～50%之间，占总空调负荷频次 69%。由图 5-154 磁悬浮直膨式空调机组的现场实测冷机 *COP* 的性能可见，磁悬浮直膨式空调机组高效运行区间与车站长期运行的高频负荷区间很好地重合。机组在部分负荷下的高性能主要有以下几方面因素：①按照 18℃的送风温度，由于直膨机组减少一次换热，冷机蒸发温度从传统方案的 5～6℃提升到 12～13℃，压缩机压比明显降低；②变频磁悬浮压缩机通过频率调节来改变制冷剂流量，调整压缩机处理，相对于导叶调节损失小，同时磁悬浮压缩机轴承悬浮，摩擦损失小。

2. 系统能效对比

选择了洛阳的磁悬浮直膨式空调机组、常规水冷螺杆机组的性能典型工况性能进行对比。选择冷机负荷率接近 80%、冷却水回水温度接近 30℃、室内温度 26～27℃的实测工况进行对比。如表 5-44 的实测结果对比可见，磁悬浮直膨式空调机组的冷站能效和系统能效都要远优于采用水冷螺杆制冷机组方案的同类地铁车站。同时以《空气调节系统经济运行》GB/T 17981—2007 典型工况为基准（冷机制冷量 200kW≤CL<528kW），磁悬浮直膨式空调机组典型工况系统能效比提升 147%。

典型工况系统能效对比 **表 5-44**

	牡丹广场	城市 A 某地铁站	城市 B 某地铁站	《空气调节系统经济运行》GB/T 17981—2007
	磁悬浮直膨式空调机组	水冷螺杆机组	水冷螺杆机组	
冷机 *COP*	8.78	4.6	3.3	4.4
冷水输配系数 WTF_{chw}		33.7	57.8	35
冷却输配系数 WTF_{cw}	29.8	31.8	38.2	30
冷却塔 WTF_{ct}	47.4	52.1	89.5	50

续表

	牡丹广场	城市A某地铁站	城市B某地铁站	《空气调节系统经济运行》GB/T 17981—2007
	磁悬浮直膨式空调机组	水冷螺杆机组	水冷螺杆机组	
末端风机 EER_t	35.4	5.2	9.1	8
冷站能效比 EER_{plant}	6.78	2.51	2.82	3.23
系统能效比 EER_s	5.68	2.05	2.16	2.30

注：为了方便对比，把磁悬浮直膨式空调机组的制冷量与冷机、冷却泵、冷却塔总能耗比值作为等效的冷站能效比。系统能效比为制冷量与冷机、循环水泵、冷却塔和末端风机总能耗比值。

3. 运行能耗分析

项目统计了洛阳地铁1号线解放路站（换乘车站）2021年3月—2021年12月底的通风空调系统能耗数据，总用能38.1万度电。由图5-155可见，由于1月—3月大系统均不开启，整个通风空调系统运行能耗较低，因此可以认为解放路通风空调全年运行能耗在40万度电左右。

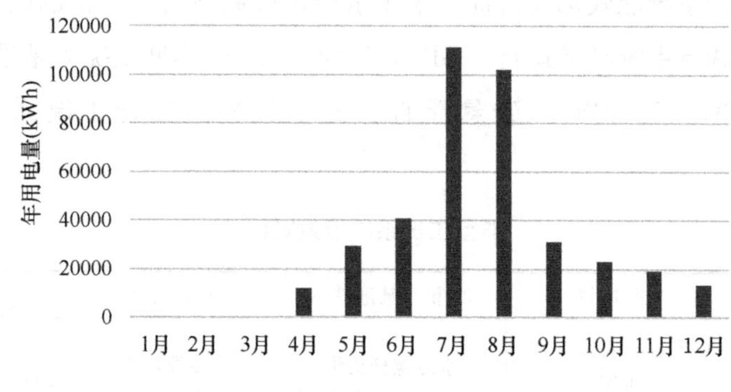

图5-155 解放路通风空调能耗统计

图5-156为各类设备的能耗占比，其中磁悬浮直膨机组的能耗占比最高（含压缩机和机组送风机能耗）占到了通风空调总能耗的56%。由于小系统全部采用风冷多联机不设组合式空调机组，多联机室能耗占比也较高，占到整个通风空调系统能耗的29%。车站隧道TVF风机及轨顶排风机，仅定期短时间试运行，保证设备可以正常投入使用，正常情况下从未运行，因此由于能耗非常低所以未做单独统计。

从我们实际运行的追踪情况来看，由于刚处于开通的第一年，车站设备系统仍

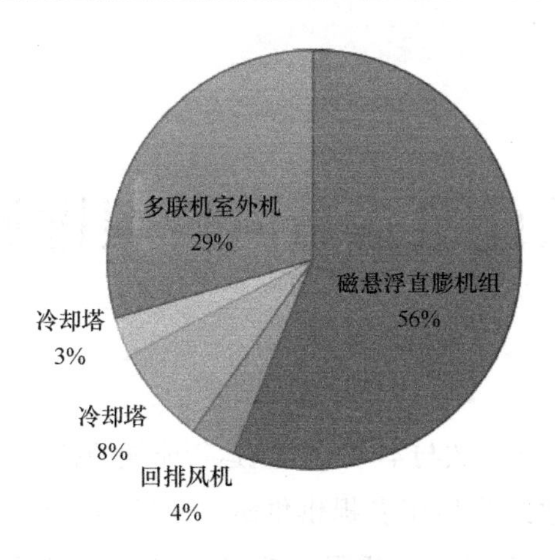

图5-156　解放路通风空调能耗统计

有部分时间处于调试状态，随着整个车站运行逐渐步入正轨，未来通风空调系统运行能耗仍然有进一步降低的空间。

5.8.5　项目总结与展望

洛阳地铁1号线的牡丹广场站和解放路站是国内首个大系统采用磁悬浮直膨式空调机组及小系统采用风冷多联机组的已投运地铁项目。该方案针对目前地铁站传统空调方案冷源运行效率低、冷水系统运行状况不理想、小系统房间温度调节难等问题进行了针对性的改进。

在实际运行阶段，对两个车站4台运行的磁悬浮直膨式空调机组的额定工况及部分负荷工况性能均进行了实测，均表现非常优秀。多个部分负荷工况实测结果表明其实测制冷能效比达到8～12，与项目负荷出现高频次区间很好重叠。实测典型工况冷站能效达到了6.78（磁悬浮直膨式空调机组：制冷量与制冷压缩机、冷却泵和冷却塔能耗比值），系统能效（含风机）达到了5.86。该系统能效远高于采用常规方案的地铁车站，相较于《空气调节系统经济运行》GB/T 17981—2007要求提升147%。

由于国内地铁车站的单个站点的建设规模、建筑布局、负荷需求均具备一定的相似性，因此洛阳地铁1号线牡丹广场站和解放路站采用的通风空调方案具备较大的推广价值。

本章参考文献

[1]　代允闯．空调冷冻站"无中心控制"系统研究[D]．清华大学，2016.

附录　公共建筑运行阶段碳排放核算方法

1. 核算边界

公共建筑运行阶段碳排放与本书中建筑运行能耗的核算边界相同。

其主要是指公共建筑为使用者提供供暖、通风、空调、照明、炊事、生活热水，以及其他为了实现建筑的各项服务功能所产生的能源消耗相关的二氧化碳排放。

其主要包括公共建筑范围内由于化石燃料燃烧所产生的直接碳排放，以及使用外界输入的电力、热力所产生的间接碳排放。

2. 核算公式

公共建筑运行阶段的碳排放总量按照公式(1)计算：

$$E = E_{\text{燃烧}} + E_{\text{购入电}} + E_{\text{购入热}} \tag{1}$$

式中　E——公共建筑二氧化碳排放总量，单位为吨二氧化碳(tCO_2)；

$E_{\text{燃烧}}$——公共建筑由于化石燃料燃烧所产生的直接碳排放，单位为吨二氧化碳(tCO_2)；

$E_{\text{购入电}}$——公共建筑由于使用外购电力所产生的间接碳排放，单位为吨二氧化碳(tCO_2)；

$E_{\text{购入热}}$——公共建筑由于使用外购热力所产生的间接碳排放，单位为吨二氧化碳(tCO_2)；

公共建筑由于化石燃料燃烧所产生的直接碳排放按照公式(2)计算：

$$E_{\text{燃烧}} = \sum_{i=1}^{n} AD_i \times EF_i \tag{2}$$

式中　AD_i——公共建筑消耗的第 i 种化石燃料用量，单位为吨标准煤(tce)；

EF_i——第 i 种化石燃料的二氧化碳排放因子，单位为吨二氧化碳每吨标准煤(tCO_2/tce)；

公共建筑由于外购电力和热力所产生的间接碳排放按公式(3)和公式(4)计算：

$$E_{\text{购入电}} = \sum_{i=1}^{n} AD_{\text{购入电}} \times EF_{\text{电}} \tag{3}$$

式中　$AD_{购入电}$——公共建筑购入的电量，单位为兆瓦时(MWh)；

$EF_{电}$——电力的二氧化碳排放因子，单位为吨二氧化碳每吨标准煤(tCO_2/MWh)；

$$E_{购入热} = \sum_{i=1}^{n} AD_{购入热} \times EF_{热} \tag{4}$$

式中　$AD_{购入热}$——公共建筑购入的电量，单位为吉焦(GJ)；

$EF_{热}$——热力的二氧化碳排放因子，单位为吨二氧化碳每吉焦(tCO_2/GJ)；

3. 相关参数

相关的化石能源排放因子主要考虑煤、油和天然气三类，排放因子见附表 1。

化石能源排放因子　　**附表 1**

能源品种	单位	二氧化碳排放因子
煤类	tCO_2/tce	2.71
油类	tCO_2/tce	2.13
天然气	tCO_2/tce	1.65

电力与热力的排放因子见附表 2，电力排放因子的逐年变化趋势如附图 1 所示，目前全国平均度电碳排放因子已从 2005 年的超过 850gCO_2/kWh 下降到 2020 的 565gCO_2/kWh。

电力热力排放因子　　**附表 2**

能源品种	单位	二氧化碳排放因子
电力	tCO_2/MWh	采用国家最新发布值
热力（燃煤）	tCO_2/GJ	0.109
热力（燃气）	tCO_2/GJ	0.052
热力（燃煤热电联产）	tCO_2/GJ	0.054
热力（燃气热电联产）	tCO_2/GJ	0.021

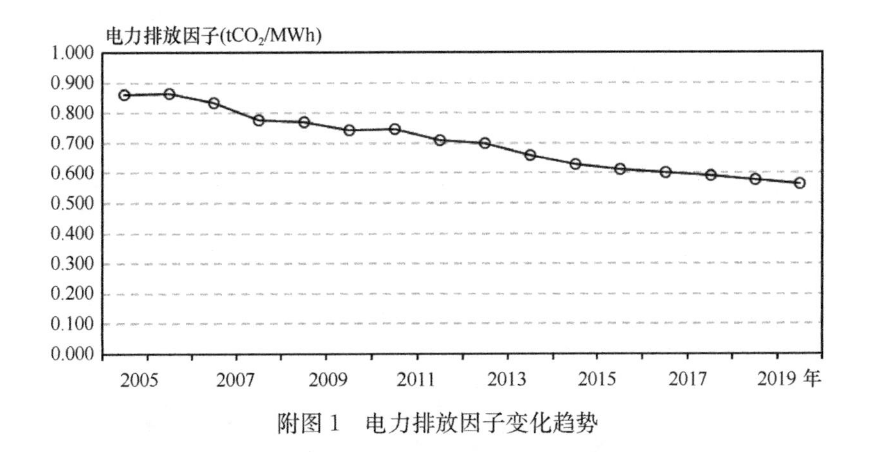

附图 1　电力排放因子变化趋势